“十三五”国家重点图书出版规划项目

生态智慧与生态实践丛书

传统村落 生态治水智慧

Ecological Wisdom Inspired Water Governance Practices in Chinese Traditional Villages

象伟宁　丛书主编
赵宏宇　车越　著

中国建筑工业出版社

审图号：吉S【2020】036号
图书在版编目（CIP）数据

传统村落生态治水智慧 = Ecological Wisdom Inspired Water Governance Practices in Chinese Traditional Villages / 赵宏宇，车越著．—北京：中国建筑工业出版社，2020.9
（生态智慧与生态实践丛书）
“十三五”国家重点图书出版规划项目
ISBN 978-7-112-25522-1

Ⅰ．①传… Ⅱ．①赵… ②车… Ⅲ．①村落—水灾—灾害防治—研究—中国 Ⅳ．①P426.616

中国版本图书馆CIP数据核字（2020）第185746号

责任编辑：杨　虹　牟琳琳
书籍设计：付金红
责任校对：焦　乐

“十三五”国家重点图书出版规划项目
生态智慧与生态实践丛书
传统村落生态治水智慧
Ecological Wisdom Inspired Water Governance Practices in Chinese Traditional Villages
象伟宁　丛书主编
赵宏宇　车越　著
*
中国建筑工业出版社出版、发行（北京海淀三里河路9号）
各地新华书店、建筑书店经销
北京雅盈中佳图文设计公司制版
北京雅昌艺术印刷有限公司印刷
*
开本：787毫米×1092毫米　1/16　印张：24$^1/_2$　字数：491千字
2020年12月第一版　2020年12月第一次印刷
定价：152.00元
ISBN 978-7-112-25522-1
（36486）

生态文明建设需要更多的具有生态智慧的实践学者

"绿化地球、修复地球、治愈地球——我们别无选择。"

——伊恩·L. 麦克哈格（Ian L. McHarg，1996）

"我非常渴望能够目睹和见证我们地球母亲的绿化、修复和治愈的过程。"美国景观规划大师和教育家伊恩·L. 麦克哈格（1920—2001）在他1996年撰写的自传《生命·求索》（P.375）一书中这样地憧憬着他身后的未来，"在我的脑海中，我可以想象到自己和一群科学家在太空中眺望着地球，她那缩减的沙漠、增长的森林、清新的空气和纯净的海洋；我们会充满信心地期待着有一天，地球母亲的年轻后代庄严地宣布'妈妈的病好了，她没事了！'"。

作为麦克哈格20世纪80年代的学生，我觉得在他身上体现出来的生态实践智慧（Ecophronesis）对于我们在当下探索并从事生态智慧引导下的生态实践研究从而更好地推动人类的可持续发展具有重大的启迪作用和指导意义。那么，什么是生态智慧引导下的生态实践研究呢？这是作为同济大学"生态智慧与城乡生态实践研究中心"首任主任的我时常被问到的问题。我的回答是：

生态实践（Ecological Practice）是人类为自身生存和发展营造安全与和谐的社会—生态环境（即"善境"）的社会活动，包含了生态规划、设计、建造、修复和管理五个方面的内容；生态实践研究（Ecological Practice Research）则是在从事生态实践时人们寻求知识和工具以解决实际问题的过程，旨在为善境的营造提供实用的知识与工具（Useful Knowledge and Tools），即与实践直接相关（适用，Pertinent）、能为实践者直接使用（好用，Actionable）、并且行之有效能产生预期效果（管用，Efficacious）；而生态智慧引导下的生态实践研究（Ecophronetic Practice Research）是生态实践研究的一种最佳范式。它具有两个显著的特点：一，从事实践研究的学者，即实践学者（Scholar-practitioner），肩负着创造知识与影响实践的双重职责；二，研究的过程体现了生态实践智慧。

作为《生态智慧与生态实践丛书》的主编，我十分高兴这套丛书为实践学者们提供了一个能充分展示和分享他们所从事的生态智慧引导下的生态实践研究的平台。

按照美国哲学家和规划理论家唐纳德·绍恩（Donald Schön，2001）的观点，在与各种社会实践（比如教育、法律、医学以及生态实践）紧密相连的学科当中，学者们在确定自己的学术定位时常常需要在理论研究与实践研究之间做出选择。实践研究的往往是棘手的、非理性的实际问题，缺少、有时甚至没有科学或技术的解决方法；而理论研究的通常是理性的、甚至是理想化的问题，是能够通过科学的理论解答和现代技术解决的。但实践研究的问题往往是对人类影响最直接并最受人们关注的；而理论研究的问题的影响往往是间接的、相对来讲不那么重要，因而不受人们重视的。实践学者（Scholar-practitioner），按照美国管理学者埃德·史肯（Ed Schein）的定义，就是那些选择研究实际问题并且致力于寻求对实践者有用的新知识的学者们（Wasserman & Kram，2009）。

选择成为一名实践学者对一名学者来说意味着什么？意味着他需要：成为一名为了实践而研究实践的学者，而非为了科学或应用科学而研究实践的学者；肩负双重职责，即一方面寻求有用但未必是传统意义上新颖的知识，另一方面作为参与者主动地影响实践活动，而不是作为旁观者“客观地”点评和提建议；搭建理论与实践之间的桥梁；弥补理论与实践间的裂隙（关于理论与实践之间裂隙的近期讨论，请见 Sandberg and Tsoukas，2011）。对于一位生态实践学者，这一选择还意味着他要比其他学科的实践学者承担更多的责任和面临更多的挑战。其他学科（譬如教育学、机械工程、医学、法律等）的实践学者在研究中只需要关注和应对与人类相关的事务，而生态实践学者首先要面对的是人类与自然的关系，其次才是在这一大背景下的各种人类社会关系（Steiner，2016；Xiang，2016）。

生态智慧引导下的生态实践研究的第二个特点是其研究过程是在生态实践智慧的启迪与引领下推进的。作为亚里士多德提出的实践智慧（Phronesis）在生态实践领域的延伸，生态实践智慧（Ecophronesis）是人们在生态实践当中做出既因地制宜又符合道德标准的正确选择的卓越能力和随机应变、即兴创造的高超技巧（Xiang，2016）。具有生态实践智慧的人们（Ecophronimos，或称为智慧的生态实践者）能够通过他们的不懈努力为人类的生存与繁衍营造安全和谐的社会生态条件和环境，比如李冰和同行们建造并维持运行了 2000 多年的四川都江堰水利工程（Needham et al.，1971；Xiang，2014）；麦克哈格和他的同事们在半个世纪前规划、设计并建造的美国德克萨斯州 The

Woodlands 生态城（McHarg，1996；Yang and Li，2016）。体现在这些智慧的生态实践者身上的生态实践智慧对于当代生态实践学者们应对他们所面临的上述挑战具有重要的启迪和引导作用。比如，智慧的生态实践者们都有一个显著的特点，即在遵循生态实践逻辑与应用生态科学逻辑之间能够找到一个很好的平衡。对他们而言，科学理论的严谨与其在生态实践当中的实用之间从来不存在无法逾越的裂隙。又如，智慧的生态实践者探寻实用知识和工具的方式对生态实践学者的研究也极有启发。他们以解决实践当中出现的问题为唯一目的，通过研究产生在生态实践当中适用（相关）、好用（可操作性强）和管用（有效）的知识和工具，即实用的知识和工具。这种研究方式不仅完全不同于生态科学，而且与应用生态研究也不同。在应用生态学研究中，生态实践通常被认为是验证和完善生态学知识、方法与原理的实验，或被当作展示科学原理相关性的平台。

因此，我相信生态智慧引导下的生态实践研究不仅有着生态科学研究和应用生态学研究所无法替代的作用，而且其发展的前景会很好，并会吸引更多学者的有意识关注和积极加入。事实上，许多学者，包括这套丛书的一些作者，已经在以实践学者的身份正在从事这样的研究，只是他们或许还不知道或并没有将自己从事的研究称之为生态智慧引导下的生态实践研究。

通过这套《生态智慧与生态实践丛书》，我希望读者不仅能学习到生态实践研究的途径和产生的实用的知识，更能从生态智慧引导的生态实践研究这一新视角以文会友，结识一批立志服务于生态实践的杰出的具有生态智慧的学者们。我也相信大家会像我一样，在我们的研究工作中，效法他们，为更好地开展服务于实践的学术研究作出自己的贡献。

象伟宁

教授、主任

同济大学建筑与城市规划学院生态智慧与生态实践研究中心

美国北卡罗来纳大学夏洛特分校地理与地球科学系

2017 年仲春

自序

本书选取占我国国土面积比重较大、国内外研究均较为薄弱的寒地为研究范围，利用我国历史悠久、传统村落样本数量多的优势特点，针对旱涝雪等特殊灾害类型千百年来所凝练形成的传统村落生态治水智慧，利用空间模拟、图谱分析及绩效评价，挖掘中国寒冷干旱地区传统村落“治水、节水、用水”空间模式及文化基因，与西方发达国家的现代雨洪管理体系及空间应对方法进行对比，总结东方语境下的寒地生态治水智慧理论框架及传统雨洪管理体系。应对学界、业界、管理界等不同界别人员和城乡规划、风景园林、建筑学、生态学等不同学科人员的需求，目前本书共形成以下几个特点：

一、基于我国寒地传统村落治水方略的大量调研与当代国内外对寒地治水研究的薄弱现状，尝试从现代西方到古代东方、从古城到传统村落、从温暖湿润地区向寒地的三大视角进行思辨，结合“以道驭术”的升维思考，提出“寒地生态治水智慧”与“传统雨洪管理体系”的理念，明确将“高可持续性”和“低维护度”作为寒地生态治水智慧的核心测度指标。

二、结合中国几千年大量样本的传统城乡实践案例，通过“图解”的方式提炼其中应对旱涝雪三灾所形成的低技术、低维护度、低冲击等特征的较稳定的高可持续性生态治水智慧与传统雨洪管理体系空间模式和知识体系，可供从事规划设计、施工和管理的工程技术人员参考使用。

三、依托中央财政部和教育部联合支持的吉林建筑大学“寒地城市空间绩效可视化评价与决策支持平台”，联合国内绩效评价领域的知名专家车越教授（华东师范大学）编写“绩效与评价”篇章，重点解析了主客观量化绩效评价方法及工具在生态治水智慧领域的应用案例，可为学界开展传统生态智慧研究的同仁们提供方法借鉴。

四、在“生态智慧同济宣言”之后的首个行动指南《生态智慧城镇之长白山行动纲领》的指导下，进行东方传统与西方现代生态实践案例的对比分析，并率先针对目前国内首个生态智慧城镇建设案例、生态智慧型城市设计案例、全国生态智慧实践大赛等进行深入的解读。以此为基础，提出生态智慧的“终生教育”理念，从“本科生教育”“执业资格培训”“管理者培训”“国际联合 Workshop”等方面详细阐述了培育生态智慧型公民的路径探索过程，可供高等院校城乡规划、风景园林、建筑学等专业的教师参考。

前言

本书是“十三五”国家重点图书出版规划项目《生态智慧与生态实践丛书》中的一本。本书从现代雨洪管理体系模式指导下城乡应对水患灾害的高技术、高成本、高维护度、低可持续性现象出发，对比中国传统村落几千年“道法自然”应对水患过程中体现的低技术、低成本、低维护度、高可持续性特点，进行认知视角转变和“以道驭术”的升维思考，尝试构建寒地生态治水智慧与传统雨洪管理体系的理论框架，并针对黄土高原地区、黄淮海地区和东北地区的 11 个典型传统村落案例的治水之术进行图解，凝练其中的治水之道。继而以高可持续性和低维护度为目标梳理了治水智慧多维绩效评价的方法、工具和实践案例。最后，从现代化转译、中国范式的语境重现和终生教育等方面阐述了我国生态智慧的传承路径。

本书共分为五章，包括：“认知转变 · 升维思考 · 概念生成——寒地生态治水智慧的理论框架”“村落分类 · 智慧图解 · 空间寻力——寒地传统村落生态治水智慧的图解与寻力”“现代转译 · 纲领响应 · 落地应用——寒地传统雨洪管理体系的现代城市实践”“价值解析 · 指标选定 · 绩效评价——生态治水智慧的多维绩效评价”和“语境重现 · 中国范式 · 终生教育——生态智慧语境重现与生态智慧终生教育”，是适用于城乡规划学及其相关专业本科生、研究生的教学参考书，也可作为高校教师开展本土生态智慧人才培养工作的课程选用教材。同时，也适宜于规划设计人员的阅读，为其提供寒地生态智慧城镇和寒地生态治水智慧的空间建设模式借鉴，并能够为规划管理界提供寒地生态智慧城镇的发展趋势和政策要点方面的启示。

本书各章节安排如下：

第一章为认知转变 · 升维思考 · 概念生成——寒地生态治水智慧的理论框架。本章节在反思现代雨洪管理体系在寒地城市“水土不服”的基础上，提出寒地海绵城市所应该进行的四大认知视角转变，继而提出寒地海绵城市的建设之“道”为“周而复始”的传统村落生态治水智慧。在此基础上，进行“以道驭术”的寒地海绵城市升维思考，并以此提出“寒地生态治水智慧”的基本理论框架与核心研究方法，从而呼吁学界、业界和管理界共同落实“寒地生态治水智慧”的新理念。

第二章为村落分类 · 智慧图解 · 空间寻力——寒地传统村落生态治水智慧的图解与寻力。本章节在阐述不同农耕文化与气候区对传统村落生态治水智慧的影响关系的基础上，依据综合农业区划进行村落横向分区，并依据山顶、山腰、山底和平原所面临的不同水灾害类型进行村落纵向分类。以此为基础，选定 11 个极具代表性的传统村落，对其中灵活多变的传统生态治水智慧进行图谱分析和治水智慧总结，为海绵城市建设提供科学的空间模式支持。

第三章为现代转译 · 纲领响应 · 落地应用——寒地传统雨洪管理体系的现代城市实践。本章节在对国内首个面向落地的生态智慧城镇实践指南《生态智慧城镇之长白山行动纲领》进行深入解读的基础上，通过传统村落生态治水智慧与现代海绵城市实践案例的对比分析，阐述传统生态治水智慧现代化转译的优势与适用性。继而对近代、现代和当代三个不同时间段内的典型生态智慧城镇实践案例进行深入解读，为国内其他城市开展生态智慧城镇实践提供路径支撑。

第四章为价值解析 · 指标选定 · 绩效评价——生态治水智慧的多维绩效评价。本章节在对生态治水智慧多维绩效评价的重要价值进行解析的基础上，详细总结和梳理了面向高可持续性和低维护度的绩效评价工具集，包括面向自然系统的生态与环境要素调查方法、面向社会系统的环境与景观认知访谈方法、面向复合系统的时空动态模拟预测方法，并结合具体的多维绩效评价方法的实践案例进行详细阐述。

第五章为语境重现 · 中国范式 · 终生教育——生态智慧语境重现与生态智慧终生教育。本章节提出生态智慧的“终生教育”理念，结合生态智慧研究与实践经验，开展针对社会各界、不同人群的终生教育，催生出更多中国传统生态智慧引导下的“借势 – 化害 – 趋利”的城乡生态实践案例，希望为我国“十四五”期间的生态文明建设工作提供样本支持及解决方案。

本书从开始动笔到最后完稿虽经反复斟酌和推敲以力求精益求精，但错漏之处仍在所难免，敬请读者不吝批评指正。研究团队的全体成员都以极大的热忱参与了调研、成果分析和写作工作，通过这一过程的锤炼，大家的专业素养都有了大幅度的提升。在本书即将付梓之际，请允许我借此机会对在此书出版过程中做出实际贡献的有关机构和个人表达真诚的谢意。

寒地生态治水智慧知识体系具备朴素而可持续的生态智慧哲学观及特征，更加具备与古城截然不同的、令人惊叹的低维护、低技术、低成本、低冲击等特征，对现代城市规划理论发展具有重要启示意义。本书希望通过将“口传心授”的经验性智慧转化为可量化、可图解的智慧策略，以此实现传统村落生态实践智慧在现代社会的活态传承与复兴，实现中国城乡规划理论的输出。如果本书能够为实现这样的目标做出些许贡献，笔者将感到由衷的欣慰。

赵宏宇 教授

吉林建筑大学建筑与规划学院

吉林建筑大学寒地城市设计研究中心

吉林建筑大学寒地城市空间绩效可视化评价与决策支持平台

2020 年夏

目录

第一章

寒地生态治水智慧的理论框架

1　概念生成

我国是世界上自然灾害发生广泛、灾种多样、灾情严重的国家之一，包括地震、干旱、洪涝、台风、风暴潮、寒潮、冷害、森林火灾、泥石流、烈性传染病等在内的多种自然灾害时有发生，其中最常见、影响范围最广、发生频次最高的灾害类型为洪涝、干旱等水患灾害，也是国内外及南北方、现代城市与乡村都无法回避的重要自然灾害[1]。根据中国天气网和国家气候中心所公布的《中国旱涝五百年（1470—2018）》数据显示，中国在这549年中没有一年未出现过大涝，且旱涝等水患灾害所造成的社会经济损失影响愈加严重，例如1965—1989年，旱涝等水患灾害所造成的年平均直接经济损失（2013年价格）为1192亿元，而1990—2013年，这一数字蹿升至3079亿元，增长了1.6倍。其中，旱涝等水患灾害造成的直接经济损失占自然灾害经济损失的比重最大[1]，例如2016年7月长江流域仅一次特大降雨形成的洪涝灾害，就造成高达506亿元的直接经济损失。旱涝等水患灾害出现的频次也越来越高，百年一遇水患灾害的重现期越来越短（图1-1），给城市带来的冲击力越来越大，造成了极大的人员伤亡和财产损失。

寒冷地区（本书特指《建筑气候区划标准》GB 50178—1993中的严寒地区和寒地的总和，以下简称“寒地”）的灾害给人的印象多是少雨、干旱，但我国寒地

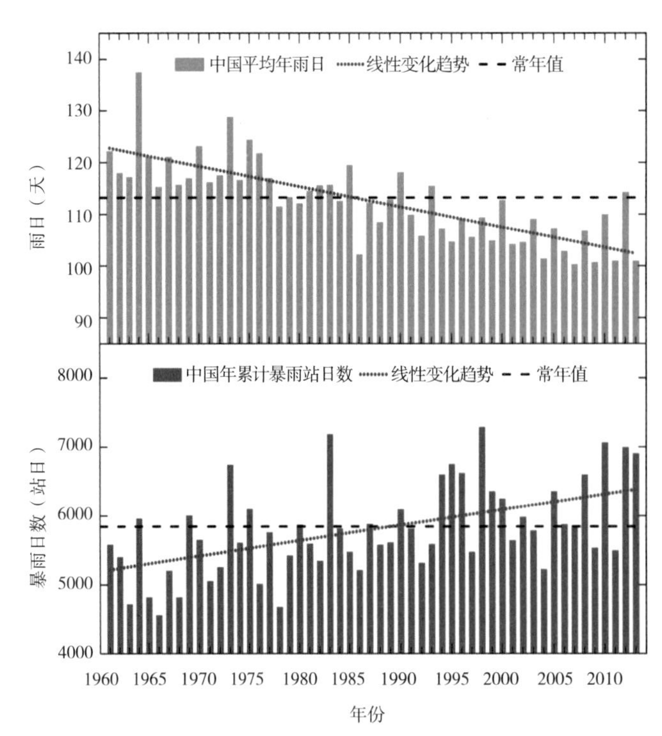

图1-1　平均年雨日显著减少和暴雨日数显著增加趋势图
（图片来源：国家气象科学数据中心．中国地面累年值日值数据集（1981—2010年）[EB/OL].
http：//data.cma.cn/data/cdcdetail/dataCode/A.0029.0001.html）

水患灾害的发生频次、量级、受灾规模等丝毫不弱于温暖湿润地区（本书特指《建筑气候区划标准》GB 50178—1993 中的夏热冬冷地区、夏热冬暖地区和温和地区的总和，文中以下表述同此处）。例如 1998 年松花江流域的特大洪水，造成全流域 1733.06 万人受灾，直接经济损失达 480 亿元。同时，从寒地发生的灾害类型来看，不仅仅有温暖湿润地区同样常见的洪涝灾害，还有寒地独有的严重的干旱、雪灾等水患灾害。

近年来，中共中央国务院高度重视生态文明建设 [2]、生态文明试验区建设 [3]、生态环境保护等 [4]，学界、业界和管理界也纷纷积极响应，探索城乡现代营建新范式，引入国际先进发展理念，提出了包括低碳城市 [5]、生态城市 [3]、智慧城市 [6]、韧性城市、无废城市 [7]、海绵城市 [8]、数字城市等在内的一系列相关城市模式及研究成果，如图 1-2 所示。

新型冠状病毒肺炎（Corona Virus Disease 2019，COVID-19）的全球性爆发，人类生存遭到了史无前例的挑战，给“主客二分”[9][10] 的现代营城范式敲响了警钟。因此，无论是从国际社会，还是从国内学界、业界和管理界，都不得不开始彻底正视人与自然的关系，关注人对大自然的破坏所引发的灾害后果。这一严重事件也促使学界、业界和管理界不得不反思，“现有的城市发展模式是不是健康且可持续的？”“何种营城范式才是真正高可持续的？”等问题。这也表明我国学者、设计师和管理者已经开始深刻反思“现有的营城范式是否还适合城市长久的可持续和健康发展？”。

从目前这些新理念的应用效果来看，虽然城市的基础设施建设不断完善、气象监测预报预警和气象服务能力持续提高，各部门防灾减灾水平提升，但城市在面临灾害时所表现出的脆弱性却更加明显，对于地震、干旱、洪涝、台风、风暴潮、寒潮、冷害等自然灾害的缓解作用效果不佳，也因此产生了更大规模、更高频次和更高程度的灾害损失。因此，我们注定要站在建筑学、城乡规划学、风景园林学等对营城范式有着深刻影响的学科发展角度，探索既有营城范式及其价值观转变的趋势，探寻真正能够实现中国城乡高可持续发展的路径，而相应的学界、业界和管理界人员都需要正视和反思此事，以期共同推动向高可持续城乡发展路径的转变。

图 1-2　城乡规划领域的前沿理论

既有的城市建设领域研究成果主要集中在温暖湿润地区，对于寒地关注度较低，在中国乃至世界该领域的研究都处在薄弱的状态。但关注寒地的相关研究成果较少并不等于寒地的问题不重要，特别是在与国际学者进行寒地问题的研究与教学交流中，能明显感受到西方学者对于此区域的兴趣，其生态治水智慧研究的内容与方法与温暖湿润地区有明显差异，应开展深入研究，并探索其独特的理论方法和应对措施。其原因，一方面在于现代雨洪管理体系模式具有高技术、高成本、高维护度、低可持续性的特征，另一方面在于寒地具有独特的灾害类型，不仅有洪涝和干旱，还有半年以上的冰雪、霜冻、冰雹等特殊灾害，温暖湿润地区以绿色基础设施为核心的工程性做法难以在寒地奏效。更为关键的是寒地所占面积比重大、城镇众多，如在中国有近 2/3 的国土面积处于寒地，放眼世界，寒地占比也超过全球面积的 2/3，有大量人口聚居在该区域。这些灾害给寒地营城范式带来的困扰，不仅在中国是难题，更是世界性的难题。

综上所述，从现代雨洪管理体系模式指导下城乡应对水患灾害的高技术、高成本、高维护度、低可持续性现象出发，为应对我国、特别是寒地典型的现代城乡的灾害问题，亟待转变营城思维方式，在现有营城范式基础上思考新的营城范式，改变以往“主客二分”的人地互动关系，脱离原有的仅仅依靠技术和材料进步的营城之“术”的思考，更快地进入“以道驭术”的升维思考层面，进行顶层设计思辨，从而实现对于灾害、尤其是水患灾害的源头控制，从根本上给予解决。

1.1 寒地城市水患应对反思：为何现代雨洪管理体系在寒地城市“水土不服”？

之所以对寒地进行反思，是源于寒地与温暖湿润地区城市截然不同的、独特的旱涝雪三灾（图 1-3）。特别是温暖湿润地区城市应对水患常用的绿色基础设施解决

图 1-3 寒地面临独特的旱涝雪三灾（作者改绘）
（图片来源：http：//image.baidu.com/）

策略在寒地城市严重“水土不服”，主要由于长达半年以上的冬季使得绿色基础设施在寒地难以发挥作用。从 2014 年 10 月住房和城乡建设部面向全国所有地区发布的《海绵城市建设技术指南——低影响开发雨水系统构建》等国家级应对水患的技术标准文件来看，其核心技术、措施和方法均来自于西方现代雨洪管理体系（如美国低影响开发、澳大利亚水敏感性城市设计等），多以绿色基础设施为核心落实海绵城市“渗、滞、蓄、净、用、排”的建设目标，并未针对中国寒地与温暖湿润地区之间的差异给出具体的差异化解决路径。因此，面对人口众多、占地面积广的寒地城市应对水患的理论与范式亟待有针对性的研究。

1.1.1 寒地城市的概念及特点

寒地城市（本书特指地处寒地的城市[11]）是根据城市所在地域的冬季气候特征所定义的一个比较笼统的概念，指因冬季漫长、气候严酷而给城市生活带来不利影响的城市。寒地城市具备以下三个特点：

（1）从地理范围来看，寒地城市所在区域的占地面积广。在 1986 年埃德蒙顿国际冬季城市论坛上，寒地城市的定义明确为“一月份平均气温低于 0 摄氏度且位于纬度高于 45° 地区的城市”[12][13]。由此可知，寒地城市泛指地理纬度较高的冬季漫长低温、气候严酷的城市[14]。世界范围内，约 70% 的陆地面积位于寒地，主要分布在北美、北欧、东北亚等地区，是世界各国不可忽视的重要区域。

针对我国，依据《建筑气候区划标准》GB 50178—1993 可知，我国寒地主要包括第Ⅰ建筑气候区、第Ⅱ建筑气候区、第Ⅵ建筑气候区和第Ⅶ建筑气候区，约占中国国土面积的 2/3（表 1-1）。中国的寒地城市主要分布于东北三省，西北地区的青、甘、新、蒙，华北地区的京、冀等地以及西藏等十几个地区。

中国寒地所包括的范围　　表 1-1

区名	主要指标	辅助指标	各区辖行政区范围
Ⅰ	1 月平均气温≤ -10℃ 7 月平均气温≤ 25℃ 7 月平均相对湿度≥ 50%	年降水量 200 ~ 800mm 年日平均气温≤ 5℃，日数≥ 145d	黑龙江、吉林全境；辽宁大部；内蒙古北部及陕西、山西、河北、北京北部的部分地区
Ⅱ	1 月平均气温 -10 ~ 0℃ 7 月平均气温 18 ~ 28℃	年日平均气温≥ 25℃，日数< 80d 年日平均气温≤ 5℃，日数 90 ~ 145d	天津、山东、宁夏全境；北京、河北、山西、陕西大部；辽宁南部；甘肃中东部以及河南、安徽、江苏北部的部分地区
Ⅵ	7 月平均气温< 18℃ 1 月平均气温 0 ~ 22℃	年日平均气温≤ 5℃，日数 90 ~ 285d	青海全境；西藏大部；四川西部、甘肃西南部；新疆南部部分地区
Ⅶ	7 月平均气温≥ 18℃ 1 月平均气温 -5 ~ 20℃ 7 月平均相对湿度< 50%	年降水量 10 ~ 600mm 年日平均气温≥ 25℃，日数< 120d 年日平均气温≤ 5℃，日数 110 ~ 180d	新疆大部；甘肃北部；内蒙古西部

（2）从人口规模来看，在寒地城市生活的人口众多。据统计，世界上至少 30 个国家位于地球北半部，6 亿以上的人口有着生活在寒地城市的经历[13]。这些城市主要分布在美国、俄罗斯、中国、加拿大、澳大利亚部分地区、斯堪的纳维亚半岛、冰岛、格陵兰岛、瑞士、日本以及中亚的阿富汗等国家，且大多数位于北半球高纬度地区[15]。

（3）从灾害类型来看，寒地城市面临独特的旱、涝、雪三灾。不同于温暖湿润地区，寒地地区城市最主要的气候特征是冬季漫长寒冷，再加上寒地城市夏季雨热同期且集中在 7、8 月份的气候特点，导致其在全年的不同季节面临非常典型的旱、涝、雪三灾。加上低温寒冷会对植物活性产生很大的影响，使植物生长期被大幅度地缩短，严重影响植物的生物活性，导致寒地出现干旱灾害的频次较高，旱涝急转的情况也频频发生[16]。

1.1.2 国内外对于寒地城市水患灾害的应对关注较少

在寒地城市一年中有将近 3/4 的时间绿色植物的生物活性丧失或受到极大限制（表 1-2），导致在寒地城市通过绿色植物作为主要元素和手段来建设海绵城市的效果大打折扣，收效甚微。现有生态化海绵设施在寒地的气候条件下会失效，或效益低下。因此，寒地城市在探索利用绿色生态手段的海绵型公共空间来建设海绵城市遇到了瓶颈[13]。

寒冷气候给 LID-BMP① 设施设计带来的挑战[14]　　表 1-2

气候条件	对 BMP 设计带来的挑战
较低的温度	管道冻结
	水塘 / 蓄水池结冰
	生物活性大大降低
	结冰期间水体氧含量下降
	沉降速度减缓
较深的冰冻线	冻胀危害
	土壤渗透性减弱
被缩短的植物生长期	培育植被的时间严重不足
	适寒的植物种类不同于温和气候
明显的降雪现象	融雪期间大量的地表径流
	高污染的融雪水
	融雪剂带来污染及其他危害
	雪管理可能对 BMP 存蓄空间产生影响

① LID-BMP: Low Impact Development——Best Management Practice.

（1）国际对于寒地城市特殊气候进行的水患灾害研究相对较少，主要以美国和加拿大基于最佳管理实践和低影响开发进行的气候针对性研究为主。如 Deb Caraco 和 Richard Claytor 在 1997 年为美国环境保护局编制的 Storm Water BMP Design Supplement for Cold Climates 计划研究了寒冷气候对 BMP 设施的影响[17]。

该研究通过实验对比的方法对植物在寒冷气候下的表现进行评估，得出的主要结论为：①低温会造成动植物生长期的显著缩短以及生物活性的显著下降；②寒冷气候下由于较低的空气温度，导致较深的土壤冰冻线；③低温条件下地表径流的主要来源为融雪，积雪中附着的空气、环境污染物会通过融雪径流造成较大的污染。

由于寒冷天气带来的变化对传统 BMP 和 LID 设施产生较大影响，这些影响主要包括：生物活性的大幅下降严重影响植物对水体的过滤和生物净化作用；土壤渗透性的下降；水结冰体积变大的冻胀效应；低温造成的沉淀速度变慢，削弱对水过滤和沉淀的作用。在得到这些结论的基础上，对传统 BMP 设施进行评估，评估结果显示，大部分基于绿色生态手段的雨水设施的运行效能都会受到较大的影响。新罕布什尔大学雨水中心（The University of New Hampshire's Storm Water Center）2007 年年度报告中已经详细测试了 LID 设施在新罕布什尔某区域冬季和夏季的使用效果，结果表明寒冷的气候状况大大影响生物滞留设施对水质的处理和水量的控制[18]。加拿大寒地城市埃德蒙顿在 2011 年发布的 Low Impact Development Best Management Practices Design Guide Edition 1.0 中探讨了 BMP 和 LID 在寒冷气候中的设计导则，同样得到寒冷气候对绿色植物生物活性的影响进而影响其对雨洪管理的效能[19]。

（2）国内应对水患灾害的理念、方法和建设实践，绝大多数都集中在气候温暖湿润地区，构建海绵城市的技术手段也多是利用绿色生态技术、绿色基础设施的理念。这种技术措施在气候适宜、动植物资源丰富的广大温暖湿润地区海绵城市的建设进程中起到了很好的实践效果，也为我国海绵城市理论体系的完善、相关政策、标准的制定做出了积极的贡献[20]。但是，由于气候的特殊性，我国广大寒地城市冬季寒冷且长达半年，大大缩短的日照时间压缩了植物的生长期，导致大部分植物较早进入了休眠期，休眠后植物的生物活性近乎丧失，基本失去了对水的生物净化、过滤功能。而土壤也因低温影响渗透性大大降低。基于这些原因，在寒地建设海绵城市无法直接照搬适用于气候温暖湿润地区以绿色基础设施为主的方法和模式，而目前国内并没有海绵城市地域化建设的相关理论和方法，这就导致了寒地在建设海绵城市时，面临着有法可依，但却无章可循、无理可据的尴尬局面，迫切地需要行之有效的解决办法。为此，近几年国内引入了诸多理念用以解决寒地城市的水患问题，如：

1）海绵城市，本质是改变传统城市建设理念，实现与资源环境的协调发展[21]。遵循的是顺应自然、与自然和谐共处的低影响发展模式，保护原有的水生态[22]。海绵城市对周边水生态是低影响的，海绵城市建成后地表径流量能保持不变[23]。

2）水适应性景观[24]，是人类社会发展与自然两相平衡的产物，是解决城乡建设与生态环境矛盾的重要途径。其内涵是多方面的，包括人类活动对气候、地形、水文等环境的适应。水适应性景观是指人类社会在不断适应和改造水生态系统的过程中，逐步形成的旱涝灾害防治策略等生态实践产物。从表现特征上主要包括城市与乡村在选址营建、城镇布局、院落建筑、农田水利等方面对水生态系统的适应性策略。

3）低影响开发[25]，也称为低影响设计，是指基于模拟自然水文条件原理，采用源头控制理念实现雨洪控制与利用的一种雨水管理方法。低影响开发的目标是尽可能维持或恢复某个开发区域开发前的水文特征，对于一些升级改造项目，低影响开发还可以作为改进型措施，降低改造区域径流流量、径流污染物负荷以及改造区域对受纳水体的影响。

4）水敏感性城市[26]，起源于西澳大利亚，用来描述一种基于水循环敏感性进行规划和设计的城市[27],最早在 20 世纪 90 年代的不同出版物中被提及。与此同时，一场以土地和水综合管理理念的趋势及国际化运动催生了澳大利亚的水敏感性城市[28]，以寻求更经济、更小环境影响的综合途径来管理城市供水、污水和雨水[29]。水敏感性城市通过整合城市规划设计与整个水循环的保护、修复和管理，来提高城市可持续性，同时提供和创造更加有吸引力的、人性化的生存环境[30]。

但是这些理念、方法、措施和技术大都以绿色基础设施为核心进行水患灾害的应对，难以适应不同气候区，尤其是寒冷气候区的需求[31]。

（3）海绵城市已在寒地有实践案例，且进入验收阶段，但依然以绿色基础设施手段为主。例如寒地海绵城市实践中较为突出的哈尔滨群力雨洪公园，为寒地少有的以绿色基础设施手段营造海绵城市的案例，已经取得了广泛关注。该设计利用场地原有的保留湿地，运用绿色生态的景观化手段营造了一个处于寒地城市的“绿色海绵”，对原有生态湿地的保护和城市片区景观的营造、生态环境质量的改善带来了良好的效益[32]。但如何回应绿色基础设施在寒冷气候中的适应性问题，以及冬季公园的雨洪净化、滞蓄效果，都是仍需解决的关键问题。从长远来看，其模式能否在寒地城市大范围实施值得商榷。

综上所述，寒冷的气候条件会对传统基于绿色生态措施构建海绵城市的作用效果产生较大的影响，导致其在寒地不能有效发挥对雨水的渗滤、净化作用。通过国内外海绵城市相关研究的综述可知，既有海绵城市的理论与实践研究很大程度集中在基于绿色基础设施的生态海绵手段上，形成了诸如雨水花园、雨水湿地等海绵型公共空间。但是对于冬季寒冷漫长的寒地城市来说，春秋季节温度偏低且温差较大，与温暖湿润地区全年温和的气候有着极大的差异性。秋冬季节大部分的绿色植物都逐渐枯萎凋谢，丧失生物活性。进入春季气温虽然逐渐回升，但整体温度仍然偏低，且较大的昼夜温差以及气候的不稳定性导致植物生长极为缓慢，只有短暂的夏季，绿色植物才能真正地焕发生机，发挥对雨洪的调节作用。

1.1.3 “三高一低”是现代雨洪管理体系在寒地城市“水土不服”的核心原因

现代雨洪管理体系在寒地城市“水土不服”的根本原因在于，其理论、方法、技术、措施等的制定和应用过程均是在“主客二分”的价值观体系下进行的，而这导致了寒地海绵城市建设过程的高技术、高成本、高维护度和低可持续性（三高一低）。

（1）西方“主客二分”价值观引导下的现代雨洪管理体系，难以真正实现低技术、低成本、低维护度和高可持续性。“主客二分”的价值观认为，一切理论是为人类自身生存和发展的需要所从事的改造外部世界和认识外界对象的活动服务的，人类改造外界对象的实践活动解决的是主体与客体的矛盾[10]。我国现代海绵城市规划的基本知识理论体系是基于现代雨洪管理体系知识而产生的，然而自2014年海绵城市相关政策公布以来，在我国的实际运用过程中成效甚微，众多城市出现严重的“水土不服”现象。此外，现代雨洪管理体系产生的高技术为城市带来高速发展的同时，却导致城市效率与可持续发展无法兼顾，给中国带来了一系列高维护度的成本及不可持续的发展问题，制约了城市效率和核心竞争力的发展[33]。

（2）现代雨洪管理体系的项目建设投资及维护成本极高。目前我国海绵城市建设已付出高额的投入（2015—2017年每个城市的规划投资平均规模约为80亿元），其数值已经远远超过住房和城乡建设部估算的资金投入。以美国“最佳管理实践（BMP）”为例，据美国环保署的统计，绿色屋顶、雨落管断接的成本较高，生物滞留设施因形式变化多样以及换土与穿孔收集管的使用等因素，成本变动幅度较大，其中维护成本方面，湿塘和潜流湿地的维护费用较高。此外，现代雨洪管理体系的海绵城市设施组成材料难以降解，可持续性低。我国现代海绵城市设施透水铺装、蓄水池、雨水罐、渗管/渠、生物滞留池等多采用沥青、水泥混凝土材料，其降解时间长且难以参与自然循环。以澳大利亚“水敏性城市”为例，其建设过程使用大量储水箱、溢流井等主动式的人工化设施，在短期内取得了较大成效，但从整个自然循环系统来看，这些设施因自身材料的限制无法参与到自然循环之中，且大量的主动式收集手段阻碍了自然水循环的完成，无法从根本上实现人与自然的和谐共生。反观我国寒地传统村落，其最基本的建设材料不外乎土、石、木、植被等，源于当地的自然环境而在最终废弃之时又很自然地回归到自然之中，构成周而复始的自然循环系统[34]。

1.2 “寒地生态治水智慧”与“寒地传统雨洪管理体系”的提出与定位

生态智慧思想是在生态学的基础上发展起来的，生态智慧城镇则是对生态城市的进一步探索和发展，是生态智慧思想在城乡空间层面的响应。

而寒地生态治水智慧，有别于现代雨洪管理体系，是从根本上解决寒地生态智慧城镇水患问题的传统雨洪管理体系。在找寻寒地城市水患问题解决途径的过程中，我们通过对于寒地大样本量的古代城市与村落调研发现，寒地传统村落在长期应对寒冷干旱的严峻气候过程中，凝练出一套独具特色的以村落为单元的完整民间生态治水智慧体系，沿用至今已经延续数百年甚至上千年，具有巨大价值。本书对其进行总结提炼，继而提出“寒地生态治水智慧”传统雨洪管理体系，是完全有别于温暖湿润地区，致力于应对寒地城市水患问题的解决途径。

1.2.1 生态智慧思想的发展历程梳理

从生态智慧学的发展历程可以看出，敬畏自然的生态智慧是实现城市与自然和谐相处、缓解人类对于自然破坏的唯一出路。

（1）生态智慧思想的起源：生态学

德国生物学家恩斯特 · 海克尔于 1866 年提出“生态学”概念，从此揭开了生态学发展的序幕。城市生态学是研究城市环境中生物及其相互关系和周围环境的学科。城市生态学也开始关注城市资源利用对区域生态系统的影响。一些“城市恢复生态学家”正在努力使退化的土地和水体恢复到更自然、更城市化之前的状态。但在一个由城市化定义的世界里，城市生态学的研究需要扩大其范围，它还需要解决城市对生物多样性、生物化学循环、水文和气候的日益深远的影响[35]。城市生态学需要超越其本土的视野，将其任务扩展到包括维持城市系统所涉及的所有领域。我们需要学习遵守生态学的规律[36]，正如巴里·布隆纳（Barry Commoner）在《The Closing Circle》[37] 中制定的生态四定律所暗示的那样：

1）物物相连（Everything is connected to everything else），所有生物都有一个共同的生态圈，影响生态圈的一个因素将影响到所有生物；

2）物有所归（Everything must go somewhere），自然界没有“废物”，也没有可以扔掉的“废物”；

3）自然善如（Nature knows best），一种特殊的物质从自然界中消失，往往是它与生命的化学不相容的迹象；

4）每有所得，必付代价（Nothing comes from nothing），开发自然总是要付出生态代价，这些代价是巨大的。

（2）20 世纪生态智慧思想的提出

生态哲思（Ecosophy）与生态智慧。1973 年，挪威学者阿恩 · 奈斯（Arne Naess）创造词根“生态智慧”，将生态智慧定义为一种生态和谐或平衡的哲学，其最终目的不仅仅是作出科学的描述、解释和预测，而且要给出指导行动的规范、规则、公设和价值观[38]。佘正荣（1996）认为，生态智慧不仅限于个人的哲思，还是社会或群体的价值观生态智慧和生态人文主义（即生态规律、生态伦理和生态美感有机统一）的价值观[39]，这标志中国学者首次将生态智慧思想引入中国。

（3）21 世纪生态智慧思想在中国的发展

生态哲思（Ecosophy）、生态良知（Eco-conscience）以及生态美学与生态智慧。邓名瑛（2003）认为，“生态良知是指人类自觉地把自己作为生物共同体的一员，把自身的活动纳入生物共同体的整体活动，并在此基础上形成的一种维持生物共同体和谐发展的深刻的责任感以及对自身行为的生态意义的自我评价能力”[40]。程相占（2013）认为，“生态智慧是个人对于人与自然和谐关系的哲思”[41]。

（4）21 世纪生态智慧思想在中国的完善

生态实践智慧（Ecophronesis）[42] 与生态智慧。生态智慧是生态哲思和生态实践能力的完美结合[43]，生态智慧是有效从事生态实践的知行能力[44]。现代学者针对生态智慧从不同角度进行了讨论（表 1-3）。沈清基（2013）认为[45]，生态智慧是人们对事物符合生态观点和生态规律的认识的结晶，是人们正确地理解和处理生态问题的能力。象伟宁（2016）认为[46]，生态实践智慧是个人、群体或团体在具体生态实践中做出正确（价值）判断并有效执行的双重能力[47]。王昕晧（2017）认为，生态智慧旨在统筹应用知识（包括生态知识与地方特性知识）和伦理准则指导行为。它不同于社会与生态二分法的系统观，而是把人与环境的和谐关系作为同一系统的特征[48]。卢风（2017）认为，生态智慧是在生态学和生态哲学指引下养成的判断能力、直觉能力和生命境界（涵盖德行）[49]。生态智慧与人的生命和实践“不可须臾离”。象伟宁（2018）认为，在包括生态规划、设计、营造、修复和管理五个方面内容的生态实践范畴内，生态智慧是个人、群体或团体基于对生态实践原错性、问题的非理性、实践过程试错和补过性的认知认同、精心维系人与自然之间互惠共生关系的契约精神，以及在这种精神引导下因地制宜、做出正确决断、采取有效措施从而审慎并成功地从事生态实践的能力[50]。颜文涛（2018）认为，在城乡生态规划与实施的实践领域中，探索生态智慧引导下的生态实践研究，可以帮助规划设计师深刻理解生态实践的历史呈现以及为何如此呈现，进而提出提升生态实践有效性的技术和政策路径，降低规划设计师主观上积极却造成客观上消极的可能性。王云才（2019）认为，生态智慧的目标是对城市生态系统的可持续发展提供保障，从一个整合的社会生态系统出发考虑城市

现代中国学者关于生态智慧的观点　　表 1-3

文献名称	作者	年份	主要观点（现代语境）
生态实践学：一个以社会—生态实践为研究对象的新学术领域	象伟宁	2019	生态实践学聚焦于社会—生态实践的认识与实践，并致力于其知识体系的系统化、理论化。在科学和人文的多重分支学科领域中，生态实践学凭借广泛的知识视角，深入探索社会—生态实践的本质，不仅服务于相关学科的实践，而且有助于深化其理论研究和教育教学
城市韧性研究的巴斯德范式剖析	汪辉等	2019	①生态实践智慧的首选研究范式——巴斯德范式。②更适合解决社会生态系统问题的舍恩 - 司托克斯模型
城市生态复兴	王云才	2018	美国伊恩 · 麦克哈格是应用“设计结合自然”的生态智慧建立了现代城市及社区发展的生态规划设计体系与生态决定论的城市发展观
生态智慧引导下的城市雨洪管理实践	王绍增	2016	生态智慧，是人类在与自然协同进化的漫长过程中（包括雨洪管理实践中）领悟和积累的生存与生活智慧
乡村聚落社会生态系统的韧性发展研究	岳俞余、彭震伟等	2018	①乡村聚落在人类与自然环境相互作用与影响的过程中，呈现为自然生态与人类经济生产、社会生活三个子系统互为一体的社会生态系统。②社会生态韧性是在生态韧性的基础上，随着对系统构成和变化机制认知进一步加深而提出的一种全新韧性观点
生态智慧与生态文明建设	卢风	2020	生态智慧是人在极度困难的情境中做对人和生态系统都正当和 / 或好的事情的能力，或者说是在极度困难的情境中成功从事生态实践的能力
如何应用“防患于未然原则”于社会—生态实践	王昕皓	2019	生态智慧作为智慧的一种，追求的是基于知识、经验和道德规范构建生态和谐的社会生态系统的能力。韧性思维促使我们关注发展以外的系统特性，承认对系统有威胁的灾害总会发生而且其发生的时间、地点、规模、频率等都是不确定或不可预测的。因此系统必须具备随时应对突如其来的灾害袭击、保障系统功能持续的能力
于家古村生态治水智慧的探究及其当代启示	赵宏宇等	2018	①低技术、低成本、低冲击、适应式、复合化等特征恰恰正是现代海绵城市规划与设计所追求的目标。②倡导以“东西方哲学传统”“城市与村落”和“传统村落生态治水智慧与现代城市雨洪管理体系”耦合，尝试从古代八大防洪方略的视角，解析传统村落的治水机制
中国北方传统村落的古代生态实践智慧及其当代启示	赵宏宇等	2018	①传统村落是我国仅存不多的古代生态实践智慧的鲜活载体，其中所蕴含的朴素而可持续的生态智慧哲学观对我国现代城市规划领域具有重要启示意义。②中国古代生态智慧的挖掘应重点关注传统村落；中国古代城乡营建中可持续思想的核心是“低维护成本”；中国传统生态实践智慧是实现从文化自信到文化输出的关键
城市生态修复的理论探讨：基于理念体系、机理认知、科学问题的视角	沈清基	2017	城市生态修复的智慧理论是一个具有丰富内涵的概念。对智慧的界定可从能力、结构、系统、关系、环境、心理与美德等多个方面着手
探索传统人类聚居的生态智慧——以世界文化遗产区都江堰灌区为例	颜文涛	2017	可持续的人类聚居模式应该是人—社会—自然的动态互惠共生模式，强调社会与自然系统相互作用的整体性和有机性，即强调共生（Symbiosis）和共栖（Commensalism）意义上的相互依存关系
适应水位变化的多功能基塘系统：塘生态智慧在三峡水库消落带生态恢复中的运用	袁兴中	2017	在传统农耕时代，塘与人们的生产与生活紧密相关。这些塘系统发挥了储蓄水分、控制雨洪、净化污染、调节微气候、提供生物栖息地等多种生态服务功能
生态智慧视野中的洪灾问题	程相占	2016	生态智慧是在协调生态系统与人类福祉之间相互关系的过程中，以最少人工投入赢得最大生态效益的智慧
发挥河网调蓄功能 消减城市雨洪灾害——基于传统生态智慧的思考	车越	2016	河网水系是我国关键的生态廊道和自然生境，具有重要的自然调蓄功能和社会文化功能

发展目标与现状生态问题之间的矛盾和联系。汪辉（2019）认为，生态智慧作为基于生态理论与实践的哲学，能够为人与自然的关系提供巧妙的协调。

象伟宁在2019年正式提出“生态智慧学”理论[51]，他认为在生态实践的范畴内，生态智慧是个人、群体或团体在生态实践中，善致良知、有效地从事生态实践的能力，包括：第一，认知、认同和妥善应对生态实践原错性、实践问题非理性、实践过程试错和补错性的能力[52]；第二，精心维系人与自然之间互惠共生关系、悉心营造人与人之间和睦共赢关系的能力；第三，因地制宜、与时偕行、以道驭术、审慎从事生态实践的能力[38][53]。

（5）水生态智慧理念

沈清基认为[54]，水生态智慧是将“水”与“生态智慧”融合后产生的生态智慧类型，是人类与水共生的精华与结晶，是保证水安全的重要基础，也是“生态智慧”思想中的重要分支之一。水生态智慧与生态实践相结合，能使诗意栖居在水环境方面得到完美实现。水生态智慧包括三个方面，即生态性、诗意性和智慧性。水的生态性指其具有生态服务功能；水的诗意性指其具有的喻象性、殊相性和美学性；水的智慧性指其具有利他而自利（获得长久的存在和价值），灵动、兼容、张力、韧（弹）性、“循理”、“轮回”与“积存”的智慧等。许多精神文化遗产都从水中汲取了智慧。水生态智慧是生态智慧的重要组成部分，其核心是人，其终极目标则是趋向自然的利和趋向人的利[54]。

1.2.2 中国古代生态智慧学思想及流派

“天人合一”是古代人生态智慧。天人合一从政治学、哲学、思想与历史文化的研究也走向了与老百姓的生产、生活相结合的道路，诞生了天人合一与医学、天人合一与军事、天人合一与气象、天人合一与农业、天人合一与人生等方面的专著。天时、地利、人力相统一的三才论（天、地、人）是农业生态思想；《齐民要术》《淮南子》《陈敷农书》《王祯农书》及《天工开物》等专著是古代农耕时代天人合一的重要著作；中国的历法、春节、二十四节气、闰年闰月是生产生活的重要生态智慧；易经、堪舆、葬经是时空全息学，生即是死，死即是生，生死一体是重要的人生哲学与生态智慧。天人合一属于古代人的理想主义，是自己身心关系、人与人关系、人与天关系的美好愿景；天地人神合一，气场与生命、气的精神、气的生命、气息、气场、气韵生动；天人合一是一种生态，一种欣欣向荣的健康时空状态。

中国古代的生态智慧关于“天人合一”思想的论述体现在儒家的“天人一体”“性天相通”“天人合德”等观念中，也体现在道家的“道法自然”“万物并生”等观念中，还存在于佛家的“法界一体”“依正圆融”等观念之中。

（1）墨家思想中的生态智慧。主要体现在三个方面，一是如何对待生态万物中的“人”，墨子主张生态人文，即“兼爱”。二是如何对待生态万物中的“物”，墨子主张生态消费，即“节用”。三是如何才能实现其生态智慧，墨子主张生态法制，即“法仪”。

（2）儒家思想中的生态智慧。体现在其“天人一体、性天相通、天人合德”的观念中。在中国传统儒家看来，天人是一体的，上天之德是仁德，仁德的本质是生生不息，它生物成物，正是凭借上天之仁，生成了万物与人类，即人性源于天。所谓“天生烝民、有物有则”，天赋予人以人性，人性中包含着“仁、义、礼、智”诸德的可能性。因此，人类应该珍惜、保有和扩充上天赋予我们的德性，充分使其外显。我们只有不断扩充上天给予的德性，才能通过知人之性，进而知天性、知天地之仁德本心；也只有通过扩充人之德性，才可以明了天地以生生不息之仁德化育世界的真相，才可以理解天人合一、天人合德的来由。

对于人类而言，只有通过不断日新其德、提高德性修养，才可以彰显天地仁德流行不息，知晓天人的德性一致，从而参赞天地之化育，与上天之性命相符，最终达天德，即“与天地合其德”，成就不朽的圣贤人格。因此，从儒家的视角来看，人与自然在生成论与德性论上是一样的，天地之仁让人与万物一体相连，人类只有扩充本有的德性，保有仁义之德，推己及人、由近及远、由人及物，才可能仁民爱物，保持与天地万物的和谐一致，和谐共生、生生不息。

（3）道家思想中的生态智慧。重要的有两点，一是天道即人道，即“天地万物，物我一也”；二是“生而不有，为而不恃，功成而弗居”[55]。上天自然“无为、不言、不争、处下、容纳”。人道与天道通过互动，以无为而无不为的追求来达到人与自然的和谐相处。从天人合一的角度来看，主要表现为“道法自然”“万物并生”的观念。在老庄道家、甚至后世道教的观念中，道是其最根本、最重要的观念。道是生成世间万物的源头以及世间万物生成变化所依循的理据。由于世间万物都是由道而生，因此，以道观之，万物是齐一的、并生的、无差别的。道生成化育万物因循自然，不勉强而为，道无为而又无不为，道虽生成万物而不自恃居功，道虽无处不在而又自然而然。在道的意义上，天地万物、包括人类及一切其他存在都是因道而生。人类只有体道因循，在天人之际无为而治，依天道而成人道，从而合于大道，方可长生久视，得道超脱。因此，从道家的视角来看，人类应该尊重自然万物的自性与本来面目，不能强加干涉和改造，我们要摒弃人类各种有害的欲望，少私寡欲，返璞归真，回到本初，方可得道长存。

（4）佛教思想中的生态智慧。关于“天人合一”观念的论述体现在其“法界一体”“依正圆融”等观念中。佛家提倡的“缘起性空”观念是佛教对整个宇宙和世界起源的基本看法，正是由于世间万物是由于因缘和合而生，因缘具足则生，因缘散尽则灭，主因和助缘是事物生成变化的两个重要方面。因此，世间万物在生灭的意义上本性为空，并无高下之分，从事物之间互为因缘来看，又是相互依赖、不可分离的，是为法界一体，依报和正报是相互关联、互相依恃的，是所谓依正圆融一体。因此，佛教徒只有依缘起性空等佛家揭示的佛理，持戒修行，坚持众生平等，参透世界生成变化的幻有和空性，进而达到不动不变、不生不灭的真如之境，从而涅槃重生，跳脱生死轮回。因此，从佛家的视角来看，有情众生具有相似性和共同命运，人与自然万物是相互依赖、相互制约的，人与万物是平等的，我们应该尊重所有生命及非生命存在物，只有这样人类才能持续存在。

1.2.3 生态智慧思想的空间响应——“生态智慧城镇”

为了辨析生态城市、绿色城市、低碳城市、智慧城市、韧性城市等不同城市发展概念的特征，继而为明确生态智慧城镇的定位提供支撑，本书基于 Cite Space 科学知识图谱软件，在知网上以关键词为目标进行检索，对被引用次数前 200 篇文章进行计量分析。基于对分析结果中“关键词”的高频词汇共现结果和高频词汇的时间序列分析图谱进行分析（图 1-4），可以进一步得出生态城市、绿色城市、低碳城市、智慧城市、韧性城市等不同城市发展概念之间的不同，为“生态智慧城镇”理念的溯源和定位提供支撑。

研究发现，生态智慧城镇是对生态城市的进一步探索和发展，生态智慧城镇的最典型特征是高可持续性和低维护度，并强调回馈自然，生态服务和服务生态并举（图 1-5）。1971 年，联合国教科文组织在第十六届会议上，提出了“关于人类聚居地的生态综合研究”“生态城市（Ecocity）”的概念开始进入人们的视野。但到目前为止，由于生态学和城市问题本身的复杂性，关于生态城市的探索有很多，还没有形成一个统一的方向。

为此，在生态智慧思想的启发下，2018 年 7 月 24 日，由作为国内生态智慧及生态城市研究领域引领者的同济大学领衔，经吉林建筑大学筹办，在吉林省长白山发布《生态智慧城镇之长白山行动纲领》[56]，在生态城市的基础上提出了“生态智慧城镇”的定义：

生态智慧城镇是在生态智慧引领下，顺应城镇发展规律，利用综合手段构建人类与自然和谐共生的城镇发展模式，是积极应对我国未来人口资源环境的总体状况、城镇化发展趋势、经济发展中“三大变革”（质量变革、效率变革、动力变革）所面临的机遇和挑战的重要举措。

而生态治水智慧，是生态智慧城镇从根本上解决水患问题的传统雨洪管理体系。“生态治水智慧”传统雨洪管理体系的提出受到了“再生城市（Regenerative Cities）”理念的启发。“再生城市”理念是在 2010 年，由国际城市规划学会在世界

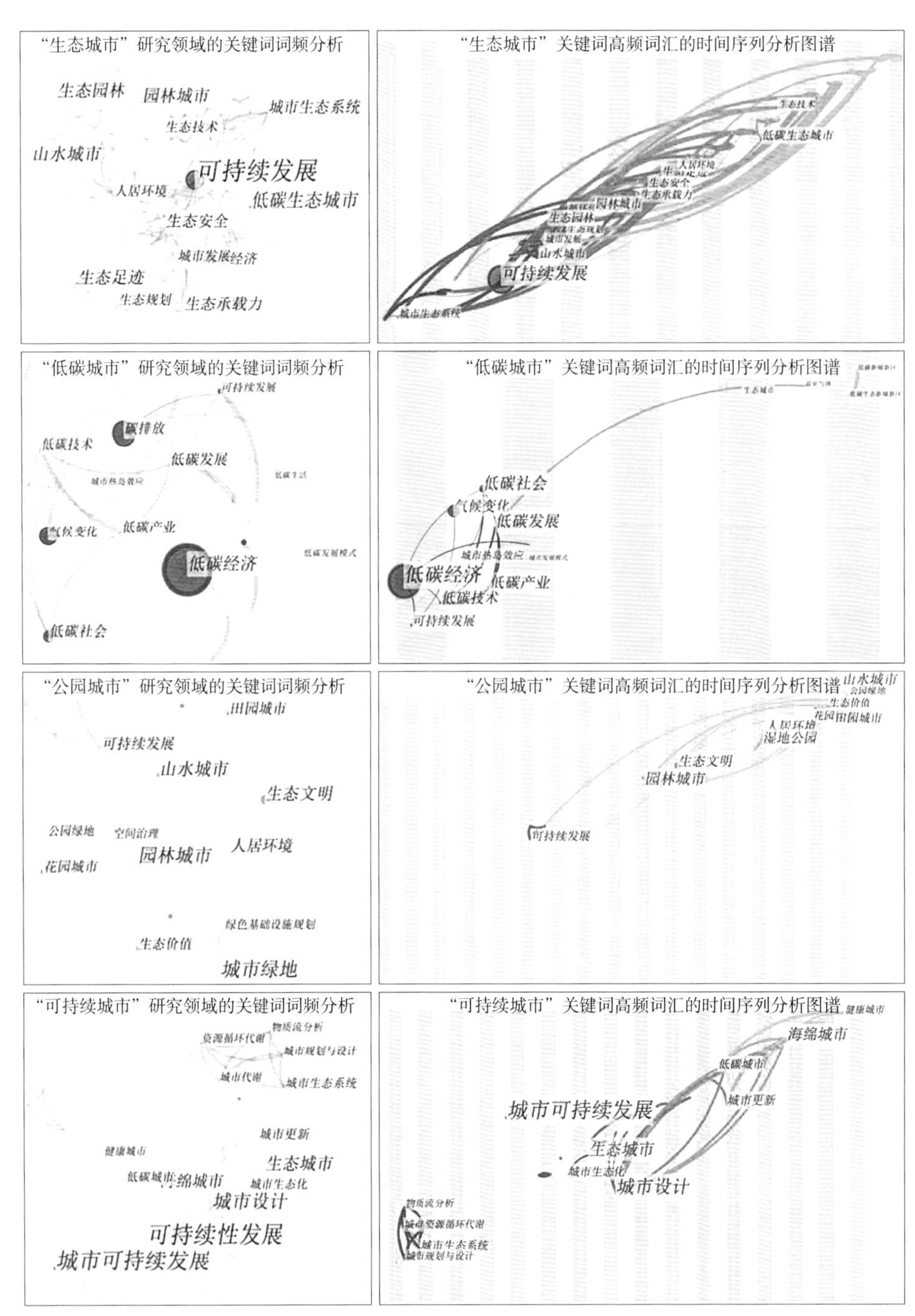

图 1-4　基于 Cite Space 城乡规划领域前沿理论相关关键词的科学知识图谱分析

未来理事会（World Future Council）的报告中提出[32]。再生城市的概念比可持续性的概念更进一步：它侧重于城市中人与自然、城市系统与生态系统之间的联系[57]，是为了解决人类对世界生态系统造成的破坏，而不仅仅是可持续的城市发展，它强调回馈自然，而不仅仅是向自然索取[58]，在人类与世界生态系统之间保持一种积极主动的关系，在利用自然收益的同时，培育自然的活力和丰饶。

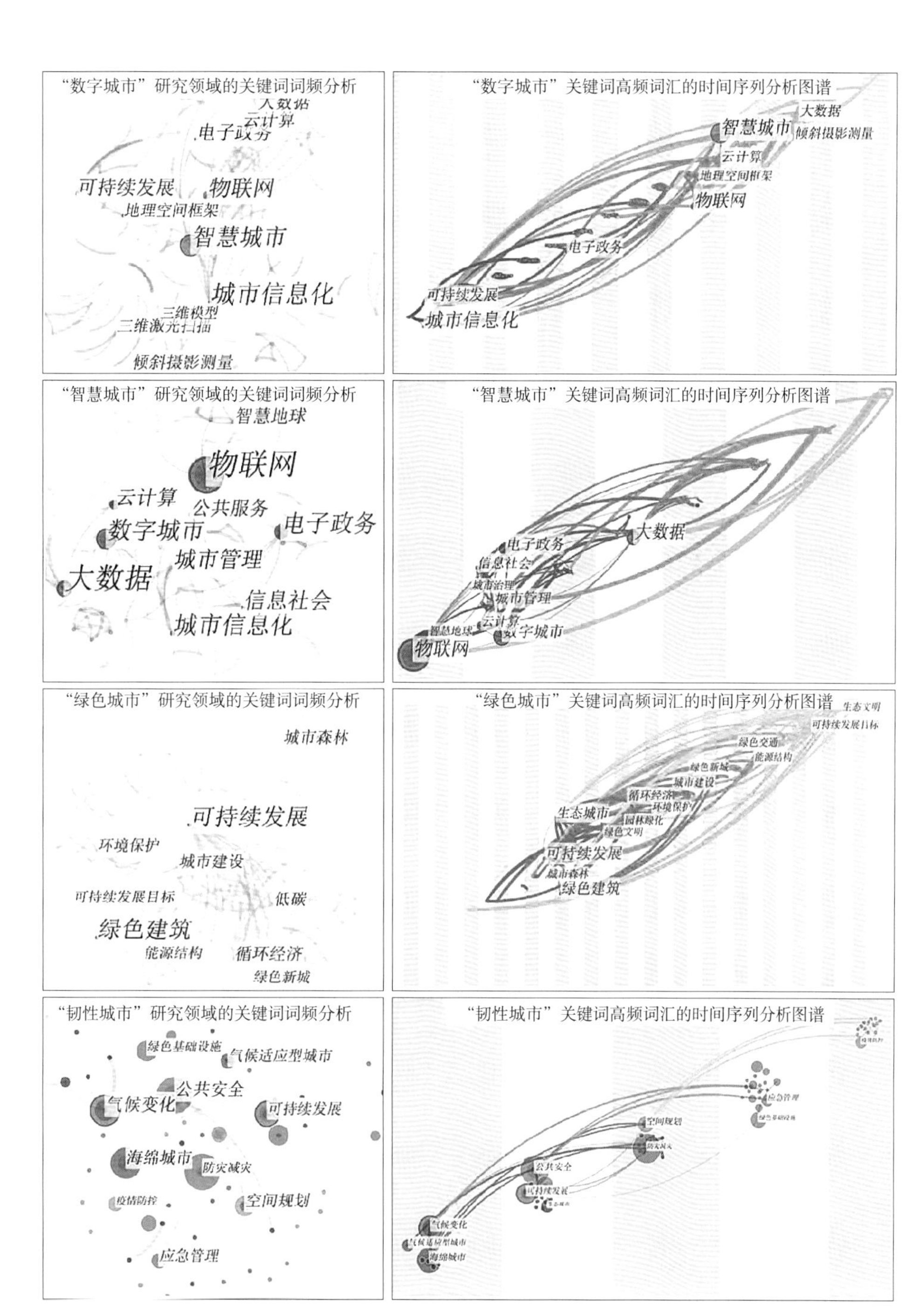

图 1-4　基于 Cite Space 城乡规划领域前沿理论相关关键词的科学知识图谱分析（续）

1.2.4 “寒地生态治水智慧”与“寒地传统雨洪管理体系”的提出

在中国寒地缺乏雨洪灾害管理系统理论和实践支撑的前提下，对中国传统村落相关雨洪灾害治理经验进行梳理和认识是当务之急。不同于国际现代雨洪管理体系[59]，寒地传统雨洪管理体系专门应对水灾害（最常见、最广泛和最频繁的灾害类型），是

图 1-5　寒地生态治水智慧的定位

“寒地生态治水智慧”在生态智慧城镇与乡村中的具体体现。寒地生态治水智慧的提出，是在响应中共中央国务院加强生态文明建设的精神指引下，在“天人合一”“道法自然”和“周而复始”的中国传统生态智慧价值观传承下，受国际城市规划学会力推的“再生城市”理念启发下形成的，是落实“生态智慧城镇”发展新范式的关键途径。

（1）生态治水智慧的定位

习近平生态文明思想根植于中华文明肥沃的文化土壤和卓越的生态智慧，是对人与自然关系规律的科学总结，是真正的生态智慧之道。

生态智慧城镇是生态智慧思想引导下的城乡生态实践空间响应的主体。

生态治水智慧根植于传统生态智慧，是千百年来人与自然协同发展过程中城乡生态实践的治水之道。

传统雨洪管理体系与现代雨洪管理体系相对应，是生态治水智慧在生态智慧城镇与乡村中治水方略的具体体现，是服务于生态智慧城镇与乡村的治水之法与治水之术，包括理念方法、理论技术、法规政策和管理机制。

（2）寒地生态治水智慧与寒地传统雨洪管理体系的定义

寒地生态治水智慧与寒地传统雨洪管理体系之间是“象（Image）”与“形（Form）”[60]的关系。

寒地生态治水智慧（“象”Image），是指中国寒地的城乡居民在长期与环境相互作用过程中，经过长期的试错探索和实践，积累起来的一整套借势 - 化害 - 趋利的生态治水之道。它强调生态服务和服务生态并举，在强化生态系统服务功能的同时，重视回馈自然并培育自然的活力和丰饶。

寒地传统雨洪管理体系（“形”Form），是指生态治水智慧在中国寒地传统村落中治水方略的具体体现，包含理念方法、理论技术、法规政策和管理机制，是秉承尊重自然、顺应自然、天人合一的哲学观，基于规避灾害、治水、节水、用水的传统村落低成本、低影响的规划和设计理念，这种治水智慧为寒地传统村落在多灾的气候条件下农耕文明的延续提供了核心支持，也是诸如由节水和用水引发的“不灌而治”“禳灾”“掘井而饮，赖池而聚”“水井制度”等社会行为、文化和艺术现象的归属和载体。

本书所指“寒地传统雨洪管理体系”，是“寒地生态治水智慧”在生态智慧城镇与乡村中的空间响应。

（3）寒地生态治水智慧的构成

本书当中对于“寒地生态治水智慧”的研究主要从宏、中、微观尺度方面开展，宏观层面为通过村落选址、“三生空间”的布局所形成的水安全格局；中观层面为依托道路系统、公共空间系统等形成的排蓄空间体系；微观层面为具体的治水设施和做法以及相应的管理原则等。

2 认知转变

真正的可持续发展应该是顺应自然，而不是挑战自然。从高技术、高成本、高维护度、低可持续性（三高一低）转向低技术、低成本、低维护度、高可持续性（三低一高）是实现现代城乡可持续发展的核心所在。为此，需要从以下三个视角进行认知转变。

2.1 视角转变一：从关注现代西方“主客二分”价值观转向关注古代东方“道法自然”价值观

相较于西方人与自然“主客二分”的价值观，我国古代东方“道法自然”哲学观核心思想是天人合一，强调人与自然统一，人与自然交融和谐的高远境界（表 1-4），更具备实现低技术、低成本、低维护度和高可持续性的优势。在人与自然的关系上，西方“主客二分”价值观高度弘扬人的优越性，大举向自然进攻，以发展先进的科学技术作为人统治自然的工具，形成人统治自然的文化，不断加剧人与自然的分离、对立和冲突。

东西方价值观的特征对比[30]　　表 1-4

	东方价值观	西方价值观
核心思想	天人合一	人与自然的“主客二分”
思维方式	强调整体性思维和经验性思维	强调分析性思维和理性思维
人与自然的关系	人与自然统一	高度弘扬人的优越性
人与人的社会关系	以社会、家庭为中心，强调整体与和谐	以个人为核心，强调理性与斗争

2.1.1 “三高一低”的现代西方营城范式在生态文明时代逐渐失效

现代西方“主客二分”哲学观引导下的城乡建设具备高技术、高成本、高维护度、低可持续性特征（表 1-5），在生态文明时代的现代城市建设中已越来越失效。现代城市的建设史仅有百余年，但因在“主客二分”的理念下进行城市建设而损坏了城市的自然循环状态，也由此带来内涝、干旱、热岛、空气污染等一系列问题，针对这些问题，“水敏性城市”“低碳城市”“生态城市”等众多城市新发展模式应运而生，以追求人与自然的和谐相处。但这些理念和做法大多具备高技术、主动式、设备自身不可循环等特征，没有从根本上融入自然循环中[31]。

东西方不同价值观引导下的不同城乡建设案例的对比　　表 1-5

	西方现代城乡空间	东方古代城乡空间
材料	人工生产的沥青、混凝土为主	自然界的草、木、石为主
降解时间	150 年以上	3 ~ 10 年
自然循环	不可参与	可参与
可持续性	低可持续性	高可持续性

2.1.2 “三低一高”的古代东方营城范式体现出真正的高可持续性特征

反观东方“道法自然”哲学观引导下的城乡建设具备低技术、低成本和低维护度的特征（图 1-6），无论是从数量上还是延续时间上都体现出真正的高可持续性特征。正如中国古城、古村已保留完好上百年，就地取材构筑的雨洪设施直至目前仍在良好运转，据记载很少发生城市问题。例如都江堰水利系统历经两千多年，至今仍发挥着巨大的作用，通过无坝引水工程的水利系统为人们提供了一个高度融合生态、生产生活过程并存的聚居空间[61]。丽江古城作为世界文化遗产，采用本土化的材料构建了具有冗余度的调蓄系统，极大地增强了城市承洪能力[62]。此外，在对我国一百余个传统村落进行研究的过程中发现，“低维护成本”是保障较低人力物力耗费条件下生态实践智慧长久、良好运转的关键所在。因此，我国城乡营建的可持续思想的重心应当从重视“高技术、高成本、高维护度和低可持续性”转向重视“低技术、低成本、低维护度和高可持续性”。

图 1-6　现代西方与古代东方城乡建设特征对比（作者改绘）
（图片来源：http：//image.baidu.com/）

2.1.3　传统村落生态治水智慧与现代城市雨洪管理体系的特征对比

与西方现代城市雨洪管理体系更加强调对自然的主动性改造相比（表 1-6），已有上千年历史的中国传统村落生态治水智慧具备"全面性地适应自然，让自然做功""低技术与低成本""多种功能的整体化和复合化""重视人的行为参与"等特征[63]。对其进行挖掘，将对当代海绵城市建设有极大的启示作用。例如吴庆洲先生在《中国古城防洪研究》中将我国古城防洪治水的经验总结为"防、导、蓄、高、坚、护、管、迁"八条方略[64]，不仅以"适应式"满足了海绵城市的"六字方针"需求，同时更加灵活而弹性[30]。但随着中国城镇化的推进和传统生存方式的变迁，中国城

传统村落生态治水智慧与现代城市雨洪管理体系的特征总结[14]　　表 1-6

	传统村落生态治水智慧	现代城市雨洪管理体系
核心思想	适应式——全面性地适应自然，让自然做功	主动式——主客二分，对自然进行主动性改造
技术特征	低技术、低成本、低维护度、高可持续性	高技术、高成本、高维护度、低可持续性
	多种功能的整体化和复合化	不同功能的独立化和专业化
	重视人的行为参与	缺乏人的行为参与
	完全的分散式	从集中式转向重视分散式
绩效	历经百年甚至千年仍安然无恙，存活至今	不足百年的历史内，逢雨必涝，生命和财产损失严重

乡文化也发生了较大变化，正面临前所未有的文化冲击，以农耕文明为基础的传统城乡营建知识体系与传统生态智慧正遭受着市场经济的影响和现代技术的冲击，打破了传统城乡空间整体人文生态系统的平衡，造成了传统生态智慧逐渐淡化的窘境。

综上所述，现代城市和乡镇如果想实现真正的可持续发展，就需要向中国古代东方“天人合一”“道法自然”和“周而复始”的价值观进行学习，但从目前我国现代城乡规划领域的教学体系所使用的教材来看，关于中国东方价值观的教育内容还非常缺乏，亟需从关注现代西方“主客二分”价值观转向关注古代东方“道法自然”价值观。

2.2 视角转变二：从关注古城转向关注传统村落

2.2.1 传统村落生态实践相较于古城的优势解析

中国古代生态实践智慧的精髓在于其道法自然的做法历经千百年的可持续考验而依然运转良好。而从传统村落生态实践与古城生态实践的特征对比来看（表 1-7），传统村落生态实践相较于古城具备以下特点：

传统村落生态实践与古城生态实践的特征对比[32] 表 1-7

	传统村落生态实践	古城生态实践
核心思想	天人合一为主，全面性地依附于自然	主客二分为主，对自然进行主动性改造
实践数量	数量众多	相对较少
实践规模	规模小	大规模工程开始出现
建设思维	地域化	标准化
空间职能	以生活和生产为主	以军事、政治和经济为主
传承方式	无人记载，口传心授	专门的史官进行记载
技术特征	分工较少、耗费较少的人力物力	分工明确、耗费大量的人力物力

（1）传统村落的实践样本数量占优。目前已纳入中国传统村落名录的村落数量达六千八百余个，但我国较为知名的古城却仅不到 100 个，而古城中至今能够保存完好且良好运转的更是少之又少。两相对比之下，传统村落在样本数量方面占绝对优势。

（2）传统村落具备全面性地依附于自然、低技术、低成本、低维护度和高可持续性的特点。与现代城市类似，古城也具备充足的人力物力，具备挑战自然的能力。而传统村落的人力物力均不足，无力挑战自然，呈现出全面性依附于自然的特征（图 1-7）。

因此，传统村落生态实践智慧更加具备与古城截然不同的、令人惊叹的低技术、低成本、低维护度、高可持续性等特征，是探究中国古代生态实践智慧的重要组成。

图 1-7　古城与传统村落的对比（作者改绘）
（图片来源：http：//image.baidu.com/）

2.2.2　传统村落生态实践相较于古村落或历史文化名村的优势解析

选择传统村落，而非古村落或历史文化名村的原因在于：

（1）传统村落相较于古村落和历史文化名村，具有完整性，其生产生活方式得以延续至今，且其丰富的治水空间至今仍在良好运转。而历史文化名村则指的是有价值的历史文物较多，或具有历史意义以及革命纪念意义的村落。

（2）传统村落的样本量极大。自 2012 年 12 月，住房和城乡建设部等部门公布第一批中国传统村落名录以来，截至 2019 年国家已发布五批次共计六千八百余个传统村落，其中 50% 以上位于寒地，为开展寒地生态治水智慧的研究提供了大量的样本支撑。

2.3　视角转变三：从关注温暖湿润地区转向关注寒地

在对我国黄土高原区、黄淮海区、东北区等寒地与珠三角等温暖湿润地区近两百个传统村落进行调研对比分析的过程中发现，寒冷干旱地区传统村落形成了有别于温暖湿润地区的系统性生态实践智慧，值得重点关注。

2.3.1　寒地传统村落面临更加多元且频发的旱涝雪三灾

寒地在 1~4 月以及 11 月和 12 月主要面临冻害和雪灾，5 月、6 月、9 月和 10 月主要面临干旱灾害，7 月和 8 月则主要面临洪涝灾害。因此，对于多种灾害急转变化的适应过程，使得寒地传统村落相比温暖湿润地区，其生态治水智慧更加具备高可持续性和低维护度的特点。

2.3.2 寒地传统村落的生态治水智慧与温暖湿润地区截然不同

由于气候特征的差异（表 1-8），寒地传统村落在应对旱涝雪三灾过程中，所形成的生态治水智慧与温暖湿润地区截然不同（表 1-9），其使用材料、施工工艺和建造模式也与温暖湿润地区迥异。其原因在于寒地的自然本底条件要明显弱于温暖湿润地区，且较长的冬季使得植物的生长期大大减少，寒地传统村落由于需要在绿色基础设施缺乏或无法运转的条件下实现对旱涝雪三灾的应对，因而形成了区别于温暖湿润地区的灵活而弹性的生态治水空间模式。

寒地与温暖湿润地区的气候特征对比[15]　　表 1-8

	寒地	温暖湿润地区
气温	较低的温度	较高的温度
降水	雨量较少，且集中在 7 月、8 月	雨量充沛
冬季土壤冰冻情况	较深的冰冻线	土壤全年无冰冻情况
植物生长期	被缩短的植物生长期	较长的植物生长期
降雪情况	明显的降雪现象	几乎无降雪

寒地与温暖湿润地区传统村落生态治水智慧的特征对比[15]　　表 1-9

	寒地传统村落生态治水智慧	温暖湿润地区传统村落生态治水智慧
灾害类型	干旱与洪涝交替	洪、涝为主
治水目的	排蓄一体，蓄为主	排蓄一体，排为主
治水设施	以井、窖等非生态型治水设施为主	以水系、基塘等生态型治水设施为主
绿色基础设施运转状态	冬季无法发挥作用	常年运转良好
绩效	历经百年甚至千年仍安然无恙，存活至今	

综上所述，从寒地应对水患灾害的既有研究来看，关于寒地传统村落生态治水智慧的研究相对较少，但不关注、少关注寒地的生态治水智慧并不等于其不重要。寒地约占据我国国土面积的 2/3，面临极为独特的旱涝雪三灾，亟需结合大样本量的传统村落生态实践案例，针对“寒地生态治水智慧”进行研究。

3 升维思考：“以道驭术”

从现代雨洪管理体系模式指导下城乡应对水患灾害的高技术、高成本、高维护度、低可持续性现象出发，对比中国传统村落几千年道法自然应对水患过程中体现的低技术、低成本、低维护度、高可持续性特点，在进行三大认知视角转变的基础上，还需要进行寒地生态治水智慧的“以道驭术”升维思考。前文的相关论述，大多集中在“术”的层面，缺少在“道”层面的论述，因此需要“以道驭术”，从顶层设计层面探索解决寒地城市水患问题，而不仅仅是末端控制。

3.1 理念升维：由关注工程设施升级为关注顶层设计

从现代已有的城市水患灾害应对措施来看，大多数试点城市仍然将管廊、井、罐等市政设施作为水患灾害应对的重中之重，并没有真正做到从规划引领、源头控制的角度来思考水患灾害的消解问题，也因此在面对 2016 年 7 月的特大暴雨时出现了接近一半的海绵城市建设试点城市发生内涝的窘境。因此，需要从关注工程设施转向关注顶层设计，真正从营城理念上实现对寒地城市旱涝雪三灾问题的解决。

3.2 维度升维：由关注生态系统升级为关注社会—生态的综合维度

必须从生态系统的可持续发展转向实现生态和社会系统两者皆有的城乡再生发展，而重新审视和挖掘中国古代城乡聚落处理人与自然关系的方式，是确立对中国生态治水智慧实践成果的自省、中国生态治水智慧理论的自觉以及对中国生态治水智慧的自发的关键所在（图 1-8）。

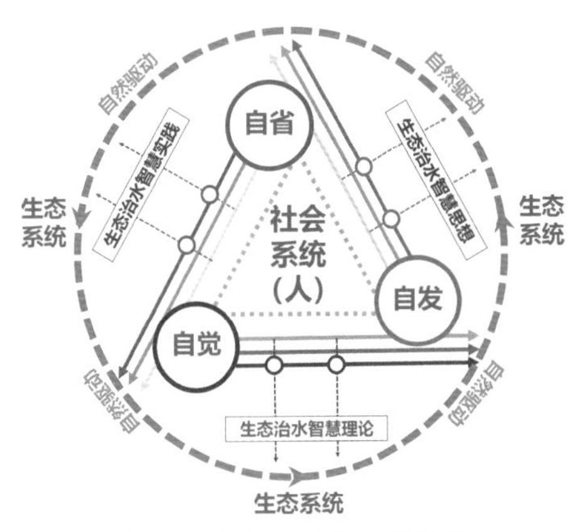

图 1-8 社会生态系统的互惠关系

3.2.1 中国生态治水智慧实践成果的自省

自省是对自身行为的反思和审视，通过反思确立对自身以及未来发展之路的清醒认识。立足于中国当今发展阶段，对我国生态民生建设现状进行深刻反思，其目的不在于批判，而是通过反思人与自然的关系、审视经济发展模式、关注人的生态权益达到“省己以利行”的目的，进而实现自身更好的发展。

3.2.2 中国生态治水智慧理论的自觉

自觉是指自己有所认识而主动去做，即通过自己的主动认识达到内在的自我发现进而萌发进一步发展的动力。主动认识中华优秀的生态智慧思想文化、扬弃西方现代城市规划逻辑的发展潜质，有利于厘清生态智慧理论的核心理念和思想精髓，从而有所借鉴、有所重建。

3.2.3 中国生态治水智慧的自发

自发是指对于中华优秀的传统生态智慧思想的自信与认可，并积极践行。确立对我国生态智慧城镇建设之路的自信，有助于进一步增强“中国传统生态智慧”的文化自信，通过生态智慧建设深度参与全球治理，切实改善和提高人民生活质量，为世界生态城市与再生城市的发展贡献“中国智慧”和“中国方案”。

3.3 方法升维：由关注单一因子量化分析升级为关注多维绩效评估

人与自然的共生、共赢和共荣是生态智慧的关键所在，需要构建多目标均衡、多效益统一、多系统共生的综合绩效最大化绩效评估体系。从综合意义层面而言，生态治水智慧的目标包括需求目标、关系目标、外部效应目标、管理目标、经济目标、人文社会目标等。必须在满足生态治水智慧核心理念及价值观基础上对以上分项目标的均衡性进行谨慎调控，以接近及达成整体意义上的“最佳”。生态治水智慧重视地球生命共同体中各个成员之间的和谐、共生、共赢与共荣。

4 创新方法

传统村落是我国传统营建哲学文化遗产的鲜活空间载体，在研究其中所蕴含的生态治水智慧时应当采用“以史带论、古为今用”的认知路径。其中“以史带论”是指应当通过多渠道调研方式对大量翔实的传统村落生态智慧历史资料信息进行收集与整理，以此作为科学认识的基础。“古为今用”是指在深入剖析我国寒地传统村落生态治水智慧的形成机制与运行原理的基础上，将寒地传统村落中的生态治水智慧进行活态传承、复兴与现代化利用。但传统村落由于史料记载匮乏、发展相对落后、人口流出严重等特殊性问题，在具体的研究过程中存在诸多问题与挑战。针对这些问题，本书在综述国内外村落调研方法的基础上提出了相应的我国寒地传统村落生态治水智慧研究方法。

4.1 以传统村落中的“智慧传承者”为核心主体的主观调研方法

我国现存的传统村落大部分始建于 100 多年乃至 1300 多年前，在其久远的历史时期中，保障村落安全、稳定、有序地发展和进步的是村落中极少数的“有威望人士”等“特定精英”群体，即传统村落中的“智慧传承者”。而这些智慧往往依靠“代代相传、身口相授”的方式进行传承。因此，不同于古城研究着重于对翔实的古籍资料挖掘，传统村落生态治水智慧的挖掘应当以找寻“智慧传承者”为核心。但由于许多地区传统村落的原住人口流失严重，真正了解生态治水智慧的“智慧传承者”也逐渐消失不见，因此本书在调研过程中重点选择近 200 个传统村落中“乡绅”“有威望人士”等人群的后代以及熟悉村落历史传承的原居住民进行深入的访谈与问卷调查，累计收集调研照片 2 万余张，采访视频 200 余个小时。

4.2 基于无人机航拍与三维实景建模的传统村落数据采集方法

寒地传统村落作为传统生态治水智慧的载体，正遭到严重的破坏。据国家层面传统村落调查结果显示，具有重要保护价值的传统村落以每天消失近 100 个的速度锐减到不足 3000 个，减少将近 50%[65]。但由于传统村落具有数量多、分布分散、位置偏僻等特点，大部分村落缺乏相应的图像信息记载，无人机的出现与迅猛发展为快速收集数量众多且分散的传统村落图像信息成为可能。因此，本书在具体调研过程中充分利用无人机及其搭载的遥感影像识别技术对大量传统村落进行数据采集（图 1-9），并借用 Pix4Dmapper 三维实景建模技术对传统村落的空间格局进行模

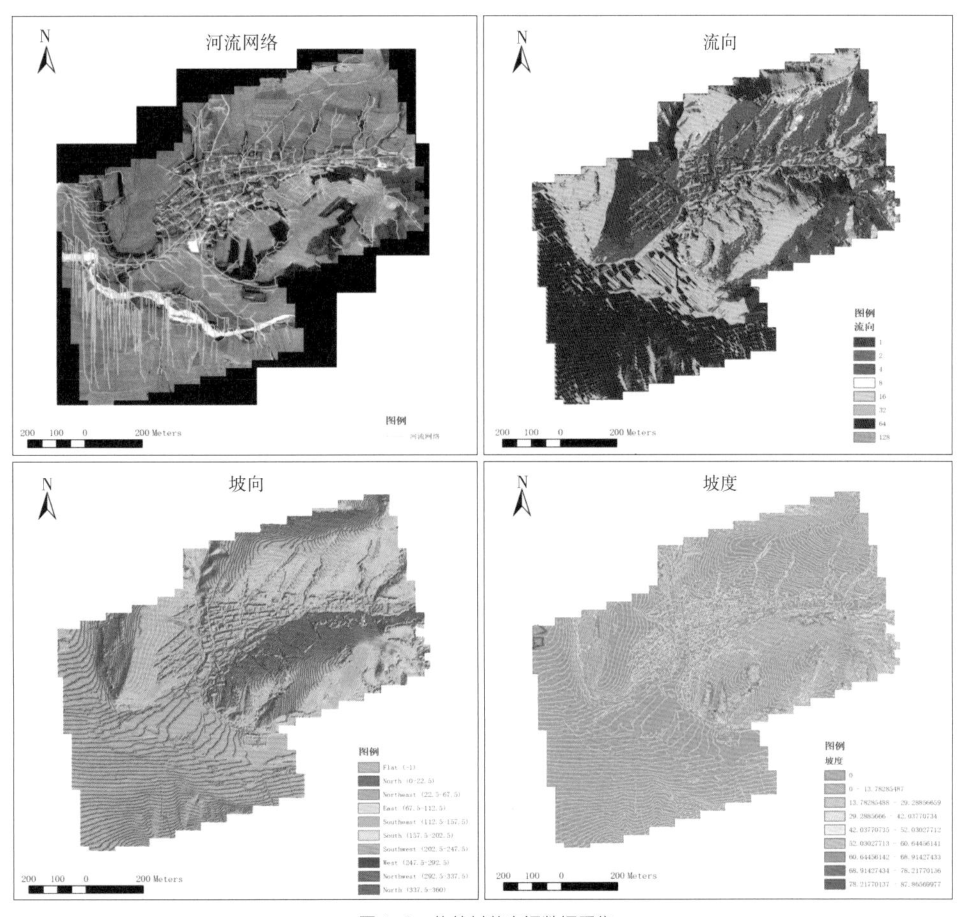

图 1-9 传统村落空间数据采集

图 1-10　Pix4Dmapper 三维实景建模

型构建，获得了珍贵的一手调研资料（图 1-10），目前已完成 20 余个传统村落的三维实景建模工作。

4.3　基于多维绩效评估手段的生态智慧量化研究方法

寒地传统村落中的生态治水智慧往往是在长期应对旱涝雪三灾的严峻气候过程中，由一代又一代的“智慧传承者”总结出的“经验性智慧”，这些智慧往往以口诀等形式代代相传，如“集水为池以作公用，凿井而饮以为私有”“掘井而饮，赖池而聚”等。为了实现我国寒地传统村落生态治水智慧的“古为今用”，就必须借用多维度的绩效评估方法对“经验性的生态治水智慧”进行量化研究，以此实现寒地传统村落生态智慧在现代社会的活态传承与复兴。

5　理论框架：“周而复始”的生态治水智慧

传统村落在几百年前即形成了“周而复始”的生态治水智慧闭环系统，对其运行过程进行梳理，总结形成了生态服务与服务生态并举、先回馈后索取的“借势 - 化害 - 趋利”的“寒地生态治水智慧”传统雨洪管理体系，形成的是一种服务生态之后的生态服务模式（图 1-11），最大化地加强人与自然之间的联系。

“借势”是指充分利用水、光、土、木、石等自然资源要素，如利用植物燃烧后形成的热能、利用水的势能、利用光的太阳能、利用石头的坚硬度等。“化害”是指充分利用生态系统来规避或减缓水灾、土灾、匪患等灾害，以此维持人类赖以生

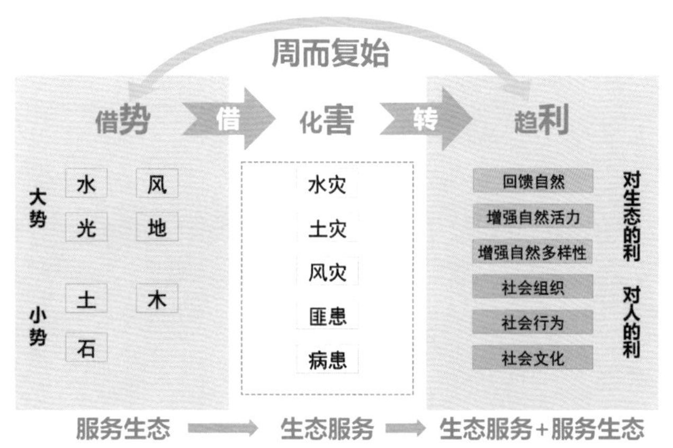

图 1-11 传统村落生态治水智慧理论框架

存的自然环境条件。“趋利”则是一种从生态服务转向服务生态的理念，主要包括对人的利和对自然的利，其中对自然的利包括调节气候及大气中的气体组成、涵养水源及保持土壤、支持生命的自然环境条件等。

而在对寒地传统村落生态治水智慧进行图解的过程中发现，不同农业分区的传统村落在其与不同灾害共生发展的过程中，形成了多种不同的“借势 - 化害 - 趋利”的寒地生态治水智慧。在对其中 11 个典型传统村落生态治水智慧进行总结的基础上（详见本书第二章），归纳和梳理出 3 大类的 20 项寒地生态治水智慧，如图 1-12 所示。

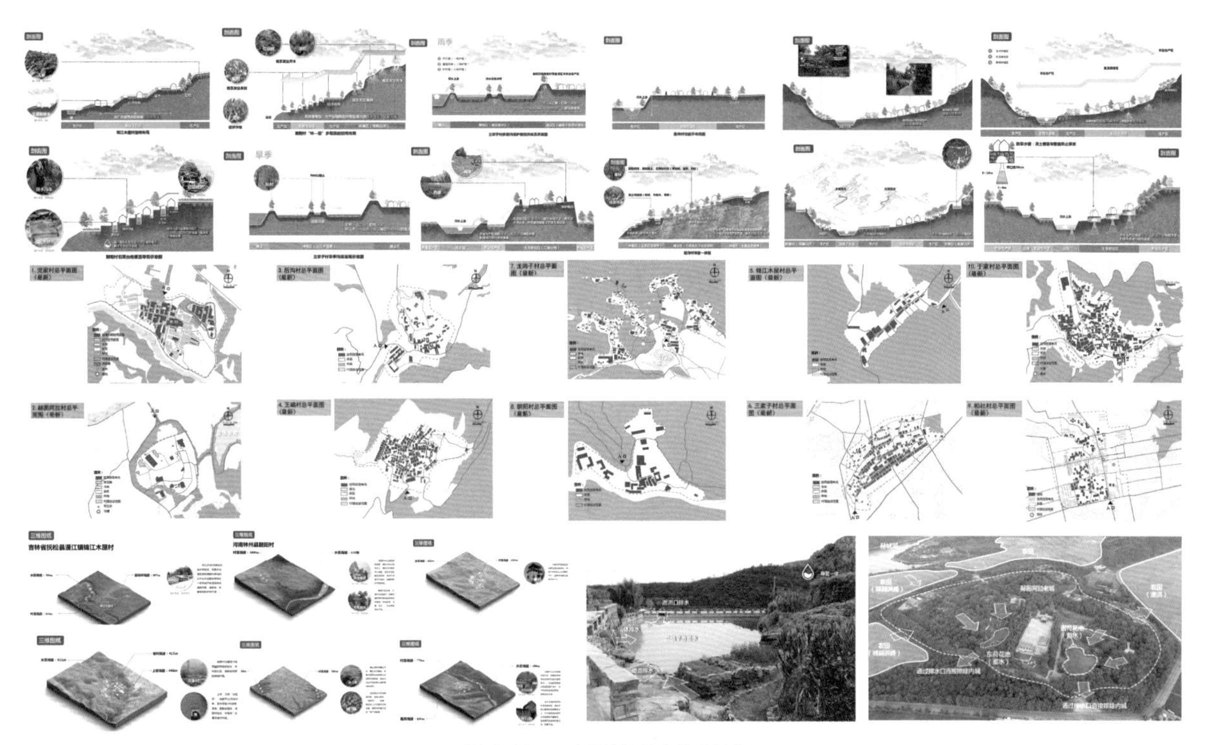

图 1-12 三大类寒地生态治水智慧

6 协同响应

由于中国的人口数量大且自然资源占有量形势严峻，城镇化的发展路径面临着重重挑战，当前的城市规划建设一直忽视"城市与自然系统的关系"这个问题，虽然管理界也出台了诸多的政策来促进相关理念的落实，但仍普遍缺乏生态危机的警醒和生态智慧的觉醒。因此，"寒地生态治水智慧"与"寒地传统雨洪管理体系"需要学界、业界和管理界的协同响应。

6.1 学界响应

"寒地生态治水智慧"与"寒地传统雨洪管理体系"需要学界和教育界重视培养大学生的生态智慧伦理观，并开展生态智慧的执业教育。其原因在于生态智慧内涵的落实需要鼓励公众改善人居环境的自发意愿、激发民众创造美好生活的自觉行为。因此，教育界需要创立和普及包括"生态智慧学""生态实践学"和"生态智慧城镇学"等在内的相关新学科，编撰系列性的面向不同受众的生态智慧与生态实践教材，建立广泛的教育培训网络；培养一大批能够胜任研究、传播、设计、建设、经营和管理等各类生态实践需求的具有高度生态智慧伦理和道德水准的公民、研究者和实践者；在各级政府中按需设置与生态智慧城镇规划建设和管理相关的智囊团，在各类学术团体中建立与生态智慧与生态实践相关的分支学术机构。

6.2 业界响应

"寒地生态治水智慧"与"寒地传统雨洪管理体系"需要业界通过多种设计手段予以实践落地、生根发芽。其原因一方面在于生态智慧城镇建设需要致力于多种学科、多种规划类型、多种系统、多种规划手段与方法的有机融贯与深度整合。另一方面在于从业人员可以通过将生态智慧型城市设计、生态智慧城镇等理念融入设计思想，增强从业竞争力，也能够更好地落实国家关于生态文明建设等方面的政策要求。通过生态智慧城镇示范性项目将生态智慧的理念与方法有效地落实在广袤的城乡人居环境之中，使之生根发芽，健康成长并蔚然成林。

6.3 管理界响应

"寒地生态治水智慧"与"寒地传统雨洪管理体系"需要管理界制定相应的保障制度，确保生态智慧理念的实现过程。为此，要建立涵盖经济、社会、环境、空间系统等在内的治理制度体系，构建包括政策性规划、战略性规划、空间性规划、功能性规划、关系性规划的规划制度体系，强化生态诊断评价、规划建设绩效评价、城镇与自然关系和谐度评价的评估制度体系，制定生态智慧引领下的绿色绩效考核管理标准。

7 小结

西方“主客二分”价值观引导下的现代雨洪管理体系，难以真正实现低技术、低成本、低维护度和高可持续性，这是导致其在寒地城市“水土不服”的核心原因。而寒地生态治水智慧，有别于现代雨洪管理体系，是从根本上解决寒地生态智慧城镇水患问题的传统雨洪管理体系。通过对国内外城市水灾害的研究成果、国内外现代学者的生态智慧观点及中国古代生态智慧学思想流派进行总结与梳理，明确提出“寒地生态治水智慧”与“寒地传统雨洪管理体系”的定义和构成，并强调应当实现从关注现代西方到关注古代东方、从关注古城到关注古村、从关注温暖湿润地区到关注寒地的三大认知视角转变。在此基础上，通过理念、维度和方法三个方面的“以道御术”升维思考，总结形成了由生态服务到服务生态、先回馈后索取的“借势－化害－趋利”的“寒地生态治水智慧”传统雨洪管理体系，形成的是一种服务生态之后的生态服务模式。“寒地生态治水智慧”与“寒地传统雨洪管理体系”的落地实施，需要学界、业界和管理界的协同响应。

参考文献

[1] 中国天气网，国家气候中心 . 中国旱涝五百年（1470—2018）[R/OL]. https：//baijiahao.baidu.com/s?id=1637193197965926720&wfr=spider&for=pc.

[2] 中共中央 国务院关于加快推进生态文明建设的意见 [N]. 人民日报，2015-05-06（001）.

[3] 中办国办印发《关于设立统一规范的国家生态文明试验区的意见》及《国家生态文明试验区（福建）实施方案》[N]. 人民日报，2016-08-23（001）.

[4] 中共中央 国务院关于全面加强生态环境保护坚决打好污染防治攻坚战的意见（续二）[J]. 城市规划通讯，2018（15）：7-9.

[5] 国家发展改革委将组织开展低碳省区和低碳城市试点工作 [J]. 城市规划通讯，2010（15）：4.

[6] 国家发改委、工信部等 8 部门发布促进智慧城市健康发展的指导意见 [J]. 城市规划通讯，2014（17）：8.

[7] 国务院办公厅印发《“无废城市”建设试点工作方案》[J]. 城市规划通讯，2019（3）：6.

[8] 国务院办公厅关于推进海绵城市建设的指导意见 [J]. 城市规划通讯，2015（20）：4-5.

[9] 张世英 .“天人合一”与“主客二分”[J]. 哲学研究，1991（1）：68-72.

[10] 杨军 . 马克思的新唯物主义与主客二分的思维方式 [D]. 苏州：苏州大学，2010.

[11] 孙成仁，杨岚，王开宇，等 . 寒地城市园林空间环境的设计与创造 [J]. 中国园林，1998（5）：51-53.

[12] Norman Pressman. Northern Cityspace [M]. Ontario: Winter Cities Association, 1995.

[13] Peter Bosselmann，Edward Arens，etc. Urban Formand Climate[J]. APA Journal，1995（2）：227.

[14] 梅洪元 . 寒地建筑 [M]. 北京 . 中国建筑工业出版社，2012.

[15] 冷红，袁青 . 国际寒地城市运动回顾及展望 [J]. 城市规划学刊，2003（6）：81-85+96.

[16] 李耀文 . 传统智慧视角下寒地海绵型公共空间模式研究 [D]. 哈尔滨：哈尔滨工业大学，2016.

[17] Deb Caraco and Richard Claytor Center for Watershed Protection.Stormwater BMP Design Supplement for Cold Climates[EB/OL].（1997-12）[2015-10-19]. https//vermont4evolution.files.wordpress.com/2011/12/ulm-elc_coldclimates.pdf.

[18] University of New Hampshire Stormwater Center.University of New Hampshire Stormwater Center 2007 Annual Report[EB/OL].（2007-12）[2015-10-19]. http：//www.unh.edu/unhsc/sites/unh.edu.unhsc/files/ pubs_specs_info/annual_data_report_06.pdf.

[19] The City of Edmonton.Low Impact Development Best Management Practices Design Guide Edition 1.0[EB/OL].（2011-11）[2015-10-20].http：//www.edmonton.ca/city_government/documents/LIDGuide.pdf.

[20] 住房城乡建设部 . 海绵城市建设技术指南——低影响开发雨水系统构建 [Z]. 2014-11-2：1-78.

[21] 仇保兴 . 海绵城市（LID）的内涵、途径与展望 [J]. 建设科技，2015（1）：11-18.

[22] 俞孔坚，李迪华，袁弘，等 .“海绵城市”理论与实践 [J]. 城市规划，2015，39（6）：26-36.

[23] 车伍，赵杨，李俊奇，等 . 海绵城市建设指南解读之基本概念与综合目标 [J]. 中国给水排水，2015，31（8）：1-5.

[24] 陈义勇，俞孔坚 . 古代“海绵城市”思想——水适应性景观经验启示 [J]. 中国水利，2015（17）：19-22.

[25] 王建龙，车伍，易红星 . 基于低影响开发的城市雨洪控制与利用方法 [J]. 中国给水排水，2009，25（14）：6-9+16.

[26] 蔡凯臻，王建国 . 城市设计与城市水文管理的整合——澳大利亚水敏性城市设计 [J]. 建筑与文化，2008（7）：96-99.

[27] 赵宏宇，高洋，王耀武 . 山地水敏性城市设计——基于“城市、建筑、景观”三位一体理论的城市设计新思维 [J]. 规划师，2013，29（4）：86-91.

[28] 王建龙，车伍，易红星 . 基于低影响开发的城市雨洪控制与利用方法 [J]. 中国给水排水，2009，25（14）：6-9+16.

[29] 孙秀锋，秦华，卢雯韬 . 澳大利亚水敏城市设计（WSUD）演进及对海绵城市建设的启示 [J]. 中国园林，2019，35（9）：67-71.

[30] 车伍，闫攀，赵杨，等 . 国际现代雨洪管理体系的发展及剖析 [J]. 中国给水排水，2014，18：45-51.

[31] 赵宏宇，李耀文 . 通过空间复合利用弹性应对雨洪的典型案例——鹿特丹水广场 [J]. 国际城市规划，2017，32（4）：145-150.

[32] 俞孔坚 . 绿色海绵营造水适应城市：哈尔滨群力雨洪公园 [J]. 园林，2015，1：20-24.

[33] 赵宏宇，陈勇越，解文龙，等 . 于家古村生态治水智慧的探究及其当代启示 [J]. 现代城市研究，2018（2）：40-44+52.

[34] 赵宏宇，解文龙，卢端芳，等 . 中国北方传统村落的古代生态实践智慧及其当代启示 [J]. 现代城市研究，2018（7）：20-24.

[35] Herbert Girardet. Creating Regenerative Cities[M]. London：Routledge，2014.

[36] Herbert Girardet. People and Nature in an Urban World[J]. One Earth，2020，2（2）：135-137.

[37] Barry Commoner.The Closing Circle: Nature, Man and Technology[M]. Dover Publications，2015.

[38] 王昕晧 . 以生态智慧引导构建韧性城市 [J]. 国际城市规划，2017，32（4）：10-15.

[39] 佘正荣 . 生态智慧论 [M]. 北京：中国社会科学出版社，1996.

[40] 邓名瑛 . 论生态良知 [J]. 伦理学研究，2003（2）: 86-89.

[41] 程相占 . 论生态审美的四个要点 [J]. 天津社会科学，2013，5（5）: 120-125.

[42] Xiang W N. Pasteur's quadrant : An appealing ecophronetic alternative to the prevalent Bohr's quadrant in ecosystem services research[J].Landscape Ecology，2017，32（12），2241-2247.

[43] Xiang W N. Correction toPasteur's quadrant : An appealing ecophronetic alternative to the prevalent Bohr's quadrant in ecosystem services research[J].Landscape Ecology，2018，33（1）: 171.

[44] Xiang W N. Doing real and permanent good in landscape and urban planning : Ecological wisdom for urban sustainability[J].Landscape and Urban Planning，2014，121 : 65-69.

[45] 沈清基 . 智慧生态城市规划建设基本理论探讨 [J]. 城市规划学刊，2013（5）: 14-22.

[46] Xiang W N. Ecophronesis : The ecological practical wisdom for and from ecological practice[J].Landscape and Urban Planning，2016，155 : 53-60.

[47] 沈清基，象伟宁，程相占，等 . 生态智慧与生态实践之同济宣言 [J]. 城市规划学刊，2016（5）: 127-129.

[48] 王昕皓 . 以生态智慧引导构建韧性城市 [J]. 国际城市规划，2017，32（4）: 10-15.

[49] 卢风 . 生态文明与东方智慧 [J]. 社会科学论坛，2017（11）: 147-151.

[50] 象伟宁 . 规划顺应复杂 : 探讨面对非理性挑战的智慧规划途径 [J]. 现代城市研究，2018（7）: 25-30.

[51] Xiang W N（2019b）.Ecopracticology : the study of socio-ecological practice[J]. Socio-Ecological Practice Research，2019，1（1）: 7-14.

[52] Xiang W N（2020a）.From good practice for good practice we theorize ; in small words for big circles we write[J]. Socio-Ecological Practice Research，2020，2（1）: 121-128.

[53] 象伟宁，王涛，汪辉 . 魅力的巴斯德范式 vs 盛行的玻尔范式——谁是生态系统服务研究中更具生态实践智慧的研究范式 ?[J]. 现代城市研究，2018（7）: 2-6+19.

[54] 沈清基 . 基于水安全与水生态智慧的人类诗意栖居思考 [J]. 生态学报，2016，36（16）: 4940-4942.

[55] 翟媛 . 中国传统文化中的生态智慧 [J]. 西部学刊，2018（3）: 38-41.

[56] “生态智慧城镇”同济 - 吉建大论坛（2018）举办 [J]. 上海城市规划，2018（4）: 130-134.

[57] Girard，Fusco L .The regenerative city and wealth creation/conservation : the role of urban planning[J].International Journal of Global Environmental Issues，2014，13（2/3/4）: 118.

[58] Girardet Herbert.Healthy cities，healthy planet : Towards the regenerative city[J]. 2015 : 61-73.

[59] 车伍，闫攀，赵杨，等 . 国际现代雨洪管理体系的发展及剖析 [J]. 中国给水排水，2014，30（18）: 45-51.

[60] 梁鹤年，许根林 . 西方文明的文化基因 [J]. 中国共青团，2017（5）: 32.

[61] 颜文涛，象伟宁，袁琳 . 探索传统人类聚居的生态智慧——以世界文化遗产区都江堰灌区为例 [J]. 国际城市规划，2017，32（4）: 1-9.

[62] 刘国栋，田昆，袁兴中，等 . 中国传统生态智慧及其现实意义——以丽江古城水系为例 [J]. 生态学报，2016，36（2）: 472-479.

[63] 方程，Charlene LeBleu，赵宏宇，等 . 视野·格局 · 焦点——2017 国际风景园林教育大会（CELA）雨洪管理前沿研究综述 [J]. 现代城市研究，2018（2）: 2-8+15.

[64] 吴庆洲 . 中国古代城市防洪研究 [M]. 北京 : 中国建筑工业出版社，2009.

[65] 中国传统村落蓝皮书 : 中国传统村落保护调查报告（2017）[R/OL]. https : //www.sohu.com/a/209851524_186085.

第二章

寒地
传统村落
生态治水
智慧的
图解与寻力

1　村落分类

《中共中央　国务院关于实施乡村振兴战略的意见》中指出，要准确把握乡村振兴的科学内涵，挖掘乡村多种功能和价值。并根据意见要求，同时期编制了《乡村振兴战略规划（2018—2022 年）》，以此落实解决统筹精准脱贫攻坚战、深入挖掘农耕文化、建设生态宜居美丽乡村等关键的“三农”问题。

本章在阐述不同农耕文化与气候区对传统村落生态治水智慧的影响关系基础上，依据《中国综合农业区划》进行寒地传统村落的横向分区，并根据山顶、山腰、山底和平原所面临的不同水灾害类型进行村落纵向分类。以此为基础，选定 11 个极具典型代表性的传统村落，对其灵活多变的传统生态治水智慧进行图谱分析和治水智慧总结，为寒地解决其独有的旱涝雪三灾问题提供科学的空间模式支持。

1.1　依据综合农业区划和地势高程进行寒地传统村落分类

由于丰富农业耕种方式和广袤的地理条件，我国对不同地区的农村政策倾向也有所区别。2020 年中央一号文件——《中共中央　国务院关于抓好“三农”领域重点工作确保如期实现全面小康的意见》中指出，对于东北地区，应推广黑土地保护有效治理模式，推进侵蚀沟治理，启动实施东北黑土地保护性耕作行动计划；对于华北地区，则提出了扩大华北地下水超采区综合治理范围的要求。这表明，科学引导村落分类方法，因地制宜和因地施策将成为关注重点。

通过对北京、河北、山东、河南、山西、陕西、黑龙江、吉林、辽宁、新疆等寒地的近 200 个传统村落进行实地调研的过程中发现，不同地区的传统村落因其自然和人文地理特征的不同而呈现出特色鲜明的、根植于所属地域环境的村落空间形态。同时，又因其所面对的水患灾害的形式不同（旱、涝、雪），不同地域的寒地传统村落衍生出各自不同的、围绕“治水、用水”的治水空间系统。

因此，本书从《中国综合农业区划》（横坐标）和地势高程（纵坐标）两个坐标维度出发对我国寒地传统村落进行分类，从而对其中各具特色的传统村落生态治水智慧进行系统性挖掘和对比研究[1]。

1.1.1　横坐标——依据《中国综合农业区划》进行寒地传统村落的横向分区

《中国综合农业区划》[2] 将全国划分为 10 个一级农业区，其中地处北方寒地的包括黄土高原区、黄淮海区、东北区，本书重点对该三个区域进行论述。寒地传统村落的横向分区参照《中国综合农业区划》中关于综合农业区划的分区原则和方法，其原因在于：

（1）《中国综合农业区划》中的第一级区，概括地揭示了中国农业生产最基本的地域差异，反映出中国自然条件的地带性特征差异，包括农业气候、地貌、土壤、水文、植被、自然生态等。

（2）《中国综合农业区划》中的第一级区，能够反映通过长期历史发展过程形成的农业生产的基本地域特点（包括主要农作物、林种、畜种等）。

而传统村落，作为人类农耕文明时代产生的聚落形态，其村落选址、空间布局、建筑选材等都深受所在地带的自然条件特征和农业生产地域特点的影响（图2-1），因此采用《中国综合农业区划》中的综合区划分区原则和方法进行横向分区。

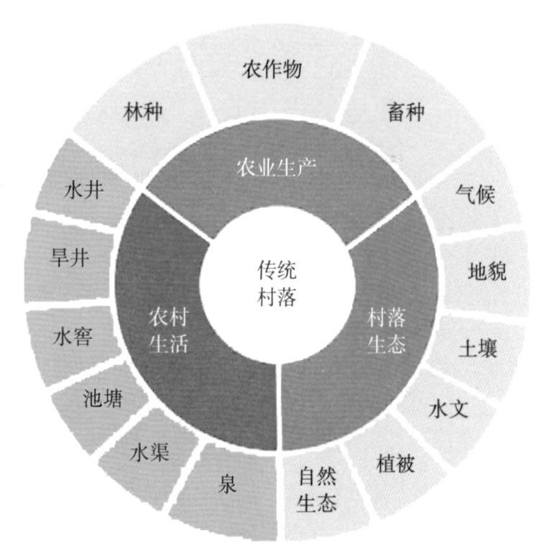

图2-1　传统村落空间形态的主要影响因素示意图

本书从《中国综合农业区划》（横坐标）和地势高程（纵坐标）两个坐标维度出发对我国寒地的传统村落进行分类。在横向分区方面，本书将重点针对黄淮海区、黄土高原区和东北区的寒地传统村落进行研究，其相应的区域环境特征见表2-1。

《中国综合农业区划》中地处北方寒地的环境特征解析　　表2-1

农业区划	气候	地形	水文	土壤	作物
黄淮海区	全区土地3/4为平原，上层深厚，无霜期175～220d	平原及丘陵地区	年降雨量500～800mm；春旱、夏涝交替出现	地面受风蚀造成沙漠化；土地盐碱化	小麦、高粱等旱粮的主产区；棉花、花生等经济作物的集中产区
黄土高原区	水土流失严重；无霜期120～250d	川地、坪地、塬地	春旱严重，夏雨集中，干旱少雨，年降雨量400～600mm	70%的厚黄土层土质松软，形成塬、梁、峁和沟壑交错的地形	旱杂粮产区，种植抗旱耐瘠的谷子、糜子等
东北区	夏季炎热多雨，冬季严寒少雨，无霜期80～180d	三江平原、大小兴安岭两侧和松嫩平原北部	年降雨量400～800mm	黑土、土质肥沃	旱作物大豆、甜菜、亚麻等温带水果

（1）黄淮海区位于长城以南、淮河以北、太行山和豫西山地以东，全区土地3/4为平原，容易发生春旱夏涝的现象，旱涝在年内交替出现，而土壤盐碱化又广泛出现在低平洼地，必须进一步综合治理旱涝碱，提高防洪标准，加强排灌工程配套，大力发展节水型农业，提升地下水水位，增加土壤下渗，降低因水资源季节分配不均导致的农业生产风险。

（2）黄土高原区位于太行山以西、青海日月山以东、伏牛山和秦岭以北，长城以南，春旱严重，夏雨集中，黄土颗粒细，土质松软，在地面缺少植被和暴雨的侵蚀下，地面被分割得支离破碎，形成塬、梁和沟壑交错的地形，水土流失严重，农作物产量大大降低。必须进一步综合治理水土流失，提高土壤防风固沙能力，退耕还林还草，减少冲沟侵蚀以保持水土。

（3）东北区位于三江平原、大小兴安岭两侧和松嫩平原北部，有大量的宜农荒地，是我国开荒扩耕的重点区。该区域森林资源的破坏严重，易发生风沙等灾害，由于纬度高，该区域冬季严寒少雨、低温，夏季炎热多雨易发生洪涝，必须进一步采取综合措施，如：通过建立温室屏障以提高抵御低温冻害能力；通过建立水利配套和防护林带以提升抵御洪涝、盐碱、风沙的能力。

通过对黄淮海区、黄土高原区和东北区的地理环境、灾害原因、应对手段等综合分析来看，此三个区域存在着一致性与差异性特征。一致性特征上：农业和农村发展对黄淮海区、黄土高原区、东北区水资源均有较大胁迫，均存在超负荷的农业资源环境保障压力[3]。水资源时间空间分布不均带来的旱涝雪三灾在此三个区域均普遍存在。差异性特征上：黄淮海区表现为水质型水问题，地表水质污染，地下水超采；黄土高原区表现为资源型水问题，降水易流失，存蓄水困难；东北区表现为季节型水问题，冰雪冻害多，旱涝灾急转。

1.1.2 纵坐标——依据地势高程进行寒地传统村落的纵向分类

本书从《中国综合农业区划》（横坐标）和地势高程（纵坐标）两个坐标维度出发对我国寒地传统村落进行分类。寒地传统村落的纵向分类则以地势高程的相对高低作为分类依据，将传统村落划分为平原型、山底型、山腰型和山顶型等四种类型。其原因在于，当同一区域内降水条件相一致时，位于不同地势高程的传统村落所面临的水灾害情况截然不同。平原型传统村落主要面临来自河水的外洪和因降雨产生的内涝两种水灾害；山底型传统村落主要面临山洪和来自河水的外洪两种水灾害；山腰型传统村落主要面临山洪水灾害；而山顶型传统村落主要面临干旱水灾害（图2-2）。

（1）山顶型村落（干旱型）：山顶通常指山的最高部位。按形态可分为平顶、圆顶、尖顶（又称山峰），在地形图上一般比较主要的山顶注有高程和表示凸起或

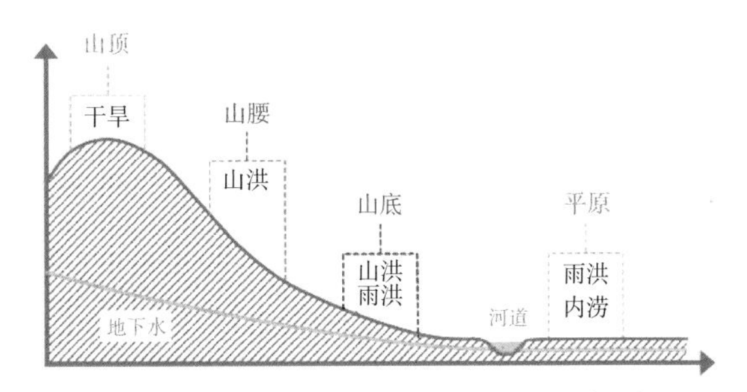

图 2-2　不同地势高程村落所对应的不同类型水患示意图

凹入的示坡线。坐落于山顶的村庄主要会受到干旱灾害的影响。村落在选址时应挑选地势高、水土流失相对较小，雨洪环境相对安全的地方。如三原县柏社村，柏社村选址在黄土高原与泾渭平原交界地区的黄土塬台地上，台塬四周均是沟壑，出水顺畅。因此，该地区的水敏感性较低，雨洪环境相对安全，方便生活空间与生产空间的营造。

（2）山腰型村落（山洪与干旱交织型）：山腰通常指山脚到山顶的中间部分。山腰型村落年平均降水量较少，除了雨季的少量降水外，其他季节几乎没有降水，大部分时间都处在极为干旱的时期。因此当雨季来临时，又易形成山洪，产生洪涝灾害。山腰型村落需要解决干旱及雨季洪涝灾害的问题，就要组织一套完整的排蓄系统，在容易发生洪涝灾害的山上及山下建立有效的蓄水池并种植存水性好的植被，对于山间则设立有效的排水设施，只有这样巧妙地利用地形特点，才能适应特殊的地形环境。如辽宁锦州市龙岗子村通过构建“山间导水、山上山下蓄水”的排蓄体系，来实现对洪涝灾害的规避，同时对雨水收集利用，实现对旱灾的有效应对，平衡雨旱两季用水需求，使村子的种植产业达到旱涝保收的目标。

（3）山底型村落（山洪与河流洪水交织型）：位于山脚下及山体最低点；山体等高线最低处。位于山底的村落主要的水灾类型为洪涝灾害，同时其也面临着山洪、泥石流等由山体所引发的自然灾害。山底型村落在选址时应尽量选择高于排水区、位于淹没线以上的区域，并应邻近汇水线，即解决村落排水问题，同时也保障了村民的用水问题。如辽宁绥中县西沟村，通过细微的改造以及疏导适应自然的方式实现对地质的适应，并形成多级排蓄体系，即保证在雨季能够将山里雨水快速排出，也能够满足村民日常对水资源的需求，保持村落水量平衡。

（4）平原型村落（河流洪水与内涝交织型）：地面平坦或起伏较小的大面积区域，一般分布于大河两岸或濒临海洋地区[4]。平原地区地势平坦且水源充足，加之没有地形限制其交通联系等优势，通常能够形成规模较大的城市或城镇。其自然灾害虽然既有洪涝也有干旱，但水旱灾情影响相对较小，容易解决。水陆交通以及陆路交通是古代主要的两种交通方式。河流及其沿岸是水陆交通最便利的场所，河流既有水陆之利，河流两岸又为陆路交通提供广阔的场地[5]，山区“古道”往往又沿河谷展开，可以说河道兼具水陆交通之利。交通是村落发展的动力。因此平原型村落选址会尽量接近河流，一方面为了交通便利，另一方面也为了满足村民的生活用水问题。如黑龙江齐齐哈尔市富宁屯宁年村，宁年村所处地型为平原地带，位于嫩江中游，古时村民们依水而栖，通过打渔捕猎维持生活。因此在建设过程中村落先临水而建，逐渐向远水扩张。

1.2 寒地传统村落的分类结果及研究对象选择

国家早在 2012 年决定由四部门——住房和城乡建设部、文化部、国家文物局、财政部联合启动中国传统村落的调查与认定（建村［2012］58 号文）。历经数年，现已经有五批次传统村落入选中国传统村落名录中。2014 年四部门进一步明确了，传统村落是传承中华民族的历史记忆、生产生活智慧、文化艺术结晶和民族地域特色的空间载体，是维系着中华文明的根，并加大了对传统村落的保护力度（建村［2014］61 号文）。

本书依据中国传统村落名录（共 5 批次 6819 个），基于《中国综合农业区划》进行传统村落的区域划定，再结合地势高程进行村落分类，最终得到我国寒地传统村落的分类结果（表 2-2 ~表 2-4）。并从中选取 11 个经典案例进行寒地传统村落生态治水智慧的挖掘研究。

黄土高原区传统村落的典型代表　　表 2-2

平原型	山底型	山腰型	山顶型
1. 山西省大同市天镇县新平堡镇新平堡村 2. 山西省晋城市高平市建宁乡建北村 3. 山西省晋中市太谷区北洸乡北洸村 4. 山西省朔州市朔城区南榆林乡青钟村 5. 山西省运城市万荣县高村乡阎景村 6. 山西省运城市新绛县泽掌镇光村 7. 山西省运城市平陆县张店镇侯王村	**1. 陕西省韩城市西庄镇党家村** 2. 山西省忻州市五台县豆村镇东会村 3. 山西省晋城市沁水县土沃乡西文兴村 4. 山西省晋城市沁水县郑村镇湘峪村 5. 山西省晋城市阳城县润城镇上庄村 6. 山西省晋中市灵石县两渡镇冷泉村 7. 山西省忻州市岢岚县大涧乡寺沟会村 8. 陕西省延安市黄龙县白马滩镇张峰村	**1. 山西省晋中市后沟村** 2. 山西省吕梁市临县碛口镇西湾村 3. 山西省临汾市汾西县僧念镇师家沟村 4. 山西省吕梁市临县碛口镇寨则坪村 5. 陕西省榆林市横山区横山街道贾大峁村 6. 陕西省榆林市横山区赵石畔镇王皮庄村 7. 山西省忻州市繁峙县岩头乡岩头村 8. 山西省忻州市河曲县巡镇五花城堡村	**1. 陕西省咸阳市柏社村** 2. 宁夏回族自治区固原市彭阳县城阳乡长城村 3. 陕西省铜川市印台区陈炉镇立地坡村 4. 陕西省榆林市横山区殿市镇五龙山村 5. 山西省吕梁市方山县峪口镇张家塔村 6. 山西省临汾市浮山县响水河镇东陈村 7. 陕西省榆林市米脂县杨家沟镇杨家沟村 8. 山西省吕梁市临县碛口镇李家山村 9. 山西省吕梁市柳林县陈家湾乡高家垣村 10. 山西省吕梁市离石区吴城镇街上村

注：书中重点研究的村落用下划线标出。

黄淮海区传统村落典型代表　　表 2-3

平原型	山底型	山腰型	山顶型
1. 山东省济南市朱家峪村 2. 河北省安阳市渔洋村 3. 北京市顺义区龙湾屯镇焦庄户村 4. 河北省邯郸市武安市伯延镇伯延村 5. 河北省邯郸市武安市冶陶镇固义村 6. 河北省保定市清苑区冉庄镇冉庄村 7. 河北省张家口市阳原县浮图讲乡开阳村 8. 河南省平顶山市宝丰县杨庄镇马街村	**1. 河北省石家庄市于家村** 2. 河南省林州市高家台村 3. 河北省邯郸市王金庄村 4. 北京市房山区南窖乡水峪村 5. 北京市门头沟区斋堂镇灵水村 6. 天津市蓟州区渔阳镇西井峪村 7. 河北省石家庄市井陉县南障城镇吕家村 8. 河北省石家庄市井陉县天长镇梁家村	**1. 河南省林州市石板岩乡朝阳村** 2. 北京市门头沟区斋堂镇爨底下村 3. 北京市门头沟区大台街道千军台村 4. 北京市门头沟区斋堂镇马栏村 5. 河北省石家庄市井陉县天长镇小龙窝村 6. 河北省石家庄市赞皇县嶂石岩乡嶂石岩村 7. 山东省枣庄市山亭区山城街道兴隆庄村 8. 河南省洛阳市孟津县小浪底镇乔庄村	**1. 河北省沙河市王硇村** 2. 河北省邯郸市磁县陶泉乡花驼村 3. 河南省信阳市光山县文殊乡东岳村 4. 河南省洛阳市嵩县九店乡石场村 5. 河南省洛阳市洛宁县上戈镇上戈村 6. 河南省焦作市修武县西村乡平顶爻村 7. 河南省三门峡市渑池县段村乡赵坡头村 8. 河北省邢台市沙河市柴关乡彭硇村

注：书中重点研究的村落用下划线标出。

东北区传统村落典型代表　　表 2-4

平原型	山底型	山腰型	山顶型
1. 辽宁省朝阳市西大杖子村 2. 辽宁省抚顺市腰站村 **3. 黑龙江省齐齐哈尔市三家子村** 4. 黑龙江省尚志市镇北村 5. 黑龙江省齐齐哈尔市宁年村富宁屯 6. 黑龙江省齐齐哈尔市讷河市兴旺鄂温克族乡索伦村 7. 黑龙江省齐齐哈尔市讷河市兴旺鄂温克族乡百路村	1. 辽宁省锦州市石佛村 2. 辽宁省丹东市绿江村 **3. 吉林省白山市锦江木屋村** 4. 吉林省延边朝鲜族自治州白龙村 5. 吉林省延边朝鲜族自治州水南村 6. 吉林省通化市通化县东来乡鹿圈子村 7. 辽宁省葫芦岛市绥中县李家堡乡新堡子村 8. 辽宁省锦州市北镇市大市镇华山村 9. 辽宁省朝阳市凌源市沟门子镇二安沟村	1. 吉林省临江市珍珠村 **2. 辽宁省锦州市龙岗子村** 3. 吉林省蛟河市富江村 4. 辽宁省阜新市佛寺村 5. 辽宁省朝阳市三道沟村 6. 辽宁省朝阳市唐杖子村八盘沟 7. 辽宁省鞍山市丁字峪村 8. 吉林省临江市松岭屯	1. 辽宁省葫芦岛市西沟村 **2. 辽宁省抚顺市赫图阿拉村** 3. 吉林省白山市临江市六道沟镇夹皮沟村 4. 吉林省白山市临江市六道沟镇三道阳岔村 5. 吉林省白山市临江市六道沟镇火绒沟村

注：书中重点研究的村落用下划线标出。

1.3　本书重点研究村落的亮点概览

截至目前，国家住房和城乡建设部联合相关部门先后将 5 批共 6819 个有重要保护价值的村落列入了中国传统村落名录。通过对我国寒地近 200 个传统村落（覆盖我国的 9 个省份，包括黑龙江、吉林、辽宁、山西、陕西、河北、山东、河南等）的深入学习、实地调研和对比分析，筛选出吉林省白山市抚松县漫江镇锦江木屋村、陕西咸阳市三原县柏社村、河北石家庄市井陉县于家村、山西晋中市后沟村等极具生态智慧的 11 个典型传统村落，其具体亮点见表 2-5 ~表 2-7。

黄土高原区重点村落亮点提炼列表　　表 2-5

类型	名称	村落亮点
山顶型 土质 村落	陕西省咸阳市三原县 柏社村	1. 地处关中北部黄土台塬区，已有 1600 多年的历史，是关中平原地区乡土民居的代表，被称为“天下地窑第一村”“生土建筑博物馆”； 2. 选址于渭北黄土台塬之上，是中国乃至世界水土流失最严重的地区之一，所在区域的雨水蒸发量为降水量的 1.5 倍以上 [6]，并且存在春秋冬干旱和夏季暴雨洪涝严重的情况； 3. 拥有 200 多个“平地挖坑，四壁凿窑”的地坑式窑洞 [7]，被称为中国北方的“地下四合院”，形成了“见树不见村、见村不见房、闻声不见人”的地坑院村落景观 [8]
山腰型 土质 村落	山西省晋中市 后沟村	1. 位于晋中黄土高原丘陵沟壑地带，是我国第一批传统村落，也是山西省历史文化名村。 2. 平均海拔 900m 左右，地势高差大 [9]，最高处与最低处相差约 67m；且地处大陆性季风半干旱气候，虽年平均降雨量仅约 400mm，但几乎全部集中在夏季，因此旱灾、水灾同期出现。 3.“明走暗泄”的处理方式达到排蓄一体的完美结合，是后沟村不受洪水威胁最主要、最直接的原因。通过不同等级的排水渠道削弱洪水动能，变“急”为“缓”，最终集中排放。堪称是现代“雨污合流”式排水系统的先例
山底型 商贾 村落	陕西省韩城市 党家村	1. 至今已有 600 多年的历史，陕西省目前规模最大、历史最古老、保存最完整的古村寨，入选世界遗产预备名单，是陕西省第一批国家级传统村落 [10]； 2. 地处世界上水土流失最严重和生态环境最脆弱的地区之一，历经各种自然灾害近 600 次（其中旱灾发生次数达 53.2%），但依然运转良好； 3. 负阴抱阳的“圪崂”选址、因势利导的村落布局和寨堡分离的应变策略是党家村经过实践检验的独特生态智慧

黄淮海区重点村落亮点提炼列表　　表 2-6

类型	名称	村落亮点
山顶型 石头 村落	河北省沙河市 王硇村	1. 王硇村由原籍四川成都两岗府村王德才于明朝永乐年间逃难至此，建置房产，繁衍后裔，始有村落，至今已有 600 余年，由于受四川巴蜀文化影响，且建筑与文化都保存完整，南北融合，被称为“太行巴蜀”； 2. 村落位于太行山脉山区边缘，村内西高东低以 30° ~ 40° 的坡度倾斜，地势高低不平，易受雨洪、干旱灾害侵袭，土壤资源珍贵；王硇村所处太行山区盛产褚红色丹霞岩石（红石），墙体皆就地取材垒筑 [11]； 3. 传统建筑糅合南北风格，既有干石垒墙、白灰勾缝、雕花墙壁，起脊扣瓦式楼顶的南方特色，又体现北方风格的院落构造，如村落分区明确、四合院结构等级分明等
山腰型 石板岩 村落	河南省林州市 朝阳村	1. 朝阳村位于河南太行山脉南段的林虑山中，明朝年间申姓先祖由山西潞城迁居此地，至今已有 500 多年的历史； 2. 位于太行大峡谷西面大崭上，地表以石灰岩体为主、透水性差，且地面坡度大，易造成山洪暴发，同时易遭受冰雹灾害，建筑物和农作物受损害； 3. 村落房屋全部由石板岩建造，包括石板、石凳、石桌等，石制品无处不在
山底型 石头 村落	河北省石家庄市 井陉县于家村	1. 于家村始建于明代，已有 500 多年的历史，是由明朝民族英雄于谦的后世子孙为躲避政治斗争的波及，从井陉迁居至附近一处环山面水之所； 2. 于家村坐落于太行山东麓地区，石材多而土壤资源匮乏，且地下 400m 以上没有地下水，年均降水量仅 450mm，导致“无雨是旱，有雨成涝” [1]，给农耕时期的生活生产带来巨大挑战； 3. 于家村又名“于家石头村”，其祖祖辈辈将石头修成梯田、盖成石屋、铺成街道，建成了蔚为壮观的石头村落 [12]
山底型 泉水 村落	山东省济南市 朱家峪村	1. 坐落于谷地沟口，三面环山的朱家峪村，在历经 600 余年的发展中，入选国家历史文化名村，被专家誉为“齐鲁第一古村，江北聚落标本” [13]； 2. 时空分布不均的降雨环境带来旱涝两极分化的局面，形成“十年九旱”的气候特点，但雨季来临时，暴雨强度大易受山洪的侵扰； 3. 枕山环水的环境格局、因时达变的排蓄设施和物尽其用的营建技艺是朱家峪村中经过实践检验的独特生态智慧

东北区重点村落亮点提炼列表　表 2-7

类型	村落名称	村落亮点
山顶型山城式村落	辽宁省抚顺市赫图阿拉村	1. 赫图阿拉始建于 1601 年，拥有 400 余年的历史，是清王朝的发祥地，被史学界称为“后金开国第一都城”“中国最后一座山城式都城”[14]； 2. 地处北方丘陵，时常存在季节性降水不均的问题，旱涝两灾是常见的自然灾害，偶有山洪和水土流失等； 3.“居汭（ruì）位，筑高台”的选址智慧、自然做功的雨水排蓄体系和敬畏自然的森林文化是赫图阿拉村中经过实践检验的独特生态智慧
山腰型石质村落	辽宁省锦州市龙岗子村	1. 龙岗子村始建于元代，至今已有 650 余年历史，坐落于《全辽志》记载的“山以医巫闾为灵秀之最”的医巫闾山西岗之中； 2. 典型的水旱频发地区，并且是较为罕见的三面环山型村落，位于医巫闾山脉的山腰处，呈现出“七山一水二分田”的地貌特征，即山多、田少、水稀缺的地势特征； 3. 龙岗子村是典型的石质村落，以当地石材、木材为原料形成了具有当地特色的海平房，并根据当地干旱环境形成了以旱作果树为主的农耕体系
山底型木屋村落	吉林省白山市抚松县漫江镇锦江木屋村	1. 锦江木屋村始建于康熙年间，由康熙皇帝祭拜长白山进山探路驻扎的兵丁繁衍生息至今，已有 300 余年历史，被称为“中国最后的木屋村落”； 2. 锦江木屋村是长白山地区极具寒地气候及水旱环境适应性的木屋村落，是吉林省内唯一一个以木头为主要材质进行一切与生产生活相关建设的村落； 3. 得益于其极富智慧的传统聚落自身空间的运营和出色的选址及内部布局实现对长白山地区极端寒地气候及冷暖气候阶段性显著变化的适应
平原型水师村落	黑龙江省齐齐哈尔市三家子村	1. 三家子村始建于清朝康熙年间，距今已有 300 多年的历史，一支清政府率领的水师军队携带家眷一路北上，在抵御外敌的同时，移民屯垦，经历三次的选址，最终确定在现在的区域； 2. 三家子村是东北区典型的临江型传统村落，面对东北区特殊的气候条件及嫩江流域的自然因素及满族水师文化的社会因素所影响，极易发生水灾害及雪灾、冻灾等灾害的影响； 3. 三家子村的满族文化尤其是对满语的传承被评为“满语的活化石”，三家子是目前满语保存最好的地区，是我国目前唯一保留着完整满语口语的村落

2 智慧图解

2.1 黄淮海区山顶型石质村落——王硇村

2.1.1 村落概况及现状分析

王硇村隶属河北省邢台市沙河市（县级市），位于巍峨连绵的太行山东麓，按照《中国综合农业区划》可划归到黄淮海区。王硇村村域面积 200 多 hm^2，其中耕地占 56.9hm^2。全村现有 240 多户，800 多人[15]。王硇村是河北省唯一一个被国家农业部评为全国十大“中国最有魅力休闲乡村”的村落[16]，也是我国历史文化名村，且 2013 年被选入中国第二批传统村落名录（图 2-3）。

王硇村四面环山、地形隐蔽、环境优美、景色十分迷人，是太行山东麓一颗璀璨的明珠。特别是村庄西南部的鸡冠山和红风山风景秀丽，四季景色分明——春季山花烂漫、夏季飞瀑连天、秋季红枫遍野、冬季白雪皑皑，给王硇村风光增色不少[17]。

图 2-3　王硇村区位图

王硇村历史悠久，据碑石（在该村南侧红枫山顶坐落着一座明代前建成的三霄元君神庙，现存清光绪年间竖立的碑石）记载，王硇村现有居民以王姓为主，根据家谱和村民代代相传，其共同始祖叫王得才。王得才原籍四川省成都府两岗村，因而王硇村又被称为“太行巴蜀”[18]。王硇村以古石楼群闻名于世。保留下来的传统建筑融合了南北建筑风格，其建筑面积达到 72000m^2，占现有村庄的 2/3 以上面积，是我国目前保存最完整的古建群落之一。正是因为王硇村村民一直生活在这个世外桃源般的村落中，其传统文化得以代代相传而没有出现文化断层，遂成就了这座保存完整、拥有 600 年古村落历史的文化名村。

作为山顶型传统村落的典型代表，王硇村的天然选址、村落布局与运营融合了我国南北方传统村落的文化与精神，是当地传统村落的杰出代表。在较复杂的地形影响下，王硇村形成了以“环山居岗、因山就势、排蓄一体”的传统生态治水智慧，具有地域典型代表性。

王硇村村落地处沙河市西南部深山区的边缘，地貌特征为太行山东麓浅山地貌，四周多沟壑、山岭、梯田。王硇村南侧为海拔 915m 的红枫山（俗称奶奶顶），西南为举官山（俗称鸡冠山），正西方向多为梯田，略倾西北方向为柴关川谷，往里有峡沟水库，正北方向为赫山余脉，东为青龙山和官印山（旧称寺硇山）。村内西高东低，地势以 30° ~ 40° 的坡度倾斜，地势高低不平（图 2-4）。

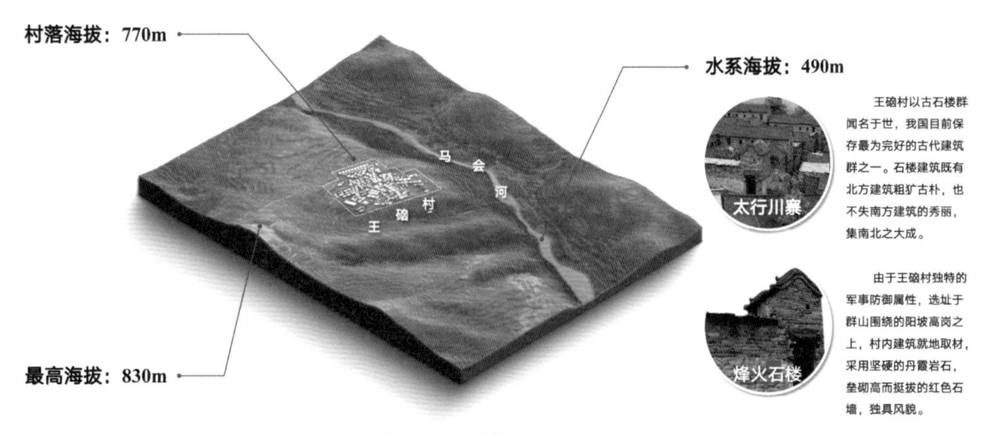

图 2-4　王硇村地形地貌示意图

（图片来源：调研拍摄）

由于王硇村祖先由四川成都两岗村迁移至此，因此王硇村采用了四川山寨的营造方式，依地势而建，别名太行川寨，具有南寨北建的鲜明特色。村址选建位置西北高东南低，北坡向阳，光源充足，通风良好[16]。村北百米之外便是百丈深渊，悬崖峭壁。由于王硇村周边山体多为丹霞岩和石英砂岩组成、少量山体为石灰页岩，因而王硇村有条件以岩石为材料进行建设，不仅村落内的街道多为基石裸露区，其传统建筑也都是石头砌成[19]。村落石楼建筑群既有北方建筑的粗犷古朴、也融汇了南方建筑的秀气。王硇村的传统古街道的建筑高度及街道宽度比值为 2 ： 1，尺度宜人；街道沿地势起伏转折，特色鲜明；建筑材料以石头为主、色彩青灰，文化底蕴浓厚。传统建筑融合南北风格，既有千石垒墙、白灰勾缝、雕花墙壁，起脊扣瓦式楼顶的南方特色，又体现了北方院落的风格特点，如村落分区明确，四合院结构等级分明等[20]。

2.1.2　孕灾成因分析

王硇村属暖温带半湿润大陆性气候，四季分明，但由于独特的地理区位与地貌特征，又具有春季少雨、夏季干旱、秋季雨洪常发、冬季寒冷的典型气候特征，对于以农耕为主的村落生产带来巨大的挑战。

（1）旱灾——春季少雨和夏季多雨的降雨环境导致旱涝两级化的局面

春季（3 ~ 5 月）天气忽冷忽热，气温回升较快，降水很少，春季平均气温 14.5℃，春季平均降水量 65.8mm。故春播时多有春旱发生，有“春雨贵如油”之说。

秋季（9 ~ 11 月）多为天高气爽的晴好天气，冷暖适宜，后期温度逐渐下降。秋季平均气温 14.1℃，平均降水量 95mm，有时候也有秋旱或秋连阴的天气发生，故造成小麦播种困难或“烂秋天”[16]。

（2）雨洪灾害——由于地势导致雨洪冲击较大而造成土壤、耕田面临较大威胁

夏季（6 ~ 8 月）天气炎热多雨，多暴雨冰雹等灾害天气。平均气温 26℃，最高气温 38.2℃，平均降水量 356mm，占年降水量的 67.2%。特别是从 7 月中旬

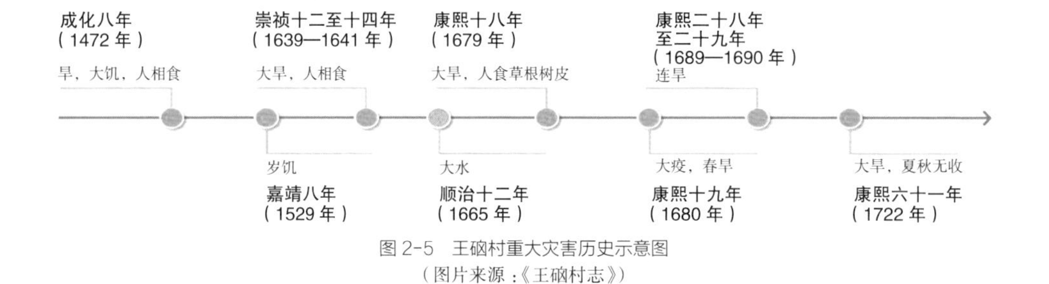

图 2-5　王硇村重大灾害历史示意图
（图片来源：《王硇村志》）

到 8 月上旬的汛期，降水量更为集中，常常大雨滂沱，山洪暴发。冬季（12 月～次年 2 月）天气寒冷，雪雨稀少。平均气温 -1 ～ 2℃，最低气温为 -13.5～-12℃，平均降水量为 13 ～ 14mm。全年无霜期 200d 左右，即公历 4 月 10 日～ 11 月 15 日。全年一般为 647mm，比平原多 18%[16]。

自然灾害主要为：春秋多为旱灾，夏季秋季多有风灾、暴雨、雹灾、洪灾。年日照小时数为 2600.9h，年日照率 59%，充足的日照满足了各种农作物的需光要求。历史上 1943 年有大蝗灾发生。另外，不同的年份还有干热风、寒流、霜冻、虫灾等（图 2-5）。

2.1.3 “自然做功，因地乘便”：宜居减灾的生活及生产空间布局

（1）具备军事防御和雨洪导蓄双重功能的选址策略（全面结合自然）

由于王硇村独特的军事防御属性，村落选址于群山围绕的阳坡高岗之上，既达到了隐山避世的防御效果，又保障了良好的人居生活环境。王硇村整体布局是三面环山，东临一条河流，地形如马蹄状，植被茂密，冬季可以避风；同时，村落的整体布局由迷宫般的街巷和众多完整的石楼建筑群共同构成，融合了南北方聚落防御性空间布局方式之精华。此外，王硇村祖先在村中东南方位凿出一眼水井，村东方挖了一个水塘，再加上村东的河流形成三水环抱格局。三水环抱格局寓意“旺脉”“旺财”，三山环抱，因此王硇村选址充分考虑了“藏风聚气，得水为上”的空间布局[11]。

从村落的选建位置来看，王硇村选址于西北高、东南低，北坡向阳，光源充足且通风良好的山顶位置。因其村内西高东低 30° ～ 40° 倾斜，夏季雨水充足时，雨洪沿地势通过道路汇聚于旱池，雨洪流量大时旱池溢满则流向山下，缓解了水患之忧。

同时，王硇村四周山势相对较矮，不会形成较大洪水但能阻挡其他山体的洪水，北侧岸山为村落提供了很好的遮挡，因此村落受到天然屏障的防护作用。加之村落开发规模不大，只对山岗处进行了加工，因此整体没有破坏当地的自然生态条件和土地坚实程度，不存在滑坡等危害，形成了稳定的生存环境（图 2-6）。

图 2-6　王硇村地形地貌照片
（图片来源：百度图片）

图 2-7　王硇村“因地就势”特色展示照片

（2）具备防御和减灾功能的民居单元

从村落布局和建筑形态来看，王硇村的院落多为四合院式建筑[16]，并在家家主楼两侧沿街的单层配房的房檐上，垒起两米高的围墙用来防止匪患的进攻；同时，屋顶铺设巨大石板用来晾晒干菜、薯干之类的食物，平时还会堆放些柴草、石块、石板等防护用品；更为重要的一点是，王硇村几乎家家户户的院子里都有水窖。从军事防御的角度来看，即使村庄陷入长期被包围的困境，囤积的食物、水源以及可做攻击之用的石块和石板，也足以保障村民的正常生产生活运转。从应对自然灾害的角度来看，石楼与地窖均可储存大量粮食，因此能有效应对特大洪水、强力地震等自然灾害带来的粮食短缺威胁；同时，水窖作为蓄水池进行雨水收集，可有效缓解山顶型村落在干旱季节的生活用水短缺问题（图 2-7）。

2.1.4　“多级分散、低技高效”：导蓄一体化的集中式治水空间体系

（1）基于结合自然、利用自然多级分散的雨洪灾害应对策略（让自然做功）

由于同时考虑水患及干旱，村落排水主要考虑的是如何将水存储到周边的调蓄池，以及如何保持山顶的生态稳定。但太行山脉地形变化剧烈，土壤资源匮乏，在雨水冲刷下形成千沟万壑的山地地貌。由于地形地貌的特殊性，王硇村夏季干旱和雨季山洪成为村庄的主要灾害类型。

王硇村通过利用自然地势实现对地质的适应，进而形成以“导蓄一体化”应对旱涝不均气候的有效策略。如王硇村利用太行山脉地形，通过沿生产生活功能空间界线，均质布局旱池的做法，有效收集并过滤山洪与雨洪，以此应对太行山脉常年经受干旱灾害的困扰。再如王硇村利用自然地势，发展出以“六主街、十小街、十三小巷”为主的道路行洪骨架，形成了防洪排蓄主要依靠道路网络的导蓄格局（图 2-8）。王硇村的街巷按照宽窄可分为三大类：主路、次路、支路。主街为东西、南北走向，随着山谷的走势向山下延伸，是引流或山洪汇集的主要通道（图 2-9）。生活的巷道穿插于密集的住宅区，与等高线或平行或垂直，形成横纵的道路网络以承载院落排雨，每一坡面的沟谷地形中都有作为汇水终点的调蓄池，最终形成王硇村特色的“山体（起点）—街道—蓄水池—山下（终点）”行洪系统[21]。王硇村是借用自然地势、依靠重力做功的自排蓄体系典范（图 2-10）。

王硇村通过沿高程在村落的东、西、南、北方修建四个蓄水池的做法，分级应对旱季缺水、雨季易涝的问题。由于王硇村地处太行山山顶地带，因此村民很难取得地下水，吃水基本靠徒步去临近的河谷取水。王硇村沿周边山脚开发了大量梯田，为了应对取水难的问题，村民在各梯田面的底部开挖蓄水池作为蓄水单元，结合村内的涝池共同收集雨水，这里涝池主要行使的是储蓄的功能，在雨水集中的时段依托山势与重力收集雨水，在旱季则将雨水用于灌溉，既便于生活又便于生产使

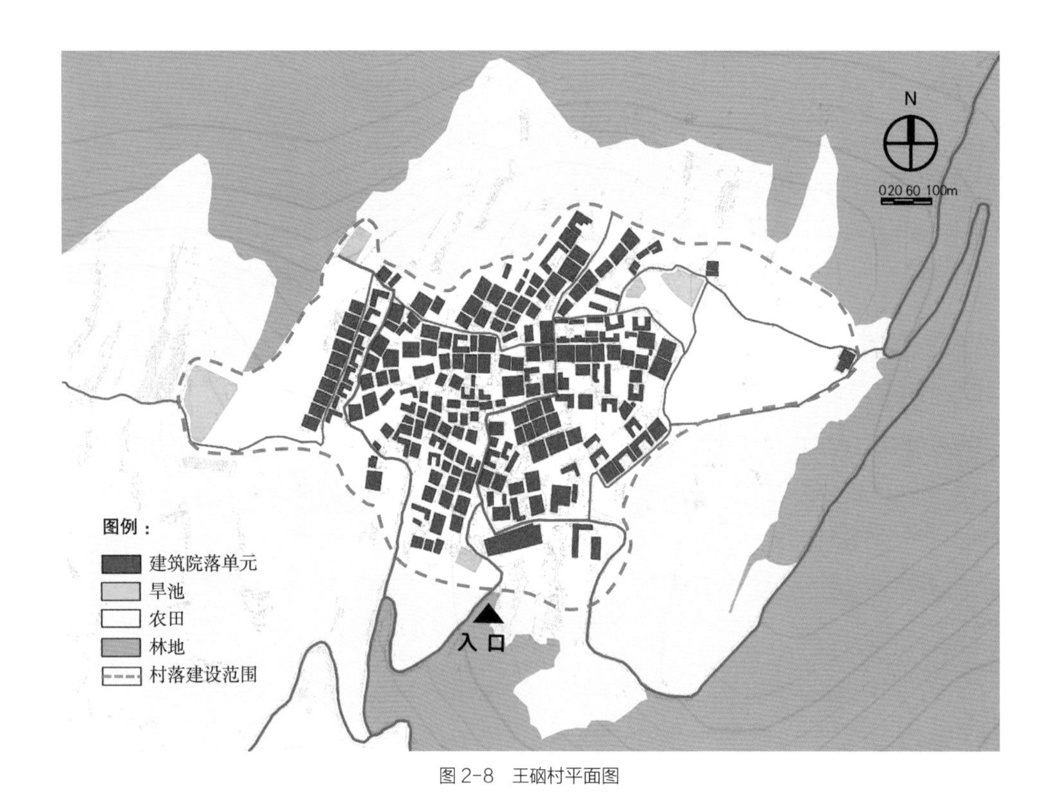

图 2-8　王硇村平面图

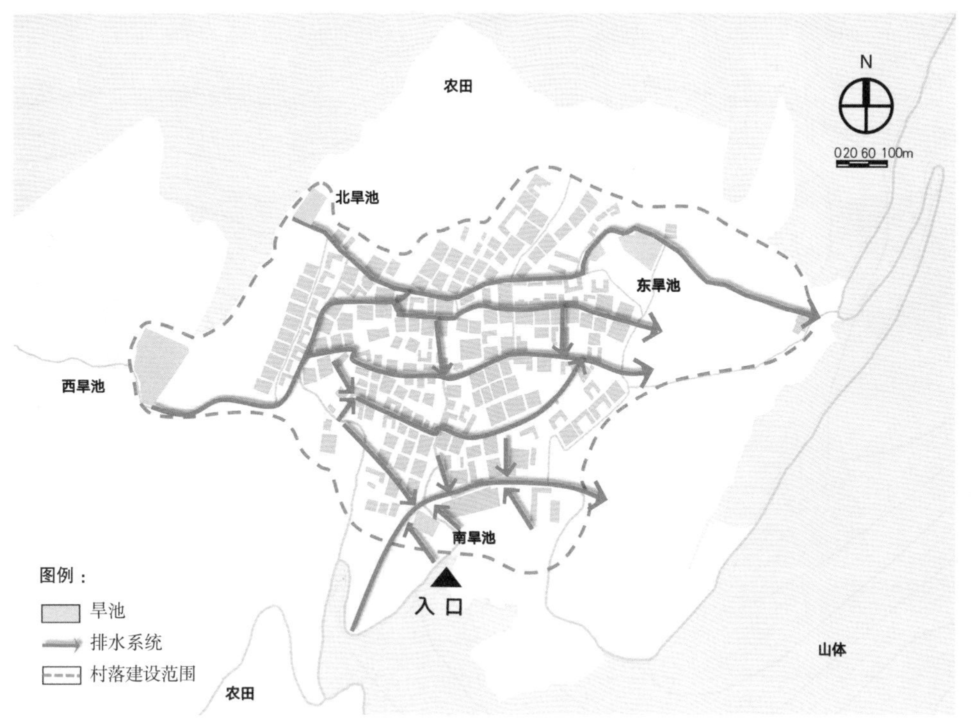

图 2-9　王硇村排水系统与旱池分布图

图 2-10　王硇村村落旱池示意图

用。同时，旱池作为旱地的亲水场所亦是村内重要公共空间与精神空间。一般周边会配有重要的公共建筑或提供人们集会的开敞空间，并密植树木以减少下渗和蒸发（图 2-11）。王硇村是以街道为脉络、旱池为节点向山下排洪的“分级导蓄”和“导蓄一体”的典型治水空间组织模式（图 2-12）。

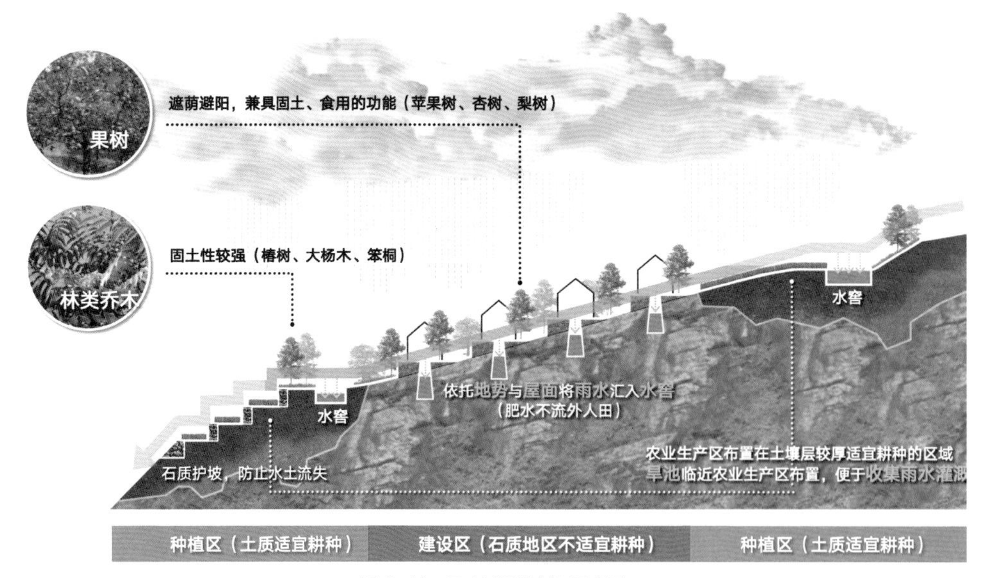

图 2-11　王硇村旱池剖面示意图

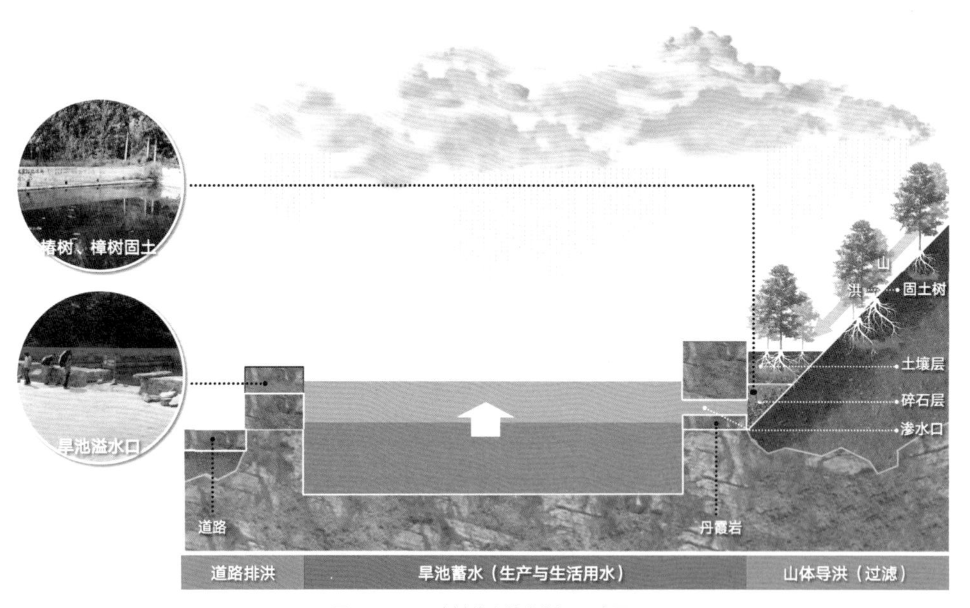

图 2-12　王硇村蓄水节点剖面示意图

（2）基于“就地取材、以石建村”的排洪、固土策略

王硇村道路利用裸露的石块具备良好的导水性及坚固性特点，有效减缓了山洪及雨洪，同时规避了水土流失灾害。一方面，王硇村所处地域的地表土层与植被十分稀疏，局部地区表现为裸露的丹霞岩体，王硇村正是基于独特的地理环境特征就地取材，以当地主导石材为基础进行村落建设，充分利用石质导水性能好且坚固性强的特点。如石头屋檐与墙身能够很好地防止雨水洪水的冲击，村落的街巷道路由石质的护边砌筑以保土引流，最终汇入池塘沟谷或梯田中加以储存。

另一方面，曲尺形式的聚落道路也有效削减了山洪、雨洪的流速和流量。聚落道路是位于西侧的盘山公路，直通聚落南部村口。聚落中道路为 30 ~ 50m 一拐的曲尺形式，主道路宽一般在 3.4m 左右，小路一般在 2.4m 左右[18]，各道路相互交错，村内整体街巷布局如同迷宫。正是基于以上两方面的共同作用，王硇村才得以表现出高绩效的导排水性能及对灾害良好的适应性（图 2-13、图 2-14）。

2.1.5 “物尽其用，和谐共生”：对自然资源要素合理布局和可持续利用

（1）植物的合理布局对水土流失问题的缓解

针对太行山脉东麓地区岩石较多且水土流失严重的问题，王硇村通过对不同固土性能的植物进行合理布局来保障区域土质的坚实度。太行山脉土壤资源匮乏，为保障仅有的少量可耕作土地用于农业生产，王硇村的生活区选址于石台之上，且宅旁多栽植椿、槐、桐等树种，不仅具有防虫害性能，同时椿树属于深根系植物，还能够有效防止滑坡与洪涝（图 2-15）。院落中央种植果树，既能固土，又能供村民生活食用，同时寓意平安。王硇村的生产区主要以乔木固土为主，防止由于山洪和特殊地貌造成的水土流失，如在山地顶部主要种植固土性能较强的林类乔木，包括椿树、大杨木（杨树）和泡桐等；山体植被主要以柴树、果树（苹果树、桃树、杏树）为主[16]（图 2-16）。王硇村当地有“（住宅）前不栽桑，（住宅）后

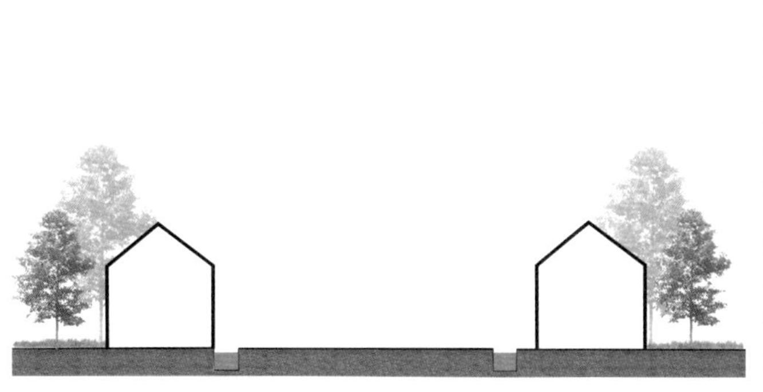

图 2-13 王硇村村落主路排水模式示意图

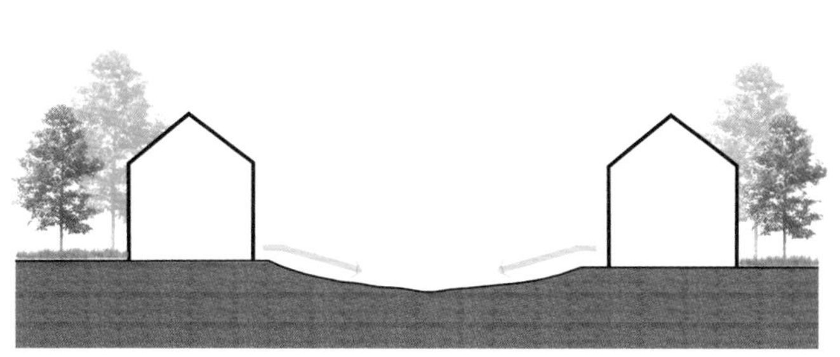

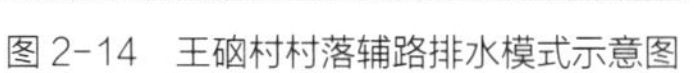

图 2-14 王硇村村落辅路排水模式示意图

图 2-15　王硇村生活区选址及植栽特色展示照片

图 2-16　王硇村植物种植示意图

不栽柳，院内不栽鬼拍手（本地大杨树）”之说，既具有当地的民俗色彩，同时也体现了王硇村的生态治水智慧。

（2）基于“拐弯抹角”做法的空间节约和建筑修正策略

“拐弯抹角”是指王硇村将转角空间的红石打磨成半圆，从而实现节约空间的目的；同时也是王硇村在长期应对洪水冲击过程中对建筑直角做法的修正。王硇村所处的太行山脉山多地少，村子的小巷狭窄，空间非常宝贵，为了方便大家的生产和生活，如避免当地耕作的驴无法在小巷转弯等问题的出现，各家各户建房时都主动拐个弯、抹个角（图 2-17），形成了每一排石楼，不是左右对齐成一排，而是自前向后均闪去东南角一块，错落而建的村落布局形态 [16]。这也迎合了《周易》“八卦”中“巽”表示东南方，为顺畅与和谐之爻的说法，古人建房时常把自己对人生的美好愿望表现在房屋建筑的造型上 [11]，即王硇村“建筑东南缺”和“有钱难买东南缺”的建造习俗 [22]。

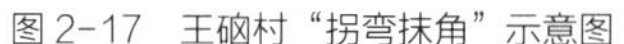
图 2-17　王硇村“拐弯抹角”示意图

图 2-18　王硇村“道士帽”屋顶特色照片

（3）基于屋檐特殊化处理的雨水收集策略

屋檐一侧长一侧短的建筑模式，被人称作“道士帽”（图 2-18）。取“肥水不流外人田”之意。雨水顺长屋檐流入自家屋院，存于水窖，用以解决旱季生活用水短缺的问题。此类屋顶采取抬梁式，四步架的构造模式。这“一架子”被称为“一梁两架”，长坡三搭椽，短坡一搭椽，即为四步架。另外，“道士帽”建筑较短一坡的墙面还可以开窗来解决采光和通风问题[23]。

具体到“道士帽”建筑的建造技法层面，王硇村运用木梁和柱构成整体木屋架结构，两端不露出墙体，以保证外墙立面的整体性，同时保护木梁不受雨水侵蚀。具体的坡屋架做法为主梁搭接在纵墙上（矢高 1 ～ 1.5m），主梁距离两端 1/4 处设置短立柱，立柱上设置第二梁且两侧开槽（短立柱的高度和第二梁直径总高约为矢高的一半），第二道梁中间设置立柱（高约矢高的一半），连接屋脊并在卧瓦时做出屋顶曲线[11]。在檐口与墙体衔接处理方面，两侧山墙均采用硬山封檐，靠近檐口处需在卧好的青瓦上阴卧两排瓦加强防水。屋架固定好后，在垂直于屋架的方向水平搁置次梁，卧瓦时先用掺入秸秆的泥浆找出坡形，再将小青瓦阳卧在泥浆上固定。屋面前后挑出檐口约一砖的距离，出挑距离较大时，直接用木椽条出挑在檐口和窗套的细节处理方面，石楼檐口往往做细部装饰处理，石墙砌筑至檐口时，墙外侧结合灰砖进行出挑，形成美观的檐下装饰线。窗洞上部以砖或石材砌筑成弧拱过梁，弧拱上部出挑形成弧形窗套，既具装饰性又能挡雨。

（4）防震抗冲击的石质砌筑技艺

王硇村所处太行山区盛产赭红色丹霞岩石，遂村内建筑墙体皆就地取材垒筑而成[11]。石材适合地形复杂的山地建造。由于王硇村东西高差约 40m，因此建房前需先用石头将地基找平，部分院落两边可差出一层的高度。村内建筑得以保存完好，主要得益于建筑材料的选择，石质砌筑技艺使王硇村房屋坚固、抗冲击、抗灾害，经历多次洪水与地震（如 1966 年邢台大地震）均安然无恙。

在墙体结构方面，石材开采后分解成长方体块，每块岩石材料取 80 ~ 120cm，重 0.2 ~ 6t，所用石块全部经过石匠打磨，形状规则。所砌墙体，互相咬槎，形似木工中常见的“榫卯结构”[16]，起到了外形美观与坚固耐用的双重功效。墙体厚约 2 尺（1 尺≈ 33.3cm），墙体分内、外两层，外墙用形体规则的石块构成，内墙填料主要为碎石，以石筑墙适于隔温；石材根据规格尺寸，自下而上依次变小，墙体肌理自然，美观有序。内墙由麦秸泥抹光，冬暖夏凉，年久不漏，以保障人居空间恒温。

王硇村民居主楼两侧单层配房沿街的房檐上，垒起了两米高的围墙，并铺设巨大石板。平日晒菜，遇匪患袭击时可使用石块、砖头、刀枪棍棒等防护武器，配合高围墙使得匪患难以成阵势，使其被动受袭。石楼与地窖均可储存大量粮食，因此在特大洪水、强力地震等自然灾害和兵灾匪患面前，王硇石楼和居民也都安然无恙。

2.1.6 生态治水智慧及社会生态智慧总结

王硇村是移民文化与原生文化的融合，聚落在融入巴蜀文化的元素后又与冀南地区的太行山文化融合衍生出的王硇村聚落院落别具特色[18]，通过对王硇村传统聚落院落的走访、测绘、深入研究，了解王硇村在明、清、民国时期的历史发展进程，挖掘独特的治水智慧与人居环境的内在关联。

（1）社会维度的治水智慧形成机制

在旱灾、雨洪灾害双重灾害的威胁下，王硇村逐渐形成了防患于未然、物尽其用的生活理念：王硇村耕地有限，布于村落四周，为防止水土流失，采用岩石垒壁用于固土；农作物则以易于长期储存的谷子、小麦为主，曾有“可一月无肉，不可一月无小米”的民俗；好地一年两熟，前茬小麦，后茬谷子或玉米，利于长期保存，保证口粮；一年一熟的土地则耕种玉米、红薯等。谷子用于碾磨小米，谷糠在困难时期则用于代食品，具有糠菜半年之说;谷草作为牲畜的饲料，真正达到了防患未然，物尽其用。

（2）生态治水智慧对自然的利

“天人合一”的思想在民居和村落的选址和布局上表现得非常突出[23]，王硇村落民居在布局上依山就势，结合当地自然条件注重生态环境，在不破坏自然的条件下与自然和谐共处。通过营造循环使用的排水空间、旱池等，调节区域水资源的平衡，应对水土资源缺失的恶劣环境；利用仅有的土壤资源，提高村落耕地的可耕种面积和土壤肥沃度。通过这种积极主动的回馈，从而增强自然的活力与多样性的有机融合。

（3）生态治水智慧对人的利

治水空间是王硇村民赖以生存的基础，王硇村留存着这些由家、街道、旱池、磨坊共同构建的治水空间所带有的记忆，这些治水空间对于当地村民有着特殊的意义，是特别的存在。这些集合着古人治水智慧的独特空间是这里储存文化记忆的空间框架，当村民们不在这些承载记忆的场所时，这些空间记忆便被当作“故乡”在回忆里扎根。

“忠孝诗礼”的传承所形成的多样民间文化与民俗信仰，为提升村子的文化内涵、树立文化自信提供了有利的基础。在王硇村有着文化内涵丰富的传统家规、家训等，清代家训多以“勤劳、节俭、忠义、守信”为主题。抗日战争期间，为号召村民子弟支持抗战，保家卫国，该村立有《抗战家训》。王硇村的民间文化也是源远流长，丰富多彩。清末民初，该村即有演唱平调、落子腔、扭秧歌等文化活动。1944 年，该村成立了由 30 多人参加的落子剧团，经常走村串乡为群众演出，宣传抗日。中华人民共和国成立后、群众文化活动更为活跃。每年春节或庙会期间，文艺表演队、秧歌队、战鼓队都进行演出。2015 年春节，王硇村表演队参加沙河市举办的“澧水欢歌”大型文艺演出活动[24]。

与此同时，勤劳智慧的王硇人创造了丰富灿烂、独具特色的民俗文化活动。如佛教与道教信仰、三霄娘娘信仰等。这些活动多集中在传统节日期间举办，表达人们驱邪消灾、祈求平安、五谷丰登、吉祥和睦、人寿年丰等良好愿望。参加斋醮的信众和游客主要来自河北省南和、平乡、邢台、魏县、曲周、成安、临漳、永年、武安等和河南省安阳等地，人数最多时达上万人次。这些依山傍水的祭祀祈福活动，为当地宗教信仰文化的传播提供了温暖土壤。道教和佛教文化的长期传播，又广泛深刻地影响了该村村民的思想和文化、政治、经济与社会发展，为树立村民的文化自信奠定了有利的基础[24]。

王硇村通过独特的生态智慧有效地应对了黄淮海区地势变化大、气候条件恶劣、资源紧缺的不利影响，化害为利，分级收集，使其形成了可复制、可持续的生态智慧空间系统，对于同类太行山脉山顶型村落有重要的规划借鉴意义。

2.2　黄淮海区山腰型石板岩村落——朝阳村

2.2.1　村落概况及现状分析

朝阳村隶属于安阳市林州市（县级市）石板岩乡，东与善琏镇交界，西与“塔地遗址”相邻，划归《中国综合农业区划》中的黄淮海区（图 2-19）。村落坐落于河南太行山脉南段的林虑山中，悬于太行之巅，这里沟谷纵横、峰峦险秀，景色融北国雄奇与南国纤秀为一体，是一座自古被人誉为“北雄风光最胜处”的优美古村（图 2-20）。据林州县志记载，朝阳村始建于明朝，当初一位申姓先祖由山西潞城迁居此地逐步聚集成村，至今已有 500 多年历史。优美而独特的风景、悠久而浓厚的文化积淀，使朝阳村于 2013 年 8 月成功入选我国第二批“中国传统村落”，同时也是国家级和河南省级重点保护村落。现全村有 13 个村民小组，570 户农户，2166 人。

朝阳村所处的林虑山属于太行断块的东侧边缘，此地以断裂切割的块状构造特征为主，峡谷高崖，挺拔雄壮。朝阳村区域属于暖温带半湿润大陆性季风气候，四季分明。春季多风少雨，夏季炎热、降水集中，秋季旱涝不均，冬季干冷。朝阳村年平均气温 12.8℃，年降水总量 672.1mm 且主要集中在夏秋季节[25]。受太行大峡

图 2-19　朝阳村区位图

图 2-20　朝阳村风貌照片
（图片来源：http://fengsuwang.com）

谷地形地貌的影响，朝阳村更易形成多风、降水短暂的局部微气候环境，容易造成山洪等自然灾害（图 2-21、图 2-22）。同时，朝阳村石材多而土壤资源匮乏，地表土层与植被十分稀疏，局部地区表现为裸露的石灰岩体，这也加剧了水土流失与洪涝灾害的产生[26]。

2016 年 7 月 19 日，林州市遭受了特大暴雨袭击，全市最高降雨量达到 674mm。在这场特大暴雨灾害中，朝阳村凭借其“分流而治，单元调蓄”的导蓄系统未受到明显损失，其杰出的治水空间运营智慧充分体现了对当地旱涝环境的适应，能够使朝阳村古村落历经数百年的风霜雨雪和洪涝干旱灾害依然岿然不动。而距离朝阳村 50km 处的吴家井村就遭遇严重的泥石流山体滑坡，大量农田被石头泥沙覆盖，损失严重。

2.2.2 孕灾成因分析

朝阳村是历史悠久的太行山麓农耕村落，受气候、地形地貌和土壤等条件的影响，对传统农耕生活来说，易发生洪涝水灾、寒流冰雹、水土流失等灾害。

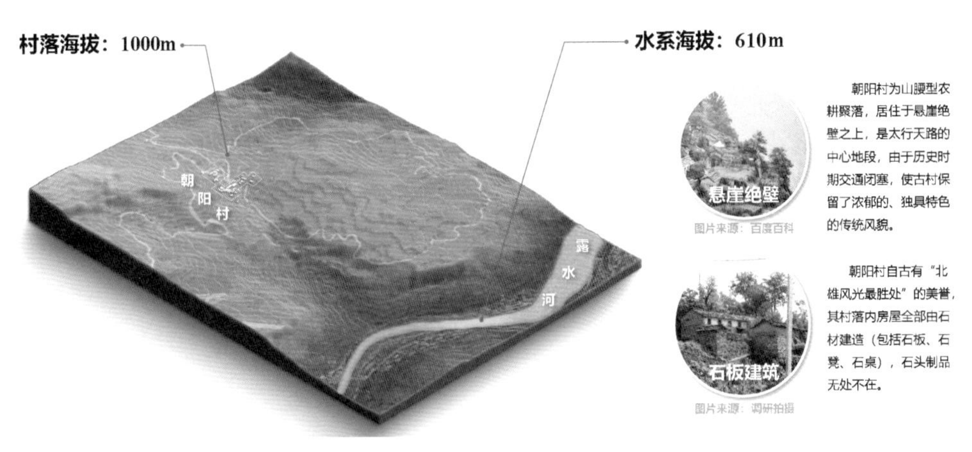

图 2-21　朝阳村地形地貌示意图

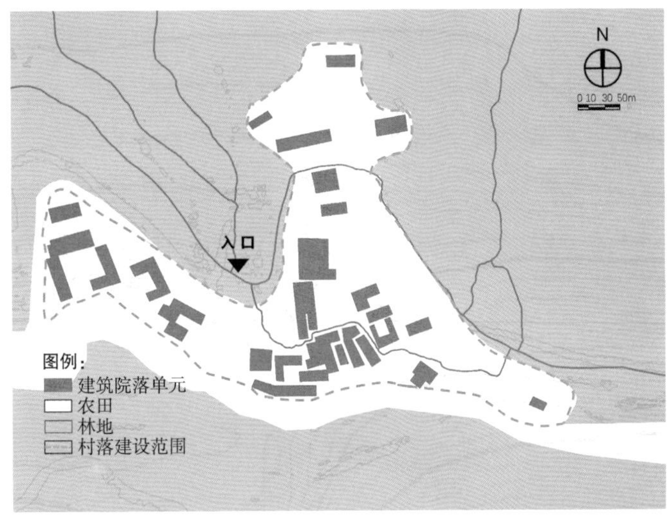

图 2-22　朝阳村平面布局图

（1）水灾——降水时空分布不均，易造成山洪暴发

朝阳村的雨季降水多属暴雨型，降水集中且强度大，加之村落靠崖而建，山坡陡峭，岩石透水性差，极易造成山洪暴发；地表储水能力不足，造成石板岩地区在旱季经常出现水量不足断流的现象[27]。

（2）冰雹——来势凶猛且强度大

受峡谷地形对气流抬升作用的影响，冰雹每年都有发生，最多一年达9次，尤以6～8月份最多；冰雹灾害来势猛，强度大。使农作物遭受毁灭性打击，并且严重损害建筑物，伤害人畜。

（3）土灾——土比金贵，水土流失严重

土壤资源匮乏，地表土层与植被十分稀疏，局部地区表现为裸露的石灰岩体，水土流失与洪涝灾害产生的可能性较高[26]。

2.2.3 “分流而治，单元调蓄”：分散化雨水调蓄设施

（1）重力做功，逐级分流

朝阳村通过将主要的排水道路与山体沟壑相连、房后排水沟渠与道路明沟相结合的方式，实现对洪峰的一分二、二分四、四分八的流量、流速控制。朝阳村所处的太行山区地面坡度大，岩石透水性差，易造成山洪暴发。为应对山洪灾害，朝阳村的发展依随山形形成带形或弧带形，纵向沿坡地扩展。形成背山面田的格局，从而将山洪雨水排向山崖（图2-23～图2-25）。

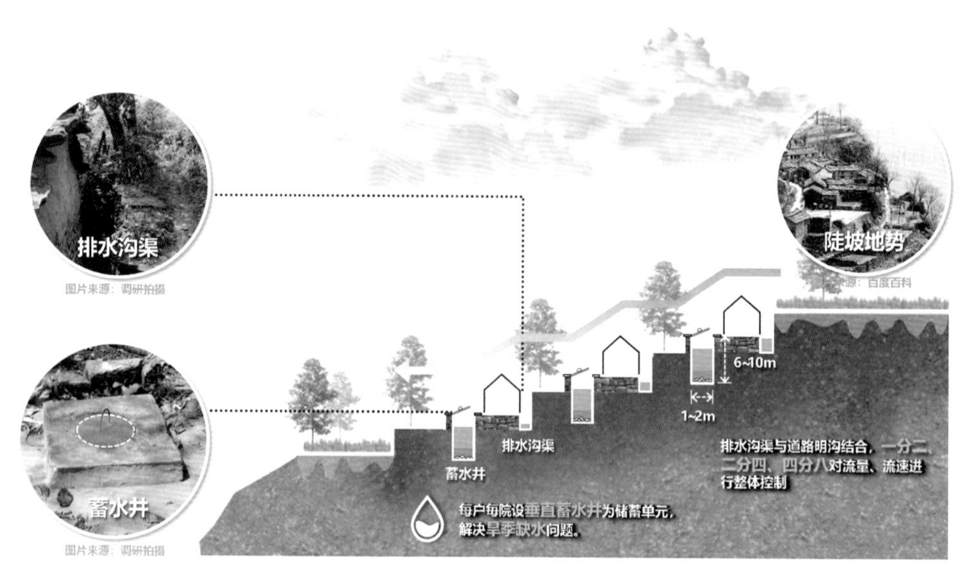

图2-23　朝阳村石质台地垂直导蓄示意图

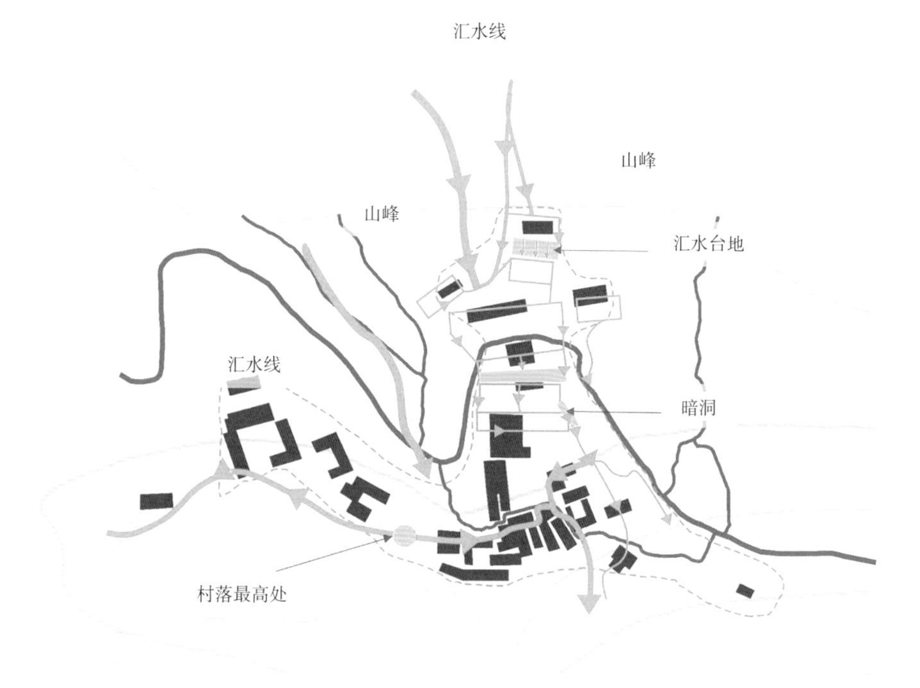

图 2-24　朝阳村导蓄体系分析图

根据村民口述：1996 年发大水的时候，房子都没被冲垮，水都是随着村子周边的路走的，而且这个石头房特别的坚挺。

图 2-25　采访村民图片

图 2-26　朝阳村明沟排水示意图

图 2-27　朝阳村暗渠排水系统示意图

（2）纵明横暗，导蓄排水

另一方面，在村落上方布置大量的生产性乔木以削减大自然的重力做功，并在山体表面布置纵横交错的排水沟（图 2-26），村落内部设置与各级道路、沟渠相复合的行洪排水系统，每个纵向街道及暗渠（图 2-27）将山上流下的雨水收集、汇往横向街道，村落地势中间高、东西低，因此每条纵向街道形成一个汇水分区，整体构成“纵街—明渠—横街—暗渠”的排水格局，从而克服了山洪的威胁。

（3）因地制宜，排蓄结合

由于地处干旱区，朝阳村对水资源的收集尤其重视，但因其受地形与生产力限制很难有大型的调蓄设施，因此通过家家有井布于院落台基之内的做法来解决旱季缺水的问题。蓄水井深 6 ~ 10m、宽 1 ~ 2m，每逢雨季，打开井盖，收集雨水，并在井底堆放碎石过滤雨水，确保水质适宜。如遇极端干旱季节，村民会到村落西部挑取山泉水，泉水通过浅层基岩的裂隙渗入蓄水井，供生活饮用。

2.2.4 “化害为利，物尽其用”：通过自然资源调节微气候和提升自然活力

（1）就地取材建设石板房

朝阳村的石板房民居加强对于不同大小的石板岩的使用，房屋建筑选用较为平整的当地石板材料进行横竖交错垒砌，此做法不仅提高了建筑的坚固性能，同时增强了其抗冲击性；在应对山洪、冰雹等自然灾害时，朝阳村通过选用当地盛产的坚硬、平整、大尺寸的石板岩作为房屋最外层屋顶，目的是为了实现坚固抗冲击的环境适应性能[28]。

利用石材、泥土、植物和水体调节微气候，应对温度的变化、降雨等。炎热的夏季石板房民居有着一定的隔热和蓄热作用，所以室内温度并不会高于室外，但是

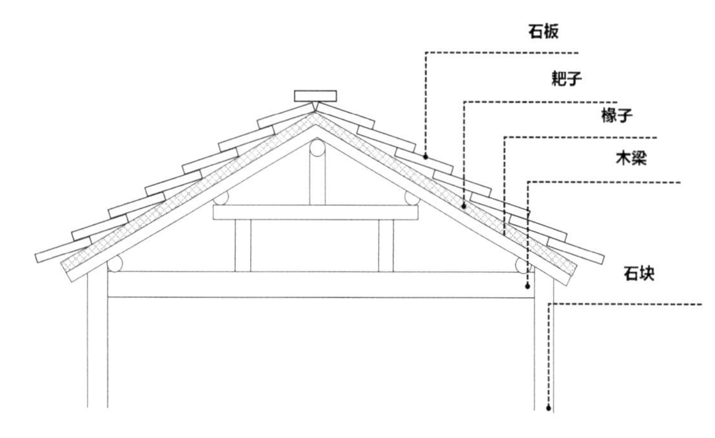

在椽子石板之间是当地人们称为**“耙子”**的结合层，由编织的谷杆掺泥土混合形成，起既防止雨水渗透又能固定屋顶的石板的作用。

图 2-28　朝阳村建筑材料构造示意图

傍晚来临，石板聚集的热空气被释放上升，室外山间林地和溪流带来的冷空气补充进入村落，经过街巷空间形成良好的通风作用，所以夏季傍晚的石板岩村落凉风习习，村民们喜欢在门前树下乘凉闲谈；冬季由于石板岩村落丰富的水资源散发的热气向四周辐射进入村落的大街小巷，与冷空气融合循环，空气温度上升[26]。当面对降雨天气时，朝阳村使用“耙（pá）子”作为房屋内部屋顶材料，即由编织的谷杆掺泥土混合形成，既防止雨水渗透又起到固定屋顶石板的作用，从而保护居民生命财产安全（图 2-28）。

（2）沉淀泥土的重复利用

山洪和雨洪带来了大量的富含养料的泥土堆积在排水渠内，这些泥土常被朝阳村村民作为优秀的梯田肥料进行再次利用，实现物尽其用。住宅附近“导”雨水的沟渠会在长时间的冲蚀过程中，残留大量的泥土，如果不及时清理，会造成整个防洪系统的瘫痪。而刚好太行山脉属于“土比金贵”的区域,故在每年生产活动进行前，各户村民会将排水沟里的淤泥进行清除，保障整个排水系统的顺畅，并且将富含养料的泥土堆积在自家田埂之上，作为梯田的肥料来使用。

2.2.5 “居高选址，因地制宜”：居高选址消解旱涝与山洪

（1）选址居高

朝阳村的选址虽位于山坳之处，但房屋的选址却立于高台之上，整体布局沿等高线呈弧带型分布，顺势规避山洪。同时，村民利用当地盛产的石板岩，将住宅居高而建，道路系统全部低于住宅，利用道路排水形成天然的排水系统，以此保障居民的生活安全。

（2）建筑居高

朝阳村使用太行山脉特有的石板岩进行“填石垫院”，既坚固抗冲击，又构成了天然排水沟渠。朝阳村将住宅居高而建，道路系统全部低于住宅，两者之间保留排水沟渠，深 0.5 ~ 1m。利用道路排水和沟渠排水形成天然的排水系统，以此保障居民的生活安全。同时，房屋建筑选用较为平整的当地石板材料进行横竖交错垒砌，此做法不仅提高了建筑的坚固性能，同时增强了其抗冲击性。

（3）植物固土

通过对具有不同固土性能的植物进行合理布局，从而缓解因水灾害造成的问题。朝阳村借用“林 - 田”多层级的区域空间处理方式来缓解洪峰和保障区域土质坚实度。如固土性能较强的林类乔木（油松）主要种植于山地顶部，防止滑坡[26]；经济林木（梨树、苹果树等）结合草本作物种植于村落上方的山腰区域，固土保水；院落内部种植根系不发达但适宜贫瘠地区种植的山楂树，固土防沙（图 2-29、图 2-30）。

2.2.6 生态治水智慧及社会生态智慧总结

经过漫长的历史演化过程，朝阳村全面适应自然、化害为利，凝练出一套独具特色的以村落为单元的完整民间生态治水智慧体系（图 2-31）。

（1）社会维度的治水智慧形成机制

选择适宜的季节对生活空间进行维护。朝阳村村民在长期的生产生活过程中，将对材料利用和乡土工艺的认识逐步运用到对生活与生产空间的不断修复和改善中。

代代相传、集体协作的“扁担精神”。石板岩老一辈村民们勤勤恳恳、艰苦奋斗、

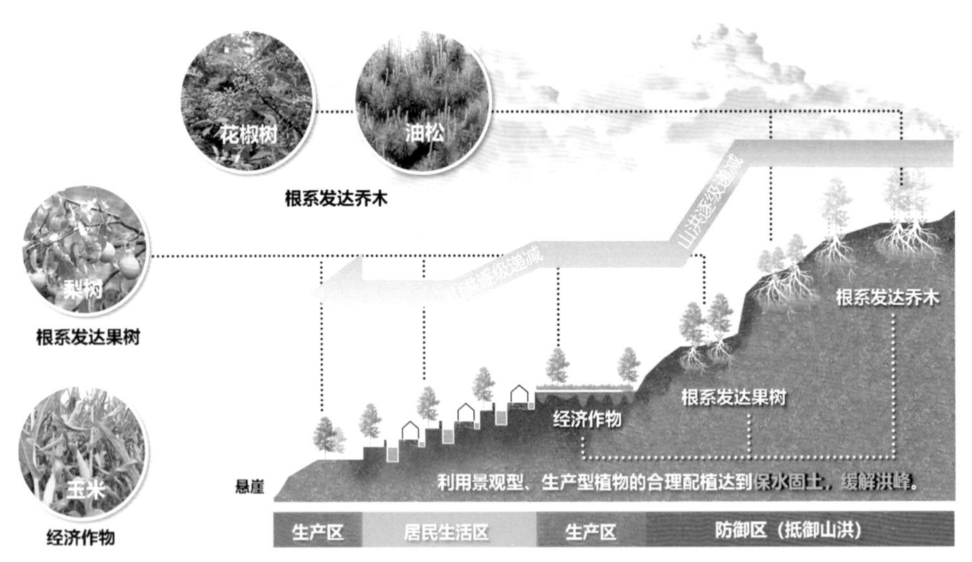

图 2-29 朝阳村“林 - 田”多层级空间布局剖面示意图

图 2-30　朝阳村现状调研图

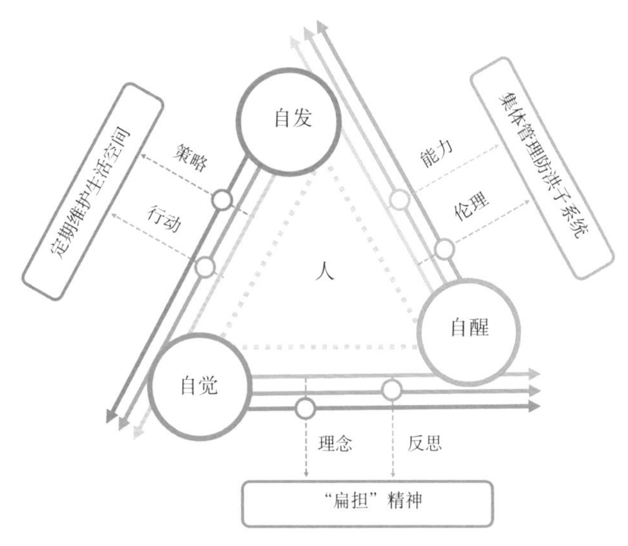

图 2-31　朝阳村社会维度灾害抑制机制关系图

无私奉献的美好品质被世世代代村民传颂赞扬，形成了重要的人文精神。扁担精神是 1949 年前后石板岩供销社几代人在党的领导下共同努力铸就的，在交通极为不便的山区，他们靠几条扁担送货收货，为群众的生产、生活服务[28]。太行山上沟壑纵横，道路崎岖，石板岩的沟梁坡坪上有多个村子和多户百姓。那时候交通十分不便，住在深山里的农民有时一月下一次山，用山野菜、野兔、山鸡换点食盐。石板岩供销社的职工为改善山里农民的生活状况，将坐等服务改为上门服务“一根扁担颤悠悠，百货送到家门口”，再将山楂、柿饼、核桃挑出山，数十年如一日形成了石板岩供销社“一心为民、勤俭办社、无私奉献”的扁担精神。“扁担精神”的精髓在于无私奉献和能够根据时代背景和地理环境创造条件以满足村民的日常生活所需，这种精神指引着石板岩村落的子孙们充分发挥自己的聪明才智，利用地形地貌特征和乡土材料进行街道的修建和民居的建造[28]。

村民自发地管理好防洪子系统，开沟清土回田。村民自发地管理好村落防洪系统及各子系统，使之在防洪御灾中发挥作用。村落的防洪御灾系统与各家各户息息相关。每户居民自家住宅都是防洪系统中的重要一环。住宅附近的“导”雨水的沟渠会在长时间的冲蚀过程中残留大量的泥土，如果不及时清理，会造成整个防洪系统的瘫痪。

（2）借势 - 化害 - 趋利的治水之道

朝阳村居民经过多年的实践总结，巧妙地将当地盛产的石板岩材料应用于建筑建造与生产生活中，形成了独特的建造技术和构造方法。村民们尊重自然、化害为利，充分地利用了当地的自然资源，很好地应对了当地自然环境，在有限的物质和技术条件下解决了居住、环境、资源的协调问题，有效缓解了当地外部气候环境对室内的影响，营造了一个更稳定、舒适的小气候居住环境（图 2-32）。

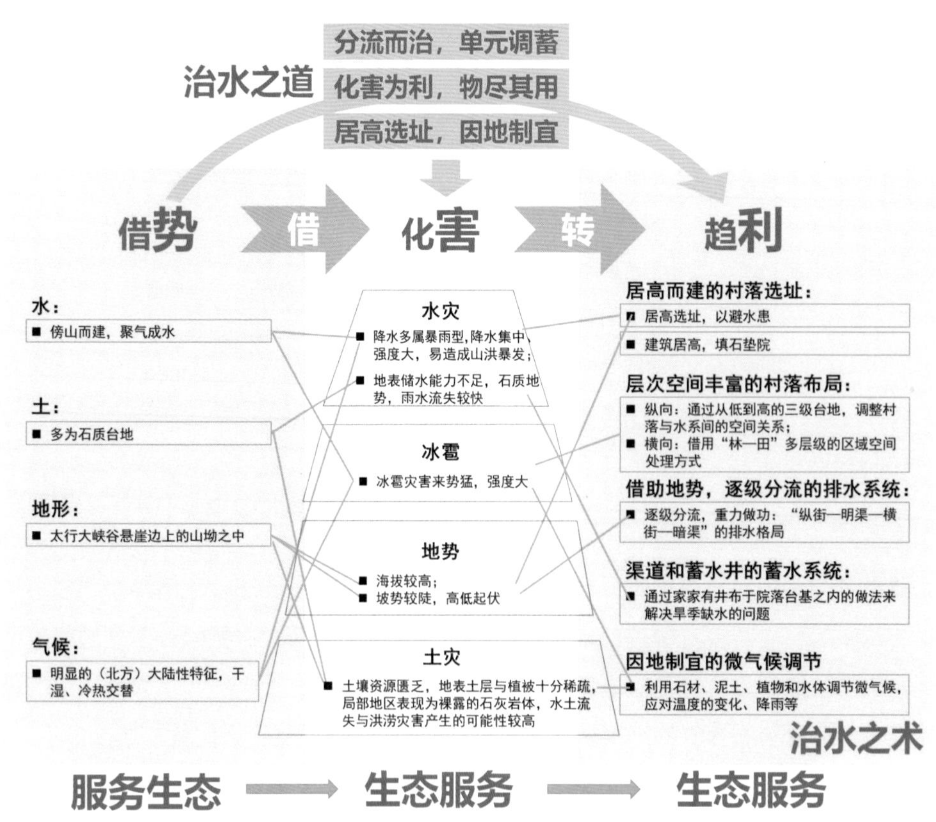

图 2-32　朝阳村“借势 - 化害 - 趋利”治水之道框架图

（3）生态治水智慧对自然的利

清土回田，提升土壤肥力。山洪和雨洪到来时，会带来大量富含养料的泥土堆积在排水渠内，这些泥土如果不及时清理，会造成整个防洪系统的瘫痪。而刚好太行山脉属于“土比金贵”的区域，故在每年生产活动进行前，各户村民会将排水沟里的淤泥进行清除，保障整个排水系统的顺畅。同时，清除出来的泥土常被朝阳村村民作为富含养料的泥土堆积在自家田埂之上，实现优秀的泥土肥料的再次利用。这一过程实现了对自然资源要素的物尽其用，促进和培养了自然生态的活力。

（4）生态治水智慧对人的利

石板岩民居通过“庭院＋绿化”的布局，以及石板岩建筑与村落空间组织的营造，形成了一个稳定的、舒适的、融于自然的小气候居住环境。在实地调研过程中，发现石板岩的住宅庭院内大都种植有本地果树、花卉和蔬菜，房前屋后高大浓密的乔木灌木形成自然屏障隔绝噪声，又可以在夏季为房屋挡住强烈的阳光降低温度，冬季树叶落去后不妨碍阳光的照射取暖，一定程度上创造了冬暖夏凉的庭院小气候。石板岩的住宅平面的“庭院＋绿化”的布局模式帮助村民改善生态小气候的同时还能为人们的生产生活提供便利，有利于人们的身心健康[27]。

总体来说，朝阳村的村落空间形式是基于东方哲学观营造的结果，蕴含了数百年来古人对黄淮海区特殊旱涝气候与水土流失严重的环境问题的重要答案，是基于自下而上的传统营造的空间规划系统与结构模式，并且这种低技术、低成本、低影响的规划设计体系与结构模式拥有极高的功能属性及景观效益。因此，挖掘其中的生态治水智慧并对其特点进行解析，对于构建适用于我国广大黄淮海区的本土化雨洪管理体系，具有重要的理论与现实意义[26]。

2.3　黄淮海区山底型石头村落——于家村

2.3.1　村落概况及现状分析

于家村隶属于河北省石家庄市井陉县，以《中国综合农业区划》来分应划归黄淮海区，是历史悠久、特色鲜明的山区古村。于家村所属的井陉县，南接山西省、西依太行山东麓，号称“太行八陉”之第五陉（图2-33）。于家村始建于明朝，系由明朝民族英雄于谦的后世子孙，为躲避政治斗争的波及，从井陉迁居至附近一处环山面水之所。于家村的先祖于有道迁来时，这里还是一片旷野，“与木石居与鹿豕游”，经过500多年的风风雨雨、繁衍至今已有24代，全村现有400多户，1600多人。

于家村石材较多，在历经24代、500余年的漫长历史发展中，形成了以农耕经济为支撑的别具特色的石村聚落，因而又名“于家石头村”（图2-34）。于家村

图 2-33　于家村区位图

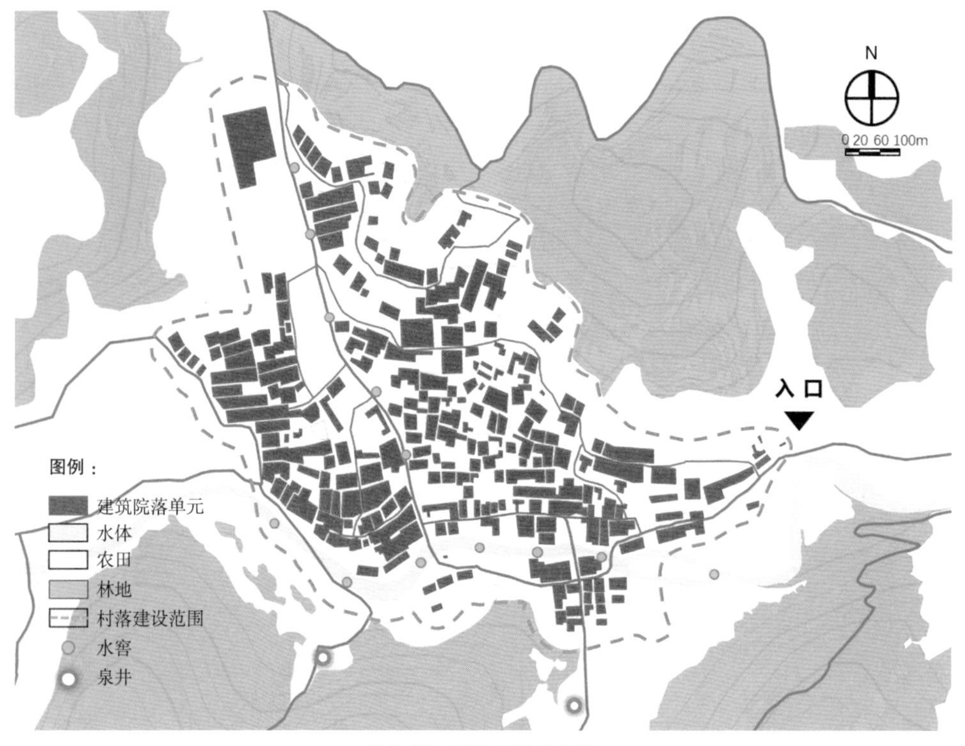

图 2-34　于家村平面布局图

的祖祖辈辈靠自己的双手将石头修成梯田、雕成石器、盖成石屋、铺成街道[29]，直至建成蔚为壮观的石头村落，独特的石头村落景观和悠久的历史文化底蕴，使于家村被评入我国第一批传统村落名单，它也是河北省唯一的古村落省级重点文物保护单位（图 2-35）[26]。

图 2-35　于家村清凉阁照片

而于家村全境都在太行山区范围内，全村村域山脉连绵、地势高峻，虽然属于大丘陵地貌，却已略具太行山区巍峨之意。于家村地处华北平原与黄土高原交界，坐落于太行山区东麓，受这样独特的地理区位和地形地貌的影响，这里的气候也具有独特之处：夏季炎热干旱且多风、降水短暂急切易形成暴雨（图 2-36）。

2016 年 7 月 19 日—20 日，井陉县遭受了特大暴雨袭击，全县平均降雨量达到 545.4mm[30]。在这场特大暴雨灾害中，于家村凭借其“导蓄一体”的治水体系未受到明显损失，其杰出的治水空间运营智慧充分体现了对当地旱涝环境的适应，能够使于家村古村落历经数百年的风霜雨雪和洪涝干旱灾害依然岿然不动。而同样是被评为“中国传统村落”的吕家村，在地理位置上与于家村相距仅 6km，在 7·19 洪灾中却遭受了重大损失：村内基础设施损毁严重、进村旅游路被冲断、200 多米古街道被冲毁、30 多处古建筑严重受损，自来水、电力设施、田间道路遭受重创，

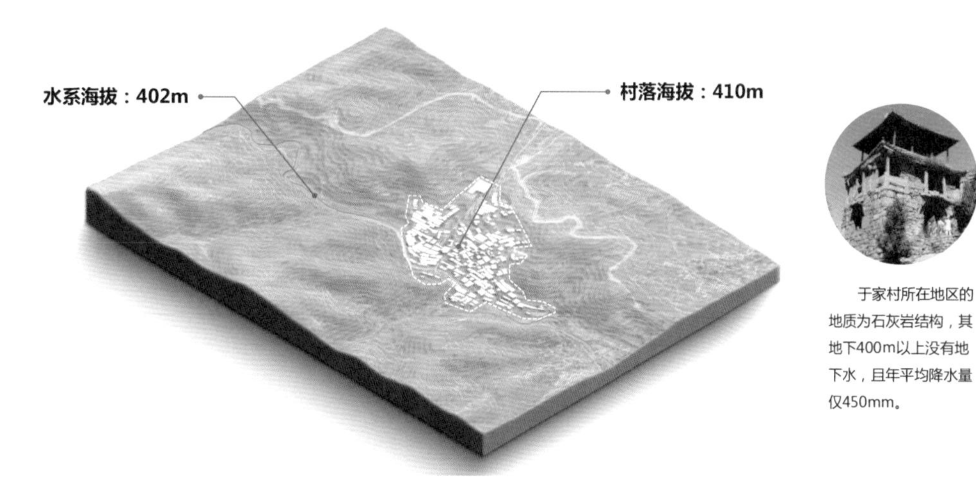

图 2-36　于家村地形地貌示意图

图 2-37　吕家村与于家村受灾照片对比
（图片来源：https：//www.meipian.cn/4aquep6；http://www.sohu.com/a/119070042_525464）

直接经济损失超过 4000 万元[31]。吕家村地形地势与于家村基本相同，但村内给水排水系统并不完善，村内主要街巷均铺设硬质水泥不利于排水，失去了传统生态智慧给吕家村带来了惨痛代价（图 2-37）。

2.3.2　孕灾成因分析

于家村是历史悠久的农耕村落，结合传统农耕生活的视角来分析，其灾害主要分为两部分：一是旱涝两极化的水灾；另外一个是水土流失严重的土灾。下面是此两个主要灾害的成因分析。

（1）水灾——时空不均的降雨环境导致旱涝两极化的局面。于家村地处温带半湿润大陆季风气候，地下 400m 以上没有地下水，年平均降水量虽仅 450mm，但集中于七、八月份，雨季易受山洪的侵扰。同时由于大部分时间极为干旱，河道在旱季面临干涸，且海拔相对较高导致无法依靠传统技术挖掘水井。时空分布不均的降雨环境带来旱涝两极化分局面，形成了于家村当地“无雨是旱，有雨成涝”的怪圈[26]。

（2）土灾——土壤资源匮乏且水土流失严重。于家村所处的太行山脉地形变化剧烈，土壤资源匮乏，地表土层与植被十分稀疏，局部地区表现为裸露的石灰岩体，水土流失与洪涝灾害产生的可能性较高[26]。

2.3.3　“因地乘便，自然做功”：融入减灾理念的生产生活空间布局

（1）应对冬季寒冷和夏季干旱的生产生活空间布局（全面适应自然）。于家村利用居“高”与居“阳坡”的做法来保障整体生活空间的采光与排水，并将农作物的生产空间选择在蒸发量较小的“阴坡”进行，以此实现对自然环境的全面性适应（图 2-38）[26]。

于家村在 500 余年历史中，从最初以于氏祠堂为中心定居于山脚的洪线范围之上，到后来依山建村形成步步高升的拓展，整体的村落布局都选址在坡度较大的阳

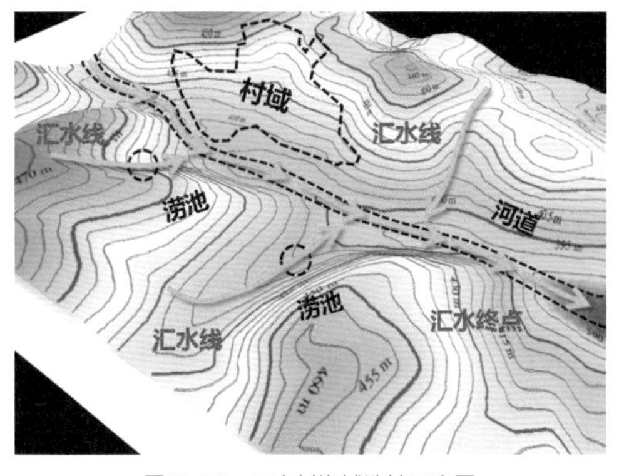

图 2-38　于家村沟域选址示意图

图 2-39　于家村选址示意图

向坡处，有“丹凤朝阳”的寓意[21]。其中于家村利用居“高”与居“阳坡”的做法来保障村落整体生活空间的采光与排水，村落建设区选址于山势相对开阔的阳向坡处，一般地势开阔水势不急，因此土质坚实且有充足的发展空间。而农作物的生产空间，则选择在蒸发量较小的“阴坡”进行（图 2-39）。

根据于家村村民口述：村内主要农作物为玉米、谷子、大豆，村里房子的屋顶是用白灰、白土和麦秸秆做成的，房子所用到的石头都是周围山上敲下来的，太大块的还需要放炮炸开。石头房因为墙体厚，所以冬暖夏凉，住起来很舒服。（图 2-40）

（2）缓解洪峰和固土保水的“百里石椿梯田”（让自然做功）。于家村利用山势势能实现雨水的重力自流，运用以石造坝，拦土为田的梯田空间来缓解洪峰和固土

图 2-40　采访村民照片

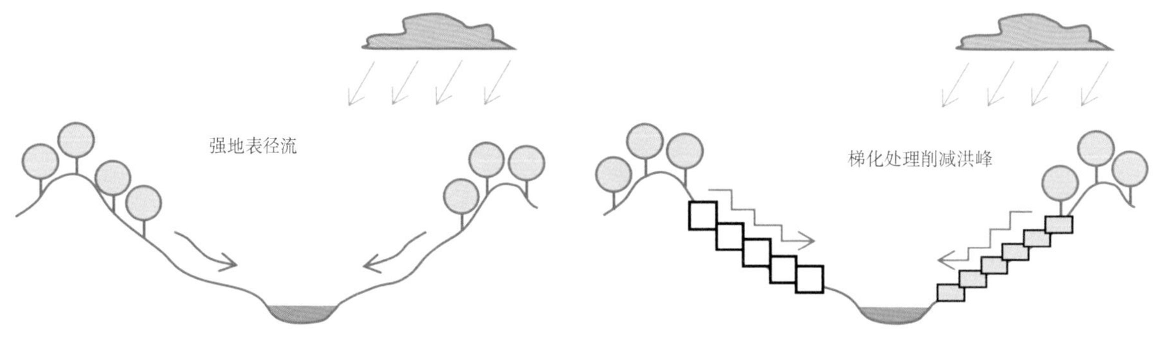

图 2-41　于家村地形阶梯化利用示意图

保水，是“让自然做功”的表现。因此于家村的建设区基本沿等高线分布，通过石质地基的抬升找齐建筑基底，形成层层梯状建筑；其次，耕作区依据山势开发为梯田，在山体凹侧谷状地带，雨水流量大且易集聚，梯田沿山谷线性展开数里，又称“百里石椿梯田”；在山体凸侧脊状地带，雨水流速高且不易集水，果树沿等高线梯状种植（图 2-41）[26]。

2.3.4 “多元一体，多级分散”：导蓄一体化的分散式治水空间体系

（1）根植于本土环境的“导蓄一体”的治水空间组织模式。“导蓄一体”的治水空间组织模式是顺应气候、应对旱涝两灾的有效方法。“导蓄一体”的治水空间组织模式是指以“水窖”与“涝池”为核心的蓄水系统高度依附于自身的行洪系统：从院内水窖（源头的雨水收集）到横纵街道水窖（汇水过程中的雨水收集）再到河道水窖（终点的雨水收集），广泛分布于雨水径流的各个过程中。最终于家村形成了以院落为单位、街道为脉络、河道为终点的“导蓄一体”的治水空间组织模式与“家家有井，户户有窖，面面有池”的生活生产用水空间格局，保障了村落空间的水量平衡[26]，同时也实现了村落水资源的循环利用，将洪灾中的雨水收集起来，赋予其新的生命，实现了水资源的再生（图 2-42）。

相较于在现代雨洪管理系统中，因过分注重效率与分工而使得系统中的各部分难以成为有机的整体，于家村更注重排与蓄的结合，通过将天然型与人工型蓄水单元分布于排水汇水的集中点上，来实现自然的排与蓄。并且这些蓄水单元往往都是分散式的收集，工程量较小但整体容积十分庞大，是分散式雨洪管理的先例。

此外，与进行统一排蓄规划的古城相比，于家村在没有开发大的湖泊堤坝拦蓄洪水的前提下，仅仅通过微地形调整形成系统化的行洪系统，配合分散化的垂直蓄水单位，即实现村落旱涝灾害的应对。这种在没有破坏自然肌理与势能的前提下，通过重力做功的形式，就实现了治水节水目的与村落功能空间高度重合的做法，是真正根植于地形地貌和自然环境，实现生态适应式智慧的表现[26]。

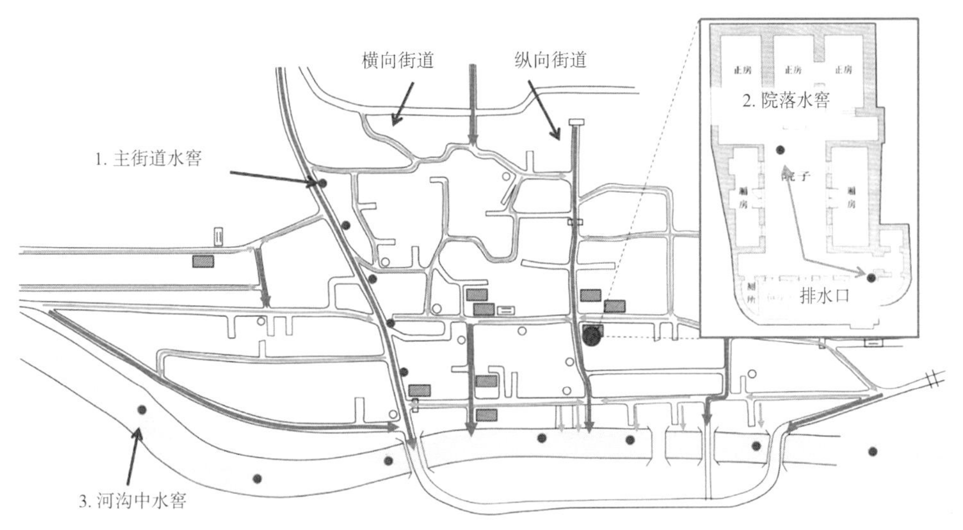

图 2-42　于家村排蓄体系示意图

（2）与村落各级开敞空间相符合的行洪系统。于家村坐落在四面环山的盆地中，绵延起伏的群山构成了村落天然的屏障，素有“不到村头不见村”的说法。村落里的街道由当地的青石板铺置而成，东西向称街、南北向谓巷、不通的断头路即是胡同，依照主次顺山势而铺建，称之为：“锦石铺地，七里石街”。因此，相比于古城明沟暗渠的连通体系，于家村正是基于自身的村落发展模式最终形成了以“六条街、七道巷、十八胡同和十二夹道”为主的道路行洪骨架，总长达到 3700 余米[26]。于家村主要历史街巷见表 2-8。

于家村主要历史街巷统计表[32]（单位：m）　　表 2-8

序号	名称	起止点	长度	宽度	道路铺装	道路功能
1	大西街	村西门	180	3.9	碎石	人车混行
2	小西街	国道	120	3.3	碎石	步行
3	沟边街	国道	115	3.1	碎石	步行
4	高头凹街	村北门	155	2.5	鹅卵石	步行
5	官坊街	村西门	480	3.9	水泥铺筑	人车混行
6	底下街	国道	390	3.3	碎石	步行

然而，于家村所处的漏斗状地形本身便极易发展成四面汇水的格局，即便形成其特有的道路行洪骨架，依旧在降雨时很难控制径流速度[21]。为此，于家村在沿山势而下较陡的方向的街巷道路多呈现两层级的高差处理，在行洪时，较低一侧作为存蓄水的水窖或者是行洪水道，而较高的一侧则用于人畜通行道路，保证村落生产生活的正常运行。

于家村村落道路系统共分为横纵两级，在借助天然地势的前提下将道路坡度基本控制在 10%左右以实现重力自流（图 2-43）。其村内各个院落所排雨水经横向道路串联汇入纵向道路，纵向道路再依据山势将雨水汇入河道，最终形成于家村引以为傲的“院落（起点）—横向街道—纵向街道—河道（终点）”道路行洪系统，素有“大雨不积水，小雨不湿鞋”的高绩效表现（图 2-44）[26]。

（3）以多级分散化的垂直蓄水节点为主体的蓄水系统。针对于家村受地形与生产力限制很难有大型调蓄设施的难题，于家村利用山势原有地貌形成分散化的“水窖”与“涝池”等垂直蓄水节点，以此应对村落旱涝灾害。于家村的旱季为每年的五月前后，在持续为居民提供生产生活用水的情况下，前一年和开春春季的存水已几近消耗殆尽，水位均线逐渐下降至低水位线。为应对旱季缺水情况下生活用水或灌溉用水的难题，于家村通过沿道路布置多级“水窖”与“涝池”等垂直储蓄单元的做法，来解

图 2-43　于家村不同层级道路照片

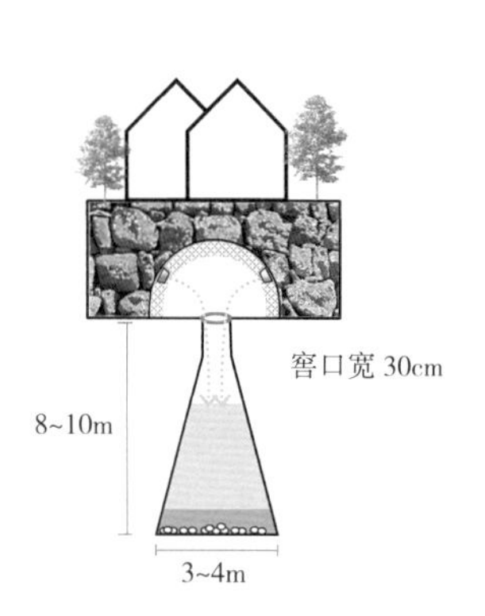

图 2-44　于家村排水体系示意图

决旱季缺水的问题（图 2-45）[26]。其中，蓄水单体多以瓮窖形式为主，依靠窖壁与井盖形成封闭单位，数量众多的蓄水单元实现了于家村分散化的雨水收集，这些水窖不仅在旱季提供生活用水，还能在雨季作为很好的调蓄体。如在雨季的八月过后，丰沛的降雨带来了大量的山洪水，山洪水的积蓄会导致严重的洪涝，于家村的井窖池系统便会在此时适时发挥其季节性调蓄功能，大量存蓄山洪水以解决雨季易涝的问题。在农耕作区中，涝池分布于村内各个山体山势的凹侧，配合梯田共同收集雨水，是种植作物应对旱季的主要蓄水设施（图 2-46）。村落内井窖池共计 1000 多处，这 700 余眼石头水井、300 余口石壁水窖、18 汪石边水池一同构成了于家村的人畜生产生活用水来源。于家村的多级分散化的系统性垂直蓄水方案体现出高度适应当地自然环境以及旱涝环境的治水空间智慧，沿用至今具有足够的适应力与生命力（图 2-47）。

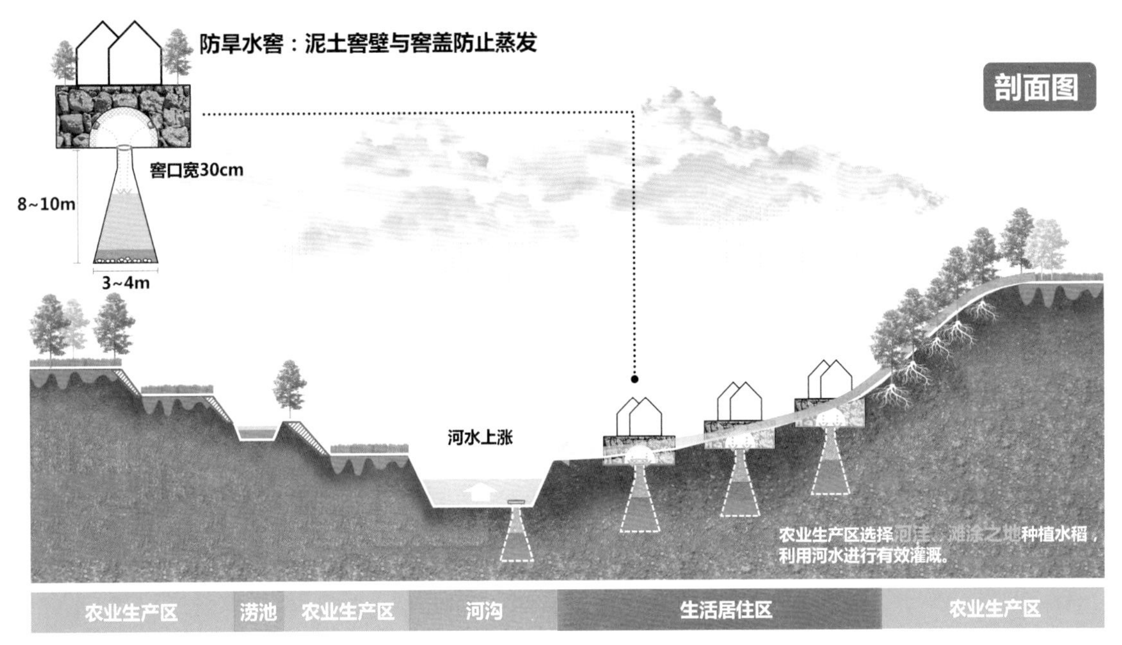

图 2-45　于家村多级水窖系统剖面示意图

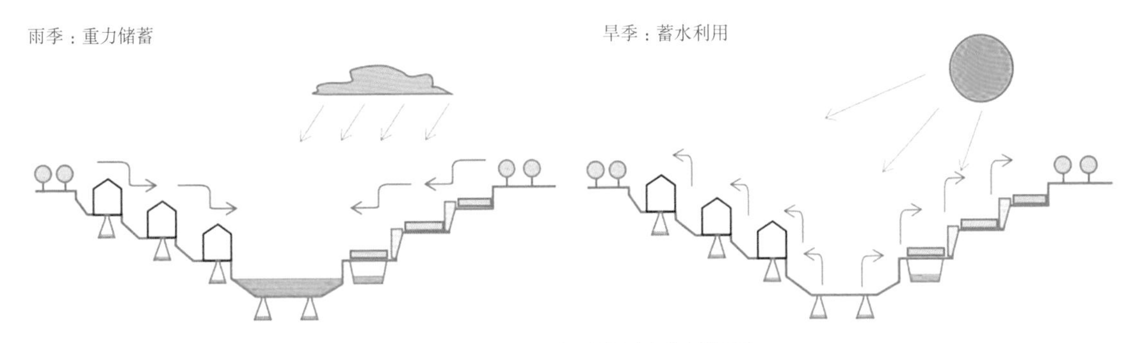

图 2-46　于家村山底型村落治水节水模式图

根据于家村村民口述：村内水井中储存的都是雨水，用来春天种庄稼使用的。山上的旱池是直接挖出来用的，一般十多米深。还有一种水窖口小“肚子”大，水窖里面的水一年都用不完，水窖下面宽大概有3m，水窖下层铺一层山黄土，四周抹石灰，外面再用石头包一圈，防止渗水。一般都是夏天动工修水窖、水井。冬天水窖里的水也不会结冰，为了水源充足，还会把干净的积雪放到水窖里（图2-48）。

图2-47　于家村涝池照片

图2-48　采访村民照片

2.3.5 “物尽其用，和谐共生”：对自然资源要素的合理和可持续利用

（1）原生态的石头建筑材料。于家村人世世代代以“物尽其用”作为农业种植经济的第一原则，在不影响可持续发展的前提下，利用好每一块山石，每一抔黄土，每一滴降水，为村中生产生活创造最大价值（图2-49）。如于家村中石质建筑的屋顶与墙体，在砌筑过程中往往会加入含有农作物的泥沙以嵌缝，物尽其用地增强了结构的强度（图2-50）。生态智慧在于家村长久的循环实践中得到修正，又在空间中得到了表达。

图2-49　于家村转角空间照片

图2-50　农作物在于家村建筑砌筑中的应用照片

根据于家村村民口述：建筑拐角处的粘结物用的是石灰和的泥，石灰都是村子自己烧的，现在都是在石灰厂烧的（图2-51）。

图 2-51　村民讲述于家村建筑墙体的砌筑过程照片

（2）合理的生产性植物布局。为解决太行山脉地区土壤稀薄且水土流失严重的问题，于家村采取先服务生态，再利用生态服务自身的自然闭环发展模式。首先通过对不同固土性能的生产性植物合理布局来服务生态，保障区域土质坚实度，减少山洪和泥石流等灾害的发生；当服务生态完成后，于家村村民才开始利用生态为自己服务，利用来之不易的土壤，种植庄稼，恢复农业的活力，满足村民生产生活需要，实现村落土资源的再生。

如固土性能较强的林类乔木主要种植于山地顶部，防止滑坡与洪涝；果树类灌木结合草本作物种植于村落下方的山腰区域；而在山脚与沟谷处主要种植草本作物[26]。于家村的主要农作物是玉米，在为于家村提供食物来源的同时，保持了黄淮海区的水土，遏制了水土流失加剧。

2.3.6 “族规民约、注重应用”：村落治水经验的持续传承和实践完善

（1）以自发的村民公约为核心进行村落管理。于家村通过制定约定俗成的“公约”来促进全体村民形成治水节水、护林意识并参与治水节水护林管理过程。在崇祖敬宗的宗族观念下，宗族组织成为社会管理的主体[33]。于氏家族长通过制定村规民约的方式，来约束村民，于家村始终保持着于氏先辈敦厚淳朴的作风。在于家村，出于节约公共水资源的需求，村民制定了名为《柳池禁约》的公约章程，以保证水资源的合理分配，《柳池禁约》（图 2-52）的制定是该集体利益的社会制度自制力的集中反映。同时，针对“导蓄一体”的治水空间，约定俗成的公约为：每位村民在使用自家“井窖”设施的同时，也自然要承担对村落整体导蓄系统维护的义务（图 2-53）。而在维护生产安全方面，于家村人制定了《禁山林碑》公约以控制开山伐林，维护梯田的生态环境与水环境稳定。这种自发的村民协定其本质是村民对由生态智慧为内涵的社会自制力的认可，对村庄自然环境和自然气候条件的集体式尊重[34]。

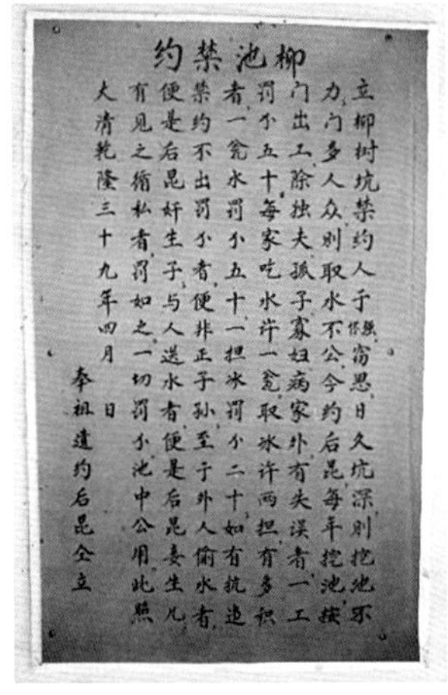

柳池禁约

立柳树坑禁约人于窃思日久坑深则挖池不
力门多人众则取水不公今约后昆每年挖池拔
门出工除独夫孤子寡妇病家外有失误者一工
罚个五十每家吃水许一瓮取水许两担有多积
者一瓮水罚个五十一担水罚个二十如有抗违
禁约不出罚个者便非正子孙至于外人偷水者
便是后昆奸生子与人送水者便是后昆妾生儿
有见之循私者罚如之一切罚个池中公用此照
大清乾隆三十九年四月　日
奉祖遗约后昆仝立

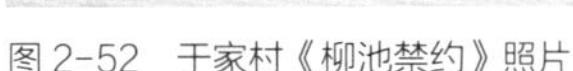

图 2-52　于家村《柳池禁约》照片

图 2-53　于家村石质道路维修现场照片

（2）适应性经验在空间修复和改善中的应用。每位村民在长期的生产生活过程中，将对气候适应、材料利用和乡土工艺的认识逐步运用到对生活与生产空间的不断修复和改善中。如于家村对转角空间“拐弯抹角”式的圆弧状处理，是在长期应对洪水冲击中对建筑直角做法的修正。古村与古城关于治水空间营造与管理的区别之一就在于全体村民的可参与性，《修道碑记》《整饬村规》等文献记录了村民共同修道建村并共同维护的公共意志[26]。于家村每位村民将其在长期的生产生活中所积累的适应性经验积极主动地应用到空间治水性能的营造与修正中，加强了村落应对气候变化的弹性，也是古村落适应性系统保持长久有效的根源。其次，于家村人世世代代以“物尽其用”作为农业种植经济的第一原则，在不影响可持续发展的前提下，利用好每一块山石，每一抔黄土，每一滴降水，为村中生产生活创造最大价值。如于家村中石质建筑的屋顶与墙体，在砌筑过程中往往会加入含有农作物的泥沙以嵌缝，物尽其用地增强了结构的强度。生态智慧在于家村长久的循环实践中得到修正，又在空间中得到了表达。

2.3.7　生态治水智慧总结

于家古村在营建过程中秉承东方哲学观，不仅通过“因地乘便，自然做功”的生产生活空间布局实现了对区域性自然灾害的减缓，增强了自然的活力，而且通过对自然资源要素的合理利用实现了社会聚落的可持续发展，真正实现了生态服务与服务生态并举[26]。

（1）社会维度的治水智慧形成机制

降水量少且集中的自然环境和石多土稀的地质环境导致于家村面临水荒、土荒和雨季山洪等灾害。于家村全面适应自然、让大自然做功的生产生活空间布局

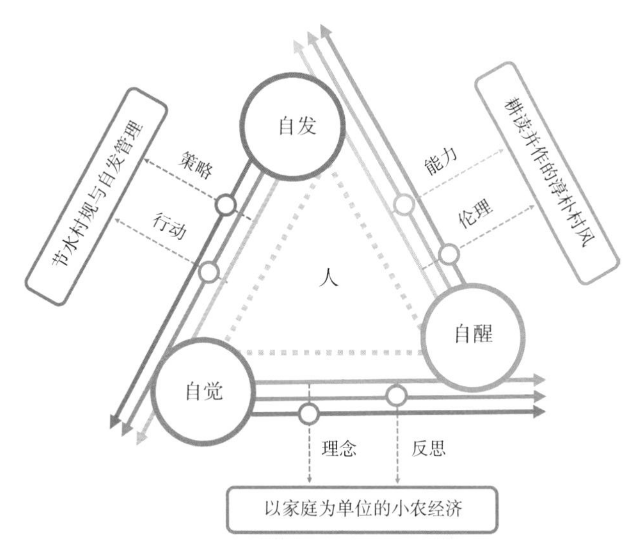

图 2-54　于家村社会维度的灾害抑制机制关系图

起到了一定的固水保土作用。为应对水荒和山洪灾害，于家村建立了一套导蓄一体化的分散式治水空间体系。对石材等自然资源要素的可持续利用，使于家村出现了“以石为村”的特色景观。此外，于家村村民共同参与村落的管理维护，并形成《柳池公约》等约定俗成的公约，构建了社会共同参与的灾害抑制机制（图 2-54）。

（2）借势 - 化害 - 趋利的治水之道

于家村采用“随水而迁、顺势而为”的灵活而可变通的生存策略，协调人与自然的和谐相处。不同于古城迁河的防洪做法，古村落不具有迁移河道的大量人力物力。村落的特点在于人口数量少且建设过程低成本低技术，这也保障了村民能够及时根据旱涝情况进行生活生产空间的调整与转换，是人类对适应自然的度的平衡。同时“随水而迁、顺势而为”也表现在村内空间的避让处理中，如于家村在横纵街道的丁字交叉口处，会进行空间的放大处理，在满足村民对开敞空间需求的同时，规避洪峰[26]。村落的最终形态其实就是在长期的生长与规避中达到的平衡，是人类长期以来在适应自然的建造方式下更替演进的结果（图 2-55）。

（3）生态治水智慧对自然的利

于家村通过拦土为田形成的梯田空间和对不同固土性能的生产性植物合理布局来保障区域土壤的坚实度，为石多土稀的于家村增加了珍贵的土壤。

于家村的于氏家族长制定了村规民约，如节约用水的《柳池禁约》和保护山林的《禁山林碑》等。这些村规民约不仅促进了村民之间的和谐共处，对于水源和山林也起到了保护的作用。直到如今，于家村民们一直遵守着祖宗立下的规矩，依然保持着节约用水、不到南山砍伐放牧的习俗。于家村荣获“石家庄市生态文化村”“美丽乡村先进村”以及“造林绿化先进村”等荣誉称号[33]。

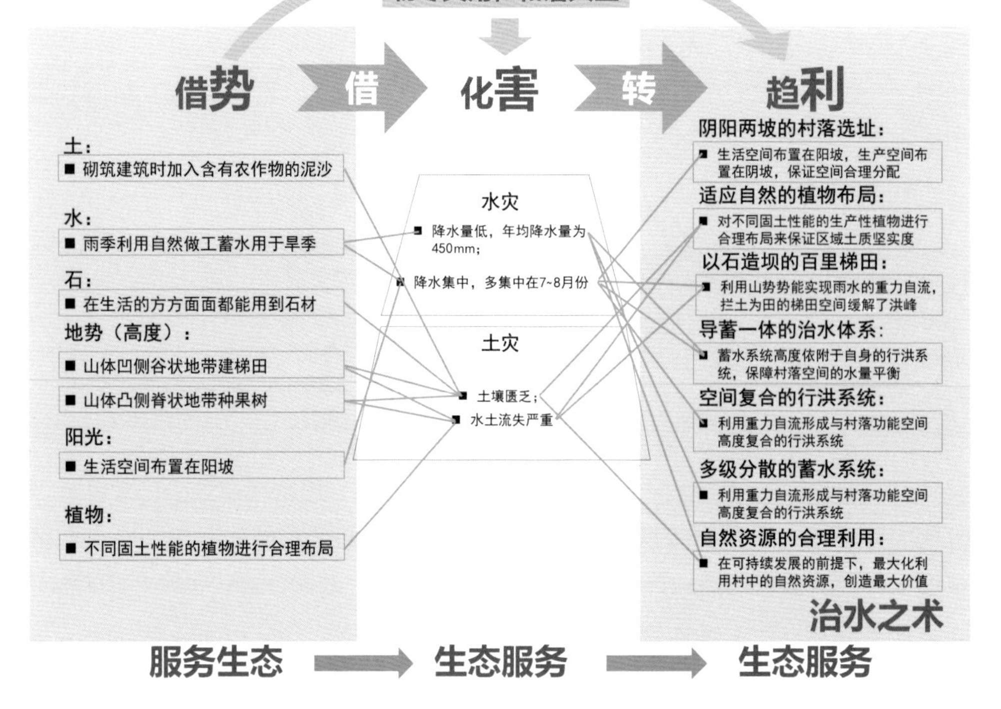

图 2-55　于家村“借势－化害－趋利”治水之道框架图

（4）生态治水智慧对人的利

于家村的生产模式是以家庭为单位展开的，这使得一家人长期稳定地居住在一起从事农业生产劳动，有利于家庭成员在生活中感受彼此之间的亲情，彼此敬重、互怀感恩之心，且在农忙时节，需要全村族人的相互帮助以保证农业生产顺利地进行，这样容易形成家人之间和谐相处、邻里之间互帮互助的良好氛围[33]。

2.4　黄淮海区山底型泉水村落——朱家峪村

2.4.1　村落概况及现状分析

朱家峪村位于山东省济南市章丘区内的官庄街道，坐落在胡山东北脚下，西距省会济南市城区约 45km，北离章丘区明水街道约 5km。按照《中国综合农业区划》，朱家峪村所在之处属于黄淮海区（图 2-56）。朱家峪原名“城角峪”，后改“富山峪”，直到明代改名为“朱家峪”。坐落于谷地沟口、三面环山的朱家峪村在历经 600 余年的发展中，被专家誉为“齐鲁第一古村，江北聚落标本”。参考《章丘市地名志》，朱氏家族始祖朱良盛携家眷自河北枣强迁到该村，因与明太祖

图 2-56 朱家峪村区位图

朱元璋同姓，故更名为朱家峪。自明代至今，小村虽经 600 余年沧桑之变，但仍较完整地保留着原来的古门、古哨、古桥、古道、古祠、古庙、古宅、古校和古泉等建筑格局。2005 年，朱家峪村入选国家第二批历史文化名村，也是当年山东省唯一入选的历史村落[35]。

朱家峪整村坐落在山峪中，东、西、南三面环山[36]，北向平原，结合特殊的地势环境，村落古民居建筑建在南部的山麓坡地，北部有限的平原作为农田，在自给自足的农耕社会里，这种聚落空间布局充分地利用了土地资源，达到物尽其用的效果。村内共有 4 条主路，上、下崖头高低错落，下崖头穿村而过，而站在上崖头又可俯瞰整个村落。诸多支巷疏密有致地与主巷有机地联系在一起，构成村落的主要格局。所有街巷通过曲折、坡度、宽窄、植物等变化给人以丰富的方向感和导向性（图 2-57）[37]。

朱家峪村境地处泰沂山区北麓，属典型的石灰岩地貌山区。地势总趋势为南高北低，东、西、南三面环山，北临平原。古村在群山怀抱之中，新村在山外平原地带。古村南面群山连绵、山峰纵横相连，海拔均 500m 以上。最高山为湖山，主峰海拔 693m，为章丘名山之一[38]。朱家峪村属于温带季风气候，夏季高温多雨，冬季寒冷干燥，冬春多大风沙暴天气。春旱、夏涝常常在年内交替出现。干旱、洪涝成为朱家峪最主要的自然灾害，再加上朱家峪是多石头地域，土壤失墒明显加快，加之农作物播种，生长需求大，形成“十年九旱”的气候特点。

图 2-57　朱家峪村风貌照片

在面对同样的地理环境及气候特征的前提下，朱家峪村在 1953—2000 年先后十余年遭多次暴雨，多以短时暴雨为主，但距朱家峪仅 10km 外的长清区却屡次遭受由于强对流形成的暴雨灾害的侵袭，通过对长清区近 40 年的地面灾害性天气现象观测资料的分析，40 年出现日数最多的是霜，其次是雷暴、大雾、大风和高温，突发性强对流天气引起的暴雨、大风、冰雹等灾害性天气较为频繁，造成的损失巨大，近年来暴雨次数不断增加，从 1971—1980 年的平均 1.90 天增加到 2001—2010 年的 2.50 天[39]。通过对两者的对比分析可知，朱家峪在面对暴雨的时候没有形成大面积积水的现象，这也彰显出先人尊重自然，利用自然与自然和谐共生的生态智慧（图 2-58）。

2.4.2　孕灾成因分析

古村朱家峪是典型的黄淮海区传统村落，受气候条件和独特的地理区位、地形地貌的影响，使干旱、山洪成为其最主要的自然灾害，给农耕时期的生活生产带来巨大挑战。

图 2-58　朱家峪村与长清区受灾照片对比
（图片来源：https://www.fliggy.com/content/d-210100799120?ttid=seo.000000576&seoType=origin）

（1）水灾——洪水泛滥，水量集中，降水多集中在6~8月份，约占全年降水量的64.8%，并常以短时暴雨出现。朱家峪地处北温带，属于典型的大陆性季风气候，四季分明，雨热同期，春季干旱多风，夏季炎热多雨，秋季温和凉爽，冬季干冷少雪。进入夏季，境内处于暖湿气团控制下，炎热多雨。历年夏季平均气温25.9℃，夏季平均降水量421.4mm，占全年雨量的64.8%，历年雨量以7月最多，日降雨量≥50mm的暴雨日数全部集中在7~8月，由于暴雨强度大，雨量多，再加上朱家峪地理位置特殊，常有山洪暴发，冲垮地堰，从而酿成水患[38]。

（2）干旱——干旱缺水降水量低，历年平均降水量为650mm；蒸发量极大，石灰岩地貌，土壤薄。立春后，南方暖湿气团逐渐增强北上，盘踞境内的干冷气团逐渐减弱北移，受此影响，气候干旱、少雨、多风。期间气温逐渐上升，光照时间渐长，水蒸发量大，平均蒸发量在703.3mm，朱家峪所处石灰岩地貌，土壤稀薄，土壤失墒明显加快，加上农作物播种，生长需水量大，故水分供需悬殊，“春雨贵如油”，形成“十年九旱”的气候特点。

中华人民共和国成立至20世纪末，先后发生了十多次旱灾，小麦严重减产，社员吃供应粮。1981—1982年两年大旱，县政府拨粮拨款救灾。1992年春夏连旱，无降雨日达到130天，全村受灾严重，人畜吃水困难。

2.4.3 “天人合一”的村落堪舆格局

（1）枕山环水的村落选址，朱家峪村借用古代堪舆学的处理方式进行村落空间选址以缓解洪峰和固土保水。在“堪舆学”中，观山择水是一个村落从选址到布局的首要工作，古代战乱不断，人们更希望居住在陶渊明《桃花源记》所描述的村落环境“芳草鲜美，落英缤纷……临近水源……土地平旷，屋舍俨然，有良田美池桑竹之属。阡陌交通，鸡犬相闻……”中国人追求美好的居住环境，生动有层次的环境能够唤醒人们美好的遐想和生动的意向，从基于生存安全需要，聚落的选址上格外注重防御和安全，这种谨慎的意识是长期生存留下来的潜意识，良好的居住环境能够给人带来心理安慰，因此朱家峪背山面水，连绵不绝的山脉形成了村落的天然屏障，村落整体防御性高，易守难攻。而村民们后期环绕聚落周围筑建城墙、挖壕堑深沟，筑起了防御屏障，高台建筑成为主要的人为防御手段，便于瞭望，利于防卫，抵御水患。同时山脉巧妙阻断形成“三面环山，九峰环拱”的格局，借由选择大型山体与村落之间，小型山峦环绕的村落选址模式，利用错落的山势，有效分散了山洪的流经，防止洪水侵扰村子。同时还符合传统的“天人合一”思想，古村就像坐在一把巨大的“太师椅”里，体现了旧时“枕山、环水、面屏”选择村址的理念[40]。

（2）顺山就势的空间布局，朱家峪最初选址受当时自然条件的限制，对于很多的自然现象他们自己都无法解释，于是他们认为万物皆有灵性，对自然充满畏惧崇敬之情，之所以选址地点有山有水，对于以农业为主的传统聚落，农业是其生存发展的基础，农业逐水而生，村落内地势平坦，土壤肥沃的区域拿来耕作，而居民住宅安置在山坡上，在村落选址中，先人们并未一味盲从地改变既有环境和人为过度地改变既有环境，而是尊重自然，利用自然，建筑朝向没有按照传统的正南正北方向，而是依坡而建，大多建筑建造过程中就地取材，以石筑造，讲究实际使用功能，大大提高了建筑的稳固性和防御性。村落内的街巷布局顺山就势，高低错落，疏密有致。朱家峪街巷布局、走向均以地形地貌为依托，建筑依坡而建的空间布局特点，这种对自然环境的尊重与利用无不给后人创造了宝贵的生态财富。

2.4.4 “因势利导”的排洪技术，以实现对自然的全面性适应

古村整体为梯形聚落，高低参差，错落而有致。与传统北方平原村庄不同，朱家峪房舍布局并不是正南正北，街巷顺山就势，街巷的交通走向均以等高线为依托，利用山势势能实现雨水的重力自流及分流，并且通过引流将水汇入蓄水单元。古人“因天就势”地将被动式与适应式的治水节水体系融入生产生活空间中，来保障村落整体生活空间的水安全格局，最大限度地利用地形、物质条件，在自然中寻找生存构建的秩序。“建筑 - 道路 - 泉水 - 路 - 建筑”是朱家峪典型的空间布局形态，朱家峪依山而建，地势高低起伏，在交通方面既要满足村民日常交通的快捷性，又要满足车辆通行，生产、生活物质的运送，道路系统是古村朱家峪空间形态最具有导向性的因素，建筑的布局顺应道路系统，而道路的流线方向取决于古村所处的地形和坡度，朱家峪三面环山，特殊的地质构造使得泉水终年不竭，充足的水源为朱家峪扩大了空间，峪中冲沟贯穿南北，既是村落排泄山洪的通道也是居民生活排放废水的孔道，形成的潺潺流水给地处干旱地区丘陵地带的村落创造了凉爽湿润的局部生态气候[41]。

据村民口述，为了防止洪水冲坏建筑，建筑会建在垫高的台地上，这样水就冲不到建筑根基了，山洪排泄就是依据地势顺着路面一直流下去的（图 2-59）。

图 2-59　采访村民照片

2.4.5 “因时达变”的村落立体化排蓄体系

（1）以“康熙立交桥”为核心的灵活治水策略，采用分季节、错时段综合利用的村落基础设施建设方式，为保证汛期村内的交通联系，村落中修有两座同古村泄洪系统完美结合的跨路古桥“康熙立交桥”。雨季泉水漫地而流，考虑到居民出行的安全，朱家峪石桥颇多，大大小小共有 28 架，这些古桥大多都是明清或者更为久远的年代留存下来的，较为著名的就是“康熙立交桥”“坛井七桥”，立交桥为上下两层复桥，这种架空的道路，是一种带有立体意义的古代交通设施，被专家赞誉为“现代立交桥的雏形”，康熙立交桥位于朱家峪的中央位置，桥洞高 3m，宽 2m，用当地自然的黄石和青石铺砌，朴实自然，中间没有使用泥浆，石头之间巧妙地结合在一起，一座建于康熙九年，另一座建于康熙二十七年，两桥相距 11m，呈“八”字形非平行排列，雨季汛期形成的瞬时湍急水流可由桥下村路通过，而平时又作为村中主要通行道路。桥下宽敞的泄洪道同整个村落的排水系统完美地连为一体[42]。这种分季节、错时段综合利用、灵活而可变通的智慧治水策略，充分显示了古村先民在有限聚落空间的有效综合利用方面的治水智慧[43]。

据村民口述，康熙立交桥是老前辈修建的，当时修建只用石头，通过石头的咬合完美地衔接在一起，现在会修建桥的工匠大多迁到新村去了，村内的居民大多喜欢去那乘凉（图 2-60）。

（2）利用沟渠、池塘形成各级开敞空间相复合的行洪系统，山地建筑布局，防洪、排水系统是关系到村落居民生死存亡的大事。沟渠、池塘等是村落重要的公共空间，具有重要的社会效应和生态效应，社会效应体现在该类空间是村民聚集、交流、交往的重要公共空间节点。生态效应体现在泉水、池塘汇集处湿度较大，周围的植被丰富，利于营造湿润凉爽的微气候条件。池塘主要集蓄行洪路径

图 2-60　采访村民照片

的客水（不按汛期暴涨的河水），分时分段拦蓄雨洪，缓冲洪水的同时也调整了古村的空间布局节奏，丰富了村落景观内容，主要的池塘有文昌湖、砚湖，文昌湖位于村落的北入口处，地势低洼，主要拦蓄由南顺势而来的客水。砚湖不仅是交通动线的枢纽空间，也是南侧客水的交汇空间，汇水点放大为蓄水景观池，是近旁村民日常休闲的公共空间[44]。古村中道路与明渠垂直于纵贯南北的冲沟，冲沟既是排泄山洪的渠道，亦为生活废水的排放沟。村内主街道S形的通道线型选择，有利于降解水流冲力，减少洪水滋生的灾患[37]。缘冲沟布置道路系统，构成村落相对自由的空间系统格局，诸多支巷疏密有致地与主巷联系在一起，通过道路和明渠的方式将水排入冲沟。最终形成了朱家峪村“道路与明渠—冲沟—村口池塘—外部水系（终点）”的道路行洪系统。

（3）“泉溪坛井”为核心的系统性蓄水方案，朱家峪村主要通过类似谷坊作用的台阶式冲沟，防止冲沟损坏，同时蓄水以减缓洪水径流，来解决旱季缺水而雨季易涝的问题。位于村子南端的“坛桥七折”采用溪渠环绕“坛井”的模式。坛井的周围是桥最多的地方，坛井口小内阔，形状如坛子，故名坛井。由于朱家峪位于特殊的地质构造，泉水甘甜可口，在坛井的北、东、南建有七座曲折相连的小桥，连接南部山坡顺势而流的客水，再与曲折的行洪沟渠相连，这种曲折的行洪沟渠有效地减缓了水头的冲力，另外各转折处空间略有放大，不仅可以大面积的蓄水而且还可以作为村内居民活动汇集的公共空间。坛井从未有过干涸，夏秋丰水季节，泉涌成溪。泉溪的曲折形态，起到了延长溪渠长度，滞留泉水的效应。溢出的泉水沿着石铺道路潺潺地流过整个村落，使有限的泉水资源充分滋润村落土地，形成村落良好的植被条件，进而为地处干旱地区丘陵地带的村落创造了凉爽湿润的局部生态气候[37]。

根据村内一村民口述：村内井水很甜，传说喝完长寿井的水，能多活10年，这地方旱灾比较多，10年内至少有1～2年是旱灾，村内修建好多口井，以便大旱的时候用（图2-61）。

图2-61　采访村民照片

2.4.6 “就地取材”的村落空间营建技术

朱家峪村地处石灰岩地貌山区，十分注重利用材料（尤其是石材）的自身特性。基于对自然的尊重与崇敬，山地居民在长期与自然互利互惠、共存共荣的过程中懂得了利用地形因地制宜，避免不必要的土石方工程，建筑的布置并未对自然地物排斥，而是尽可能地利用周围的环境条件，形成良好的外部空间，使建筑与自然巧妙地结合在一起。朱家峪周围的大树及山石并未进行规整的规划，而是恰当地组织到居住环境中成为有机的一部分。力求建筑的外部轮廓与自然山形、景观融为一体[45]。这种以尊重自然、利用自然为前提的理念，历经多年，村民无时无刻不从自然中得到大自然的恩惠，共存共荣的相处模式增强了自然的生态性。建筑底部通过石灰岩垒筑高房基（大块而整的石头）抵御山洪雨水对房基的冲击及行洪水流冲入院内；顶部采用含碎石的土坯砖，并使用掺入麦秸秆的泥土抹灰增加墙面的耐水性；通过石柱加固房基，建造房基底部坚固抗冲的墙址。为防止行洪对路面带来的冲击破坏，村中道路和主要街巷多采用青石或卵石铺砌而成，一定程度上避免了道路泄洪对于民居的水患影响[46]。村内“单轨”古道中间由整齐的石块砌造而成，略高于路面，便于道路排水。沿街院落多建在超过最高行洪水位的石砌挡土墙之上，院门前再以台阶或坡道加以连接，可避免或减少洪水之患。

根据朱姓村民口述：盖房制作土坯砖大多选择在春秋季农闲时，春季少雨，干得快，而且温度不是特别高，夏季雨水多，而且温度太高，土坯砖容易晒裂，冬季不盖房，冬季冷，上冻，农村没有保温措施。

根据村民口述：当时建房的时候都是用黄草铺屋顶，把从山上割下的黄草晾干以后披在上面，一般山上的白草都是用来喂牛、喂羊，割白草都是集体去割，集体喂生产队的牛及其他畜生，建房用的黄草都是自己建房、自家去割，黄草是实心草，结实，现在还有新建的房子还是仿造以前的那个工艺去建造（图 2-62）。

图 2-62　采访村民照片

2.4.7 生态治水智慧总结

在不断与自然灾害抗衡的过程中，朱家峪形成了一系列的应对措施：如灵活自如的村落空间布局、立体化导蓄系统和物尽其用的自然资源利用策略，通过这些措施，朱家峪充分彰显了自身经得起岁月考验的独特的生态智慧。

（1）社会维度的治水智慧形成机制

族规是宗族制约族人的行为规范，朱家峪每个宗族都有自己具体详细的族规，村内对于族规的宣读有两种形式，并定期宣读族规，定期在家祠宣讲，缮列墨牌，激励同族人积极上进。朱家峪人有着平实内敛的处世原则，“勿营华屋，勿谋良田”同族先哲的这些治家格言对于朱家峪村落整体形式风格有明显的影响[47]。即使一些家境富足的书香世家乃至名望之族的宅第也不铺张奢华，只是布局安排上巧用地势，建造形式上多了些朴实中略见精妙之处而已，约束着村民使其学会克制，避免对资源的浪费，体现出朱家峪人世代相传的平实内敛的处世原则及村民朴实的生活文化，更好地使村落延续下去。

朱家峪村民对自然的尊重与崇敬，在长期与自然互利互惠、共存共荣的过程中懂得了利用地形因地制宜，避免不必要的土石方工程，建筑的布置并未对自然地物排斥，而是尽可能地利用周围的环境条件，形成良好的外部空间，使建筑与自然巧妙地结合在一起，形成这种依山而建、三面环山的村落形式，整个朱家峪村位于谷地沟口（图 2-63）。

（2）借势 - 化害 - 趋利的治水之道

采用分季节、错时段综合利用的村落基础设施建设方式，为保证汛期村内的交通联系，村落中修有两座同古村泄洪系统完美结合的跨路古桥“康熙立交桥”，这种立体化分季节、错时段综合利用、灵活而可变通的智慧治水策略，充分显示了古村先民在有限聚落空间的有效综合利用方面的治水智慧（图 2-64）。

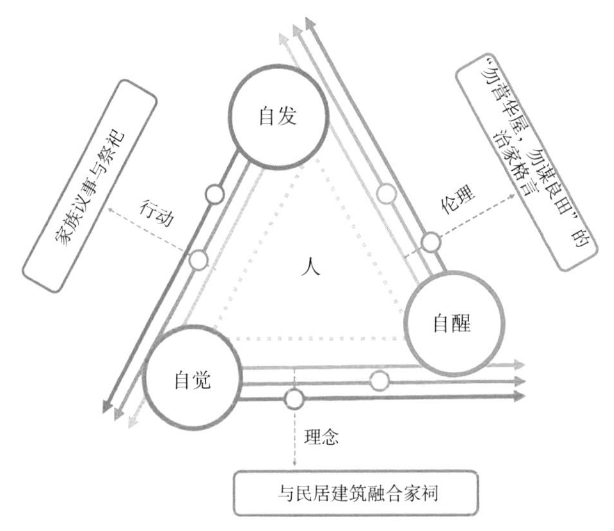

图 2-63 朱家峪村社会维度的灾害抑制机制关系图

图 2-64　朱家峪“借势 - 化害 - 趋利”治水之道框架图

（3）生态治水智慧对自然的利

夏秋丰水季节，泉涌成溪，泉溪构成的曲折形态，起到了延长溪渠长度、滞留泉水的效应。溢出的泉水沿着石铺道路潺潺地流过整个村落，使有限的泉水资源充分滋润村落土地，保障了地下泉水的回补，使得古村坛井从未有过干涸。同时，也能够净化空气环境，形成村落良好的植被条件，进而为地处干旱地区丘陵地带的村落创造了凉爽湿润的局部生态气候[37]。

总体来说，朱家峪的村落空间形式是基于东方哲学选址营造的结果，“就地取材，物尽其用”的村落空间营建技术，这种低技术、低成本、低影响的规划设计体系与结构模式拥有很高的功能及景观效益。因此，挖掘其中的生态治水智慧并对其特点进行解析，对于构建适用于我国广大黄淮海区的本土化雨洪管理体系，具有重要的理论与现实意义。

2.5　黄土高原区的山顶型土质村落——柏社村

2.5.1　村落概况及现状分析

柏社村隶属于陕西省咸阳市三原县，地处黄土高原和泾渭平原交界地区，属关中北部渭北黄土台塬区，在《中国综合农业区划》中属于汾渭谷地农业区（图 2-65）。

柏社村距今已有 1600 余年的发展历史，是关中平原地区乡土民居的代表，被称为“天下地窑第一村”“生土建筑博物馆”。全村现存地坑窑院有 200 余个，作为下沉式窑居村落的典型代表，是我国迄今已发现的规模最大、分布最为集中、保存最为完好的地坑窑传统村落 [48]。“平地挖坑，四壁凿窑”的地坑式窑洞，被称为中国北方的“地下四合院”[49]，“见树不见村、见村不见房、闻声不见人”是地坑院独特的村落景观（图 2-66）。

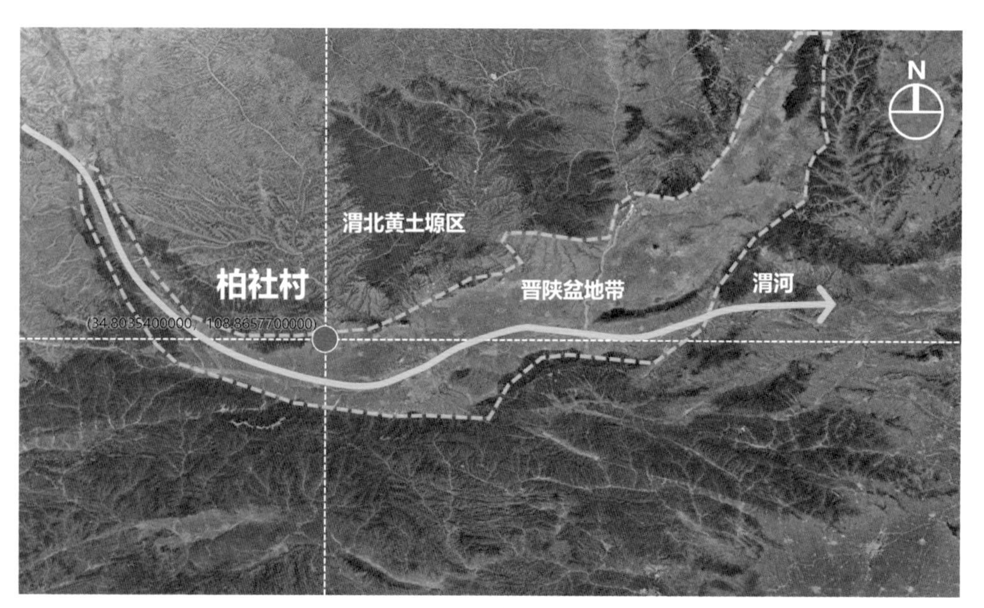

图 2-65　柏社村区位图

图 2-66　柏社村风貌照片

柏社村属于外向型村落，地坑窑院落的修建呈明显的随机性，并常与周边自然环境融为一体，以至于村落居住区域没有较为明显的界线。村落的最外延则是通过村落的农田形成柔和的边界[50]。柏社村村落核心区沿三新公路呈南北向展开，内部被一东西街道划分，形成南北两个片区。其中南部窑院分布较为集中连片且居于村子中心地带；北部结合地形在胡同古道两侧有部分明窑（崖窑）；中段东部主体为具有百年历史的明清古街区，柏社村小学与其相邻；村子西南端为近年新建的村民住宅区，商业建筑主要分布于中心横向道路的两侧[51]。

柏社村地处黄土台塬区，土质为黄绵土。黄绵土是由耕层和底土层两个层段的剖面所构成的，耕层有一定的结构，抗蚀性也较强，底土层依然显示其黄土母质特质。母质为新黄土时，土质就比较疏松，母质为老黄土时，土质较密实而且抗冲力也比较强。柏社村属于温暖半干旱区，常年大风，气温差别较大，年均气温 15.8℃，7 月份一般最热，气温常在 31.2℃，最冷为 1 月，气温约为 -1.4℃；年降水量较少，年降水量一般在 600 ~ 720mm 之间，主要集中在夏、秋两季[50]。因此，柏社村面临较为严重的暴雨洪涝和干旱灾害威胁，受暴雨强力冲刷影响，抗蚀性较强的黄绵土也面临着水土流失，成为我国水土流失最严重的地区之一（图 2-67）。

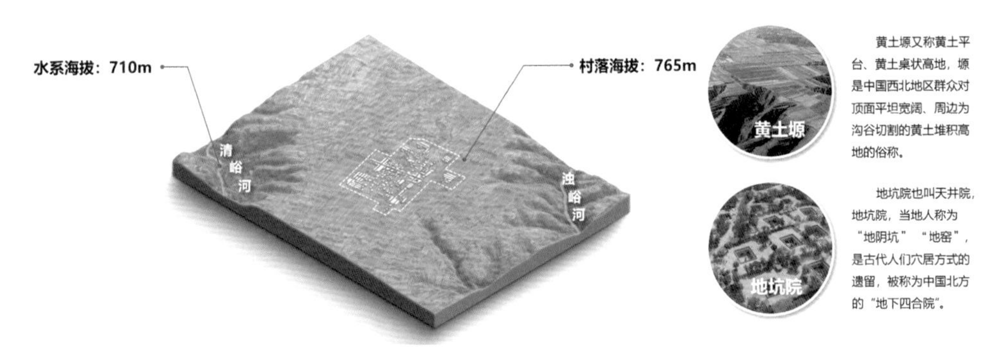

图 2-67　柏社村地形地貌示意图

柏社村地坑窑，已被国家住房和城乡建设部、生态环境部等部门列入民居文化遗产加以保护，被誉为“民居的活化石”[52]。2010 年 7 月 22 日—24 日，咸阳市普降大到暴雨，造成了近年罕见的洪涝灾害，这次洪涝灾害来势猛、强度大、时间长。此次灾害共造成 41.9 万人受灾，紧急转移安置群众 6644 人，农作物受灾面积 13.3 万亩，直接经济损失 5.4 亿元。得益于自身的生态治水智慧，柏社村在此次洪涝灾害均未发生任何导致经济损失的大面积积水现象，彰显出柏社村在生态治水方面具有独到的生态智慧（图 2-68）。

图 2-68　现状调研图

2.5.2　孕灾成因分析

柏社村是历史悠久的农耕村落，对传统农耕生活来说，由于受两极化的降雨、强劲的西北风力、易水流失的土质等自然条件因素的影响，其面临着水灾、土灾和风灾等自然灾害，下面对各灾害的成因进行分析（图 2-69）。

图 2-69　柏社村平面布局图

（1）水灾——干旱缺水和雨季洪灾泛滥

柏社村年降雨量平均约为 600mm，其中 70% 降雨集中在 7~9 月，多为短时暴雨，每小时最大降雨量曾超过 40mm，其所在区域的雨水蒸发量为降水量的 1.5 倍以上，存在春、秋、冬干旱和夏季暴雨洪涝严重的情况。

（2）土灾——雨水冲刷下水土流失严重

水土流失是柏社村的主要灾害之一。由于地面坡度大，黄土垂直节理发育，土质疏松，且夏季多短时暴雨，流水侵蚀作用显著，导致水土流失严重。

（3）风灾——冬季受偏北风影响多风沙

柏社村所处地区为暖温带半干旱区，大陆性气候显著，冬春季节气候干旱，且西北风风力强劲，多风沙灾害。

（4）人灾——战争和匪患威胁村落安全

三原县既是北通延、榆的咽喉，又是扼守西安的门户，自古以来就是兵家争夺的战略要地。盗匪横行、战乱频发是柏社村在古代所面临的主要人为灾害 [53]。

2.5.3 “天人合一，融于自然”：应对风沙和温差变化的地坑院居住单元

（1）应对风沙灾害的居住单元

地坑院的建造过程不是使用和消耗建筑材料，而是采用“减法”的建筑处理手法，挖取地下空间的黄土以获得居住空间 [48]。地坑窑因低于地表面或台塬面，与大地融为一体，使居室避免暴露于恶劣天气或环境中。下沉式的天然维护结构可以有效地抵挡西北地区冬季的寒风、夏日的酷晒以及沙尘风暴等恶劣天气 [54]。

（2）应对严寒酷暑的“恒温住宅”

黄土高原有明显的大陆性气候特征，气温的年较差与日较差均很大，这种条件下通常窑顶上会多覆土 1.5m 以上，利用黄土的热稳定性能来调节窑居室内环境的微气候。黄土是有效的绝热物质，围护结构的保温隔热性能好，热量损失少，抵抗外界气温变化的能力强，当室外温度变化剧烈时，其与被覆结构间的热传递减慢而产生了时间延迟，因而使得室外温度波动对室内的影响极小，保证了室内相对稳定的热环境，达到“冬暖夏凉”的效果。测试数据显示，冬季窑洞室内一般在 10℃以上，夏季也常保持在 20℃左右，而一年四季室内湿度也保持在一个稳定水平 [55]。

（3）“周而复始，遵循节气”的建筑修缮活动

村民遵循节气特征，结合一系列的农耕生产活动，开展及时应令的地坑院维护活动，在完成农耕生产活动的同时，对窑洞进行加固，延长其使用寿命。对窑顶的维护主要在秋冬收获季节进行，由于夏季雨水多，土壤较为潮湿，不易进行夯实。而在干燥的秋冬季节，土壤干燥、松软，方便进行窑顶的加固与夯实。坑口的周围地面（窑洞顶部）用石磙碾平压实地面，局部角落用土夯实。平时使用中，

雨后要及时用石磙或石夯旋转压实前进，达到光、实、平。防止植物生长，有利排水，对地坑院起保护作用[56]。每二、三年用草泥涂抹一次，以弥补地表裂纹和鼠虫孔洞，保证排水通畅、雨水不渗漏，这也是对雨水直接冲刷土崖壁面的维护修缮[57]。

2.5.4 “因地制宜，趋利避害”：应对洪涝灾害的排蓄模式与治水体系

（1）源头存蓄、单元管理的系统性蓄水

首先，“源头存蓄”体现在村落整体布局中。虽然柏社村历经1000多年的多次建设与发展，但是每个建设阶段都有一个共同的特点，几乎每一次的村庄建设都在建设区域的北部（洪峰最先到达的区域）结合低洼地形布置涝池等类似具有蓄水功能的空间。该种布局有助于北部雨水顺着冲沟到达村落之前，先在涝池中进行储蓄然后再流出，水流速度迅速降低，泥沙也得到沉淀，缓洪作用凸显，避免了破坏力强的洪水对村落建成环境的冲击和污染，也在第一时间集蓄大量的雨水以便农时之用。经过几个近2000立方容量的涝池的快速集蓄，能够有效地解决旱季缺水的问题（图2-70）。

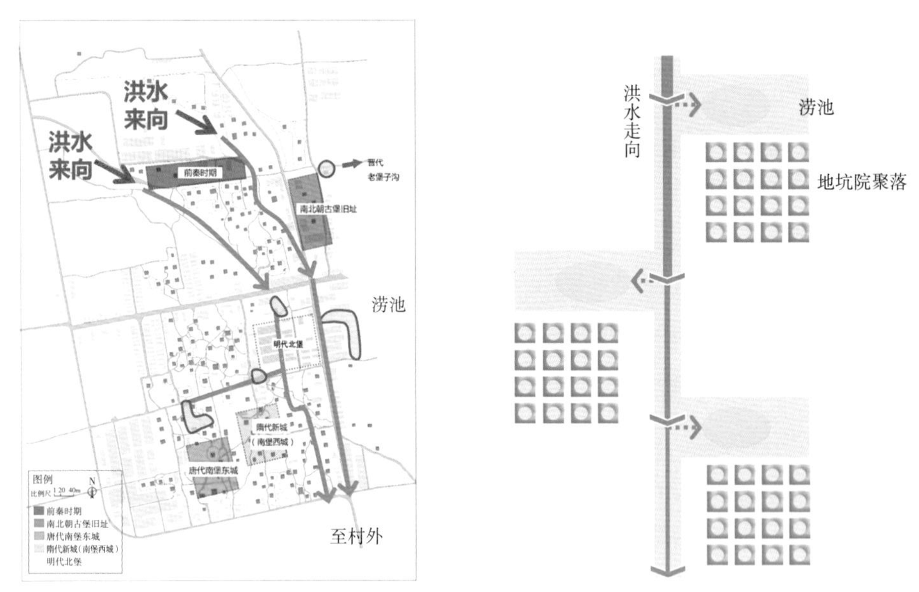

图2-70　柏社村“源头存蓄与单元管理”模式图

据村民李海峰口述：“淖（nào）池”就是古代水池的意思。最初下雨后雨水汇集到这个大水塘里，大家便围着水塘开始洗衣服，慢慢形成农历中出现3、6、9的日子要在此逢集，大家把猪、牛、羊赶到一起进行交易，渴了喝水塘里的水，加上妇女们在此洗衣服，自然而然的人气便旺了，所以村落是以古淖池为中心发展的集市，逐渐形成了村落（图2-71）。

图 2-71　柏社村涝池照片

其次，“单元管理”更多体现在每个地坑窑中。每个地坑窑都是独立的蓄水单元，集中降雨时，共进行两次导蓄过程。第一次导蓄过程为“地面—入口坡道—渗井”的过程，地面部分径流流入门洞，门洞内设有排水道，将雨水导入入口渗井中。排水道有单侧设置的，也有双侧设置的；有外露的排水道，也有封闭排水道。封闭形的排水道固然美观，但是坡道上的水边不容易流进排水沟，阴雨天气会造成通道泥泞，走路不便，所以大部分坑院都采用外露形式的排水道。排水道一般只是用砖块铺砌成一条小水沟，以防止沟底雨水下渗。这样有效地避免了地坑院地势低以及易引起雨水倒灌的风险，同时还可以防止地下水位过低。第二次导蓄过程为“地坑院—渗井”的过程，院内雨水统一收集到院中渗井之中，以备不时之需，同时起到回补地下水的作用，进而促进大自然的循环。

窑洞内部多做砖砌地面以隔离潮湿，四周有环形通道用于交通，沿各窑洞口绕行一周，一般用青砖、碎瓦或卵石砌筑，或直接用黄土夯实，宽约 2m，有坡度坡向院心，坡度一般约为 2%，在院落中央最低点设计渗水井，院落土壤材料选用黄土、沙子、木屑的粗颗粒混合物，使水可以迅速地下渗，同时又可以保持适度的植物生长所需要的水分靠近砢台，这样院内的水就可以通过引流渠导入渗井中，防止院内积水，造成水患[8]。渗井的渗水速度特别快，基本可以解决历史最大年降雨量 800mm 的排水问题。这种快速渗水特性避免了土的湿陷性累积，保证了四周土体压力的稳定（图 2-72）。

据村民口述：每家至少有两口井，一口渗水井，一个是吃水井。渗水井用于收集雨水和日常用水，然后自然渗到地下，但是井里的泥每年都需要清理一下。地坑院中间高，四周低，地坑院外的雨水自然就散水走了，天井中的雨水一般就走渗井，如果雨水很大的话就走水井，十几年能遇一次，而且水井经过两天沉淀也就不碍事了（图 2-73）。

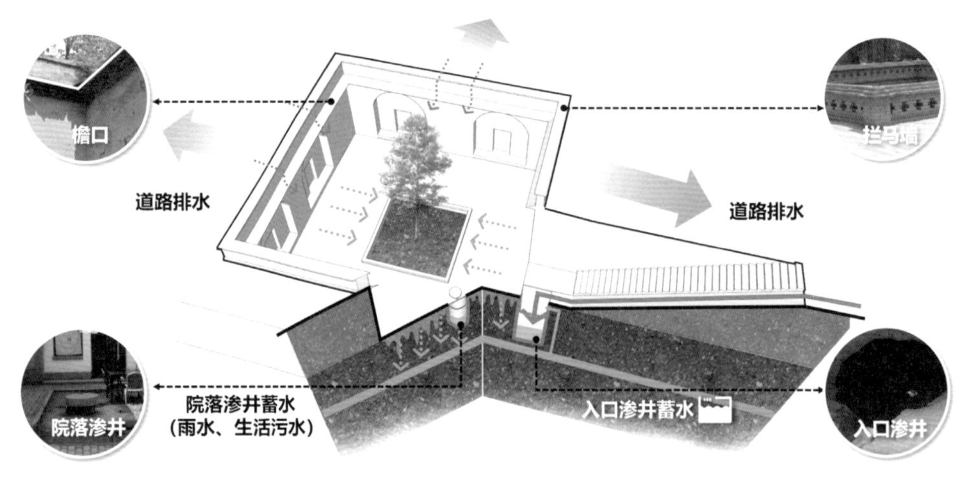

图 2-72　柏社村院落导蓄体系立体解析图

图 2-73　现状调研图

（2）先蓄后导、合理分流的雨水导排

柏社村涝池以及地坑院内的渗井单元共同构成了柏社村内部的雨水存蓄系统，而村落内的道路和冲沟则共同构成了柏社村内的雨水排导系统，进而形成“先蓄后导、合理分流”的治水空间组织模式，而多级蓄、导系统的共同作用也实现了柏社村的水平衡。

柏社村位于相对“山顶”的位置，同时降雨集中，虽然村中布置涝池以在夏、秋暴雨季节蓄水防洪，但是由于村落面积较大，村落内部形成的地表径流不容忽视。村落地表径流形成后，分级汇入主要排水渠道，一部分流入村落中央的涝池中，一部分根据地势排向村外。合理分流水位排蓄模式有效避免了较大雨洪的形成，避免

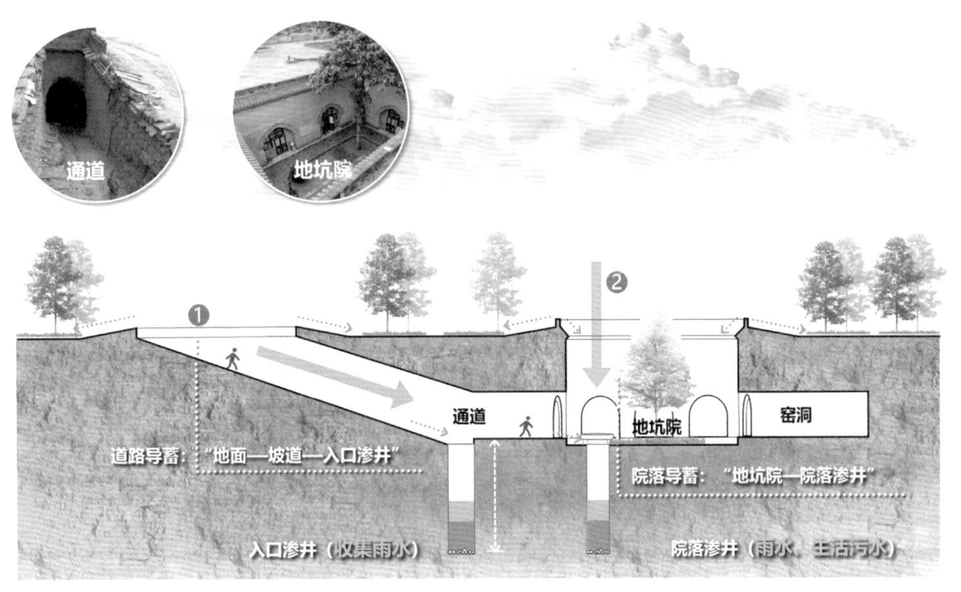

图 2-74　柏社村地坑院分层级导蓄体系剖面示意图

了穿越村落的排洪主渠道对两侧地坑院的冲蚀。在应对夏秋两季局部暴雨和春秋两季干旱灾害时，由涝池及地坑院渗井共同构成的存蓄系统与由道路、冲沟构成的排导系统先后发挥作用，以构建柏社村的水平衡（图 2-74）。

（3）善用乔木、情景交融的居住环境优化

在水土流失严重的西北地区，人们很早就种树兴利。清代陶模《种树兴利示》载："种树于山坡，可以免沙尘而灭水害；种树于旷野，可以接洽霄壤、调和雨泽；种树于瘠土，可以化碱为沃，引导泉流。"俞森《种树说》载："若沿河栽柳，则树成行，则根株纠结，已无隙地，堤根牢固，何处可冲？若树木繁多，则土不飞腾，人还秀饬。"由于地坑窑塌方的主要原因是雨水渗顶和刷击窑脸，所以防止窑顶被水侵蚀和冲刷，是保护地坑窑的关键。过度的开发植被资源，可导致生态环境恶化，从而引发洪涝灾害，使地坑窑被淹没，给居民带来严重灾难。在 20 世纪 50 年代末，植被遭到严重破坏，导致生态环境恶化，引发了地坑窑塌陷，使百姓伤亡惨重[58]。

在柏社村，树林不仅有绿化功能，还有生态功能，能抵御自然灾害发生。目前共有超过 5 万株楸树，既能绿化景观，也能保持水土流失。植被的枝冠覆盖地面，可减少地面物主；其枝叶可缓冲降雨时雨滴对于地面的冲击力，减少冲刷和地表径流；其根系可固定表土，减少水土流失；其枯枝落叶覆盖在土壤表面，可保护土壤免受雨滴的直接打击，能保持较多水分，拦截地表径流，减缓水流速度，减少细沟或切沟侵蚀发生的机会[58]。

一位 75 岁村民回忆：在 20 世纪 50 年代末，树木砍光了，后来洪水来了，淹没了村庄，她住在村北的地坑窑也塌陷了，脚受伤了，后来搬到村南（图 2-75）。

图 2-75　采访村民照片

因此，柏社村从村落外围、村落内部以及地坑窑洞院落三个层面都有独特的植被种植方法。村落外围果林作为防洪屏障。村落外围冲沟、洼地，存在着大量果林，在汛期雨水从西北流向东南，果林能减缓水流速度、储存大量雨水、拦截雨水流向村落内部，有效地防止了地坑窑被雨水冲刷的灾害。村落内部的楸树林将地坑窑紧紧包围，拦截并防止雨水冲刷地坑窑，如同一个个保护层，防止雨水直接冲刷土崖壁面，具有保持水土的生态功效。此外，楸树林在冬季可以减小冬季寒风的侵袭程度，夏季可以增强凉爽温润的气候。地坑窑洞院落内果木既能自给自足，也能起到警示作用，从地面上看乔木“树冠露三分”，提醒了行人，避免意外跌落。在起到美化作用的同时，也能调节温湿度以达到冬暖夏凉，还能吸收污浊空气和烟尘以改善室内外环境，同时起到减缓地表径流、保持水土以保护窑的作用 [8]。

据村民李海峰口述：形容地坑院有一句话“进村不见村，见树不见房，闻声不见人，树冠露三分”。即整个村子共有五万多棵楸树，其中每一个地坑院都有一颗楸树，它主要有三大作用：警示作用，当人看到有半个树冠，就知道这里有一个地坑院；作为果树，当年生产力比较落后的时候给小孩们吃水果；起到固土的作用，用于夏季乘凉（图 2-76）。

图 2-76 现状调研图

2.5.5 “因时达变，防居一体”的邻里守望体系

在乡村，邻里的交往是通过地缘、血缘及乡约来规范的。他们相互守望、彼此谦让，这是地方民俗民风的表现。柏社村下沉式的地坑窑民居天然具有防敌、防盗抢的实用目的。坑道的入口是防敌、防盗最薄弱的环节，邻里的相互守望变得尤为重要。地坑窑坑道入口往往根据所处区位的关系做适应性的调整，并不局限在东南方位，在柏社村邻里空间的组织上，邻里通常以 2 ~ 3 户为单元[59]。

2.5.6 生态治水智慧总结

柏社村先民在 1000 余年的发展历程中，以尊重自然为前提，巧妙利用地形地势，最终形成了以地坑院为核心的雨水导蓄系统。其中为应对旱涝灾害所形成低技术、低维护度、低冲击等特征的高可持续性发展模式中蕴含着丰富的传统生态治水智慧，是柏社村生存发展之根本，传统生态治水之典范。

（1）社会维度的治水智慧形成机制

主动行为的人为减灾活动。院落内部不同的降雨环境，以人的行为活动为核心，变通地采取不同的洪涝灾害应对策略，避免地坑院雨水倒灌的风险。应对不同降雨量情况，采用低成本、低维护的策略来应对。例如在雨量较小时，利用拦马墙阻挡道路雨水流入院落；当雨量较大时，采用布局在地坑院“阴位”的渗井即可存蓄地表径流；当渗井蓄满的时候，用木棍松土帮助下渗以避免院落积水、发生洪涝的危险（图 2-77）。

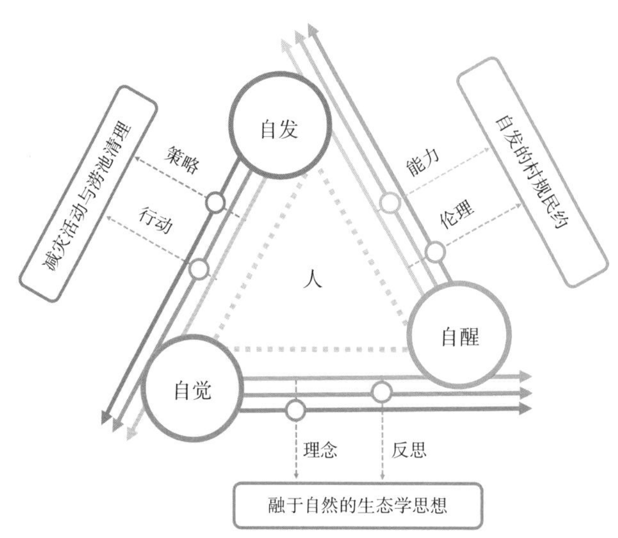

图 2-77　柏社村社会维度的灾害抑制机制关系图

自发村民公约的涝池清理。在长期的生产生活中，村民针对村落中极为重要的应对洪旱灾害的基础设施，进行主动性和集体性的管理维护活动，保障其调蓄功能的健康运转。村民自行组织劳力清理涝池底部的淤泥以保证涝池良好的调蓄能力，此外清理的淤泥作为农家肥使用，运送至村庄周边的耕地中，辅助农作物生长。此种一举多得的行为促使村民主动参与到周而复始的自然循环的过程中（图 2-78）。

（2）借势 - 化害 - 趋利的治水之道

长期以来，柏社村里的人、自然及各种社会环境形成了一个生态系统，这里的各种资源都处于一种平衡和能量循环的过程之中。人们取之于自然，回馈于自然，人与自然和谐相处。地坑院的主要建筑材料，黄土、砖瓦、木材，都来自于自然，当它由于某种原因被毁坏的时候，这些材料统统又回归于自然，没有对自然留下一丝毁坏[60]。

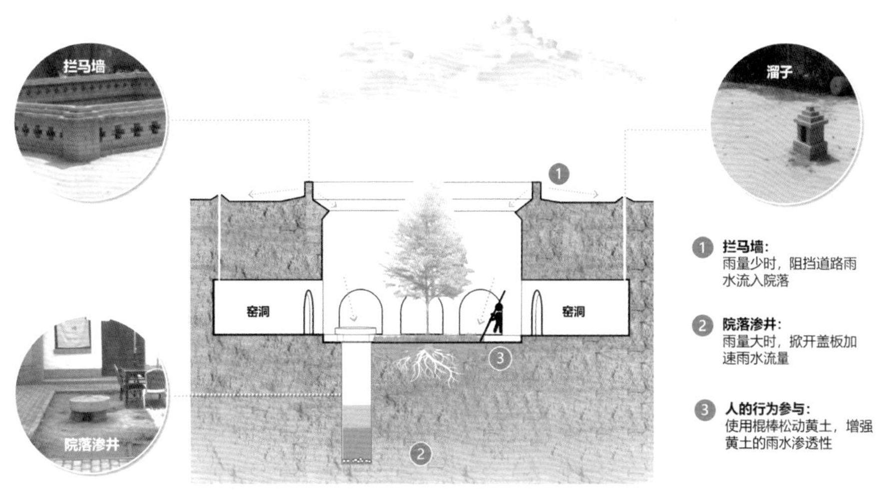

图 2-78　主动参与式地坑院导蓄体系剖面示意图

柏社村地坑院的建筑群是在没有经过整体规划的前提下，由居民自发建设并经过时间积累而成的。多少年来，这里的人们与这片环境以及各种资源都处于一个平衡生长的机制之中，不断地循环再生着。这样的聚落发展才是可持续的，才是符合生态可持续发展观念的（图 2-79）[61]。

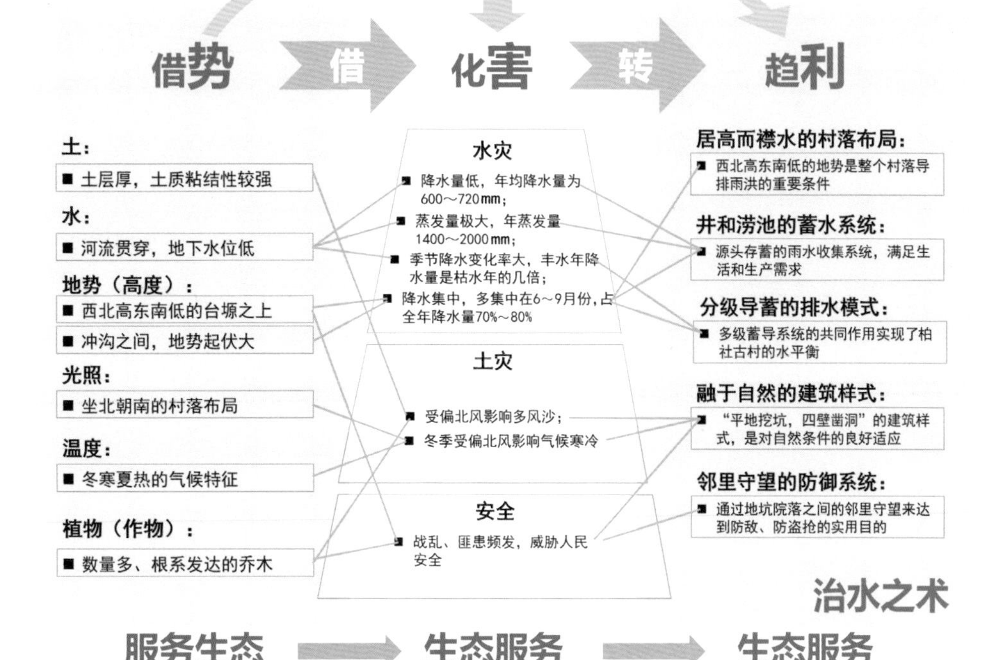

图 2-79　柏社村“借势 - 化害 - 趋利”治水之道框架图

（3）生态治水智慧对人的利

集群智慧，邻里构成了社会的基本单位。中国传统村落早已形成了“五家为邻，五邻为里”的邻里关系。在柏社村邻里空间的组织上，邻里通常以 2 ~ 3 户为单元。邻里的交往是通过地缘、血缘及乡约来规范的，他们相互守望、彼此谦让，这是地方民俗民风的表现 [59]。

（4）生态治水智慧对自然的利

地坑院分布于黄土高原，生态环境恶劣。在改造、利用自然的过程中，柏社村的先民广植树木以保持水土、调节气候，人与地坑院、生态环境和谐发展，这是先民们的智慧积累 [57]。

柏社村因当地以往广植柏树而得名，直至今日柏社村内仍被几万棵乔木所环抱，成为柏社村的奇景。柏社村内的乔木 70%为楸树，几万棵楸树对柏社村自然环境的营建起到了积极的作用 [62]，主要体现在以下四个方面：

1）平衡土壤含水率。楸树属小乔木，高 8 ~ 12m。相对耐寒、耐旱，楸树喜深厚肥沃的土壤，较适合此地区常年温度和降水量。其叶面较大，呈长圆形。通过茎叶的水文效应以及植物的蒸腾排水效应，从而保持地坑窑院土壤合适的含水率，防止发生坍塌 [63]；

2）减少雨水侵蚀。茂密的楸树枝冠覆盖地面，其枝叶可缓冲降雨时雨滴对于地面的冲击力，减少冲刷和地表径流；其根系可固定表土，其枯枝落叶覆盖在土壤表面，可保护土壤免受雨滴的直接击打，能保持较多水分，能拦截地表径流，减缓水流速度，减少细沟或切沟侵蚀发生的机会 [58]；

3）防止水土流失。楸树生长相对缓慢，但侧根系较为发达，增强了植物根系与土壤结合，提高了土壤的抗雨洪冲蚀，对整个村落产生较强“网兜”效应，再结合灌木与杂草，减缓水土流失 [62]；

4）调节局部小气候。整个柏社村的乔木密密成林，可以调节柏社村的局部小气候，夏季可以遮阳降温，增强了凉爽温润的气候 [63]；冬季可以起到防风作用，减小了冬季寒风的侵袭程度 [58]。

2.6 黄土高原区山腰型土穴窑居村落——后沟村

2.6.1 村落概况及现状分析

后沟村隶属于山西省晋中市，以《中国综合农业区划》来分应划归黄土高原区，是黄土高原区典型的山腰型土穴窑居村落，位于晋中黄土高原丘陵沟壑地带，西近汾河，东临太行山脉（图 2-80）。后沟村是榆次区一个有着悠久历史的古村落，可考历史可以上溯到唐代。后沟村前有一处寺庙叫作观音堂，是明朝天启六年（明天

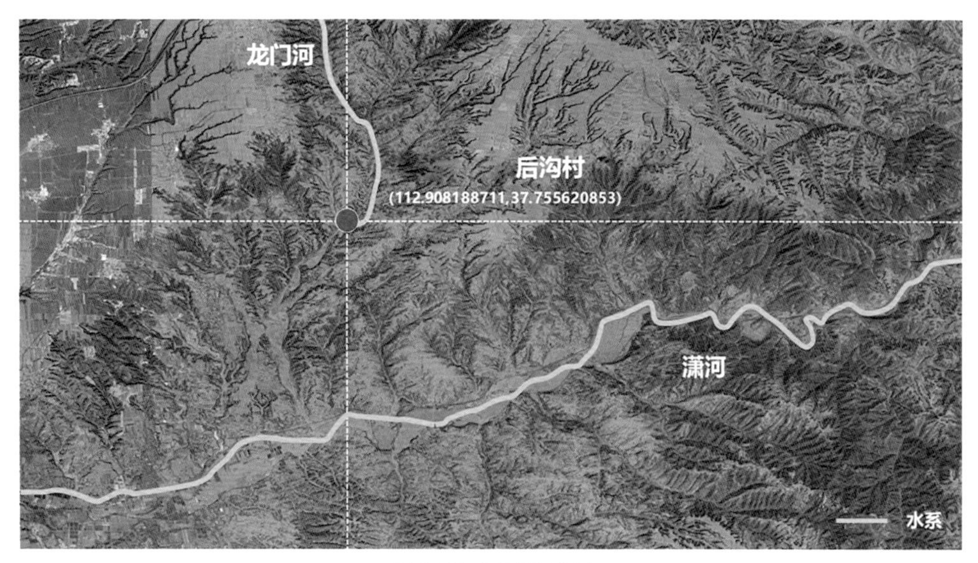

图 2-80　后沟村区位图

启六年即 1626 年，距今已有近 400 年历史）岁次丙寅七月十二日由后沟村张姓家族重建而成的，这段历史记录在此庙留存下来的一面石碑上面。但最初此庙是什么时候开始修建的，具体时间已不可考证[64]。

后沟村在历经数百年的发展中，形成了迎合我国传统农业经济的、富有浓厚农耕文化特色的窑院聚落。特色鲜明、保留完整的窑院聚落使后沟村顺利被评为我国第一批传统村落，它还是山西省的省级历史文化名村之一。位于黄土高原丘陵沟壑中的后沟村，以其独特的历史文化与空间文化资源广受专家学者的青睐。以 CNKI 数据库为例（截至 2018 年 2 月），将黄土高原传统村落作为研究对象的文献达 2200 余篇，而其中包含后沟村的研究文献达 400 多篇[26]。

后沟村位于晋中黄土高原丘陵沟壑地带，由于汾河两岸多为水流冲击堆积形成的黄土层，因此晋中黄土高原很久之前便已经形成，加之在水的冲击、风的侵蚀等外力作用下，形成了千沟万壑、支离破碎、梁卯起伏的地形地貌。又因为后沟村地处大陆性季风半干旱气候，夏季温暖多雨，冬季寒冷干燥，全年降雨时空分布不均，且多集中在夏季。夏季产生水土流失与山洪的可能性较高，其他季节以干旱为主。因此，后沟村主要面临的灾害集中表现为山洪、干旱和水土流失（图 2-81）。

后沟村能够保存至今且依然具有生命力，关键在于后沟村能够通过自身空间的运营实现对当地旱涝环境的适应，其中包括对山洪与干旱的有效应对。作为黄土高原丘陵沟壑型传统村落的典型代表，后沟村顺应自然的选址、布局与运营符合我国传统村落的文化与精神，是当地传统村落的杰出代表[26]。

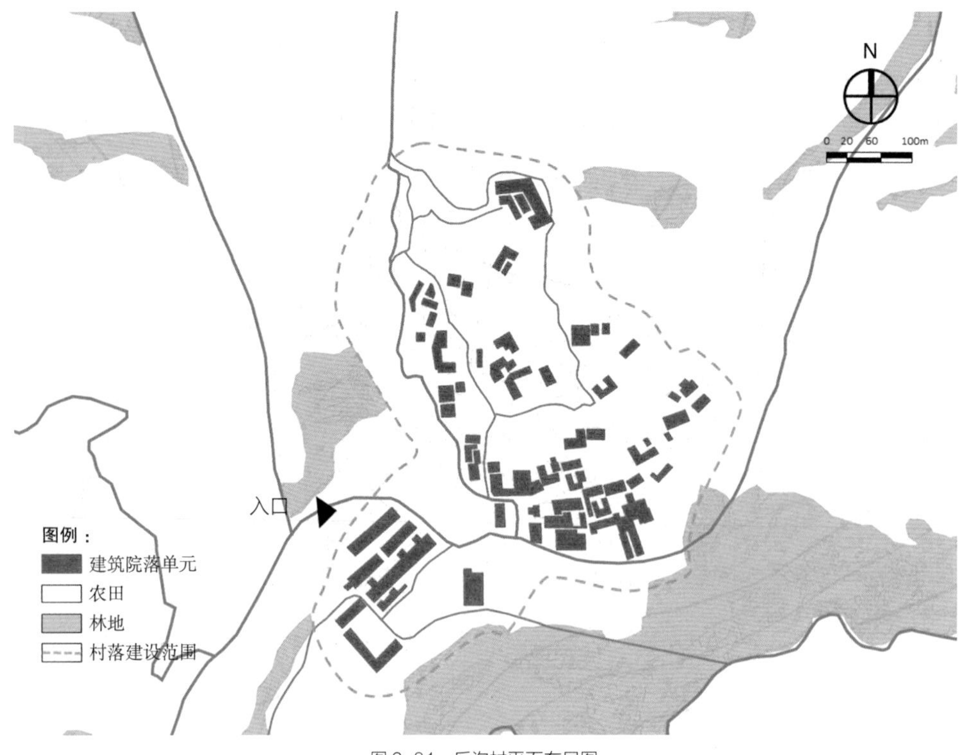

图 2-81　后沟村平面布局图

2.6.2　孕灾成因分析

后沟村是典型的农耕村落，其主要灾害分为两个部分，一个是水土流失严重的土灾，另一个是降雨时空不均导致旱涝同期的灾害。

（1）土灾——地势落差大及特殊的黄土台塬沟壑地形造成水土流失严重

后沟村平均海拔 900m 左右，最高处与最低处相差约 67m，构成了由沟、坡、塬地和少量的滩地组成的黄土台塬沟壑地形 [9]。由于龙门河两岸多为水流冲击堆积形成的黄土层，加之在水的冲击、风的侵蚀等外力作用下，形成了千沟万壑、支离破碎、梁峁起伏的地形地貌，产生水土流失与山洪的可能性较高。且该地区降雨量仅为 400mm，降雨全部集中在夏季且易发生山洪 [65]。

（2）既涝又旱——降雨时空分布不均导致旱涝同期

后沟村地处大陆性季风半干旱气候，虽年平均降雨量仅约 400mm，但几乎全部集中在夏季，因此旱灾、水灾同期出现。

2.6.3　"负阴抱阳，依山就势"：采用沿等高线水平带状及垂直错落方式布局

（1）基于生产与生活的需要进行村落空间选址

后沟村大到整体布局，小到神庙建筑、民居合院，都严格遵循着自然定律。对

后沟村选址最精炼的概括莫过于这句谚语："四十里龙门河正当中，二龙戏珠后沟村"[66]。清代《阳宅十书》中写道："人之居处宜以大地山河为主，其来脉气势最大，关系人祸福最为切要[67]。"可见，古人选址向来重视山形地势。后沟村选址位于日照充足的南向坡地上，建筑依坡就势，不占良田，院落最高高差达到 20 余米，以此来保障村落生活空间的采光与排水。生产空间与生活空间分离，大部分耕地位于村口的山脚下，临近水源，土地肥沃，比较利于耕作（图 2-82）。

（2）布局采用沿等高线水平带状及垂直错落方式有效削减山洪

采用依坡就势的阶梯状布局方式，并沿着等高线、呈带状有机地分布在南向坡地之上，可以有效地削减洪峰，减小地表径流。首先，后沟村建筑密集分布在的黄土坡上，坡沟壑纵横，参差不齐，由南向北地势逐级抬高，造就了后沟村垂直界面的丰富层次（图 2-83）。村中院落依山就势、层层错落分布在这黄土坡上，各个院落上下贯通，左右相连，下层建筑的屋顶即为上层院落的地面，可以说水平空间和垂直空间有节奏地穿插串联着。最高处院落和最低处院落高差最大可达到 20m。后

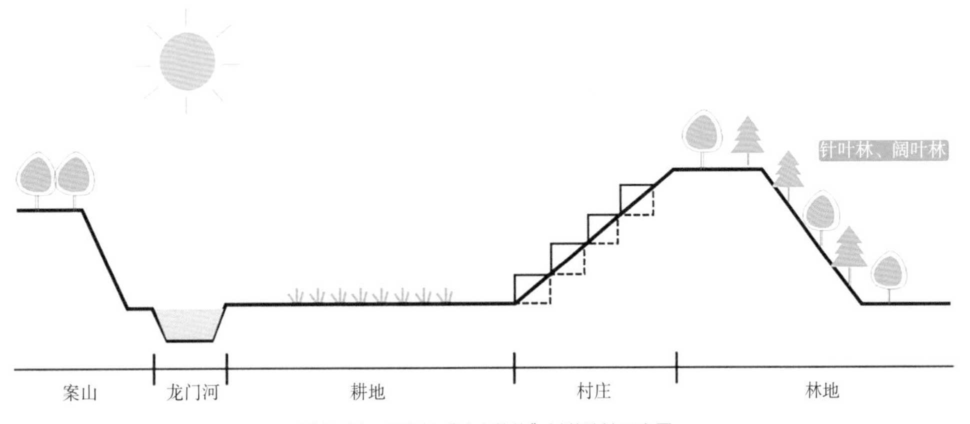

图 2-82　后沟村"依山就势"村落选址示意图

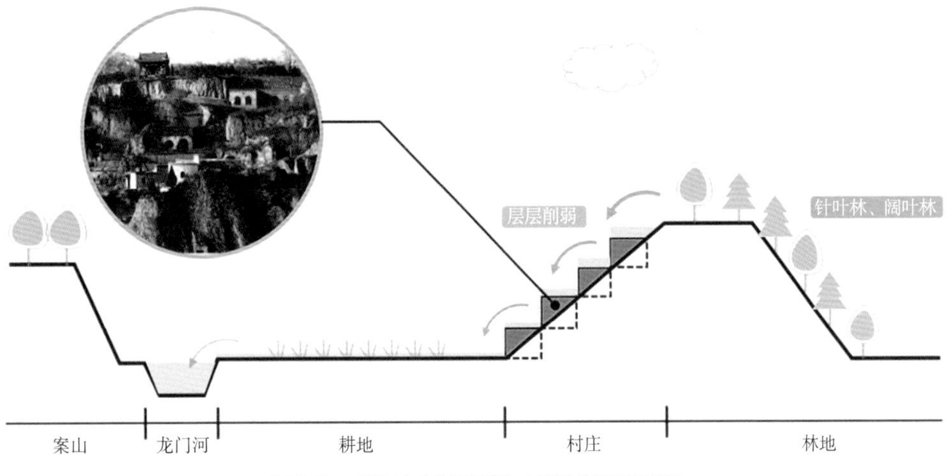

图 2-83　后沟村"分级削弱"水患防护体系示意图

沟村虽然占地面积小，空间和土地利用率却很高，建筑布置相对集中。后沟村背山面水，整个村落与环境、背景融为一体，浑然天成。这种阶梯形的村落空间模式可以在山洪来临时有效地削减洪峰，减小地表径流，以防止洪水对于村庄的损害。

2.6.4 “明走暗泄、分级疏通”：应对旱涝同期的排蓄系统

（1）明走暗泄的排蓄一体模式

后沟村通过建造参差错落、渠干相连、绵延纵横数里的排水系统，既保持了村落整洁的外部环境，又节约资源，避免了水土流失。后沟村相对高差约 60 余米，地势起伏较大，建筑依崖就势，这种地形极易造成水土流失。若没有合理的排水体系，很容易发生山体滑坡等地质灾害[68]。后沟村的排水系统虽建造年代不详，但通过访查村民得知，至少有几百年的历史，其工程堪称完美。后沟村很早就建设有集实用和美观为一体的堪与现代化设施媲美的排水系统，水渠虽然连接各家各户，但人们并不可见（图 2-84、图 2-85）。

（2）分级疏通的雨水排放渠道

分级疏通的雨水排放渠道具体体现为：雨水从最高一级的山顶通过暗道流下，汇入下一级水道，流经一段距离通过渠道再汇入更低一级水道，直至流入最低一级最终汇入村前的龙门河[68]。各家院落内最低洼处的西南角均设有排水口，合院内排水直接连接到暗渠内，按照院落建筑屋顶不同的形式排水等级不同，后沟村的单体建筑屋顶可分为两种形式，坡屋顶顺坡排水，平屋顶有 2% ~ 5% 的坡度，屋面山墙处设置 2 ~ 3 个排水孔。院落低洼处设石砌排水道[69]，直接与暗道总渠连接。暗道总渠由石材砌筑，坚固耐用，开口约宽 50cm、高 60cm，总长 3000m，从山顶开始依山就势修到山下直至龙门河，减少了洪水对山体的冲刷，以保障村落水安全。

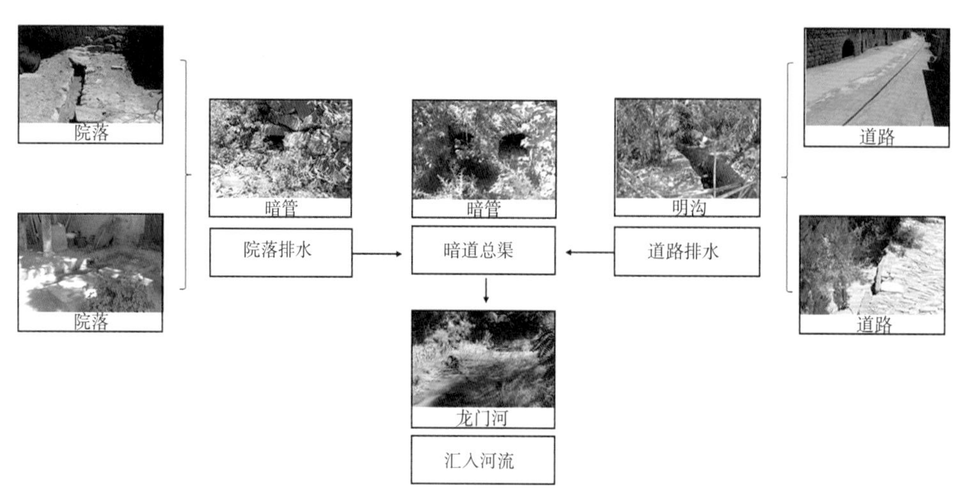

图 2-84　后沟村“明走暗泄”路线示意图

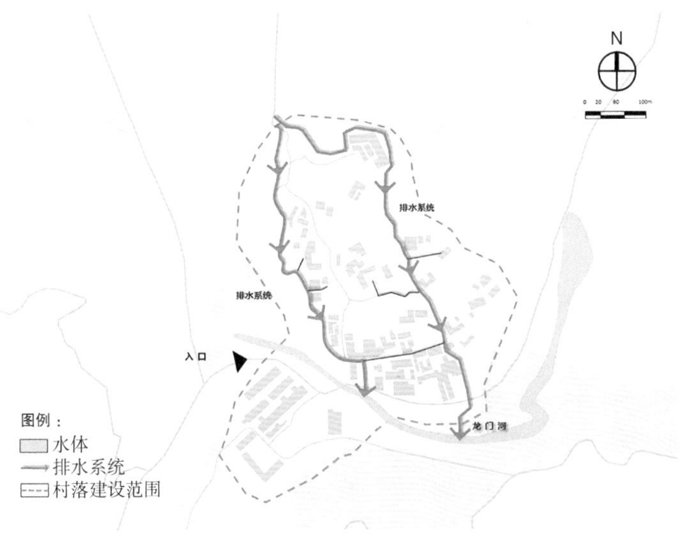

图 2-85　后沟村导蓄体系示意图

这条总渠还连接了村中每家每户的排水口，每家每户也有各自的雨水收集和排放系统。同时，为减少总渠的负担，山上村中的道路一侧也有排水明沟，通过坡度设计和组织，雨水在重力作用下汇入排水明沟，再由明沟汇入暗道总渠。这些排水渠是由石片部分插入地下铺成的，相当于水簸箕，减少了水的动能，之后雨水再由明沟排水渠排入村里暗沟总渠（图 2-86）。

后沟村排水系统极具科学性与实用独创性，真正做到了“天降大雨，院无积水，路不湿鞋”。实现了“遇山洪不塌方、逢小雨不泥泞”的良好效果（图 2-87）。其超前的设计施工令后人称奇，直到现在仍旧发挥着不可替代的作用[68]。

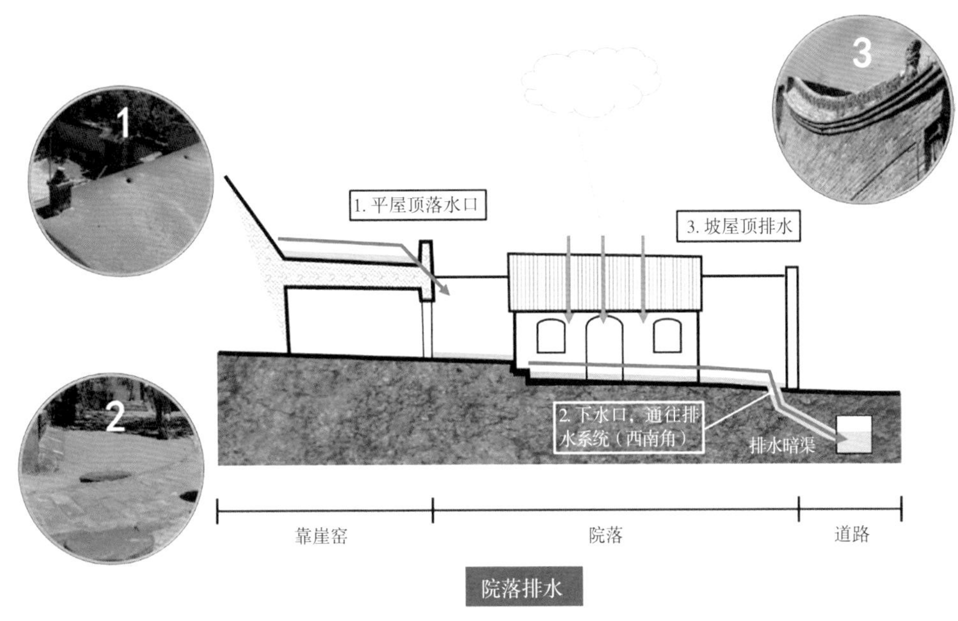

图 2-86　后沟村分级分类的排水体系剖面示意图

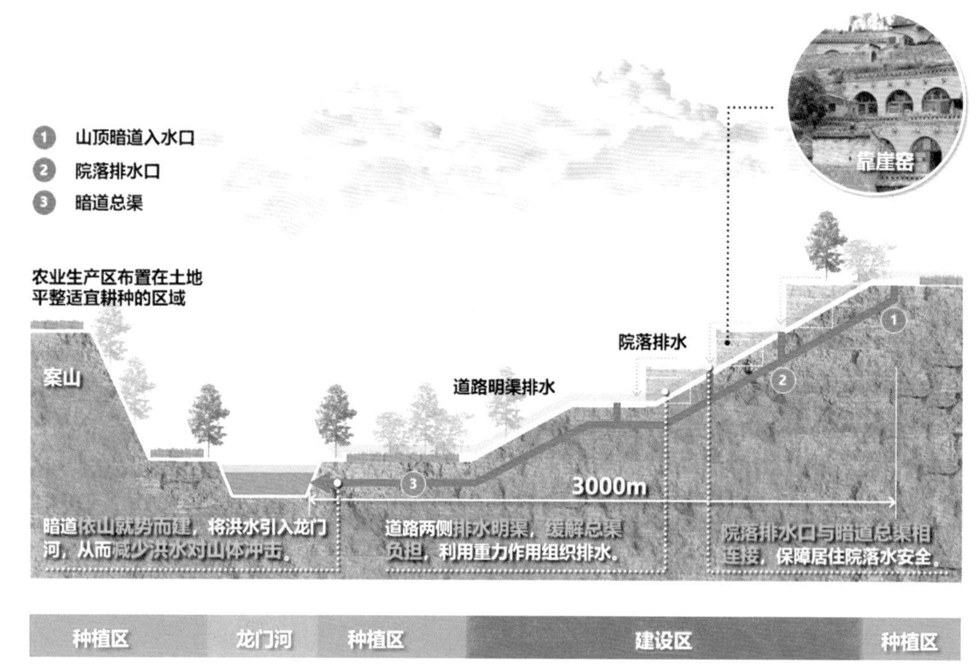

图 2-87　后沟村导蓄一体剖面示意图

2.6.5 “攻位于汭，末端布位”：末端修建蓄水池以解决河床季节性干涸问题

后沟村在末端修建的蓄水池单元可以解决龙门河河床季节性干涸的问题。随着旱情频发的问题，村中唯一的河流龙门河因旱情影响，枯水期相比之前明显增长，后沟村受到海拔高度和技术方面的限制，很难挖掘水井，村内唯一的母亲河——龙门河也只有夏季雨水充沛时才能有水流过，为应对旱季缺水情况下灌溉用水的难题，通过在村口修建蓄水池以存水灌溉。结合季节性干涸的龙门河河床，将所谓的“龙池”设置在水系过弯流速较快的一侧，并在其周边种植枝叶茂密的乔木，保障“龙池”在雨季补水换水，在旱季存水蓄水，以此形成常年有水的蓄水池，保障村子在旱季的生产用水。

2.6.6 “就地取材，自给自足”：在沟渠中插入碎石块作水簸箕之用

后沟村的营造技术中充分体现了“物尽其用”的特点。后沟村通过就地取材的方法在沟渠之中插入碎石块作水簸箕之用，以达到削减洪峰水流速度的目的，防止水流流速过快冲垮排水渠。为有效抵挡洪水及雨水对窑院建筑的侵蚀，保证后沟土窑建筑（外墙是用当地的黄土及麦秸秆混合而成）的坚实性，匠人在建造房屋之时会在土窑墙基处砌上大约 50cm 左右高度的石材墙以作防护。另外，为了防止洪水对泄洪道上的建筑造成危害，后沟村充分采用本土材料，采集龙门河里的天然石料，对建筑进行地基加高处理以达到坚实的目的（图 2-88）。

后沟村在不断抵御洪水侵袭的过程中，人们发现窑院建筑的屋面和墙体受到的侵蚀比较严重，因此人们在对房屋进行更新和维护的过程中，增加了屋顶出檐的长度来维护墙体，一般可达到 60cm 左右。后沟村的营造技术中充分体现了“物尽其用”的特点。在资源匮乏的黄土高原，因地制宜地将大块石材铺设地面下部用于防水，将加工碎石巧妙地用于路面的防滑处理[68]，充分发挥了材料的特性与利用价值（图 2-89）。

2.6.7　生态治水智慧总结

经过历代村民实践探索的不断积累与完善，后沟村形成了一套低技术、高可持续性的抗灾措施，并沿用至今：如“负阴抱阳、依山就势”的选址布局，“明走暗泄”的排蓄体系等。这些措施使得后沟村在较高的环境限定下体现出更强的旱涝适应特征，具有地域的典型代表性[26]。

（1）社会维度的治水智慧形成机制

除了全面地顺应自然以外，后沟村的村民也在治水理水的过程中发挥了作为村落主体的人的主观能动性，在与自然灾害进行不断抗争的试错过程中对村落基础设

（a）

（b）

图 2-88　建筑基础设施中对天然材料的运用
（a）后沟村护基石墙照片；（b）后沟村建筑地基加高处理照片

（a）

（b）

图 2-89　防排水设施中对天然材料的运用
（a）后沟村屋顶出檐的加长处理照片；（b）后沟村排水明渠示意图

施进行改造、维护和更新，并且通过利用村规民约间接应对自然灾害所造成的恶果。由此，后沟村的治水智慧通过人们的行为得到传承与发展，真正地实现了治水智慧的全覆盖效果，这些都是现代社会所未能做到的（图 2-90）。

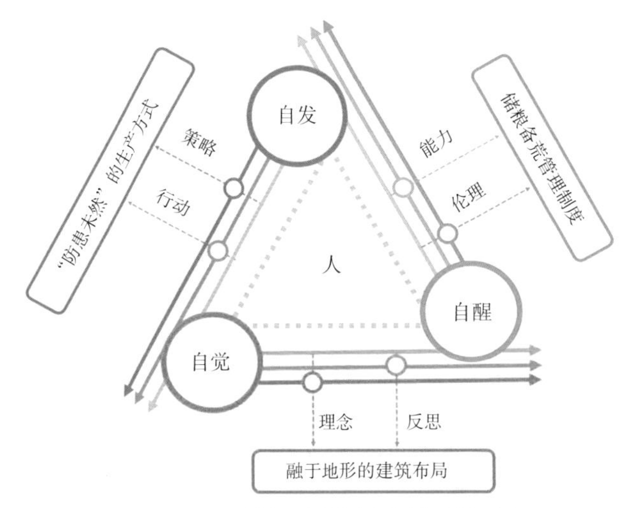

图 2-90　后沟村社会维度的灾害抑制机制关系图

面对十年九旱的气候条件，后沟村逐渐形成了“防患未然”的生产方式。例如，采用水量与产量相适应的“稀植”种植方式，以保证粮食产量，并组建公益性的公共社仓，协调丰年与歉年的粮食供给。由于海拔相对较高导致无法使用传统技术挖掘水井。对此，村民依靠取之不尽、用之不竭的山泉水作为生活用水；在生产过程中，村民完全“靠天吃饭”，以龙门河水灌溉，并采用了“稀植”的种植方式以规避干旱。

此外，由于常年干旱，在粮食收成上每年都具有较大的差异性，后沟形成了成熟的储粮备荒管理制度，称为“社仓古风”。“谷”是村里公有粮食。这些粮食保存在“社仓”里，作为全村百姓的储备粮、救急粮，供青黄不接的时候，村中无粮断顿的人家来借用，等秋后收了新粮再还回来补进粮仓里。一借一还都是平去平来，没有生息的说道，完全是为了救急。这些粮食属于全村共有，由社里的负责人掌管，能够有效地协调丰年与歉年的粮食供给问题。村民通过利用村规民约间接应对自然灾害所造成的恶果，在粮食收获旺季将余粮存入村内公共粮仓中，有效解决了旱季无粮的常见困境。

（2）借势 - 化害 - 趋利的治水之道

“明走暗泄”的排水系统是后沟村不受洪水威胁最主要、最直接的原因。古人通过低技术手段将集中的洪水疏散，通过不同等级的排水渠道削弱洪水动能，变“急”为“缓”，最终集中排放。在这个后沟村引以为傲的多级排水系统作用下，达到了“天降大雨，院无积水，路不湿鞋”的奇观[70]，堪比优秀的专业水利设计，堪称是现代“雨污合流”式排水系统的先例（图 2-91）。

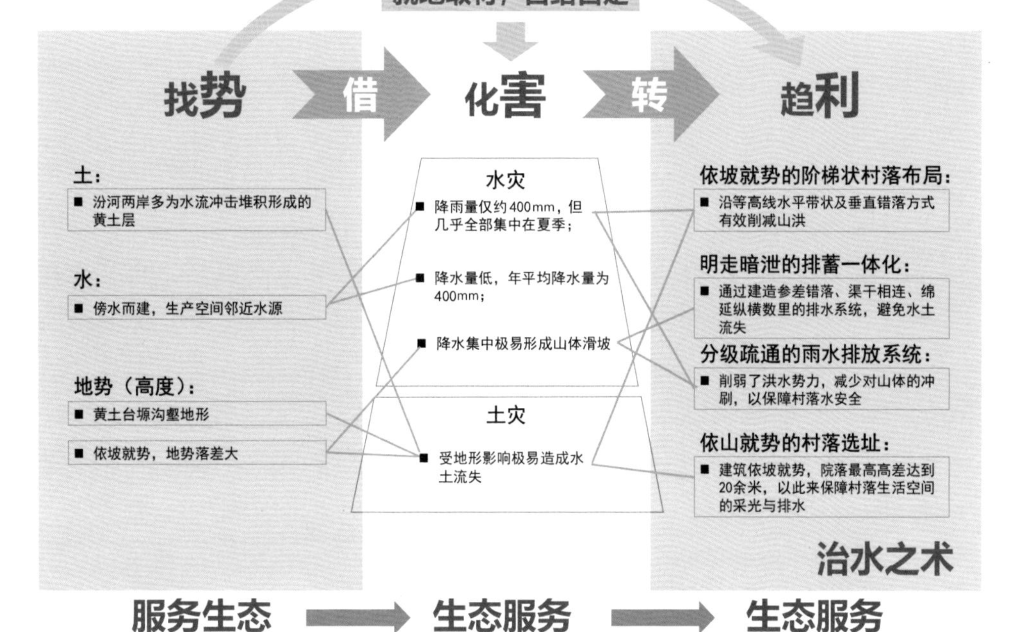

图 2-91　后沟村"借势 - 化害 - 趋利"治水之道框架图

此类独有的排水系统不仅在生态服务方面有效解决了黄土高原村落普遍存在的水土流失问题，减少对后沟村农业生产带来的不利影响，而且在服务生态方面，有效降低山洪对生态环境造成的破坏，进而减少对动植物栖息地的破坏。

（3）生态治水智慧对人的利

后沟村根据公约和习俗形成社会层面的组织管理机制，增强村民自制能力、凝聚力。水在后沟村被当作天道来看待，水来自天上，是天上的馈赠。这也可以在后沟村的水与天道之间的关系中看出汉人文化中"养育之德"的道德观念，并在生产生活中得到了充分体现。

后沟村千百年来所形成的水文化与水道德建立在水资源分配制度基础上，二者互相影响，相互促进，水观念与水道德可以说是水资源分配制度的一种衍生物，随着逐渐成为约定俗成的契约，无论本村人还是外村人都自觉地认同这种意志的强加，从而增强了村民自制能力与凝聚力。

2.7　黄土高原区山底型商贾村落——党家村

2.7.1　村落概况及现状分析

党家村隶属于陕西省韩城市，以《中国综合农业区划》来分应划归黄土高原区，

图 2-92　党家村区位图

图 2-93　党家村风貌照片

是历史悠久而保存完整的商贾古村（图 2-92）。党家村坐落于支离破碎、沟壑纵横的陕北黄土高原，选址在吕梁山脚黄河岸边的一个沟谷当中，其沟谷东西向呈“宝葫芦”状而形成依塬傍水之势，避风向阳，根据地势的高差[71]，从高到低依次设置了生产、生活、防御空间，巧妙地避免了洪水的侵袭。党家村又称“党圪崂（gē láo）”，自立庄名至今已有 600 多年的历史，党家村先民总结的这套应对山洪袭击独特的生态智慧，才使“党圪崂”流传至今。作为陕西省目前规模最大、历史最古老、保存最完整的古村寨[72]，经国务院批文列入国家重点文物保护单位，入选世界遗产预备名单，是陕西省唯一的第一批国家传统村落，被国内外专家誉为“世界民居之瑰宝”“东方人类古代传统居住村寨的活化石”（图 2-93）[73]。

党家村在发达的商贾文化影响下形成了农商兼营的独特生产方式。党家村古名“东阳湾”，是以家族血缘关系为纽带，以传统农业、陕商经济为基础，由党贾两姓家族聚居而形成的村落[74]。党家村位于韩城市北偏东 9km 的泌水河谷，而韩城又处于关中通往北方和山西的交通要地。韩城地区的西北部是山岳丘陵区，曾经土匪占山为王，盗匪强人出没，加之历来民族之间的争斗与农民起义，威胁着韩城地区人民的生存安全[75]。党家村独特的经济模式影响着村民世世代代的生活方式，也充分地体现了党家人的智慧，由此产生了生产型“下村（老村）”和防御型“上寨（泌阳堡）”的多功能空间布局（图 2-94）。

党家村地处世界上水土流失最严重和生态环境最脆弱的地区之一，历经各种自然灾害近 600 次（其中旱灾发生次数达 53.2%），但依然运转良好；负阴抱阳的“圪崂”选址、因势利导的村落布局和寨堡分离的应变策略是党家村经过实践检验的独特生态智慧。

2.7.2 孕灾成因分析

党家村地处黄土高原，气候和地形地貌特殊，降水集中、植被稀疏、水土流失严重。对传统农耕生活而言，主要面临着水灾和风灾等自然灾害（图 2-95）。

（1）水灾——干旱缺水和黄河水域洪灾泛滥

党家村所处地区的降水量低，年平均降水量为 599.7mm（南方地区为 800 ~ 1600mm）[76]。黄土高原的蒸发量极大，普遍高于实际降水量，年蒸发量为 1400 ~ 2000mm[77]。同时，季节降水的变化率大，变化率高达 50% ~ 90%，丰水年的降水量往往是枯水年的几倍，甚至几十倍；降水量集中，降水多集中在 6 ~ 9 月份，约占全年降水量的 70% ~ 80%，并常以暴雨的形式出现，水土流失极其严重。且暴雨对黄土高原的长期强烈侵蚀，逐渐形成千沟万壑、地形支离破碎的山体，易造成山洪暴发[78]，对距黄河仅 3.5km 的党家村威胁甚大，极易造成塌方、滑坡等地质灾害。

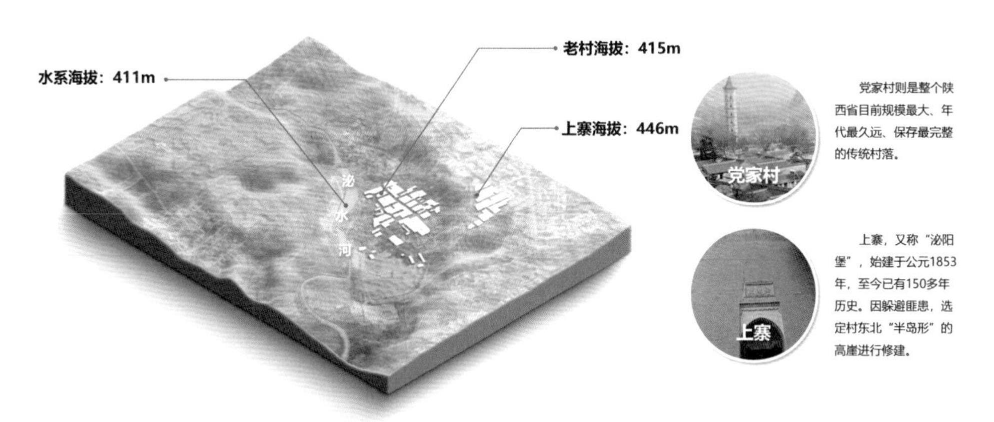

图 2-94　党家村地形地貌示意图

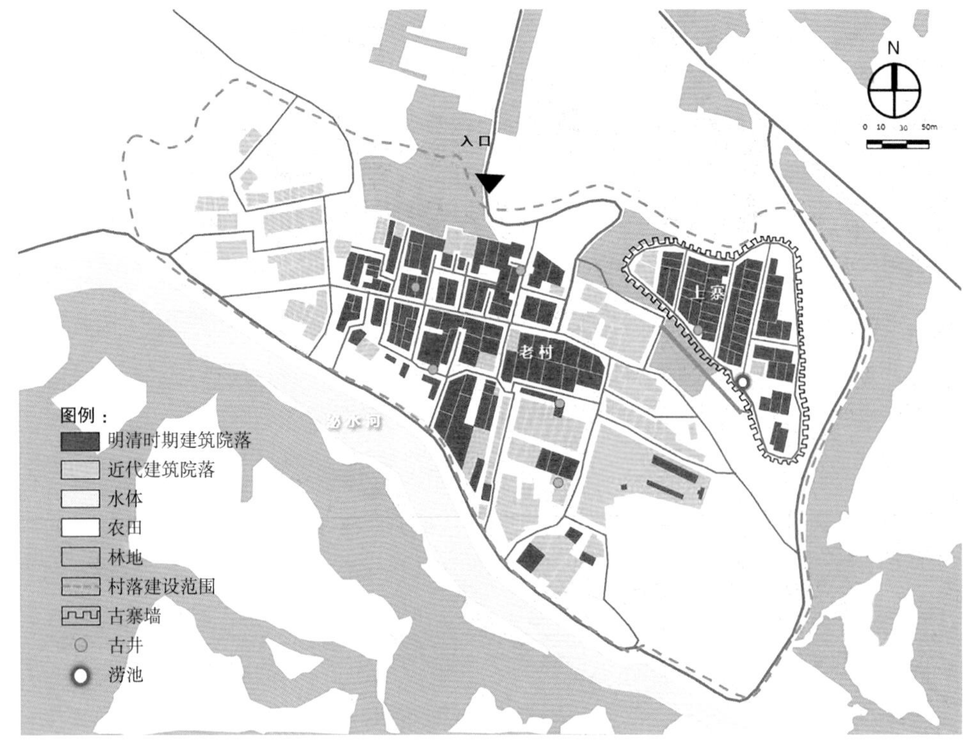

图 2-95　党家村平面布局图

（2）风灾——冬季受偏北风影响多风沙

党家村地处中国西北地区内陆深处，冬季受偏北风影响，且北部地区多为土地贫瘠地区。

2.7.3 “因地制宜，负阴抱阳”：利用选址消解风、水、土三大致灾因素

党家村在选址方面具有以下优势：向阳避风，冬日不直接遭受北方寒流侵扰；地势高燥，排水便利，免遭水灾之患；井比塬上的浅，离河边近，取用水方便。党家村全域位于黄土层围合的盆地状地形中，黄土层本身就发挥着自然的防风机能，同时两侧台塬土质多黏性土，虽风速较大，但不易起尘[79][80]。

（1）负阴抱阳的党家村村寨选址。党家村村寨选址于泌水河流经过的沟谷之中，避风避寒，取水便利，便于泄洪。位于黄土高原的泌水河多为季节性河流，土厚水深，难以凿井及泉。党家村在泌水河流经过的沟谷中建造，水位较低，打井便利，也为村民在泌水河取水减轻了一定的负担。建村于河道较宽且高达 30 ~ 40m 的河岸段，形成了天然的防洪堤坝。此外，泌水河党家村段的河道是比较宽阔的，河岸高差大约有 1m 左右，基本上可以满足夏季泄洪的要求，能够满足防洪、泄洪要求，借自然之力规避了干旱少水、西北风侵袭、滨水易涝等环境问题。数百年来基本不曾因水受灾，实属成功的典型北方谷地村落[79]。

（2）基于农商兼营生产模式的多功能布局。党家村根据地势的高差，从高到低依次设置不同的生产、生活和防御空间等。区别于其他仅具单一生产方式的村落，其衍生出了更多需水量不同的各类功能空间。因此党家村通过“高”的治水智慧，将村落的功能布局与地形地貌相结合，从而实现了村民生产生活过程中对于水资源的需求，是生态实践当中的典范。党家村根据地势的高差，从高到低依次设置了安全防御、商业居住、配套服务、农业生产、河流水系的村落布局。防御与居住布置在高处保障了生活空间的安全与排水。配套服务作为生活与生产空间的过渡区域，将农业生产布置于最低处的滨水区，以至于黄河泛滥也不会对村民的生命财产安全造成直接的威胁，反而可以在洪水退去后利用黄河岸边的沃土资源，实现对于洪泛灾害的弹性应对[81]。党家村通过利用这地形适宜、易守难攻的高地优势，建立上寨，起到保护、防卫的功能，更好地保护党家村高可持续的发展。

2.7.4 “因势利导，执两用中”：应对洪旱的村落布局与排蓄系统

（1）“填土建院”的方式实现土地集约化利用。党家村应用了“迁”的治水智慧，通过调整村落与水系间的空间关系，以实现对土地的集约化利用，在满足用地需求的同时，实现对于水资源的趋利避害。党家村在泌水河畔主要分布着种植、养殖相关的生产用地。村民通过“填土建院”的方式来增加可利用的土地。这样一方面明确了生产与生活的功能分区，另一方面是泌水河河道南迁，远离主要生活区域（图 2-96）。区别于现代的“填海造田”，古人利用本村建房挖出的土方填入河中，

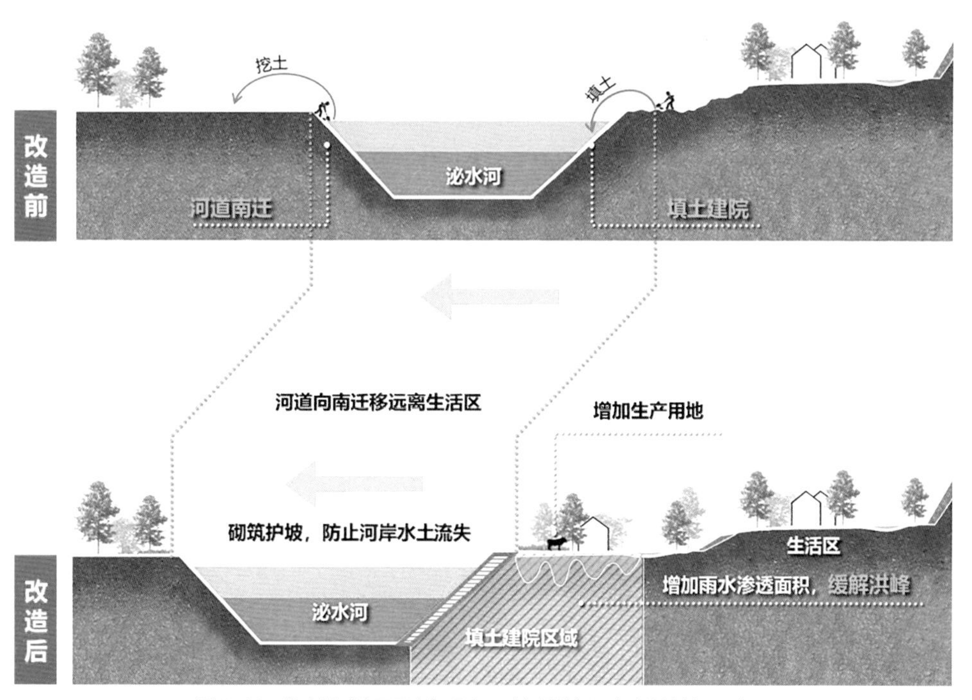

图 2-96　党家村“执两用中”理念下对自然进行适度改造的剖面示意图

在不影响水系生态循环的基础上达到了河流南迁的目的，以远离生活用地、增加村庄生产用地的面积及效益[82]。

（2）干湿分离、明走暗泄的导水模式。党家村通过“导”的治水智慧形成了“干湿分离”“明走暗泄”的排水模式，处理雨洪调蓄的同时保障了人行与驻守空间的舒适性。为应对党家村独特的上、下两寨式空间布局形式，满足上寨排水、行人以及防御的需求形成了隧道这一功能复合的空间。涝池出水口旁的隧道是上寨唯一的排水通道及人行通道。该隧道满足多功能的同时运行，隧道中间洼下，作为水道，水流至堡门分为左右两股从两侧暗道流出堡外，达到“人、水”分流的目的。排水过程中通过明沟与暗渠灵活的配合，形成了“人水同路”但“人水分流”的道路行洪体系。

（3）“上凸式”与“下凹式”的行洪断面及“T”字形或“卐”字形的路网布局。党家村以巷道为水道，在解决“人水同路”和“人水分流”问题的同时，形成了户水入巷，巷水入池，池满入河的层次分明的道路行洪系统。首先，初期道路断面的设计充分考虑集水导流功能，在村落不断发展的过程中，由“下凹式”道路断面转化为“上凸式”道路断面，更利于排水。该体系形成了“井—路—池—路—河”的排蓄一体化地表径流系统（图 2-97），巧妙地通过低影响开发手段解决了相关问题，与当下以管线为主的高科技高投入排水体系形成了鲜明的对比。其次，在与道路相

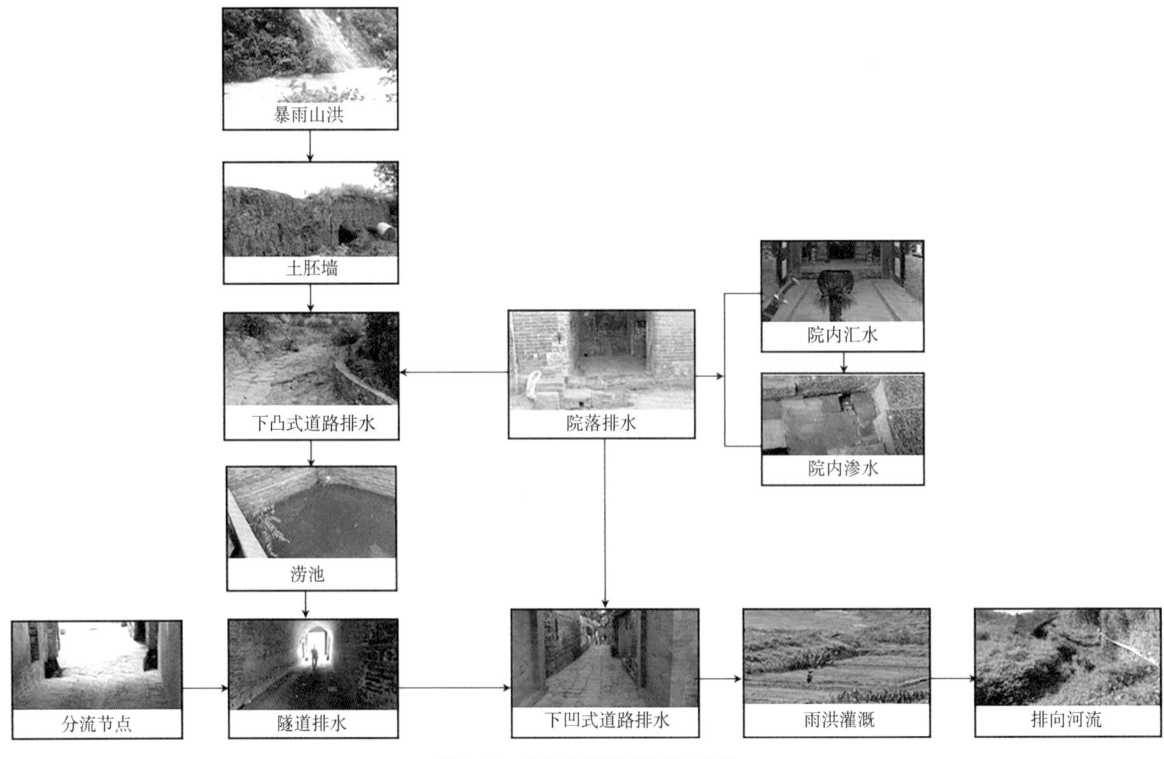

图 2-97　党家村导蓄体系路线示意图

结合的行洪系统的营建过程中，从道路断面类型与路网布局形态两方面进行了突破性的优化。行洪路网采用“T”字形或“卐”字形的布局形式，减缓水流速度，从而降低水流冲击对道路的冲击损害。

（4）采用水井、涝池相结合的系统性蓄水方案。党家村的上寨位于高台上，水源在谷底易造成干枯，水井通常深达 80 ~ 100m，无法充分满足村民全部的生活需求，所以建造涝池与水井相结合，汇集雨水。井水供村民饮用，而涝池可供洗衣和家畜饮用，解决旱季缺水而雨季易涝的问题。最终由行洪系统与蓄水系统串联形成了井满入巷、巷水入池、池满入河的排蓄一体化高效道路行洪系统（图 2-98）。并最终通过两种类型道路断面组合，形成了户水入巷、巷水入池、池满入河的层次分明的道路行洪系统。

（5）因地就势的分级台地化空间对洪峰逐级削弱。因地就势的分级台地化空间处理方式，有效规避洪水的侵袭。党家村北依高岗，南濒泌水，为协调院基的平整与排水所需的自然高差，村落布局从北到南形成三级台地。每级台地土质裸露处都用砖石裹砌起来，第三级台地临河一侧的石垒高壁，最高处高达 15m。在保水固土的同时又形成了逐级的防洪屏障。同时三级台地是以两条东西向的主水道为界限划分的，巧妙地将防洪系统与行洪系统相结合（图 2-99）。

（6）以泌水河河石为原料的就地取材砌筑方式。党家村现保存有 24 条错落有

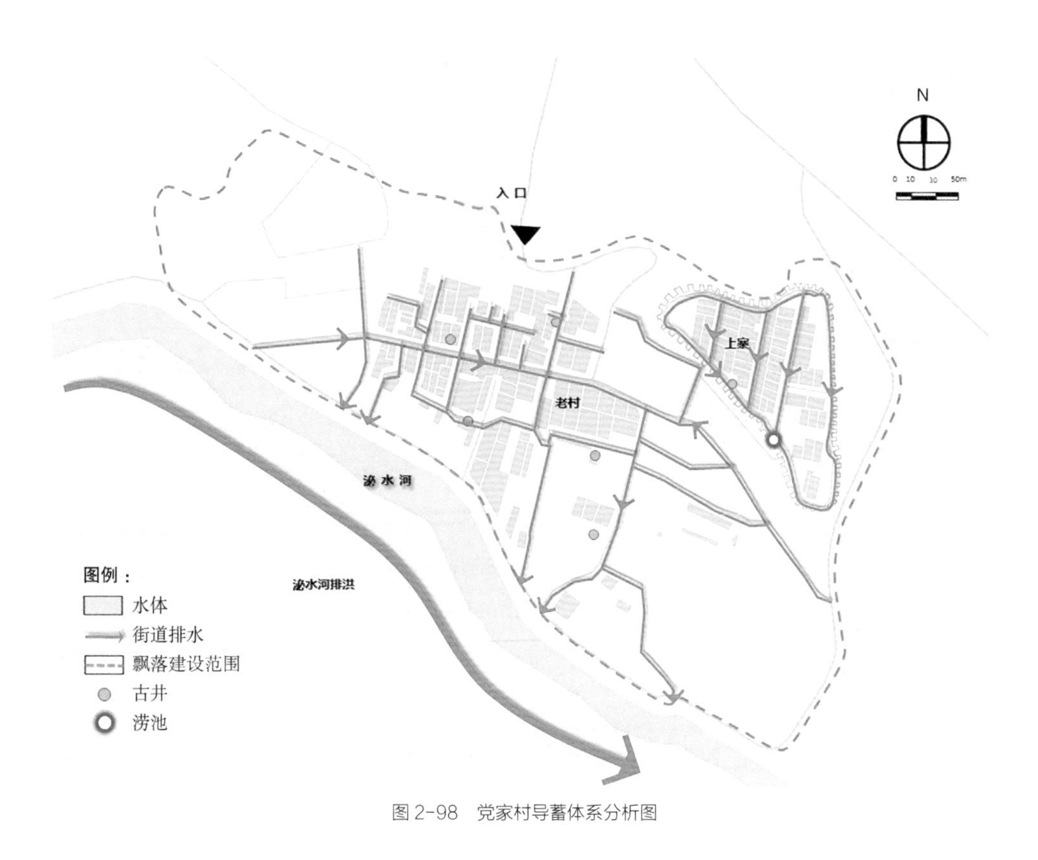

图 2-98　党家村导蓄体系分析图

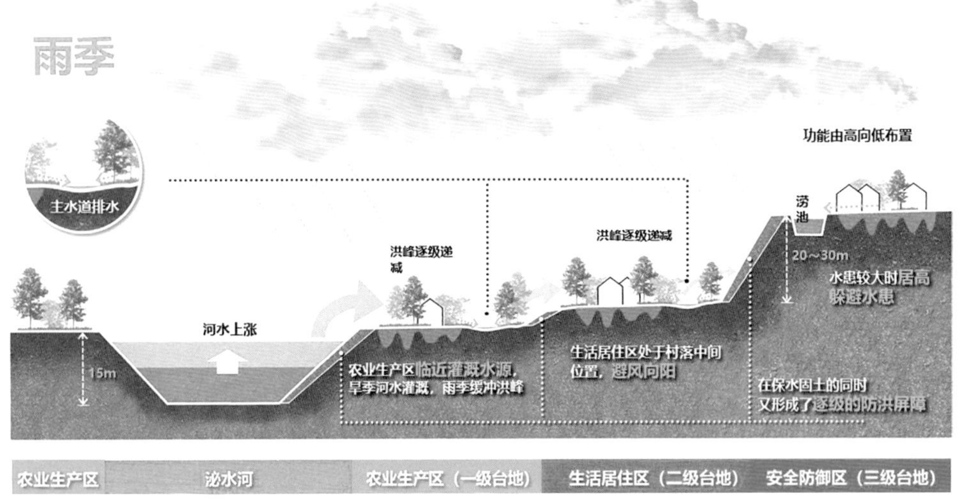

图 2-99　党家村分级台地化防护体系剖面示意图

致长短不一的巷道，每条巷道均以条石和卵石铺砌而成，巷道中间低两边高，每逢雨天雨水从中间流过，两边用于行走，这样雨后路面也不会积水且有利保护墙基 [74]。巷道由主巷、次巷和端巷构成，长短不一，宽度宽者 3 ~ 3.5m，窄者 1 ~ 1.4m。各家各户宅院以高大围墙合围，每条道路都建有哨门，密闭性与防御性较强，并形成各户门不对巷、门不对门、巷不对巷的格局 [74]。

2.7.5 “因时达变，恤灾御患”：村寨分离应对匪患和水患

党家村借助天然地势险要，形成上寨下村的空间布局。由于古代黄河的泛滥和西部山区水系的冲刷侵蚀，党家村高差 20 ~ 50m 的断崖绝壁随处可见，形成了复杂的地形和地貌。区别于古城大兴土木的“瓮城”建设，党家村的上寨位于谷底北侧的高岗之上，而与之相对的下村位于南、北有塬（塬高约 40m）的狭长形、东西走向呈“宝葫芦”状的沟谷之中，形成避风向阳的舒适生活环境 [83]（图 2-94）。三面临崖的岛状天然地形有助于形成地势险要、易守难攻的天然堡垒，可防匪患的威胁及洪水的侵袭。

下村：党家村位于河谷之中，地势变化剧烈，平坦的可开发用地极其有限。所以应用了“迁”的治水智慧，通过调整村落与水系间的空间关系，以实现对于土地的集约化利用，在满足用地需求的同时，实现对于水资源的趋利避害。党家村在泌水河畔主要分布着种植、养殖相关的生产用地。村民通过“填土建院”的方式来增加可利用的土地。这样一方面明确了生产与生活的功能分区，另一方面是泌水河河道南迁，远离主要生活区域 [84]。

上寨：党家村通过利用这地形适宜、易守难攻的高地优势，建立上寨，起到保护、防卫的功能，更好地保护党家村高可持续的发展。

2.7.6 生态治水智慧总结

在面临黄土高原干旱、黄河水域泛滥双重威胁，党家村凭借其村落选址、合理的功能布局以及集约化的空间发展等实践探索有效地规避自然灾害，这些传统的智慧通过世代传承而保存至今，仍为世人所用。

依据自然的地势高差巧妙地进行村落布局，明确了功能分区的同时又满足了各功能区对灌溉、排水、采光、避风的要求。区别于现代的“填海造田”，古人利用本村建房挖出的土方填入河中，在不影响水系生态循环的基础上达到了南迁河流以远离生活用地、增加村庄生产用地的效益的目的（图 2-100）。

（1）生态治水智慧对人的利

党家村是典型的宗族文化村，十分注重将传统的“修身”“齐家”思想传承下去，门庭家训因而诞生，内容丰富、保存完善，主要包括修身养性、立德习文、勤俭持家、恭敬爱人等。党家村先辈在积累物质财富的同时也不忘为后人留下宝贵的精神财富[80]。门庭家训使得党家村村民十分团结，可以一起抵御匪患的入侵。

党家村的“祭祖文化”根深蒂固，人们看重数世同堂的大家庭理念，极其注重数世同堂聚居在一起的大家族，家族内部长幼尊卑等级有序，长者的意见会得到格

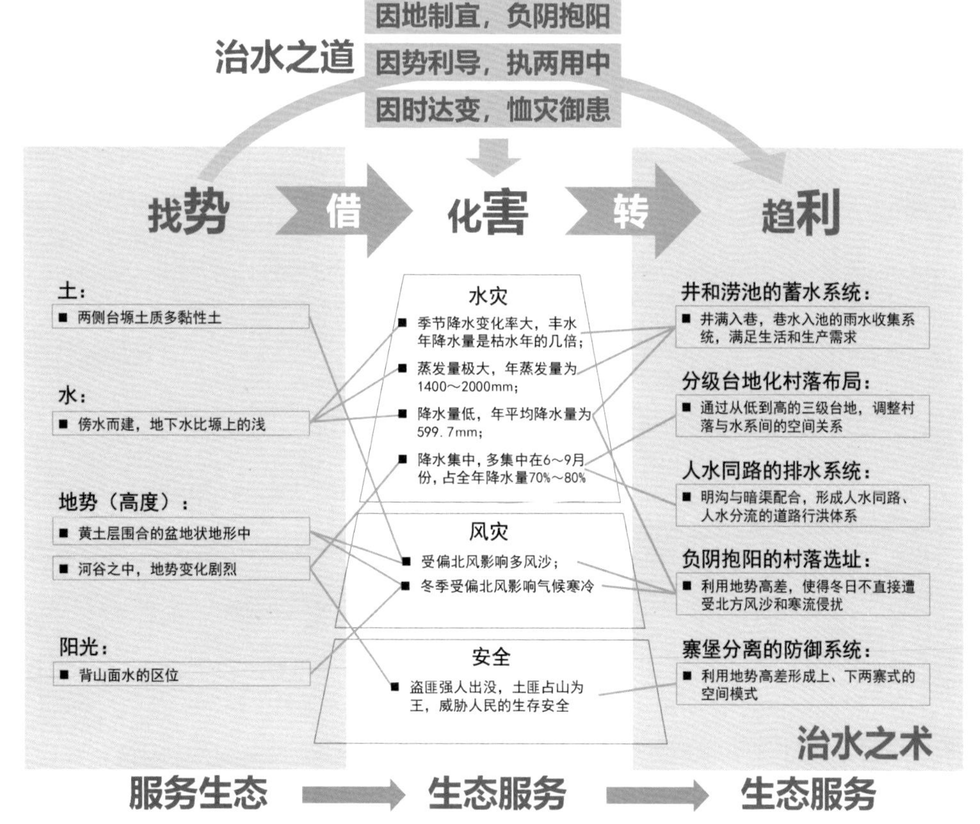

图 2-100 党家村“借势 - 化害 - 趋利”治水之道框架图

外的尊重与服从[85]。每到祭拜祖先和举行重大活动的日子，村民们都会一起到祖祠中祭拜、开会，这也是在外的村中年轻人回村的重要缘由。

（2）生态治水智慧对自然的利

村民自发维护涝池的"淘涝池"和"钉涝池"行为，对于村落水质起到了净化作用，同时也保障了土壤的肥沃。"淘涝池"是把涝池里的淤泥清理出来，保持水质的同时又获得了天然的农耕肥料。"钉涝池"是将当地的黏性极强的胶泥红土搓成楔形，填入池壁预留出的孔中，增强硬度又减小了渗透性，使水土之间能够相互产生良性作用。

2.8 东北区山顶型山城式村落——赫图阿拉村

2.8.1 村落概况及现状分析

赫图阿拉村隶属于辽宁省新宾满族自治县[86]，以《中国综合农业区划》来分应划归东北区。该村地处长白山系边缘、龙岗山南脉地带，具体坐落于抚顺市新宾满族自治县鸡鸣山与龙岗山之间，三面环水、一面背山[87]，是历史悠久、特色鲜明的山区古村（图 2-101）。赫图阿拉村又称兴京、黑图阿拉、赫图阿喇或黑秃阿喇，"赫图阿拉"是满语[88]，汉意为"横岗"，即平顶的山岗，表达此村落建在横岗之上[89]。赫图阿拉村始建于 1601 年，拥有 400 余年的历史[90]：故城始建于明万历三十一年（公元 1603 年）；明万历四十四年（公元 1616 年）正月初一，努尔哈赤在此"黄衣称朕"，建立了大金政权，史称后金；后金天聪八年（公元 1634 年），皇太极把此地尊封为"天眷兴京"。因而，赫图阿拉村有着"清代关外三京之首、清王朝的发祥地"的美誉，也被史学界称为"后金开国第一都城""中国最后一座山城式都城"[14]。由于这样特殊的历史事件以及村落

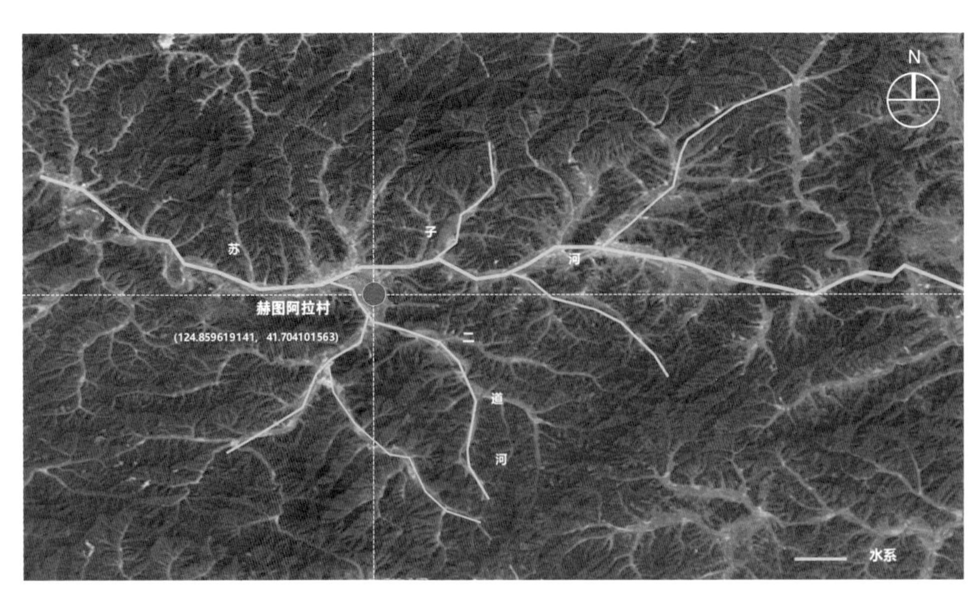

图 2-101　赫图阿拉村区位图

本身浓厚的传统文化底蕴，赫图阿拉村于 2006 年被国务院批准列入第六批全国重点文物保护单位，2014 年入选我国第三批传统村落名单之中（图 2-102）。

赫图阿拉村所在的新宾满族自治县地处北方丘陵地带，气候属于北温带季节性大陆气候：冬季寒冷漫长而干燥，夏季温暖多雨而短促，一年四季分明。此地雨量充足但雨热同季，即大多数降雨集中在炎热的夏天，年平均降雨量在 750 ~ 850mm，无霜期 150d 左右。因此，时常存在季节性降水不均的问题，旱涝两灾是常见的自然灾害。暴雨也成为主要灾害性天气之一，新宾满族自治县区域几乎每年都有不同程度的暴雨洪涝灾害，偶尔也会引发山洪和水土流失。特别是 1995 年 7 月 29 日、2005 年 8 月 13 日和 2013 年 8 月 16 日 3 次暴雨洪涝灾害给新宾满族自治县境内的工农业生产和人们生活带来了严重影响，造成了巨大的经济损失[91]。而相比于新宾满族自治县城区以及其他临近村落，赫图阿拉村在面对暴雨的时候没有形成大面积积水的现象（图 2-103）。

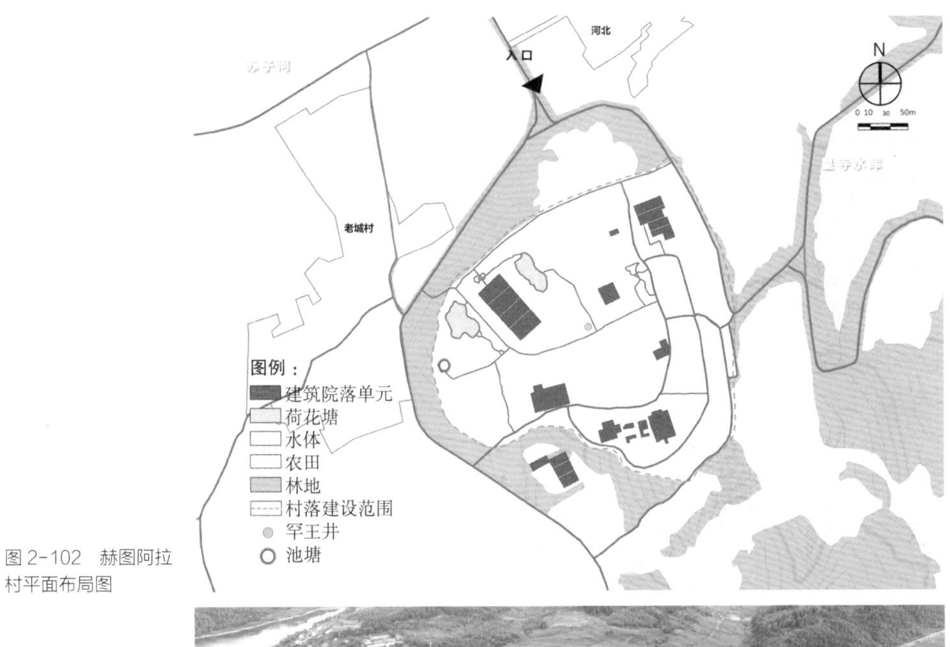

图 2-102 赫图阿拉村平面布局图

图 2-103 赫图阿拉村风貌
（图片来源：百度图片）

赫图阿拉村之所以能够在重大暴雨洪涝灾害面前应对自如，是因为赫图阿拉村能够始终秉持着先人尊重自然、利用自然、与自然和谐共生的生态智慧。一方面在选址上，赫图阿拉村能够做到敬畏自然、尊重自然、提前充分预估今后村落的生产生活会面临的各种自然灾害并事先躲避；另一方面在村落发展过程中，赫图阿拉村形成了自身独特的生态智慧：如借用自然微地形实现重力做功的雨水排蓄体系、多级分散利用空间微地形、对自然资源要素的合理和可持续利用等，通过这些措施凝结成的生态智慧，赫图阿拉村得到了充分的良性发展。

2.8.2　孕灾成因分析

赫图阿拉村是体现北方少数民族森林文化的历史悠久的古城村落，结合地域气候特征，其主要灾害主要分两部分：一是洪涝灾害；另外一个是旱灾。下面是这两个主要灾害的成因分析。

（1）洪涝灾害——短促激烈的夏季暴雨

赫图阿拉村所在区域降水量并不少，年平均降雨量可达 750 ~ 850mm，而这样的降雨绝大多数集中在短暂的夏季。在这样的气候下，暴雨成为赫图阿拉村所在区域主要灾害性天气之一，几乎每年都有不同程度的暴雨洪涝灾害[91]。

（2）旱灾——漫长少雨的春季干旱天气

赫图阿拉村所在区域不但在雨季易受山洪的侵扰，在冬春季节还易受降水少又较为干旱的旱灾影响。这是因为赫图阿拉村所在区域季节性降雨不均带来了旱涝两极分化的局面，形成了“夏季多雨易涝，春季少雨干旱”的气候环境特征。之外，赫图阿拉建于台地之上而地表水不宜存蓄，因此更加容易受到旱灾影响。

2.8.3　森林文化与军事都城双重背景下的治水之道

（1）王城文化影响下的选址需求

赫图阿拉村的自然地理位置适应于群雄四起、征战不息的古代战争年代军事防御需要。从大区域范围分析，赫图阿拉村的营建选址于辽东中部的山区，此地地形复杂，历史上多为军事防御的险要山口、关隘。这样优越的自然地理条件有利于弱小部族的生存和发展。清太祖努尔哈赤起初正是利用这一有利的地理条件来防御明王朝及其他部族的军事进攻，后来逐步形成了独立的国家防御机制。

赫图阿拉村虽位于这样地形复杂的山区，但其地处交通要塞：向西经木底、上夹河、萨尔浒可至明抚顺关；西南经榆树、鸦鹊关可至清河城；东南经都督伙洛、阿布达里岗、宽甸可至朝鲜；向东可控制古高句丽时期的南路交通，形成了南可至朝鲜、西与西南可进明边、北可逐叶赫和哈达的战略要地，使赫图阿拉村成为一处进可战、退可守的战略军事中心城，其区位和交通优势明显。

除了从大的区域范围来看赫图阿拉村的选址符合军事需要外，其本身的自然地形地貌也适应于冷兵器时代的军事防御需要[92]。赫图阿拉，满语汉译为“横岗”，明万历三十一年（1603 年）“上自虎拦哈达南岗，移于祖居苏克浒河，加哈河之间赫图阿拉地，筑城居之”。赫图阿拉村坐落在羊鼻山半山腰向北延伸的一块台地上，城墙沿台地突出的边缘而砌筑，内城南依羊鼻山、北对苏子河、东靠白硷山、西向索尔科河，遥对呼兰哈达。努尔哈赤选定这一有利的自然台地修筑了内城，其军事防御选址意图明显。内城修建完毕，开始筑外城：明万历三十三年（1605）“上命于赫阿拉城外，更筑大城环之（图 2-104）。外城南越羊鼻山，北临苏子河，东界白硷山，西对索尔科河”，可谓背山面水，形成了人工与天然为一体的军事屏障。

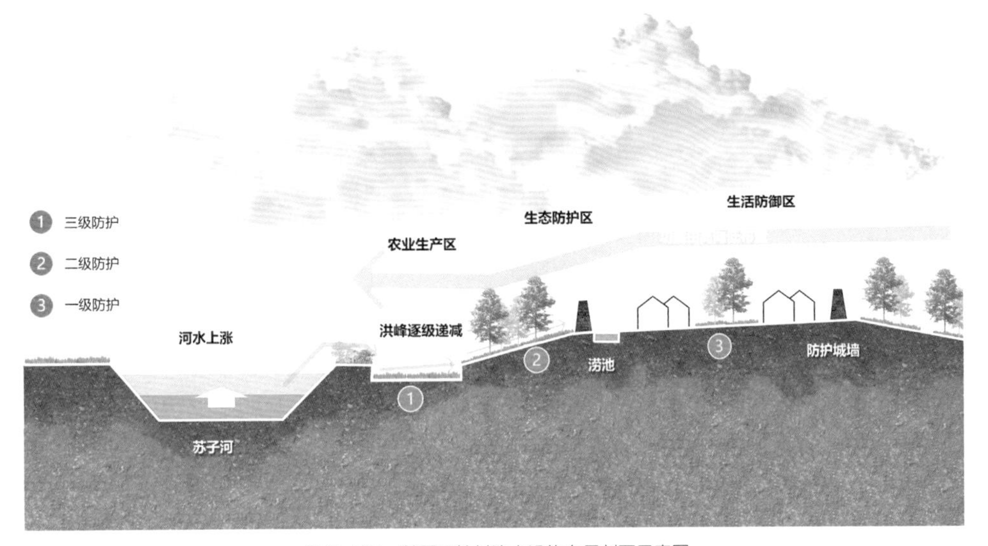

图 2-104　赫图阿拉村治水设施布局剖面示意图

根据村民口述赫图阿拉历史：在最早期赫图阿拉于 1616 年被定为军宫大衙门，应附庸约三万军队。老罕王后续建庙及八旗衙门（图 2-105）。

图 2-105　采访村民照片

（2）居汭位、筑高台：森林文化下的选址应对策略

赫图阿拉村选址于苏子河与二道河子的“汭位”之上，当洪水来临时村落所在的河岸水流速度最弱，河岸不易受洪涝冲刷，依水种田，体现避水而居和趋利避害的生态治水智慧。

《堪舆泄秘》（清—汪志伊）中写道："水抱边可寻地，水反边不可下"。而且早在先秦史籍中也就有过数次“汭位”建宅的记载。“汭位”建宅也就是在河曲内建宅。河流“汭位”是河流弯曲的位置，由于凹岸一侧水的回转半径大于凸岸一侧，日久造成凹岸平原水土流失，越来越小。而水中泥沙由于水流速不均匀，大多沉积在凸岸侧，土地肥沃，平原面积越来越大。赫图阿拉村在住址安全以及耕作经验上考虑选择“汭”，旨在于此种地形利于交通、耕种、渔猎。这里讲的这种地形是形胜之地。如果凸岸三角地带恰好位于山南水北，那么这种地形就是“形胜”之极致。

赫图阿拉村选址于羊鼻子山向北延伸的一块马蹄形台地之上，整体高于洪水淹没线，并建筑了高高的土石城垣，从而保障了城内居住者的生命和财产的安全，总体形成中居高台、下作农耕的空间格局。

区域空间的多级护坡处理，利用农田和植被形成三级防洪加固体系（图 2-106）。

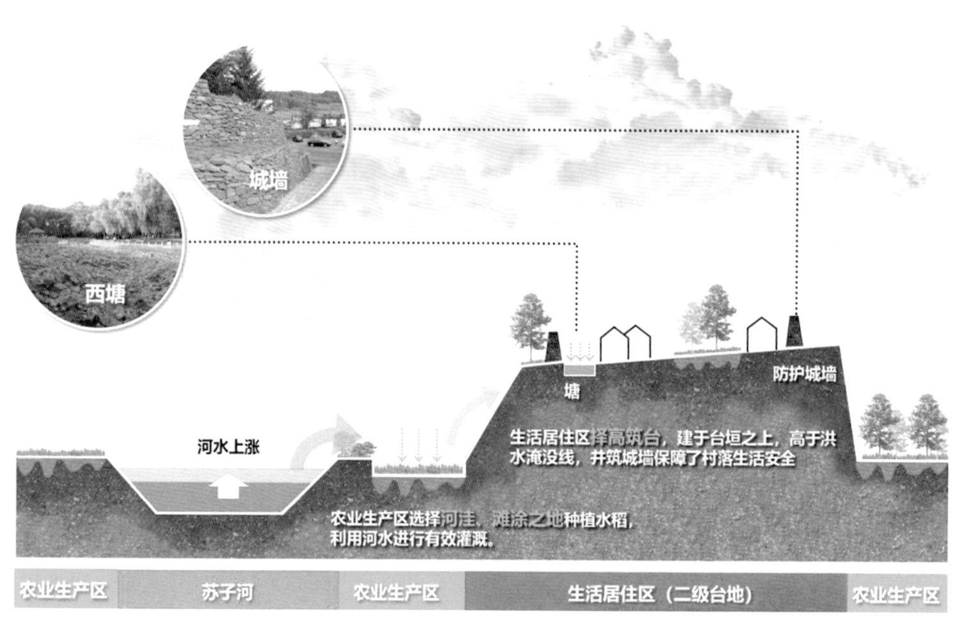

图 2-106　赫图阿拉村功能布局图

据村民口述：赫图阿拉主要种植作物为水稻及玉米。种植区域主要分布于城外，依赖苏子河水灌溉，而城内种植少量的玉米，并依靠罕王井（图 2-107）。

图 2-107　村民采访照片

从赫图阿拉村的城墙上远远望去，一条曲折蜿蜒的河流缓缓地流淌着，这条河叫苏子河，是新宾满族自治县内一条十分重要的河流[93]。工程师王声喜说："赫图阿拉村周围群山环绕，山上繁茂的植被像无数不动声色的导管，永不停歇地将充沛的雨水渗入地下，平静的老城地表之下其实流动着看不见的汪洋。"

区域空间的多层次防护处理体现了"防"的治水智慧，高度不同的土地分割成高低错落的田块。赫图阿拉村依据自然地势，合理布置整体空间，形成高台居守，遍布农田的特色台地山城，充分体现了古代满族先民的营建智慧。

2.8.4 "因川就势，自然做功"：借用自然微地形实现重力做功雨水排蓄体系

（1）地形适应条件下依附与重力做功的雨水排蓄体系

借用自然地形实现院落—道路—沟渠—池塘的被动式与适应式的雨洪排蓄，体现了优秀的生态治水智慧[94]。赫图阿拉村整体地势较高，内城地势起伏较大，地表水极其稀少，外城地势平坦[95]。通过对赫图阿拉村的高程采集进行数据分析，赫图阿拉村由东南向西北逐渐降低，落差近 15m（图 2-108）。古人利用自然地形和山势势能来实现雨水的重力自流与土壤吸纳涵养的方法，来构建以"院落（起点）—纵向街道—横向街道—沟渠—池塘（终点）"导水行洪系统，来解决旱季蓄水、雨季易涝的问题（图 2-109）。充分体现古人"因天就势"地将被动式与适应式的生态治水智慧，融入生产、生活空间体系中（图 2-110）。

根据村民口述，为应对雨洪灾害，在城内东西两侧利用陡坡低洼处设置西潭与东池，并将其与主要行洪道路与景观沟渠相连接，在形成"神龙二目"景观的同时，保障城内雨洪安全。

（2）通过古城复合行洪系统来解决雨季易涝的问题

赫图阿拉村整体上的地势为东高西低，城内的各个院落所排雨水经纵向道路串联汇入横向道路，最后经沟渠。依据山势分别将雨水导入东荷花池和西荷花池两个

图 2-108　村民采访照片

图 2-109　赫图阿拉村“导蓄一体”特色示意图

水塘之中。街道之间形成明确的汇水分区。最终形成了三级导水体系，第一级院落排水，第二级街道排水，第三级沟渠排水的“院落（起点）—纵向街道—横向街道—沟渠—池塘（终点）”导水行洪系统（图 2-111）。

2.8.5 “因势利导，防蓄并用”：多级分散利用空间微地形

赫图阿拉村的地表径流雨水通过街道排水和雨水自然汇集，分别集蓄到东、西荷花池内。赫图阿拉村为应对旱季缺水情况下的生产生活用水难题，形成了三级分蓄体系，第一级为地表植被土壤涵养蓄水，第二级为沟渠蓄水（图 2-112），第三级为池塘蓄水。当赫图阿拉村出现少量降雨时，降下的雨水会汇入荷花池内，

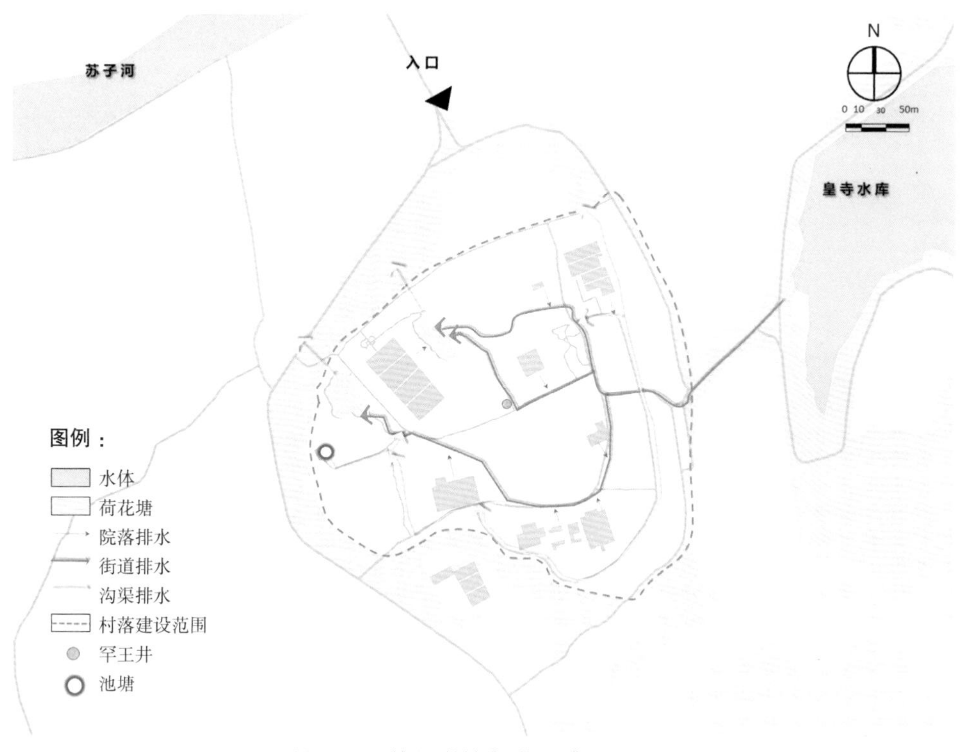

图 2-110　赫图阿拉村“导蓄一体”平面分析图

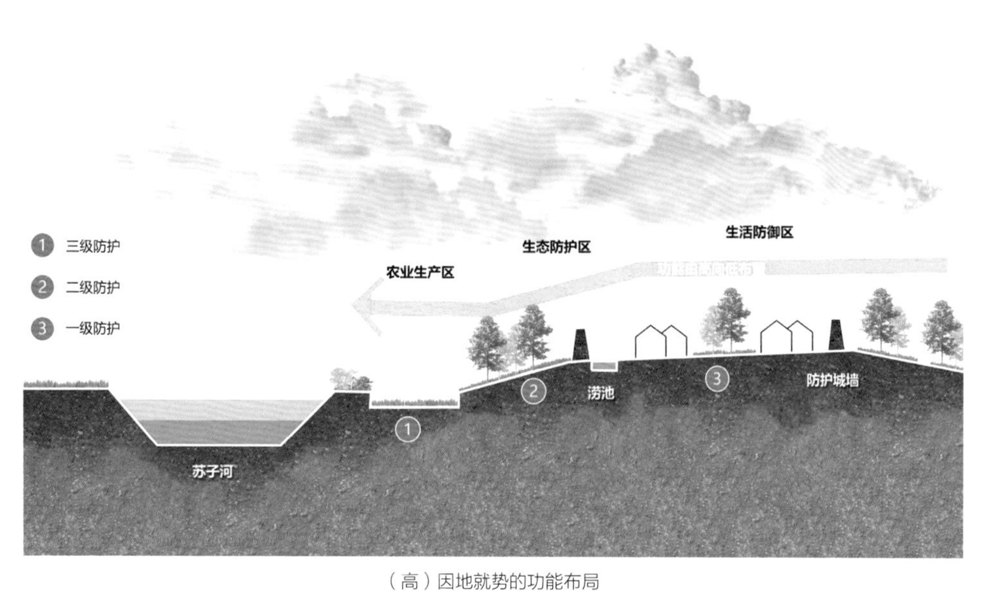

（高）因地就势的功能布局

图 2-111　赫图阿拉村“导蓄一体”剖面示意图

积聚起来（图 2-113）。当赫图阿拉村有突发性巨大降雨量时，快速降下的雨水会先汇入荷花池内，待荷花池水位上升到荷花塘水量上限时，超出集聚上限的雨水会通过水关（涵洞）直接排到内城之外，流到外城的稻田里，最终汇入苏子河（图 2-114）。

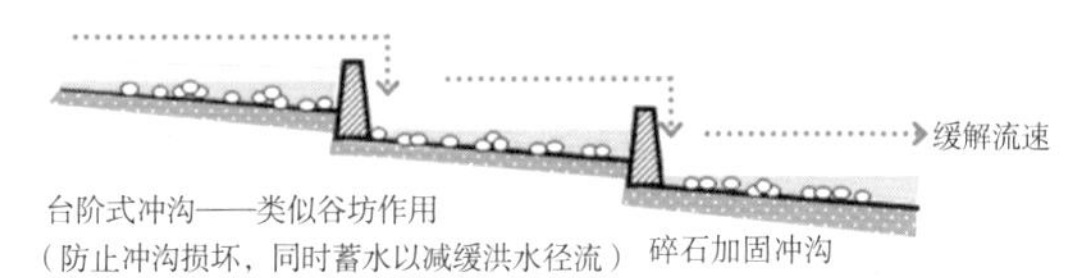

图 2-112 赫图阿拉村沟渠排蓄示意图（一）（左）
图 2-113 赫图阿拉村沟渠排蓄示意图（二）（右）

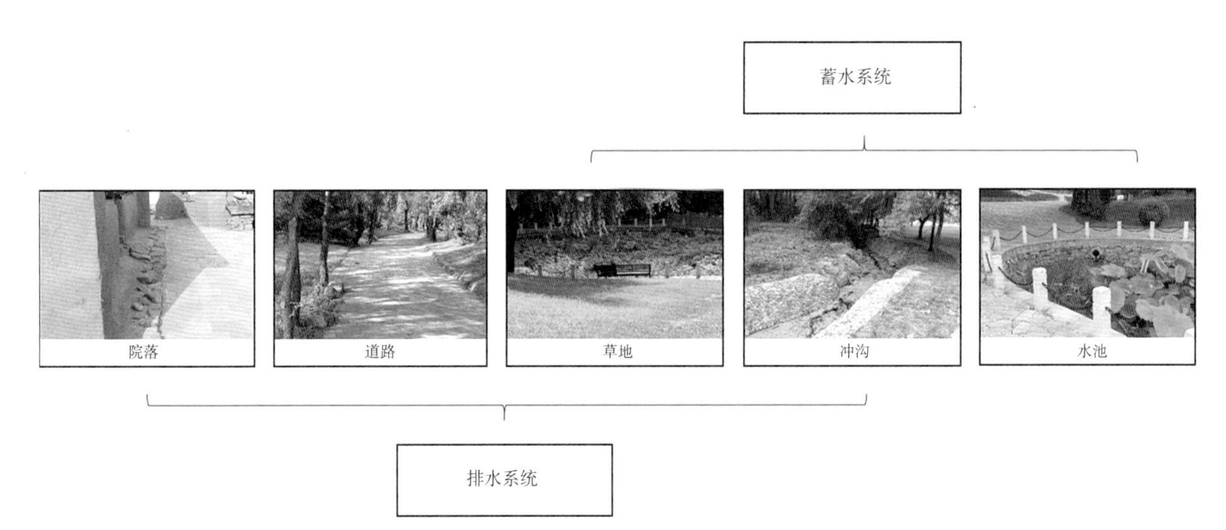

图 2-114 赫图阿拉村排蓄体系路线示意图

同时，赫图阿拉村具有顺应气候、应对旱涝两灾的“导蓄一体”治水空间组织模式。如东、西荷花塘蓄水系统高度依附于自身的行洪系统：从院落有组织排水（源头的雨水收集）到横纵街道及沟渠（汇水过程中的雨水收集）再到池塘（终点的雨水收集），广泛分布于雨水径流的各个过程中。这些蓄水空间在旱季提供部分生产生活用水的同时，也成为整体水环境良好的调蓄体；而在雨季又作为很好的水平衡空间。最终赫图阿拉村落构成了以院落为单位、街道为脉络、沟渠和池塘为终点的“导蓄一体”的治水空间组织模式，保障了村落空间的水量平衡。

2.8.6 “自然循环，物尽其用”：对自然资源要素的合理和可持续利用

古老的夯土布椽式筑城法，即夯实一层土，铺一层木椽，木杆可以起到对夯土的拉接作用（图2-115）。古老的泥草屋顶防水建造技艺（图2-116），即先铺一层藤条于檩条之上，再敷一层黄泥，最后顺着屋顶铺一层稻草（图2-117）。

赫图阿拉村内尚保留一处清代中晚期典型的民居院落，为创造良好的生活居住环境[96]，前人们为防止院内积水而修的有组织排水的泄水洞；修建木质门槛防止雨水倒灌；在外墙边缘散水部分防止雨水冲刷，利用碎石或铺砖消解雨水冲蚀，从而达到维护基础的作用。其低成本、低技术、易维护的营建策略，充分体现前人的治水智慧。

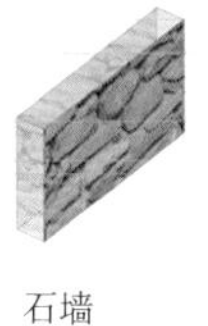

图2-115　赫图阿拉村“夯土布椽”模式图（左）
图2-116　赫图阿拉村房屋结构照片（右）

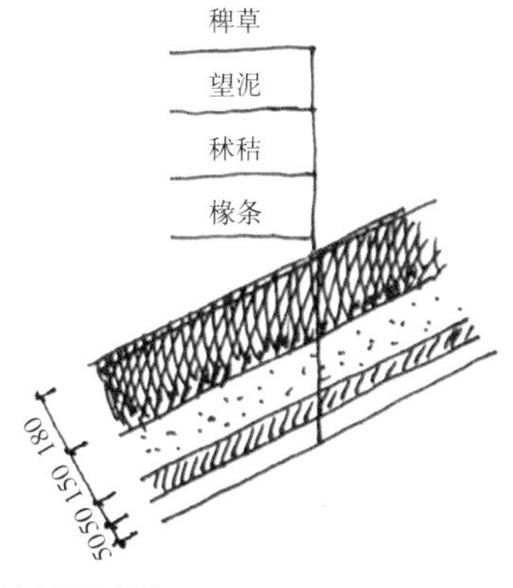

图2-117　赫图阿拉村农作物在建筑防水中的应用示意图

同时，为适应寒地气候，赫图阿拉村也十分注重冬季热量的保存。“口袋”房是东面开门，进屋后向西走，房屋如同口袋一般，主要目的是为保持室内恒温状态；万字炕指南西北三面相连的炕，这种炕不仅可以解决居民坐卧起居问题，而且可以通过很多的炕面，提高室内整体温度。

2.8.7 生态治水智慧总结

悠久的历史长河中，赫图阿拉村在治水方面逐步形成了一份尊重自然、利用自然、与自然和谐共生的独特生态智慧体系（图 2-118）。

首先，赫图阿拉村能够通过对地理环境的微改造以低成本实现对地质的适应。由于赫图阿拉建于台地之上，地表水不宜存蓄，加之农耕垦荒导致地表植被十分稀疏，水土流失与洪涝产生的可能性较高。然而赫图阿拉能够通过洼塘蓄水与沟渠汇集来调解地表雨水径流的存蓄问题。

其次，赫图阿拉村能够通过自身排蓄体系实现对旱涝两灾的应对。在特殊的气候下，赫图阿拉村雨季易受山洪的侵扰，冬春季节则降水稀少且气候较为干旱。而这种时间性的降雨不均带来的旱涝两极分化的局面，形成了赫图阿拉村“夏季多雨易涝，春季少雨干旱”的环境特征。对此，赫图阿拉通过排蓄为主的理水体系的构

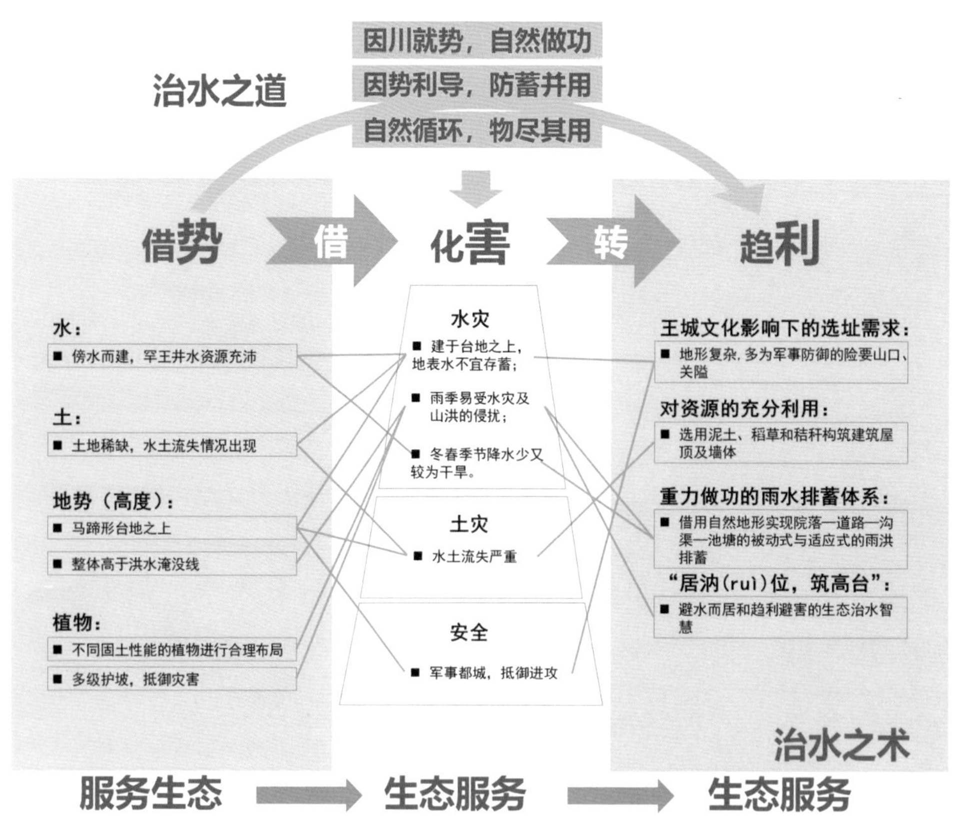

图 2-118　赫图阿拉村“借势 - 化害 - 趋利”治水之道框架图

建来调蓄村落的水量平衡:在理水时,赫图阿拉村因地制宜地协调人与水的平衡关系,排蓄兼顾、化害为利，体现了满族独特的“统合”思想观（满族在形成之初以八旗制度为核心的社会制度组织形式下，将生产、生活、军事防御融为一体，形成了“统合”的思想观[97]。）北方灾害主要以洪涝灾害、旱灾、冻灾为主。洪涝灾害主要集中在 7、8 月份。其他绝大部分都是旱灾，最后剩下半年以冬天冻灾为主。赫图阿拉村由于位居、地处汭位，且有罕王井的存在，基本上没有旱涝灾害。又因为紧挨森林，冻灾也相对好一些。

赫图阿拉村历经数百年的文化融合,孕育出了以“敬畏、崇拜、认识自然森林”为核心的森林文化，成了包含“地理、经济、文化、生活四种要素”的森林文化的中心地[98]。这也充分体现了东北森林文化中人对自然的敬畏思想。巧妙的选址、得天独厚的自然资源，使得赫图阿拉村的一大批古建筑群历经 4 个世纪的风雨洗礼而不倒，充分体现了满族先民对寒地气候的特殊适应性的生态智慧和精华。

（1）社会维度的治水智慧形成机制

阎崇年提出：中国东北的森林文化，是中华文明五千年历史进程中多元文化类型之一，与中原的农耕文化、西北的草原文化相对（图 2-119）。[99]

森林文化的早期居民，主要的生活资源——衣、食、住、行、用、贡，多取自于森林。其衣，以兽皮或鱼皮缝制，被称为“鱼皮鞑子”；其食，吃鱼肉、兽肉或野果，也是来自于森林、河溪；其住，撮罗子，以桦木和桦树皮为主要建筑材料；其行，爬犁是木结构的；其用，碗筷、器皿、摇车、渔猎器具也多是木制品。其贡，主要朝贡楛矢、人参、貂皮、明珠等，则都是木制、采集和渔猎的产品。所谓的“使犬部”“使鹿部”，也是森林文化的产物[99]（图 2-117）。

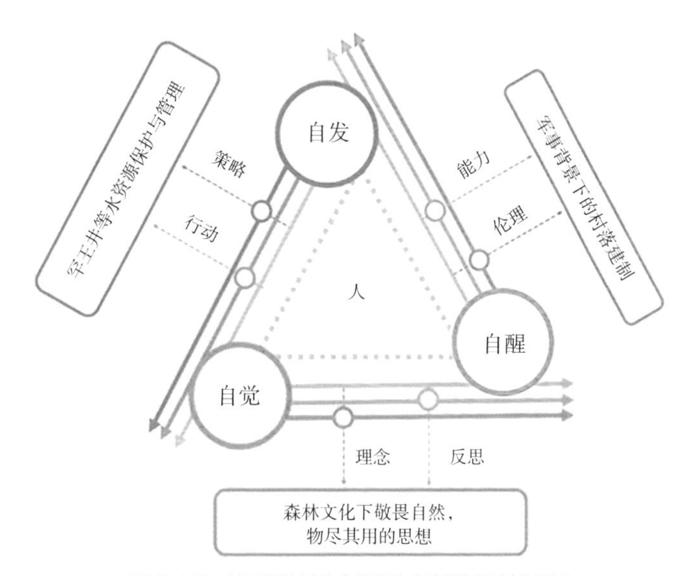

图 2-119　赫图阿拉村社会维度的灾害抑制机制关系图

森林文化其中最主要特征是对森林、对大木的崇拜。《后汉书·东夷列传》记载："常以五月田竟祭鬼神，昼夜酒会，群聚歌舞，舞辄数十人相随，踏地为节。十月农功毕，亦复如之。诸国邑各以一人主祭天神，号为'天君'。又立苏涂，建大木以县铃鼓，事鬼神[100]。"这里的"大木"，《晋书·四夷》记载，肃慎氏视之为"神树"。直到清朝皇族的堂子祭祀，仍然是"堂子立杆大祭"。史载："每岁春、秋二季，堂子立杆大祭，所用之松木神杆……[101]"从其堂子祭祀图可见，就像是一幅森林的画图。《满洲源流考》也记载："我朝自发祥肇始，即恭设堂子，立杆以祀天[102]。"甚至在北京故宫坤宁宫前也立有类似杆以祭神祭天。

（2）治水之道——如何借势、化害、趋利

水资源优势：罕王井刚好就在苏子河边。苏子河断裂带宽足有1000m，由于地壳的变迁，这条断裂带上发生了一系列构造裂隙，这些裂隙狭窄得无从寻觅，却正好被罕王井准确洞穿[93]。正是这些裂隙内部所饱含的丰富的裂隙水给罕王井提供了充足的水源。罕王井占据众多的得天独厚的水源条件，集地表水系、区域植被、地质结构等顶级地下水储存与循环条件于一身，优越的地理条件造就百年古迹赫图阿拉村。同时外城选择河洼、滩涂之地作为农耕空间种植水稻，利用河水进行有效灌溉，保障了农业生产效率。

地势：赫图阿拉村依山面水，临近苏子河与二道河子，雨季大量降水极易引起河水暴涨，沿河区域极易遭到暴涨洪水的淹没，危害城内居民生命和财产的安全。赫图阿拉村选址于羊鼻子山向北伸延的一块马蹄形台地之上，整体高于洪水淹没线，从而保障了城内居住者的生命和财产的安全。

（3）生态治水智慧对自然的利用

森林文化在早期居民对森林的认识及其各种恩惠表示感谢的朴素感情基础上，反映出了人与森林关系的文化现象。并设立了相关法律法规、制度、习惯等。

赫图阿拉村形成了独特的祭祖活动，提高村民对自然对森林文化的"敬畏之情"（与抑制机制部分重复）。森林文化的早期居民，主要的生活资源——衣、食、住、行、用、贡，多取自于森林，森林文化在早期居民对森林的认识及其各种恩惠表示感谢的朴素感情基础上，反映出了人与森林关系的文化现象。史载："每岁春、秋二季，堂子立杆大祭，所用之松木神杆……砍取松树一株，长二丈，围径五寸，树梢留枝叶九节，余俱削去，制为神杆。"[99]其中"神杆"主要为森林的具象的体现，同时表达了满族对森林文化的敬畏之情。

赫图阿拉村沿袭清朝时期流传下的对森林保护措施，制定公约以保护森林资源。雍正时期，统治者比较重视造林护林，并允许对东北森林进行有限度的开发。为鼓励植树造林，雍正帝下诏："再舍旁田畔及荒山旷野，度量土宜，种植树木，桑柘可以饲蚕，枣栗可以佐食，桕桐可以资用，即榛楛杂木，亦足以供炊爨，其令有司督率指画，课令种植，仍严禁非时之斧斤，牛羊之践踏，奸徒之盗窃，亦为民利不小。”[103] 在这一大背景下，赫图阿拉村设立了相关法律法规、森林计划制度、森林利用等习惯，来确保生产生活得以正常进行。

同时，赫图阿拉村地处台地之上，土壤稀缺，水土流失严重。遂通过将不同高度的土地分割成高低错落的田块，根据地势种植适宜农作物，因地制宜地降低坡向雨水径流的流速，以缓解暴雨洪峰对水土的侵蚀，以达到固土保水的作用。

2.9 东北区山腰型石质村落——龙岗子村

2.9.1 村落概况及现状分析

龙岗子村隶属于辽宁省锦州市北镇市，以《中国综合农业区划》来分应划归东北区，是典型的以旱作型经济为主的传统村落（图 2-120）。龙岗子村所属的北镇市，位于辽宁省西部，东接沈阳、西连锦州、南邻盘锦、北通阜新，是辽河平原的屏障、山海关外的要冲。北镇市又位于史称（《全辽志》记载）“山以医巫闾为灵秀之最”的医巫闾山东麓，而龙岗子村就坐落于医巫闾山西岗之中。传说龙岗子村始建于元代，距今已有 650 多年的历史了。自清朝起，村落范围内有数处颇具规模的梨园，而在村庄发展过程中，村落一直沿着梨园的边界扩展，因此梨园得以被基本完整地保留至今。清朝末期，东北满族和河北、山东等地逃荒而来的人们混杂在一起相继落户定居于此地。随着此地人口的增加，人们沿山谷建造房屋、择水而居，村落开始初具规模。1950—1980 年，村落范围急剧扩展，西北部山谷中范围略有扩大，新屋的建设主要向东部沿水库、河道和地势较平缓的区域转移，建筑群的格局初步确定，村落新建了一些公共建筑，街道已具雏形（图 2-121）[104]。

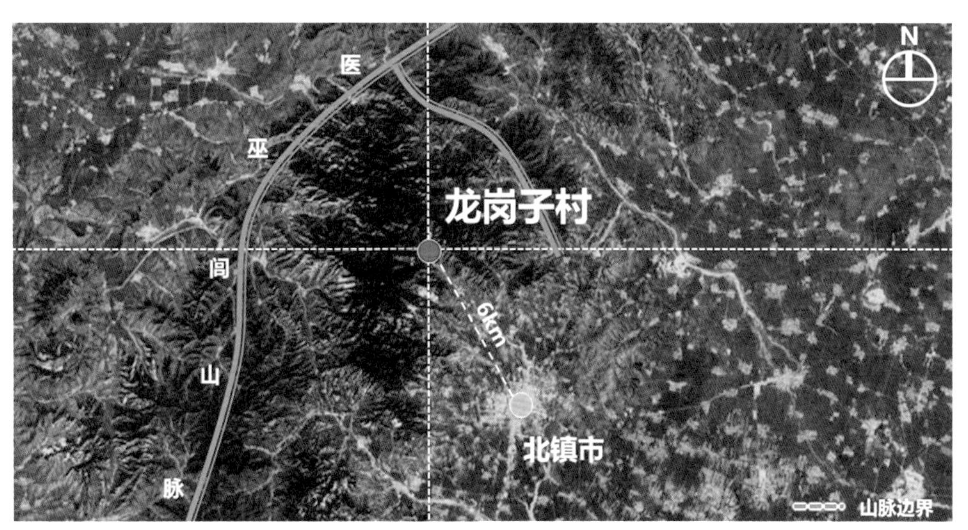

图 2-120　龙岗子村区位图

龙岗子村坐落于医巫闾山之中，呈现出“七山一水二分田”的地貌特征。龙岗子村土壤沙多则土质松散，故而贫瘠，遇到雨水的直击，极易被冲刷且随水流走。龙岗子村山多、田少、水更少，在漫长历史发展中，形成了以旱作型经济为主的石质村落。龙岗子村村民通过“围山绕两级”的方式,利用山地形成了“山上松槐戴帽，山坡果林缠腰，山下瓜果梨桃”的固土种植体系。并且通过就地取材建造了满族特色的海平房，使龙岗子村被评入我国第四批传统村落名单。

龙岗子村用其600余年的智慧经验总结，逐渐探索出一套适用于冬寒夏旱气候环境下的旱作型植物种植的存水灌溉体系，村民们几百年来将其沿用至今，具有旱作区传统生态治水智慧的地域典型性（图2-122）。而与龙岗子村相距6km的北镇市却出现了不同的景象。2007—2017年的10年期间出现暴雨次数为27次，其中成灾次数为4次[105]。各类干旱发生率为54.07%，且旱灾压力呈逐渐增大的趋势[106]。林木过度砍伐导致植被覆盖率降低，目前大部分泥石流沟的植被覆盖率仅10%～30%左右，坡面裸露，水土流失严重[107]。

2.9.2 孕灾成因分析

龙岗子村是典型的寒地旱作型经济为主的传统村落，受独特的地理区位和地形地貌的影响，使干旱、山洪、泥石流和霜冻成为龙岗子村最主要的自然灾害。另外，

图2-121　龙岗子村平面布局图

图 2-122　龙岗子风貌照片

冬季严寒，霜期长，给农耕时期的生活生产带来巨大挑战。

（1）水旱——水旱频发的气候灾害特征

村庄位于北半球中纬度地带，年平均降水量仅为 604.8mm，除七、八月份雨季的少量降水外，其他季节几乎没有降水，所以大部分时间处于极为干旱的时期。因此雨季来临时，易发生泥石流、山洪等水土流失和洪涝灾害。

（2）土——田少土薄 、水土流失

龙岗子村属于典型的山地型村落，土地总面积为 12505 亩，其中：耕地面积 1252 亩，果园 3113 亩 [108]。呈现出“七山一水二分田”的地貌特征。并且此处土壤沙多则土质松散，故而贫瘠，遇到雨水的直击，极易被冲刷且随水流走 [109]。

（3）风——寒地冬季季风

龙岗子村处于寒地，冬季易遭受寒冷季风侵袭。且土地多沙，易形成风沙掩埋田苗 [110]。

2.9.3　“依山就势，沟域单元”：防风聚水的村落单元组织模式

龙岗子村利用闾山外延伸出的两个山岗将村落半包围形成一道天然的屏障来阻挡冬季季风的侵袭。同时选址于山腰之处来保障村落生产生活的安全，实现对自然地势条件的趋利避害（图 2-123）。

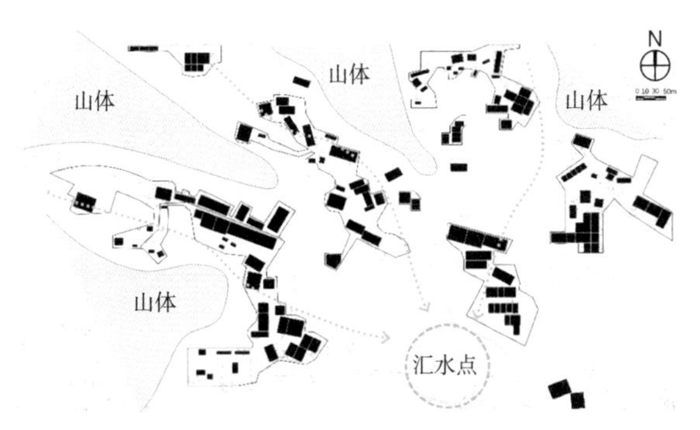

图 2-123　龙岗子村“村落单元”组织模式示意图

村落布局形状沿山形走势成点式逐级分布，间杂错落，秩序井然，形成多个沟域单元，由高到低布置生产性防御区、居住区和农业生产区，且空间形态呈带状围合于汇水区，由此可以在提高村落整体生产生活的安全性的同时，能更有效地利用水资源（图 2-124）。

2.9.4 “就地取材，就势化害”的满族式海平房

龙岗子村拥有满族及辽西地域特色的民居——海平房。这种采用当地石材、鹅卵石、木材以及青砖建造的民居，其极富智慧的营建技艺，使得 600 年来遇洪水冲击而屹立不倒[111]。

这种建筑具体什么时期建造的我们暂时无法考证，现有的唯一一篇文献记载，这种建筑至少是民国时期遗留下来的囤顶民居，当地老百姓称为海平房。海平房通常 3 间，也有 4 间的个例。其建筑主体由当地矿石加白灰砌筑而成，四周则用青石砖加固。在村落后期的发展过程中，又以红砖、碎石进行了建筑墙体的二次加固。房屋为木构屋架，屋顶的重量则由木柱、石柱和墙共同承担，为砖、木、

图 2-124　龙岗子村“依山就势”功能布局剖面示意图

石混合结构。这种在承重体系中出现石柱的现象在辽西的其他地区的囤顶民居中是不常见的，这应与当地盛产矿石有关，至今北镇富屯的采石场仍是当地主要的经济支柱之一。[111]

同时还体现的治水智慧则是村民适应自然的过程中，“就地取材”的选取建筑材料以及对生产生活空间进行不断地维护、修复和升级。“就地取材”表现在除了上述使用当地料石、帽石和河卵石等石材建房之外，海平房的椽子之上是苇席或秸秆，这是当地最易获取的最为廉价的建筑材料，再上就是苫黄泥，通过加盐的方式使其结板，具有防水的作用（图 2-125）。

“维护、修复和升级”表现在为防止洪水冲击，加固建筑物墙体。传统村落内部空间的墙体（包括建筑墙体、院落墙体和防护墙体），主体多为当地料石和河卵石加白灰和糯米浆砌筑而成，四周以青石砖加固，到了近代又以红砖、碎石做了又一次的加固。如此多方式地加固确保海平房历经多年遇灾害而坚固不催。

2.9.5 “因势利导，分层种植”：以收获型乔木为主体的防洪固土策略

龙岗子村因其地貌特征，形成坡地多、耕地少的局势。村民利用大面积的坡地种植果树和其他经济树种，既增加了山林覆盖面积，达到了保水固土防御山洪的作用；又增加了村民经济收入，并且枯树、修剪的树枝以及树叶做冬天可以取暖的燃料，灰烬又可以当作肥料。果树和其他经济树种增加村民收入、保障村民的安全达到生态服务的效果，村民对山林的施肥和维护又达到服务生态的效果。

种植采用“围山转”的方法，依据山体的不同高度来布置等高环形种植带，对土壤实现固土保水、确保生态安全的同时，提高作物产量[112]。

古村所处山脉存在土壤稀薄且水土流失严重的问题，通过对不同固土性能的生产性植物进行合理布局来保障区域土质坚实度。医巫闾山丘陵上部分布着棕壤性土和粗骨土，下部分布着棕壤，坡脚平地分布窄条状潮棕壤，利用“围山转”的方法，保障区域土质坚实度。具体为山顶以松柏等林类乔木即固土性能较强的植物为主，

图 2-125　龙岗子村建筑墙体碎石加固照片

防止滑坡与洪涝。山腰及山脚以果树类生产性作物为主，达到坚实土壤的目的。山麓则种一些灌木类植物和玉米等生产性作物，实现对土壤和雨水的充分利用。达到“山上松槐戴帽，山坡果林缠腰，山下瓜果梨桃”的固土种植体系（图 2-126）[113]。

2.9.6 “首末配合，中间缓存”：山上、山腰、山下的三级导蓄体系

借助“方塘”“明渠”和“水库”，形成了重点强调“蓄水”的“山上方塘蓄水 - 山腰滞水储蓄利用 - 山下淹没区水库蓄水”的三级导蓄体系。在雨季时，实现了“中雨小雨不出山，大雨暴雨缓出川”的目标（图 2-127）。

“山上方塘蓄水”即在村落上方位于山腰处设置“方塘”来蓄水，村主任称其名为“龙岗方塘”，它的具体形式由于年代不同分为两类方塘，一类为年代较为久远的“土石方塘”，具体年代暂无从考证，此类方塘多依梯田旁设置，尺寸约为 20m 长、20m 宽、3m 高，另一类则是 1949 年后依据传统方塘改良后的石砌砂浆方塘，此类方塘混有少量的混凝土、水泥和红砖进行加固，防渗透效果较以前的方塘有了很

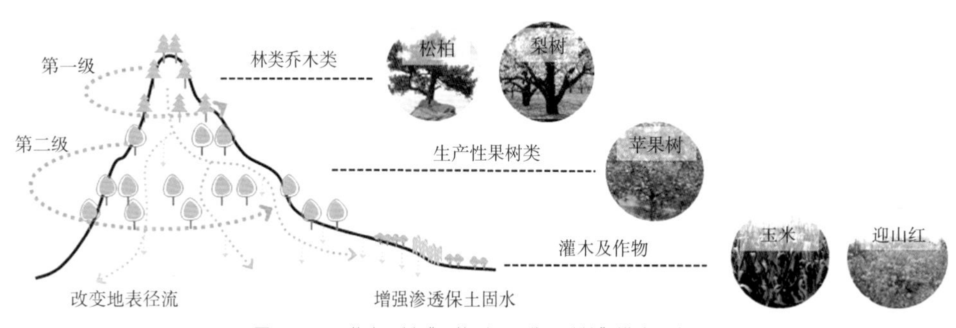

图 2-126 龙岗子村“因势利导、分层种植”模式示意图

图 2-127 龙岗子村“首末配合、中间缓存”的三级导蓄体系剖面示意图

大的改良，尺寸约为 20m 长、20m 宽、6m 高，蓄水量更大。“方塘”除了用来收集降雨时山上的雨水，以备干旱时供生产生活使用，还能在洪涝来临时起到减缓水流速度的作用。

据龙岗子村代理村主任王主任口述：“咱们这个村子你们也看到了，有山没水，这会儿是旱季，想当年辽宁三年大旱，连续三年啊，就这几个方塘可起了老大作用了。你现在看到的是后来解放那会儿我父亲 23 岁时候组织修建的，再往上那几个特别老的方塘可就年头长了，那据说自古就传下来的（图 2-128）。”

“中间滞水储蓄利用”即借用“梯田化”的生产区域来对直降雨水进行“缓存”处理，减缓水流速一方面可以使农田吸收一部分雨水，另一方面还可缓解山洪对于生产区下方村落的冲击力（图 2-129）。

“山下淹没区水库蓄水”即通过在山底淹没区设置水域面积约 5.5hm^2，水深约 5m 的水库，来对直降雨水进行储蓄，同时也是对上两级导水体系引流的雨水进行收集。

图 2-128　村民采访照片

图 2-129　龙岗子村“梯田化”居住生产体系剖面示意图

在调研时，龙岗子村王主任在龙门水库旁说道："你们看这现在没水啊，是因为现在正是雨季来临前期，水最少的时候。现在全村人就等下雨呢，种地啥的得用啊！想当年民国时候，这地方叫'龙门湖'，可想而知雨季时候存了多少水！后来改成了龙门水库，因为这不是自然湖泊，这就是存水用的（图 2-130）。"

图 2-130　采访、调研现场照片

除了蓄水的方塘、梯田和水库之外，与之配套的还有一套导水体系，主要体现在"外部—内部—外部"空间的三级导水体系。利用村落外部梯田的地势高差改变雨水的地表径流，减缓水流速，并在导入村内后通过村落内部道路两侧及各个院落内的石砌或泥土筑成的沟渠将雨水进行导流与分流，最终将雨水引入整体村落最低处的水库进行收集。达到对雨水的快速分流和后期利用（图 2-131）。

图 2-131　龙岗子村三级导水体系示意图

2.9.7 生态治水智慧总结

龙岗子村的村落空间形式是基于东方哲学观营造的结果，蕴含了数百年来古人对东北区特殊旱涝气候、水土流失和霜冻灾害问题的重要答案，是基于自下而上的传统营造的空间规划系统与结构模式，并且这种低技术、低成本、低影响的规划设计体系与结构模式拥有很高的功能及景观效益。因此，挖掘其中的生态治水智慧并对其特点进行解析，对于构建适用于我国广大东北区的本土化雨洪管理体系，具有重要的理论与现实意义。

（1）社会维度的治水智慧形成机制

降水量少且集中的自然环境和石多土稀的地质环境导致龙岗子村面临的主要灾害是水荒、土荒和雨季山洪。龙岗子村全面适应自然、让大自然做功的生产生活空间布局起到了一定的保水固土作用。为应对水荒和山洪灾害，龙岗子村建立了一套山上、山腰、山下的三级导蓄体系；以“围山转”的分层级乔木种植策略进行保水固土，形成“山上松槐戴帽，山坡果林缠腰，山下瓜果梨桃”的固土种植体系。对石材木材等自然资源要素的就地取材，使龙岗子村出现了“海平房”的特色建筑。此外，龙岗子村派专人管理维护方塘，并形成口头公约，构建了社会共同参与的灾害抑制机制（图 2-132、图 2-133）。

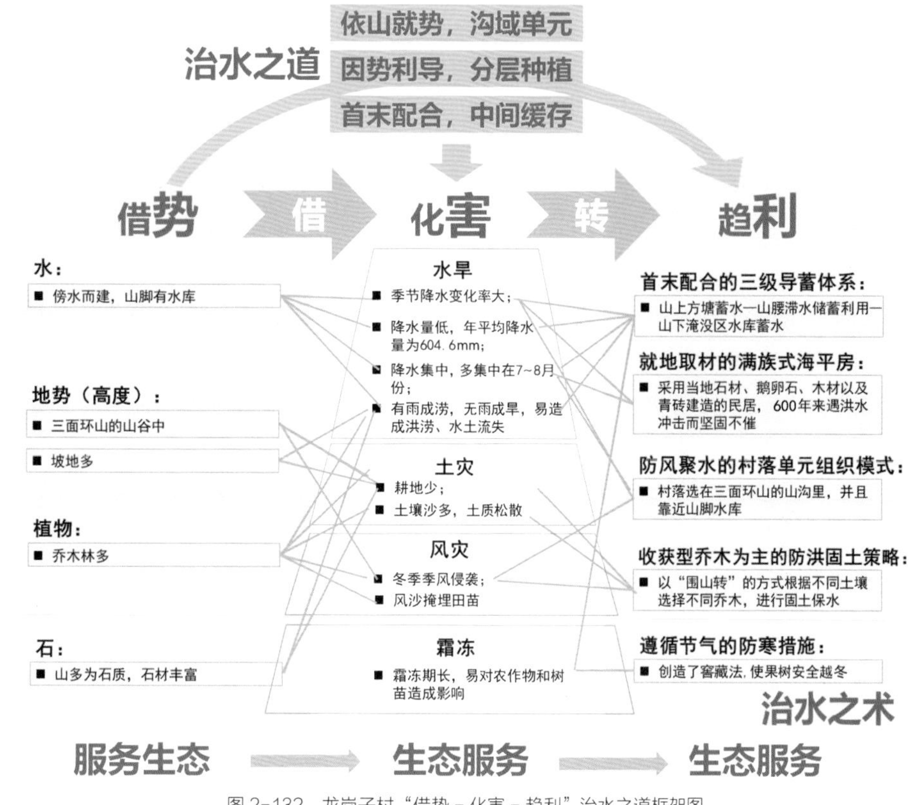

图 2-132 龙岗子村“借势 - 化害 - 趋利”治水之道框架图

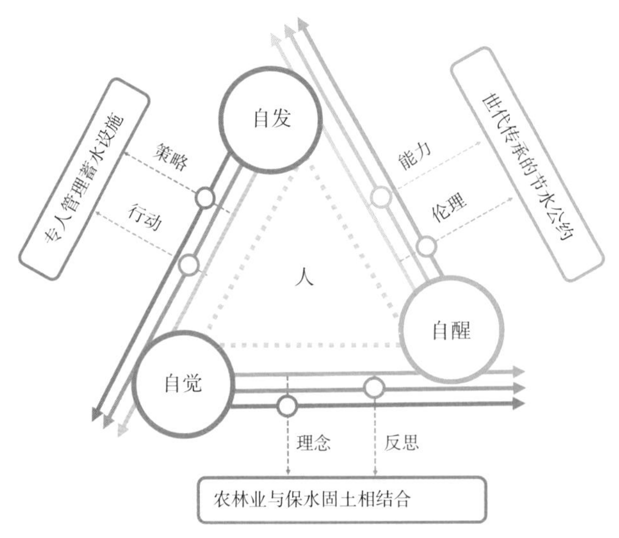

图 2-133　龙岗子村社会维度的灾害抑制机制关系图

（2）管理调蓄应对冬夏易发的冻灾与旱灾

通过派专人管理蓄水设施，根据不同季节平衡用水需求。具体为山腰的方塘旁都设有值班房来进行专人管理。春季开闸放水对农作物进行灌溉，夏季则进行阶段性的关闸蓄水，冬季为防止果树等农作物受冻进行关闸的处理。同时水库也设置专人管理，与方塘的管理人员进行沟通，山上山下蓄水设施协同作用，保障生产用水。

除此之外村民之间口头相传形成的共识性节水公约，生产用水与生活用水分类而用，尽量使用存蓄的雨水来进行农业生产灌溉，而每户村民的生活用水则取自各家的水井，并长久以来以口头协定的方式形成了节约用水的共识性公约。

龙岗子村一组村民王翠花讲道："龙岗子山上有一个双泉寺，相传有一年这里大旱，河流干了。山上有两个泉眼，山下的居民每天上山取水。可是有一天奇怪的事情发生了，有一条巨大的蟒蛇到泉眼边饮水，这条蟒蛇几十米长，有水缸那么粗，不一会儿就把这两眼泉眼里的水都喝干了，村民们也不敢上前把蟒蛇赶走。当蟒蛇喝完了泉眼的水后，就爬进了深山。几天后，村民们上山去找泉眼，却怎么找也找不到了，但是山中忽然多了一个房子。就在这时天阴了，大风也刮起来了，下起了大雨，大雨下了好长时间，河流里有水了，池塘里的水也满了。这时那条大蛇又出现了，对村民们说：'它是龙王之子，因为贪玩被龙王罚出龙宫出来游历做些善事，来到此地口渴了就把那两个泉眼喝干了，但是发现此地大旱泉眼是居民的命根子，便深感歉意，回龙宫取水在此地降雨。'因为这个房子是龙王之子在这住的地方，后来村民们把这个寺庙称为双泉寺。"[114]

虽然故事异想天开，却饱含着雨水对于龙岗子村的重要性，用"大蛇"的故事警戒着"如将大汉泉眼饮干，则是断了龙岗命根"，因此饱含敬畏自然、索取有度的深意，流传至今。

（3）生态治水智慧对自然的利

龙岗子村村民通过“围山转”的种植方式，进行经济性乔木种植。“围山转”是按照一定规格沿等高线环山推进，围绕山体的条条水平沟，形成一道道环山蓄水沟，有效地发挥了蓄水保墒的作用[115]，缓解了干旱地区雨量少、降水分配不均的矛盾。

龙岗子村民在山地中适宜栽种果树的地区实行人工种植，在适宜野果和天然林木生长的区域实行培植和培育，走上了人工种植经济林和天然林繁育相结合的利用山地之路。既实现了保水固土的目的，又增加了林地覆盖面积，复苏和发展了辽西生态环境。

2.10 东北区山底型木屋村落——锦江木屋村

2.10.1 村落概况及现状分析

锦江木屋村隶属于吉林省白山市抚松县漫江镇，以《中国综合农业区划》来分应划归东北区，是具有浓厚的东北传统居住文化特色的山区木屋村落（图 2-134）。古村坐落在满族祖先的龙兴之地——长白山主峰西坡山脚下的森林腹地，村里的原居住民依山谷而建设了此座富有独特魅力的木屋村落（图 2-135）。锦江木屋村全村家家户户联木为栅，以原木搭建房屋，屋高数尺而无瓦，屋顶覆以木板或以桦皮或以草绸缪之[116]，墙垣篱壁率皆以木，门皆东向[117]。锦江木屋村又名孤顶子村，

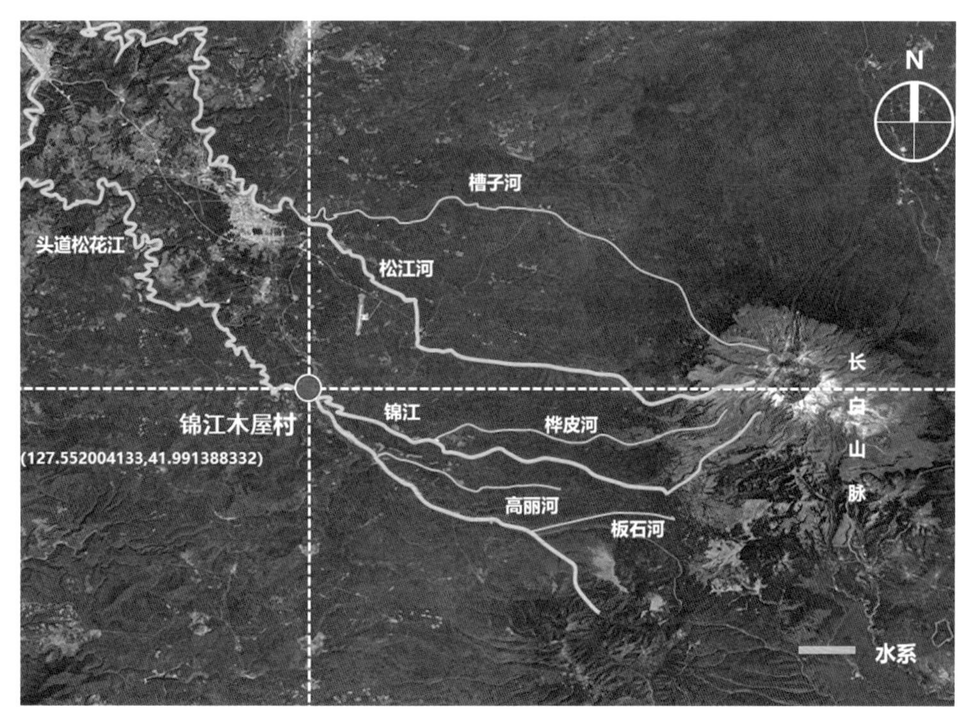

图 2-134 锦江木屋村区位图

图 2-135　锦江木屋村地形地貌示意图

始建于康熙年间，由康熙皇帝祭拜长白山进山探路驻扎的兵丁繁衍生息至今，已有300余年历史[118]，是我国评选出来的国家第二批传统村落之一。

锦江木屋村是长白山地区仅存的一处传承性的满族木屋群，也是迄今为止发现的保护最好的木屋群落，被称为“长白山最后的木屋村落”“长白山木文化的活化石”（图 2-136）[119]。浩瀚的茫茫林海，滔滔的松花江之源，木屋村先民摸索总结出的这套应对特有寒地气候独特而巧妙的木刻楞营建法则和生态智慧，让这古村历经百年风霜而不朽。

锦江木屋村是长白山地区极具寒地气候及水旱环境适应性的木屋村落，是吉林省内唯一一个以木头为主要材质进行一切与生产生活相关建设的村落，被称为“中国最后的木屋村落”[120]。木屋村先民利用当地材料特性，总结出一套“挡风御寒，易于维护”的木刻楞营建技艺。锦江木屋村全村无一砖一瓦，均由木材建成，是以木为屋的主体——木墙、木瓦、木烟囱为它的重要构制。村中的房屋一律是原木（整棵大树）所堆砌起来的住所，极其坚固，俗称“木刻楞”（刻楞是指将一棵棵大树去掉树梢和根，留下中间的一般粗树身，然后木帮以快斧子削平树的两头，再把大木

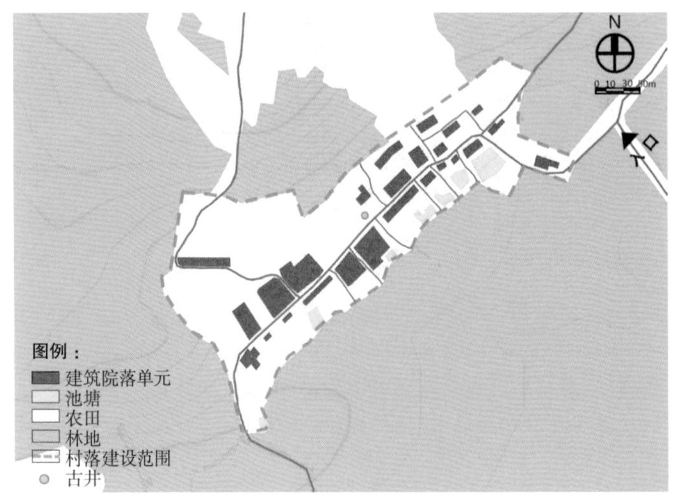

图 2-136　锦江木屋村平面布局图

交叉着一棵棵摞起来，使平面处“咬”合在一起。刻，就是“咬”，指交叠在一起，使之稳固，然后堆积起来。楞，指原木，生木；是原始大树之意），又称“霸王圈”，属于井干式房屋。木屋就地取材，以相同粗细、长短的树干，横梁竖柱，卯榫相扣，结合到一起，外面敷以黄泥，挡风御寒，易于维护。

全村从房屋建设，到居民生产生活用具，完全就地取材，使用当地原始森林木材，按照满族制式来建造，如此村落形式也正是急需进行传统生态智慧“抢救式”挖掘的重要对象（图 2-137）。

2.10.2 孕灾成因分析

锦江木屋村地处寒地长白山脉，面临着洪涝、干旱、降雪等更加多元且频发的典型寒地灾害。锦江木屋村地处东北区吉林省长白山山脉西南麓，头道松花江上游，海拔 720m 左右，地理位置在北纬 41°59′，东经 127°32′41″[121]，属于温带半湿润大陆性季风气候，年降雨量约为 800mm，较为充沛。但雨量集中在七八月份，其降水量约占全年的 71%，而五六月份蒸发量极大，由于雨量时空不均，面临着洪涝、干旱、降雪等更加多元且频发的典型寒地灾害[122]。

东北区冬季寒冷而漫长，一般长达半年以上，1 月平均最低气温在 -20℃以下，极端最低温度达到 -52.3℃，北临北半球冬季的寒极——东西伯利亚，冬季强大的冷空气南下，盛行寒冷干燥的西北风，使之成为同纬度各地中最寒冷的地区，与同纬度的其他地区相比温度一般低 15℃左右。同时夏季受低纬海洋湿热气流影响，气温则高于同纬度各地[123]。东北区年温差大大高于同纬度各地，并且因为地处长白山山脉，气候差异变化极快，十里不同天。对此，锦江木屋村通过微地形的选址以及空间布局，借用地形和自然坡度变化防风排涝，保证冬夏两季舒适的气候环境。

图 2-137 锦江木屋村风貌照片

2.10.3 “藏风得水，因地制宜”：基于高山寒区气候的微气候选址

锦江木屋村选址位于背山面水、南低北高的向阳山底处。既应对了高山寒区气候严峻及降水不均的问题，也改善了冬夏两季的微气候环境，塑造了宜居环境。

首先，锦江木屋村选址于头道松花江流经的长白山西南麓。距头道松花江500m 左右，取水便利，又不易被山洪侵袭。

其次，通过选址于南低北高、林木环绕的向阳坡地应对冬寒夏热的气候问题。一方面在面对气温较低、降雪量较大的冬季，因为村落位于向阳坡地首先能够更好地增加采光面积，塑造相对于阴坡更加温暖的气候环境，温度与背阴坡地相比要高10℃左右 [124]；其次可以利用阻挡冬季季风以减少冬季的霜冻效应，利于保温。另一方面在降水集中且燥热的夏季，通过坡度和天然森林植被实现对雨水的分流，达到保水固土的作用，同时背山面水的地形优势，充分借助夏季季风增加通风量，不易形成不流动的覆盖气层，塑造干净凉爽的微气候环境。

再次，锦江木屋村村落选址于山底处，避免选择山顶、山脚、隘口、盆地这些地形建造房屋，营造舒适的微气候环境。受地形影响，风在山脚、山腰、山顶三种地方作用是不同的。在山脚处，虽然附近的山体植被能起到一定的挡风作用，但容易产生霜冻效应而且不利于防洪。这里霜冻效应是指冬季晴朗无风的夜晚，冷空气沉降并停留在凹地底部、使地表面空气温度比其他地方低得多。而在山顶处，周围没有遮挡，风速较大，不利于保温。隘口处气流较为集中，易形成风口，不适合住宅选址。同时静风和微风频率较大的山谷深盆地、河谷低洼等地方风速过小，易形成不流动的覆盖气层，导致被污染的空气不易排出，甚至招致疾病。背风向阳的山腰位置受冬季主导风的影响较小，夏季主导风常常吹来，以及近距离内常年主导风向上无大气污染源，是山地村落的理想选址（图 2-138）[124]。

2.10.4 “依山就势，趋阳避寒”：适应严寒气候的排蓄体系

锦江木屋村村落通过因地制宜的内部空间排布、整体松散的院落组织来最大限度地组织排水，增加建筑在冬季的日照时长，提升冬季居住舒适性，形成了依托寒地气候布局的治水模式。

首先，通过调整村落周围的山林及作物配置，避风纳阳。锦江木屋村地处长白山西南坡森林深处，严寒地区的气候条件决定了风和日照是影响村落整个空间肌理的最重要的气候因素。锦江木屋村冬季的主导风向是西北风，为降低冬季室内损耗、抵御寒流，因此形成了依托寒地气候布局的治水模式。一方面利用聚落西北向的山林植被保水固土，减少水土流失造成泥石流等灾害的发生；同时形成防风林带减弱冬季西北风的风速，抵御冬季寒流，为聚落自身形成弱风的微环境。另一方面砍伐

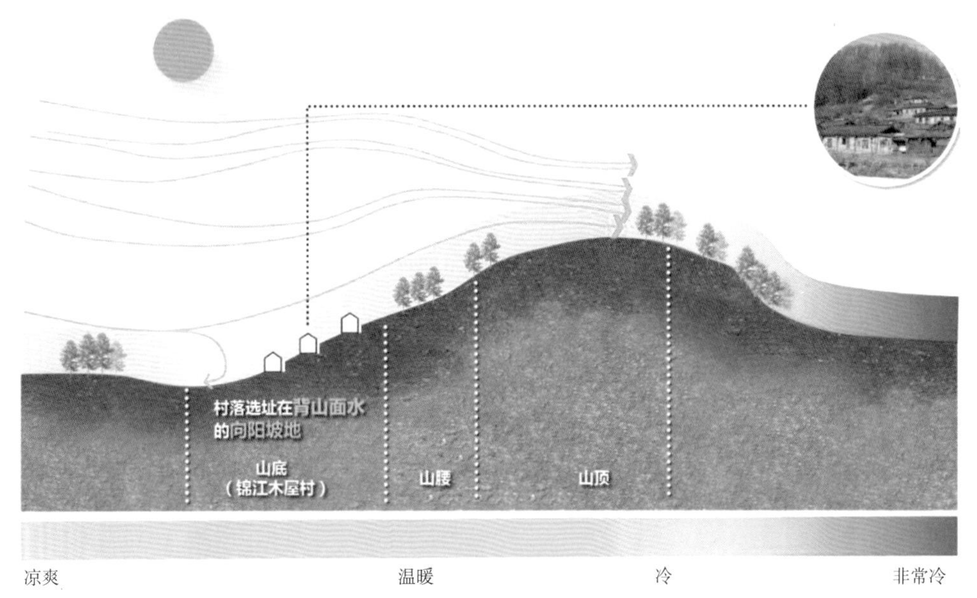

图 2-138　锦江木屋村“背山面水”选址模式示意图

东南向山林，并配合种植当地作物[125]。保证村落获得足够的日照的同时，通过农作区存蓄雨水，实现对水资源的集约利用。既优化了木屋村的聚落生存环境，又满足了自身生产需要。这是一种无“设计”的劳动行为，从某种意义上讲也是一种有意识适应自然的创造活动。

其次，通过依托适应寒地气候的空间布局的排蓄体系，应对严寒的气候及水旱两灾。古村沿山体的走势延展，成线性分布在阳坡的不同位置，排布的列数不多，街巷肌理呈东北—西南方向，保障建筑均垂直于冬季的主导风向。为保证获得充足的光照。通过街巷的横向布局，依路而建，建筑坐北朝南，建筑之间区别于南方，留出充足的院落空间，整个村落形成疏松的东北—西南的总体布局。村落地表径流一部分通过东西向的主要道路排出，一部分利用山地的自然坡度变化排入以院落农作区为单位的调蓄单元[126]。形成了“山上导水，依巷就势，村内院落蓄水”的生态智慧（图 2-139、图 2-140）。

2.10.5 “就地取材、因材致用”：森林文化引导下的木刻楞营建智慧

首先，通过“木瓦”“木烟囱”“木骨泥墙”等因地制宜的房屋建造智慧使木制房屋能够充分适应东北区寒冷的气候环境，历经 300 余年而未损。

“木瓦”是木屋村特有的利用当地木材应对降水、防雨防雪的屋顶建筑构件。锦江木屋村的房屋上的瓦，区别自古以来都是以泥、土烧制的方法，是以木头制作而成，人称“木瓦”。木瓦一般使用森林中的黄花落叶松、红松、白松、樟子松等林木制作[127]。这些种类的松树具备树脂丰富、抗腐蚀、经久不朽；木质顺长、纹路清晰，不长栉（zhì）

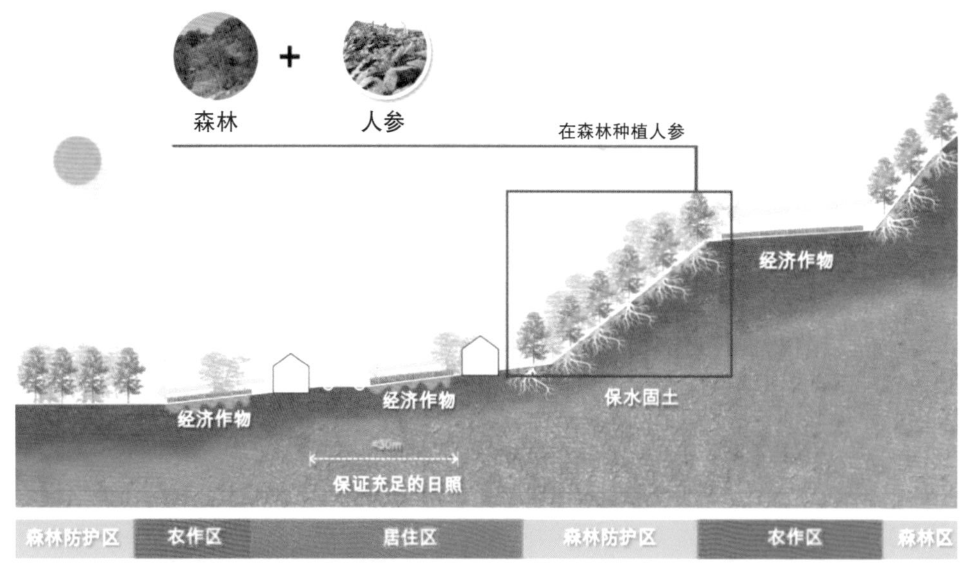

图 2-139　锦江木屋村治水空间布局剖面示意图

图 2-140　锦江木屋村治水空间布局透视示意图

子（树的栉子时间长了，便自动出眼，漏雨水）顺纵路（树的纹理走向直，好劈打）的特点。木瓦一般采用木斧劈制，利用木材本身的自然沟槽纹路，导雨隔雪，防水隔寒（图 2-141）。

“木烟囱”是木屋村先民利用山林冬季气候寒冷、降雪频繁，夏季潮气大的气候特征；观察被雷击到的枯木不易烧着等自然现象；受长白山密林中建造材料的限制，创造性地采用“木”来制作烟囱，走火通烟。木烟囱一般选用自然空心的椴木，用火燎尽树心朽木，再灌涂泥巴，立于山墙外侧，利用烟道与火炕相连。由于其房顶是用木瓦、桦树皮、茅草覆盖，甚至连墙壁也多用树干加工后排列组成，如果把烟囱直接设置在墙壁或房顶上会有发生火灾的危险，所以，远离房屋设置烟囱，有利于防止火灾的发生[128]。另外，烟囱不安在房顶，还可以减小烟囱对房顶的压力，避免在房顶上修烟囱时造成烟囱底部漏水、渗水，春天雪化的时候水就从烟囱底下流入房里，容易腐蚀房屋结构[129]。因此烟囱安在山墙边，再通过一道矮墙围成的烟道连通室内，就可以避免上述种种麻烦。早期做这种烟囱的材料，既不是砖石也不是土坯，而是利用森林中被虫蛀空的树干，截成适当长度直接埋在房侧，为防止裂缝漏烟和风雨侵蚀，用藤条上下捆缚，外面再抹以泥巴，成为就地取材、物尽其用的杰作（图 2-142）[124]。

《满洲源流考》记载："因木之中空者，刳时直达，截成孤柱，树檐外，引炕烟出之。上覆荆筐，而虚其旁窍以出烟，而雨雪不能入，比室皆然。"

木屋村先民采用"木骨泥墙"的复合墙体来应对东北区冬季湿寒、昼夜温差极大的气候特征。首先选用当地山上较好的红松木、黄花落叶松作为建造原料，原木之间以榫卯连接所形成的墙体骨架十分坚固，耐腐蚀、抗震性能极佳（图 2-143）。然后，在黄泥内加入一定量的经过浸泡后的秸秆，使得秸秆、黄泥与水三者进行十分充分的混合，在内外墙体分三次涂抹填实，使墙体的厚度达到近 20cm 厚。这样的墙体具备较强的张力，坚实耐用，热工性能极佳，冬暖夏凉。同时可通过增加的墙体空隙吸湿防潮，防止残留水分结冰胀裂墙体，减少冻融循环对墙体的破坏[130]。

为了防止木屋潮湿腐烂，村民利用炊食余热为能量来源，巧妙地通过灶台、火墙、火炕、木骨泥墙形成了主被动结合的热循环系统，延长了木屋的使用寿命（图 2-144）。

2.10.6 生态治水智慧总结

在东北区极端寒冷气候环境影响下，锦江木屋村作为木质村落能保存至今且依旧具有生命力，得益于其极富智慧的传统聚落自身空间的运营，实现对东北区极端

图 2-141　锦江木屋村建筑木瓦照片

图 2-142　锦江木屋村木烟囱及其截面照片

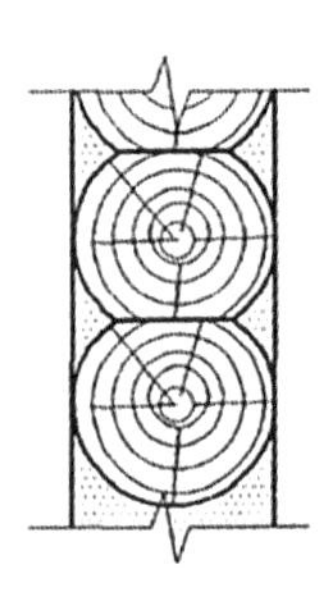

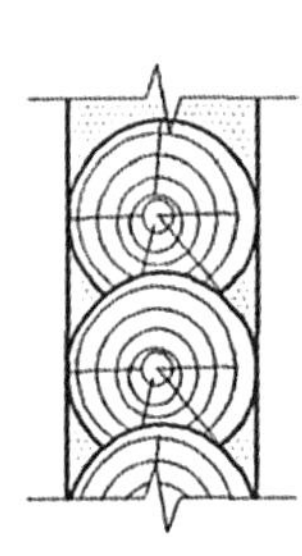

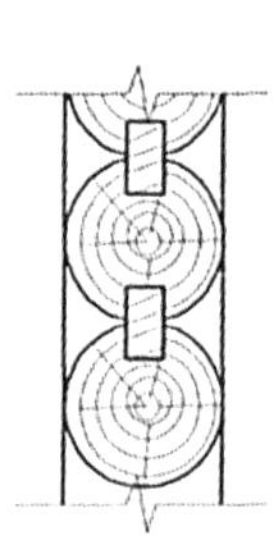

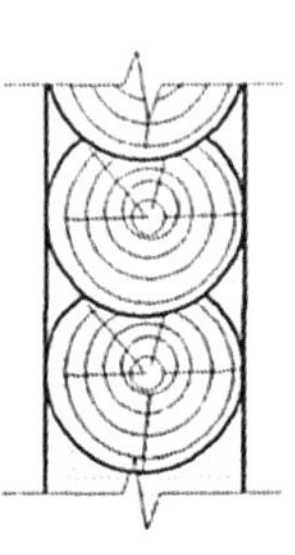

图 2-143　锦江木屋村木骨泥墙榫卯连接方式示意图
（图片来源：https：//image.baidu.com/）

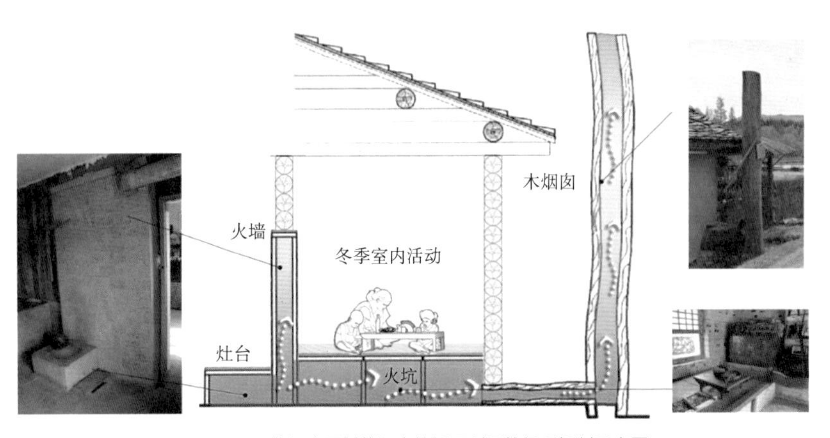

图 2-144　锦江木屋村能源高效循环利用的保暖机制示意图

寒冷气候环境，其中包括对降雪、山洪与干旱以及气候差异变化极快的有效应对与积极响应。

（1）生态治水智慧对人的利

遵循节气的“修房节”维护机制——为保持房屋防雨构件及排水系统正常发挥作用，山民们在长久的木屋生活岁月中摸索和总结出来的一种遵循节气、有序开展维护活动的“村落”节日——修房节。清明节后，长白山雨季来临之前，村民使用泥土修补风化和被雨水侵蚀的墙面，更换发烂或开裂的木瓦来保护木屋。由于没有充足的人力，村里各家各户有经验的工匠总是带着年轻人一起自发地到各家进行维护修缮工作。这种村民自觉管理，主动建设维护，合作互利的行为模式，衍生出一种木屋村独有的治水文化和乡梓情愫，实现了整个村子长久地生存和延续。

合作互惠、自发善治的“乡梓情愫”——木屋村在漫长与森林斗争的过程中，产生了立足于生存诉求，生产劳作需要，与林为伴的森林地域文化的生态智慧。由于没有足够的人力，一切营造、维护与管理都要靠大家共同的行为参与。由此产生了“口传心授”的生态智慧传承机制，深植于“木帮文化”和村落空间共同构筑的乡梓情愫。对于木屋村而言，切身的利害关系又驱使人类自觉成为系统的传承者和维护者。因此这种根植于文化基因的乡梓情愫是木屋村治水智慧形成的内在动因（图 2-145）。

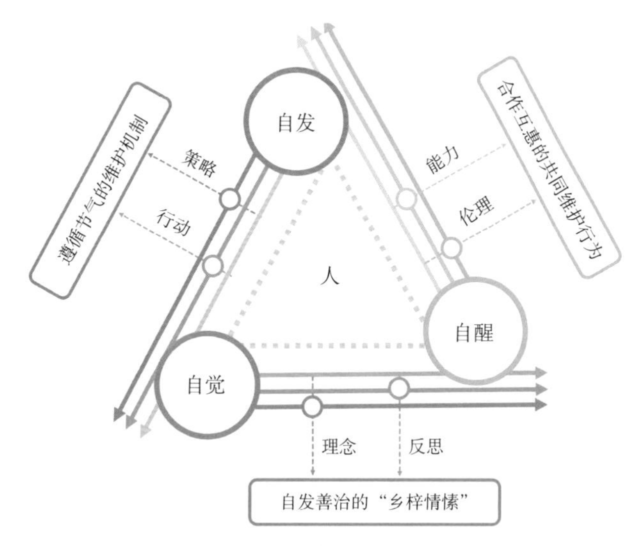

图 2-145　锦江木屋村社会维度的灾害抑制机制关系图

村落中心位置的古井，更具有向心性，作为村民日常生活交往、活动的空间，体现出传统村落的生活气息和生活方式，是村民心中最具有情感的场所，方便公共活动的展开，用以举行节日庆典及民俗演艺活动，这种非物质文化无形中成为村民心中的关系纽带。促使村民心中产生一种浓厚的情结，从而保障族群的延续。

（2）借势 - 化害 - 趋势的治水之道

木屋村在查山勘地、理水观风、安营立寨和择木造屋的人居活动与建设中，尤其注重严寒气候的趋利避害，形成了趋阳避寒、依山就势的聚落空间。最大限度地尊重其所处环境的气候、自然、地理条件，遵循自然规律，把握和发挥当地的资源环境特点和优势，借助地形地势、空间布局来引导、调节气候的变化，营造舒适的局部微气候，增强村落对环境的适应力（图 2-146）。

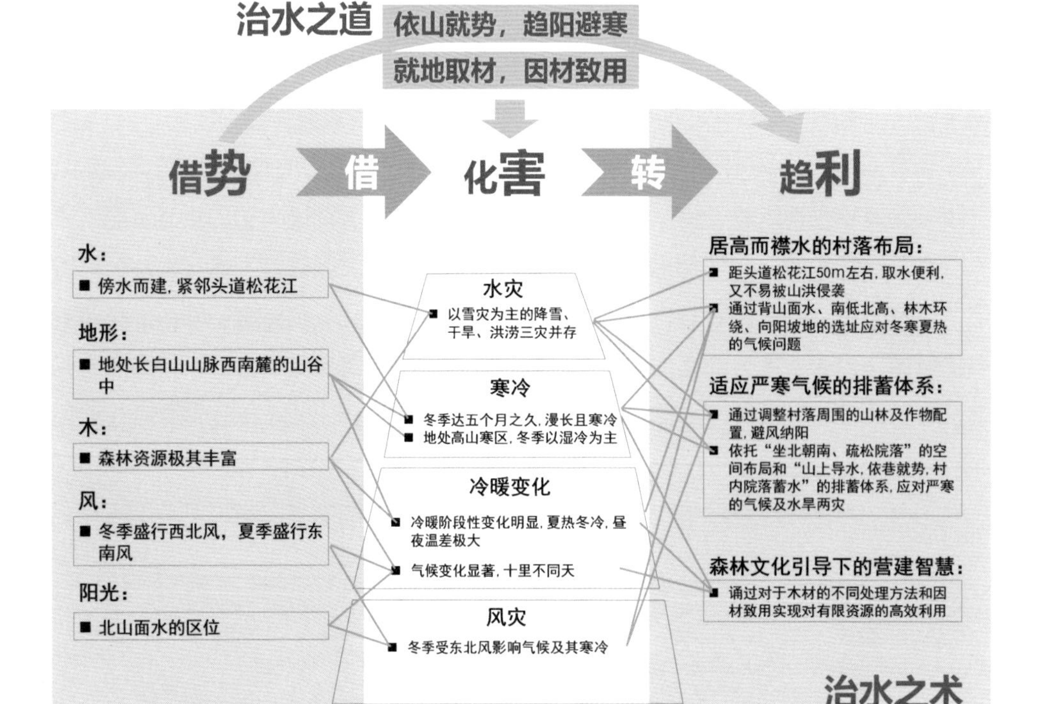

图 2-146 锦江木屋村“借势－化害－趋利”治水之道框架图

2.11 东北区平原型水师村落——三家子村

2.11.1 村落概况及现状分析

三家子村位于黑龙江省西部、齐齐哈尔市东北部，行政区划上归齐齐哈尔市富裕县管辖。根据《中国综合农业区划》中的描述，三家子村落隶属于东北区，地处松嫩平原（图 2-147）。境内有嫩江和引嫩两条河流经过，村北距嫩江 1km，是东北平原地区典型的临江型村落。三家子村因悠久的满族文化，尤其是因对满语的传承保存而被称为“满语的活化石”[131]之地。三家子村是目前满语保存最好的地区，是我国唯一保留着完整满语口语至今的村落，这也使三家子村毫无争议地被评入我国第一批传统村落名单之中。

三家子村始建于清朝康熙年间，距今已有 300 多年的历史，村民原为清代，这些水师士兵原先驻扎在目前吉林省的长白山一带，后来为了有效地抗击沙俄而迁址至位于现今黑龙江省的松嫩平原，最终携家眷定居于三家子村。三家子村的先民们在抵御外敌的同时，移民屯垦，后又经历三次的村庄迁移，最终把村落建设在现在的区域（图 2-148）[132]。

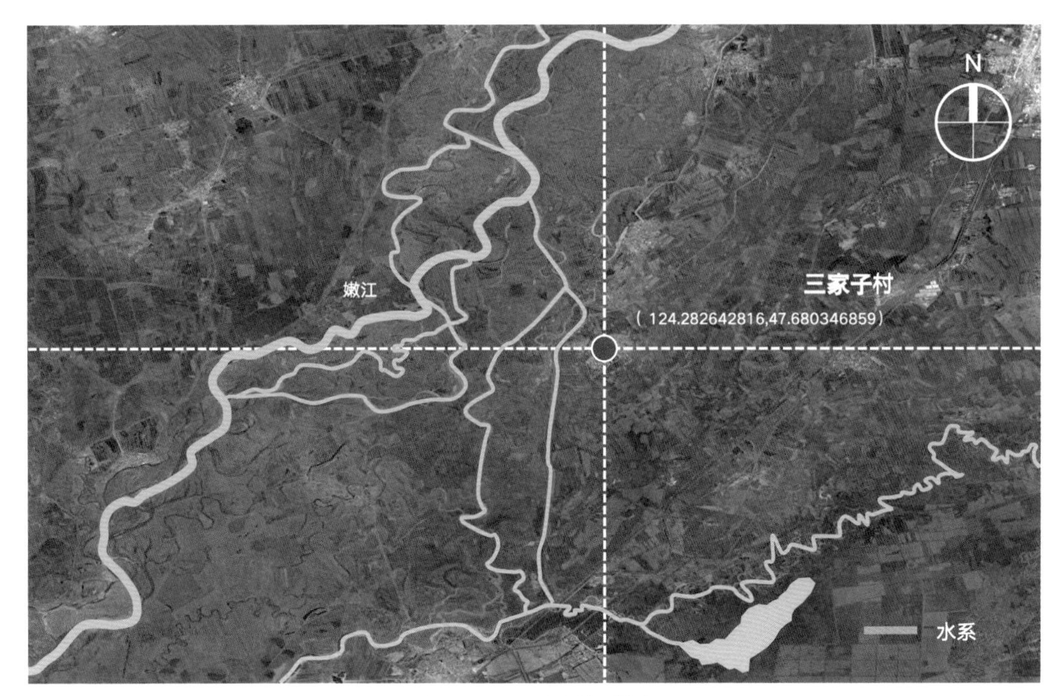

图 2-147　三家子村区位图

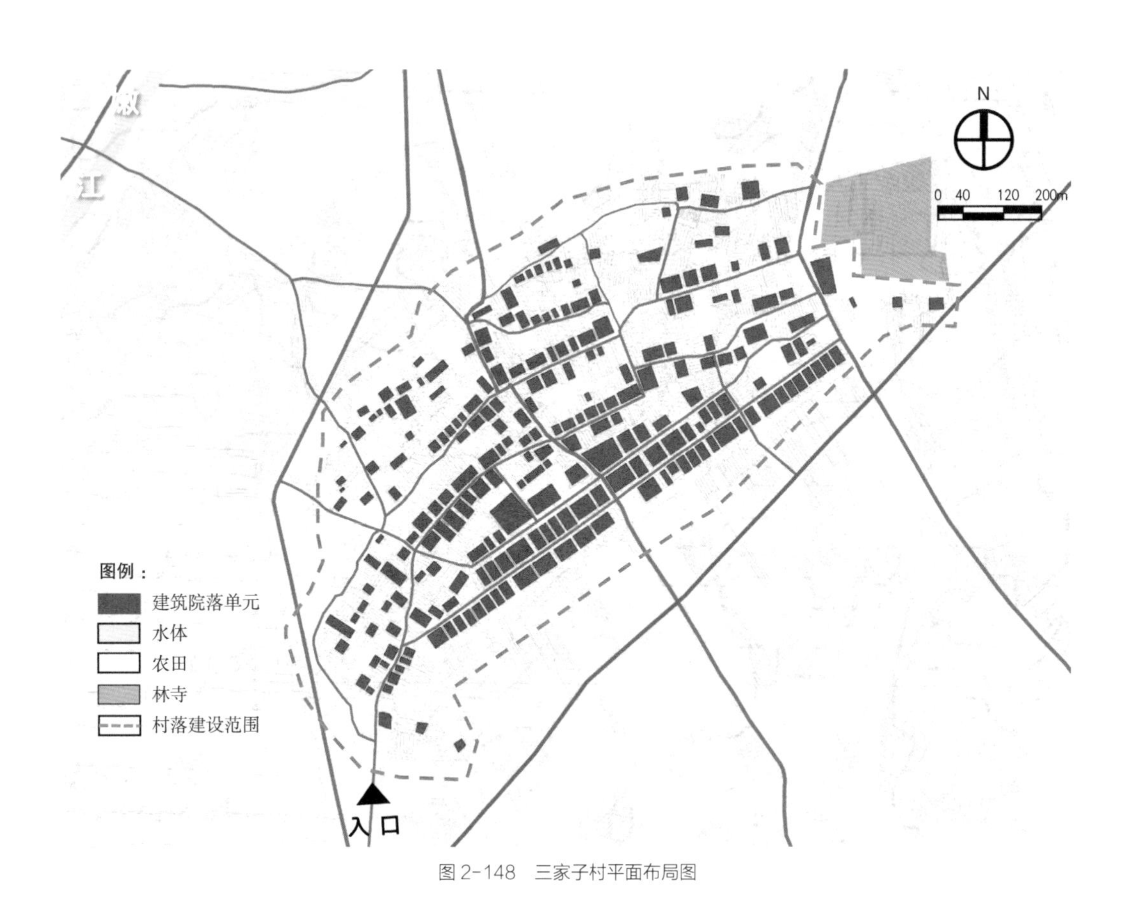

图 2-148　三家子村平面布局图

据原富裕县副县长赵金纯所述：三家子村形成雏形，当时水师营兵不准带家眷，家眷的居住地又不得超过营兵驻地100里，所以在南北沟落户，因发水又迁到距南北沟六七十里的三家子[133]。最早落户的是傅家，后来搬来了孟、季、关三家，后来陶家因犯罪而发遣至此，逐步形成了现今的三家子村。

三家子村全境处于松辽平原的过渡地带，与嫩江毗邻。三家子村属寒温带大陆性季风气候，特点为春季干旱，夏季高温多雨，降水时空不均。作为临江型东北传统村落的典型代表，三家子村凭借其自身的灵活性和可变通性，在面对嫩江水系复杂多变的恶劣条件下，探索出一套适应自然变化的生态治水智慧，成了相似地域的典型代表。三家子村的村民通过一系列的生态智慧形成了一定的适灾韧性理念，继而对灾害的脆弱性进行了一定的减缓，从而能够在众多类型灾害中幸免于难，可见其村落的独特性（图2-149）。

三家子村自1685年起，历经了300余年的变迁和发展，古村一直饱受嫩江水系的洪涝灾害以及干旱灾害困扰，在面对嫩江水系复杂多变的恶劣条件下，三家子村利用对治水空间弹性调蓄克服了干旱与洪涝的双重威胁。原有村落位置与汹涌的嫩江水位线相对应的也仅有5m的水位高差，因此村内常年受到水患的侵袭。据《富裕县水利志》记载，在1794—1911年百余年时间里，发生有史记载的大型洪涝灾害5次[134]。据《富裕县志》记载，自1985年以来发生过17次涝灾，主要集中在7月份；1799年以来发生过13次严重旱灾，此外发生过4起严重的风雪雹灾[135]。在长期面对嫩江水系复杂多变恶劣条件的过程中，通过三次迁移，形成以洪水淹没线为村落的最大建设边界，洪水淹没区内利用农田、护坡及沟渠形成弹性调蓄治水空间，规避了嫩江水域泛滥、季节性干旱的双重威胁（图2-150、表2-9）。

图2-149　三家子村风貌照片

图2-150　富裕县博物馆讲解员讲述富裕县历史沿革及灾害情况

2.11.2 孕灾成因分析

三家子村是历史悠久的农耕村落，结合传统农耕生活的视角及地域视角来分析，其主要灾害主要分两部分：一是旱涝两极化的水灾；另外一个冬季寒冷造成的冻灾。下面就两个主要灾害进行成因分析。

（1）水灾——东北独特的气候类型及嫩江流域洪灾泛滥

该地区属寒温带大陆性季风气候，特点为夏季高温多雨，春季干旱，降水时空不均。原有村落位置与汹涌的嫩江水位线相对应的也仅有 5m 的水位高差，因此村内常年受到水患的侵袭。嫩江流域水系发达，支流众多，且土壤普遍存在草甸过程和土壤过湿的现象易造成洪涝灾害，易发生涝灾。该流域受太平洋季风气候的影响，每年雨量集中在 6 ~ 9 月份的汛期。冬季寒冷且漫长，达半年之久，降雪量并不算多，土壤的冻结深度为 1.5 ~ 2.5m，且解冻缓慢。故本区土壤普遍存在草甸过程和土壤过湿的现象[136]。流域内土壤分类见表 2-10。

1932—1985 年富裕县重大洪涝灾害统计表　　表 2-9

年份	受灾区域	受灾情况
1932 年	齐克铁路沿线、齐齐哈尔市以及嫩江以东 48 个自然屯	死亡 2314 人，齐齐哈尔至克山铁路沿线铁路、道路被淹。牲畜伤亡不计其数
1953 年	嫩江以东及乌裕尔河沿线周边村屯，吉斯堡、周三村、理建村民堤溃堤	东塔哈屯西二号抢险工段 20m 脱坡，黑龙江省共投防汛经费 40 万元
1957 年	富裕县受内涝面积 46.7 万亩，绝产面积 34.9 万亩。塔哈、新兴、富海、团结等乡受灾较重	忠厚乡耕地 2.47 万亩和荣生社三个自然屯被淹没，受淹房屋 163 间，泡倒 40 间
1963 年	嫩江地区 12 个县受灾，林甸、富裕成灾面积占播种面积 50% 以上。兴龙、万宝、长兴、龙水泉、富路、大岗子被淹	忠厚公社客水淹地 7500 亩，内涝 1500 亩；长安、忠厚被水泡房屋 120 间；日升大队六队屯子进水，水泡房子 50 多间
1969 年	嫩江以东区域：富宁屯、讷河县新江林场及白露屯	东明大队 70% 以上房屋受损
1985 年	富裕县受灾面积 56 万亩，绝产 26 万亩	繁荣的 19 个村、25 个自然屯全部被淹。灾后政府拨款 48.82 万元

表格来源：作者根据《富裕县水利志》整理。

嫩江流域土系特征表　　表 2-10

序号	土壤类型	土质特点
1	山地森林土	多分布在山地、丘陵或山岗上，其上生长阔叶林或针阔叶林，为酸性或微酸性土壤
2	碳酸盐草甸黑钙土	多分布在平原的岗地或高程稍高处。由于受到土壤季节性冻层影响，发育有草甸过程
3	黑土	分布范围占平原面积的 14.6%。地形切割形成漫岗
4	草甸白浆土及草甸土	分布在棕色森林土向草甸土或沼泽土过渡的地形部位，微酸性。草甸土分布占平原面积的 26.6%，受地下水影响而发育
5	盐渍土	大部分分布在松嫩平原，其形成过程直接与水质有关
6	沼泽土	分布在松嫩平原局部低洼地。地下水接近地面或地面经常被水淹没
7	砂土	分布在松嫩平原西部，常形成沙丘

表格来源：作者根据《嫩江流域水文化》整理。

（2）冻灾——东北区冬季受西北风影响

东北区冬季寒冷且漫长，面临气温低、降雪大的极端气候，极易形成冻灾和雪灾。

2.11.3 “因地制宜，田人合一”：基于孕灾环境的空间选址及分区原则

（1）借用地势，近水而居高的合理选址

三家子村经历三次迁徙，选址在所在区域内的地势最高点，并以此向周围发展，确定洪涝淹没区以外的村落建设区的最大范围。生态智慧在长久的循环实践中得到修正，又在空间中得到了表达[26]。村落通过对于自然选址的试错过程从而选定了“水村和谐”的村落发展坐标。依江建村会给村民带来天然的优质资源，但季节性的雨旱环境会给沿江多个地带带来洪水的威胁，因此良好的选址成为村落得以生生不息的基础。

三家子村地处松嫩平原，饱受嫩江水系的洪涝灾害以及干旱灾害困扰。由于洪涝灾害频发，三家子村由原来的大泡子迁移至现在的地址，此后子孙繁衍，遂成聚落。三家子村先民抱着敬畏自然的态度，开始调整人与自然、与嫩江的关系的问题。三家子村先民最初依江水定居，以渔猎为生，为规避水患，历经三次迁徙，最终定居在如今地址，突出了村落选址的底线思维。这种试错式的发展是建立在无数次建设被冲毁的前提下，最终寻找到的范围。同时这种方式也符合“存在即合理”的哲学观念（图 2-151）。

据三家子村孟宪孝介绍：计、陶、孟三位先祖最初依江水定居，以渔猎为生，为规避水患，历经三次迁徙，最终定居在如今地址。通过由高向低的逐级发展来确定村落建设范围，实现生产发展与生活安全的平衡（图 2-152）。

（2）多级护堤作为生产生活分区的边界体系的构建

三家子村依托地势构建以多级沟渠护坡为核心的多级洪涝调蓄系统。在嫩江至村落的范围内设置三级沟渠体系，即“护江堤—灌溉沟渠—护村堤”[137]，分别进行“源头预防，过程谨防、末端严防”的全过程防治。

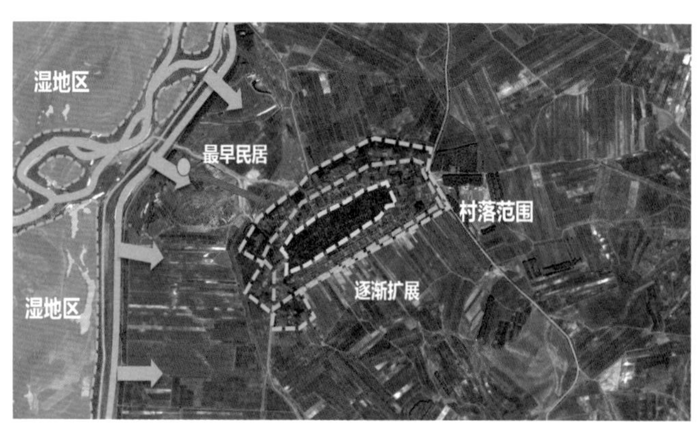

图 2-151　三家子村选址发展历程示意图

图 2-152　孟宪孝老先生讲述村落发展历程照片

首先，通过由高向低的逐级发展来确定村落不同功能的边界范围，实现生产发展与生活安全的平衡。三家子村的发展呈现逐级生长的态势，由村落中心的“制高点”向下发展，也就是由中心的制高点向下发展，以淹没区为限定边界确定建设区最大范围，建设区边界到河道为农耕区范围。即可在江水泛滥之期，避免村民生活区遭受洪水的侵袭；又能在干旱少雨之际，满足以水稻种植为主的农业生产需求。为规避水患和旱灾，村落结合农业生产区进行洪涝缓冲区的设置，利用村落外围的护村堤和大量稻田共同构成了巨大的天然蓄水灌溉设施，在利用河水进行灌溉的同时，保障村落的生活空间处于洪涝淹没区之外。以多级护堤作为生活区、生产区、自然区的边界。

（3）村落外围形成院落式农田进一步保护建成区的水文安全

三家子村内部建设区内，都有相应的院落式农田存在，在雨季洪涝灾害严重、原有的宏观多级防护体系受到冲击、水害威胁到村内生产生活之时，院落式农田则会起到最后的防护作用，“蓄、导”结合，使水灾不易侵袭至村落中心区域（图 2-153）。

2.11.4 “因时达变，灵活变通”：灾害脆弱性的抑制机制解析及空间响应能力的构建

（1）主动参与洪涝调蓄机制，实现对不同空间的洪涝灾害的弹性应对

通过利用修坝筑渠主动式弹性应对季节性降水不均对村落生产生活空间影响。三家子村通过四周的护江坡、沟渠及水闸调解生产生活区域之间水量。村落内部多余的水量通过沟渠排入四周的田间地表，以用于农业灌溉；外部则通过两座水闸的控制保证生产区输水渠道的水位平衡，进而保证村落的灌溉生产用水[137]。

引沟开圳，解决村落内部的给水排水问题，以人工沟渠的形式弥补地形的不足。三家子村地势较平，暴雨过后村内会有大量的积水，通过沟渠迅速将聚落内部的雨水排至四周的生产区域，因此三家子村很少有洪涝之灾。满族先民在长期的渔猎游牧的生产生活方式影响下其粗犷、豪放大气的民族性格造就了对自然灾害的

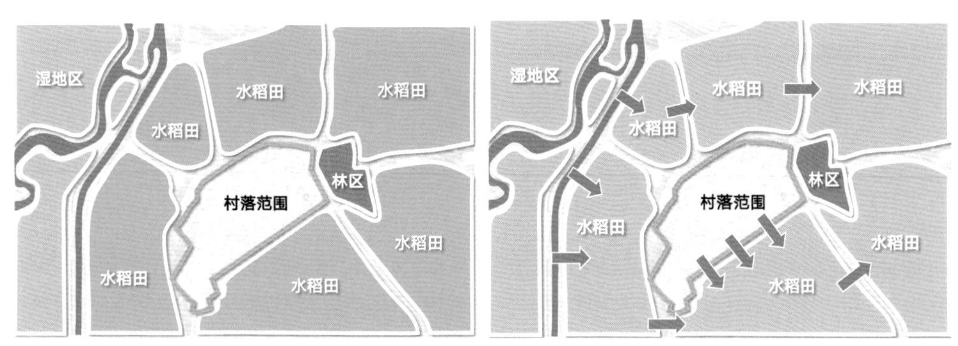

图 2-153　三家子村应对水患生态治水智慧示意图

引沟开圳、修坝筑渠的应对方式。与南方水圳不同，三家子村仅仅通过村落外围的护村堤与大片农田即可有效应对不同季节的洪旱灾害。作为典型的紧邻嫩江的东北平原型村落，三家子村主要需要应对的是夏季洪涝灾害，在没有池塘等蓄水单元的条件下，利用村落外围的护村堤和大量稻田共同构成了巨大的天然蓄水设施，在应对雨季水位暴涨的嫩江起到了极为关键的拦蓄作用，使水灾不易侵袭至村落中心（图 2-154）。

（2）通过鱼骨状分级化灌溉系统及两座水闸保证水位平衡

根据嫩江水系的季节性水位变换，通过鱼骨状分级化灌溉系统及两座水闸措施控制保证生产区输水渠道的水位平衡，进而保证村落的灌溉生产用水。与其他村落不同，三家子村注重通过输水渠道及水闸措施将嫩江水主动引导至农作空间，以应对不同季节的洪旱灾害。最能体现其生态智慧的就是两座水闸。水闸主要位于嫩江支流的村头节点处，向内引进次级支系又设一道水闸。两座水闸可以根据季节的变换，同时配合开启或关闭不同的水闸，以保证输水渠道的水位平衡，进而保证村落的日常生产用水。当雨季来临时，利用水闸的关闭，支流水系将继续前行且不会进入村落，有效避免了大量洪水通过输水渠道涌入。在面临暴雨时，三级的护村壁垒系统也能起到很好的拦蓄作用，使水灾不易侵袭至村落中心。其中广阔的水田区域既是生产空间，又承担了类似调蓄池的作用。而当旱季来临之时，控制水闸开关，水位就会被人为地抬升，抬升后的江水借助地势分流到村内及农田，如脉络状的田间输水渠道会将江水引入田间，以作农时之用。如此，就很好地解决了旱时耕作的灌溉问题[137]。村落建成区外围由院落式农田构成，进一步保护建成区的水文安全，使水

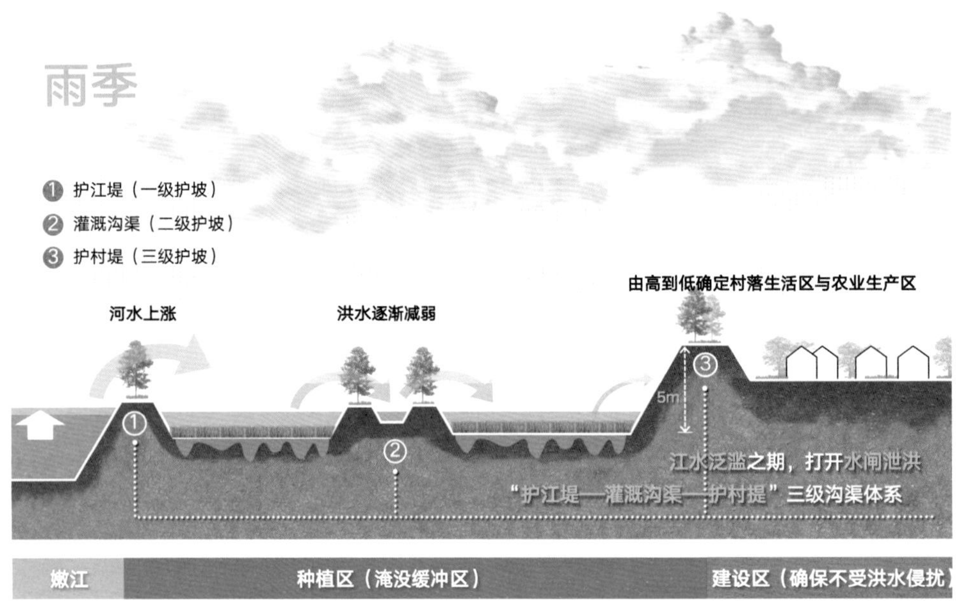

图 2-154　三家子村“多级沟渠护坡”雨季防洪体系剖面示意图

旱季

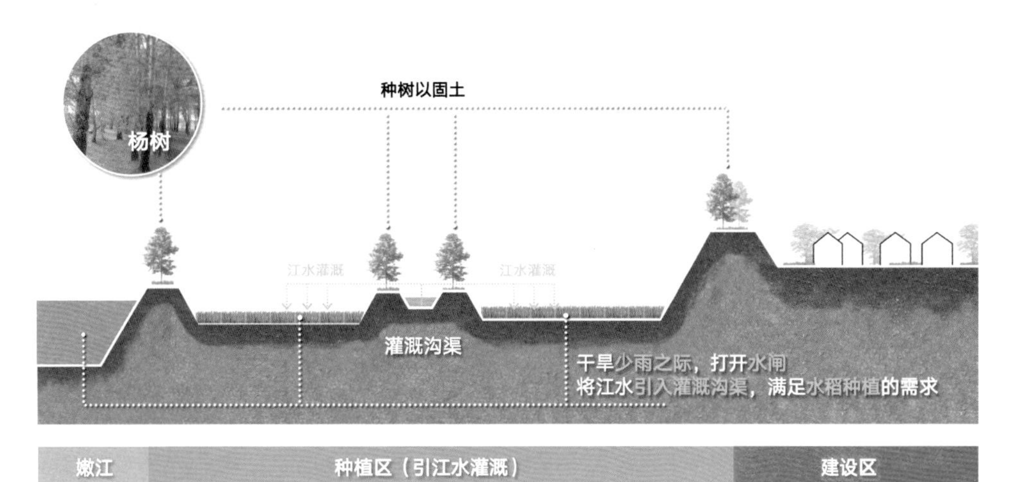

图 2-155　三家子村旱季沟渠灌溉剖面示意图

灾不易侵袭至村落中心。体现了村民针对不同降雨量而变通采取不同的策略来避免水旱灾害的生态治水智慧（图 2-155）。

2.11.5 “物尽其用，自然循环”：利用植物保证土筑壁垒的低维护性和坚固性

（1）固土防风的沟渠植物配置

由于江水泛滥之季村落总会受到洪水侵袭，防护系统在发挥作用的同时也会受到冲击损坏，因此在洪水消退之际村大队会组织村内年轻人对其进行检查维护以保证其正常运转，在维护的过程中村民发现仅靠黄土夯实的壁垒不能够很好地抵御洪水的冲击，杨树根系发达、体型高大，沿壁垒密植杨树既能固土，又能防风，真正保证土筑壁垒的低维护性和坚固性。

生产区种植水稻，既可以缓冲洪涝对村子内部造成的灾害又可以保水固土，实现“让自然做功”。稻田不仅承担着村民重要的生产空间的作用，而且在洪涝季节，承担着巨大的调蓄功能，进而实现了村落生产空间与治水空间的多功能重合，从而达到真正的物尽其用。

（2）遵从自然、物尽其用的生存策略

建筑墙体是以土块累砌而成的生土建筑。在当地一般称之为“垡（fá）子”，即带草根的土块。随着牧草的生长，一年年会留下发达的根系将土块紧紧固定，高强度的土块垒砌成的墙体很难坍塌，同时，冬季也起到了保暖效果（图 2-156、图 2-157）。

2.11.6　生态治水智慧总结

伴随三家子村在与自然博弈的历史进程，形成了独具水军行军方略的生态治水智慧，体现出的“灵活变通”的文化与精神。同时，适应性的传统村落防洪蓄水的运营智慧使得三家子村能够高度契合于当地的自然气候以及旱涝环境，沿用至今而具有足够的适应力与生命力。

（1）社会维度的治水智慧形成机制。

“水闸管理”为核心的水管理机制——三家子村的防洪工程视为整个村落最为重要的集体事件。故其对于水闸的管理上，村民之间也形成了固定的规章制度，以保障整个村落防洪抗旱机制的有效运行。

图 2-156　三家子村建筑墙体构造及其材料照片

图 2-157　三家子村民对建筑构造及其材料进行讲解照片

村有规，民有约的治水节水的共识性约定建立——村民们在生产生活过程中通过口头协议所达成的治水节水的共识性约定。三家子村水源充沛，地下水位较高，三四米即能出水，村落中约三五户共用一口井，井就成了村里最大的共有财产，村民在使用时就会达成口头协议，自觉维护井水的卫生状况以及节约公用水资源，因此村民在保障了自身用水利益的同时也承担了保障他人用水安全的责任和义务。

面对洪涝灾害时清朝水军治水文化的传播应用——嫩江流域的村落受到嫩江水系的影响，易发生洪涝灾害。但同时，三家子村受清朝水军治水文化的影响，在常年的治水经验中积累并总结了许多治水文化，从而形成一定的知识体系，为应对水灾害的产生起到了非常有效的作用，虽然灾害危害性较高，但是相反在人们生产生活的不断探索中，逐步提高了三家子村的适灾韧性（图 2-158）。

（2）借势 - 化害 - 趋利的治水之道

三家子村借用地势、水势，通过运用水师“边地守战”的选址智慧，实现对嫩江水旱环境的高度适应。清朝初期，沙俄不断入侵边境。1681 年（康熙二十年），

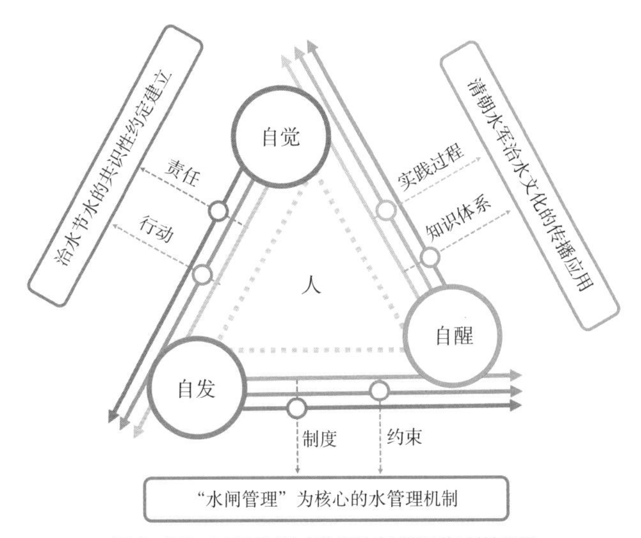

图 2-158　三家子村社会维度的灾害抑制机制关系图

清政府在平定了“三藩”之乱后，开始集中力量反击沙俄的侵略[138]，为抵御沙俄，清政府命宁古塔副都统率水路旗兵北上，随着清政府移民屯垦、开拓疆土的实边政策，旗军家属可以选择水土丰腴的地方自由居住。同时为了响应清朝统治者所创立八旗制度中的披甲活动，故其选址在嫩江水系之畔，依水而建，据水而防，平时从事猎、捕、练、耕，战时应征，戍守北国疆土；战时随旗调往内地，纵横万里，战讨疆场[132]。

三家子村从以渔猎为主体逐渐转换为以水作经济为主体以适应当地的自然条件和物候特征。三家子村的村民原为清代水师士兵，原驻吉林长白山一带，以渔猎为主要的生产方式。后来因抗击沙俄而迁址至黑龙江松嫩平原，最终携家眷定居于松嫩平原，在垦边实田政策与当地物候特征的影响下，以水稻种植为主，并且还种植了高粱、玉米和大豆等旱地作物。随着生活的稳定逐渐发展壮大，逐渐实现了以渔猎为主体向以水作经济为主体的转变（图 2-159）。

（3）生态治水智慧对自然的利

三家子村通过把一部分土壤变成适合种植水稻的水田，形成以生态对人类生存及生活质量有贡献的生态系统功能分区，并提供适应植物生长的自然环境条件。将原有满族渔猎为主体的经济形式逐渐转向以水作经济为主的转变。以水稻种植为主的农业经营，并且还种植了高粱、玉米和大豆等旱地作物，保水固土的同时，又起到了涵养嫩江水源的作用。通过利用土壤、植物合理配置分区，将生态系统与生态过程良好地进行循环利用，从而形成维持人类赖以生存的自然环境条件。

（4）生态治水智慧对人的利

形成“村有规，民有约”的社会组织管理机制，增强村民自制能力、凝聚力。

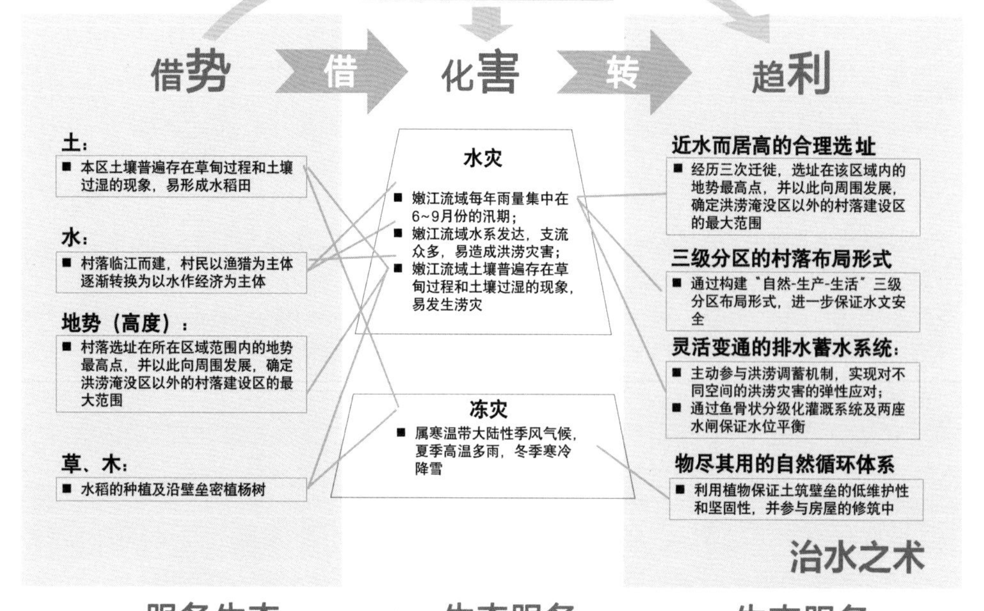

图 2-159　三家子家村“借势 - 化害 - 趋利”治水之道框架图

三家子村每一姓都有族长（满语称“穆坤搭”），权利极大，不但掌管族中祭祀、坟墓、修谱等事项，还负责对防洪设施的管理维护。三家子村的防洪工程视为整个村落最为重要的集体事件，故其在对于水闸的管理上，村民之间形成了固定的规章制度，以保障整个村落防洪抗旱机制的有效运行。通过形成村规民约这种集体性的行为约束，从而增强人的自制能力。

开展丰富多彩的满族文化节日，提升村子的知名度及文化自信。在每年的农历十月十三日，由富裕县满族语言文化研究学会、三家子村委会、三家子满语学校等联合举办“颁金节”活动。“颁金节”作为满族诞生日，是这个民族世代都不能忘记的标志。节日当天族人们身着满族旗装，自编自演满族节目、满族曲艺、满族故事等。通过开展满族文化节日，对传承民族文化，充分彰显国际满语活化石基地，提升村民的文化自信和自豪感起到了非常重要的作用。

形成以满族文化为特色的祭祖活动，提高村民的归属感和认同感。三家子村的祭祀活动由于远离满族文化核心，传统的族祭活动逐渐淡化。受到满汉等多民族交融的影响，萨满文化从原有的庶物崇拜转向偶像崇拜。但每个家庭仍然保留着传统的祭祖活动，满族就是西屋为贵（以西为贵），故西屋两墙上供佛龛匣子，采用木质香碟供奉。供奉时间一般选在阴历十月初一，打完场，祈祷庆祝丰收之年，祭祀诸神和祖先吃席。

3 空间寻力

通过对寒地传统村落生态治水智慧进行图解的过程中发现，虽然寒地传统村落在其与不同灾害共生发展的过程中形成了多种不同的“借势 - 化害 - 趋利”的生态治水策略（术），但保障其良好运转的生态治水智慧（道）却存在着一定的相似点。通过对 33 个重要的生态治水之术的聚类分析，总结出“寒地生态治水智慧二十条”（图 2-160），以期能够为寒地城乡水患问题的解决贡献中国智慧并提出中国方案。

治水之道	目的	寒地生态水智慧二十条	传统村落中的生态治水策略总结
借势	借大势 借自然之势，化自然之害 （水、风、光、地）	因地乘便 自然做功 就地取材 物尽其用 自然循环 善用乔木	因地乘便，自然做功：融入减灾理念的生产生活空间布局
			天人合一：村落堪舆格局
			自然做功，因地乘便：宜居减灾的生活及生产空间布局
			负阴抱阳，依山就势：采用沿等高线水平带状及垂直错落方式布局
			因地制宜，负阴抱阳：利用选址消解风、水、土三大致灾因素
			因地制宜，田人合一：基于孕灾环境的空间选址及分区原则
			依山就势，沟域单元：防风聚水的村落单元组织模式
	借小势 实现低维护、低成本、低影响 （土、木、石）		物尽其用，和谐共生：对自然资源要素的合理和可持续利用
			物尽其用，和谐共生：对自然资源要素合理布局和可持续利用
			就地取材：村落空间营建技术
			就地取材，自给自足：在沟渠中插入碎石块作水簸箕之用
			就地取材、因材致用：森林文化引导下的木刻楞营建智慧
			物尽其用，自然循环：利用植物保证土筑壁垒的低维护性和坚固性
			自然循环，物尽其用：对自然资源要素的合理和可持续利用
化害	水患应对 应对寒冷地区独特的旱涝雪三灾	多元一体 多级分散 因时达变 首末配合 单元调蓄 邻里守望 防居一体 寨堡分离	多元一体，多级分散：导蓄一体化的分散式治水空间体系
			多级分散，低技高效：导蓄一体化的集中式治水空间体系
			明走暗泄、分级疏通：应对旱涝同期的排蓄系统
			因时达变：村落立体化排蓄体系
			分流而治，单元调蓄：分散化雨水调蓄设施
			因地制宜，趋利避害：应对洪涝灾害的排蓄模式与治水体系
			因势利导，执两用中：应对洪旱的村落布局与排蓄系统
			因川就势，自然做功：借用自然微地形实现重力做功的雨水排蓄体系
			首末配合，中间缓存：山上、山腰、山下的三级导蓄体系
	匪患病患应对 应对匪患、病患等社会灾害		因时达变，防居一体：邻里守望体系
			因时达变，恤灾御患：寨堡分离应对匪患和水患
			族规民约、注重应用：村落治水经验的持续传承和实践完善
趋利	对自然的利 增强自然的活力与多样性	敬畏自然 遵循节气 村规民约 乡梓情愫 自律节制 自发善治	森林文化，对森林、对大木的崇拜
			长期与自然互利互惠、共存共荣
	对社会的利 强化社会组织、社会行为及社会文化，保障族群延续		节水村规与自发管理、耕读并作的淳朴村风
			代代相传、集体协作的“扁担精神”“勿营华屋，勿谋良田”
			成熟的储粮备荒管理制度
			遵循节气的维护机制，选择适宜的季节对生活空间进行维护
			合作互惠、自发善治的“乡梓情愫”

图 2-160 “寒地生态治水智慧二十条”生成框架图

4 小结

从《中国综合农业区划》(横坐标)和地势高程(纵坐标)两个坐标维度出发对我国寒地的传统村落进行分类，其中横向分区重点关注黄土高原区、黄淮海区、东北区三个区域，纵向分类则以地势高程的相对高低作为分类依据，将传统村落划分为平原型、山底型、山腰型和山顶型四种类型，最终得到我国寒地传统村落的分类结果。在“借势－化害－趋利”的治水之道启示下，对11个经典案例进行寒地传统村落生态治水智慧挖掘研究,其中依据“因地乘便”“自然做功”“就地取材”“物尽其用”等“借势”的治水之道，总结凝练出宜居减灾的三生空间布局、消解致灾因子和规避孕灾环境的空间选址、对自然资源要素合理和可持续利用的营建技艺等生态治水之术。依据“多元一体”“多级分散”“因时达变”“单元调蓄”等“化害”的治水之道，总结凝练出导蓄一体化的治水空间系统、应对洪旱的雨水排蓄系统、分散化和立体化的雨水调蓄措施等生态治水之术。依据“敬畏自然”“遵循节气”“乡梓情愫”等“趋利”的治水之道，总结凝练出崇拜自然、与自然互利互惠、遵循节气的维护机制、自发善治的乡梓情愫等生态治水之术。本章所总结出的“寒地生态治水智慧二十条”(治水之道)和传统村落中的33个重要生态治水之术，能够为寒地城乡水患问题的解决贡献中国智慧和中国方案。

参考文献

[1] 赵宏宇，解文龙，卢端芳，等．中国北方传统村落的古代生态实践智慧及其当代启示[J]. 现代城市研究，2018(7)：20-24.

[2] 中国综合农业区划[J]. 农业区划，1985(6)：19.

[3] 尤飞．区域农业现代化及其对资源环境胁迫评价研究[C]. 第十二届中国软科学学术年会论文集(上)．中国软科学研究会，2016：102-109.

[4] 王婧磊．地域特色导向下的黄土平原区村落空间组织模式研究[D]. 西安：西安建筑科技大学，2014.

[5] 武凤文．浅析中国古代城市选址与水文化[C]. 规划50年——2006中国城市规划年会论文集(中册)．中国城市规划学会，2006：514-516.

[6] 索安宁，赵文喆，王天明，等．近50年来黄土高原中部水土流失的时空演化特征[J]. 北京林业大学学报，2007(1)：90-97.

[7] 何甜．浅析地坑院现状及其发展——以泾阳县瓦窑村为例分析[J]. 建材与装饰，2018(31)：114.

[8] 李蔓，崔陇鹏，孙鸽，等．乡土聚落的重生——陕西省三原县柏社村地坑窑改造示范[J]. 建筑与文化，2017(12)：13-17.

[9] 宋文．山西榆次后沟古村落景观研究[D]. 北京：北京林业大学，2013.

[10] 王璐，弓弼，赵润丹．陕西省党家村古村落植物景观调查分析[J]. 西北林学院学报，2015，30(6)：284-288.

[11] 黄锰，蔺兵娜．迁移与流变：冀南川寨的山地融合特征与生态适应——以河北省沙河

市王硇村为例 [J]. 城市建筑，2018（23）：45-48.

[12] 未撇，罗香 . 石头古村落——井陉于家村 [J]. 中国名城，2009（9）：61-64.

[13] 彭鹏 . 华北山区传统聚落外部空间研究 [D]. 南昌：南昌大学，2007.

[14] 王玉 . 辽宁满族民居建筑特色研究 [D]. 苏州：苏州大学，2010.

[15] 冀彤军 . 太行川寨——王硇 [M]. 长春：吉林人民出版社，2011.

[16] 王子的 . 王硇村志 [M]. 王硇村志编纂委员会编印，2014.

[17] 自驾游那些事儿 . 触摸最美古落！距北京 400 多公里，就去这个隐藏在山坳里的北方川寨！ [EB/OL].https：//www.sohu.com/a/302345807_607959，2019-3-19.

[18] 陈菲，左云 . 以沙河市王硇村为例谈传统聚落院落 [J]. 山西建筑，2015，41（26）：13-15.

[19] 吴玉红 . 沙河市王硇村传统聚落与民居研究 [D]. 邯郸：河北工程大学，2017.

[20] 任俊卿 . 古村落的保护与发展研究——以王硇古村落为例 [D]. 石家庄：河北师范大学，2012.

[21] 陈勇越 . 基于治水节水的传统村落空间模式研究 [D]. 长春：吉林建筑大学，2018.

[22] 王萍，雷江霞 . 传统村落文化数字化传播：现状、问题与应对 [J]. 图书馆，2019（8）：7-12+22.

[23] 袁雪峰，戴杰，李静 . 河北太行山区古村落民居的特点与价值 [J]. 邢台职业技术学院学报，2011，28（6）：91-95.

[24] 刘萍等 . 河北省传统村落图典（邢台·沙河卷）[M]. 石家庄：河北教育出版社，2017-12：1.

[25] 张旺增 . 林县志 [M]. 郑州：河南人民出版社，1985.

[26] 赵宏宇，陈勇越，解文龙，等 . 于家古村生态治水智慧的探究及其当代启示 [J]. 现代城市研究，2018（2）：40-44+52.

[27] 恒子钤 . 豫北地区石板岩传统村落的景观设计研究 [D]. 西安：西安建筑科技大学，2018.

[28] 高长征 . 建筑利用自然资源和应对环境的设计研究 [D]. 郑州：郑州大学，2007.

[29] 赵童 . 疯狂的石头村 [J]. 科学大观园，2008（2）：21-23.

[30] 杨健，杨运船，贾秀芳 . 石家庄 2016 年“7·19”暴雨洪水分析 [J]. 水科学与工程技术，2017（3）：57-58.

[31] 孙明霞 .【洪水灾区重建回访】井陉县吕家村：留住传统村落的根脉 [EB/OL].（2016-10-06）[2020-04-14]. http：//hebei.hebnews.cn/2016-10/06/content5932099.htm?-from=timeline，2016-10-06.

[32] 梁晓旭，张伟一 . 以于家村为例谈河北井陉传统村落空间构成 [J]. 山西建筑，2016，42（15）：10-11.

[33] 姚佳彤 . 新时代优良家风研究——以河北石家庄于家村为例 [J]. 南方论刊，2019（5）：14-17.

[34] 刘斯迪 . 基于 LPS 理念的太行山脉于家古村水空间绩效分析 [D]. 长春：吉林建筑大学，2018.

[35] 温莹蕾，游小文，王化新 . 齐鲁古村朱家峪的特色分析 [J]. 四川建筑，2007，27（2）：60-62.

[36] 孙瑶 . 山东古村朱家峪传统聚落的当代置换 [C]. 族群 · 聚落 · 民族建筑——国际人类学与民族学联合会第十六届世界大会专题会议论文集，2009.

[37] 张建华，张玺，刘建军 . 朱家峪传统村落环

境之中的生态智慧与文化内涵解析 [J]. 青岛理工大学学报，2014，35（1）：2-6.
[38] querynotes. 朱家峪之第一篇村 [EB/OL]. http：//www.doc88.com/p-6721651910373.html，2013-10-17.
[39] 张玲，郝传静，李中斌 . 山东省章丘市近40a 灾害性天气分析 [J]. 北京农业，2015：145-147.
[40] 肖金 . 济南朱家峪古村落研究 [D]. 杭州：浙江工业大学，2013.
[41] 孙夏 . 济南朱家峪古村落聚落空间形态研究 [D]. 济南：山东建筑大学，2011.
[42] 山东省济南朱家峪村委会 . 齐鲁第一古村——朱家峪 [J]. 小城镇建设，2006（11）：39-40.
[43] 苗志超 . 山东章丘朱家峪古村落保护研究 [D]. 济南：山东建筑大学，2012.
[44] 解淑方，宋凤 . 朱山地型传统村落雨洪管理景观化措施及其生态智慧研究——以济南市朱家峪传统村落核心区（古村落）为例 [C]. 中国风景园林学会 2018 年会论文集，2018.
[45] 管岩岩 . 朱家峪古村落聚落形态浅析 [D]. 北京：北京林业大学，2009.
[46] 孙以栋，肖金 . 朱家峪古村落选址与格局研究 [J]. 山东农业大学学报（自然科学版），2013，44（1）：117-121.
[47] 张彤 . 朱家峪古村聚落形态研究 [D]. 北京：中国美术学院，2012.
[48] 吴晨，周庆华，田达睿 . 中国古代村镇人居环境保护与利用——以陕西柏社村为例 [J]. 北京规划建设，2017（6）：106-110.
[49] 新华社 . 地坑院的新亮点 [J]. 时代青年（视点），2017（8）：1.
[50] 陈力彤 . 三原县柏社村地坑窑院民居村落传统风貌整体性调查与研究 [D]. 西安：西安建筑科技大学，2016.
[51] 高元 . 保护与发展双向视角下古村落空间转型研究——以三原县柏社村为例 [C]. 城市时代，协同规划——2013 中国城市规划年会论文集（11- 文化遗产保护与城市更新）. 中国城市规划学会，2013：1266-1275.
[52] 王益辉 . 关中民居活化石——地坑窑 [J]. 西部大开发，2018（5）：156-157.
[53] 李晨 . 在黄土地下生活与居住——陕西三原县柏社村地坑窑院 [J]. 海峡科技与产业，2014（1）：86-88.
[54] 张钰晨，王珊 . 视平线下的建筑——地坑院 [J]. 华中建筑，2016，34（1）：162-166.
[55] 李强 . 黄土台原地坑窑居的生态价值研究——以三原县柏社村地坑院为例 [C]. 建筑的历史语境与绿色未来——2014、2015“清润奖”大学生论文竞赛获奖论文点评 . 中国建筑工业出版社数字出版中心，2016：328-334.
[56] 王桂秀，李红光 . 豫西地坑院防排水体系构造分析 [J]. 施工技术，2013，42（16）：101-104.
[57] 杨晓丹，王庆军 . 栖守与流转——比较视角下的乡土营造特征及其启示 [J]. 建筑与文化，2015（7）：215-217.
[58] 杨毓婧，崔陇鹏，李志明 .“景观生态学”视角下的地坑窑植被绿化经验研究——以陕西省三原县柏社村为例 [J]. 建筑与文化，2015（7）：212-214.
[59] 陈静，陈赛 . 我国传统村落集群智慧研究——以陕西省三原县柏社村为例 [J]. 城市建筑，2018（4）：30-32.
[60] 张晓娟 . 豫西地坑窑居营造技术研究 [D]. 郑州：郑州大学，2011.
[61] 唐丽，张晓娟 . 传统民居“地下四合院”：地坑院营造探微——以陕县凡村为例 [J]. 华中建筑，2011，29（3）：166-168.

[62] 王凯，严少飞 . 黄土高原地区地坑窑院聚落营造经验略析 [J]. 建筑与文化，2016（9）: 64-65.
[63] 王凯 . 结合自然地理环境的柏社村地坑窑院聚落营造研究 [C]. 2015 年中国建筑史学会年会暨学术研讨会论文集（上）. 中国建筑学会建筑史学分会、中国科学技术史学会建筑史学术委员会，2015：316-320.
[64] 王琳玉 . 后沟古村落 [M]. 太原：山西人民出版社，2012.
[65] 李丹 . 山西后沟古村聚落自然适应性研究 [D]. 哈尔滨：哈尔滨工业大学，2010.
[66] 桑海刚 . 四十里龙门河正当中 二龙戏珠后沟村 [EB/OL].http：//www.naic.org.cn/html/2017/gcgz_1025/30214.html，2017-10-25.
[67] 郑同 . 阳宅十书 [M]. 北京：九州出版社，2015.
[68] 赵雪晶 . 晋中榆次后沟古村落生态适应性及应用策略研究 [D]. 太原：太原理工大学，2013.
[69] 黄娟 . 山西榆次后沟古村落空间文化特征阐释 [J]. 晋中学院学报，2010，27（6）: 87-89.
[70] 周立军，李丹 . 山西后沟古村聚落民居排水组织方式初探 [C]. 2010 传统民居与地域文化:第十八届中国民居学术会议论文集 . 北京:水利水电出版社，2010：208-210.
[71] 段普 . 基于景观基因理论的传统村落的传统功能研究——以党家村为例 [J]. 衡阳师范学院学报，2016，37（6）: 30-36.
[72] 杨宇 . 中国旅游地理 [M]. 大连：大连理工大学出版社，2005.
[73] 张富春 . 历史文化名城随谈 [M]. 西安：陕西人民出版社，2006.
[74] 魏唯一 . 陕西传统村落保护研究 [D]. 西安：西北大学，2019.
[75] 韩净方 . 传统聚落外部空间的现代演变 [D]. 西安：西安建筑科技大学，2006.
[76] 徐丽萍 . 黄土高原地区植被恢复对气候的影响及其互动效应 [D]. 咸阳：西北农林科技大学，2008.
[77] 姚一晨 . 黄土高原生态脆弱区农业产业园区循环经济评价与优化研究 [D]. 西安：长安大学，2019.
[78] 张建军 . 黄土高原水土流失的人为因素分析 [J]. 建筑工程技术与设计，2016，6：3235-3238.
[79] 党康琪 . 党家人说党家村 [M]. 陕西韩城党家村，2004.
[80] 雷茜 . 传统村落人居环境中的儒家生态哲学意蕴 [D]. 西安：西安建筑科技大学，2015.
[81] 赵宏宇，李耀文 . 通过空间复合利用弹性应对雨洪的典型案例——鹿特丹水广场 [J]. 国际城市规划，2017，32（4）: 145-150.
[82] 吴庆洲 . 中国古代城市防洪研究 [M]. 北京：中国建筑工业出版社，2009.
[83] 翟静 . 沟谷型传统聚落环境空间形态的气候适应性特点初探 [D]. 西安：西安建筑科技大学，2014.
[84] 周庆华 . 黄土高原 · 河谷中的聚落 [M]. 北京：中国建筑工业出版社，2009.
[85] 王益益，杨晓俊，史婷莉 . 乡村复兴中祭祖地方情感回归研究——以韩城党家村为例 [J]. 云南地理环境研究，2019，31（1）: 47-54.
[86] 赵硕旻 . 满族知识读本 [M]. 长春：吉林文史出版社，1996.
[87] 胡文静，谢春山 . 基于意象理论的古村落旅游形象塑造研究——以抚顺新宾赫图阿拉古村落为例 [J]. 旅游研究，2019，11（2）: 30-43.

[88] 丁海斌．中国古代陪都的名与实 [J]. 辽宁大学学报（哲学社会科学版），2014，42（6）：187-194.

[89] 王肖宇，姜秋实，姜军．赫图阿拉城冬季外环境分析与绿化营造策略 [J]. 世界建筑，2019（3）：116-119+129.

[90] 刘先福．努尔哈赤传说的叙事传统与当代传承——以辽宁新宾为例 [J]. 满族研究，2016（3）：118-123.

[91] 张昱，李亮，张鸿，等．抚顺市暴雨气候特征及灾害风险区划研究 [J]. 现代农业科技，2014（23）：254-255.

[92] 李向东，温树璠．赫图阿拉村形态研究 [J]. 辽海文物学刊，1996（1）：117-120.

[93] 清渠．上下五千年难解之谜 2[M]. 北京：北京工业大学出版社，2008.

[94] 颜文涛，王云才，象伟宁．城市雨洪管理实践需要生态实践智慧的引导 [J]. 生态学报，2016，36（16）：4926-4928.

[95] 李声能．满族早期都城的空间特点分析 [J]. 沈阳建筑大学学报（社会科学版），2010（3）：7-13.

[96] 曾稚．浅议传统民居建筑的保护修缮——赫图阿拉故城民居修缮工程 [J]. 城市建设理论研究（电子版），2015,（5）：785-786.

[97] 冯尔康．建立森林史学开创之作——阎崇年著《森林帝国》评介 [J]. 历史教学（下半月刊），2018（9）：3-8.

[98] 阎崇年．森林帝国 [M]. 北京：生活·读书·新知三联书店，2018.

[99] 阎崇年．森林文化之千年变局 [J]. 辽宁大学学报（哲学社会科学版），2014，42（1）：8-17.

[100] 后汉书·东夷列传（第 85 卷）[M]. 北京：中华书局（校点本），1965.

[101] 晋书·四夷·肃慎氏（第 97 卷）[M]. 北京：中华书局（校点本），1974.

[102] 钦定满洲祭神祭天典礼（第 3 卷）[M]. 台北：商务印书馆（影印文渊阁《四库全书》本），1986.

[103] 张文涛．清代东北地区林业管理的变化及其影响 [J]. 北京林业大学学报（社会科学版），2010，9（2）：20-25.

[104] 辽代墓群增加山村神秘感 [EB/OL]. http：//news.lnd.com.cn/system/2019/08/23/030046979. shtml.

[105] 史虹婷，白雪，温舟，等．北镇地区 2 次强降水对比分析 [J]. 现代农业科技，2017（17）：190-191.

[106] 李研．基于多指标量干旱指数的锦州市干旱时空特性分析 [J]. 黑龙江水利科技，2015，45（3）：17-20.

[107] 唐雯．辽宁省北镇市地质灾害形成条件及影响因素分析 [J]. 硅谷，2015，8（1）：204-205.

[108] 葛跃，王超．抓机遇 应变革 谋发展——对全国农村固定观察点北宁市龙岗子村的调查 [J]. 农业经济，2004（9）：28.

[109] 关亚新．清代辽西土地利用与生态环境变迁研究 [D]. 长春：吉林大学，2011.

[110] 张国庆．古代东北地区各民族经济形态之比较 [J]. 学术交流，2002（5）：150-155.

[111] 赵兵兵，崔可欣，牛笑．闾山古村海平房建筑技术研究 [J]. 华中建筑，2018，36（11）：131-133.

[112] 刘艳侠．集雨水窖在“围山转”果树上水中的技术与应用 [J]. 吉林农业，2011（9）：138.

[113] 姚丽，朱新玉．浅谈北方土石山区坡地生态农业模式 [J]. 安徽农学通报，2008（21）：

86+13.
[114] 北镇市富屯街道龙岗子村皇陵之侧的安乐窝 [EB/OL].（2018-05-09）[2020-05-19]. http：//www.lnfz.cn/news/12881.html.
[115] 李兴源．河北生态经济建设与发展河北省生态经济学会成立大会暨首届学术研讨会论文集 [M]. 北京：气象出版社，1997.
[116] 张成龙，邱爽．长白山区传统木构建筑的建构解析 [J]. 吉林建筑工程学院学报，2009，26（2）：59-62.
[117] 徐梦莘（宋）．三朝北盟会编 [M]. 上海：上海古籍出版社，2019.
[118] 曹保明．守望康熙三百年 [M]. 长春：吉林美术出版社，2014.
[119] 赵晓明．恢复建设生态锦江木屋村落的设计思考 [J]. 参花，2014，（13）：110-110.
[120] 曹保明，罗杨．中国最美古村落 吉林 · 漫江木屋村 [M]. 北京：中国文史出版社，2014.
[121] 徐强，李大平，郑秋玲．长白山“锦江木屋村”考察纪略——暨 2018 国家艺术基金吉林建筑大学传统木居村落设计人才培养项目实施与考察纪略 [J]. 古建园林技术，2018（4）：87-90.
[122] 石代军，黄绪海．头道松花江流域水文特征浅析 [J]. 吉林水利，2010（6）：70-71.
[123] 周立军，于立波．东北传统民居应对严寒气候技术措施的探讨 [J]. 南方建筑，2010（6）：12-15.
[124] 韩聪．气候影响下的东北满族民居研究 [D]. 哈尔滨：哈尔滨工业大学，2007.
[125] 赵龙梅．我国东北地区传统井干式民居研究 [D]. 沈阳：沈阳建筑大学，2013.
[126] 肖帅．吉林锦江村木屋的建筑特点与保护措施 [J]. 古建园林技术，2014（2）：54-56+4.
[127] 张一超，李斌．传统村落景观保护性设计研究——以吉林省锦江木屋村为例 [J]. 美与时代（城市版），2017（4）：48-49.
[128] 王亮，崔晶瑶．传统村落锦江木屋村的保护与再利用研究 [J]. 绿色环保建材，2017（10）：42.
[129] 周巍．东北地区传统民居营造技术研究 [D]. 重庆：重庆大学，2006.
[130] 徐强，钟雯，熊芮加．长白山传统村落——锦江木屋村的保护与传承 [J]. 建筑与文化，2020（3）：230-231.
[131] 李巨炎．中国满语“活化石”——“伊兰孛”[J]. 今日民族，2006.
[132] 郭孟秀．三家子满汉语言文化接触与融合浅析 [M]. 黑龙江大学满族语言文化研究中心，2004.
[133] 定宜庄，邵丹．历史“事实”与多重性叙事——齐齐哈尔市富裕县三家子村调查报告 [J]. 广西民族学院学报（哲学社会科学版），2002（2）：26-33.
[134] 富裕县水利志编写组．富裕县水利志 [M]. 富裕县水利局，1988.
[135] 姜成厚等．富裕县志 [M]. 北京：中共党史资料出版社，1990.
[136] 蔡朝明．嫩江流域水文化 [M]. 武汉：长江出版社，2009.
[137] 赵宏宇，刘琦．东北传统村落治水空间文化的特征及类型研究 [J]. 吉林建筑大学学报，2019，36（2）：61-66.
[138] 邓天红．满族的崛起与黑龙江流域的统一 [J]. 学习与探索，2011（1）：234-236.

第三章

寒地传统雨洪管理体系的现代城市实践

1 古今对比：传统与现代雨洪管理体系

实现寒地传统雨洪管理体系的现代转译，是继承和弘扬传统生态治水智慧，并将其在现代城市实践中进行活化应用的着力点和关键环节。为此，本章在进行中国寒地传统雨洪管理体系实践案例与国外同纬度地区典型寒地城市案例对比的基础上，解析了寒地传统雨洪管理体系现代转译的可行性。在此基础上，基于前文已构建的"借势－化害－趋利"的寒地传统雨洪管理体系基本理论框架，以及在11个典型传统村落中梳理出的"借势""化害""趋利"的3大类20项传统雨洪管理体系措施，转译生成适用于现代城市的、生态服务与服务生态并举的八大治水方略。继而结合对生态智慧领域最新面向实施的技术方法《生态智慧城镇之长白山行动纲领》的解读，解析八大治水方略对《生态智慧城镇之长白山行动纲领》的响应关系。并结合已开展的全尺度寒地传统雨洪管理体系实践案例，对其具体实践过程进行剖析，以期为我国生态智慧城镇的实践以及寒地传统雨洪管理体系的实践应用提供路径借鉴。

为了证明中国寒地传统雨洪管理体系进行现代转译的可行性，本书选取国内外同纬度地区的齐齐哈尔市三家子村与宁年村两个现存300余年的典型传统村落，分别与纽约曼哈顿THE BIG U防护性景观规划和荷兰鹿特丹水广场两个国外同纬度地区的寒地城市实践案例进行对比，体现我国先人早在农耕文明时期的传统雨洪管理体系与现代规划设计中的现代雨洪管理体系相类似，且更具备低维护成本和高可持续性特征。其中纽约曼哈顿THE BIG U防护性景观规划是目前国际上最新的、也最为知名的应对洪涝灾害的城市设计实践案例，该设计预计将于2022年开始建造，且规划设计费高达3.35亿美元，并荣获"2016 ASLA分析及规划类荣誉奖"[1]，侧面说明了此规划的重要性。而荷兰鹿特丹水广场则是最近几年中实施最完整也最为成功的水敏感性城市公共空间实践案例。

1.1 齐齐哈尔市三家子村与纽约曼哈顿THE BIG U防护性景观规划中的雨洪管理体系对比

1.1.1 齐齐哈尔市三家子村中的传统雨洪管理体系解读

齐齐哈尔市三家子村自1685年起历经了300余年变迁和发展，但由于其地处松嫩平原，一直饱受嫩江水系的洪涝灾害以及干旱灾害困扰[2]，汹涌多变的嫩江水系经常威胁着齐齐哈尔市三家子村的水生态安全格局。为规避水患和旱灾，三家子村结合农业生产区进行洪涝缓冲区的设置，利用村落外围的护村堤和大量稻田共同构成了巨大的天然蓄水灌溉设施。在利用河水进行灌溉的同时，保障村落生活空间处于洪涝淹没区之外。齐齐哈尔市三家子村以多级沟渠护坡为核心的防洪系统。在嫩江至村落范围内设置三级沟渠体系，即“护江堤 - 灌溉沟渠 - 护村堤”，分别进行“源头预防，过程谨防、末端严防”的全过程防治（详见第二章 2.11）。齐齐哈尔市三家子村凭借自身相较于城市所具备的灵活性和可变通性，以及独具水军行军方略的传统雨洪管理体系使其能够延续至今，从而呈现出建村三百年未受洪水侵袭的高绩效表现。

1.1.2 纽约曼哈顿 THE BIG U 防护性景观规划的案例解读

2012 年，飓风“桑迪”袭击纽约，造成了 43 人死亡，9 万余座建筑被淹没，200 万人流离失所，最终经济损失高达 190 亿美元[3]。这场飓风彻底颠覆了当地居民对气候变化灾害的认知。“THE BIG U”项目是为保护海岸与其居民不受洪涝灾害的影响，通过高科技的维护手段而形成的对于雨洪灾害的弹性应对方案。“THE BIG U”力求在保持城市与水之间联系的基础上，以“防洪堤 + 缓冲带”的两级防护性景观建设保障滨水区安全及活力，建立辅助沿海城市应对气候变化危机的可复制模块化系统[1]。一级堤坝防御体系通过修筑堤坝对洪水进行拦截，作为抵御洪水的第一道防线。二级绿地防御体系的公园绿地，既是市民生活娱乐的公共空间，也是减缓洪峰、抵御洪水的最后防线。目前通过在城市最脆弱的地区创造出文化与经济干预措施，联系居民与水岸，落成后方案将沿着海岸线蔓延 10 英里，预期将减少因气候灾害带来的数十亿美元经济损失[4]。

1.1.3 案例对比总结

通过上述的案例解析得出齐齐哈尔市三家子村与“THE BIG U”在应对水患灾害的过程中形成了独特的雨洪管理体系存在着诸多相似性（表 3-1）：

（1）在洪涝缓冲区设计方面，齐齐哈尔市三家子村，为规避水患和旱灾，村落结合农业生产区进行洪涝缓冲区的设置。利用村落外围的护村堤和大量稻田共同构成了巨大的天然蓄水灌溉设施，在利用河水进行灌溉的同时，保障村落的生活空间处于洪涝淹没区之外。“THE BIG U”同样采用在曼哈顿岛滨水区域设计滨水景观地带作为防护性的基础设施。将洪水阻挡在隔离带的外部，以保护内部分散的低洼区域，让城市内不再受自然灾害的威胁[1]。

（2）在阻挡洪峰方面，齐齐哈尔市三家子村依托地势构建以多级沟渠护坡为核心的多级洪涝调蓄系统。在嫩江至村落的范围内设置三级沟渠体系，即“护江堤 - 灌溉沟渠 - 护村堤”，分别进行“源头预防，过程谨防、末端严防”的全过程防治。“THE BIG U”设计方案中，利用低墙护堤和可以向下翻转的墙壁构建出一个多层次雨水防御系统，以庇护周边的社区，防护周边重要的基础设施。

（3）在利用水闸来进行雨水管理方面，齐齐哈尔市三家子村根据嫩江水系的季节性水位变换，通过鱼骨状分级化灌溉系统及两座水闸措施控制保证生产区输水渠

齐齐哈尔市三家子村与纽约曼哈顿“THE BIG U”防护性景观规划的雨洪管理体系对比表　　表 3-1

共性对比	三家子村雨洪管理体系	“THE BIG U”雨洪管理体系
应对灾害	嫩江洪水	暴雨、洪水
均利用堤坝和公共空间作为洪涝缓冲区		
均利用防护坡阻挡洪峰	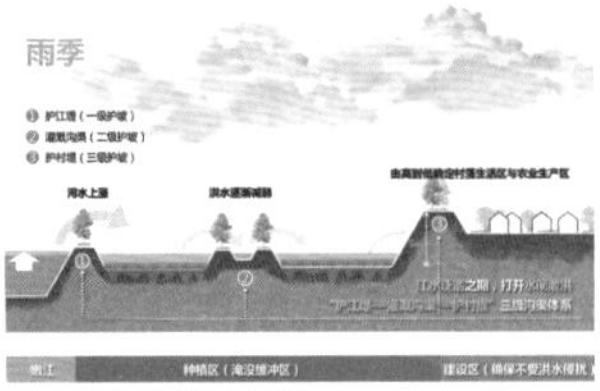	
均利用水闸来进行雨水管理	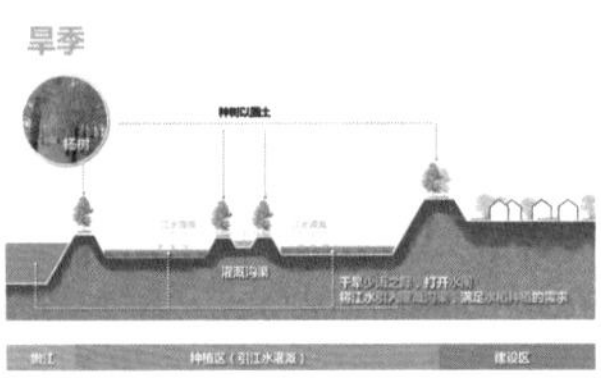	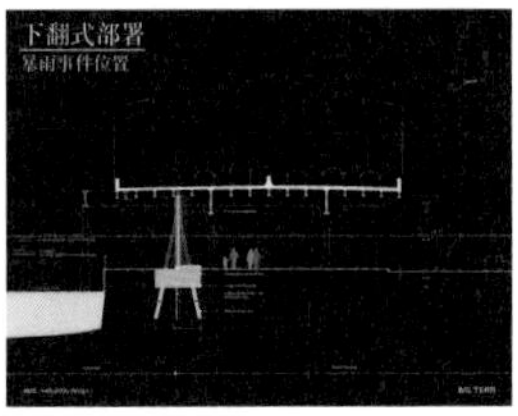

图片来源：https://www.gooood.cn/2016-asla-rebuild-by-design-the-big-u-by-starr-whitehouse-landscape-architects-and-planners.htm.

道的水位平衡。两座水闸可以根据季节的变换，同时配合开启或关闭不同的水闸，以保证输水渠道的水位平衡，进而保证村落的日常生产用水[5]。“THE BIG U”设计方案计划在罗斯福快速路下侧安装可下翻、可延展的挡板以阻挡洪水，起到“水闸”的作用。

综上所述，对比其共性层面，均是采取构筑堤坝和公共空间作为缓冲带，设立多级的防护坡以此阻挡洪峰，并结合水闸来进行雨水管理，从而起到了抵御洪水侵袭的作用。

对比其差异性层面（表 3-2）：

首先，在雨洪管理体系绩效方面，相较于“THE BIG U”雨洪管理体系在短期内取得的经济效益，齐齐哈尔市三家子村有效应对数百年的洪水侵袭至今，更大程度保障了环境的生态效益、人民的社会效益发展。

其次，在灾害类型方面：相比“THE BIG U”仅针对洪水灾害的单一类型，齐齐哈尔市三家子村还通过在不同季节对阀门进行开关闭合，解决干旱及雨季的用水和防洪问题。

再次，在建设成本方面，相对比“THE BIG U”的“高维护度、高技术、高成本”的雨洪管理体系。在建设材料及经费使用方面，齐齐哈尔市三家子村采用更加低成本的乡土材料，更加高可持续。

最后，在建设实施方面，区别于“THE BIG U”的专业施工人员主导，齐齐哈尔市三家子村多采用村民自发的参与形式，全民均是雨洪管理的参与者，极大减少了人力消耗。

齐齐哈尔市三家子村与纽约曼哈顿“THE BIG U”防护性景观规划差异对比表　表 3-2

对比主体	三家子村雨洪管理体系	“THE BIG U”雨洪管理体系
建成年代	1685 年起	2022 年启动
防洪绩效	百年未受洪水侵袭	预期减少 10 亿美元经济损失
灾害类型	洪水、干旱	洪水
建设成本	物力：就地取材	物力：现代化材料
	人力：村民自发	人力：专业施工人员
	财力：较少	财力：3.55 亿美元（第一阶段）
维护成本	自然循环为主	人工修复为主
技术手法	防护体系与生产用地结合	防护性景观的营造
设计成本	凝聚古人智慧	3.5 亿美元的天价设计费

由此可见，早在 300 年前，齐齐哈尔市三家子村就已经形成了一套完整的传统雨洪管理体系，并在长时间岁月的检验中依然持续保持着高绩效、高可持续的特征。且相较于现代的雨洪管理体系建造更具有低投入、低影响、低维护的绝对优势。因此无论是体系化的传统雨洪管理模式，还是“天人合一”哲学理念，三家子村的传统治水智慧对于现代雨洪管理体系的建设都具有极高的借鉴价值。

1.2　齐齐哈尔市宁年村与荷兰鹿特丹水广场的雨洪管理体系对比

1.2.1　齐齐哈尔市宁年村的传统雨洪管理体系解析

齐齐哈尔市宁年村属中温带大陆性季风气候，平均降水量为 400 ~ 600mm，四季变化明显，春季易发生干旱，夏季降雨占全年降水量 70% ~ 80%，易发生洪涝灾害。

齐齐哈尔市宁年村主要是通过自身空间组织达到防洪抗旱的作用。村落利用多组天然形成的坑塘实现对雨水的收集、存储及植被灌溉。坑塘内种植有较多的旱作农物，如玉米和大豆等吸水能力极强的植物。坑塘平时可以当作农田用地，用于农业生产；当洪水或暴雨来袭，暴雨或洪水则顺势流入坑塘之中，缓解洪峰，保障村落安全；当暴雨或洪水过后，坑塘储存的雨水又可灌溉农田及为村民生活所用，解决缺水问题。

宁年村在高频的洪水侵袭下，通过自身空间调节手段和因地制宜的发展模式抵抗旱涝灾害，在保障村落空间水安全的同时，优化了坑塘的耕地肥力，不仅水患无虞，同时也保证了村落的产作富足。

1.2.2 荷兰鹿特丹水广场案例解析

荷兰第二大城市鹿特丹素有“水城”之称，坐落在南荷兰省新马斯河畔，整体地势平坦且城市 90% 的区域低于海平面，经常面临海水倒灌的威胁[6]。更糟糕的是，气候变暖给鹿特丹带来了频繁的降雨，每年平均有 300 天都在下雨[7]，且降水量越来越大，加之城区洼地众多，排涝压力颇大。“水广场”是结合城市原有公共空间进行雨水存蓄的复合空间新模式，可以根据具体的环境尺度、空间类型、雨洪控制需求对水广场进行适应性的设计，从而将之应用于不同的空间，发挥雨洪管理与作为公共空间使用的双重功能。

该项目广泛应用了包括屋顶雨水收集系统、地表和地下雨水滞留池、初期雨水过滤净化设施和地面雨水导流渠等多项雨水处理设施，并将其与景观和活动场地巧妙结合，辅以绿化植被，形成了一处景观独特、功能多样、富有吸引力的城市空间。该项目自 2013 年建成并投入使用以来在国际广受好评，在各方面均取得了良好的效果。

1.2.3 案例对比总结

通过上述的案例解析得出齐齐哈尔市宁年村与荷兰鹿特丹水广场案例在应对水患灾害的过程中都具备很多相似性：

齐齐哈尔市宁年村的整体空间主要是围绕村落内部自由散布的天然坑塘进行布局的，保证每户门前几乎都有规则不一的坑塘，这些坑塘具备根据季节交替和气候变化被动式调整蓄水的功能，不仅在雨季作为蓄水池，解决洪涝问题，同时在耕种季节作为农田解决村民生产问题。由于宁年村所属的富宁屯全年降水量较低，年平均降水量在 444.4mm[8]，因此在 7 ~ 9 月的雨季采用蓄水做法。作为富宁屯良好本底，天然形成的多组坑塘能够应对旱季缺水情况下生活用水或与灌溉用水的难题。与此同时，坑塘在耕种季节也作为生产农田，种植有较多的旱作农物，如玉米和大豆等吸水能力极强的植物，当洪水或暴雨来袭，暴雨和洪水则顺势灌溉农田，贮存土壤水分，解决旱季缺水问题。

荷兰鹿特丹水广场是公共空间与雨水设施结合设计的成功案例，在同一场地上实现了雨洪调蓄空间和公共活动空间的双重功能，实现了空间的复合化利用。无雨时作为公共活动空间广场。水广场由大小不同、深度各异的三个下沉广场以及周围地面引导雨水传输的不锈钢水槽组成。在常规无雨的天气里，广场保持干燥，作为公共活动空间（图 3-1）。其中第一个较浅的下沉广场具有倾斜的地面和矮墙，方便年轻人进行各种轮滑运动（图 3-2）；第二个较浅的下沉广场中间有一个凸起平台，可作为表演、跳舞的舞台（图 3-3）；第三个也是最大最深的下沉广场处于整个水广场的中心，是球类运动场地，边缘与地面高差交接的地方设计为台阶，可供人们在此休息或观看比赛或表演，也是整个广场景观的组成部分[9]（图 3-4）。

降雨时作为雨水存蓄空间，短时雨量较小的降雨情况下，水广场东侧建筑屋顶和西南侧停车场的雨水会沿着地面的不锈钢水槽流入深度较浅的第一个下沉广场中，如图 3-5 所示；同时，来自小教堂屋顶和水广场北侧地表的雨水会沿着地面较宽的不锈钢水槽流入深度较浅的第二个下沉广场中，如图 3-6 所示。在短时间较小的降雨过程中，广场中央最大最深的第三个下沉广场仍然发挥公共活动场地的功能。这体现出水广场重要的弹性设计策略，对雨量大小和持续时间给予弹性应对，通过这样的弹性设计在雨水存蓄与公共活动之间进行平衡。

对比其共性层面，发现齐齐哈尔市宁年村与荷兰鹿特丹水广场都体现出雨水设施与公共空间功能相复合的模式：

可以根据具体环境情况对蓄水空间进行弹性利用，发挥雨洪管理与公共空间的双重功能。具体表现为平时既能用于生产空间或活动场所，但当暴雨来临，又可以作为蓄水池缓解洪峰（图 3-7）。

图 3-1　无雨天气作为公共空间的鹿特丹水广场
（图片来源：https：//robertoschumacher.eu/Watersquare-Benthemplein）

图 3-2　鹿特丹水广场第一个下沉广场照片
（图片来源：https：//robertoschumacher.eu/Watersquare-Benthemplein）

图 3-3　鹿特丹水广场第二个下沉广场照片
（图片来源：http：//www.uncubemagazine.com/blog/13323459）

图 3-4　鹿特丹水广场第三个下沉广场照片
（图片来源：http：//www.uncubemagazine.com/blog/13323459）

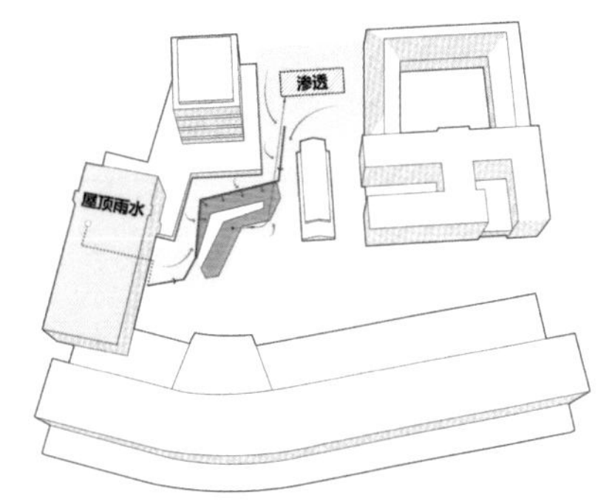

图 3-5 鹿特丹水广场第一个下沉广场集雨过程
（作者改绘）
（图片来源：http：//www.uncubemagazine.com/blog/13323459）

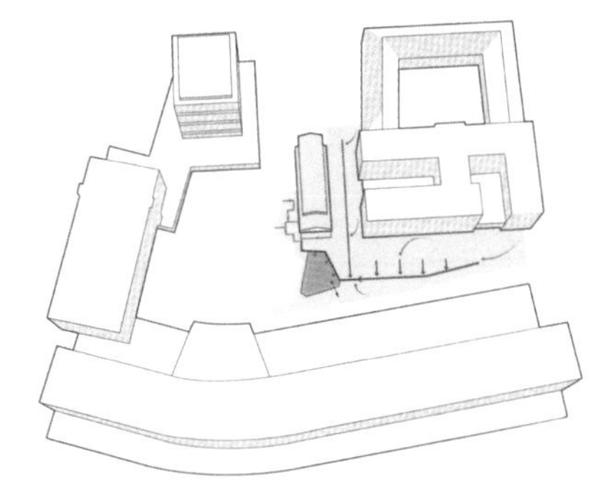

图 3-6 鹿特丹水广场第二个下沉广场照片集雨过程
（作者改绘）
（图片来源：http：//www.uncubemagazine.com/blog/13323459）

对比其差异性层面（表 3-3）：

首先，在建设成本方面，齐齐哈尔市宁年村利用天然形成的多组坑塘，当洪水或暴雨来袭，暴雨和洪水则顺势流入坑塘，使村落免受灾害。但荷兰鹿特丹水广场是通过工程性的“堤坝修筑”和弹性的“缓冲疏导”共同应对灾害冲击，其建设及维护成本等都消耗大量的人力、物力。

其次，在多功能属性方面，宁年村实现了生产与生活的一体化空间利用，达到生态、社会、经济综合效益的平衡；荷兰鹿特丹水广场则是综合了缓解城市内涝与雨洪冲击和提供公共活动空间的双重功能，提升了生态与社会效益。

图 3-7 现代与传统雨洪管理体系空间模式对比图

再次，在雨水利用方面，暴雨过后宁年村坑塘中的雨水可以持续性地为村民生活和农业灌溉所用，而荷兰鹿特丹水广场收集的雨水则排放到城市雨水管道，未加以利用。

由此可见，齐齐哈尔市宁年村的坑塘调蓄系统相比荷兰鹿特丹的水广场，无论是在建设成本，还是在多功能属性、水资源利用方面均体现了其传统雨洪管理体系的优势。

齐齐哈尔市宁年村与荷兰鹿特丹水广场雨洪管理体系对比　　表 3-3

对比类型	齐齐哈尔市宁年村雨洪管理体系	荷兰鹿特丹水广场雨洪管理体系
建设成本	物力：就地取材 财力：较少	物力：现代化材料 财力：200 万欧元
运行机制	自身循环可持续	定期维护
多功能属性	日常：农田种植区 暴雨：蓄水池	日常：活动场所 暴雨：蓄水池
导水设施	利用天然地势	不锈钢水槽
雨水利用	生活用水及灌溉农田	通过雨水管道排出城市

1.3　传统雨洪管理体系相较于现代雨洪管理体系的优势

通过中国寒地传统村落与国外现代城市生态治水实践案例之间的对比分析可以发现，中国传统雨洪管理体系相较于现代雨洪管理体系具有“高可持续性”和“低维护度”的优势特征。同时，具有上千年历史的中国传统村落雨洪管理体系相比西方现代城市雨洪管理体系更加强调对自然的主动性改造，具备“全面性的适应自然，让自然做功”“多种功能的整体化和复合化”“重视人的行为参与”等独特性优势[10]。中国传统雨洪管理体系现代转译的优势具体表现为以下几个方面。

1.3.1　高可持续性的循环机制

相对比西方现代城市雨洪管理体系的“高维护度、高技术、高成本”，传统雨洪管理体系中高可持续性循环机制所具备的“低技术、低成本、低冲击和高适应性”已成为古代城乡营建中的特征所在[11]。村落在历代变迁发展中将起初“水来土掩”的简单生存策略逐步凝练为“趋利避害”的传统雨洪管理体系[12]，形成一个天、地、人三要素耦合的系统，持续不断更新，保持着高可持续性的循环机制运转。将该机制运用于当今生态智慧城镇的建设过程中从而实现人与自然的永续动态共存。

1.3.2　天人合一、道法自然的哲学思想

天人合一、道法自然是道家提出的哲学思想，其主张人类在顺应自然而不改变

自然的运作机制下进行干预作用，这一点正是高可持续性循环运转的核心所在，对现代生态智慧城镇建设、生态规划设计有指导性价值[13]。

1.3.3 因地制宜、因势利导的空间模式

因地制宜、因势利导的空间模式体现在根植于地形地貌和自然环境的形制格局。传统雨洪管理体系充分重视所处环境的气候、地形地貌等条件，并利用大自然做功的能量增强对寒地气候环境的适宜性，尤其是注重垂直生态空间地势上的立体复合利用。反映在当今生态智慧城镇建设中要因地制宜、因地乘便，尊重地理规律、深入分析各个地区（尤其是寒地）产生于不同经济、社会和自然环境等背景下的多元化特点，从而形成适应气候及自然环境的城市空间格局。

1.3.4 自治管理、主动式参与的协作方式

村民自治化的治水协作模式比专业维护化的管理协作模式更具韧性，由于在村民自发组织节水、用水、导水的过程中重构了良好的社会网络与社会系统。传统村落雨洪管理体系的高效性及应对洪水来袭的韧性离不开良好的社会行为方式，在此过程中极大地培育了人与自然之间互惠共生关系的契约精神，提升了村民的精神凝聚力，产生了维持村落高可持续性运转的内生动力。在当代生态智慧城镇建设中人的主动式行为参与是城镇面对未来变化进行创造式、弹性转变的前提，是生态智慧城镇构建的核心内在要素。

2 现代转译：生态服务与服务生态并举的八大治水方略

为了实现“生态服务与服务生态并举”的核心目标，并促进传统雨洪管理体系在现代城市实践过程中的“落地”和“生根”，将“借势－化害－趋利”的传统雨洪管理体系转译为适用于现代城市的生态治水方略具有十分重要的意义。因此，按照“水”“木”“生物”“地势”“风”“空间”“光”“社会”八个方面总结形成治水方略，以期全面性地实现服务生态的目标，培育自然的富饶和多样性，并提升人的活力。

2.1 寒地传统雨洪管理体系的顶层设计和目标体系

在进行传统雨洪管理体系的现代转译之前，需要首先明确雨洪管理体系的顶层设计和目标体系。针对顶层设计，主要包括了“以道驭术”的升维思考和“借势－化害－趋利”的基本理论框架（图 3-8）。该理论框架强调从规划引领的角度出发，充分利用水、光、土、木、石等自然资源要素，规避或减缓水灾、土灾、匪患等自然和社会灾害，

图 3-8　寒地生态治水智慧八大方略的生成框架图

以此达到生态服务与服务生态并举的理念转变，促进形成对人的利和对自然的利。

针对目标体系，则主要包括在寒地传统村落中凝练出的 20 项传统雨洪管理措施（图 3-8）。这些具有智慧的措施是中国传统村落在历经上百年乃至上千年的实践过程中总结形成的历经时间考验的治水能力、策略和方法的总和，是中国古代天人合一和道法自然哲学观的充分体现，完美地实现了“周而复始”循环运行状态，具备高可持续性和低维护度。

2.2　服务于生态智慧城镇的八大治水方略

在对雨洪管理体系的顶层设计和目标体系进行解析的基础上，按照“水”“木”“生物”“地势”“风”“空间”“光”“社会”八个方面总结形成服务于生态智慧城镇的治水方略（图 3-8）。这八个方面代表了“借势”过程中经常利用的八种不同的自然或社会资源要素和势能，是实现“借势 - 化害 - 趋利”的传统雨洪管理体系的最根本出发点。

2.2.1　水——开展水敏感性评价，构建趋利避害和调蓄旱涝的安全水敏格局

开展水敏感性评价的目的是力求恢复并建立当地良性水文循环，提高城市可持续性，同时提供和创造更加有吸引力的、人性化的生存环境。因此，开展水敏感性评价主要是为了构建趋利避害的流绿空间体系和调蓄旱涝的安全水敏格局。“流绿空间”是由水体与绿地共同构成的公共空间，是体现城市质量的重要指标。有绿有水，

城市才能实现生态水敏等多方面的要求。如国家级新区雄安新区在进行规划建设过程中，非常强调蓝绿空间的占比，规划蓝绿空间占比 70% 以上[14]。

2.2.2 木——开展生态敏感性评价，构建林团社区体系与林荫廊道体系

开展生态敏感性评价是为满足市民对绿地空间与自然景观的日常需求，进而构建因地制宜的林团社区体系与功能复合的林荫廊道体系。

2.2.3 生物——开展生态敏感性评价，构建保护物种多样性的生物廊道体系

开展生态敏感性评价主要是为找出生态环境影响最敏感的地区和最具保护价值的地区，向我们人类服务生态提供相应的场地。

2.2.4 地势——开展土地适应性评价，构建因地乘便的功能布局

土地适宜性评价就是评定土地对于某种用途是否适宜以及适宜的程度，它是进行土地利用决策，科学地编制土地利用规划的基本依据[15]。结合评价结果，为不同类型的城市功能区找到最为合适的布局选择、以达到最大的效能及土地价值是寒地传统雨洪管理体系实践的重要工作之一。

2.2.5 风——开展风热舒适度评价，构建吸纳氧源的通风廊道体系

在城市环境中，由于城市的地形、地貌等自然地形环境以及建筑物等人工要素的影响下，城市出现了风压差和热压差，进而产生了非机械式通风被称为风环境或风场。进行风热舒适度评价，构建通风廊道体系，主要是为了加强城市内外的空气流通，缓解城市热岛效应，稀释空气污染，以实现城市“自然呼吸”的良性循环状态，进而极大减少对大自然的干预。

2.2.6 空间——开展城市空间形态数字化推演

开展城市空间形态数字化推演的目的在于，在现有城市形态基础上，利用 GIS 的技术和方法，对城市形态引导的关键要素进行建模和分析，得出城市形态的演化机制，设计出对自然和人更加有利的城市形态引导方案，通常需要对城市骨架、文化骨架、水绿骨架等进行数字化推演。

2.2.7 光——开展光环境舒适度评价，构建阳光场域体系与热屏障系统

光照是人类生存必不可少的自然要素之一。针对寒地城市街道长期处于阴影面而导致路面结冰的问题，在城市设计中开展光环境舒适度评价，能够为优化城市空间的光环境舒适度提供支持。因此，有必要在寒地城市构建阳光场域体系与热屏障

系统，有效增加街道的阳光覆盖面积，并保障城市街道人行空间冬至日接受日照的时长不低于 2h，有效增加冬季街道活力。

2.2.8 社会——开展偏好度评价，构建城乡依恋的公共空间体系

为了实现“趋利”目标中“对于人的利”的考虑，需要在城市公共政策的制定过程中，尽可能地了解公众及消费者偏好，从而提高社会对政策及政策制定者的支持与认同。偏好理论是分析研究不同使用者或者消费者行为的重要工具，是隐藏在内心的情感和倾向，对于构建具备城乡依恋的公共空间体系具有重要的作用。

3 纲领响应：《生态智慧城镇之长白山行动纲领》

《生态智慧城镇之长白山行动纲领》是生态智慧领域最新面向实施的生态实践技术方法。而生态治水智慧作为生态智慧中的重要组成部分，有必要对八大治水方略与《生态智慧城镇之长白山行动纲领》之间的响应关系进行解析，以此确保八大治水方略在生态智慧城镇[①]中的落地实施。

3.1 《生态智慧城镇之长白山行动纲领》的提出

同济大学作为国内生态智慧与城乡生态实践领域的知名高校，于 2016 年 7 月在首届“生态智慧与城乡生态实践”同济论坛上提出了《生态智慧与生态实践之同济宣言》，在国内引发了广泛热议。两年以后，2018 年 7 月，在同济大学和吉林建筑大学联合举办了“生态智慧城镇之长白山巅峰论坛”，联合长白山管理委员会（长白山生态系统的管理者）、长春新区管理委员会（长白山生态系统孕育出的省会级城市的国家级新区），与来自美国北卡罗来纳大学夏洛特分校象伟宁教授、美国亚利桑那大学杨波教授、美国辛辛那提大学王昕皓教授、同济大学彭震伟教授、王云才教授、沈清基教授、清华大学卢风教授、哈尔滨工业大学孙澄教授、华东师范大学车越教授、重庆大学袁兴中教授、山东大学程相占教授、南京林业大学汪辉教授、华中科技大学耿虹教授、台北大学廖桂贤教授、北京建筑大学王思思副教授、吉林建筑大学张成龙教授、赵宏宇教授、吕静教授、长春新区规划局王昊昱副局长等近 20 位专家学者、管理界同仁，在吉林建筑大学，在生态智慧学术共同体的学界、业界、管理界和媒体界百余位同仁的鉴证下，联合发布《生态智慧城镇之长白山行动纲领》（图 3-9）。

---

① 生态智慧城镇的定义详见第一章 1 ~ 3。

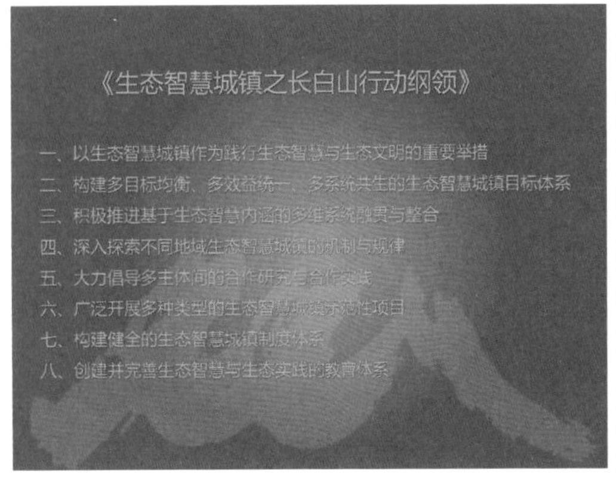

图 3-9 《生态智慧城镇之长白山行动纲领》发布会照片

3.1.1 《生态智慧城镇之长白山行动纲领》的重要意义

《生态智慧城镇之长白山行动纲领》的发布是生态智慧领域中的里程碑事件，是继《生态智慧与生态实践之同济宣言》之后首个生态智慧领域最新面向实施的生态实践技术方法，标志着《生态智慧与生态实践之同济宣言》已经进入行动阶段，是我国乃至世界生态智慧领域学界、业界和管理界中具备里程碑意义的事件，也突显出我国寒地对生态智慧与城乡生态实践的严重关切。

选择在吉林省长白山进行发布有其特殊意义：

（1）世界地位——长白山生态系统是世界范围内难得一见的标志性生态区域，孕育了包括中国东北、朝鲜半岛、俄罗斯远东地区等在内的整个东北亚地区。长白山是世界著名的生态博物馆和物种基因库，保存着欧亚大陆从中温带到寒带完整的野生植物区系和特有的动物区系[16]。同时拥有欧亚大陆东部最为典型、保存最为完好的温带山地森林生态系统[17]，保障着整个东北亚区域的生态系统平衡和生态安全。早在 1960 年，联合国教科文组织就将其列入中国首个“人与生物圈”计划，作为世界生物圈保留地。1980 年，联合国教科文组织专家表示：像长白山这样保存完好的森林生态系统，在世界上也是少有的[18]。在长白山生态系统发布《生态智慧城镇之长白山行动纲领》，表明国际生态智慧界对其高度重视。

（2）国家地位——长白山生态系统是我国寒地保存最为完好的典型的森林生态系统[19]，也是全国仅有的两处 300 年以上未被人为因素干扰过的生态系统之一，孕育了鸭绿江、松花江、图们江三江流域的一方土地和城市，在此发布《生态智慧城镇之长白山行动纲领》鉴证了寒地在国内率先开展该领域的研究并推向实质性的落地实施阶段。长白山是中国东北地区的最高峰，也是鸭绿江、松花江和图们江的发源地，流经我国东北三省，流域覆盖面积上万平方公里[20]。在长白山生态系统发布《生态智慧城镇之长白山行动纲领》，体现了我国寒地针对生态智慧的思考已上升到一个空间高度。

（3）省内地位——吉林建筑大学是吉林省唯一一所通过教育部评估的建筑规划类高等院校。由同济大学和吉林建筑大学联合举办“生态智慧城镇之长白山巅峰论坛”，体现了吉林省学界、业界、管理界同仁对于生态智慧的高度重视，促使生态智慧研究落地生根，开启了生态智慧落地实施探索的新局面。

此外，包括《Socio-Ecological Practice Research》《上海城市规划》《城市建筑》《幸福都市》《三峡生态环境监测》等在内的近 10 家知名媒体及杂志社对《生态智慧城镇之长白山行动纲领》发布会进行全程报道，获得了社会的广泛关注。

3.1.2 《生态智慧城镇之长白山行动纲领》的重点内容解读

首提“生态智慧城镇”作为践行生态文明的重要举措。十八大报告明确提出，建设生态文明，是关系人民福祉、关乎民族未来的长远大计。而生态智慧是指生命体在长期与环境相互作用过程中积累形成的各种能使环境更适于生存的理念、策略和能力的总和[21]。人类在向自然索取的同时，更要回馈自然，与世界生态系统之间保持一种积极主动的关系。生态智慧城镇就是生态智慧与生态文明理念特色的落实，应该是在维系自然本底的生命状态下，突出具有可持续的生存发展能力、鲜明主见和生物韧性的与自然和谐共生的城镇单元[22]。

首次明确了“生态智慧城镇”的目标体系为多目标均衡、多效益统一和多系统共生。生态智慧城镇必须在满足生态智慧核心理念及价值观基础上对以上诸分项目标的均衡性进行谨慎地调控，以接近及达成整体意义上的“最佳”。

首次强调了对于不同气候区划和不同民族区域的生态智慧与生态实践研究。生态智慧城镇建设要充分重视不同地区的地方生态智慧经验和地域生态文化知识的研究与应用，尤其应重视特殊自然环境区域（如环境敏感区和生态脆弱区）与特殊气候区域（如严寒地区）背景下的人居环境研究。

首次强调要开展多种类型的生态智慧城镇示范性项目。通过生态智慧城镇示范性项目将生态智慧的理念与方法有效地落实在广袤的城乡人居环境之中，使之生根发芽，健康成长并蔚然成林。

首次强调要面向学界、业界、管理界和公民，创建并完善生态智慧与生态实践的教育体系。《生态智慧城镇之长白山行动纲领》中要求，要编撰系列性的面向不同受众的生态智慧与生态实践教材，建立广泛的教育培训网络；培养一大批能够胜任研究、传播、设计、建设、经营和管理等各类生态实践需求的具有高度生态智慧伦理和道德水准的公民、研究者和实践者；在各级政府中按需设置与生态智慧城镇规划建设和管理相关的智囊团。

首次强调要构建健全的生态智慧城镇制度体系。生态智慧城镇建设需要制度的保障。因此，《生态智慧城镇之长白山行动纲领》中特别要求，要强化生态诊断评价、

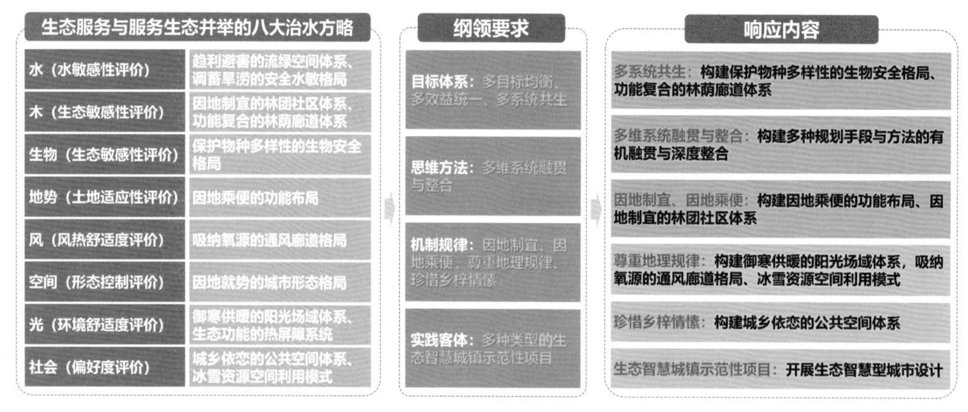

图 3-10　寒地生态治水智慧八大方略对《生态智慧城镇之长白山行动纲领》的响应框图

规划建设绩效评价、城镇与自然关系和谐度评价的评估制度体系，并要制定生态智慧引领下的人居环境建设标准和生态智慧城镇生态文明建设标准。

3.2 《生态智慧城镇之长白山行动纲领》的响应

通过将本书提出的八大治水方略与《生态智慧城镇之长白山行动纲领》的核心要点对比（图 3-10），发现八大治水方略是在领会《生态智慧城镇之长白山行动纲领》思想的前提下，进一步地细化与实施操作路径的精研。中国传统生态治水智慧指导下的中国传统村落营建范式是中国特色文化价值观的体现。其营建范式下蕴含的主要是基于“水、风、光、地、土、木、石”自然元素而形成的“借势 - 化害 - 趋利”的生态治水智慧，在此基础上总结出能够指导城市建设的、生态服务与服务生态并举的八大治水方略。其与《生态智慧城镇之长白山行动纲领》要求的“多目标均衡、多效益统一的目标体系”“多位系统融贯与整合的思维方法”等核心要求是完全契合的。同时，进一步细化出《生态智慧城镇之长白山行动纲领》的实施路径：

（1）在《生态智慧城镇之长白山行动纲领》中“多系统共生的目标体系”的要求下，构建保护物种多样性的生物安全格局、功能复合的林荫廊道体系。

（2）在《生态智慧城镇之长白山行动纲领》中“多位系统融贯与整合的思维方法”的要求下，构建多种规划手段与方法的有机融贯与深度整合模式。

（3）在《生态智慧城镇之长白山行动纲领》中“因地制宜、因地乘便”的机制规律要求下，构建因地乘便的功能布局、因地制宜的林团社区体系。

（4）在《生态智慧城镇之长白山行动纲领》中“尊重地理规律”的机制规律要求下，构建御寒供暖的阳光场域体系，吸纳氧源的通风廊道格局、冰雪资源空间利用模式。

（5）在《生态智慧城镇之长白山行动纲领》中“珍惜乡梓情愫”的机制规律要求下，构建城乡依恋的公共空间体系。

（6）在《生态智慧城镇之长白山行动纲领》中“多种类型的生态智慧城镇示范性项目”的实践客体要求下，开展生态智慧型城市设计。

由此看出，我国古代传统雨洪管理体系从目标体系、思维方法到机制规律与生态智慧领域最新面向实施的生态实践技术方法的要求是完全一致的。间接证明了把古代传统雨洪管理体系的措施转译到现代城市中，不仅能满足和适应现代社会的要求，并且与现代相似的做法相比具备更加低成本、低维护度、高可持续性的特点。

4 落地应用：寒地传统雨洪管理体系的全尺度实践

传统雨洪管理体系与现代雨洪管理体系相对应，是生态治水智慧在生态智慧城镇与乡村中治水方略的具体体现，是服务于生态智慧城镇与乡村的理念方法、理论技术、法规政策和管理机制。

寒地传统雨洪管理体系是寒地生态治水智慧在处理人与自然关系的重要实践载体。而城市设计是促进城市与自然环境和谐统一的重要手段。城市设计具体分为总体城市设计、片区级城市设计和重点地区城市设计。其中总体城市设计应当确定城市风貌特色，保护自然山水格局，优化城市形态格局，明确公共空间体系[23]，而这些城市不同系统的格局恰恰能够辅助回答《生态智慧城镇之长白山行动纲领》中对于多目标均衡、多效益统一和多系统共生的目标要求。片区级城市设计主要注重为保护或强化一个独立片区已有的自然环境和人造环境的特点和开发潜能，提供并建立适宜的操作技术和设计程序[24]。重点地区城市设计则注重与山水自然的共生关系，是激活生态和人的活力及多样性的关键所在，也是实现生态服务与服务生态并举的关键所在。因此，应当更多地使用城市设计这一规划设计手段，落实生态智慧城镇的建设要求。

服务于生态智慧城镇的八大治水方略主要从“水”“木”“生物”“地势”“风”“空间”“光”“社会”八个方面分别开展水敏感性评价、生态敏感性评价、土地适应性评价、风热舒适度评价、形态控制评价、环境舒适度评价、偏好度评价，进而构建起趋利避害的流绿空间体系、调蓄旱涝的安全水敏格局、因地制宜的林团社区体系、功能复合的林荫廊道体系、保护物种多样性的生物安全格局、因地乘便的功能布局、吸纳氧源的通风廊道格局、因地就势的城市形态格局、御寒供暖的阳光场域体系、生态功能的热屏障系统、城乡依恋的公共空间体系、冰雪资源空间利用模式。由此构建起“生态服务与服务生态并举”的八大治水方略设计落实框架（表3-4）。

“生态服务与服务生态并举”的八大治水方略一览表　　表 3-4

要素	评价方式	具体设计内容
水	水敏感性评价	趋利避害的流绿空间体系、调蓄旱涝的安全水敏格局
木	生态敏感性评价	因地制宜的林团社区体系、功能复合的林荫廊道体系
生物	生态敏感性评价	保护物种多样性的生物安全格局
地势	土地适应性评价	因地乘便的功能布局
风	风热舒适度评价	吸纳氧源的通风廊道格局
空间	形态控制评价	因地就势的城市形态格局
光	环境舒适度评价	御寒供暖的阳光场域体系、生态功能的热屏障系统
社会	偏好度评价	城乡依恋的公共空间体系、冰雪资源空间利用模式

而长春市作为长白山生态系统中规模最大的城市，也是中国“四大园林城市”中唯一一个寒地城市，早在 20 世纪 30 代初即在东西方营城思想的共同引导下进行了城市尺度的生态规划及生态实践探索，是我国罕有的较早运用生态规划思想及生态智慧观建设实施的城市[25]。为此，本书选择长春市在城市级、片区级和廊道与功能体层级的全尺度寒地传统雨洪管理体系实践为例，在高度响应国家近些年高度重视的“城市双修”“全面开展国土空间规划”“建设公园城市”等重要战略部署的基础上，详细阐述八大治水方略在寒地传统雨洪管理体系实践中的应用。

4.1　城市级的寒地传统雨洪管理体系实践——《长春市总体城市设计》

总体城市设计是城市级的设计层次，是对城市空间的整体安排，《长春市总体城市设计》是八大治水方略在城市级的完美落地实施。长春市是住房和城乡建设部确定的国家首批城市设计试点城市中少有的严寒地区城市之一[26][27]，而《长春市总体城市设计》是住房和城乡建设部城市设计试点的重点项目，2018 年 11 月已经通过国家级专家委员会的评审以及长春市规委会的审议（已结题）。在《长春市总体城市设计》的编制过程中，从自然山水格局、城市形态与景观格局和活力公共空间体系格局三个方面应用了寒地传统雨洪管理体系，不仅强调构筑自然与城市融合生命共同体，更强调城市的人民属性，满足个性化需求，实现生态服务和服务生态并举。开展了《长春市水敏感性城市空间设计研究专题》《长春市城市风环境评价研究专题》《基于 GIS 的大尺度城市空间形态及其演化专题》《长春市冬季冰雪景观空间设计研究专题》《长春市城市街道设计研究专题》。最终形成了调蓄旱涝的生态水敏格局、功能复合的林荫廊道体系、保护物种多样性的生物安全格局、吸纳氧源的通风廊道格局等服务生态的城市廊道和功能体，提升了城市的高可持续性。

4.1.1　水要素——调蓄旱涝的安全水敏格局

结合长春地形地貌、水系分布特点，因地依势构建水安全问题的海绵廊道，形成“流绿穿城、绿楔入城”的调蓄旱涝的安全水敏格局。通过梳理长春各类生态系统，包括江河流域、湖泊湿地、河道、驳岸等水体现状情况，发现原有流绿空间绿楔设计不精准，导致雨洪管理效能未达到最大值。通过对长春地形地貌进行 GIS 分析，选取低洼地段将绿楔串联形成连续的生态网络，最终提出自然山水格局多类生态系统的修正，应以“提密 + 加点”为思路进行系统调蓄。以此沿现状河流和街道加密海绵廊道，在大面积低洼区域建设绿色板块；以水系、绿廊链接板块，组成系统生态环网。其做法为长春市新增了生态用地面积 50 多 km^2，使得生态空间品质有所保证 [28]。通过对长春市易涝点与水文敏感区识别，为保护自然山水格局提出规划方案与手段，突出长春市在北国寒地城市中，水网密布的空间肌理。对城区水系进行生态处理，明渠、暗渠的逐步河流化，使得城市水系在抗旱、防洪、排涝方面发挥更重要的作用。经过规划调整后，同时通过生态廊道建设、水系恢复，水系拓宽，水面率依然可以达到 4.70%。远景上绿道逐步水系化、拓宽化，水系逐步恢复、暗渠转明、明渠复岸，水面率可以达到 4.80%（图 3-11）。

4.1.2　木要素——功能复合的林荫廊道体系

根据长春市现有道路的绿量及尺度对比，结合极具长春特色的街路形成保证市民能够快速到达流绿空间及城市外围楔装绿地的、具备四种功能的城市林荫道：畅游流绿空间的林荫道、连接 TOD（以公共交通为导向开发）站点与流绿空间的林荫道、连接流绿空间之间的林荫道、连接流绿空间与郊野公园的林荫道（图 3-12）。

畅游流绿空间的林荫道是指以步行体验为主、保证市民全程安全畅游在流绿空间的林荫道。结合伊通河、东新开河、小河沿子河、5 条历史水系等流绿空间，形成多条特色林荫道。连接 TOD（以公共交通为导向开发）站点与流绿空间的林荫道是指以步行体验为主、保证市民能够从轨道换乘中心 15min 安全到达流绿空间的林荫道，结合轨道站点与流绿空间的分布，形成风景优美的林荫道体系。连接流绿空间之间的林荫道是指以车行体验为主、保证市民安全游览在流绿空间之间的林荫道，结合头道沟、二道沟、老虎沟、黄瓜沟、兴隆沟 5 条历史水系等流绿空间及南四环等城市道路，形成 12 条特色林荫道。连接流绿空间与郊野公园的林荫道是指车行体验为主，保证市民安全往返城市外围郊野公园能够持续感受森林城特色的林荫道，结合主城区连接外围组团的道路，形成 10 条特色林荫道。

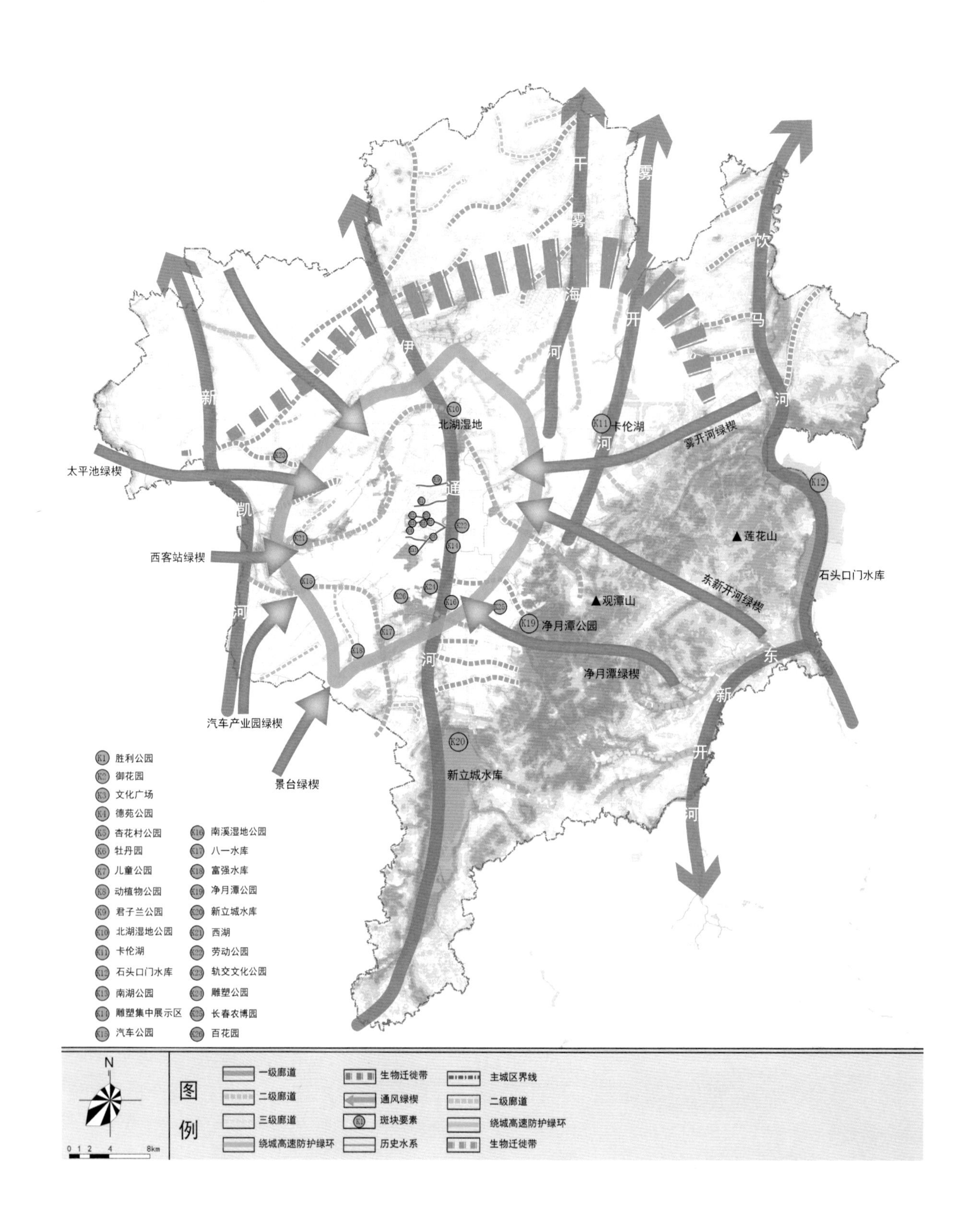

图 3-11　长春市生态水敏格局分析图
（图片来源：《长春市水敏感性城空间设计研究专题》项目文本）

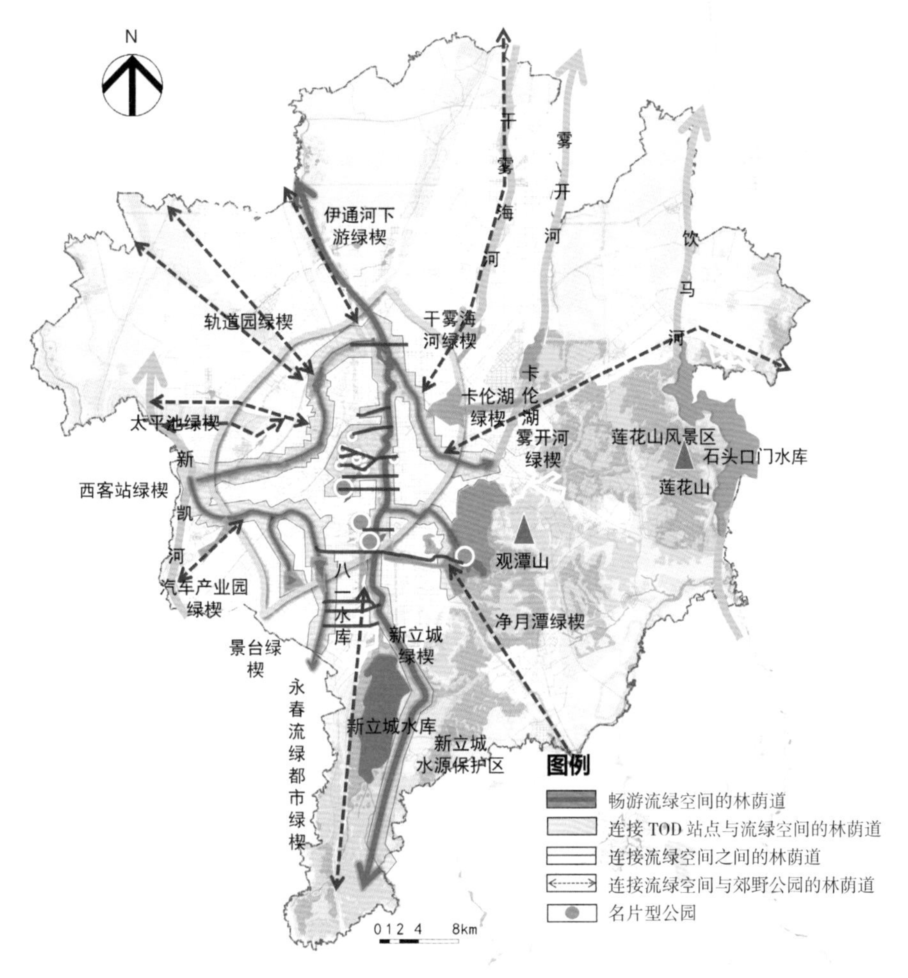

图 3-12 长春市林荫廊道体系分析图
（图片来源：《长春市总体城市设计（2017—2035）》项目文本）

4.1.3 生物要素——保护物种多样性的生物安全格局

秉承天人合一的哲学理念，在生物生态适应性基础上，遵循人与自然共生原则，实现万物生态和谐，构建保护物种多样性的生物安全格局。由于市区及郊区河道遭受严重污染及掩埋，湿地的生物生境、生态效益随着这些湿地功能消失而不复存在，部分物种已极少在长春出现。面对以水为核心的栖息地被破坏占用，生物多样性面临威胁，亟需保证生态环境的健康稳定及生物多样性，进行生物安全格局的构建[28]。

在适宜性评价的基础上构建生物安全格局，恢复城市生态效益。首先选取长春市三类代表性物种，以其生态安全格局的叠加结果作为长春的生态格局，通过确定指示物种，根据其生态习性，判别该物种的核心栖息地，将其作为物种空间运动的"源"。其次根据土地利用、海拔、坡度等因素对物种运动的影响建立景观阻力面进行空间分析，判别得到缓冲区、源间连接、辐射道以及战略点。最后长春市通过识别将天鹅、绿头鸭、环颈雉栖息习性得到的安全格局依次叠加，构建生物保护安全格局，并划分为低、中、高三种安全水平，识别得到四轴、四核的生物廊道体系。四轴是指 1 条承担起生物生存和迁徙功能的伊通河生态主轴，3 条承担起生物生存和迁徙功能的生态副轴。四核代表 2 个承担起生物生存和迁徙功能的生态主核，2 个承担起生物生存和迁徙功能的生态副核（图 3-13）。

4.1.4 风要素——吸纳氧源的通风廊道格局

长春市氧源地位于东南方向的大黑山脉，其森林资源较为丰富，但东南生态涵养区的风、水、绿、氧难以渗透全城区。为此《长春市总体城市设计》利用大黑山脉因地势所形成的“下坡风”，通过构建通风廊道，限制风道所经区域的开发建设，可有效将新鲜空气引入城市内部。对此在总体城市设计的“流绿林城”自然山水格局基础上，结合长春市具有强通风潜力的主要交通线路，顺应西 - 西南的盛行风向进行布局规划。划定了能有效吸纳氧源的主次两级风道空间结构，包括 6 条主风道和 22 条次风道（图 3-14）。

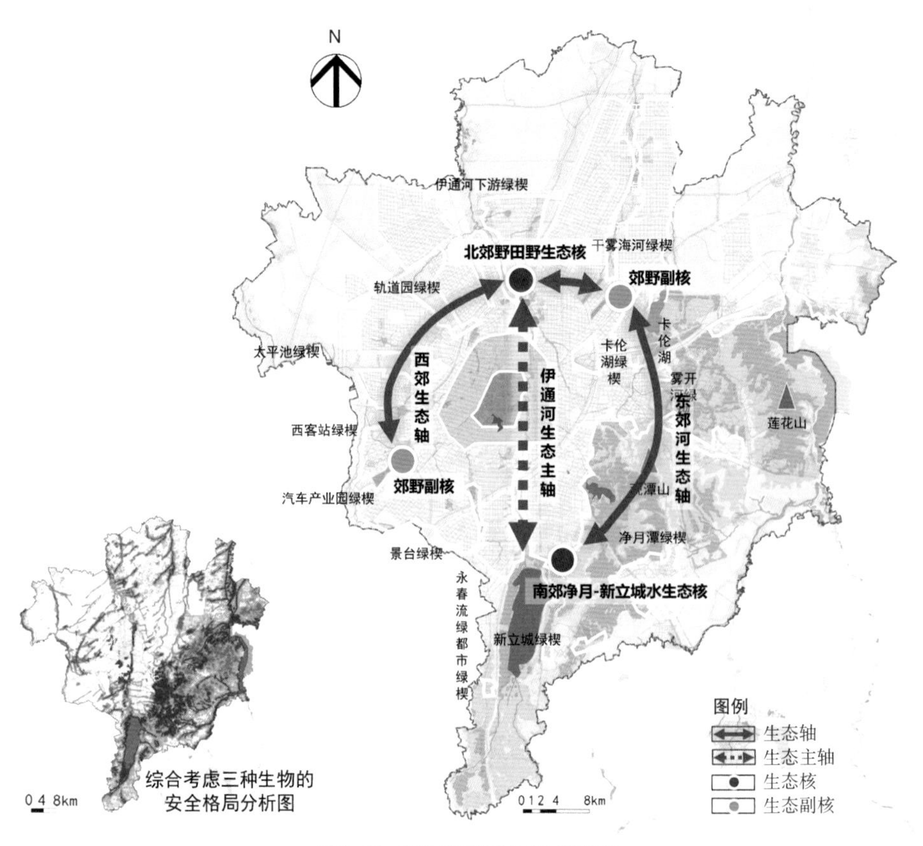

图 3-13 长春市生物安全格局分析图
（图片来源：《长春市总体城市设计（2017—2035）》项目文本）

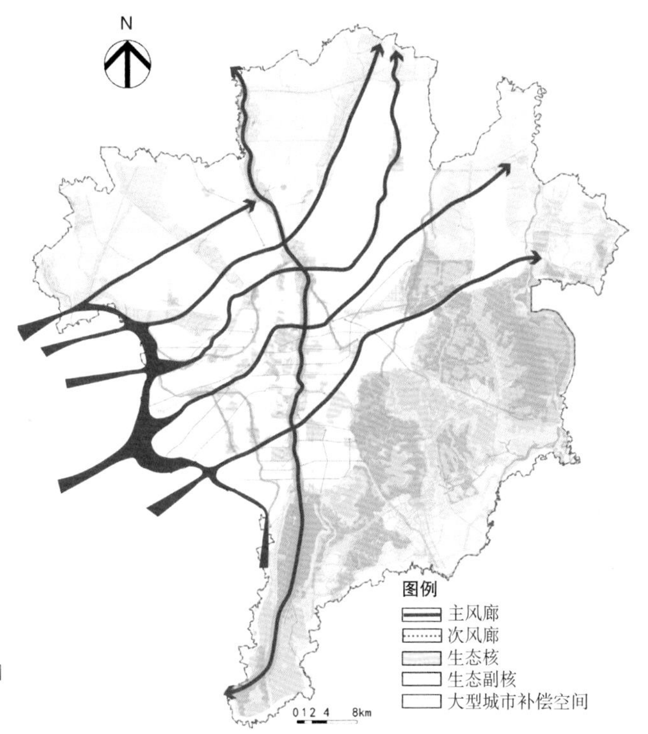

图 3-14　长春市通风廊道格局分析图
（图片来源：《长春市城市风环境评价研究专题》项目文本）

主风道以城市盛行风为主要参考依据，特别是软轻风条件下，将外围的风资源导入城市内部。流绿体系中的永春流绿都市绿楔、景台绿楔、汽车产业园绿楔、西客站绿楔以及太平池绿楔五条规划绿楔，以及贯通南北的伊通河，均正好处于城市盛行风向上风口，应作为城市主要风道，引导盛行风资源进入城市。进一步依托“流绿林城”自然山水格局，结合长春市西 - 西南风盛行风向下具有较强通风潜力的主要道路 / 铁路线走向及带状绿地进行布局。

次级风道主要由导入东部大黑山脉带来的高品质空气，并承接主风道，将风资源进一步引入城市深处。作为大型林地及绿地，东部大黑山脉有引起局部绿地风环流系统的潜力。同时东部大黑山脉地区空气品质多为 1 ~ 2 类，空气品质较好，虽然东南部未与城市盛行风向一致，但是由于低山丘陵和莲花山、净月潭等生态品质优异的密植林区存在，属于高品质氧源绿地，应考虑通过风道将清洁空气引入城内。

此外，面对长春市冬季雾霾现象严重问题，《长春市总体城市设计》提出利用山前地区构建引风廊道将风源新鲜空气引入城市。长春市东南部山前地区拥有较为明显的山地特征，林地茂密，是长春市最大的森林覆盖区，也是新风氧源区[29]（图 3-15）。相关领域学者在对长春市进行 24h 风向监测过程中发现，该山地区域会出现典型的“下坡风”现象[30]。因此，为项目组将氧源回流主城区提供了难能可贵的风资源及破解途径。

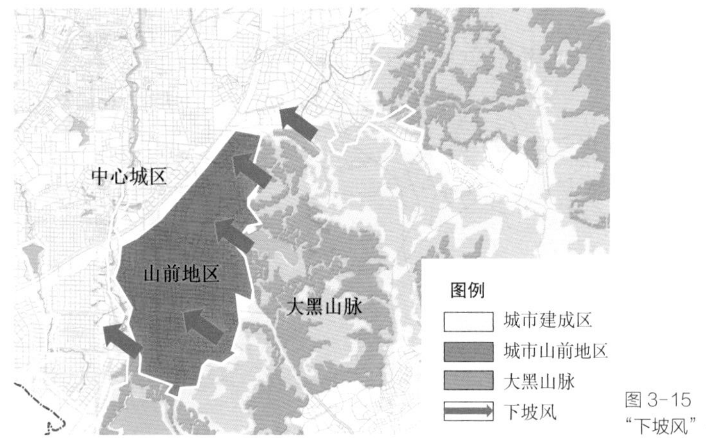

图 3-15　长春市东南部区域“下坡风”分析图

基于对山地所形成“下坡风”利用，通过与其他城市对比（表 3-5），《长春市总体城市设计》项目组通过严格控制山前区域“下坡风”引风廊道流经区域的开发强度，助力形成了将氧源地新风氧源引风回流城市的方案格局，从而实现了氧源地与主导风向矛盾问题的破解。通过对长春市净月区构建通风廊道前后风环境进行 CFD 模拟，对比发现通风廊道内的风速比构建前明显加快 0.5m/s 左右（图 3-16），因此在山前地区构建引风廊道可有效地将新鲜冷空气引入城市内部。

山前地区引风廊道构建策略[31][32]　　表 3-5

城市	引风廊道构建策略
广州	通过限制建筑开发强度，构建引风廊道，将白云山产生的新鲜冷空气引入城市内部
斯图加特	颁布《山坡地带规划控制指引》，并设置通风廊道将山坡地的冷空气引入城市内部

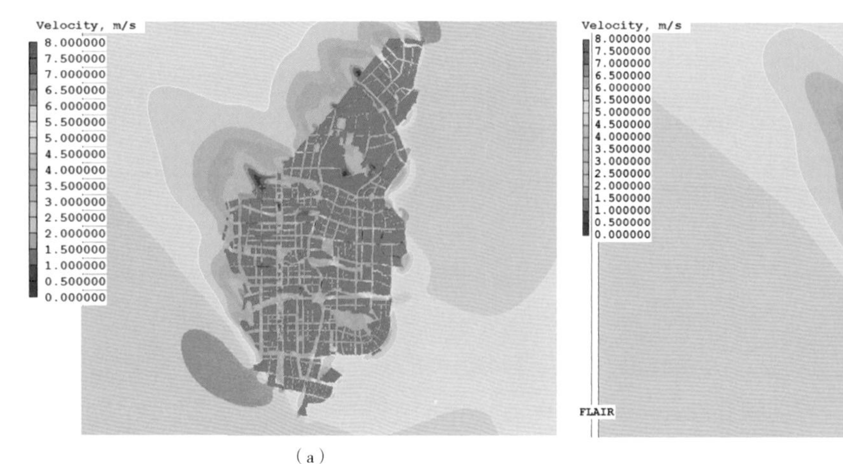

（a）

（b）

图 3-16　长春市山前区通风廊道构建前后风环境对比图
（a）通风廊道构建前；（b）通风廊道构建后

为强化通风廊道中对于“下坡风”借用的引风回流效果，应对引风回流廊道所经地区具体的地块控制指标进行导控。引风廊道内部的建筑形态以及引风廊道与“下坡风”风向夹角等因素对引风效果有较大影响。因此《长春市总体城市设计》中严格控制引风廊道中建筑形态各项指标，以便减弱对于引风效果的阻挡。结合引风廊道区域为城市二级风道的评价结果，确定该片区风廊宽度为宜大于 80m，街道高宽比不小于 1，建筑密度宜小于 30%，相邻区域的开放度宜大于 30%，以实现引风廊道的引风效果。

吸纳氧源的通风廊道格局的构建，能够有效加强长春市高空通风效果的同时，实现人行高度热舒适的显著提升，并有效改善长春市冬季雾霾严重的城市问题。

4.1.5 空间要素——总体空间形态数字化推演

《长春市总体城市设计》以 GIS 为平台，结合上位规划和城市山水格局，提出“因子评价 + 模型修正”的评价体系，对城市形态格局进行相关推演。首先，在城市规划区范围内，剔除出已经建成的且质量较好的地块，其余可建设用地纳入建筑高度的控制范围。其次，综合分析现状的区位、历史、文脉、交通、生态等因素，以及四大特色资源控制因子，包括流绿林城、中西城韵、疏朗冰爽和 TOD 导向下的名片型意向区，选定建筑高度的影响因子，并分别针对影响城市高度建设的因子进行单因子评价，进行单因子的修正，综合单因子因素，得到多因子的打分和高度分布。最后，在高度理论值确定的基础上，加入城市现状的经济发展诉求以及自上而下的规划要求，对其他的局部影响因素，包括生态安全等原则，在空间上对基准模型进行论证及修正，最终得到适宜的高度评价值。

由于城市形态的控制并不是单个因子所能控制的，所以需要对上述分析结果进行叠加分析，通过加权叠加和主成分分析等空间分析方法，获得长春市在未来不同的发展模式下的城市形态引导分析。通过客观地综合有关历史文化保护、生态环境保护、城市规划设计管理和社会经济科学研究等领域专家学者的经验与判断，确定了城市形态控制因子及特色资源因子的权重。

城市形态因子分为正向因子与负向因子两类，城市形态控制因子中的正向因子包括房价、人口活力、市级中心、区级中心、路网密度、轨道交通站点、公交站点密度和绿化景观，负向因子包括山体景观和水体景观（图 3-17）。

城市特色资源因子中正向因子包括市郊公园、流绿廊道、城市发展纵轴、城市功能横轴、特色风貌展示区、特色风貌展示核心、清爽慢行空间、冰雪风貌景观带、城市中心广场、舒适活力街区以及城市意象区的 TOD 型高活力中心。其中负向因子为城市级生态水系、生态绿楔、山体景观，并形成了其具体的因子权重 GIS 分析图（图 3-18）。

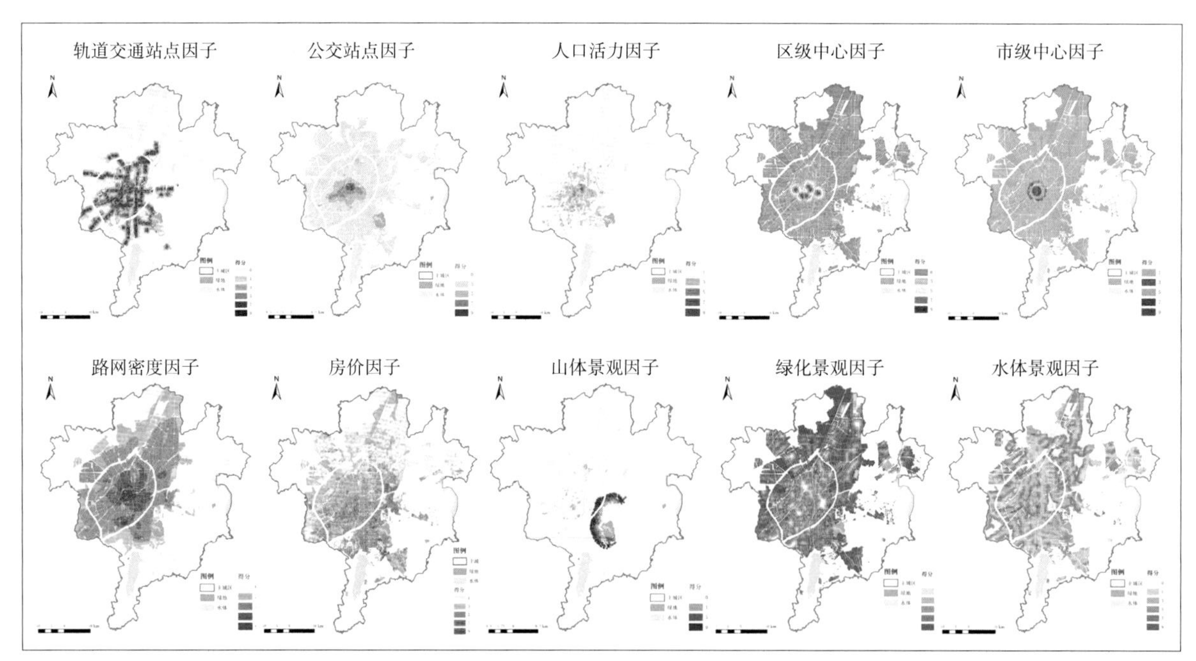

图 3-17 《长春总体城市设计》城市控制因子评价分析图
（图片来源：《基于 GIS 的大尺度城市空间形态及其演化专题》项目文本）

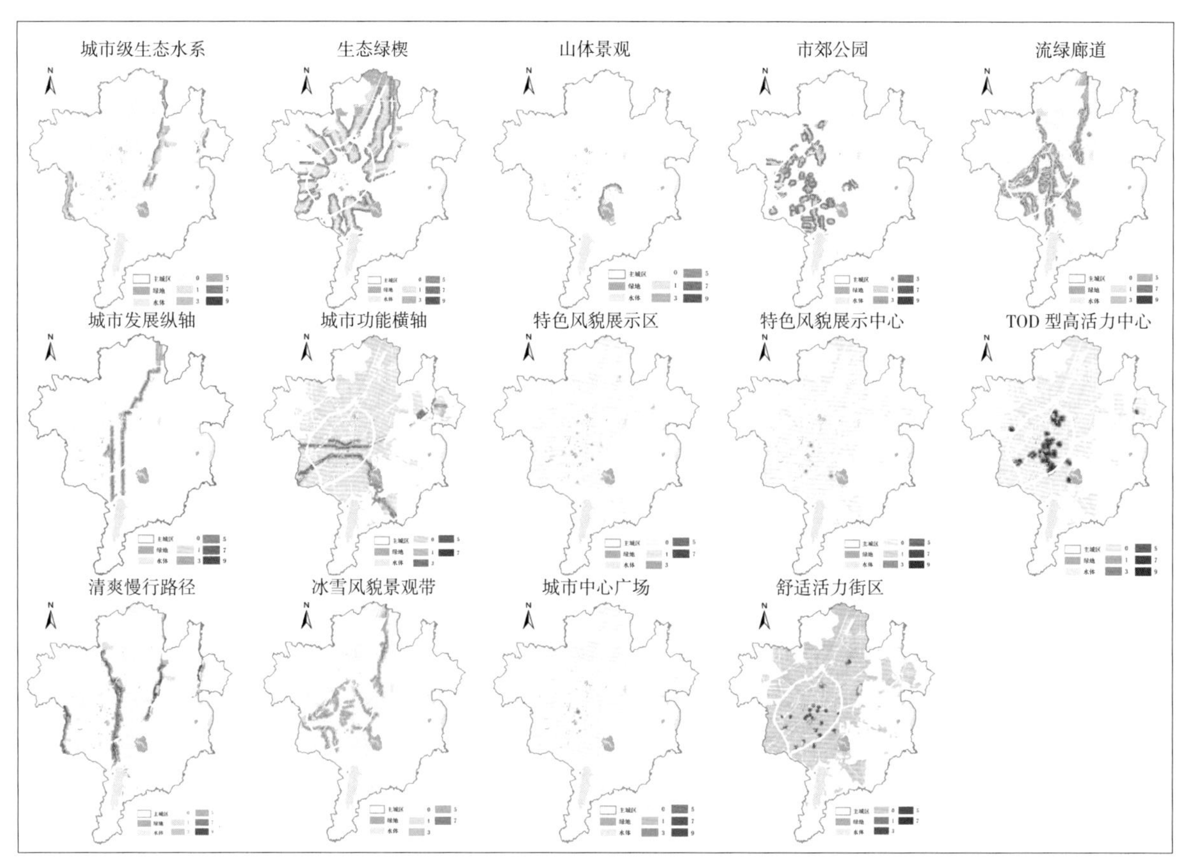

图 3-18 《长春总体城市设计》特色资源因子评价分析图
（图片来源：《基于 GIS 的大尺度城市空间形态及其演化专题》项目文本）

最后在 ArcGIS 平台上通过多因子叠加分析法，得到《长春市总体城市设计》的形态格局分析图（图 3-19）。在分析图中对应的分值越高，地块区域颜色越深，代表高度越高；反之，分值越低，地块颜色越浅，对应的高度控制更为严格，高度越低。

4.1.6　社会要素——冰雪资源的空间利用模式

为了促进公众对冰雪资源利用的参与，提升公众的满意度，为建设城市空间进行冰雪资源的空间利用提供科学的投资与决策，在《长春市总体城市设计》项目开展过程中对长春市居民对于冰雪资源利用的基本认知及空间利用偏好进行统计。由于冰雪资源空间利用是兼顾场地的客观属性和参与设计人员的主观判断的，呈现多目标、多属性的特征。因此，该项目不仅随机对长春市居民发放大量问卷，还针对部分空间建设专业问题也对相关规划、建设部门及科研院所进行专家调查。这些专家均常年从事景观、建筑及规划设计的实践和研究工作，对于城市空间的设计内容有着一定的理论研究和实践基础，同时对于城市规划中项目的适宜选址有一定的专业能力和实践经验，可以有效掌握和权衡设计影响因素[33]。其中，对长春市普通居民实地发放问卷 860 份，回收 856 份，回收率 99.53%，同时在网上调查平台发放问卷，回收 146 份，总计回收的问卷数量 1002 份。对专家总共发放了 100 份问卷，回收 89 份，回收率 89%。100 名专家互不知情、各自独立对问卷中的内容进行填写，通过综合统计专家的评价结果对居民统计结果进行指导。

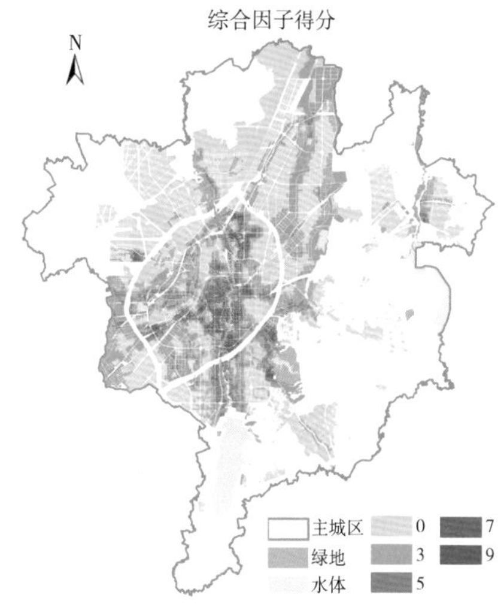

图 3-19 《长春市总体城市设计》形态格局图分析图
（图片来源：《基于 GIS 的大尺度城市空间形态及其演化专题》项目文本）

公众偏好是通过对长春市居民对于冰雪资源利用偏好的调查发现，85.5% 居民认为有必要将城市降雪作为一种资源进行利用，6.5% 的居民认为没有必要；同时只有 8.1% 的居民认为当前城市对冰雪资源进行了利用

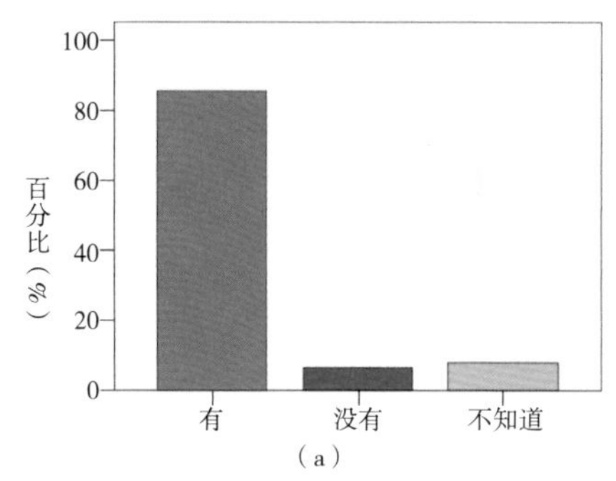

（a）

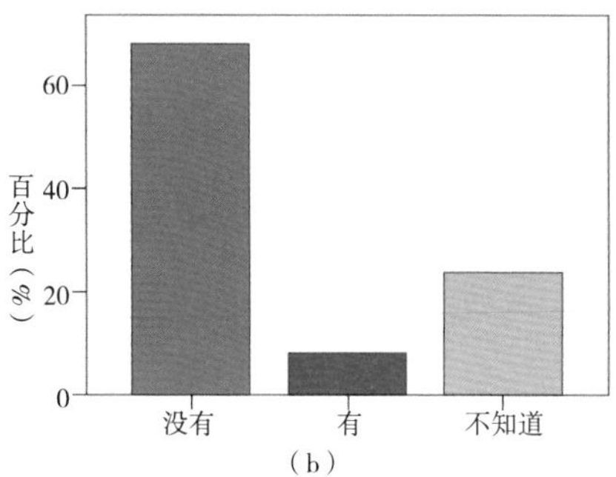

（b）

图 3-20　长春市冰雪资源利用基本认知统计分析图
（a）是否有必要对冰雪资源进行利用图；
（b）是否对冰雪资源进行了利用图

（图 3-20）。说明被调查者对冰雪资源利用的需求强烈及长春市在这方面的严重不足。

专家偏好是统计专家对冰雪资源的利用偏好，结果显示 93.41% 的专家认为有必要将城市降雪作为一种资源进行利用。

专家与公众对于冰雪资源利用的观点一致，说明无论是从专业、科学的角度还是从公众利益角度出发，都迫切地需要对冰雪资源进行利用。

（1）支付形式偏好

在实际中，对冰雪资源的利用需要考虑真实的支付方式，而公众多对于收取清雪费等方法存在异议，为了能够促使公众权利的行使，保证未来实施过程中的顺利进行，在调查表中设计了不同支付形式（表 3-6）。

支付形式的统计表 [33] 表 3-6

支付方式	频率	百分比
作为部分水费、电费	101	17.4%
作为冰雪景观的门票	214	37.0%
以纳“生态税”“环境税”形式上交给国家统一支配	236	40.8%
向有关机构捐款	105	18.1%
刷卡或通过网上银行进行	147	25.4%
其他	6	1.0%

结果显示，有支付意愿的 579 人中，选择从部分水费、电费里出的占 17.4%；选择作为冰雪景观的门票的占 37%；选择以纳“生态税”“环境税”形式上交给国家统一支配的占 40.8%；选择刷卡或通过网上银行进行的占 25.4%；选择向有关机构捐款的占 18.1%；其他形式的占 1.0%。在愿意支付的被调查者中，以纳“生态税”“环境税”形式上交给国家统一支配的比例最大。

（2）利用方式偏好

在不考虑当前技术水平的条件下，用调查介绍作为向公众宣讲冰雪资源利用形式的途径，让长春市居民能够切实表达自己对于采取何种空间形式对城市冰雪资源进行利用的偏好及建议，并用之于辅助决策。同时也作为一种专家咨询的模式，用问卷调查作为向专家咨询冰雪资源空间利用的途径，让专家能够从专业角度提供科学的、合理的建议。

公众偏好是在长春市冰雪资源空间利用方式的选择中，应该尊重与考虑主要受益群体——长春市常住居民的意见，通过居民的集思广益，形成正确的服从民意的政府决策。因此对 940 份有效问卷按照冰雪资源空间利用形式的偏好数据进行统计（表 3-7），则长春市居民对冰雪资源空间利用的偏好为：49.1% 的市民选择优先将冰雪资源利用空间作为生态空间利用；37.6% 的市民选择将冰雪资源利用空间作为城市景观空间进行利用；33.8% 的市民选择将冰雪资源利用空间作为水资源进行空间利用；31.6% 的市民选择将冰雪资源利用空间作为城市冰雪运动场所；29.1% 的市民选择将冰雪资源利用空间作为天然冷源空间利用。

940 份有效问卷对于冰雪资源空间利用方式的选择排序表[33]　　表 3-7

冰雪资源空间利用方式（N=940）	频率	百分比
1. 作为生态空间利用。通过融雪水的下渗涵养地下水源，调节城市微气候	462	49.1%
2. 作为城市景观空间。提升城市形象	353	37.6%
3. 作为水资源空间利用。将融雪水作为城市生活生产用水	318	33.8%
4. 作为城市冰雪运动场所，丰富冬季活动	297	31.6%
5. 作为天然冷源空间利用。作为城市生活生产制冷能源	274	29.1%
6. 其他	7	0.7%

专家偏好是在长春市冰雪资源空间利用方式的选择中，同样应该遵循相关规划、建设部门及科研院所专家的建议，形成正确科学指导，并对市民的选择结果提供修正作用。因此对 91 份有效专家调查问卷的偏好数据进行统计调查，专家对冰雪资源空间利用的偏好为：89.0% 的专家选择作为生态空间利用；75.8% 的专家选择作为水资源进行空间利用；71.4% 的专家选择作为天然冷源空间利用；62.6% 的专家选择作为城市景观空间进行利用；56.0% 的专家选择作为城市冰雪运动场所（表 3-8）。

91 份有效专家问卷对于冰雪资源空间利用方式的选择排序表[33]　　表 3-8

冰雪资源空间利用方式（N=91）	频率	百分比
1. 作为生态空间利用。通过融雪水的下渗，涵养地下水源，调节城市微气候	81	89.0%
2. 作为水资源进行空间利用。将融雪水作为城市生活生产用水	69	75.8%
3. 作为天然冷源空间利用。作为城市生活生产制冷能源	65	71.4%
4. 作为城市景观空间。提升城市形象	57	62.6%
5. 作为城市冰雪运动场所，丰富冬季活动	51	56.0%
6. 其他	3	3.3%

由于专家与公众的出发点不同，因此对于冰雪资源利用的观点存在出入。专家多从技术以及利用率的角度出发，公众多从自身利益出发，对冰雪资源空间利用的认知来源于生活。因此专业的判断与社会民众利益有出入很正常，两者之间的差异也是专家发言的意义，专家需要考虑民众常情，但是公众也要尊重专业和科学。

对于冰雪资源不同空间利用方式进行重要性排序的统计中，由于在《长春市总体城市设计》过程中，主要是对长春市居民的偏好进行评价，故确定权重时以公众问卷的重要性为主要依据，专家问卷作为参考校正。

对城市冰雪资源进行空间利用无疑是应对城市降雪的最优手段。但是考虑到实际生活中对与交通及出行的安全及效率保障，可以以空间利用为主，融雪剂融雪为辅。同时，使用融雪剂应遵循以下几个原则：利用区域仅考虑在城市主要交通干道，确保城市交通环境的畅通；对于融雪剂融化的冰雪资源进行独立的收集，经过净化及脱盐处理后可进行二次利用。

（3）生态空间利用的模式。根据长春市居民及相关专家的偏好，将生态空间利用模式作为优先推荐模式。结合国外生态空间的借鉴，总结了生态空间的利用模式（图 3-21）：利用城市空间收集积雪，将积雪融化成融雪水。通过融雪水下渗来净化水质，达到涵养地下水源的作用；或者通过融雪水的蒸发，扩大冷岛影响范围，从而调节城市微气候。因此，生态功能利用的空间形式可提炼为两种城市空间形式：结合海绵设施空间进行利用；结合城市绿化空间利用。

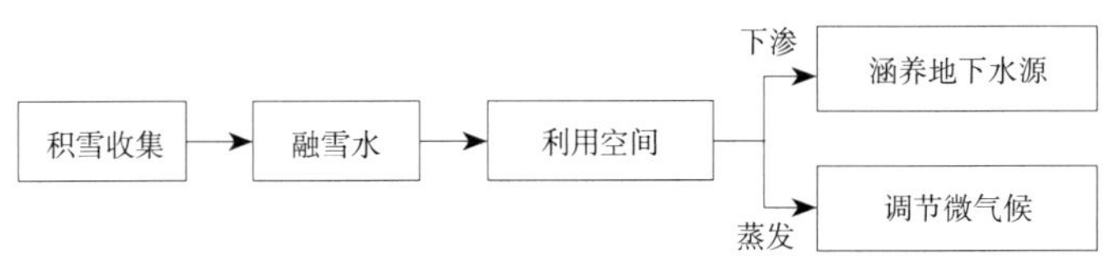

图 3-21　生态空间利用模式框图

（4）城市景观空间利用的模式。根据长春市居民及相关专家的偏好，将城市景观空间利用模式作为优先推荐模式之一。虽然冬季城市降雪给寒地城市的发展带来了负面的影响，但同时由于冰雪资源的景观化利用能够美化城市环境，塑造城市形象，与城市的地域文化的相结合能够带来更丰富多彩的人文景观。因此，冬季雪景观利用的空间形式可提炼为两种城市空间形态：设置专业化的景观场所；结合城市广场利用。

（5）水资源空间利用模式。根据长春市居民及相关专家的偏好，将水资源空间利用模式作为次级推荐模式。根据上文国外水资源利用空间的借鉴，总结了融雪空间的利用模式（图 3-22）：适当建设融雪水利用空间，将下渗的融雪水进行储存并利用。而将溢流出的超过耐淹范围的融雪水引至市政管网，或可结合利用空间增加渗管或渗渠等设施，有助于融雪水的下渗与储存[34]。

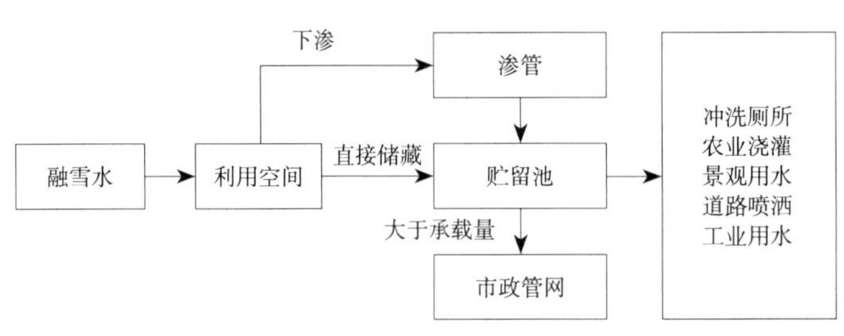

图 3-22　融雪水空间利用模式框图

根据上文进一步提炼了可作为水资源空间利用的三种城市空间形态：结合城市广场空间进行利用；结合地下空间进行融雪，并对融雪水进行储存；结合城市绿化空间利用。

（6）冰雪运动空间利用模式。根据长春市居民及相关专家的偏好，将水资源空间利用模式作为次级推荐模式。长春市冬季温度适宜、雪质良好、积雪深厚且时期长，为冰雪运动的发展提供了良好的气候条件。这些潜在的条件为长春市大力发展大众冰雪运动作出了贡献。

根据上文国外冰雪运动空间的借鉴，可作为冰雪运动利用的空间形式提炼为三种城市空间形态：设置专业化的运动场所；结合城市广场空间利用；利用城市水景观空间。

（7）天然冷源空间利用模式。根据上文国外冷源利用空间的借鉴，总结了空间的利用模式（图 3-23）：可进行冰雪冷源利用的空间一般为建立地下或地上高密度储雪站，进行积雪收集。将过滤清除垃圾后的积雪压实成型，通过冷热交换为建筑提供降温冷源，同时融化的雪水可进行二次利用。

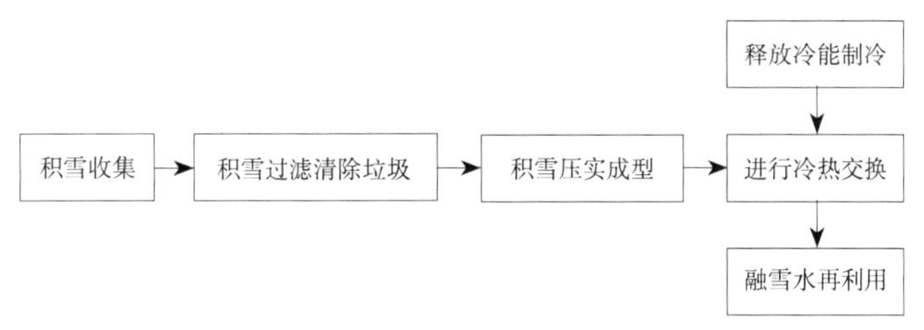

图 3-23　储雪站运行流程框图

进一步将可作为天然冷源利用的空间形式提炼为一种城市空间形态：结合城市地下空间进行储雪并利用。

推荐使用的具体空间利用模式——绿地消纳分隔带。分隔带应根据所需积雪的消纳量为依据进行设计，并将灌木植被形成围合空间，同时根据需要适当降低地形来收集积蓄融雪水[35]。最终根据围合形成的空间对积雪进行消纳。该消纳积雪分隔带可与多种功能场地相结合设置，例如与雨水花园、湿地、生态停车场、广场等空间共同设置（图 3-24）；也可在道路两侧单独设置。

根据前文模式的总结，推荐地下空间的具体利用模式（图 3-25）。通过就近设置地下融雪或储雪空间，先通过筛网截住了树枝、石块等垃圾，其次积雪融化后通过溢流的方式排入中水管道，有效防止积雪直接进入管道[36]。而通过合理的规划地下冰雪资源利用空间，使环卫工人就近根据分区倾倒积雪，提高了冰雪资源的利用效率和清雪速率，还可兼作收集积蓄雨水，进行净化利用。

4.1.7　小结

《长春市总体城市设计》是将生态服务与服务生态的八大治水方略进行完美应

图 3-24　结合生态停车场的消纳积雪分隔带效果图

图 3-25　地下融雪空间设计效果图

用的典型案例之一。不仅在生态服务方面，利用城市中高品质的生态环境为城市居民构建复合的林荫廊道体系、吸纳氧源的通风廊道格局，并且在服务生态方面，为自然界其他生物构建保护物种多样性的生物安全格局、调蓄旱涝的安全水敏格局，为生物构建迁徙廊道，以保证生态环境的健康稳定及生物多样性。这使得我们在利用自然收益的同时，极大培育了自然的活力与丰饶。

4.2　片区级的寒地传统雨洪管理体系实践——《长春新区总体城市设计》

片区型城市设计是分区级的城市设计层次，是对总体城市设计的进一步细化，《长春新区总体城市设计》是八大治水方略在片区级寒地传统雨洪管理体系实践中完美落地的典型案例。2016 年 2 月 3 日，国务院批复同意设立长春新区，是我国第 17 个国家级新区。长春新区成立之初，便将“生态智慧”明确列入城市核心发展目标，标志着“生态智慧”理念的落地性突破，也使得长春新区走在了国际、国内该领域的最前沿，形成了“领头雁”的主导趋势。为此，长春新区于 2019 年 6 月已评审通过并实施《长春新区总体城市设计》，并明确提出“北方生态智慧创新城”的目标定位，贯彻落实和响应国务院建立统一的国土空间规划体系[37]、构建生态屏障、生态廊道和生态系统保护格局[38]、坚持山水林田湖草生命共同体理念[39]等的战略部署要求，以期全力构建安全稳定的生态格局、塑造高品质的宜居环境、建设绿色低碳的人居空间、增强城市系统的高可持续性和低维护度、打造独具特色的北方寒地生态智慧城市，标志着“生态智慧”理念的成果得到政府层面的高度认可，进入真正的城乡实践。

其中，自然山水格局重点构建绿色健康永续的山水林田城市，增强高可持续性，以关注自然资源、地形地貌特征为主，营造因地制宜、因地乘便、趋利避害的人居环境，结合多种数据分析，划定生态保护区及农业区及形成高可持续性的山水林田城市。

城市形态与景观格局重点构建多维系统融贯的寒地生态城市，以关注多元发展，融贯寒地特色为主，基于底线思维，确定开发强度，从用地规模到空间容量，打造疏密有致的特色寒地城市形态。通过建筑风貌体系、TOD 开发廊道体系和阳光场域体系等多维系统，形成长春新区独特的城市形态与风貌。

活力公共空间体系格局重点构建地域生态文化的国际乡梓城市，以关注灾害安全为主，结合地域生态文化资源提升城市系统的低维护度，打造更具活力、更舒适、低维护成本多样特色的公共空间，营造高尚乡梓的归属感，打造家园记忆场所体系、寒地城市景观体系、乡野化的生态休闲体系。

4.2.1 水要素——让大自然做功的生态安全体系

针对生态安全问题：结合长春新区自身地形地貌，以“因地乘便、让大自然做功”为原则，构建实施型的应对灾害的生态安全体系，增强长春新区应对气候保障城市安全的能力。长春市降水量集中在夏季，容易导致城市内涝现象发生，因此通过对长春新区的高程、坡度和汇水分析（图 3-26），识别区域的自然汇水路径打造永续的、因地乘便的排水防涝系统（图 3-27）。同时可以结合排水防涝系统与绿地分布，

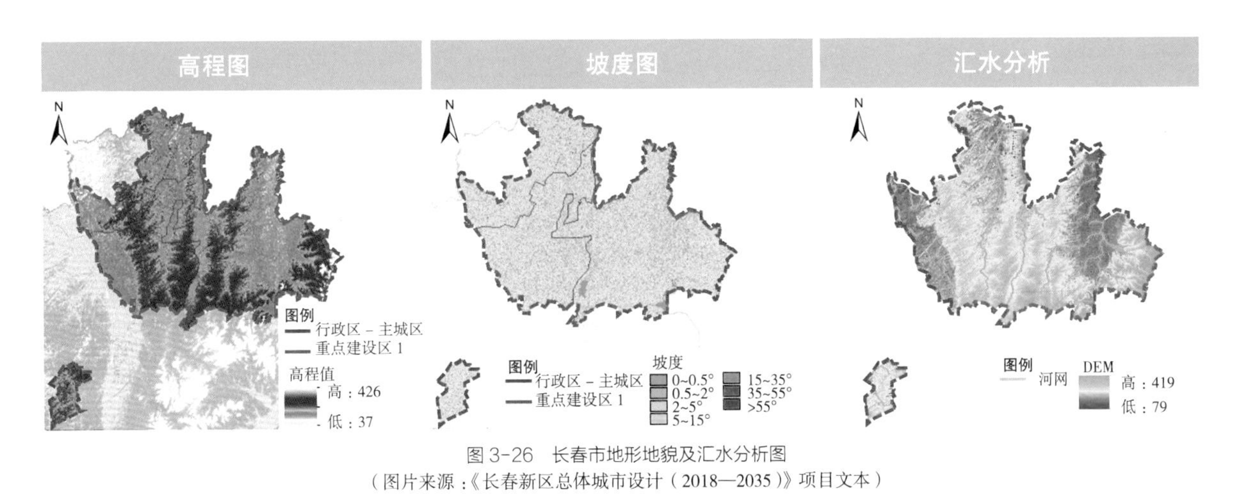

图 3-26 长春市地形地貌及汇水分析图
（图片来源：《长春新区总体城市设计（2018—2035）》项目文本）

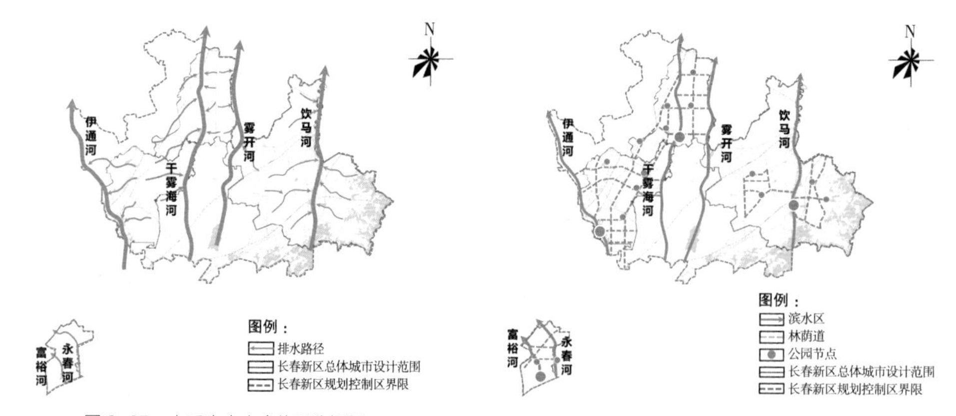

图 3-27 水系生态安全体系分析图
（图片来源：《长春新区总体城市设计（2018—2035）》项目文本）

图 3-28 生态安全体系分析图
（图片来源：《长春新区总体城市设计（2018—2035）》项目文本）

选定林荫道，构建“水脉 + 绿网 + 公园”的生态安全体系，实现生态的高可持续性（图 3-28）。

4.2.2 光要素——应对寒地气候的阳光场域体系

为破解冬季街墙长期处于阴影面的困境，构建阳光场域体系，有效增加街道的阳光覆盖面积，并保障城市街道人行空间冬至日接受日照的时长不低于 2h，优化寒地街道的光环境舒适度。长春新区共形成 4 种模式（图 3-29）：①北向退台式，建议道路南侧建筑采用“顶层退台 + 屋顶花园”的建筑形式；②南向退让式，建议适当增加道路南侧建筑的退线距离；③“开口”处理式，道路南侧建筑沿街长度超过 150m，进行“开口”处理，人行道采取“北窄南宽”的方式，建议适当增加道路南侧建筑的退线距离；④街墙高度处理式，建议对南侧街墙高度进行导控，错落有致。

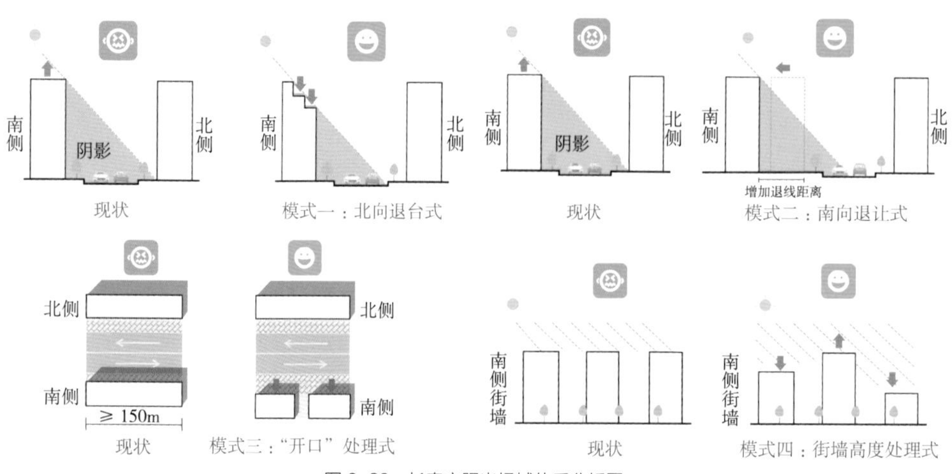

图 3-29 长春市阳光场域体系分析图
（图片来源：《长春新区总体城市设计（2018—2035）》项目文本）

4.2.3 光要素——提升寒地冬季生态人居环境的热屏障系统

针对寒地城市绿色基础设施中植物在冬季无法存活以发挥生态功能以及人的室外舒适性体验差的问题，提出热屏障系统的概念，将绿色基础设施、人以及温室有机整合。结合长春新区的空间形式确定 4 种热屏障模式（表 3-9），它可以为冬季的植物创造比较适合的环境，延长冬季植物的生长季，使其发挥生态功能，在应对气候的变化和自然灾害方面具备一定的“弹性”，同时也为寒地的人们提供一个良好的生态人居环境，在创造其生态价值的同时，植入人的审美需求与行为需求使其景观化和多功能化，增强寒地城市冬季的景观观赏性和提升城市活力。

4.2.4 社会要素——营造乡梓情愫的家园记忆场所体系

为提升长春新区市民的乡梓情愫与归属感，基于动态人群活力分析和调查问卷分析,将主观数据与客观数据结合识别活力区。通过对区域休息日与工作日活力分析、用电量分析和就业人口聚集地分析，识别区域高人口活力区分布（图 3-30）。结合调查问卷分析及访谈，识别长春新区具有代表性的城市名片（图 3-31），最终依托长春新区特色资源与文化优势，打造 3 处具有高活力的家园记忆场所，结合新区多元文化产业优势打造 8 处国际范十足的多元文化体验区，尽显市民的归属感与乡梓情愫。

四类热屏障模式表　　表 3-9

类型	效果图	剖面图
独立阳光温室：一般作为标志性建筑，提供公共空间、花园		
建筑附属阳光温室：附属于建筑，一般作为出入口空间		
建筑间阳光温室：与建筑结合，形成室内阳光街道、公共空间		
水廊道阳光温室：与水体结合，形成室内阳光游憩、休闲空间		

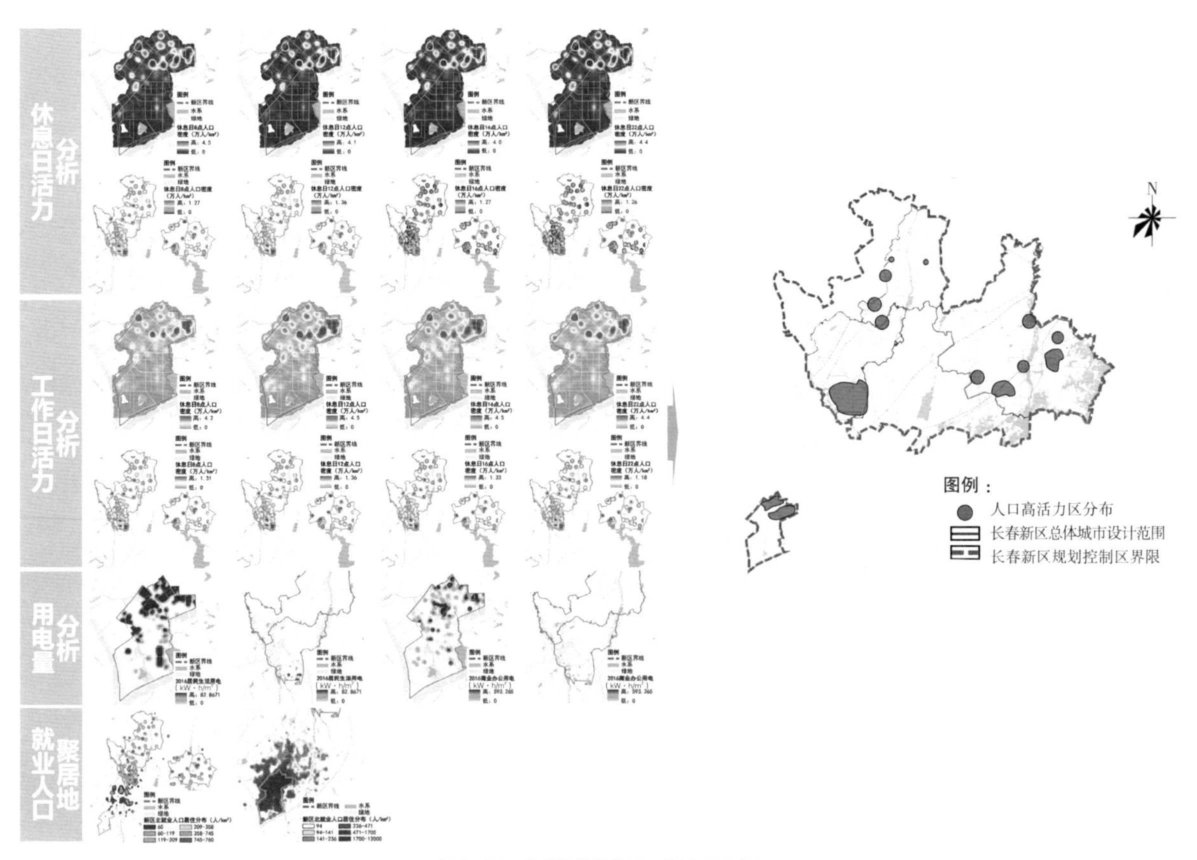

图 3-30　客观数据分析人口活力分布图
（图片来源：《长春新区总体城市设计（2018—2035）》项目文本）

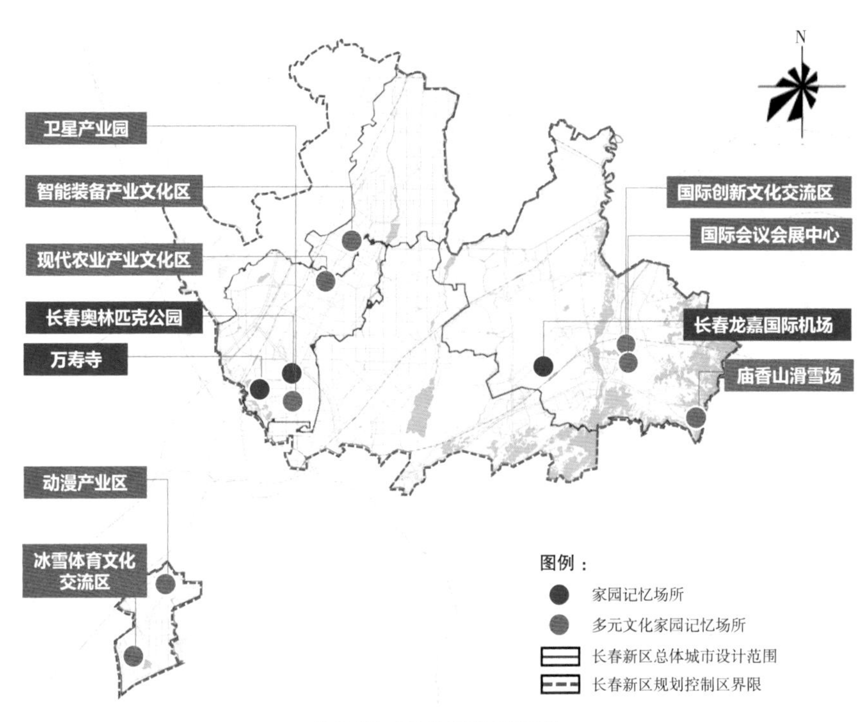

图 3-31　家园记忆体系分析图
（图片来源：《长春新区总体城市设计（2018—2035）》项目文本）

4.2.5 小结

《长春新区总体城市设计》不仅强调对接国土空间规划划定“三区三线”的要求，强调构建山水林田城生命共同体，而且通过构建林荫道体系、家园记忆场所体系等体系形成国际乡梓城市，实现寒地雨洪管理体系的传承与落地应用，并已经于2018年通过长春新区规委会的审议，得到了长春新区管理委员会的正式批复和实施。

4.3 廊道和功能体层级的寒地传统雨洪管理体系实践——流绿空间与林团社区

重点地区城市设计是廊道和功能体层级的设计层次，是对片区级总体城市设计的进一步细化，流绿空间与林团社区是八大治水方略在重点地区城市设计的完美落地实施。作为寒地传统雨洪管理体系实践中的重要空间要素，流绿空间与林团社区也是落实中共中央国务院强调治理城市病、转变城市发展方式[40]、开展“城市修补、生态修复”工作[41]的有效措施之一。长春市流绿空间是基于其城市内部水系及湿地形成的、具备高可持续性的大型城市绿地系统；林团社区是基于长春市生态特色环境打造的多功能服务的城市居住单元。构建流绿空间体系和林团社区体系不仅有助于实现人城境业高度和谐统一，而且有助于构建满足人宜居、宜产、宜业、环境优美等全方位诉求的城市。

4.3.1 廊道——流绿空间

20世纪30年代，长春市在国内外先进城市生态规划思想的共同影响下，最终实施建设了极具生态智慧的、东西方优秀生态规划思想共同作用下的“流绿空间”体系。中华人民共和国成立后，我国第一个五年计划开始实施，基于我国社会经济发展的宏观背景影响，长春市城市定位由“政治中心”向“全国工业基地”转变。在该阶段生态建设让位于工业生产，其城市生态空间建设趋于停滞，部分“流绿空间”受计划经济影响，局部发生了被覆盖的现象。但其总体绿地格局和经典的“流绿空间”体系没有受到重创，基本维持现状布局。在城市生态实践方面虽稍有混乱，但在徘徊中前进，为生态智慧复兴阶段的“森林城”“国家园林城市”“流绿都市”建设保存了大量的绿地，为“森林城”及“国家园林城市”的成功申报打下了坚实的基础。

（1）融入生态智慧理念的长春市流绿空间优势解析

长春市历史水系拥有“多效合一”的优势，雨洪调蓄功能与城市流绿空间高度重合的防灾优势。东北沦陷时期，长春市开始注重结合原有水系与低湿地进行城市绿地规划，将分散化的零星小型绿地转化为具有高可持续性的大型系统性“流绿空间”。最显著的特点是形成了具有水空间的亲水公园，沿伊通河与环状道路形成的绿地带以及典型的楔形绿地。长春市的绿地规划不仅具有美化城市、为战时提供避难场所的特点，而且能够在非常时期有效地应对洪旱灾害，对于降低城市雨洪风险和调节干燥气候起到极为关键的作用。经过对近 5 年的易涝点统计分析得知，长春市老城区 60% 的严重易涝点都处于变为暗渠的历史水系空间周边 [42]（图 3-32），在此基础上对长春市历史水系修复效果进行绩效模拟评估，绩效结果表明老城区 5 条历史水系的恢复能够提高所在汇水分区的调蓄总量 9 倍（图 3-33）。

城市流绿空间的高度游憩化优势。早在满铁附属地时期，绿化就被正式纳入长春城市规划体系之中，同时期在西方“城市公园运动”影响下，长春市的总体城市用地首次出现“公园用地”分类。该时期的绿地系统规划呈现出公园绿地数量多且规模大的特点，长春市最早建设的东公园、西公园和日本桥公园占当时城市总用地面积的 9%。东北沦陷时期结合城市整体建设，长春市实施了分阶段的集中建设策略。此时期，重点修建公园绿地和街道绿化，并大力兴建体育和娱乐设施，利用水系和绿地组织具有现代公共绿地性质的“流绿空间”体系，最终形成“水系 + 公园”的“点线相连”式生态结构，“流绿空间”体系不仅能够促进城市防洪系统的有效运行，同时还为市民提供了亲近自然、信步游园的游憩机会，成为当时战火硝烟背景下的城市设计典范。

长春市流绿空间营造拥有“质”优“量”大的优势。长春市是我国最早进行公园建设的城市之一，在流绿空间的“质”上，其利用水系和绿地组织具有现代公共绿地性质的水系带状公园系统（即“流绿空间”）的做法在国内外是极其罕见的。同时，营造的亲水公园，种类繁多，不仅包含具有现代公园意义的综合公园，还包含以“新京动物园”（今长春市动植物公园）为代表的专类公园，是当时亚洲

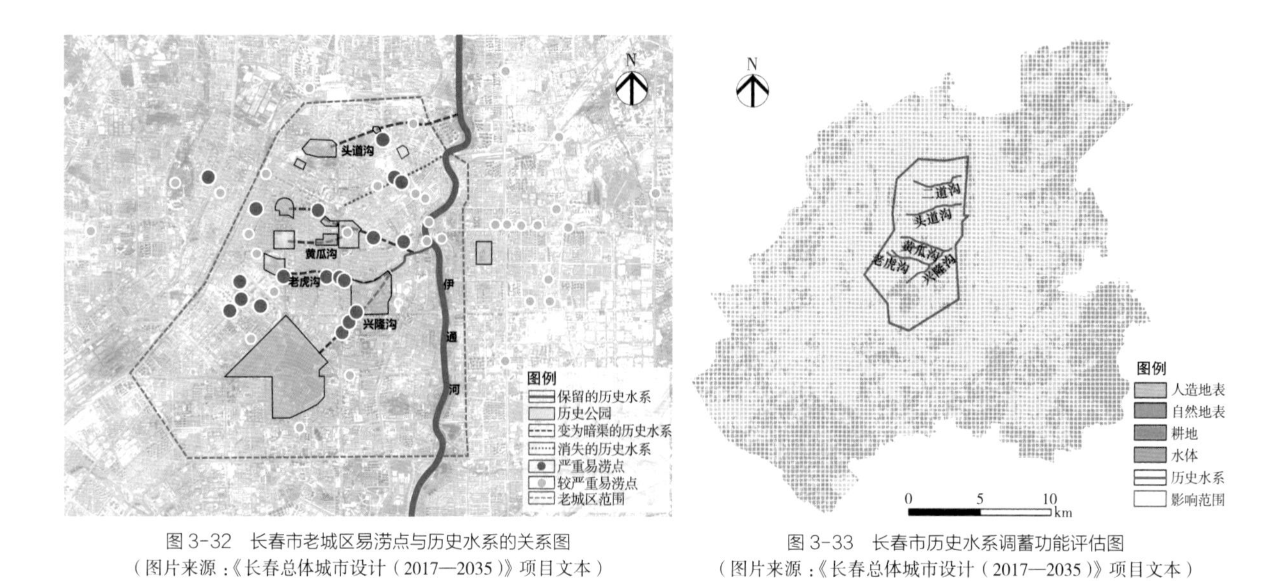

图 3-32　长春市老城区易涝点与历史水系的关系图
（图片来源：《长春总体城市设计（2017—2035）》项目文本）

图 3-33　长春市历史水系调蓄功能评估图
（图片来源：《长春总体城市设计（2017—2035）》项目文本）

最大的、集动物和植物于一体的综合观展园。

在流绿空间的“量”上，达到世界领先水平。长春市在 20 世纪 30 年代不仅实施了国内外鲜有的“流绿空间”体系，并在绿地率、人均绿地面积等指标体系上达到世界领先水平。1932—1945 年期间，长春市在规划中特别突出了绿地及公共空间在城区中的比重[43]。与国际上同时期定位为“都城”的巴黎、柏林、东京、华盛顿等城市进行对比可以发现，1940 年的长春在城市生态空间规划及实践上具有极高的先进性。一方面，公园绿地面积已达 10.8km^2，在公园数量及绿地规模上，已达世界领先水平。且其城市公园绿地率为 7%，远高于同时期的东京（2.8%）和柏林（2%）[44]（表 3-10）；另一方面，城市人均绿地面积约 31m^2 [45]，远高于同时期的横滨（2.6m^2）和现代城市规划的人均公共绿地面积指标（8m^2）（表 3-11）。

国际同时期、同类型城市的公园绿地率比较表　　表 3-10

城市	长春	东京	柏林	华盛顿
公园绿地率	7%	2.8%	2%	14%

国际同时期、同类型城市的人均绿地面积比较表　　表 3-11

城市	长春	横滨	现代城市规划的人均公共绿地面积指标
人均绿地面积	31m^2	2.6m^2	8m^2

（2）长春市流绿空间的复兴

经典的流绿空间逐渐破碎化并被不断侵蚀，导致城市部分地段“逢雨必涝”局面。流绿空间是长春市建城以来保留至今的系统性的水绿空间，承载着生物栖息迁徙、防洪排涝、绿地公园、历史文化多种空间及文化属性，是长春有别于东北地区乃至全国城市的重要特色，也是长春市生态环境的名片。然而城市建设过程中，流绿空间被混凝土森林隐藏覆盖为地下暗渠，导致老城区内多条历史水系消失而引发的城市内涝问题。因此通过调蓄水量情景模拟分析对其恢复后的绩效进行预测，实现洪涝灾害、人文历史、文化特色、生态智慧等综合绩效下化害为利的百年大计。

依据调蓄能力评估确定需优先恢复的历史水系，遵循化害为利的生态原则，结合不同水系的调蓄力水平，对原有以易涝点为暗渠形式被隐藏的局部段历史水系进行修复。基于资源环境承载力评价，对历史上的流绿空间与城市现有的严重内涝点高度重合进行分析，从而划定生态底线，恢复历史水系。根据“河网结构—降雨径流关系—调蓄能力理论”进行水系恢复后，通过长春市市域水敏感廊道的计算，并对主城区自然河道水网及历史水系进行调蓄能力模拟得出结果，5 条长春市历史水系的恢复能够将其所在汇水分区的调蓄总量提高 9 倍（图 3-34、

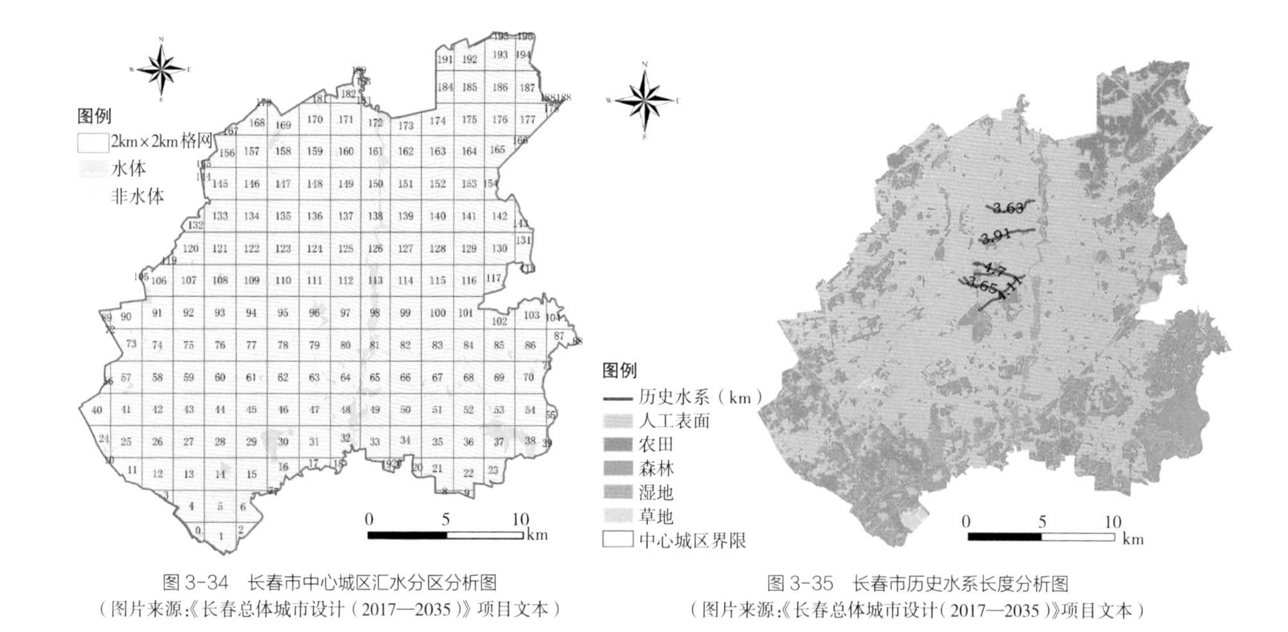

图 3-34　长春市中心城区汇水分区分析图
（图片来源：《长春总体城市设计（2017—2035）》项目文本）

图 3-35　长春市历史水系长度分析图
（图片来源：《长春总体城市设计（2017—2035）》项目文本）

图 3-35）。最终根据预估水系调蓄量表，确定历史水系调蓄能力排序为：黄瓜沟 > 兴隆沟 > 头道沟 > 老虎沟 > 二道沟。选定城市局部段黄瓜沟历史水系进行修复，形成了承载城市名片、历史文化、生物栖息等多种空间及文化属性的多功能复合型穿城流绿廊道。

最终以划定生态底线、恢复历史水系的生态智慧百年大计为底线，形成“一脉、十廊、四带”的流绿廊道体系。分别由 1 条穿越中心城区的伊通河流绿主脉、5 条穿行在老城区的历史文化型流绿廊道及 5 条穿行在新城区的片区级游憩型流绿廊道、4 条城市外围生态型河流景观带所构成。

（3）长春市流绿空间对生态规划的启示

作为国内现代生态规划与生态实践的先驱探索者，长春市自 20 世纪 30 年代以来形成了一系列极具生态智慧的生态思想，其嬗变过程丰富了我国城市生态规划发展史，并且长春市现已经成为我国城市生态规划发展史上的典型案例和实践样本。

长春市的生态规划实践探索对丰富中国现代城市生态规划史具有重要意义，20 世纪 30 年代，在城市生态规划还未正式引入我国时，长春市已追随国际生态规划发展的第一个高潮，在学术理论方法、城市生态建设管理、保障实施体系上，进行了具有现代城市生态规划意义的成功探索，其生态实践比 1986 年宜春市在国内首个提出进行生态城市建设的目标而进行的生态实践早了近 50 余年[46]，对丰富中国现代城市生态规划史具有巨大贡献。

长春市“流绿空间”已成为寒地经典的城市生态建设范式，为强化并发扬这一特色，2003 版《长春市城市总体规划》修编工作中就提出“流绿空间”的目标。同时，“城市双修”背景下已经编制完成的国家级试点项目（2017 版《长春市总体城市设计》）和正在编制的 2017 版《长春市城市总体规划》，以实现传统生态实践智慧的高度回归为目标，强调要择机恢复以历史水系为主体的“流绿空间”，实现生态修复和城市修补的同时，拉动老城区的复兴，同时解决当前长春市逢雨必涝的城市安全问题。并且长春市历史水系作为“流绿空间”的核心载体，其生态修复工作已在长春市城乡规划设计研究院成功完成立项。这些重要举措将引领长春市未来生态实践再次走向国际前沿研究领域，为未来其他城市的城市双修提供新的生态智慧范式与借鉴。

动态的生态智慧观对国内城市尤其严寒地区城市建设具有重要借鉴意义，尽管在后期的城市建设过程中，一部分已建成的、充满生态智慧的“流绿空间”被掩埋，出现了极少部分的“生态蒙昧”的现象，但是东北沦陷时期所积累的生态本底及生态思想绝大多数依然存在，并在雨洪调蓄、调节气候等方面发挥着举足轻重的作用，其生态思想及后来随着时代变化而进行的有益演进，这些动态的生态智慧观都非常值得国内城市尤其严寒地区城市借鉴。

4.3.2 功能体——社区林团

长春新区拥有良好的生态资源，建成区绿化率高于 40%，远超过世界主要城市绿化率 31% 的平均值，高标准达到国际化生态环境要求。以“因地制宜”为原则，打造有别于长春市其他地区的生态特色环境，结合优秀自然资源打造多功能服务的城市生态智慧城镇单元（图 3-36），通过营造街旁绿地宽度不小于 30m 的林荫大道，围合出多个 5 ~ 10min 的便利步行生活圈，形成社区林团体系，凸显城林掩映的都市景观。

（1）乔木型居住社区

为满足市民对绿地空间与自然景观的日常需求，通过种植大型乔木为主体的植物形成外围景观屏障，社区内部结合绿色建筑组团，打造 5min 见绿体系，形成以大型乔木为主要植被的绿色居住社区，提升绿色空间的参与性与可达性（图 3-37）。

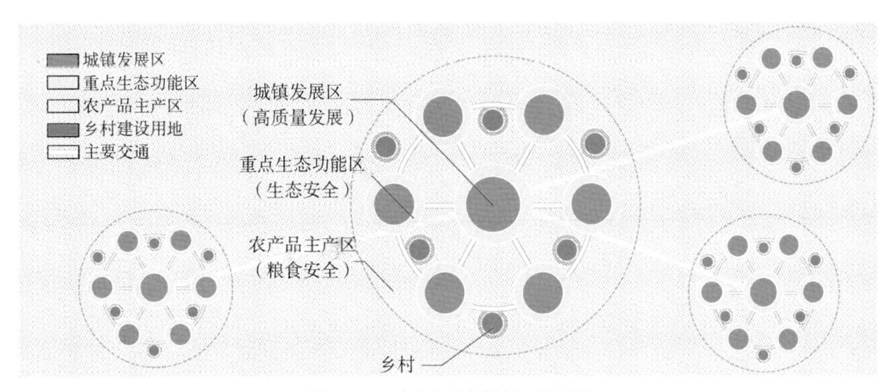

图 3-36 生态智慧城镇单元模式图

图 3-37　乔木型社区意向照片
（图片来源：https://www.dashangu.com/postimg_15311800.html）

（2）城乡依恋的社区中心

为了提升市民的乡梓情愫，打造生态智慧城镇单元体系，在各个单元构建商业服务商务区、四季娱乐功能区和生态服务功能区形成社区中心（图 3-38），提高居民的认同感、依恋感和地方感。

（3）可食用型景观空间体系

为让人更好地接触自然，以及让农园也变得非常富有美感和生态价值，依托分配花园、社区农业等 22 种空间模式构建可食用型景观空间体系（图 3-39）。还可结合农业大棚和“农场餐厅”打造可食用性景观廊道，居民可从公共空间或半公共空间进入，提供可采摘的机会，形成收获性景观观赏区，构建可接触的、生产性景观慢行步道。

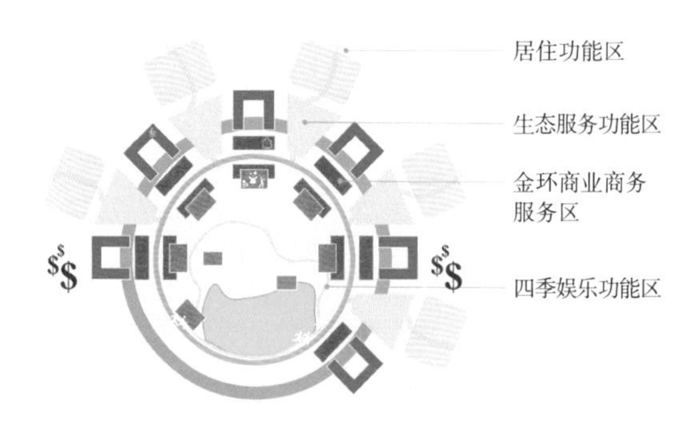

图 3-38　城市生态智慧城镇单元示意图

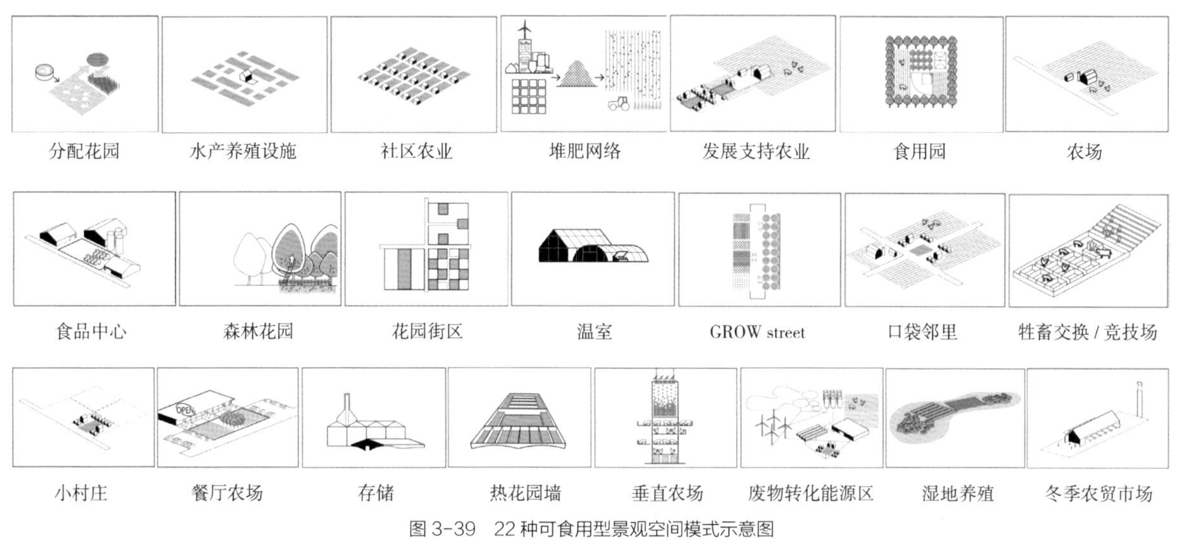

图 3-39 22 种可食用型景观空间模式示意图
（图片来源：https：//www.asla.org/2015awards/94716.html）

4.3.3 小结

流绿空间和林团社区是长春市最具代表性的城市特色空间，已成为寒地经典的生态建设范式，并成为廊道和功能体层面落实八大治水方略的重要空间载体。在为城市居民提供高质量城市公园的同时，能够为其他生物（如环颈雉等）提供重要栖息地、迁徙地，进而实现人城境业高度的和谐统一。

5 小结

本章在进行传统与现代雨洪管理体系的对比过程中发现，传统雨洪管理体系在高可持续性的循环机制、天人合一与道法自然的哲学思想、因地制宜与因势利导的空间模式、自治管理与主动式参与的协作方式方面具备优势，具备进行现代转译的可行性。继而从“水”“木”“生物”“地势”“风”“空间”“光”“社会”八个方面，进行了寒地传统雨洪管理体系的现代转译，形成了适用于现代城市的生态服务与服务生态并举的八大治水方略。八大治水方略是传统雨洪管理体系在现代规划语境中对于《生态智慧城镇之长白山行动纲领》的响应，为生态智慧城镇新范式的落实提供了“一揽子”的设计策略。这些方略在城市级（《长春市总体城市设计》）、片区级（《长春市新区总体城市设计》）、廊道（流绿空间）和功能体（林团社区）层级的全尺度实践进行了落地应用，应用结果表明八大治水方略能够全面性地实现生态服务和服务生态并举的目标，培育自然的富饶和多样性，并提升人的活力。

参考文献

[1] 史添欣，叶洁楠．滨水景观中弹性设计理念的应用与研究——以曼哈顿 BIG U 防护性景观规划设计方案为例 [J]. 大众文艺，2019（17）：134-135.

[2] 林展略．东北传统村落生态治水智慧的绩效多维分析研究 [D]. 长春：吉林建筑大学，2019.

[3] 崔淇淇．基于低影响开发理念的西安地区景观设计的应用与研究 [D]. 西安：西安建筑科技大学，2017.

[4] 2016 ASLA 分析及规划类荣誉奖：曼哈顿 BIG U 防护性景观规划 [EB/OL].https：//www.gooood.cn/2016-asla-rebuild-by-design-the-big-u-by-starr-whitehouse-landscape-architects-and-planners.htm.2017-03-08/2020-03-17.

[5] 赵宏宇，刘琦．东北传统村落治水空间文化的特征及类型研究 [J]. 长春：吉林建筑大学学报，2019，36（2）：61-66.

[6] 胡月，张继权，刘兴朋，等．荷兰防洪综合管理体系及经验启示 [J]. 国际城市规划，2011，26（4）：37-41.

[7] 赵宏宇，李耀文．通过空间复合利用弹性应对雨洪的典型案例——鹿特丹水广场 [J]. 国际城市规划，2017，32（4）：145-150.

[8] 马繁东，祝玉梅，邱海芝，等．黑龙江省富裕县 1961—2017 年降水特征 [J]. 黑龙江农业科学，2019（2）：19-22+47.

[9] De Urbanisten 城市研究和设计工作室．荷兰鹿特丹市班特布雷水广场 [J]. 景观设计学，2013（4）：137-142.

[10] 赵宏宇，陈勇越，解文龙，等．于家古村生态治水智慧的探究及其当代启示 [J]. 现代城市研究，2018（2）：40-44+52.

[11] 赵宏宇，解文龙，卢端芳，等．中国北方传统村落的古代生态实践智慧及其当代启示 [J]. 现代城市研究，2018（7）：20-24.

[12] 邱明，戴代新．景观再生视野下江淮传统圩田生态智慧的继承与发展 [J]. 中国园林，2019，35（6）：94-98.

[13] 王云才，罗雨雁．约翰·莱尔的人文生态智慧：中西融合的人文生态系统设计思想 [J]. 风景园林，2018，25（6）：47-51.

[14] 本刊编辑部．《河北雄安新区规划纲要》的新理念、新技术、新方法学术笔谈 [J]. 城市规划学刊，2018（3）：1-18.

[15] 喻忠磊，张文新，梁进社，等．国土空间开发建设适宜性评价研究进展 [J]. 地理科学进展，2015，34（9）：1107-1122.

[16] 吴兵，刘艳君，李贺．吉林省长白山区山水林田湖草生态保护修复思路探讨 [J]. 环境与发展，2019，31（9）：207-208+210.

[17] 潘长虹，林涛，李瑾，等．长白山生态气象服务需求分析 [J]. 农业与技术，2015，35（17）：74-75.

[18] 卢书兵．基于 3S 技术的长白山自然保护区湿地分类和分布特征研究 [D]. 延吉：延边大学，2010.

[19] 吴钢，肖寒，赵景柱，等．长白山森林生态系统服务功能 [J]. 中国科学（C 辑：生命科学），2001（5）：471-480.

[20] 王延红．加强长白山区生态建设的几点建议 [J]. 吉林林业科技，2014，43（4）：56-57.

[21] 沈清基．智慧生态城市规划建设基本理论探讨 [J]. 城市规划学刊，2013（5）：14-22.

[22]“生态智慧城镇”同济－吉建大论坛（2018）举办 [J]. 上海城市规划，2018（4）：130-134.

[23] 中华人民共和国住房和城乡建设部．城市设计管理办法 [EB/OL].（2017-3-14）[2020-5-1].http：//www.mohurd.gov.cn/fgjs/jsbgz/201704/t20170410_231427. html.

[24] 王金良．我国城市设计与城市规划体系的一体化研究 [D]. 天津：天津大学，2007.

[25] 赵宏宇，韩超，解文龙．生态蒙昧与生态智慧嬗变——长春市城市生态规划思想演绎及实践解读 [J]. 西部人居环境学刊，2018，33（6）：59-65.

[26] 中华人民共和国住房和城乡建设部．住房城乡建设部关于将北京等 20 个城市列为第一批城市设计试点城市的通知 [EB/OL].（2017-03-

14）[2020-03-20].http：//www.mohurd.gov.cn/wjfb/201704/t20170401_231363.html.

[27] 中华人民共和国住房和城乡建设部．住房城乡建设部关于将上海等 37 个城市列为第二批城市设计试点城市的通知 [EB/OL].（2017-07-12）[2020-03-20]. http：//www.mohurd.gov.cn/wjfb/201707/t20170725_232718.html.

[28] 赵宏宇，范思琦．生态智慧思想引导下的长春市总体城市设计自然山水格局构建 [J]. 南京林业大学学报（人文社会科学版），2019，19（4）：53-64.

[29] 赵宏宇，毛博．基于改善通风和热舒适度的长春市风环境多尺度优化 [J]. 西部人居环境学刊，2020，35（2）：24-32.

[30] 王晓飞．基于降低雾霾影响的寒地城市通风廊道构建研究 [D]. 长春：吉林建筑大学，2018.

[31] 梁颢严，李晓晖，肖荣波．城市通风廊道规划与控制方法研究以《广州市白云新城北部延伸区控制性详细规划》为例 [J]. 风景园林，2014（5）：92-96.

[32] 赵宏宇，林展略，张成龙．基于网络语义资源挖掘的景观设计理念传达有效性评价——以长春莲花山生态旅游度假区浅山区为例 [J]. 风景园林，2018，25（12）：36-40.

[33] 侯清扬．面向偏好及支付意愿的长春雪资源空间利用模式研究 [D]. 哈尔滨：哈尔滨工业大学，2017.

[34] Yasuhiro Hamada，Tsutomu Nagata，Hideki Kubota.Study on a Snow Storage System in a Renovated Space[J].Renewable Energy，2012，42：401-406.

[35] 许文婷．基于雪资源化利用的哈尔滨可持续景观设计研究 [D]. 哈尔滨：东北农业大学，2014.

[36] Derwin.Snow Free to Heat Pavement System to Eliminate Icy Runways[C]. SAE Paper，2003：21-45.

[37] 中华人民共和国中央人民政府．中共中央国务院关于建立国土空间规划体系并监督实施的若干意见 [EB/OL].（2019-05-23）[2020-03-20].http：//www.gov.cn/zhengce/2019-05/23/content_5394187.htm.

[38] 中华人民共和国中央人民政府．自然资源部关于全面开展国土空间规划工作的通知 [EB/OL].（2019-06-02）[2020-03-20].http：//www.gov.cn/xinwen/2019-06/02/content_5396857.htm.

[39] 中华人民共和国中央人民政府．中共中央办公厅国务院办公厅印发《关于在国土空间规划中统筹划定落实三条控制线的指导意见》[EB/OL].（2019-11-01）[2020-03-20]. http：//www.gov.cn/zhengce/2019-11/01/content_5447654.htm.

[40] 中华人民共和国中央人民政府．中共中央国务院关于进一步加强城市规划建设管理工作的若干意见 [EB/OL].（2016-02-21）[2020-03-20].http：//www.gov.cn/zhengce/2016-02/21/content_5044367.htm.

[41] 中华人民共和国住房和城乡建设部．住房城乡建设部关于加强生态修复城市修补工作的指导意见 [EB/OL].（2017-03-06）[2020-03-20]. http：//www.mohurd.gov.cn/wjfb/201703/t20170309_230930.html.

[42] 韩超．基于多元价值提升的城市历史水系再生策略研究 [D]. 长春：吉林建筑大学，2019.

[43] 曲晓范．近代东北城市的历史变迁 [M]. 长春：东北师范大学出版社，2001.

[44] 新京特别市长官房特务科．国都新京 [M]. 康德七年版．满洲事情案内所刊，1940.

[45] 周国磊．基于扩散与更替的长春城市功能演变与耦合研究 [D]. 长春：东北师范大学，2017：60-64.

[46] 吕静，王涤非．从规划变迁看长春市绿地系统结构的演变 [C]. 中国城市规划学会．城市规划和科学发展 2009 中国城市规划年会论文集．天津：天津电子出版社，2009：9.

第四章

生态治水智慧的多维绩效评价

1 价值解析

本章在对生态治水智慧多维绩效评价的重要价值进行解析的基础上，详细总结和梳理了面向高可持续性和低维护度的绩效评价工具集，包括面向自然系统的生态与环境要素调查方法、面向社会系统的环境与景观认知访谈方法、面向复合系统的时空动态模拟预测方法，并结合具体的多维绩效评价方法的实践案例进行详细阐述。

1.1 生态治水智慧绩效评价的意义

古语有云："水生民，民生文，文生万象"，水是生命之源，也是文明之源。中华民族的发展史同时也是一部治水史，先民在数千年与水环境的适应与斗争过程中，不断完善水资源管理与水旱灾害抵御方案，因势利导、因地制宜，提升了人类社会对水环境的适应性。在此过程中不仅创造了如都江堰、战国渠、灵渠、大运河等广为传颂的治水奇迹，也产生了经历自然考验而沿用至今的民间传统治水、用水、管水经验，其妥善处理人与水资源之间的矛盾关系，在长期反复的试验中与自然同进化，蕴藏着丰富的具有朴素生态经验的治水智慧，形成具有中华民族特色的水文化[1]。

现代利用巨大的系统工程，修建大量大坝水库等为人类谋求可持续发展和高层次物质精神需求。这些治水实践在征服自然、战胜洪水方面取得巨大成绩，但同时也不乏破坏生态环境、社会民生的缺陷与遗憾[2]。人类对自然资源与环境容量的需求接近或超过其承载能力，人地危机加剧，我国治水主要矛盾发生深刻变化，"重建轻管"的模式不再适应时代发展的要求，水资源开发管理模式无疑又需要上升一个层次。

在此背景下，梳理评价生态治水智慧在环境、社会、经济等方面的多维绩效，挖掘治水智慧的工程原理与先进科学，可为当代水资源供需矛盾突出、水危机等问题寻找中国智慧与中国方案，促进建设人水和谐社会与现代生态水利。

1.2 生态治水智慧绩效评价的理论基础

"绩效（Performance）"最早出现在管理学的领域当中，用于评价企业生产能力和生产效率，后逐渐在多个领域蓬勃发展[3]。"评价"是指对价值的衡量与评定，结合"绩效"，就是对项目是否能实现预期目标的一种检测与评估的系统测评。该测评体系包含目标定位阐述、评价目标设定、评价过程执行、评价结果分析、结果总结启示等。绩效评价最终的目标是提高项目的运行效率、管理效能、资源优化、提升公众满意度、达到项目科学合理[4]。

景观绩效（Landscape Performance）是对风景园林规划设计实践的评价，是在实现景观方案预设目标的同时满足可持续性方面效率的度量。通过景观绩效的手段，规划设计师不仅可以清晰明确地度量其作品各个方面的价值，也可以有效地对比评估项目所做设计决策的合理性，提高未来项目的设计质量[5]。

生态治水措施是人类在与自然互利共生关系的基础上，通过人类对自然改造而与自然和谐共处，成功治理自然水系使其为人所用的措施。从广义的范畴可归属为景观绩效评价的内容，因此可以采用景观绩效评价体系，针对治水实践特点进行治水实践绩效评价定制化。

2　指标选定

2.1　生态治水智慧的核心测度指标：高可持续性和低维护度

高可持续性和低维护度是寒地生态治水智慧的测度指标。其原因在于，从城乡再生的“闭环新陈代谢”理论模型来看，高可持续性是源头以及循环过程中的最重要特征，包括对于高可持续性物质和能源的使用等。而低维护度则是保障整个闭环循环过程赖以实现的关键一环，能够减少整个循环过程对于物质和能源的消耗。

2.2　绩效评价范式与量化方法

2.2.1　国内外治水绩效评价体系

近年来，国外多个评价体系涉及与治水实践相关的绩效评价内容，如景观绩效系列（Landscape Performance Series，LPS）、灌溉与排水绩效评价（Irrigation and Drainage Performance Assessment，IDPA）、绿色能源与环境设计先锋认证（Leadership in Energy and Environmental Design，LEED）、可持续场所倡议（Sustainable Site Initiative，SITES）等[6]。国内也出台了与治水实践相关的评价体系，如《海绵城市建设绩效评价与考核办法（试行）》《城市生态建设环境绩效评估导则（试行）》等绩效评价办法（表 4-1）。

LPS 景观绩效评价体系是由美国风景园林基金会（Landscape Architecture Foundation，LAF）于 2010 年开始发起的景观绩效系列。LPS 构建了一个由设计师、设计公司、客户和其他支持者组成的可持续风景园林设计交流平台，提供景观绩效评价工具和信息，探讨可持续风景园林设计的价值、量化方法和成功案例。LPS 从环境、社会和经济三个层面构建景观绩效可持续特征度量体系。截至 2020 年 4 月，LAF 在线发布了 160 项关于景观设计的研究案例，其中有 102 项与治水相关[7]。

国内外与治水实践相关的绩效评价体系　　表 4-1

体系名称	研发机构	评价内容
LPS 景观绩效系列	LAF 美国风景园林基金会	基于环境、社会和经济三个层面评估景观绩效的可持续特征
LEED 绿色能源与环境设计先锋认证	USGBC 美国绿色建筑协会	倡导通过高成本效率和绿色节能设备创造可持续发展的未来
SITES 可持续场所倡议	GBCI 绿色事业认证公司	基于气候调节，提高碳储量、防洪减灾等方式，提高社区生态系统的福祉供给
IDPA 灌溉与排水绩效评估	ICID 国际灌溉与排水委员会	审计和评估排水灌溉工程设计、实施效果、增效管理的方案绩效评估
《海绵城市建设绩效评价与考核办法（试行）》	住房和城乡建设部	基于水生态、水环境、水资源、水安全、制度建设及执行情况、显示度 6 个方面评估海绵城市建设成效
《城市生态建设环境绩效评估导则（试行）》	住房和城乡建设部	基于土地利用、水资源保护、局地气象与大气环境、生物多样性四个方面考核评估绿色生态区的环境绩效

LEED 绿色能源与环境设计先锋认证是由美国绿色建筑协会（United States Green Building Council，USGBC）于 1993 年提出并不断完善的评价系统，目前发展到第四版，倡导通过高成本效率和绿色节能设备创造可持续发展的未来。目前包含绿色建筑设计与施工、绿色室内设计与施工、绿色建筑运营与维护、绿色社区发展、绿色家居设计与施工五个相辅相成的系统。很多美国机构、州府和地方政府强制要求或者提倡使用 LEED 认证标准，但美国也有部分州府认为该评估体系过于松散而明令禁止其使用[8]。

SITES 可持续场所倡议是由绿色事业认证公司（Green Business Certification Inc，GBCI）管理的以可持续性为重点的评估框架。SITES 通过提供绩效衡量标准，促进景观设计师与工程师等采用气候调节、提高碳储量、防洪减灾等方式，提高社区生态系统的福祉供给。经过 SITES 认证的景观有助于减少水供给、过滤和减缓雨水径流、提供野生动植物栖息地、减少能源消耗、改善空气质量、改善人类健康并增加户外休闲机会等。SITES 认证基于积分系统，项目获得的积分数量决定了其获得的认证等级[9]。

IDPA 灌溉与排水绩效评价是由国际灌溉与排水委员会（International Commission on Irrigation and Drainage，ICID）于 2005 年出版发行的灌溉与排水绩效评价手册。IDPA 为灌溉与排水从业者提供了如何审计和评估工程设计、实施效果、增效管理的方案。手册中包含具体的绩效评价框架构建、指标选取原则、绩效评价步骤、绩效诊断分析等。

《海绵城市建设绩效评价与考核办法（试行）》由住房和城乡建设部于 2015 年，为科学全面地评价海绵城市建设成效而发布。该考核办法包括水生态、水环境、水资源、水安全、制度建设及执行情况、显示度 6 个方面，其中前 4 类属于定量指标，后 2 类为定性指标，其下各设二级指标共计 18 项[10]。

《城市生态建设环境绩效评估导则（试行）》由住房和城乡建设部于 2015 年发布。该导则提出从土地利用、水资源保护、局地气象与大气环境、生物多样性四个方面考核评估绿色生态区的环境绩效。该导则包含评估工作程序、指标体系与评估方法，从 10 个主要评估方面给出了 29 个推荐综合指标[11]。

2.2.2 治水绩效评价指标工具集

治水实践是涵盖多方面、多层次的复合性概念，单一性指标难以衡量其绩效水平，因此必须用一系列指标对治水实践所涉及的主要方面和主要层次进行全方位的测量，这就决定了治水绩效评价必须采用多指标综合评价的方法。按照环境、社会、经济、综合四种分类方法，建立治水绩效评价工具集，工具名称、研发机构与适用范围的简要信息，见表 4-2。该工具集以 LPS 景观绩效评价系列为基础，整合当前国际常用的涉水绩效评价工具而构建，每一种工具的研究对象和适用范围都不尽相同。

治水绩效评价相关工具介绍　　表 4-2

工具名称	研发机构	适用范围
National Stormwater Calculator，SWC	美国环境保护局	适用于估计年雨水量和径流频率，依据用户提供土地覆盖的信息，评估使用的低影响开发控制技术
Automated Geospatial Watershed Assessment Tool, AGWA	美国环境保护局	适用于研究小流域土地覆被 / 土地利用变化对流域尺度的水文影响
SPAW Field & Pond Hydrology，SPAW	美国农业部 & 华盛顿州立大学	模拟农业景观的日常水文状况，涵盖农田、湿地池塘、泻湖或水库等，适用于各种水文相关设计和绩效评估
L-THIA	地方政府环境援助体系	基于美国过去 30 年的水文数据，适用于估算径流量、径流深、非点源污染负荷等
CITYgreen	美国林业署	适用于评估城市绿地生态效益
InFOREST	美国弗吉尼亚州林业部	适用于评估大气质量、生物多样性、固碳、养分和泥沙径流、土地造林潜力等生态系统服务功能
Envision	美国俄勒冈州立大学	适用于评估生态系统服务功能，如水、碳、食物和木材、授粉和养分等
EcoMetrix	EcoMetrix Solutions 机构	适用于小尺度范围，或者与其他评估模型结合用于大尺度地区生态系统服务功能的模拟
区域生态系统服务空间评价与优化工具	中国科学院生态环境研究中心	适用于探索中国黄土高原生态修复的政策影响和优化，涉及生态系统服务类型包括水源涵养、土壤保持、碳固定、粮食生产等
Land Utilisation and Capability Indicator，LUCI	Jackson B. 等	评估农业产量、碳吸收和碳储存、洪水、土壤侵蚀、沉积物转移、栖息地保护等
Integrated Biosphere Simulator，IBIS	可持续发展和全球环境中心	适用于全球或区域范围径流、NPP、生物量、叶面积指数、土壤碳和土壤二氧化碳总通量的模拟和评估
Water Erosion Prediction Project，WEPP	美国农业部	作为一种土壤侵蚀预测模型，适用于研究环境系统变化对水文及侵蚀过程的影响

续表

工具名称	研发机构	适用范围
Storm Water Management Model，SWMM	美国环境保护局	作为一个动态的降水－径流模拟模型，适用于单一降水事件或长期的水量和水质模拟
SUDS Treatment Train Assessment Tool，STTAT	Jefferies C. 等	适用于评价可持续城市排水系统在应对洪涝风险时的效用
Public Life Tools	Gehl Institute	适用于研究场地在广场、公园、广场和街道等公共空间中的使用情况
Green Roof Energy Calculator	Sailor D. 等	适用于评估具有植物性绿色屋顶的建筑或具有黑色屋顶或白色屋顶建筑的年度能源性能
System for Observing Physical Activity and Recreation in Natural Areas, SOPARNA	Thomas L. 等	适用于同时评估户外休闲场所（如荒野地带和自然开放空间）使用者的身体活动和其他特征
System for Observing Play and Recreation in Communities，SOPARC	Deborah A. 等	适用于评估公园和娱乐区的使用情况，还可收集关于公园活动区域特征的信息
Social Values for Ecosystem Services，SolVES	美国地质调查局	适用于评估、绘制和量化生态系统服务的社会价值
Vegetable Garden Value Calculator	Plangarden	适用于计算耕地、种植地中蔬菜的产量，可根据实时市场价格来预估价值和利润
Recycling and Reusing Landscape Waste Cost Calculator	美国环境保护局	适用于评估处理人造景观和园林废弃物的成本和环境效益
Resource Conserving Landscaping Cost Calculator	美国环境保护局	适用于帮助园林绿化和建筑公司估算使用对环境有益的堆肥过滤槽等来控制成本
Sub-Surface Drip Irrigation Cost Calculator	美国环境保护局	适用于对地下滴灌和常规喷灌的高成本和低成本的估计，便于比较初始成本、年度成本和使用寿命成本
Co$ting Nature	英国伦敦大学国王学院	适用于生态系统服务评估、保护优先级确定、效益分析
The Benefit Transfer and Use Estimating Model，BTUEM	John Loomis	基于方程转换对美国的生态系统服务进行评价
Contingent Valuation Method，CVM	Bowen，Ciriacy-Wantrup 第一次提出	一种广泛应用的偏好评估方法，能评估选择价值和存在价值，并能较好评估总经济价值
Theory of Planned Behavior，TPB	Ajzen I.	能够帮助理解人是如何改变自己行为模式的
The Value of Green Infrastructure	美国河流和社区技术中心	适用于对绿色基础设施进行经济价值评估
Artificial Intelligence for Ecosystem Services，ARIES	美国佛蒙特大学	适用于对多种生态系统服务功能空间制图和量化、生态系统服务空间经济评价、自然资本核算、生态系统服务付费方案优化等
The South Florida Ecosystem Portfolio Model，EPM	美国地质勘探局	适用于评价土地利用 / 覆被变化对生态、经济和居民生活质量价值的影响，明确生态－经济－社区价值权衡组合
Ecological Asset Inventory and Management，EcoAIM	Exponent 公司	适用于评估研究区景观美学、娱乐机会、栖息地供应生物多样性和营养固存等功能
Toolkit for Ecosystem Service Site-based Assessment，TESSA	BirdLife International 等多个机构	适用于定性评估海岸保护、培养作物、文化服务、收获野生产品、自然休闲、授粉、水和全球气候等服务功能
i-Tree Eco	USDA 森林机构	适用于从树木到森林的评估
i-Tree Streets	USDA 森林机构	适用于城市森林管理分析
Integrated Valuation of Ecosystem Services and Tradeoffs，InVEST	美国斯坦福大学	适用于权衡不同生态条件下多种生态系统服务

2.2.3 评价框架构建与量化流程

治水实践项目的评估应注重可持续发展理论，尽量满足经济效益、社会效益与环境效益的协调统一。经济效益部分，主要评估投入产出效能，对当地居民人身财产安全及经济收入的保障，通过技术巧妙运用实现的成本节约情况等；社会效益部分，主要评价治水项目实施后对当地社会发展产生的影响，如治水实践是否提升了社区居民的福祉、改造公共环境、有益于居民身心健康等；环境效益部分，主要评价治水项目实施后对当地生态环境产生的影响，包括对空气质量、水环境、自然生境、物质能量流动等。

目前治水绩效评价还没有统一的评价和分析流程，评价流程因研究属性与研究问题不同而不固定[7]。如下的七步评价流程可作为参考：区域调研评估→评价目标与要点确定→评价指标集构建→评价数据集构建→项目绩效综合评价→评价结果分析→借鉴传承与优化改进。

（1）区域调研评估，是绩效评价的基本保障，对待评价区域的地形地貌、气候特征、水文环境与民俗特征等信息进行实地调查勘探，对实际情况进行全方位掌控；

（2）评价目标与要点确定，是开展治水实践绩效评价的基本前提，从环境、社会以及经济维度构建治水实践评价目标及要点，对治水效果进行综合度量评价，全面体现不同治水实践在生态、社会、经济方面的综合绩效；

（3）评价指标集构建，治水绩效评价过程其实就是对治水绩效评价目标体系指标化的过程，选取涵盖多方面、多层次的一系列指标，对治水实践所涉及的主要方面进行全方位的测量；

（4）评价数据集构建，依据所选的评价因子，确定数据要求与获取方式，从不同的渠道获取所需的设计数据、参考数据与观测数据门类信息；

（5）项目绩效综合评价，运行计算过程，进行指标计算，执行绩效评价；

（6）评价结果分析，获取计算结果，进行统计分析与数据挖掘，剖析结果的指示意义；

（7）借鉴传承与优化改进，基于绩效评价结果，对不同治水实践的绩效水平进行横向比较，揭示存在的主要问题，为推进治水实践提出完善建议。

2.2.4 绩效评价指标遴选原则

由于治水实践在空间尺度、工程用途、数据可获取性等方面存在较大差异，可选用的研究方法和评价指标因评价项目与目标导向而异。总体而言，应遵循科学性、综合性、有针对性和可操作性的四个原则对评价指标进行筛选。

（1）评价指标遴选过程要遵循科学性原则，要全面反映治水项目的地形地貌、水文灾害响应、历史人文等客观真实信息，达到对治水项目不同空间尺度及要素的全面认识和整体把控，以保证评价结果的客观性和科学性；

（2）评价指标遴选过程要遵循综合性原则，应采取定性指标与定量指标相结合的表征方式，全面深刻地刻画治水实践绩效评价的内涵、目标与要点，合理兼顾环境、社会以及经济三者效益；

（3）评价指标遴选过程要遵循有针对性原则，评价指标的制定应从生态治水绩效特点出发，以洪涝灾害的生态适应性为核心，构建能够有针对性且全面反映评估主体的指标体系；

（4）评价指标遴选过程要遵循可操作性原则，评价指标的计算需要基础数据支撑，部分指标难以获得准确计算数据，应适当针对项目的可操作性对指标的选取予以增删，评价指标计算需容易获取、计算简单、便于比较。

2.2.5 绩效评价结果衡量准则

虽然遵循准则会影响绩效评价的自由度，但是衡量准则依然可以为今后项目的可持续性建设提出更好的参照目标。绩效评价结果的衡量标准因采用不同的指标体系而有差异，SITES 与 LEED 依据国家及地区颁布的强制性标准和法规确定绩效评价结果的衡量标准，规定指标底线标准作为评估通过的必要条件。而 LPS 绩效评价体系没有完整的衡量标准，指标构成多元化且缺乏衡量依据与标准[7]。这是由于不同评估实践具有独特的项目类型、地理区域、气候条件、社会状况与生态本底特征，因而较难构建统一的普适性标准（图 4-1）。当前实践评估的主要衡量方法为比较法，通过对比不同设计方式对评估指标的影响差异衡量绩效评价结果。

随着我国行业标准化不断推进，绩效评价体系会依据实践经验不断调整优化与更新细化，探索出科学合理的评价衡量标准。目前当以评价结果为重要考量因子，寻求多重矛盾的利益平衡点，实现经济、社会、生态综合效益最大化。

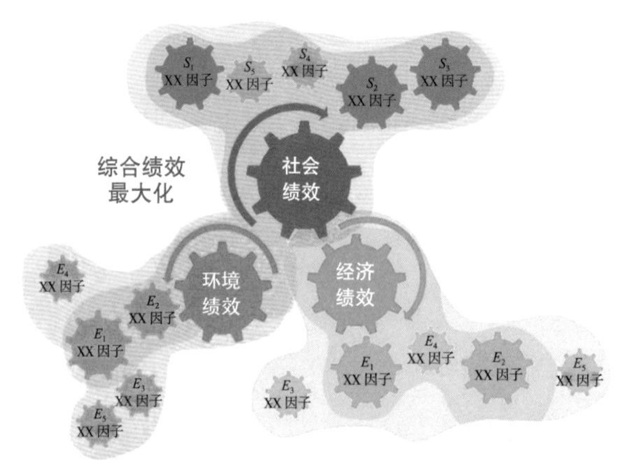

图 4-1 指标体系构成及综合效益最大化示意图

2.2.6 绩效评价基础数据集构建

绩效评价可行性与评估结果的准确性依赖于数据的可获取性与数据质量。对数据的要求与获取数据的方式与选取的评价因子有关，绩效评价数据的获取渠道主要包括设计数据、参考数据与观测数据。设计数据主要应用于评价按照规划设计进行施工和运营项目的绩效，设计数据的获取渠道主要为设计文件、管理制度和产品规格说明等。目前很多治水绩效评价案例与水文相关的指标都来自水文模拟软件的模拟结果。参考数据主要为直接数据的获取受限时，在保证可靠性的前提下，直接或者间接地应用他人的研究成果，如共享数据、官方公报、经验数值、论文、研究报告等[12]。目前 LPS 公布的项目中有关水质、空气质量、土壤成分、物种丰富度、土地价值等方面的数据均主要来自于参考数据。参考数据可为绩效评价的定量化过程提供有力支撑[7]。实测数据指根据现场调查、问卷访谈、实地采样等手段直接获取的一手数据资料，适用于具有地域特征性指标的数值采集。多维绩效评价要求数据类型的多源性，遥感数据、无人机航拍等新兴技术产品正越来越广泛地应用于多维绩效评价的工作中。

2.3 绩效评价面临挑战与发展趋势

2.3.1 治水绩效评价关键问题与挑战

促进科学量化的评价是治水智慧多维绩效评价的关键核心内容，但当前整体的景观绩效评价仍处于发展完善的阶段，评价体系与量化方法发展尚不完善[4]。与景观绩效评价大背景相似，治水绩效评价面临着诸多挑战：

（1）治水实践是一项复杂的系统工程，以可持续为宗旨的度量体系要求从环境、社会及经济的复合角度对其进行多维绩效的综合评估，但是各个方面存在交叉重叠、界限模糊、难以界定的现象，对其全面深刻地刻画尚存在较大难度。

（2）不同治水实践使用意图与数据可获取水平不同，评估方法与指标体系有所差异，目前很难对不同治水实践的绩效评价结果进行系统横向差异比较，评估结果对设计策略的价值与效益的指示意义相对较差，难以对实践形成有效反馈。

（3）治水实践的效能与水情水势密切相关，具有明显的气候驱动性，对极端水文事件的抵御能力往往是治水实践重要的考量，但极端水文事件发生频率低，有效评估阶段较难覆盖长重现期的极端水文事件。

（4）治水绩效多维协同量化方法有待发展与完善，尤其是经济效益和社会效益的量化难度大，对此的量化表征能力有待提升。

（5）绩效评价依赖的定量化数据收集难度大，项目前期数据难以量化评估。

2.3.2 治水绩效评价发展趋势

当前治水实践评价多关注实用价值，对其他效益关注较少。随着研究的细化与深入，未来的治水绩效评价有望从单一评价体系发展至同步关注实用价值、环境效益、社会效益和经济效益，推动治水实践向着多维效益结合的方向发展，倡导“环境良好、社会公平和经济可行”的可持续发展目标。

系统的治水绩效评价框架应在评价内容、评价指标、评价原则和评价数据等方面进行优化调整，在已有评估体系基础上，综合考虑生态环境、社会人文及经济发展三个方面的系统耦合，针对治水智慧的评估主体和目标加入有针对性的特色评价因子，如遗产保护、历史传承等方面的评价指标，对已有指标进行延展和深化。

3 绩效评价

3.1 环境绩效评价案例：城市河流生境评价方法

3.1.1 评价目的

城市河流是受人类干扰最严重的生态系统之一，近年来全国各地纷纷开展水环境整治和水生态修复工作，以期恢复城市河流生境（图 4-2、图 4-3）。但传统的评价方法多关注自然溪流，对城市河流关注不足。

图 4-2 典型城市河流生境图（1）

图 4-3 典型城市河流生境图（2）

太湖流域地处长江三角洲核心区域，行政区划涉及江苏、浙江、上海两省一市，西部地区是以茅山、天目山、宜溧丘陵为主的山地丘陵地区，东部多为水系结构复杂的平原水网地区，长期以来受城镇化影响，水网结构受损、河流生境退化现象突出，近年来太湖流域各城市在河流生态系统修复工作取得了较好成效。本案例以京杭大运河与其主要支流为研究对象，选取了太湖流域杭州、嘉兴、湖州、苏州、无锡、常州和镇江 7 个地级市主城区的 50 个代表性河段（图 4-4），参考借鉴英国城市河流调查（URS）工具，评价城市河流生境状况，以期为水生态修复工作提供参考[13]。

3.1.2 评价方法

英国城市河流调查（URS）是目前国际上主流的城市河流评价方法之一。它考虑了城市河流生境与自然河流生境之间的差异，能准确地对城市河流生境分级评价，评价结果可为城市河流的分类和生境的针对性恢复提供相应的参考[14]。

现场调查以 500m 长的城市河段为调查单位，经过 URS 手册培训的科研人员通过踏查法、视觉生境评估与无人机航拍等多种方法记录城市河道与河岸特征的定性和半定量数据（表 4-3）。调查数据获取方式如下：实地考察单位河段河床、河岸

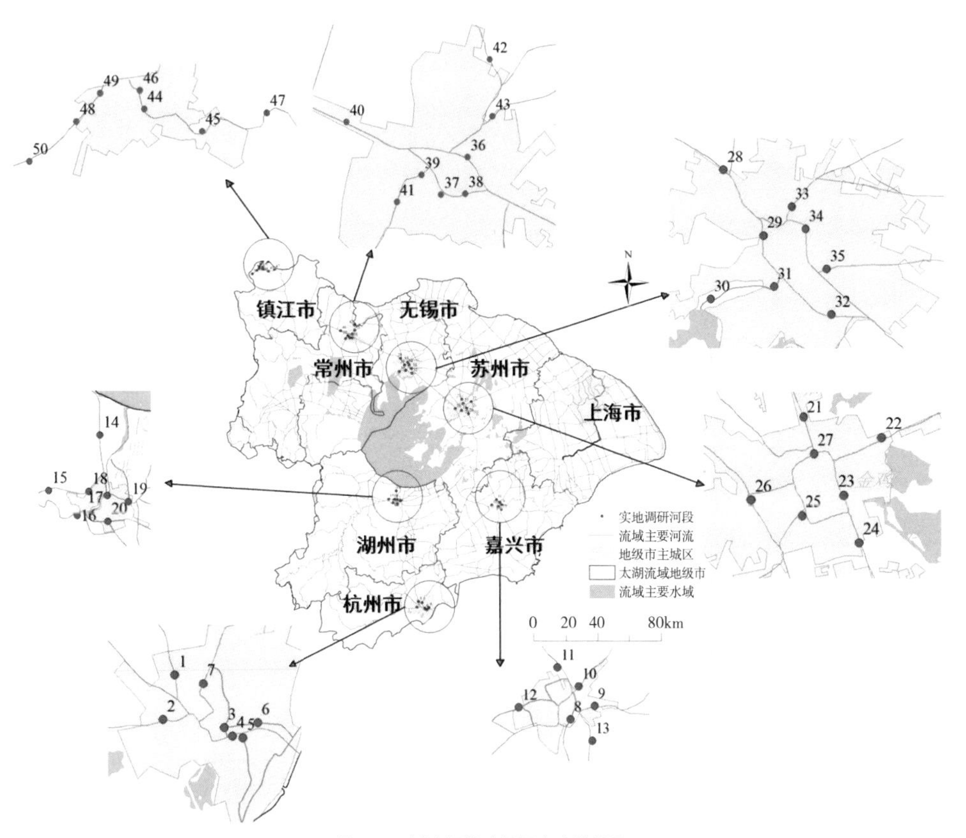

图 4-4 城市河流生境调查点位设置

城市河流生境评价指标及方法[13] 表 4-3

二级指标	三级指标	评分方法
物理生境（A）	水流类型数量（A_1）	将在 500m 河段内目视得到的水流类型数量进行汇总
	主要水流类型（A_2）	自由下游，1 分；急流，2 分；混合流，3 分；碎驻波，4 分；碎损驻波，5 分；涟漪，6 分；均匀波，7 分；上升流，8 分；静止，9 分；干涸，10 分
	优势河岸类型（A_3）	植被覆盖自然土质护岸，0 分；无植被土质护岸，1 分；近自然斜坡生态护岸，2 分；人工与自然复合护岸，3 分；陡峭斜坡人工护岸，4 分；直立式钢筋混凝土护岸，5 分；底部侵蚀直立式护岸，6 分
	自然河岸比例（A_4）	自然河岸状况所占河岸的比例以百分比形式估算，然后除以 10，产生适当数值范围内的指数
	人工河岸比例（A_5）	人工河岸状况所占河岸的比例以百分比形式估算，然后除以 10，产生适当数值范围内的指数
	河道生境类型数量（A_6）	单位河段内出现险滩、浅滩、浅流、深流、回流、界流、沼泽、深潭的数量
植被指数（B）	*BANKVEG* 河岸植被特征指数（B_1）	$BANKVEG=\frac{3(0\times B+1\times U+2\times S+3\times C)}{(B+U+S+C)}$，其中，*B* 代表无植被覆盖；*U* 代表植被无规则分布；*S* 代表植被结构简单；*C* 代表植被结构复杂
	河岸林连续性程度（B_2）	无植被，0 分；偶然零散分布，1 分；单独分布，2 分；丛块分布，3 分；半连续分布，4 分；连续分布，5 分
	优势水生植物类型（B_3）	无植物，0 分；苔类植物，1 分；自由浮游，2 分；两栖植物，3 分；挺水阔叶草本，4 分；丝状藻，5 分；根生浮叶植物，6 分；沉水针叶植物，7 分；沉水阔叶植物，8 分；沉水细叶植物，9 分；挺水莎草科 / 芦苇，10 分
	水生植被类型数得分（B_4）	根据水生植物类型，出现 0 ~ 2 种，0 分;3 ~ 4 种，1 分;5 ~ 6 种，2 分;7 ~ 8 种，3 分；>8 种，4 分
	河道平均植被覆盖（B_5）	十个抽样检查中大型植物类型的百分比覆盖率取平均值，然后除以 10 得到适当的数值范围
	河岸植被相关特征（B_6）	河道阴影、悬垂树枝、裸露树根、水下树根、倒木、粗糙树木碎片六项特征不存在，得 0 分；存在（0 ~ 33%），5 分；广泛存在（>33%），10 分
材料指数（C）	优势护岸材质类型（C_1）	无护岸（NONE），0 分;生态退化护岸（BIO），1 分;开放式护岸（OMP），2 分;硬质护岸（SOL），3 分
	BANKPROT 护岸指数（C_2）	$BANKPROT=\frac{(0\times None)+(1\times BIO)+(2\times OMP)+(3\times SOL)}{(None+BIO+OMP+SOL)}\times 3$
	护岸优势材料（C_3）	无，0 分；已冲毁，1 分；芦苇，2 分；树木，3 分；木桩 / 木板，4 分；瓦砾，5 分；石笼，6 分；裂石，7 分；片桩 / 板桩，8 分；鹅卵石，9 分；混凝土与砖块，10 分；混凝土，11 分
	SEDCAL 河道底质指数（C_4）	$SEDCAL=\frac{(-8\times BO-7\times CO-3.5\times GP-1.5\times SA+1.5\times SI+9\times CL)}{(BO+CO+GP+SA+SI+CL)}$，其中，*BO* 是大石，*CO* 是鹅卵石，*GP* 是砾石，*SA* 是沙子，*SI* 是淤泥，*CL* 是黏土
	BANKCAL 河岸材质指数（C_5）	$BANKCAL=\frac{(-9\times BO)+(-8\times CO)+(-2.5\times GS)+(4\times EA)+(9\times CL)}{(BO+CO+GS+EA+CL)}$，其中，*BO*、*CO*、*EA*、*CL* 分别代表材质类型为巨砾、粗砾、粉砂和黏土的调查样点数，*GS* 则代表物质类型为中砾、细砾和砂粒的调查样点数（陈婷，2007）
	主要河道底质类型（C_6）	人工铺装 / 混凝土，1 分；基岩，2 分；巨石，3 分；卵石，4 分；砾石，5 分；沙子，6 分；淤泥，7 分；黏土，8 分
	固定护岸材料比例（C_7）	抽查中固定河岸材料（混凝土、砖、铺装、板桩、基岩）占抽查数的比例
	固定河床材料比例（C_8）	抽查中固定材料（人造石、基岩、巨石）占抽查数的比例

续表

二级指标	三级指标	评分方法
污染指数（D）	水体气味（D_1）	严重，0 分；有，5 分；无，10 分
	底质气味（D_2）	严重，0 分；有，5 分；无，10 分
	油烃类污染（D_3）	严重，0 分；有，5 分；无，10 分
	表面浮渣（D_4）	严重，0 分；有，5 分；无，10 分
	大型漂浮物（D_5）	严重，0 分；有，5 分；无，10 分
	水体透明度（D_6）	差，0 分；一般，5 分；良好，10 分
	入河排污口数量（D_7）	单位河段内的所有排污口数量
	浸出排污口数量（D_8）	单位河段内的正在排污的排口数量

及河岸外侧 10m 范围内的河流生境情况；调查河段中每隔 50m 设置 10 个间隔中心长为 1m 的断面进行抽样调查；在完成 10 个抽样调查点的记录后，对单位河段的最后 50m 进行累积调查[13]。

通过相关性分析与主成分分析得出 4 个二级指标中 15 个主导的三级指标，构建太湖流域城市河流生境的评价体系，评分标准见表 4-4。根据评分标准进行打分，50 个河段的 4 项二级指标得到相应的分值，各河段 *SHQI*（生境质量指数）指数得

城市河流生境的评价体系评分标准[13]　　表 4-4

二级指标	三级指标	评价标准						
		1 分	2 分	3 分	4 分	5 分	6 分	7 分
A	A_1	0 ~ 10	≥ 1	0 ~ 10	>1	1	1	—
	A_3	<1	2	<1	3 ~ 4	≥ 5	≥ 5	—
	A_4	≥ 0.9	≥ 0.6	0.5 ~ 0.9	≤ 0.5	≤ 0.5	≤ 0.5	—
	A_6	>3	≤ 3	0 ~ 8	≤ 3	>1	1	—
B	B_1	0 ~ 9	0 ~ 9	≤ 6.5	≤ 6.5	≤ 5	0 ~ 9① ≤ 6.5②	0 ~ 9
	B_2	>4	≤ 4	>4	>4	≤ 4	≤ 4① >4②	0 ~ 5
	B_3	非藻类	非藻类	无植物	无植物	非藻类	无植物	藻类
C	C_1	0 ~ 3	0 ~ 3	0 ~ 3	2① 3②	0 ~ 3	—	—
	C_2	0 ~ 9① <3②	≥ 3	0 ~ 9	3 ~ 7① 7 ~ 8②	9	—	—
	C_4	≥ 2.5① <2.5②	<2.5	0 ~ 9	0 ~ 9	0 ~ 9	—	—
	C_8	≤ 0.1① ≤ 1②	≤ 0.4	>0.4 & ≤ 0.7	>0.7	≥ 0.9	—	—
D	D_4	0	0	0	0 ~ 10	—	—	—
	D_5	0	0	≥ 5	0 ~ 10	—	—	—
	D_6	>5	0 ~ 10	0 ~ 10	0 ~ 10	—	—	—
	D_7	0	≤ 4	≥ 0	>10	—	—	—

注：①、②分别表示该指标在某一得分下对应的两种评分标准。

分的结果为 4 项二级指标得分总和。根据生境状况的优劣程度，将评价结果分为 5 个等级。*SHQI* 得分为 4 ~ 8 分，评价为“好”;得分为 9 ~ 11 分，评价为“较好”;得分为 12 ~ 15 分，评价为“一般”；得分为 16 ~ 19 分，评价为“较差”；得分为 20 ~ 22 分，评价为“差”。

3.1.3 评价结果

50 个河段的 *SHQI* 值分值为 8 ~ 21 分，生境等级由好至差，覆盖了所有的评价等级，等级水平存在较大程度差异(表 4-5)。50 个城市河段中生境等级为“好”的河段为 3 个，占 6%;6 个河段生境等级为“较好”，占 12%;27 个河段为“一般”等级，占 54%；“较差”等级的河段为 9 个，占 18%；“差”等级的河段为 5 个，占 10%。

生境质量等级为“好”的 3 个河段均位于镇江市，分别为古运河大西路桥段、古运河江苏大学段与运粮河中山北路桥段。此类河段基本以自然护岸为主，河道与河岸植被覆盖度高且河水清澈，河道内与岸坡无明显污染、人为干扰较小。

生境质量等级为“较好”的 6 个河段，杭州与嘉兴各有两条，湖州与苏州各有一条。此类河段的植被指数与污染指数评级较好。该类型河段附近多为公园、景区，河道植被、河岸植被覆盖度高，远离工厂居民区，人类活动干扰较少。该类型河道护岸形式大多为水泥混凝土等硬质材料。

生境质量等级为“一般”的河段为 27 个，此类型河道生境类型较为单一、人工护岸比例高，底质类型单一，河岸河道硬质化程度较高。但河道河岸植被覆盖较好，人类活动造成的污染较小。

生境质量等级为“较差”的河段共计 9 个，此类河道生境类型单一、河岸类型多为直立挡墙、水生植被覆盖度低，有少量的排污口出现。

生境质量等级为“差”的河段共计 5 条，集中表现为河道水生植物以蓝藻为主，河道底质与河岸材质硬质化程度高，水流形式单一，河道周边人类干扰因素高，排污排水管渠密布。该类型河段受到剧烈破坏，恢复难度较大。

城市河流生境评价得分及等级　　表 4-5

所在城市	河段编号	物理生境得分	植被指数得分	材料指数得分	污染指数得分	*SHQI*	评价等级
杭州	1	6	3	5	2	16	较差
	2	5	2	5	1	13	一般
	3	4	2	5	3	14	一般
	4	4	2	1	3	10	较好
	5	6	2	5	1	14	一般
	6	4	2	5	2	13	一般
	7	4	2	4	1	11	较好

续表

所在城市	河段编号	物理生境得分	植被指数得分	材料指数得分	污染指数得分	*SHQI*	评价等级
嘉兴	8	4	2	5	3	14	一般
	9	4	2	5	3	14	一般
	10	5	5	4	2	16	较差
	11	5	2	2	1	10	较好
	12	5	2	5	2	14	一般
	13	2	2	5	2	11	较好
湖州	14	6	2	1	1	10	较好
	15	4	2	5	1	12	一般
	16	6	2	5	1	14	一般
	17	5	1	5	1	12	一般
	18	6	2	5	1	14	一般
	19	4	2	5	2	13	一般
	20	4	2	5	1	12	一般
苏州	21	5	7	5	4	21	差
	22	4	2	5	2	13	一般
	23	5	1	5	1	12	一般
	24	4	1	5	1	11	较好
	25	5	2	5	3	15	一般
	26	5	2	5	2	14	一般
	27	5	2	5	2	14	一般
无锡	28	5	5	5	2	17	较差
	29	6	2	5	2	15	一般
	30	6	2	5	1	14	一般
	31	5	7	5	3	20	差
	32	5	1	5	4	15	一般
	33	4	7	5	3	19	较差
	34	6	1	5	2	14	一般
	35	6	5	5	4	20	差
常州	36	6	1	5	4	16	较差
	37	6	3	5	3	17	较差
	38	6	1	5	3	15	一般
	39	6	6	5	4	21	差
	40	5	7	5	2	19	较差
	41	6	5	5	4	20	差
	42	5	1	5	2	13	一般
	43	6	2	5	2	15	一般

续表

所在城市	河段编号	物理生境得分	植被指数得分	材料指数得分	污染指数得分	*SHQI*	评价等级
镇江	44	6	5	2	4	17	较差
	45	4	1	5	2	12	一般
	46	4	1	2	1	8	好
	47	3	2	2	1	8	好
	48	6	5	2	1	14	一般
	49	3	1	2	2	8	好
	50	6	6	5	1	18	较差

3.2 水文绩效评价案例：地块雨水径流评价方法

3.2.1 评价目的

快速城市化过程中下垫面硬化导致各地城市暴雨积水现象频发，严重影响居民人身和财产安全，近年来海绵城市的提出为解决这一问题提供了技术方法和有效途径。雨水径流模拟与评价是开展海绵城市规划建设的重要技术性基础工作。本案例以桃浦工业区地块为研究对象，介绍雨水径流评价流程（图 4-5、图 4-6）。

桃浦工业区地块雨水排水系统排水体制为雨、污分流制。排水系统设计暴雨重现期为 P=1 年，综合径流系数 ψ=0.6，并以李家浜 - 凌家浜为界，分别采用自排

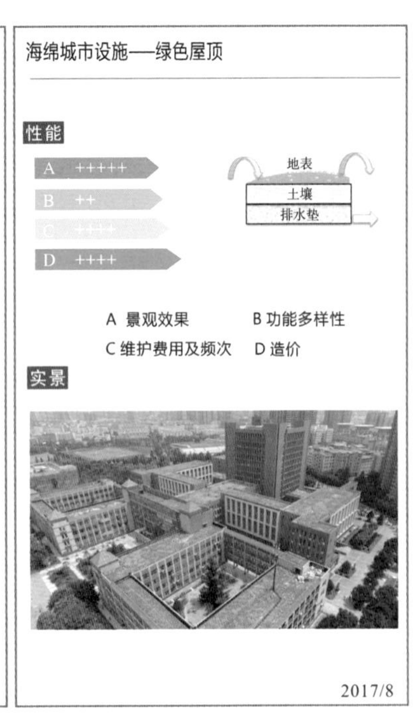

图 4-5 典型城市海绵设施示意图（中观）

和强排两种排水模式。李家浜－凌家浜以西地块：该地块现状部分路段已敷设管道，雨水就近自流排入地块内的河道。由于管道设计标准偏低，存在道路积水情况。李家浜－凌家浜以东地块：该地块采用强排模式。地块内雨水经过管网收集后，通过武威路已建 3300mm × 2200mm 雨水箱涵穿越铁路南何支线，向东进入现状桃浦工业区雨水泵站，经提升后排入桃浦河。桃浦工业区雨水泵站位于桃浦西路以西，雨水管廊路北侧，位于南何支线西侧的真南雨水排水系统内，属于跨排水系统边界的泵站。该泵站配备 5 台 ZLB2.8-6.7 型水泵，总排水能力为 14.0m^3/s。

桃浦工业区现状城市建设用地总量为 412.36hm^2，有少量的农村宅基地面积为 3.72hm^2，水域面积约 3.76hm^2，土地利用率较高。区域现状建设用地最多的为工业仓储用地，面积约 240hm^2，占现状区域建设用地的近六成，主要为各类制药厂、仓储物流公司和标准厂房，其中工业建筑、仓储物流建筑、商务办公建筑所占比重较大。在实际使用中，部分项目在工业用地上建设商业项目或商务楼宇，并且周边与停车场等设施相配合。

3.2.2 评价方法

（1）排水系统概化

根据 SWMM（暴雨洪水管理模型）的使用要求，对研究区域进行排水系统管网概化：

1）根据桃浦工业区土地利用现状、市政管网位置分布和排水管网实际汇流、

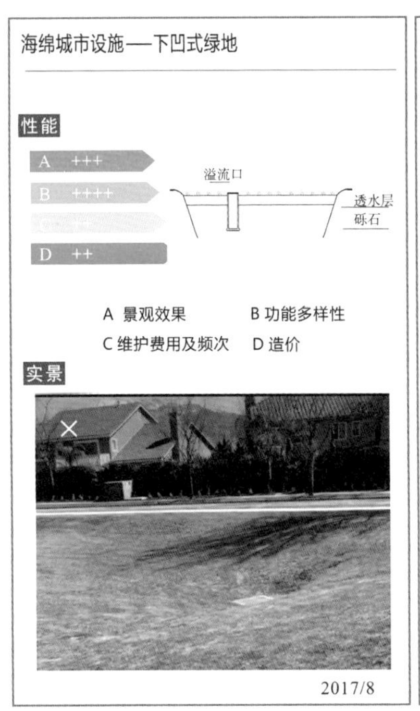

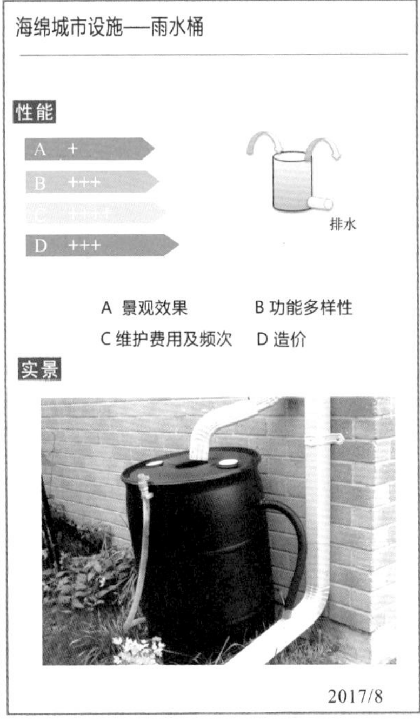

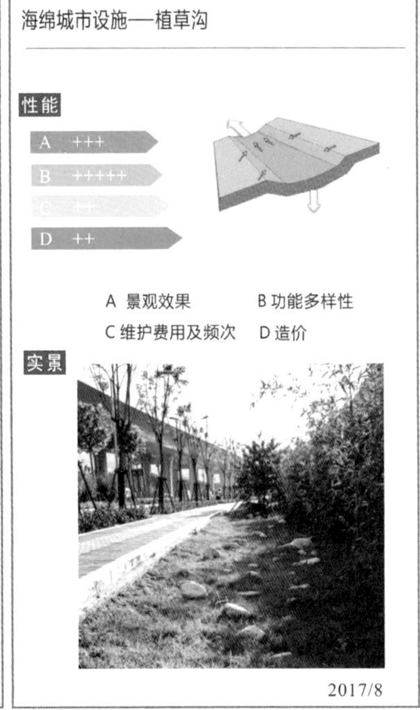

图 4-6　典型城市海绵设施示意图（微观）

流向等信息进行子汇水区域划分，子汇水区产生的径流就近排入雨水管网系统的节点和子汇水区（图 4-7）；

2）仅将研究区域内主干道两旁的干管纳入模型概化雨水管网系统，并对主要道路的各个分管段进行概化，雨水管网的各个支管不进行水力计算；

3）假设降水强度在整个研究区域均匀分布；

4）根据各个区域内的用地情况使用 ArcGIS 工具对各区域的不透水面率进行计算，再由子汇水区域的划分结合用地类型面积计算得出各子汇水区与不透水面率与有效不透水面率；

5）建模不考虑各子汇水区的洼地蓄水情况。

基于以上几点概化原则，将桃浦研究区域概化为 31 个子汇水区，47 条雨水管道，39 个检查井，1 个出水口，概化之后的子汇水区情况如图 4-8 所示。

（2）模型各项参数设置

SWMM 模拟过程中使用的参数包括目标地块的水文水力、下垫面参数。对于获取比较困难的地表汇流阶段的汇水区面积、特征宽度、坡度、不透水率、不透水区曼宁糙率、透水区曼宁糙率、不透水区洼蓄量、透水区洼蓄量、产流阶段的最大入渗率、最小入渗率及衰减指数等，通过处理土地利用、高程、土壤类型数据，对模型各基本参数进行选取和计算。

（3）模型参数率定及验证

选取纳什效率系数，使用 2013 年桃浦雨水泵站雨量计的 3 场过程降雨（2013 年 5 月 18 号、6 月 7 号和 12 月 16 号三次典型降雨事件）以及出水口溢流实测数据对模型进行率定，然后通过 12 场过程降雨进行校准。

（4）降雨情景的设定与计算

将芝加哥雨型作为 SWMM 模型的输入雨型，使用上海市短历时降雨过程的雨峰系数，计算合成芝加哥暴雨过程线各时段的累积雨量及各时段的平均降雨量，进而求得每个时段内的平均降雨强度。考虑到研究区域为城市化地区排水系统，

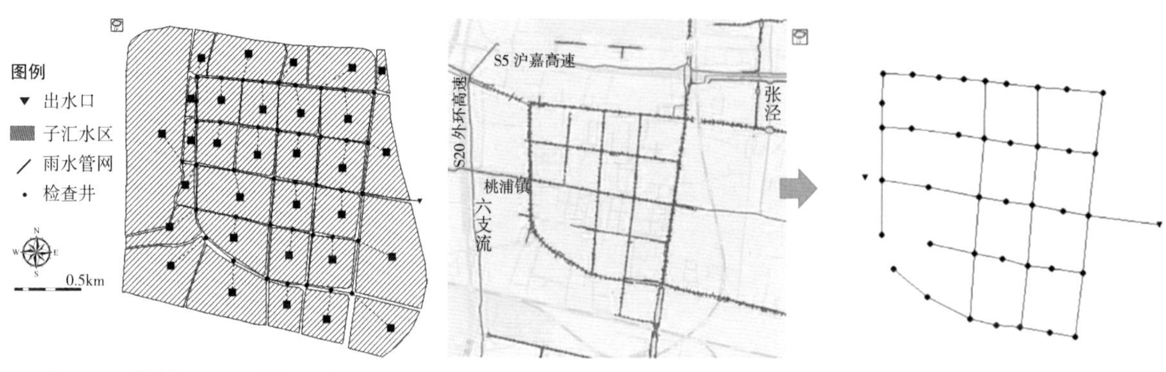

图 4-7　评价地块 SWMM 建模子汇水区划分

图 4-8　评价地块排水系统管网概化过程

高频次降雨事件汇流时间通常不超过 2h，所以短历时设计雨型采用 120min 雨型（表 4-6）。

评价地块下垫面类型特征 表 4-6

下垫面类型	面积（hm^2）	比例（%）
屋顶面积	108.31	29%
道路、广场、停车场面积	49.31	13%
主干道路面积	21.73	6%
水域面积	4.01	1%
绿地与待建用地面积	145.49	39%
其他	43.78	12%
总面积	372.63	100%

本研究的三组暴雨情景条件分别为雨峰系数为 0.4，降雨历时为 2h 的 1、2、3、5、10、20、50、100 年降雨重现期降雨情景，对应的累积雨量分别为 48.25、60.25、67.71、76.71、89.04、101.33、117.57、129.85mm。不同降雨的雨峰系数从 0.1 ~ 0.9 变化，降雨历时为 2h，对应累积雨量无明显变化。不同降雨历时的情景历时范围在 0.5 ~ 4h，时间间隔为半小时，对应累积降雨量分别为 34.48、46.25、54.25、60.25、65.76、70.32、74.37、78.05mm。将三组降雨条件分别导入 SWMM 模型，对地块的雨水现状控制能力进行评估。

（5）低影响开发设施（LID）调控情景设计

由于地块下垫面类型主要为工业用地、居住用地、公共用地和待建用地，参考《海绵城市建设技术指南》中 LID 类型的设定，工业区不适合使用下渗功能为主的设施，因此将生物滞留池、绿色屋顶、雨水桶作为应用于工业地块子汇水区的 LID 设施组合，将透水铺装、绿色屋顶、植草沟作为应用与居住用地及公共用地子汇水区的 LID 设施组合，待建用地不做处理（图 4-9）。

评价地块内的厂房屋顶多为平面，理论上具备良好的改造条件与潜力，结合《海绵城市建设技术指南》中设施功能比较的相关内容，按占下垫面有效建设面积的比例不同设计 6 组 LID 调控情景（表 4-7）。工业厂区由于污染物浓度较高，径流控制设计的主要思路以蓄水和滞水方式为主，因此研究选取了生物滞留池与雨水桶作为模块与绿色屋顶组合使用。另一方面，结合居民小区及公共建筑区域建筑密度高、道路、停车场面积比率高等特点，选取透水铺装作为主要的 LID 改造措施，结合绿色屋顶和植草沟作为最终的 LID 设施组合。LID 模块参数参照 SWMM 使用手册与评价地块类型相近的相关文献确定。

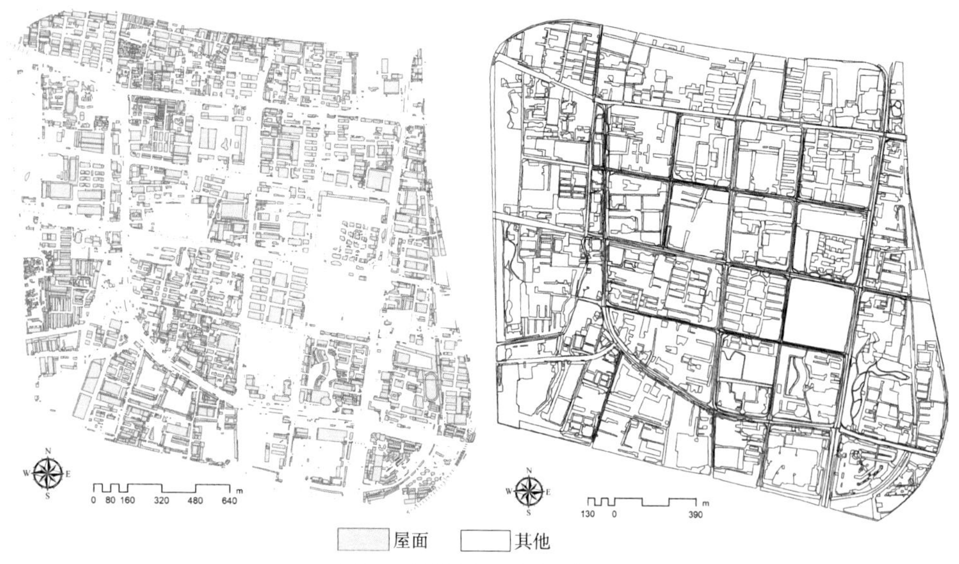

图 4-9 评价地块下垫面解译结果

评价地块内两种主要用地类型的 LID 情景设计 表 4-7

改造情景	工业用地			住宅及商业用地		
	绿色屋顶	雨水桶	生物滞留池	绿色屋顶	植草沟	透水铺装
情景 1	20%	0.05%	10%	20%	5%	70%
情景 2	40%	0.1%	30%	40%	10%	75%
情景 3	60%	0.15%	50%	60%	15%	80%
情景 4	70%	0.2%	60%	70%	20%	85%
情景 5	80%	0.25%	70%	80%	25%	90%
情景 6	90%	0.3%	80%	90%	30%	100%

（6）雨水径流控制指标选取与计算

选取子汇水区总出流径流量（Q_t）、峰值出流量（Q_p）、径流峰值延后降雨峰值出现的时间差（峰现时间差 *Tlag*）以描述雨水径流过程。SWMM 建模过程中共划分 31 个子汇水区，各子汇水区产流与出流量数据从模型模拟结果导出文件中获取。

3.2.3 评价结果

（1）不同重现期降雨下地块出流过程特点

基于 SWMM 模型加入 LID 模块模拟桃浦地区 2、5、10 年一遇的 2h 短历时降雨，探讨设计 LID 情景对地块总径流量、峰值径流量与峰现时间的控制效果。地块系统过程产流时间特征计算结果如下（图 4-10）。

就产流时间而言，2、5、10 年一遇情景下的降雨过程产流起始时间较为相近，为 10min 左右，系统出流时间为降雨开始后 28min 左右。就系统出流特征来看，

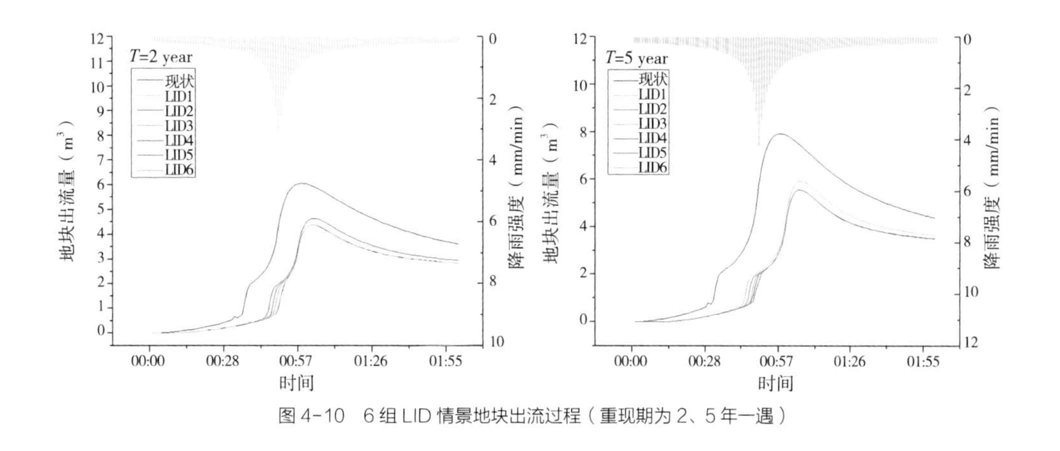

图 4-10　6 组 LID 情景地块出流过程（重现期为 2、5 年一遇）

评价地块在 2、5、10 年一遇的降雨条件下系统总出流时间差异不明显。系统总出流峰值增大，2 年一遇降雨条件下系统最大瞬时峰值出流为 6.45m³/s，5 年一遇降雨条件下最大瞬时出流为 7.9m³/s。从 2 年一遇到 10 年一遇的降雨条件变化下，评价地块的系统总出流量峰值出现时间逐步提前。总体而言 LID 调控情景在不大于 2 年一遇的重现期降雨条件下对地块系统出流和峰值出现时间都有显著的控制和延缓作用，但对于特定的降雨重现期条件下的不同 LID 情景，LID1 和 LID2 对峰值流量的削减与洪峰延滞的时间较为明显，与之相比，LID3、LID4、LID5、LID6 对削峰效应与洪峰延后效应提升不明显。

（2）不同降雨重现期下各子汇水区径流控制削减率特征

模拟 2、5、10 年一遇降水在不同情景策略下的集水区雨洪过程各子汇水区总体水平结果如图 4-11 所示。2 年一遇情景中，随着改造情景中 LID 面积比例的增加，Q_t 削减率也呈递增趋势，LID 规模增加至 LID4 到 LID6 所对应的改造情景时，Q_t 削减率变化趋势减小。在各 LID 改造情景中，Q_t 削减率均值最小为 8.6%（LID1），最大为 36%（LID6）。类似地，在 5 年一遇情景中 Q_t 也随 LID 改造程度的增加而呈递增趋势，各 LID 改造情景中，Q_t 削减率均值最小为 7.5%（LID1），最大为 32%（LID6），但与 2 年一遇的降雨条件相比各 LID 设施削减率下降。当降雨重现期条件达到 10 年一遇情景时，Q_t 削减率总体呈下降趋势，各 LID 改造情景中均值最小为 14%（LID3），最大均值为 29%（LID1）。

就洪峰流量 Q_p 而言，各 LID 改造情景总体上以 2 年一遇降雨条件下的改造削减率效果较优，6 种改造情景中均值削减率最大达到 24%（LID6），削减率随 LID 覆盖面积比例同步增加。降雨重现期 5 年一遇条件下改造情景中最大平均削减率为 12%（LID5、LID6），随 LID 比例的增加，削减率增长趋势小于 2 年一遇条件下的情形。类似地，10 年一遇降水条件下的削减率随 LID 覆盖面积增长总体呈上升趋势，对洪峰流量的削减率最大达到 16.4%。可以得到随着降雨重现期的增加，各 LID 改造情景对峰值流量最大削减率逐渐减小。

就峰现时间差 *Tlag* 而言，重现期为 2 年与 10 年的降雨条件下各 LID 改造情景可增加峰现时间，重现期为 5 年的降雨条件下各 LID 改造情景的滞峰效果不显著。从不同的降雨重现期变化角度来看，随着降雨强度的增加，所设计的 LID 调控情景在重现期超过 5 年一遇后对地块各子汇水区总径流量的削减效果下降，重现期大于 2 年一遇以后对子汇水区出流峰值流量削减效果下降。各改造情景对子汇水区峰现时间差的影响没有明显的规律性（图 4-11）。

在较小的降雨重现期条件下（*T*=2 年），研究区域内各子汇水区总径流量、峰值径流流量削减效率随 LID 规模的增长而增加，并能有效延缓径流峰现时间；对于 5 年一遇和 10 年一遇的降雨重现期条件下 LID3、LID4、LID5 调控情景而言，雨水径流总量、峰值径流流量削减率保持稳定；就同一种 LID 调控情景而言，随着降雨重现期的增加，其对于雨水径流总量的削减率呈下降趋势，而对峰值流量

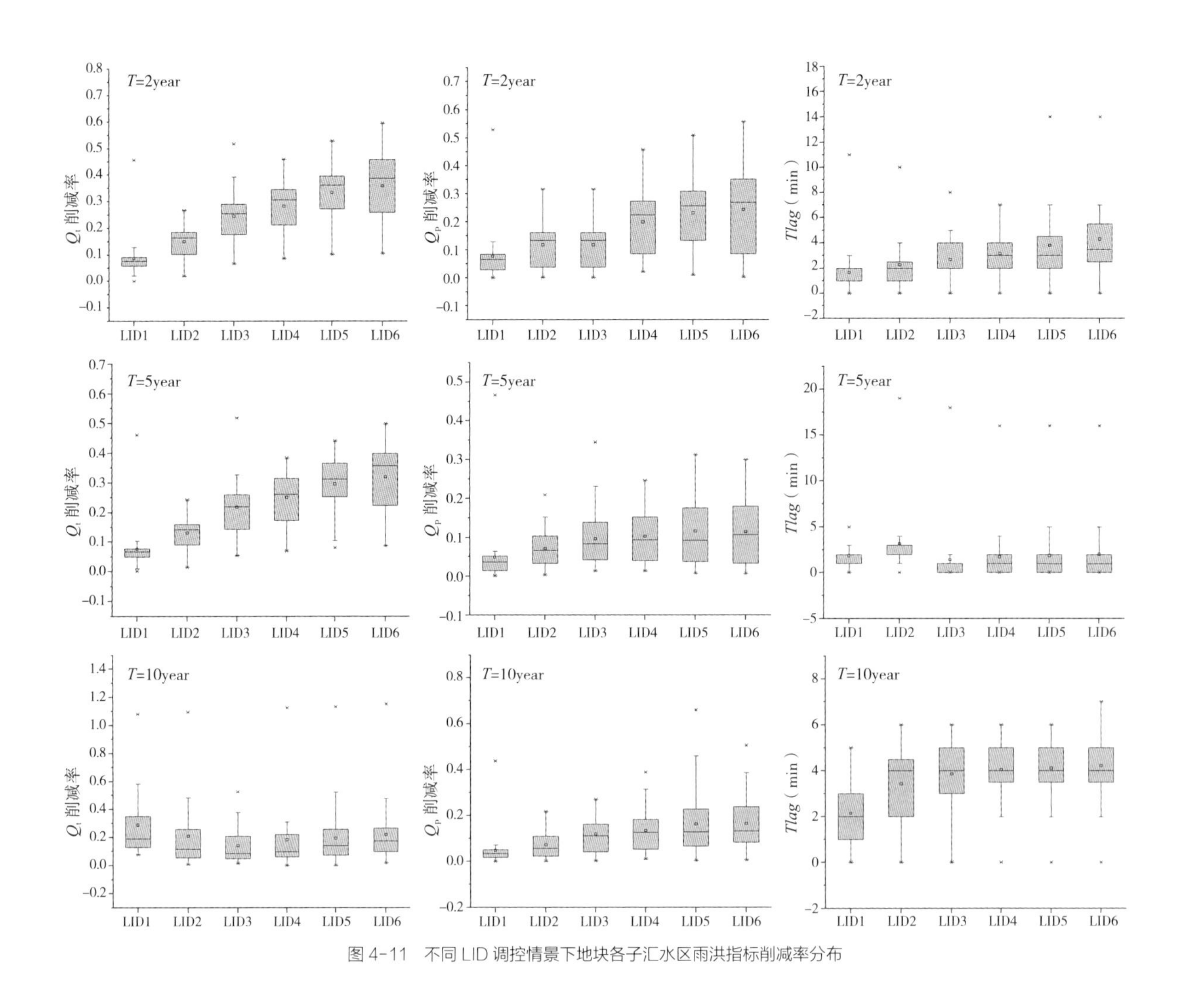

图 4-11　不同 LID 调控情景下地块各子汇水区雨洪指标削减率分布

和峰现时间差的影响则无明显规律。因此在本案例所设计的外部条件中各 LID 改造情景总体在 2 年一遇（累积雨量 30.25mm/h）降雨条件下控制雨水径流的效果较好，且各径流控制指标削减率随 LID 规模的增加逐渐升高；对于 5 年一遇（累积雨量 38.38mm/h）、10 年一遇（累积雨量 44.52mm/h）的降雨重现期条件来说，在源头控制设施为 LID3 调控情景时所对应的改造规模对降雨径流的控制效果达到最大。

（3）地块系统总体出流控制效率

将重现期为 2 年一遇、5 年一遇和 10 年一遇降雨重现期条件下的系统总体径流出流量和洪峰流速结果计算总体削减率结果进行绘制（图 4-12）。三种重现期降雨条件下地块总径流出流削减率、洪峰流速削减率随 LID 规模比例的提高呈逐渐增加趋势。对于同一种 LID 设计情景，降雨重现期 2 年一遇、5 年一遇和 10 年一遇对地块总出流量的削减效率呈下降趋势。相反地，对地块洪峰流速的削减率呈上升趋势，但在特定降雨重现期条件下，LID 设施规模增加对削减率的影响存在趋同效应。在本研究所构建的模型情景条件下，LID 调控情景能够有效削减地块雨水径流总量以及地块峰值径流量，但存在上限阈值。例如在 2 年一遇的降雨条件下，各 LID 建设情景对地块总出流量的削减率为 9.3% ～ 18.4%。

（4）LID 设施造价 - 径流控制环境效益分析

以LID为主要技术的绿色源头雨水控制理念逐渐成为提高城市韧性的重要途径。有国外研究表明，LID 不但在城市雨洪管理的环境效果方面优于基于传统工程理念的雨洪管理策略，而且其投入成本和生命周期维护费用也相对较低。

使用《海绵城市建设技术指南》中 LID 单体设施的单位造价，估算本研究中 LID 调控情景总造价投入，并以径流总量控制与峰值流量控制表征雨水径流控制环境效益，尝试分析评价地块 LID 源头径流控制设施造价与环境效益之间的变化关系。不同 LID 调控情景下的造价 - 径流总量削减与造价 - 径流峰值削减如图 4-13 所示。就这两个指标而言，随着 LID 设计规模的增加，设施的造价效益比在三种

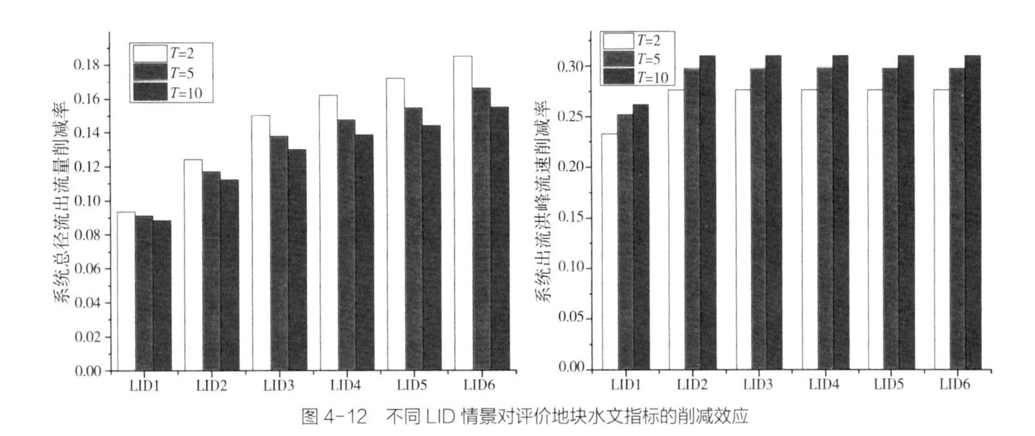

图 4-12　不同 LID 情景对评价地块水文指标的削减效应

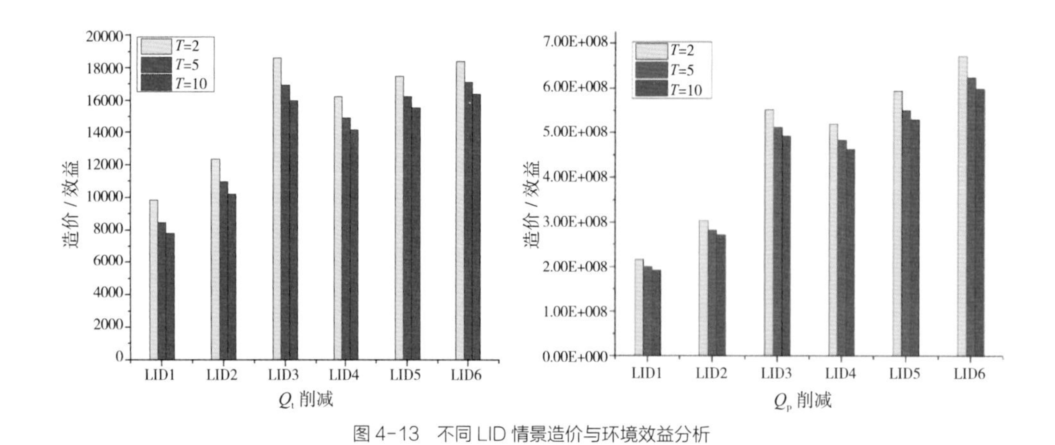

图 4-13 不同 LID 情景造价与环境效益分析

降雨重现期条件下皆呈总体上升趋势，且在 LID3 情景下的造价效益最高。但随着降雨重现期的增加各 LID 调控情景的造价 - 环境效益呈下降趋势。总体来说，在所设计的各情景条件中，选用 LID3 调控情景能够得到最优的造价 - 径流控制环境效益。

3.3 生态绩效评价案例：河流冷岛效应评价方法

3.3.1 评价目的

城市水体对于维持生态系统的平衡、缓解热岛效应、改善局部小气候具有重要意义，其中城市中的大型河流湖泊具有很好的“冷岛效应”，明确其降温范围、幅度、梯度的影响因素和规律，可为城市规划提供参考。本案例以上海市外环线内为研究区域，着重评价区域内最大的河流黄浦江的“冷岛效应”（图 4-14）。

3.3.2 评价方法

目前遥感数据有 Landsat TM/ETM+、NOAA/AVHRR、ASTER 及 MODIS 影像，其中 Landsat 陆地卫星具有高分辨率、数据丰富、易于获取的特点，研究方法成熟，是当前应用最广泛的卫星数据。本研究采用 Landsat8 卫星中外环线内区域无云层覆盖的影像，通过地理空间数据云网站收集下载 2014 年 4 月 10 号、2013 年 8 月 9 号、2013 年 11 月 17 号、2013 年 12 月 19 号四个季节的遥感影像作为热岛效应季节变化的研究数据（因 2013 年春季的影像有云层遮挡，采用 2014 年春季的影像代替）。

目前地表温度反演算法主要有：单窗算法、单通道算法、辐射传输法（大气校正法），这些算法最基本理论依据是维恩位移定律和普朗克定律。本研究反演地表温度所采用的辐射传输法（大气校正法）是利用大气数据计算大气对地表热辐射的影响，

图 4-14　上海黄浦江实景

修正消除卫星接收辐射中的大气影响值，进而计算地表热辐射强度，从而得出真实的地表温度值。该方法反演精度较高，结果较为可靠，适用于任何热红外遥感波段的反演。

利用 ENVI5.1 对卫星遥感影像进行处理，主要处理内容包括辐射定标、大气校正、裁剪等，分别计算辐射亮度和地表比辐射率，根据 NASA 公布的网站（http://atmcorr.gsfc.nasa.gov）查询大气剖面参数，得到同温度下黑体辐射亮度，根据普朗克定律和类似黑体的热红外辐射亮度与地表真实温度间关系，反演出地表温度。

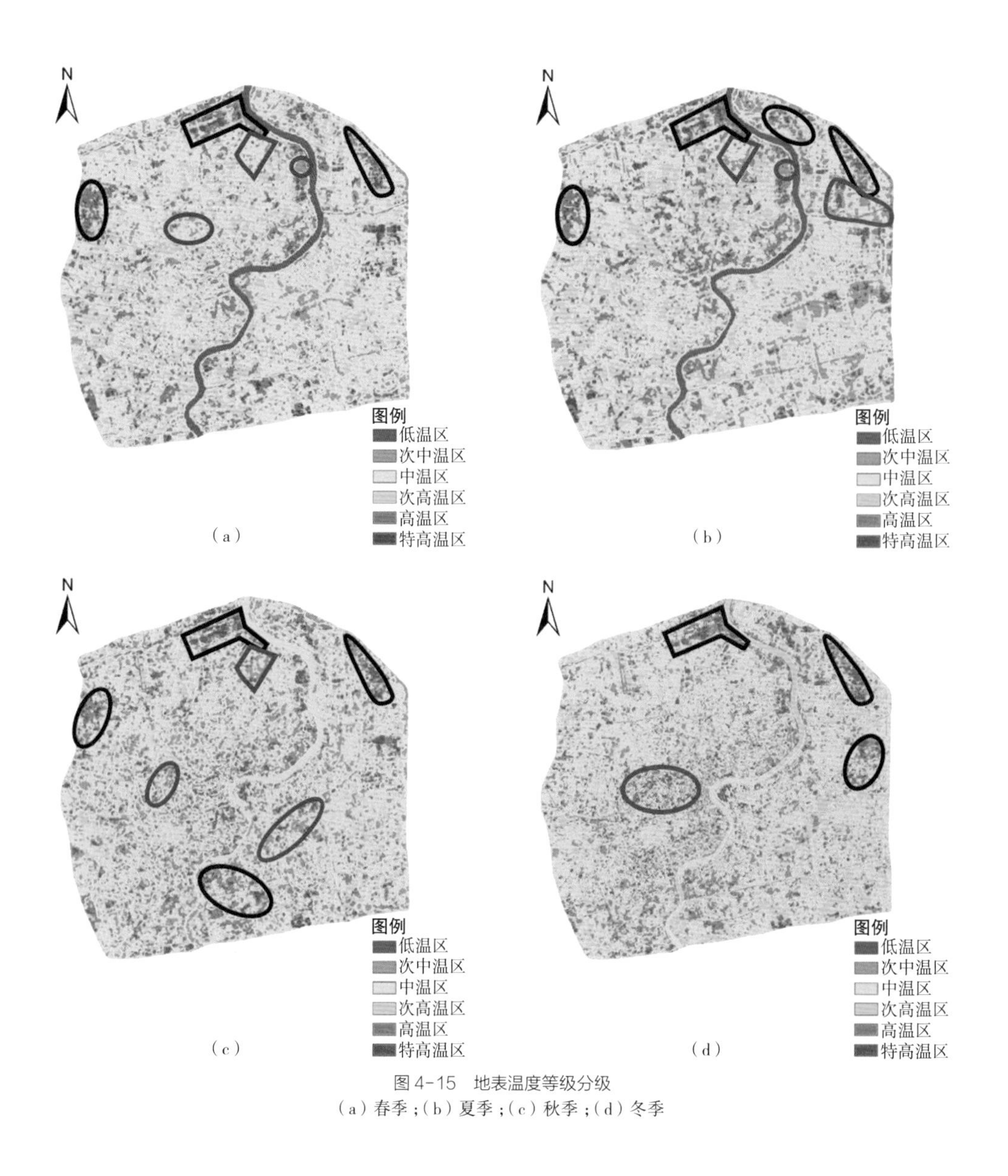

图 4-15　地表温度等级分级
(a)春季;(b)夏季;(c)秋季;(d)冬季

3.3.3　评价结果

四个季节地表温度高的聚集区，均分布在外环线北部、东北部工业用地地块、大杨场南大工业园区（如图 4-15 中黑圈所示）；地表温度低的聚集区在春夏季分布区域基本一致，与秋季有所出入，与冬季完全不同（如图 4-15 中紫圈所示）。春季、夏季地表温度高的区域主要分布在黄浦江西部、东部、东北部的部分地区，地表温度低的区域主要分布在浦东地区、黄浦江、世纪公园等河流城市绿地地区；秋季时期地表温度高的区域在浦东和浦西分布整体上没有太大差别，公园的地表温度最低；冬季时期地表温度高在浦东的分布比例较浦西的分布比例大。秋冬季节地表温度低的分布较为分散，其在建设用地、城市绿地都有分布，这可能是城市绿地与水泥、柏油下垫面对热岛效应贡献值相同。各季节的特高温和高温区的面积总占

比大小为秋季 > 夏季 > 冬季 > 春季（图 4-16）。

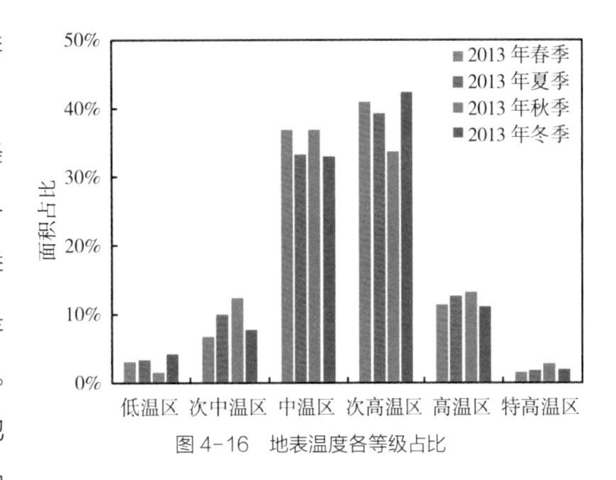

图 4-16　地表温度各等级占比

黄浦江在春季时对周围环境的降温作用最强，夏季相比稍弱，而在冬季时降温效果很微弱。西岸在各个季节下降温幅度都大于东岸，其原因是黄浦江西岸更为接近城市热岛中心。计算黄浦江两岸 210m 缓冲区平均地表温度（表 4-8）。发现四个季节中东岸的平均地表温度都小于西岸（图 4-17）。缓冲区内建设用地、建筑物高度会提高河流、绿地等要素的降温效应强度，对黄浦江两岸 210m 缓冲区内建设用地占比、建筑物平均高度进行统计发现，西岸、东岸建设用地面积占比分别为 0.86、0.83，建筑物高度分别为 16.50 层、13.73 层，这也部分解释了表中黄浦江西岸与东岸降温效应的差别。

黄浦江两岸降温效应　　表 4-8

江岸	季节	降温范围（m）	降温幅度（℃）	降温梯度（℃ /m）	210m 缓冲区平均地表温度（℃）
东岸	春季	210	9.6865	0.0461	29.1842
	夏季	180	8.0076	0.0445	39.2341
	秋季	150	1.2934	0.0086	16.9238
	冬季	30	0.4061	0.0135	8.6936
西岸	春季	210	10.3239	0.0492	29.5507
	夏季	210	8.8007	0.0419	39.6975
	秋季	120	2.0472	0.0171	17.6308
	冬季	60	0.8862	0.0148	9.0943

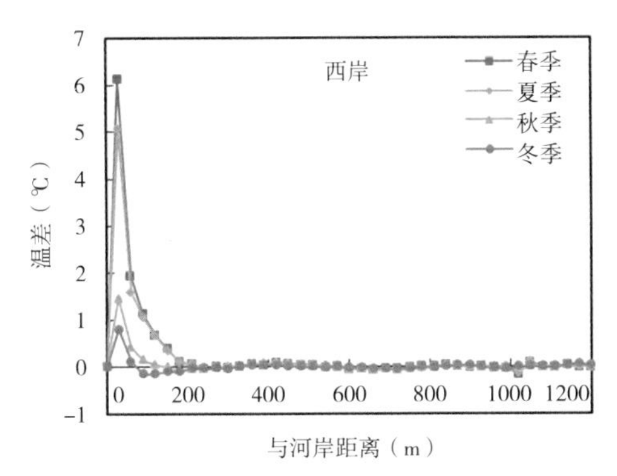

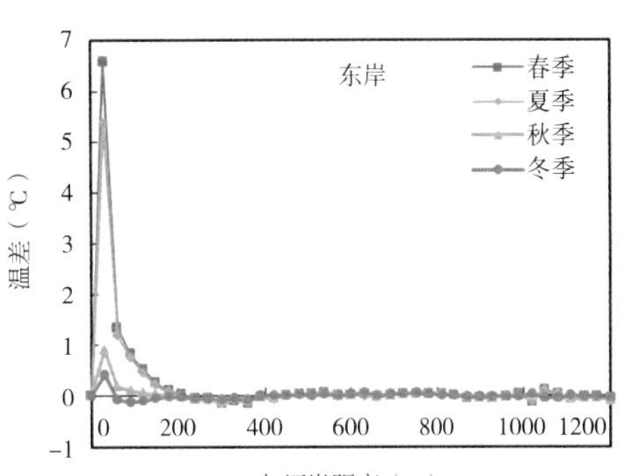

图 4-17　黄浦江两岸缓冲带地表温差

3.4 社会绩效评价案例：湿地社会功能评价方法

3.4.1 评价目的

湿地不但是关键的自然生态系统类型，而且具有很强的社会服务功能，传统的生态系统服务价值评估实践多以经济学方法为主，较少关注社会属性和空间异质性。本案例采用美国地质勘探局开发的一款地理信息系统应用程序 SolVES，结合 VEP（Volunteer-Employed Photography）方法，评价吴淞炮台湾湿地森林公园生态系统服务的社会价值[15]。

吴淞炮台湾湿地森林公园位于上海市宝山区，东边濒临长江口，西边倚靠炮台山，处于长江与黄浦江入海口处，总面积达到 120hm^2，其中陆地面积为 60hm^2，原生湿地面积为 60hm^2，沿江岸线长达约 2000m。公园旧址为长江滩涂湿地，自 20 世纪 60 年代起，通过废弃钢渣与淤泥的填充逐渐形成公园的陆地部分。公园以野趣为突出特点，保留了长江滩涂湿地景观和展现了长江河口的原生态面貌，新一轮结构设施和艺术设施的构架突显了滨江的湿地自然特色和历史文化情怀。

3.4.2 评价方法

通过招募 32 位游憩志愿者，在公园中进行游玩及拍照，即所谓的 VEP 方法，使用 iPhone 手机作为拍照器材，利用安装的地图加加软件获取带地理位置坐标的图片和游玩轨迹路线。传统的 GVT 方法是游客携带着 GPS 记录器，每间隔一段时间进行自动定位，得到相应的地理坐标位置，该方法只能得知游客去了哪些地方，并不能细致地反映游客的偏好点在哪。借助于地图加加软件，相当于把 VEP 方法与 GVT 方法结合起来，得到偏好照片并携带有相应的空间信息，在空间上更能反映不同游客的景观偏好差异。旅游途中的必备环节是拍照留影纪念，随着智能手机的发展，拍照功能越来越强大，又鉴于手机方便小巧，多数游客开始尝试用手机替代传统相机进行拍摄，并且照片拍摄质量逐渐得到游客们的认可。通过借助此方法，志愿者游憩模拟时更加贴近真实游玩场景，得到的游玩数据也会更加客观与真实。

VEP 景观偏好数据获取。了解游客的景观偏好特征，通过手机拍照得到的照片，将照片进行景观类型分类，若一张图片中包含多种景观类型，则选择覆盖面最广的为主要的景观类型，通过网格化分析在空间上统计各景观类型的所占比重，并对拍摄点进行核密度计算，识别模拟游客的热点偏好区域。

SolVES 模型数据获取。借助 ArcGIS 10.1 操作平台对吴淞炮台湾湿地公园区域进行空间配准，从而进行地图矢量化，得到 SolVES 模型需要的环境变量，即研究区域的自然资源条件。对公园道路要素、水体要素和滨江湿地要素进行欧式距离计算，得到距离公园道路远近、距离公园水体远近以及距离滨江湿地远近 3 种环境变量。SolVES 模型将 ArcGIS 软件中的平均最邻近工具嵌入模型内部，对各社会价值类型标注点分别进行平均最邻近分析，通过反馈的平均最邻近比率（R 值）及其标准差（Z 值）来判断各社会价值类型的空间分布模式。获取游憩志愿者照片拍摄点的地理坐标位置，模拟游憩结束后，让其对自己拍摄的照片及周边环境进行景观社会价值分配与评分（百分制），SolVES 模型对各项社会价值的分配分值进行归一化处理，得到十分制的价值指数（Value Index，VI），各社会价值类型中价值指数的最高值为该类型的最大价值指数（Value Index Maximum，M-VI），以此确定各社会价值类型的重要程度，SolVES 模型选择对应的社会调查数据和空间数据图层，以价值指数作为对应社会价值点的权重，对数据进行分析模拟，以确定各社会价值类型的空间分布状况及其与自然资源条件的关系[15]。

参照国内外文献并结合研究区域自身特点，定义美学价值、历史文化价值、学习价值、精神娱乐价值、康体健身价值、生命支撑价值、生物多样性价值等 7 种价值。

3.4.3 评价结果

（1）轨迹空间分布

游憩模拟志愿者的踪迹基本上遍布整个公园，游憩轨迹路线越粗代表有越多的志愿者从这经过而导致的重合，公园南部轨迹路线比北部更为聚集，这与志愿者都是从西南处的公园西门进入有一定关系，但并没有因为从西门进入而对公园北部游憩产生较大的影响。北部矿坑花园景点附近的踪迹路线较为密集，吸引辐射力较强，而公园东北角靠近滨江湿地的区域游憩轨迹较为稀疏。公园西门北部区域几乎无人涉及，公园应加大此地的环境建设，增加游憩设施，从而吸引游客前来游览或玩耍（图 4-18）。

男志愿者与女志愿者游憩轨迹整体趋势上并无显著差别，女游憩者主路线上的游憩轨迹更为集中，男游憩者轨迹路线较为分散，表明男志愿者的游玩路线更为随意，并不一定按照公园划好的路径行走游玩。

根据志愿者照片拍摄点的地理位置分布，生成点要素图层，进行核密度计算（图 4-19）。根据核密度计算图显示，发现吴淞炮台湾湿地森林公园中矿坑花园、吴淞炮台纪念广场、滨江观景台区域核密度最高，湖心摇曳、亲水木栈道、长江科技馆次之（表 4-9）。从这些游玩热点区域的周边环境可以看出，游客比较偏好有水体的区域，水体与建筑结构相结合，形成良好的水景观，尤其矿坑花园和滨江观景台一带，密度最为集中，也成为游客景观美学评价较高的区域。

所有游憩志愿者共计拍摄 1212 张照片，统计各照片景观类型出现的频次，出现频次最高的前三种景观类型分别为水体、植被、步行系统。将吴淞炮台湾湿地森

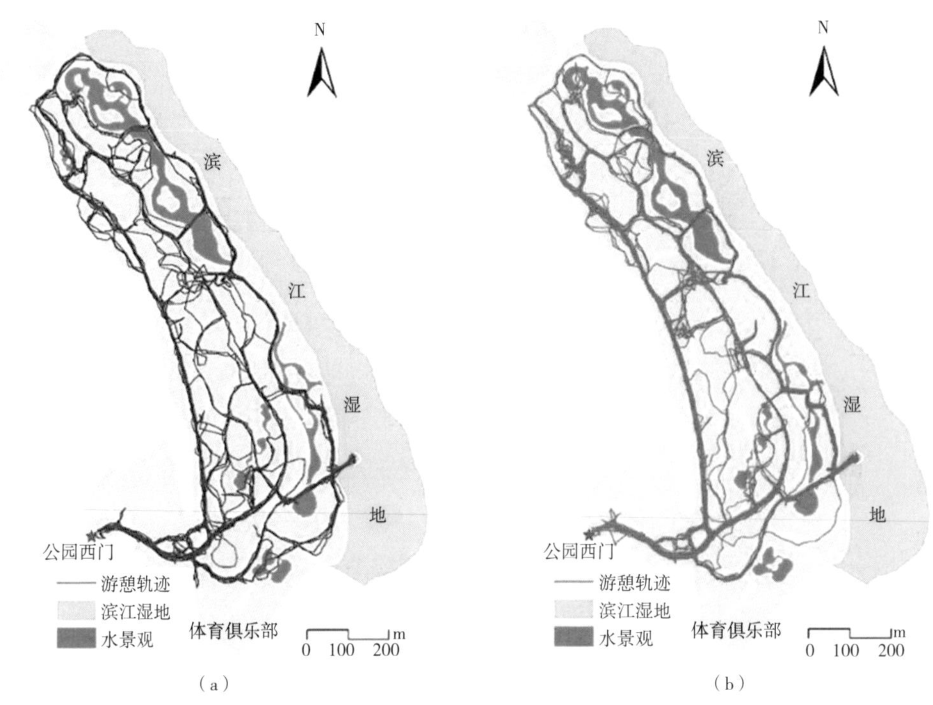

图 4-18　公园游憩志愿者游憩轨迹路线图

（a）男志愿者游憩轨迹；（b）女志愿者游憩轨迹

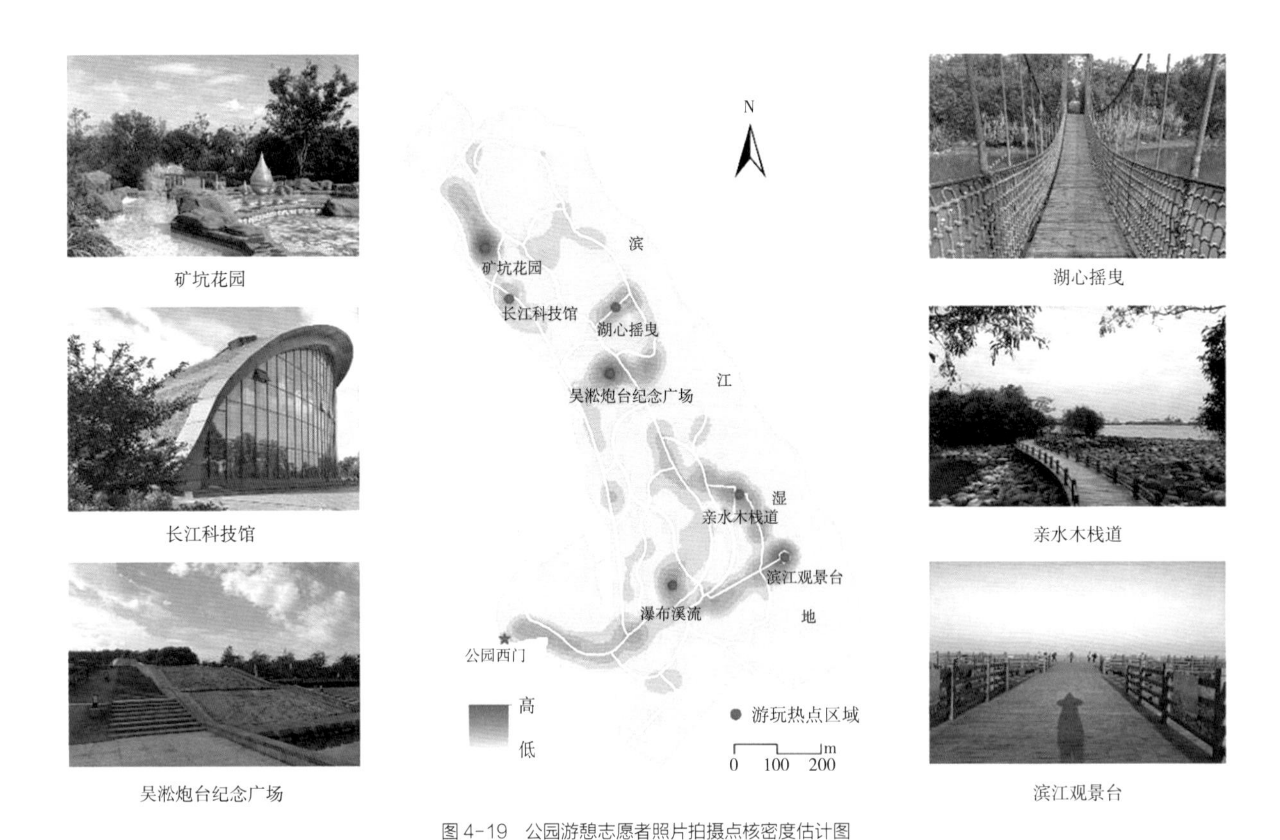

图 4-19　公园游憩志愿者照片拍摄点核密度估计图

景观偏好程度较高景点介绍　　表 4-9

景点	景点介绍
矿坑花园	钢渣堆的遗留地，后经过人工改造形成青石山体，绿色水体景观
长江科技馆	集文化展示、科技教育、环境保护为一体的公共活动场馆
吴淞炮台纪念广场	近代历史战争炮台使用点，爱国教育与民族精神纪念广场
湖心摇曳	独特的红色网状编织人工摆桥，横跨湖泊两边，与水体相映成趣
亲水木栈道	滩涂湿地周边独特的步行系统，由木质铺装构成，亲水性强
滨江观景台	长江与黄浦江交汇处的滩涂湿地，最具特色的自然生态景观

林公园进行空间网格化分析，划分成 200m × 200m 的网格，统计每个网格中所涵盖的照片拍摄点数，并进行景观类别比重分析。照片点的空间化分析，具有一种空间即视感，能够明确发现各区域的主要拍摄景观类型，滨江湿地、亲水木栈道和矿坑花园的拍摄点占据较大比重，矿坑花园水体和艺术设施等景观类型所占比重最多，亲水木栈道区域是景观数量占据比最高区域，从景观类型划分来看，水体、步行道、植被等景观类型所占比重较高，滨江湿地一带水体和步行设施所占比重较多。在空间上，拍摄点聚集处呈现东高西低的现象，游憩志愿者最喜欢亲水地带，此处空间广阔，江边尽收眼底，给人一种精神开阔感，此处野趣活动也是最多的地方，游客喜爱在夏秋季节进行垂钓和抓螃蟹等亲子活动。炮台广场历史艺术设施景观较多，充满历史教育感，此外，地形景观也占据较大比重，此处地势较高，居高临下，给人一种俯视感，开阔的地形往往使人精神比较畅悦，其景观类型空间分布如图 4-20 所示。

（2）游憩者性别差异对各社会价值类型空间分布的影响

男女性别差异虽不是各种社会价值的主要影响，但在空间分布方面还存在一定差异，对男女游玩偏好的掌握能够给公园管理更好的指导，比如女性更偏好去哪些区域，这时就会考虑相关基础设施的建设，如公共厕所和推婴儿车步行道的建设等。选取美学、精神娱乐、生命支撑、生物多样性四种社会价值进行男女性别差异对比。

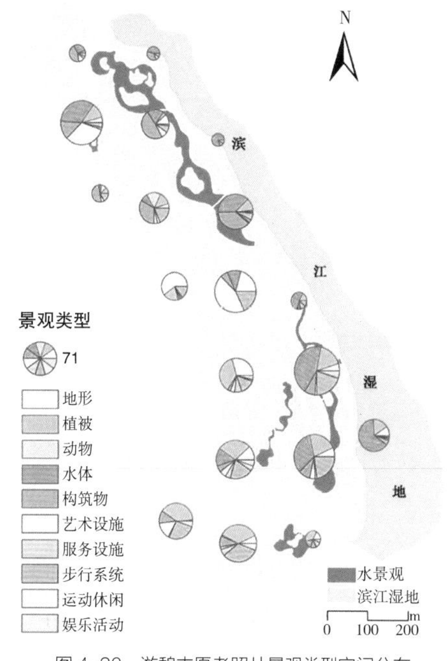

图 4-20　游憩志愿者照片景观类型空间分布

1）美学价值

男女游憩志愿者对于吴淞炮台湾湿地森林公园美学价值空间分布基本一致，价值指数较高区域集中在矿坑花园、瀑布溪流和滨江湿地一带，说明男女游憩志愿者对该公园核心景点的美学评价具有较高的

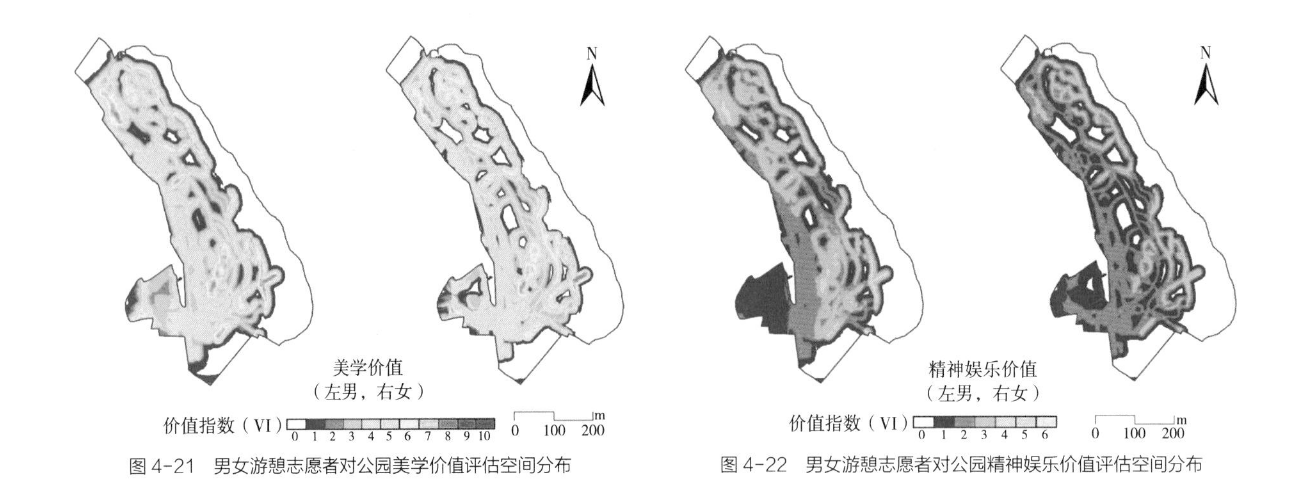

图 4-21　男女游憩志愿者对公园美学价值评估空间分布

图 4-22　男女游憩志愿者对公园精神娱乐价值评估空间分布

认可度。男游憩志愿者对滨江湿地的美学价值较高区域多于女性，男性比较偏好空间广阔，大气的水景观、连续的滨江湿地景观更能获得游憩志愿者的认可。炮台纪念广场偏下一带区域美学价值评分较低，此地主要为绿色植物集聚地，游客可达性较低，在景观面貌上并无显著差异，景观特色略显单一（图 4-21）。

2）精神娱乐价值

男性对公园精神娱乐的评价整体高于女性，在娱乐玩耍方面，男性更为活泼。尤其在瀑布溪流处，此处有一条暗道，男游憩志愿者普遍会进去玩耍，女性由于里面过于黑暗而不敢进去，导致游憩体验指数评价较低，从公园整体分布来看，男性在精神娱乐价值上的体现区域广于女游憩志愿者。在滨江湿地处，男性普遍会到湿地边进行抓螃蟹，采石子等游憩活动，女性主要以拍照为主，这一点在娱乐活动内容上差异性较大（图 4-22）。

3）生命支撑价值

男女游憩志愿者对于生命支撑价值的偏好存在较大区别，男性高价值指数区域多于女性，男女游憩志愿者的生命支撑价值较高点都主要集中在滨江湿地观景台和公园东边沿线滩涂湿地一带，北部滨江湿地一带价值指数男志愿者普遍高于女性，但都认为滨江湿地处提供了更好的生命支撑环境（图 4-23）。

4）生物多样性价值

男女游憩志愿者对于生物多样性价值的偏好也存在较大区别，女游憩志愿者的生物多样性价值较高点主要集中在滨江湿地观景台和公园东边沿江岸线的滩涂湿地，而男游憩志愿者的生物多样性价值点遍布公园多数区域，将森林氧吧、草地等也包含其中（图 4-24）。

从这四种社会价值评估结果中可以看出，男女游憩志愿者对公园美学评估差别较小，都喜欢包含水景观的区域，公园的美学认可度普遍较高，男女在精神娱乐价

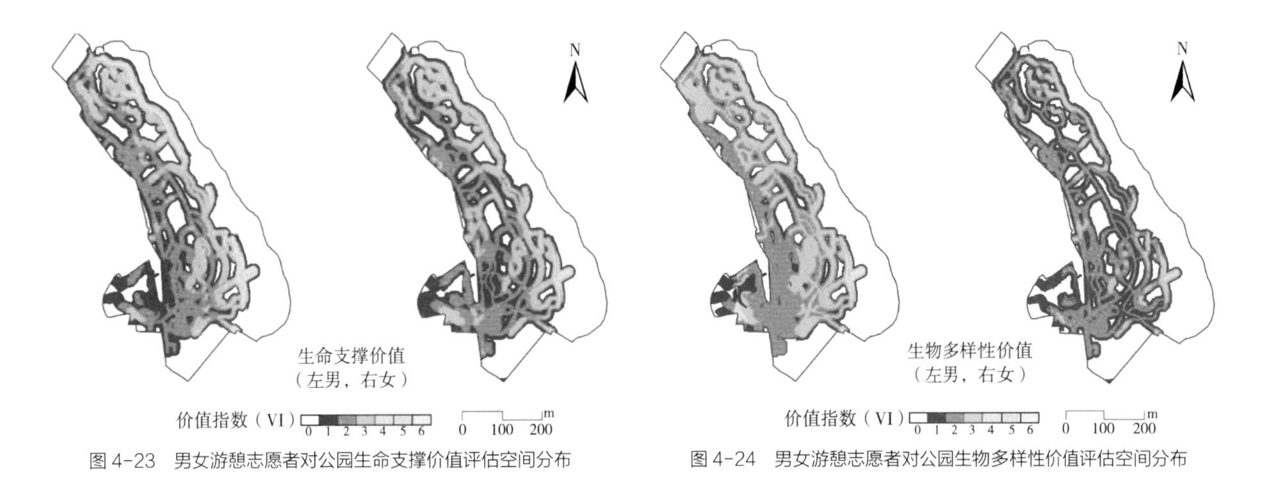

图 4-23　男女游憩志愿者对公园生命支撑价值评估空间分布

图 4-24　男女游憩志愿者对公园生物多样性价值评估空间分布

值和生命支撑价值上有一定的差异，男游客更偏好玩耍，喜悦肢体上的动感，女性更注重于观光欣赏和休闲拍照，男性对于空间广阔的景观更加偏好。游憩志愿者普遍对水景观拥有较强的偏好，若在瀑布溪流和滨江湿地一带多设置一些休息座椅及观望台，将方便游客在此观赏并作停留休息。

3.5　行为绩效评价案例：节水行为意向评价方法

3.5.1　评价目的

我国是一个水资源总量丰富，但人均水资源较为贫乏的国家。近年来，我国水资源节约与保护工作不断加强，有效调控居民用水习惯成为建设节水型社会的重要环节，有利于促进节水型社会建设。国内关于公众居民环保行为包括节水行为的研究较晚，主要集中在政策和管理层面上的定性探讨，对居民的环境保护行为、节水行为的内在心理和意向较少做深度挖掘。

本案例以计划行为理论（Theory of Planned Behavior，TPB）为基础，加入个人情感因素，引入城市居民的节水行为研究，评价居民节水行为的影响因素和作用机制，以期为针对性改善居民节水行为提供参考。

3.5.2　评价方法

（1）研究假设

环境心理学视角下的节水行为研究探讨了城市居民对节水行为的态度、知觉和反应行为。城市居民在特定的情境中是否能主动参与节水行动，以及造成居民对节水行为意向程度感知差异的因素是该领域较为关注的话题。计划行为理论（TPB）是 Ajzen 在 Fishbein 的多属性态度理论（Theory of Multiattribute Attitude）的基础上，提出了理性行为理论（Theory of Reasoned Action），并增加了知觉行为控制变量。根据计划行为理论（TPB），城市居民的行为态度（Attitude toward the Behavior,AB）、主观规范（Subject Normal,SN）和知觉行为控制（Perceived Behavior Control，PBC）是决定节水意向的三个主要因素，这些变量既相互独立又相互联系。

由此，对城市居民的节水行为提出以下假设：

假设 1（H1）: 城市居民的行为态度对节水行为意向有显著的正向影响。

假设 2（H2）: 城市居民的主观规范对节水行为意向有着显著的正向影响。

假设 3（H3）: 城市居民的知觉行为控制对节水行为意向有着显著正向影响。

个人情感（Individual Emotion，IE）可以影响节水行为意向，并在态度、主观规范和知觉行为控制的关系之间具有调节作用，故提出下述假设：

假设 4（H4）: 城市居民的个人情感对节水行为意向有着显著的正向影响。

假设 5（H5）: 城市居民的个人情感对节水行为的行为态度与行为意向有正向调节作用。

假设 6（H6）: 城市居民的个人情感对节水行为的主观规范与行为意向有正向调节作用。

假设 7（H7）: 城市居民的个人情感对节水行为的知觉行为控制与行为意向有正向调节作用。

（2）研究方法

以居民在日常生活中是否有节水习惯为导入问题，主要调查以下 5 个部分：

1）行为态度（AB）: 主要考察居民是否认同节水行动的意义及是否愿意参与到节水行动中，记为 AB1-AB6，测量项目参考 Kelly 相关量表。

2）主观规范（SN）: 包括家人、朋友、政府相关部门和学校对受访对象行为的影响及受访对象的顺从动机，记为 SN1-SN6，测量项目参考 Kelly 等相关量表。

3）知觉行为控制（PBC）: 从不同角度考察受访对象过去有关节水行动的经验和预期可能受到的阻碍，从而对受访对象的自我行为控制能力进行主观评价，记为 PBC1-PBC5，测量项目参考 Oliver 等相关量表。

4）个人情感（IE）: 受访对象在决策的时候不仅考虑行为对自身的影响，同时也会考虑行为对他人的影响，记为 IE1-IE4，测量项目主要参考 Park 等相关量表，并以 Fitzmaurice 提出理论为辅，即将情感因素加入行为理论当中，新模型的解释能力要大于原来的行为理论模型。

5）行为意向（BI）: 包括受访对象是否愿意自身参与节水行动及劝说他人执行节水行动，记为 BI4-BI5。

除了人口统计学变量外，问卷中所有测量部分均采用五点李克特量表，回答选项设计都是从“1”（代表“非常不同意”），“2”（代表“不太同意”），“3”（代表“中立”），“4”（代表“比较同意”），“5”（代表“非常同意”）五个等级，逐级表示积极影响程度增高。

采用面对面访谈问卷调查方法，在预调查基础上，随机抽取上海市闵行区居民正式调查，共发放 296 份问卷，最终回收有效问卷 244 份，采用结构方程模型对数据进行路径和拟合分析。

3.5.3 评价结果

（1）描述性统计

关键变量的描述性统计结果可以看出，各变量均值处于稳定状态，均超过 3.80。结果表明调查对象的行为态度、主观规范及行为意向的积极影响水平的得分较高，而在知觉行为控制、个人情感积极影响水平上得分较低，尤其是个人情感方面的波动较大（表 4-10）。

描述性统计 表 4-10

项目	样本量	极小值	极大值	均值	标准差
行为态度（AB）	244	1	5	4.42	0.789
主观规范（SN）	244	1	5	4.01	0.836
知觉行为控制（PBC）	244	1	5	3.94	0.842
个人情感（IE）	244	1	5	3.84	1.009
行为意向（BI）	244	1	5	4.04	0.839

（2）信度检验

信度检验，是用来评价问卷调查这一测量工具的可靠性，即评价各观察变量间的内部一致性。本研究的问卷整体信度的评判标准为组合信度可达 0.7 或以上，并剔除因子载荷低于 0.5 的题项。为了使测量题项更好地反映各个潜变量，剔除 SN3、PBC3、PBC4 和 PBC5 这 4 个测量题项，并最终确定各个潜变量的测量模型。各个组合信度及 Cronbach's α 系数均大于 0.7，说明各个潜变量具有良好的信度，问卷具有较好的可靠性，各测量题项能较好反映潜变量（表 4-11）。

观测变量信度和效度检验结果 表 4-11

潜变量	测量变量数	Cronbach's α	组合信度	AVE
行为态度（AB）	6	0.819	0.783	0.384
主观规范（SN）	5	0.785	0.727	0.351

续表

潜变量	测量变量数	Cronbach's α	组合信度	AVE
知觉行为控制（PBC）	2	0.710	0.735	0.589
个人情感（IE）	4	0.792	0.795	0.492
行为意向（BI）	4	0.875	0.811	0.651

注：总量表 Cronbach's α 系数为 0.830。

（3）效度检验

效度检验，是在大多数情况下用衡量表来反映概念的真实性。本研究以 KMO 和 Bartlett 球形度检验作为自变量因子间相关性和独立性检验的评判标准。对 21 项测量变量进行 KMO 值检验，经计算，KMO 检验值为 0.871，Bartlett 球形度检验值为 2403.72，在 0.000 水平显著，表明适合做因子分析。

采用主成分分析法，通过方差最大化正交旋转法和特征根大于 1 提取出 5 个主因子，以便更好反映潜变量，最终提取到的 5 个主因子的累计方差解释率达到 65.56%。测量变量均清晰地载荷在一个因子上，因子载荷均在 0.50 以上，符合研究要求，说明问卷具有较好的区分效度。

（4）模型验证及适配度检验

采用 AMOS17.0 软件中的结构方程模型（SEM），并利用最大似然估计法对问卷所得数据进行验证性因子分析，检验本研究提出的模型和假设。首先，假设模型中的路径系数均为显著（P<0.001），在不违背理论和结构方程模型修正原则的条件下，根据初始模型路径系数的估计值和模型的修正指数（MI）对初始模型进行适配度调整（研究中增加误差变量 $e3$、$e4$ 与 $e5$；$e7$ 与 $e8$；$e8$ 与 $e10$；$e11$ 与 $e12$ 间的共变关系），得到最优拟合模型标准化结果（图 4-25）。

采用绝对适配指标 RMR、GFI、AGFI、CFI、PMSEA，增值适配指标 NFI、TLI、IFI 及简约适配指标 PGFI、PNFI 进行模型适配度检验。其拟合指数除了 GFI 和 NFI 未能达到标准外，大部分均达到可接受标准，表明基于计划行为理论构建的城市生活节水行为意向模型合理适配。

（5）拟合结果和假设检验

结构方程模型参数估计结果显示，行为态度、主观规范、知觉行为控制和个人情感对城市居民的节水行为意向有显著正向影响（H1、H2、H3 和 H4 成立），标准化估计值分别为 0.17、0.28、0.44 和 0.26，其中知觉行为控制系数最高，对城市居民的节水行为意向影响程度最高。另外，城市居民的个人情感对节水行为的行为态度、主观规范和知觉行为控制也会产生正向驱动，标准化估计值分别为 0.29、0.49 和 0.22（表 4-12）。

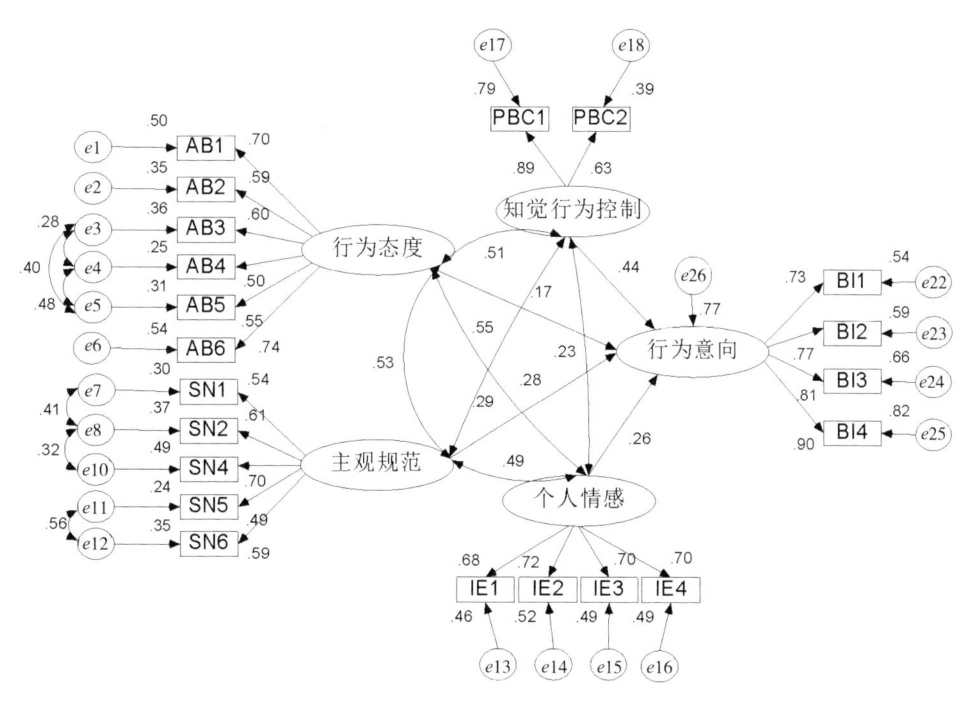

图 4-25　结构方程模型及标准化系数路径图

模型参数估计结果　　　　表 4-12

路径	标准化估计值	标准误	t 值	路径	标准化估计值	标准误	t 值
BI<—AB	0.17	0.09	2.40*	IE3<—IE	0.70	0.13	9.11***
BI<—SN	0.28	0.14	2.82**	IE4<—IE	0.70	—	—
BI<—PBC	0.44	0.08	4.83***	BI1<—BI	0.73	—	—
BI<—IE	0.26	0.07	3.89***	BI2<—BI	0.77	0.06	11.86***
AB1<—AB	0.70	0.12	9.27***	BI3<—BI	0.81	0.09	12.54***
AB2<—AB	0.59	0.14	7.97***	BI4<—BI	0.90	0.08	13.94***
AB3<—AB	0.60	0.10	8.05***	AB<—>SN	0.53	0.02	4.74***
AB4<—AB	0.50	0.14	6.76***	AB<—>PBC	0.51	0.03	5.52***
AB5<—AB	0.55	0.13	7.43***	AB<—>IE	0.29	0.03	3.29***
AB6<—AB	0.74	—	—	IE<—>SN	0.49	0.03	4.52***
SN1<—SN	0.54	0.15	6.25***	IE<—>PBC	0.22	0.04	2.73**
SN2<—SN	0.61	0.17	6.58***	SN<—>PBC	0.55	0.04	5.13***
SN4<—SN	0.70	0.19	7.22***	e5 <—>e3	0.40	0.03	4.86***
SN5<—SN	o.49	0.09	8.71***	e10<—>e8	0.32	0.04	3.58***
SN6<—SN	0.59	—	—	e8<—>e7	0.41	0.03	5.25***
PBC1<—PBC	0.89	—	—	e12<—>e11	0.56	0.03	6.32***
PBC2<—PBC	0.63	0.08	8.30***	e5<—>e4	0.48	0.04	5.84***
IE1<—IE	0.68	0.13	8.86***	e4<—>e3	0.28	0.03	3.64***
IE2<—IE	0.72	0.14	9.32***				

注：*** 表示 0.001 水平下显著，** 表示 0.01 水平下显著，* 表示 0.05 水平下显著。

（6）调节变量检验和假设检验

采用层次多元回归的方法来检验个人情感的协调作用，先以城市居民节水行为的行为态度、主观规范、知觉行为控制和个人情感为自变量，以节水行为意向为因变量进行回归（模型 1）。再在模型 1 的基础上，引入交互项进行计算，即将个人情感分别与行为态度、主观规范和知觉行为控制的交互项放入回归方程（模型 2），从而检验个人情感的调节作用（表 4-13）。

从分析结果可以看出，模型 1 和模型 2 中的 F 值均显著（$P < 0.01$ 显著性水平下），这说明两个模型的总体回归效果较好。模型 2 在引入交互项后，R^2 的变化是显著的（$P < 0.01$ 显著性水平下），这表明交互项对节水行为意向有显著的解释能力，同时证明了个人情感具有调节作用。节水行为态度与个人情感的交互项（AB × IE）（标准化回归系数 Beta=0.456）和节水主观规范与个人情感的交互项（SN × IE）（标准化回归系数 Beta=0.185）分别通过显著性检验（$P < 0.05$），这两个交互项对于居民的节水行为意向具有正向调节作用。因此，H5、H6 得到验证，H7 未通过验证。

（7）结果讨论

居民的行为态度、主观规范和知觉行为控制是直接影响城市居民节水行为意向的，而节水行为意向是影响是否进行节水行动的直接动因。因此要实现居民节水，

个人情感调节作用的层次分析结果　　表 4-13

模型		非标准化系数		标准化系数	t	Sig.	R^2	调整后的 R^2
		B	标准差	Beta				
模型1	常数项	1.749	0.251		6.966	0.005	0.211	0.205
	行为态度（AB）	0.043	0.042	0.043	1.004	0.316		
	主观规范（SN）	0.138	0.046	0.132	2.997	0.003		
	知觉行为控制（PBC）	0.366	0.048	0.343	7.695	0.000		
	个人情感（IE）	0.135	0.032	0.173	4.151	0.000		
模型2	常数项	2.171	0.766		2.836	0.000	0.288	0.116
	行为态度（AB）	0.260	0.128	0.261	2.033	0.043		
	主观规范（SN）	0.170	0.143	0.162	1.188	0.235		
	知觉行为控制（PBC）	0.461	0.161	0.431	2.863	0.004		
	个人情感（IE）	0.026	0.201	0.033	0.129	0.898		
	AB × IE	0.263	0.034	0.456	1.838	0.017		
	SN × IE	0.112	0.039	0.185	0.323	0.043		
	PBC × IE	-0.028	0.041	-0.187	-0.682	0.495		

注：1. 因变量为节水行为意向；

2. 模型 1 中 F=32.333**；模型 2 中 F=19.077**；** 为 $P < 0.01$。

关键是激发其节水行为意向。影响居民的行为意向的因素中，知觉行为控制的作用最大（标准化估计值 =0.44），其次是主观规范（标准化估计值 =0.28）和个人情感（标准化估计值 =0.26），行为态度的作用相对较小（标准化估计值 =0.17）。依据计划行为理论，这表明目前城市居民的节水行为意向主要来源于居民个体对实施节水行为是否有可控制的能力、信心，以及居民对周边群体和社会道德规范的遵从。前者是居民个体内在能力与态度方面的判断，属于内生的能力控制意愿，知觉行为控制作为计划行为理论的主要部分之一，测量项目主要负载在两个因素上，一个是与完成行为的信心有关，一个是与行为控制有关，这与 Ajzen 提出的观点相符合，当个体具备完成某种特定行为的信心和具有一定的行为控制能力后，能更好地影响行为意向。后者是居民个体对外部压力的判断，属于外生的遵从意愿。由此可见，短期内，通过加强对居民的节水知识和教育培训，提高其节水活动的素质与能力，降低知觉行为控制的难度，进而提高城市居民参与节水活动的自我效能感，对于激发城市居民的节水行为意向较为重要；长期而言，由于居民个体少年时期的生活、教育经历和成长环境对其行为态度和主观规范的形成有较为重要的影响。因此，加强义务教育阶段的节水教育，从小培养积极良好的节水习惯，激发城市居民内在的节水行为意向极为重要。

本研究将个人情感引入计划行为理论模型，结果表明个人情感对城市居民节水行为意向有正向影响（标准化估计值 =0.26），即居民节水的个人情感越强烈越能促进其节水行为意向，可以间接作用于节水行为。这表明：除了经济因素之外还有心理因素、情感因素等影响城市居民节水行为意向，因此仅采取单一经济措施如提高水价、增加居民用水经济成本对促进节水的作用较为有限。可见居民个体对水资源具备了丰富的生态情感，才能在实际生活中拉近节水行为与居民间距离，从源头上加强居民节水的行为态度。因此，短期而言，促进节水行动的宣传，政府构建节水型社会建设，发挥网络媒体宣传作用，营造全民节水的氛围，以激发居民对节水活动的情感认知；长期而言，要从国家层面上加强环境教育行动，努力推动和支持国家教育部门培育具有环境意识和环境责任感的公民，从根本上促进居民对节水行为的情感认知，并在全社会形成“保护水资源”的个人责任感。

在个人情感调节行为态度、主观规范、知觉行为控制与节水行为意向的关系中，居民的个人情感在行为态度、主观规范与节水行为意向的关系上有着显著的正向调节作用。在调节过程中，对行为态度与行为意向的调节作用最大（标准化回归系数 Beta=0.456），其次是对主观规范与节水行为意向的调节作用（标准化回归系数 Beta=0.185）。由此可见：普通城市居民个人情感对行为态度与节水行为意向的调节程度显著高于主观规范与节水行为意向的程度。行为态度的形成取决于居民生活方式和内心对节水行为的高度重视，在行为上需要长久、重复的坚持，并在实施过程中引发对节水行为的情感变化。短期来看，调节居民行为态度与节水行为意向的关系，虽效果显著，但难度更大。考虑到中国“关系型”人际文化，以人际关系为导向更容易调节居民个体的主观规范与节水行为意向间的关系。因此，要促进城市居民实施节水行为，需要充分发挥群体规范和社会舆论对居民个体行为的影响力和塑造力。

3.6 经济绩效评价案例：湖泊条件价值评价方法

3.6.1 评价对象

淀山湖地处江苏省和上海市的交界处，湖泊面积约为 62km^2，属于太湖流域下游，是上海市境内最大的天然淡水湖泊，在提供水源、调蓄洪涝、农田排灌、水上航运基础上兼具了水上运动、休闲旅游等多种功能（图 4-26）。本案例将计划行为理论与条件价值评估方法相结合，评价淀山湖水环境改善的经济价值。

3.6.2 评价方法

利用条件价值评估法（Contingent Valuation Method，CVM）研究居民支付意愿，对淀山湖水环境改善经济价值进行评估，再以计划行为理论作为支付意愿影响因素的研究框架，通过结构方程模型对支付意愿影响因素进行分析，得出潜变量与测量变量之间、各潜变量之间的关系，进而得出各潜变量对支付意愿的影响程度。

调查问卷内容设置为八个部分。

图 4-26　淀山湖现场实景

第一部分为淀山湖水环境现状感知（Situation Awareness，SA），调查居民对淀山湖水环境的现状认知，主要包括受访者对淀山湖现状的满意程度（水质、周边生态环境、周边公共设施）、感知到的水污染发生可能性、持续性、污染来源认知及自身感受与政府发布消息一致程度等 5 个方面，共设置 7 个题项，记为 SA1-SA7（表 4-14）。

水环境现状感知题项设置及说明　表 4-14

题号	题项设置	说明
SA1	我对淀山湖现在的水质很满意	现状满意度调查
SA2	我对淀山湖周边的生态环境很满意	
SA3	我对淀山湖周边的公共设施很满意	
SA4	现代城市发展很容易污染淀山湖的水环境	水污染发生可能性调查
SA5	一旦发生水污染，会持续很长时间	水污染持续性调查
SA6	淀山湖水质污染主要来自于周边农业面源污染	污染来源认知调查
SA7	我对水环境的感受与政府发布的信息一致	感知信息一致程度调查

第二部分为水污染风险认知（Risk Perception，RP），包括受访者认为的水污染对自身或家人健康和生活的影响程度以及对待水污染担忧、愤怒、恐惧的情绪，共设置 6 个题项，记为 RP1-RP6（表 4-15）。

水污染风险认知题项设置及说明　表 4-15

题号	题项设置	说明
RP1	水污染严重威胁自身身体健康	水污染对健康和生活影响程度调查
RP2	水污染严重影响家人身体健康	
RP3	水污染对我的生活影响程度很大	
RP4	淀山湖遭到污染我会担忧	风险情绪调查
RP5	淀山湖遭到污染我会愤怒	
RP6	淀山湖遭到污染我会恐惧	

第三部分为支付意愿（Willingness To Pay，WTP），是问卷的核心部分，为避免开放式条件价值评估法在受访者缺乏经验的情况下引起的较大偏差，采用“开放式双界二元选择问答”调查居民对水环境改善的支付意愿，即先询问居民是否愿意每月每户支付 30 元，在得到“肯定”或“否定”的答案之后继续询问是否愿意支付更高（50 元）或更低（10 元）的费用，进而询问其最大支付意愿，其中，投标值的选取是在前人研究的基础上得出的。最后，对于零支付意愿的受访者继续调查不愿意支付的原因（表 4-16）。

支付意愿问题及说明　　表 4-16

核心估值问题	说明
如果政府集中改善淀山湖水环境，提高水质，解决恶臭，清洁水面，假设在未来 5 年每户每月需要收取 30 元的费用，您愿意支付吗?	支付背景及初始投标
愿意：每月每户收取 50 元，您愿意吗? 您家每月最多愿意支付多少元?	双边界二分式回答估值问题
不愿意：每月每户收取 10 元，您愿意吗? 您家每月最多愿意支付多少元?	
若不愿意支付，您不愿意支付的原因是什么?	0 支付意愿原因

第四部分为行为态度（Attitude toward the Behavior，AB），调查居民对改善水环境的态度，设置 3 个题项，记为 AB1-AB3，同时调查居民对为改善水环境付费的态度，记为 AB4-AB7。在两种态度题项设计中均包含了工具性态度和情感性态度（表 4-17）。

行为态度题项设置及说明　　表 4-17

题号	题项设置	说明
AB1	改善水环境对人类发展非常有益	改善水环境态度调查
AB2	改善水环境是非常有必要做的事情	
AB3	改善水环境是我愿意参与做的事情	
AB4	为改善水环境付费对环境改善是有益的	为水环境改善付费态度调查
AB5	为改善水环境付费是一种负责任的表现	
AB6	为改善水环境付费是一种明智的举动	
AB7	为改善水环境付费是我非常愿意做的事情	

第五部分为主观规范（Subject Normal，SN），包括家人、朋友及媒体等对受访者支付意愿的影响及家人朋友自身是否愿意为改善水环境支付，记为 SN1-SN4（表 4-18）。

主观规范题项设置及说明　　表 4-18

题号	题项设置	说明
SN1	家人支持我为改善水环境付费	受访者受家人、朋友影响程度调查
SN2	朋友支持我为改善水环境付费	
SN3	媒体的环保宣传鼓励了我为改善水环境付费	受媒体影响程度调查
SN4	我的家人和朋友会为改善水环境付费	家人朋友规范行为

第六部分为感知行为控制（Perceived Behavior Control，PBC），从个人经济能力、精力、决策力、自我付出认同调查 4 个角度调查受访者对支付意愿控制能力的主观评价，记为 PBC1-PBC4（表 4-19）。

感知行为控制题项设置及说明　　表 4-19

题号	题项设置	说明
PBC1	我有为水环境改善付费的经济能力	经济能力调查
PBC2	我有精力经常关注淀山湖水环境的变化	精力调查
PBC3	是否为水环境改善付费通常取决于我自己	决策力调查
PBC4	我认为我的付出会改善水环境当前状态	自我付出认同调查

第七部分为道德规范（Moral Normal，MN），主要调查受访者对环境道德义务的认知，记为 MN1-MN3（表 4-20）。

道德规范题项设置及说明　　表 4-20

题号	题项设置	说明
MN1	我认为有义务要做对环境有益的事情	道德义务认知
MN2	我感觉我有义务要为改善水环境支付费用	
MN3	如果不保护淀山湖我会感到很愧疚	

第八部分为基本信息，调查受访者的性别、年龄、受教育程度、职业和家庭月收入等。

除人口统计变量和支付意愿外，问卷中所有测量项目均采用 Likert 五点评分法，回答选项设计为“非常同意”“比较同意”“一般”“不太同意”“非常不同意”五个等级，根据问题内容对居民支付意愿的影响程度，从低到高依次赋值 1、2、3、4、5。对相同答案形式的问题，采用矩阵式形式布置问卷。

2015 年 11 月—12 月，选取位于淀山湖周边的 7 个村镇的居民，包括位于淀山湖以东的朱家角镇，以西的商榻镇和周庄镇，以南的莘塔镇和金泽镇，以北的虬泽村和淀山湖镇，以面对面访谈的方式开展正式的随机抽样调查。本研究共发放问卷 473 份，剔除有项目缺失和逻辑错误的问卷，回收有效问卷 434 份。

3.6.3 评价结果

（1）支付意愿结果统计

在 434 份有效问卷中，333 人表示愿意支付（WTP>0），占 76.7%，101 人表示不愿意支付（WTP=0），占 23.3%。根据愿意支付的受访者给出的最大支付意

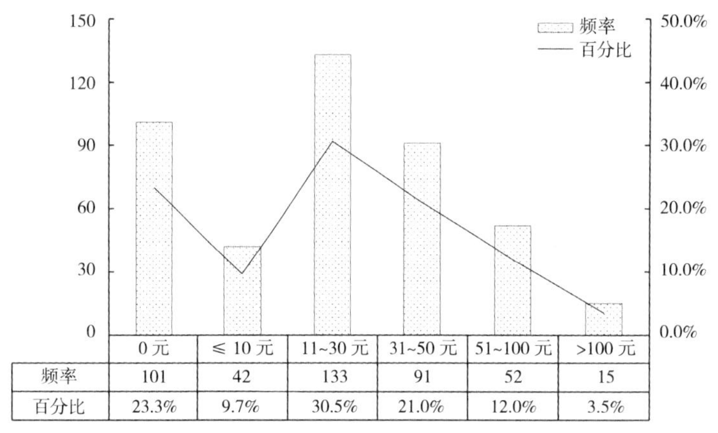

	0 元	≤ 10 元	11~30 元	31~50 元	51~100 元	>100 元
频率	101	42	133	91	52	15
百分比	23.3%	9.7%	30.5%	21.0%	12.0%	3.5%

图 4-27　支付意愿结果统计图

愿金额划分为 5 段，每个范围段内出现的频数、百分比及相应分布情况（图 4-27）。

除 23.3% 的受访者拒绝为改善淀山湖水环境支付费用，其支付意愿为 0 元外，受访者的最大支付意愿主要集中在 11 ~ 30 元 / 月之间，占样本总数的 30.6%，其次为 31 ~ 50 元 / 月，所占比例为 21.0%。

对于零支付意愿的受访者继续询问其“不愿意支付”的理由，问卷列举了几种可能的答案供受访者选择，如“这是政府的责任，不应该由个人来承担”“已经交过税了，不应该再支付费用”“没有多余的钱来支付”“水环境现状较好，无需改善”和“水环境污染严重，但交费也改善不好”等。调查分析结果显示，零支付意愿的受访者不愿意支付的原因较多，但主要原因与政府责任密切相关，其认为应该由政府出资而不是个人，这部分居民所占比例达到 59.4%；15.8% 居民提出已经支付过税费、污水费等费用，无需再重复支付；有 4.0% 的居民认为经济的投入无法改善水环境污染严重的现状，政府部门支出不透明，说明政府和环保部门应该努力改善环境来提高政府的公信力；有 6.0% 的居民由于经济原因不能支付，如果收入提高愿意支付，表明居民在做是否支持计划的决定时会考虑到当前的经济条件；在所有不愿意支付的受访者中仅有 6.9% 的居民对水环境现状非常满意，认为无需改善；此外，还有 7.9% 居民由于其他原因（不在乎水环境、减少就业机会等）拒绝支付。通过分析居民拒绝支付的原因，认为由于经济原因和对现状满意而选择拒绝支付的居民，为真正零支付问卷，其他为抗议性问卷，将其删除再进行后续的统计分析（表 4-21）。

（2）居民的平均支付意愿

除去抗议性的零支付意愿问卷，通过分析认定最终有 346 份问卷 WTP ＞ 0（包含 13 份真正零支付的问卷），根据公式计算得出淀山湖周边居民对水环境改善的平均支付意愿 E（WTP）=605.04 元 / 年 · 户。

受访者不愿意支付原因统计　　表 4-21

不愿意支付原因	频数	百分比（%）
抗议性回答	88	87.1
政府责任，不应个人承担	60	59.4
已经交过税费，不应再支付	16	15.8
水环境污染严重，交费也改善不好	4	4.0
其他（不在乎水环境、减少就业机会等）	8	7.9
真正零支付意愿	13	12.9
没有多余的钱支付	6	6.0
水环境现状较好，无需改善	7	6.9

（3）基于计划行为理论的支付意愿影响因素分析

经过描述性统计、信度效度检验、探索性因子分析、验证性因子分析、模型修正及适配度检验，得到模型标准化分析结果如图 4-28 所示。

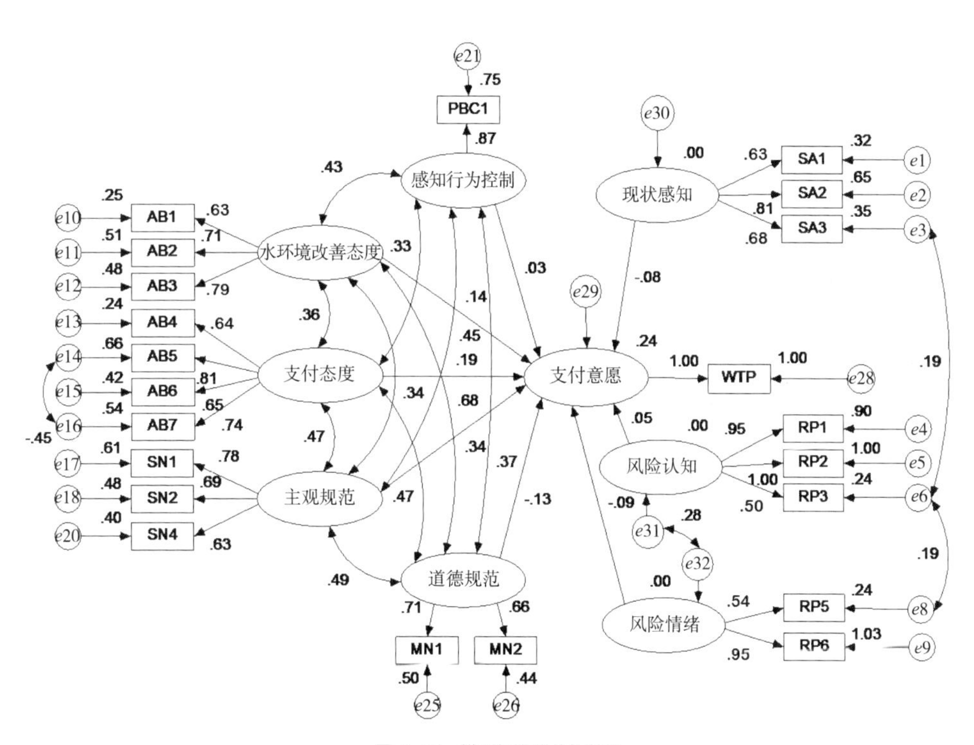

图 4-28　模型标准化分析结果

（4）模型拟合结果

支付态度对支付意愿有显著的影响，主观规范对支付意愿有极显著的影响，标准化回归系数为 0.343，表明居民感受到的主观规范越强，支付意愿越高，符合经验研究。其余潜变量对支付意愿无显著影响（表 4-22）。

模型路径估计结果　　表 4-22

路径	标准化系数	标准误	t 值
支付意愿 <—现状感知	-0.079	0.401	-1.311
支付意愿 <—风险认知	0.046	0.228	0.827
支付意愿 <—风险情绪	-0.094	0.224	-1.403
支付意愿 <—水环境改善态度	0.194	2.597	1.106
支付意愿 <—支付态度	0.135	0.697	2.512*
支付意愿 <—主观规范	0.343	0.510	3.708***
支付意愿 <—感知行为控制	0.034	0.344	0.426
支付意愿 <—道德规范	-0.133	1.033	-0.995
SA1<—现状感知	0.628		
SA2<—现状感知	0.809	0.176	6.545***
SA3<—现状感知	0.680	0.139	7.198***
RP1<—风险认知	0.951		
RP2<—风险认知	0.999	0.040	26.922***
RP3<—风险认知	0.504	0.060	9.366***
RP5<—风险情绪	0.536	0.168	2.754**
RP6<—风险情绪	0.947		
AB1<—水环境改善态度	0.632		
AB2<—水环境改善态度	0.713	0.267	6.731***
AB3<—水环境改善态度	0.792	0.390	6.107***
AB4<—支付态度	0.640		
AB5<—支付态度	0.813	0.231	6.624***
AB6<—支付态度	0.647	0.182	7.442***
AB7<—支付态度	0.736	0.225	6.672***
SN1<—主观规范	0.779		
SN2<—主观规范	0.692	0.088	9.202***
SN4<—主观规范	0.631	0.096	8.828***
MN1<—道德规范	0.708		
MN2<—道德规范	0.663	0.179	6.553***
PBC1<—感知行为控制	0.867		
WTP<—支付意愿	1.000		
水环境改善态度 <—> 支付态度	0.363	0.007	3.394***
水环境改善态度 <—> 主观规范	0.341	0.011	3.456***

续表

路径	标准化系数	标准误	t 值
水环境改善态度 <—> 感知行为控制	0.431	0.015	4.122***
水环境改善态度 <—> 道德规范	0.677	0.012	4.734***
支付态度 <—> 主观规范	0.468	0.029	4.377***
支付态度 <—> 感知行为控制	0.329	0.031	3.603***
支付态度 <—> 道德规范	0.473	0.020	4.465***
主观规范 <—> 感知行为控制	0.450	0.049	5.078***
主观规范 <—> 道德规范	0.491	0.031	4.963***
道德规范 <—> 感知行为控制	0.366	0.038	3.854***

注：*** 表示 0.001 水平下显著，** 表示 0.01 水平下显著，* 表示 0.05 水平下显著。

（5）假设检验

差异性分析、因子分析和结构方程模型分析，对提出的假设进行验证，结果见表 4-23。

假设检验结果汇总表　　表 4-23

研究假设	是否通过检验	
	通过	不通过
H1：居民的改善水环境态度正向影响支付意愿	√	
H2：居民为改善水环境的支付态度正向影响支付意愿		√
H3：居民的主观规范正向影响支付意愿	√	
H4：居民的感知行为控制正向影响支付意愿		√
H5：居民的道德规范正向影响支付意愿	√	
H6：居民对淀山湖水环境的现状感知正向影响支付意愿		√
H7：居民对淀山湖水污染风险认知正向影响支付意愿		√
H8：各人口统计学变量在支付意愿上存在显著差异	部分通过	
H8-1：不同性别群体在支付意愿上存在显著差异	√	
H8-2：不同年龄群体在支付意愿上存在显著差异		√
H8-3：不同受教育程度群体在支付意愿上存在显著差异		√
H8-4：不同职业群体在支付意愿上存在显著差异	√	
H8-5：不同家庭月收入群体在支付意愿上存在显著差异	√	
H9：居民的改善水环境态度和为水环境改善的支付态度相互正向影响	√	
H10：居民的改善水环境态度和主观规范之间相互正向影响	√	

续表

研究假设	是否通过检验	
	通过	不通过
H11：居民为改善水环境的支付态度和主观规范之间相互正向影响	√	
H12：居民的改善水环境态度和感知行为控制之间相互正向影响	√	
H13：居民为改善水环境的支付态度和感知行为控制之间相互正向影响	√	
H14：居民的改善水环境态度和道德规范之间相互正向影响	√	
H15：居民为改善水环境的支付态度和道德规范之间相互正向影响	√	
H16：居民的主观规范和感知行为控制之间相互正向影响	√	
H17：居民的主观规范和道德规范之间相互正向影响	√	
H18：居民的感知行为控制和道德规范之间相互正向影响	√	

4 小结

本章首先介绍了生态治水智慧的理论基础、方法体系、发展趋势等，指出生态治水智慧的核心测度指标为高可持续性和低维护性。继而以城市河流生境、地块雨水径流、河流冷岛效应、湿地社会功能、节水行为意象、湖泊条件价值作为评价案例，分别阐述环境绩效、水文绩效、生态绩效、社会绩效、行为绩效、经济绩效的评估原理。未来的治水绩效评价有望从单一评价体系发展至同步关注生态环境、社会人文及经济发展三个方面的效益耦合，并引入有针对性的特色评价因子对已有指标进行延展和深化，最终推动治水实践更好地服务于“环境良好、社会公平和经济可行”的可持续发展目标。

参考文献

[1] 张细兵．中国古代治水理念对现代治水的启示 [J]. 人民长江，2015，46（18）：29-33.

[2] 王忠静，张腾．浅议都江堰的工程伦理和文化贡献 [J]. 中国水利，2020（3）：25-27.

[3] 彭剑锋．人力资源管理概论 [M]. 2 版．上海：复旦大学出版社，2011.

[4] 戴代新，李明翰．美国景观绩效评价研究进展 [J]. 风景园林，2015（1）：25-31.

[5] Laf.Landscape Performance Series[DB/OL].[2017]. https：//Landscapeperformance.org/.

[6] 刁星，程文．城市空间绩效评价指标体系构建及实践 [J]. 规划师，2015，31（8）：110-115.

[7] 沈洁，龙若愚，陈静．基于景观绩效系列（LPS）的中美雨水管理绩效评价比较研究 [J]. 风景园林，2017（12）：107-116.

[8] 傅兴华．绿色能源与环境设计先锋奖（LEED）认证简介 [J]. 科技与企业，2015（14）：176.

[9] 弗雷德里克·斯坦纳，达尼埃尔·皮耶拉农齐，曹越，等．可持续场地倡议——城市景观的新前景 [J]. 动感（生态城市与绿色建筑），2014（4）：30-39.

[10] 住房和城乡建设部．海绵城市建设评价标准 GB/T 51345—2018[S]. 北京：中国建筑工业出版社，2018：1-343.

[11]《城市生态建设环境绩效评估导则（试行）》发布 [J]. 建设科技，2015（22）：6.

[12] 刘颂，赖思琪．国外雨洪管理绩效评估研究进展及启示 [J]. 南方建筑，2018（3）：46-52.

[13] 曾鹏，汪昱昆，刘垚燚，等．基于河段尺度的太湖流域城市河流生境评价 [J]. 应用生态学报，2020，31（2）：581-589.

[14] 汪烽．工业革命以来英国城市河流污染及其防治措施研究 [J]. 赤峰学院学报（汉文哲学社会科学版），2015，36（12）：76-78.

[15] 王玉，傅碧天，吕永鹏，等．基于 SolVES 模型的生态系统服务社会价值评估——以吴淞炮台湾湿地森林公园为例 [J]. 应用生态学报，2016，27（6）：1767-1774.

第五章

生态智慧
语境重现
与
生态智慧
终生教育

1 语境重现

我国在过去五千年的城乡实践中不断积累和传承中国传统生态智慧，并在几十万个城镇和乡村的营建过程中形成中国传统生态智慧语境并应用，成功塑造了很多在世界范围内都极为经典的城市与乡村案例。在此过程中，根植于中华文化土壤的传统生态智慧经过了几千年的沉淀，已经发展出较为完备的城乡营建理论和方法（表 5-1）。

然而随着鸦片战争开始和工业革命科学技术成果的引入，大量的西方文化和思想进入了中国 [1]，我国开始接受和吸纳西方以效率为目标的快速城镇化发展理论和模式 [2]，西方现代城市规划理论也正是在这一时期得到了前所未有的爆发式发展，并在中国各地得到广泛应用。这也导致了依托自然法则发展而出的中国“道法自然”的传统生态智慧价值观在某些现代城市和村镇规划建设过程中逐渐缺失。但随着生态文明、绿色 GDP 等理念在中国的提出 [3]，以及对于人与自然关系的不断反思，我国学界、业界和管理界都开始逐渐意识到中华祖先在常年观察自然、学习自然、敬畏自然的过程中，所总结的从自然生长出的传统生态智慧与城乡营建法则，才真正具有永续发展价值。

中国古人总结的传统生态智慧观点与现代释义表　　表 5-1

文献名称	作者	年份	主要观点（古语境）	现代释义
《道德经》	老子	春秋战国	人法地，地法天，天法道，道法自然	人依法于地，地依法于天，天依法于道，道依法于自然
《论语》	孔子及其弟子	春秋战国	天何言哉？四时行焉，百物生焉，天何言哉？	四季万物都按照一定的规律运行，强调了顺应自然的思想
《墨子》	墨子	春秋战国	尚贤、兼爱、公义、交相利、节用	主张尚同整合交互主体间的关系，以兼爱和公义导引社会生态，倡行交相利的整体利益观，以兴利除害和节用非攻推进利益生态
《秦律·田律》		秦代	春二月，毋敢伐材木山林及雍（壅）堤水	春天二月，不准到山林中砍伐木材，以免洪水冲垮堤岸
《汉书·召信臣传》	班固、班昭、马续	西汉	信臣为民作均水约束，刻石立于田畔，以防纷争	在田界上刻石记录平均分水的条文，作为相互约束的凭证
《齐民要术》	贾思勰	北魏	以此时耕，一而当四。和气去耕，四不当一	遵守天时劳作可以事半功倍，不守农时则事倍功半
《陈敷农书》	陈敷	宋代	故农事必知天地时宜，则生之蓄之，长之育之，无不遂矣	因此，作农事一定要知道顺应天时地利，顺应后就一定能顺利成长
《王祯农书》	王祯	元代	盖二十八宿周天之度，十二辰日月之会，二十四气之推移，七十二候之变迁，如环之循，如轮之转，农桑之节，以此占之	观察天象以定历法，在历法上分成四时、十二月、二十四气节等段落开展农事
《治水筌蹄》	万恭	明代	筑坝束水，以水攻沙	根据河流底蚀的原理，修筑坚固的堤防，束水以槽，加快流速，把泥沙挟送海里，减少河床沉积
《河渠纪闻》	康基田	清代	①天下自然之利，唯水利为大； ②护堤之法，无如栽柳为最	①天下自然资源中，水利是最为主要的。 ②固堤的方法中，栽柳是最佳的方法

1.1 传统语境的弱化——“主客二分”的现代城市

我国目前正在向城镇化进程较快的西方国家进行学习，与之相关的理论、方法和技术不断涌入国内。我国越来越多的城市开始依赖全国性或全球性的化石燃料供应，越来越大的煤矿、油气田、发电站和炼油厂在不断为之供应着能源。工业文明时代我国现代城市发展范式具有与西方共通的特性（图 5-1）。首先，其所有关键功能都是通过每天注入化石燃料来实现的，没有煤、石油或天然气，现代大城市就不会发展。城市建设、运输、电力供应、服务供给和制造都依赖大量能源。其次，城市极其依赖长途运输系统进行粮食和化石燃料供应。化石燃料在地壳中积累大约需要 3 亿年的时间，而现代城市在短短的 300 年内燃烧掉其中的很大一部分，现在每年的燃烧速度远远超过过去百万年的使用速度。巨大的能源消耗带来了快速的城镇化[4]，但是快速城镇化带来的资源大量消耗正在威胁着人类和自然界的未来，洪涝、台风、全球变暖、流行性传染病等灾害频发，尤其是 2020 年新型冠状病毒（COVID-19）的爆发更是为现代城市化进程以及城乡规划教育敲响了警钟，因此，我们需要反思现代城市及其规划理论的前进方向是什么？

尤其随着中国城镇化的推进和传统生存方式的变迁，村落文化也发生了较大变化，当代农村正面临着前所未有的文化冲击，以农耕文明为基础的乡村文化开始出现由传统向现代的文化变迁[5]，导致中国传统营城范式在现代村镇的建设发展中也

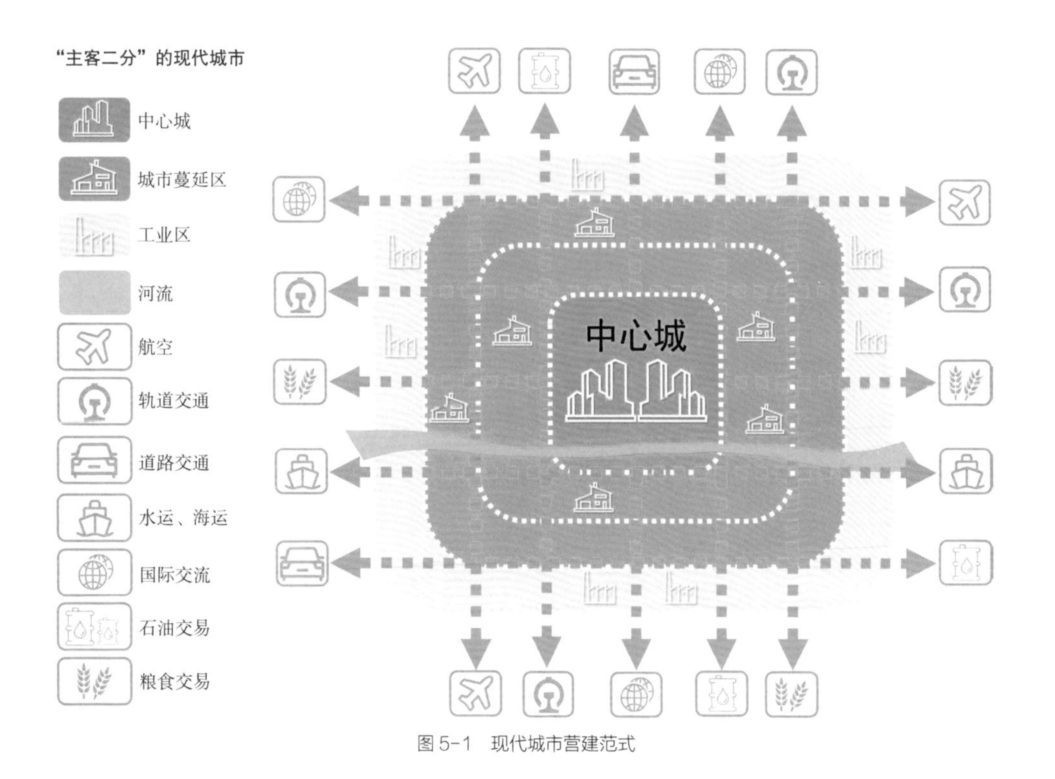

图 5-1　现代城市营建范式

被逐渐淡化。传统生态智慧是农业社会经验的总结，伴随市场经济的影响和现代技术的冲击，由此带来了诸多挑战：传统的土地利用方式发生了改变[6]，大量的林地、农田被置换成建设用地，致使区域生物多样性降低、地表径流下渗量锐减，旱涝两灾风险加剧；人口的过快变化也导致了传统农业社会聚居模式不再适用；传统的谷坊冲沟被现代水泥沟渠所取代。现代化触角已伸入了传统村落的方方面面，村民的传统观念发生了巨大的变化，打破了村落整体人文生态系统的平衡，造成了传统生态智慧逐渐淡出人们视野的现象。

1.2 语境溯源——"道法自然"的古城及古村

为了掌握人居环境和它们所依赖的自然资源之间的相互关系，回顾"道法自然"哲学观引导下的中国古城与古村的传统土地使用模式是有必要的，在世界各地，传统聚落与它们所产生的景观有着类似的系统关系[7]，它们依靠附近的田园、果园、森林、耕地、牧场以及供水来维持生计。其中，中国古村镇大多依靠所处的地理环境，实现了本地食物和森林资源自给自足的生活、生产和生态空间组织模式（图 5-2）。正如富兰克林 · H · 金在他的《四千年农夫：中国、朝鲜和日本的永续农业》[8]著作中描述的，中国的许多村庄和城镇在几世纪之前就在粮食和能量方面实现了自给自足，并将人类和动物废物返还到当地农田以维持自然土壤的生产力。仅使用的能源是木柴和动物力量，也许还有少量的风力和水力[9]。

图 5-2　清光绪年间金城览胜图
（图片来源：《甘肃省博物馆文物精品图集》）

通过对“道法自然”哲学观引导下的中国古城与古村发展范式进行总结，提炼农耕文明时代的古城与古村之中的农田、森林和人类聚落之间的内在关系，以及传统聚落与周边不同用途土地的空间包围模式（图 5-3）。蔬菜种植在第一环，由于易腐蔬菜、水果等必须迅速进入市场，所以离居住聚落最近。用于生产木材和木柴的城镇森林生长在第二环，由于这些木材和木柴重量非常大，导致运输困难，尽管如此，它却是城市生活必不可少的物品，且城镇森林对当地人也有娱乐功能。第三环、第四环和第五环包括用于生产粮食和其他可长期储存的农作物的土地。牧场位于第五环，因为动物可以自主行进实现“自我运输”，因而被饲养在离聚落更远的地方。在这些区域之外，还有未开垦的“荒野”，与城市生计的经济相关性较小。这些复杂的土地使用安排有助于在健全生态的基础上确保当地城市人口的粮食安全。

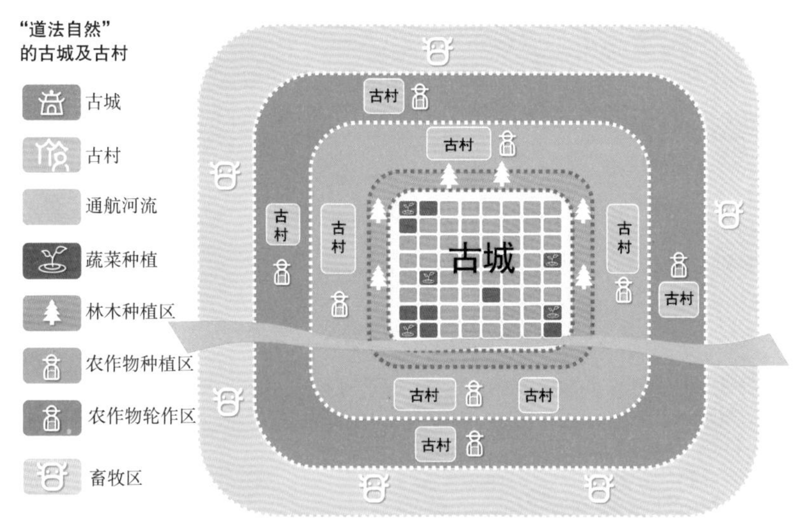

图 5-3 “道法自然”的古城与古村营建范式

1.3 语境重现——从“再衰三竭”① 到“周而复始”②

在一个资源有限的星球上，经济和城市的增长不可避免地受到限制，克服资源日益匮乏的唯一方法是不断地更替再生城市赖以生存的生态系统。从“再衰三竭”到“周而复始”的生态智慧发展理念侧重于城市中人与自然、城市系统与生态系统之间的联系，是降低人类对世界生态系统造成的破坏，实现城市可持续发展的关键[10]。

① “再衰三竭”一词，出自《左传·庄公十年》，原意是形容军队逐渐丧失了开始时的锐气，战斗力越来越弱。本书中的“再衰三竭”表示现代城市资源使用的线性衰减过程。

② “周而复始”一词，出自《汉书·礼乐志》，原意是形容转了一圈又一圈，不断循环。本书中的“周而复始”表示循环运行的资源使用系统，远离资源使用的线性系统。

1.3.1 生态智慧发展理念：从“再衰三竭”到“周而复始”

现代城市使用资源的普遍方式往往是线性的、单向的“再衰三竭”新陈代谢模式（图5-4），城市管理者仅关注资源在城市系统中的流动，而较少关心资源的来源或废物的目的地。资源的输入和输出之间的联系较弱。从岩层中提炼的化石燃料一部分被直接燃烧，废气排放到大气中[11]，另一部分则被提取、加工和组装成消费品，这些消费品最终成为垃圾时，却无法有益地重新回到资源的循环过程之中。例如，森林中的树木被砍伐以获取木材或纸浆，但通常森林得不到补充。“再衰三竭”模式的城市存在许多系统性问题，如垃圾填埋、温室气体排放、与卫生有关的疾病、废水排放污染河道等。

为了解决这些问题，新城市的规划以及现有城市的改造都需要进行深刻的范式转变，仅仅“可持续发展”是不够的。中国古代“道法自然”的哲学观引导下的“周而复始”生态智慧发展范式，能够利用可再生能源、可自我恢复的土壤与粮食生产系统，重新恢复人居环境与当地自然生态系统关系。为了与自然系统兼容，城市需要远离资源使用的线性系统，并学会作为“周而复始”的循环系统运行（图5-5）。为了确保城市的长远发展，城市需要在自己和仍然赖以生存的自然系统之间发展一种增强环境的、恢复性的关系，以自然界中“自然善如”的循环系统为目标，将所有废物都作为新循环的有机养分。

1.3.2 中国城市的未来发展范式：“周而复始”的生态智慧城镇

生态智慧发展理念强调回馈自然，而不仅仅是向自然索取，在人类与世界生态系统之间保持一种积极主动的关系，在利用自然收益的同时，培育自然的活力和丰饶（图5-6）。我们需要帮助城市赖以生存的土壤、森林和河道再生，而不是仅仅接

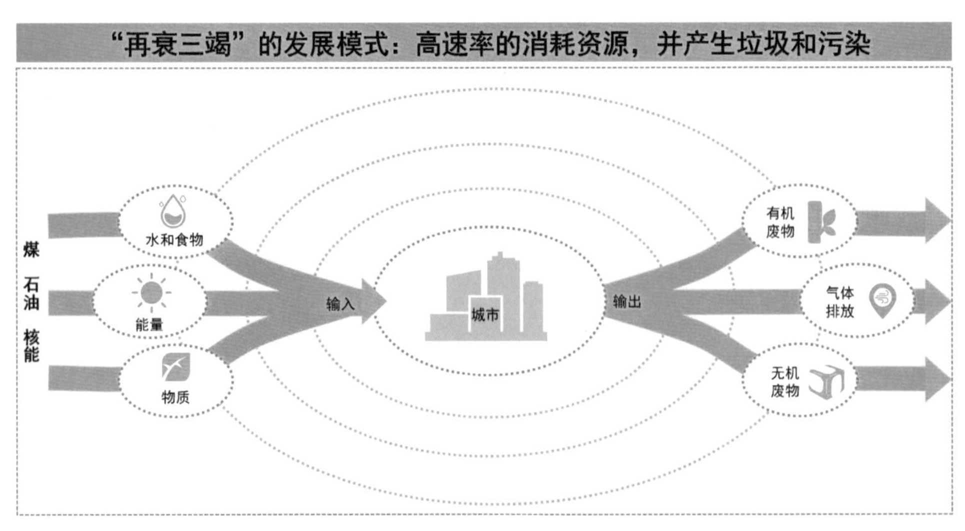

图5-4 “再衰三竭”的发展模式

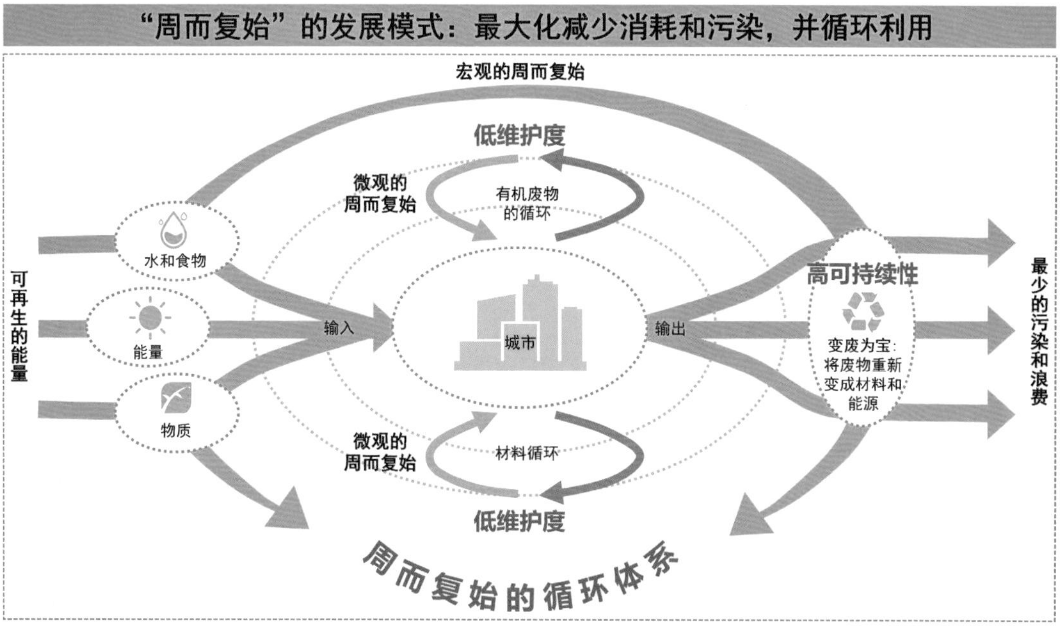

“周而复始”的发展模式：最大化减少消耗和污染，并循环利用

宏观的周而复始
低维护度
微观的周而复始
有机废物的循环
水和食物
可再生的能量
能量
物质
输入
城市
输出
高可持续性
变废为宝：将废物重新变成材料和能源
最少的污染和浪费
微观的周而复始
材料循环
低维护度
周而复始的循环体系

图 5-5 “周而复始”的生态智慧发展模式

超越可持续性

传统发展理念　绿色发展理念
传统发展模式
可持续发展理念
生态效益主导的发展模式
生态智慧发展理念

传统发展模式

- 很少或根本没有考虑到设计对环境的影响。
- 以最低的标准，满足低成本的要求。
- 当传统发展模式提出“绿色发展”日标时，开始快速朝着可持续的方向发展

生态效益主导的发展模式

绿色设计：

- 并没有挑战对环境有负面影响的现有生产方式或消费模式。
- 减少能源使用、污染和废弃物。

可持续设计：

- 从多维度实现与自然和谐的环境影响，最高的效率

生态智慧发展模式

- 将人文、社会、文化和环境视为生态系统的固有部分。
- 反思人类应该以何种方式参与到自然善如的生态系统，达到最佳的健康状态。
- 试图在没有人类管理的情况下，创造或恢复生态系统循环和生物地质循环的能力。
- 了解每个地方(社会、文化和环境)的多样性和独特性。
- 认为设计过程是持续的、不确定的和多方参与的

图 5-6 生态智慧发展理念

受它们在退化状态下是“可持续的”。而“周而复始”的生态智慧城镇正是生态智慧发展理念的最佳发展范式。

在“周而复始”的生态智慧发展理念基础上，基于中国古代“道法自然”的古城及古村发展范式，并结合现代城市发展范式（其目的是为了不降低城市居民的生活质量），生成中国生态智慧城镇的发展范式（图 5-7）。

同时，从现代城市规划实践来看，包括雄安、长春新区等在内的国家级新区已经在其规划实践过程中出现了中国传统生态智慧价值观“语境重现”的趋势，这表明中国传统生态智慧已得到政府层面的高度认可，并进入真正的城乡实践阶段。其中，雄安新区在其规划编制过程中，坚持世界眼光、国际标准、中国特色、高点定位，在其空间格局的塑造过程中传承了中国传统营城理念[12]，实现了中西合璧、以中为主、古今交融的城市空间格局[13]。可以说是中国传统营建知识体系在现代城市营城过程中的经典重现案例（图 5-8）。

而长春新区早在 2016 年 2 月成立之初，便将“生态智慧”明确列入城市核心发展目标，标志着“生态智慧”理念的落地性突破。2018 年 12 月，长春新区更是组织编制了《长春新区总体城市设计》，明确提出“北方生态智慧创新城”的目标定位，以期基于中国传统生态智慧全力构建安全稳定的生态格局、塑造高品质的宜居环境、建设绿色低碳的人居空间，优化城市系统的高可持续性与低维护度，打造独具特色的寒地生态智慧城市。

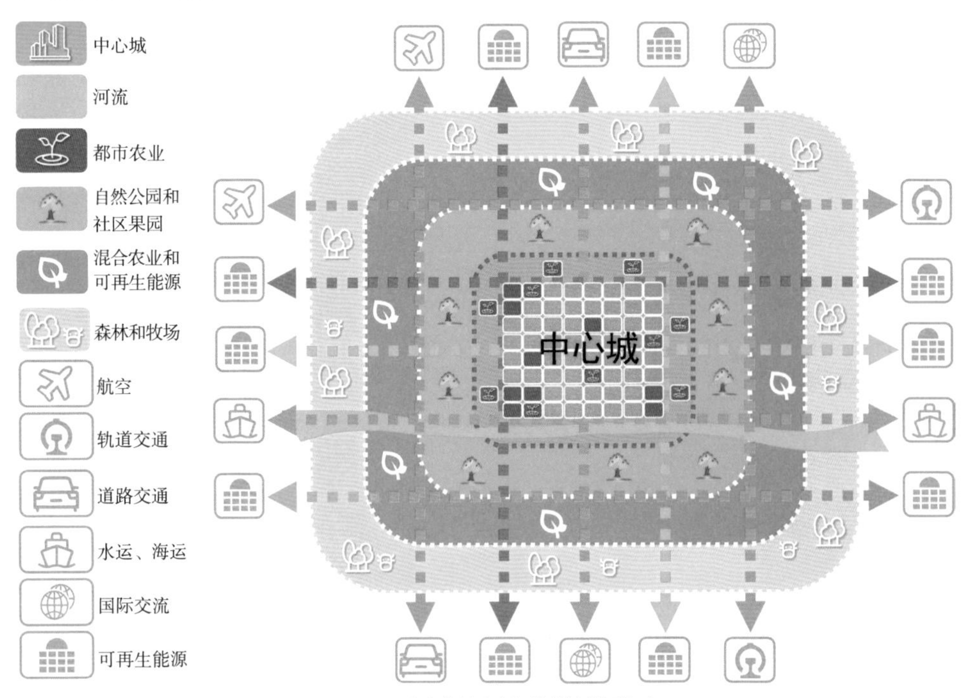

图 5-7　面向永续的生态智慧城镇发展范式

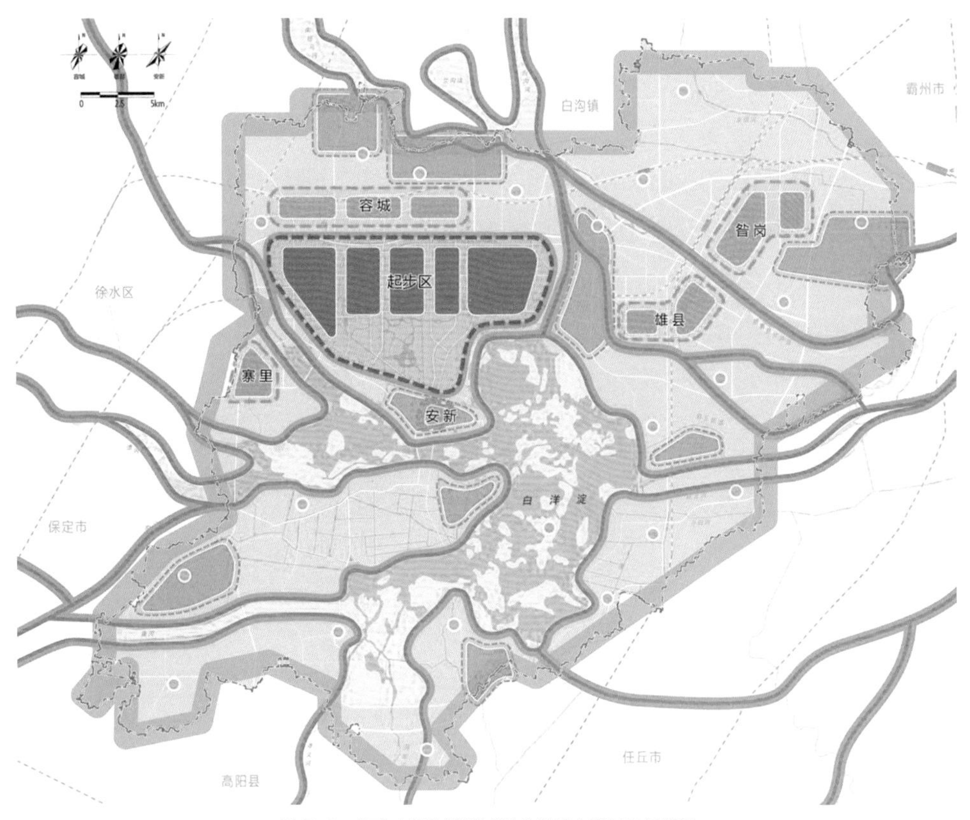

图 5-8　体现中华传统营城理念的雄安新区空间格局
（图片来源：https：//www.sohu.com/a/229114987_391352）

2　文化寻力

中国传统生态智慧永续传承的关键，不仅仅是对传统知识体系的营建及传统生态治水模式等的“空间寻力”，更重要的是对于传统生态智慧的“文化寻力”，实现生态智慧伦理观和价值观的重建和代际传承。而传统生态智慧的“文化寻力”和终生教育是其重建、代际传承的重要途径和必由之路。

中国传统生态智慧价值观已经在雄安、长春等现代城市规划实践过程中出现了“语境”重现的趋势，但更为重要的应该是推动传统生态智慧“空间寻力”向“文化寻力”的重心转变，扭转我国城乡建设领域的“西学东渐”为“东学西渐”，从源头上实现传统生态智慧的“文化自信”与“文化输出”。

2.1　传统生态智慧“空间寻力”向“文化寻力”的重心转变

老子在《道德经》中有一句话曾表述：“埏埴以为器……有之以为利，无之以为用。”其意为做一个陶器，它外壁中“有”的部分是它作为器物的存在，而“无”的部分，就是中空部分，才是真正有用的地方。

传统生态智慧是人与自然关系规律的科学总结，根植于中华文明肥沃的文化土壤（图 5-9）。传统生态智慧所反映的外在映射现象，即“有”的部分，包含了理念方法、理论技术、空间策略、法规政策、管理机制等构成的生态智慧知识体系，是进行“空间寻力”的关键部分。而其中所蕴含的生态智慧价值观和文化内涵才是其内在驱动因素，即“无”的部分，也是进行“文化寻力”的关键部分。

生态智慧价值观主要包含价值观、伦理观和良知观三方面的内容，东方传统生态智慧的文化内涵则主要包括儒家思想、道家思想、墨家思想、乡梓情愫、文化基因等。由此可见，生态智慧价值观和文化内涵才是生态智慧知识体系的生发之根。

2.1.1 推行传统生态智慧“文化寻力”的必要性

推动传统生态智慧“空间寻力”向“文化寻力”的重心转变已迫在眉睫。其原因在于：

（1）影响中国传统生态智慧现代化转译与永续传承的关键就在于内在驱动因素的“文化寻力”。

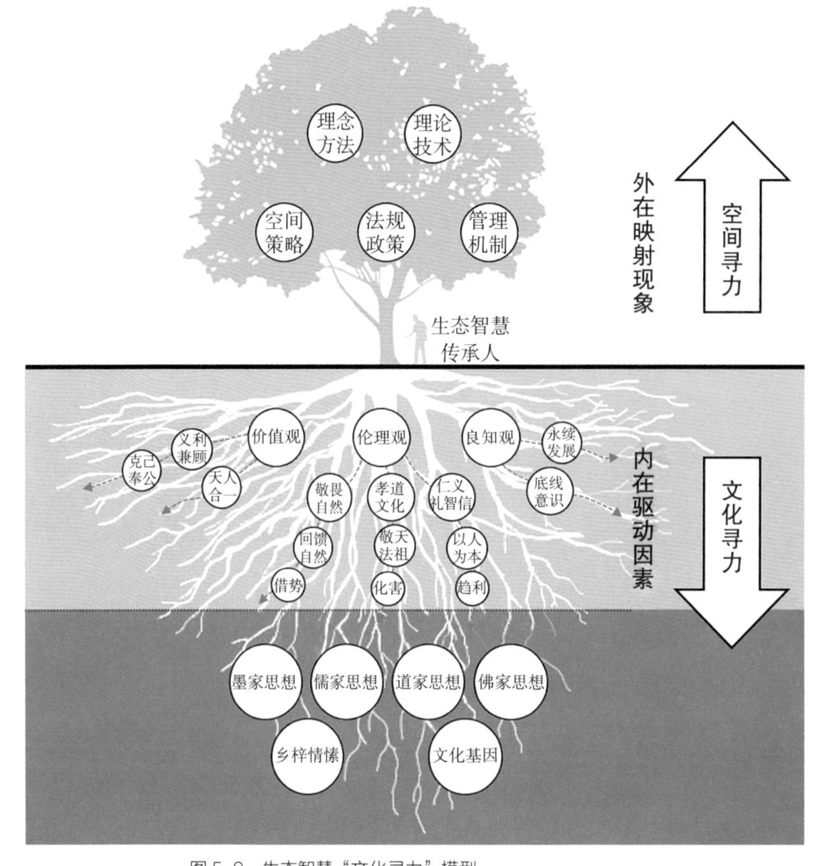

图 5-9 生态智慧“文化寻力”模型

（2）生态智慧传承人是传统生态智慧的重要传承载体，但由于生态智慧传承人的年龄参差不齐、传承连贯度不同、知识储备薄弱和地域分布分散等原因，使得现存被挖掘显露的传统雨洪管理体系存在系统性差、标准不统一等问题。

（3）站在国际视野和时空观之下发现，相较于仅有 300 多年历史的西方现代雨洪管理体系[14]，“生态服务和服务生态并举”的东方传统生态智慧知识体系具备样本数量多、持续时间久、高可持续性和低维护度的特征（图 5-10）。西方现代雨洪管理体系依赖于工业革命以来的科学技术进步，更多是为追求高速度、高效率且低持续性的城市发展模式服务。而我国在五千年的大样本城乡实践中，凝练出一套高可持续性的生态治水智慧知识体系，是中国城乡规划领域实现“文化寻力”的关键。

2.1.2　传统生态智慧“文化寻力”的核心内容与目标

传统生态智慧作为中华文明中的宝贵文化遗产之一，亟需站在全球层面开展“文化寻力”，从文化基因的土壤中继续进行传统生态智慧的深入挖掘与解读[15]。具体包括：

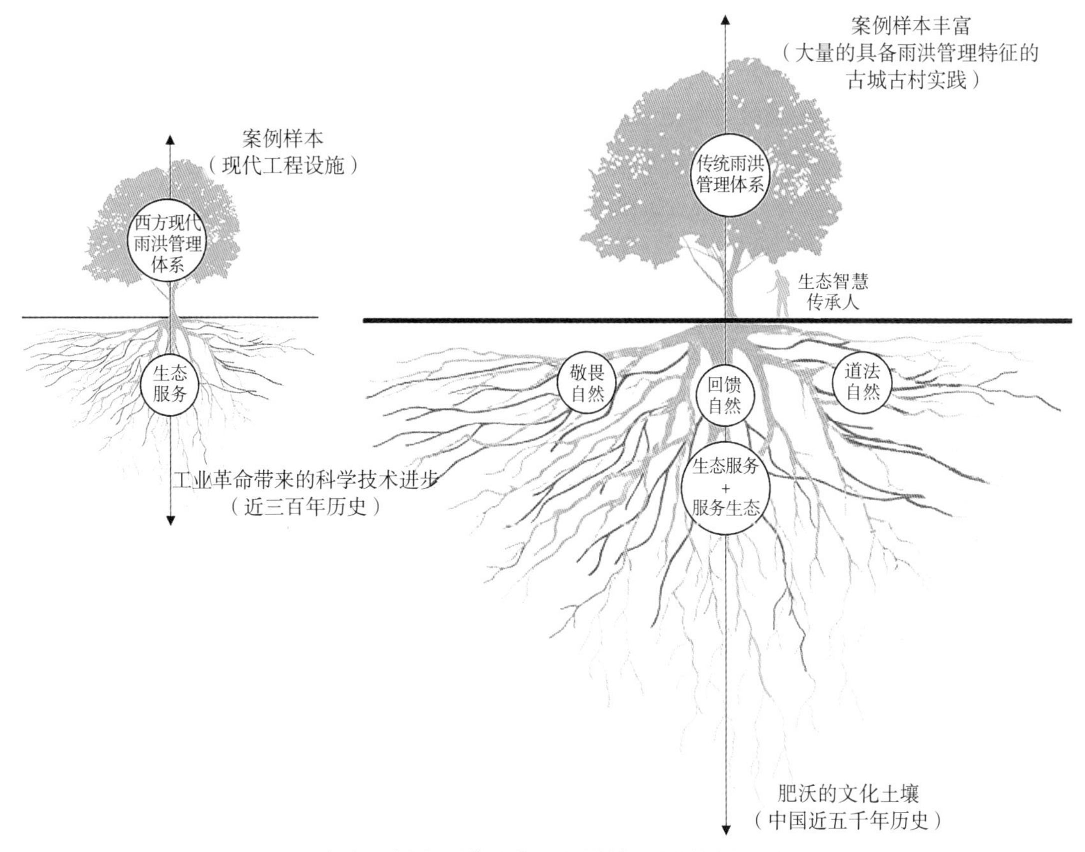

图 5-10　根植于“生态服务”的“高可持续性”东方传统生态智慧知识体系

（1）从“文化寻力”的内容来看，传统生态智慧“文化寻力”不局限于实践智慧和经验巧思，包括“有”和“无”两个部分，即空间策略、知识体系、技术方法、营城范式与人生观、价值观、良知观等。

（2）从“文化寻力”的对象来看，传统生态智慧的既往传承过程由“智慧传承人”完成，“智慧传承人”是开展中国传统生态智慧“文化寻力”的重要对象。但这种传承模式在现代城乡失去了代际传承的主要对象，只有通过对公民传播普及生态智慧思想，才能实现对于生态智慧伦理观和价值观的重建和永续传承。因此，未来应将传统生态智慧的传承对象拓展到村民、市民等公民层面。

（3）从“文化寻力”的终极目标来看，生态智慧伦理观和价值观的重建和代际传承是传统村落生态智慧“文化寻力”的终极目标。目前我国许多城乡规划领域的理论和方法来自于西方，而传统生态智慧教育是传播中国城乡营建知识体系的有效途径和外部引导，是扭转“西学东渐”为“东学西渐”、实现“文化寻力”终极目标的关键。

2.2 传统生态智慧从“文化自信”到“文化输出”

“文化寻力”的核心是实现中国传统生态智慧从“文化自信”到“文化输出”的目标，促进中国传统生态智慧伦理观和价值观在全球范围内的传播和永续传承。因此，亟需通过现代与传统互为借鉴的整合式传承、文化互鉴与文化交融的输出式传承，促进形成由“去古存今”转变为“古为今用”再到“古今并用”，由“西学东渐”转变为“东学西渐”再到“交融互鉴”的文化传承新局面。

2.2.1 向古代寻力（文化自信）：中国传统生态智慧的“古为今用”

事实上，传统村落生态治水智慧与现代技术之间并非存在不可调和的冲突矛盾，应该在求同存异的基础上互为借鉴、相互整合，使传统村落生态治水智慧在整合中得以实现创新和传承。在城乡现代化进程中，现代技术与传统生态智慧的冲突是不可避免的。以“整合”为基础的现代与传统互为借鉴的“古为今用”传承路径应建立在文化相互尊重、互为借鉴、相互完善提升的目标下。传统村落生态治水智慧的整合式传承应该建立在坚守和超越之上，在碰撞中实现创造性的转化和创新性的发展。同时，还应该注意在动态和活态的整合中实现生态治水智慧的传承。

2.2.2 向全球寻力（文化输出）：中国传统生态智慧的“中西互鉴”

从文化交融的视域考虑，输出式传承对于传统村落生态治水智慧延续至关重要[16]。我国著名学者王岳川先生（2003）指出“输出”是源源不断的意思，即可持续发展的意思，而“文化输出”更侧重于“全球化中文化可持续的发展”的涵义[17]。美国知名传播学学者萨默瓦（Larry A. Samovar）在《跨文化传播》一书中指出：“不同文化形态之间的交流与互动是人类文化发展的基本内源动力。”[18]传统村落生态治水智慧作为一种文化遗产，其传承应该站在全球视野。传统村落生态治水智慧和生态治理、西方雨洪管理等理念有着互相借鉴、互相印证、互相补充的文化共振意义。因此，应加大中西方之间的文化互鉴与文化交融，从而促进传统村落生态治水智慧发展形成文化传承新局面，由“西学东渐”转变为“东学西渐”再到“交融互鉴”。

3 终生教育

终生教育，又称终身教育（Lifelong Education），这一术语自1965年在联合国教科文组织主持召开的成人教育促进国际会议期间，由联合国教科文组织成人教育局局长法国的保罗·朗格朗（Paul Lengrand）正式提出以来，短短数年，已经在世界各国广泛传播。终生教育，是指人们在一生各阶段当中所受各种教育的总和，是人所受不同类型教育的统一综合，包括教育体系的各个阶段和各种方式，既有学校教育，又有社会教育；既有正规教育，也有非正规教育[19]。

当前在义务教育和高等教育过程中，暴露出生态伦理观关注度不足的问题。仅将生态智慧教育聚焦在学校教育阶段，已经无法满足全过程、全生命周期的需求。但在真正执业的过程中，却一直缺乏生态智慧的社会教育，这一阶段恰恰是执业人员发挥重大作用的时期，生态智慧伦理观较弱更容易产生巨大的生态灾害。当前高等教育亟需转型，但只靠当前的高等教育体系已经无法满足转型需求。因此，需要开展终生教育。

十年树木，百年树人，百年大计，教育为本。全面开展生态智慧终生教育是辅助实现两个一百年奋斗目标的关键环节，生态智慧知识体系重新回归教育主流，能够确保国家在新时代生态文明观指引下长远可持续发展和长治久安，百利而无一害。

3.1 借势——全面开展生态智慧教育

生态智慧教育，亦称生态实践智慧教育，其知识体系完全根植于千百年的海量城乡实践样本和参与城乡实践的人群，这与使用演绎法、逻辑推论等教学逻辑进行讲授的现代课程有较大差异。当前我国生态智慧教育刚刚起步，无论是知识点、教材体系、师资队伍、教学方法等都处于初级阶段。要想高效挖掘、传播生态智慧知识体系，当前依托现有的教学体系全面开展生态智慧终生教育仍有一定难度，亟需从“教什么”“谁来教”“怎么教”这三个角度，通过借用已有资源和机遇的方式，快速达成全面开展生态智慧教育的目的。

（1）生态智慧型人才培养的紧迫性

根据毕业生就业单位的调研回访，回访情况表明用人单位急迫需要有创造性思维、有高度、有领导力的团队负责人。而传统教育已经开展此方面前沿探索，从当前城乡规划专业的教育探索来看，多集中于对技能和能力的培养，而忽视对于生态智慧良知观、伦理观、价值观的培养；多集中于硕士阶段的创新思维培养，而忽视本科阶段的底线思维培养；多讲授西方理论方法，而缺少对中华民族生态智慧观及营城理论的讲授；虽已出现包含中国城乡实践知识的教材，但大多关注历史，对于中国传统生态智慧文化内涵的挖掘还需要进一步深入。这就导致了大量城乡规划专业毕业生职业伦理观弱，执业人员突破职业底线后对城市自然生态系统的杀伤力大等诸多问题。结合新工科培养要求，将包含中国传统生态智慧的教材纳入本科教学培养方案之中迫在眉睫。

（2）生态智慧型人才培养的必要性

党的十八大从新的历史起点出发，做出“大力推进生态文明建设”的战略决策[20]，把可持续发展提升到绿色发展高度，并且强调生态文明建设是中国特色社会主义事业的重要内容[21]，关系人民福祉，关乎民族未来，事关“两个一百年”奋斗目标和中华民族伟大复兴中国梦的实现[22]。因此，国家当下对城市建设发展的人才需求，已从一般性专业技术人才转向具备生态文明思想的研究和管理型人才。培养市场需求量较大的、具备“绿色发展理念”（也就是生态智慧理念）的毕业生、主创设计师、管理人才等迫在眉睫。

为响应国家号召，近年来城市建设领域的毕业人才去向已经从单一的设计类执业人员转向研究及管理人员。以城乡规划人才的就业趋势为例（图5-11），十年前约85%的城乡规划学应届毕业生选择进入设计院就职，而近三年统计数据表明，城乡规划学约35%的应届毕业生选择继续研究生深造，另有约35%选择考

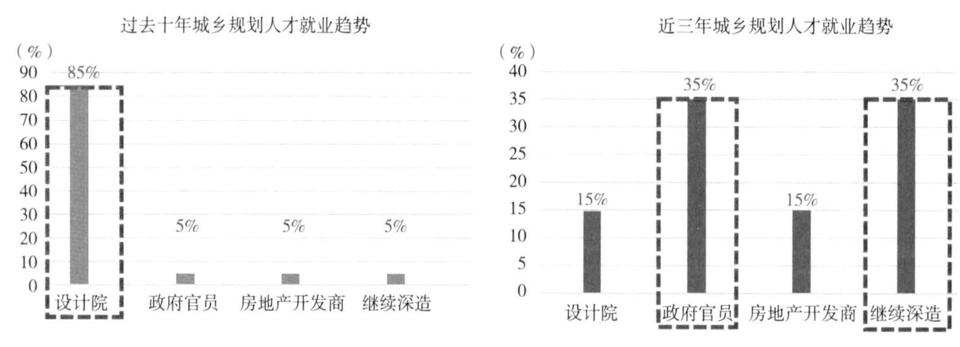

图5-11　过去十年与近三年的城乡规划人才的就业趋势对比

取公务员岗位，拟进入政府机关的相关管理部门工作。当前教育体系虽已逐渐响应国家相关号召，但实际教学依然缺少生态智慧知识体系的相关内容，无法从根本上快速实现生态智慧城镇建设。未接受生态智慧思想培养的毕业生，在推动城市建设中依然频频出现破坏生态环境的举动，因此亟待加速生态智慧知识体系在培养方案中的融入。

以城乡规划专业领域为例，除去应届毕业生外，城市建设领域的执业设计人员（仅国家注册城乡规划师已达两万余人）、管理部门从业者依然快速且大量地开展着一线项目设计及城市建设实践管理工作，他们才是真正影响中国未来几十年城市建设的主体。如此庞大的主体人员在缺乏生态智慧知识体系的前提下，掌控着中国快速城镇化的进程，对中国未来百年城市发展所带来的影响是难以估量的。因此，依托城乡规划高等教育机构的生态智慧研究能力和生态智慧教育知识体系储备，开展针对业界与管理界的协同生态智慧教育是极其紧迫和必要的（图 5-12）。

通过学情分析以及毕业生就业走访调查数据显示，用人单位对毕业生的基础理论、实践能力、职业责任感、创造性思维、民族文化底蕴等方面需求迫切，而这些恰恰是生态智慧知识体系当中最重要的组成部分。因此，十分必要在既有的高等教育阶段植入生态智慧教育，讲授与传承生态智慧知识体系。随着我国城乡二元体系的非对称发展趋势，资本与人口快速向城市集聚，使得每天均有大量村落不断消亡，众多传统生态智慧经典城乡实践样本数量也存在断崖式减少的巨大损失，使得中国传统生态智慧知识体系也存在快速消亡的风险。因此，为保障生态智慧教育的正常开展与教学质量，亟待对中国传统生态智慧的知识体系进行深入挖掘和活态传承。

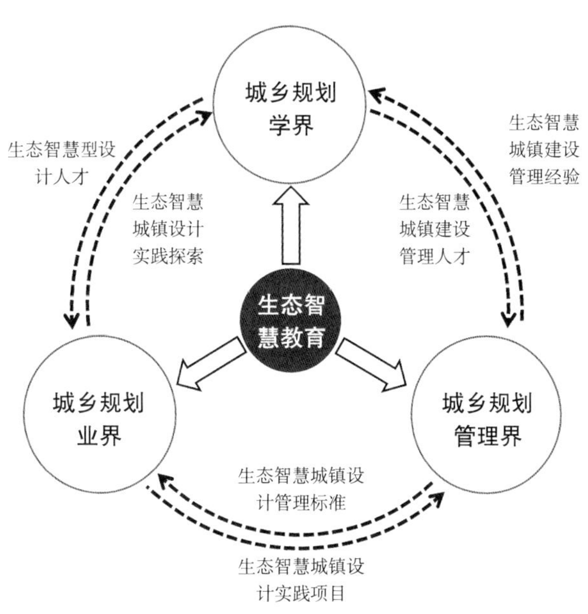

图 5-12　学界、业界、管理界的协同教育

3.1.1　继续深入挖掘和活态传承中国传统生态智慧并形成知识体系

（1）通过“借势”形成传统生态智慧的知识体系

目前，全面开展生态智慧教育所需的知识体系尚未形成，通过深入挖掘中国传统生态智慧并以此形成知识体系对于发展生态智慧教育、培养具有生态良知观和生态文明观的人才具有重要的作用和功效。

1）借用国家层面的“政策势”，结合课程思政讲授生态智慧良知观和伦理观。

随着我国“乡村振兴”“精准扶贫”“美丽乡村”“乡村环境整治”等一系列国家级战略的提出，越来越多的乡村研究成果涌现出来，但大多集中在乡村经济、产业等方向，这些跟我们所强调的生态智慧良知观与伦理观并不相同，应基于国家出台的一系列政策，快速及时地进行深入剖析，透过空间形象的表面现象，来培养具备生态智慧良知观与伦理观的人才。

2）借用我国传统村落入选名录中的6000余个传统村落样本的“数量势”与“保护势”，深入挖掘实践案例。

传统村落作为中国传统生态智慧知识体系的重要载体，其具有样本量大、覆盖范围广等特征，本书第二章所选择的11个传统村落案例仅是其中的几个典型代表。传统生态智慧往往以低成本、低技术、低维护为目标，这不仅仅是重要的中华民族传统生态智慧文化遗产，也恰恰是基于高技术和高成本的城市所追求的目标。通过对传统村落中化解灾害的规划结构特征、因地制宜的建造方式、适应气候的空间营造技艺等方面的生态智慧重要知识点进行深入挖掘，进行科学全面的剖析与精研，以此提炼并总结蕴含在我国传统村落中的传统生态智慧知识体系。当下相关领域出版的书籍主要借鉴的是国外西方的案例，且对于国外西方案例解析非常充分，相反，对于我国乡村深入解剖的案例样本量较少。虽然目前我国公布的五批次传统村落名录中的传统村落总数达6819个，但对其全面解析的案例仍然需要大量补足。因此，亟需深入剖析我国传统村落中的生态智慧，形成系统全面的空间范式样本。

3）借用上下五千年历史的“时间势”深入挖掘生态智慧的理论和方法。

对比西方文明，中国拥有上下五千年的历史，其文化源远流长、博大精深。我国传统村落在历史长河演变中，因其时间优势强、实践周期长、实验次数多的特点，积累了丰富的成功经验与失败教训，从而实现了上百年乃至上千年的可持续运转，形成了人与自然和谐发展的空间营建范式，在不断实践中总结出了诸多宝贵的生态智慧。

因此，借用以上这些传统村落，继续深入挖掘和活态传承中国传统生态智慧知识体系，并从素质、能力、知识三维度的目标出发重构生态智慧终生教育的教学内容，将其划分为生态智慧理论与方法、生态良知观阐述与解析、生态实践技术与方法、城乡生态实践与推广四大板块，并将理论学习、课堂学习、实践成果的多形式教学方式融入四大板块课程内容的多个教学模块中，形成东方语境下营城知识体系为教学的主要内容，培养专业人才应用中国传统生态智慧的能力及生态实践创新能力，使其成为具备批判性思维，保有生态实践良知观，秉承良好职业道德操守的素质人才。

（2）以主客观的方法和工具为依托，为开展生态智慧教育提供支撑

为全面开展生态智慧教育提供操作工具和方法支撑——基于主观挖掘与客观挖掘的技术手段和方法，建构适用于中国北方传统村落治水功能空间的环境、社会、经济、综合等多维绩效评价体系，实现对中国传统生态智慧理论的深入挖掘，从而为我国其他地区传统村落治水功能空间的绩效评价提供方法借鉴，阐明治水功能空间与水资源调配之间的定量关系，量化治水功能空间对其周围区域的可持续发展所产生的社会、环境等方面的贡献。

1）主观数据与客观数据并举的方法

借用主客观数据并举的方法进行我国传统村落生态智慧知识体系的提炼更为合理。主观数据挖掘分析探究以人为研究主体，可通过问卷、访谈、影像记录等方式来实现。而客观数据主要阐述的是一种实际存在的情况，借用图示化语言、可视化方法（如：VR、AR等）、数据收集（如：无人机、激光雷达、车载激光雷达、三维扫描、遥感影像、各种传感器、倾斜摄影技术等）支持客观数据的挖掘，两者相结合可以弥补其单一视角所产生的数据差异与局限。

2）面向高可持续性和低维护度的多维绩效评价体系

借用面向自然系统的生态与环境要素调查方法、面向社会系统的环境与景观认知访谈方法、面向复合系统的时空动态模拟预测方法等全面开展生态智慧教育。如吉林建筑大学基于中央财政部和教育部联合支持的寒地城市空间绩效可视化评价与决策支持平台对于传统村落的绩效评价提供了关键的技术支撑（附录5）。

3.1.2 依托“智慧传承人”培养传统生态智慧“匠人”

村落与城市的史料记载与传承有较大的差异，受到人口规模、科技水平和资金规模的影响，村落中知识与技艺的传承较少采用文献记载方式，多采取口传心授的方式，而作为口传心授的载体，“智慧传承人”是生态智慧有效传承与传播的重要核心，其价值无论在古代还是在现代均极为重要。“匠人”，又叫工匠、手工艺人，指拥有某种熟练技巧，从事传统手工艺的工作者，其作为生态智慧传承的知识与技艺的实践者，是生态智慧传承的重要人物，与智慧传承人同样不可或缺。

依托“智慧传承人”培养生态智慧“匠人”，对于保护和传承生态智慧知识体系、大规模开展职业技能培训、加快培养大批高素质劳动者和技术技能人才至关重要。要在全社会弘扬精益求精的工匠精神，激励广大青年走技能成才、技能报国之路。

（1）深入挖掘“智慧传承人”是延续生态智慧终生教育的“血脉传承”

工匠精神自古就在中国劳动者的血脉里从未缺席，“智慧传承人”作为传统生态智慧理念的传播者，对于全面开展生态智慧教育起到了非常重要的作用，但同时，这些具备生态智慧技艺的“智慧传承人”也在快速消失。一方面，乡村受人口流失、发展缓慢等问题的制约，快速消亡和不断空心化的现象持续存在。另一方面，“智慧传承人”由于掌握的传承内容决定着村落的兴衰与存亡，一般都由村落中的核心人物及族群中德高望重的族长担任，人数较少，年事较高，生态智慧知识体系因此也极易失传。我们在调研采访中发现，很多传统村落已经没有学习和传承相关技艺的人才，使得这些传统生态智慧技艺也在逐渐消亡。

更为关键的是，目前针对古代城乡建设的研究，大多还是集中在古城层面。不同于古城拥有大量的研究资料，传统村落因规模小、数量多、分布广泛导致数据难以采集，文字性记载资料几乎空白，其生态实践智慧往往缺乏专人进行记载，不容易引起重视，因此相关的研究资料往往极为匮乏，缺乏可查的史料。而“智慧传承人”之间口传心授的传承方式是探索传统村落生态智慧内在联系的唯一渠道。随着现代新农村建设，许多传统村落治水智慧的空间载体被破坏，传统村落治水功能空间更加难以追溯。因此，借“智慧传承人”培养传统生态智慧“匠人”，从而保护与延续非物质文化遗产，以此实现生态智慧终生教育的“血脉传承”。

（2）借“智慧传承人”之口，让口传心授的生态智慧走进课堂

对于智慧传承人如何与教育对接，应该进行深入探索，对智慧传承人的找寻、邀请与有针对性的访谈、记录，是顺利开展生态智慧教育与培养生态智慧“匠人”的基础与前提。将“智慧传承人”纳入全面开展生态智慧教育的过程之中，不仅可以更好地保留村落格局与建筑类、民间文学与历史、民间艺术与民俗信仰等生态智慧文化理论，而且能够从中探索、萃取、总结和凝练传统村落治水功能空间的经典模式。因此要抓紧进行“智慧传承人”的抢救式采访，录制成视频永久留存，对于推广线上线下教学奠定基础。与此同时，可以将其引入课堂，将智慧传承人纳入实践课程环节等，以此对非物质文化遗产进行永续的保存。

（3）“怀匠心、践匠行、做匠人”的传统生态智慧“匠人”培养路径

培养“智慧传承人”就是力行国家对于培养具备工匠精神的传统生态智慧“匠人”的培养。随着国家、社会的发展，技能人才的培育和成长也越来越受到重视。2016 年在政府工作报告中首次提到的“培育精益求精的工匠精神”，引发人们的热

议。2017 年 6 月 9 日，2017 年中国国际技能大赛闭幕式在上海东方体育中心圆满落幕，这也是中国首次举办大规模国际性技能赛事。无论是国际性技能赛事的举办还是将工匠精神写入政府工作报告，国家将工匠精神提高到全社会、全民族的价值导向和时代精神层面上，这也说明打造工匠精神对于中国和中国制造来说是一种迫切需要。

1）通过古代的营建知识与现代建筑教育制度高度融合，形成全面开展生态智慧教育，培养“匠人”的新模式。

中国营建技艺，具有悠久的历史传统和光辉成就。这些古老瑰丽的营建范式背后，是一个个伟大“匠人”的智慧结晶，是他们一代代的传承和创新，最终铸就了中华民族独特的建筑气度和传统生态智慧。中国古代匠人和现代建筑师相比，古代匠人是把各类建造知识融合在一起，在一次次的实践中逐渐推敲、改良方案，这个过程对于气候、材料特性、结构受力、对现场的考量等方面的深度思考，是现代建筑师不能及的。因此，对于当今生态智慧教育的开展，应结合“智慧传承人”给出的生态智慧素材，将现代建筑教育制度与古代营建知识培养体系进行糅合与碰撞，形成具备传统生态智慧技艺的现代建造“匠人”。

2）区别于高等教育，对于培养传统生态智慧“匠人”的方法应以职业化教育为核心。

在我国，匠人的培养与训练主要依托职业化教育机构来完成。近年来，随着我国传统营城范式的逐渐走弱，在职业化教育当中对匠人的培养没有受到足够重视，造成大量民间生态智慧传承人的知识与技艺失传，像“香山帮”[①] 匠人这样的能工巧匠已经非常罕见，是我国传统文化的重大损失。因此，为了实现传统生态智慧在现今社会的重现与活态传承，亟需改进我国职业教育的教学体系，构建系统性的培养路径，形成“怀匠心、践匠行、做匠人”的传统生态智慧“匠人”培养模式，从而达到全面开展生态智慧教育的目的。

3.1.3　借国内外高端师资开展传统生态智慧“文化寻力”

生态智慧教育由于涉及的专业多、领域广，使得我国目前大部分地区无法提供全面、深入、高质量的生态智慧教育教学团队，现状教育资源与生态智慧教育所需要的多学科融合交叉的优质资源大相径庭，与其需求严重不符。这就需要我们借用国内外生态智慧高端师资，通过联合教学的方式，在短期内迅速组建高质量教学团队。面对我国寒冷地区优质师资流失情况严重、教育资源受限、自身师资“造血”周期较长等问题，通过借助于国内外高端师资开展传统生态智慧“文

---

① 自古出建筑工匠，擅长复杂精细的中国传统建筑技术的团体。

化寻力”，以培育具有生态良知观的特色人才，从而全面开展生态智慧教育工作，提升传统生态智慧人才的职业伦理观与社会责任感，为落实国家生态文明建设战略提供支撑，并借用国内双一流和国外知名高校的教育资源探索地方型高校的发展路径。

（1）借助国内外高端师资是保障传统生态智慧“文化寻力”开展的重要策略

目前国际上在生态智慧教育方面已经取得了一定的成果，近年来国内也开始瞄准这个方向，加速开展生态智慧教育课程。但是目前国内外高校优质师资联动以及在联合开展生态智慧教育的教学合作模式少之又少。所以应引进国际上已成熟的教材、体系方法、师资等教育资源为我国所用，借助国内外高端师资构建国际化合作模式是高校实现发展、寻求突破的新契机。

1）开展高质量的生态智慧教育，首先需要解决的是师资短缺问题。

教育部在《第二批新工科研究与实践项目指南征求意见》中明确指出“从师资建设、协同育人、共同体构建、质量提升等 8 个方面引导工科优势高校组、综合性高校组和地方高校组发挥各自优势，共同开展新工科教育建设研究与实践，推动新工科建设走向扎扎实实。”面对我国东北这种教育欠发达地区，师资短缺问题显得尤为严重。因此，面对当下各个高等院校既有的生态智慧型教学人才较为匮乏的问题，要想快速改变这种局面，就需要使用生态智慧教育共同体的方式，将国际生态智慧型人才“请进来”，国内生态智慧型人才较为集聚区域与较为匮乏区域应该互助，建立生态智慧教育共同体，弥补生态智慧人才不足的现状。如吉林建筑大学与辛辛那提大学已经率先开展了生态智慧国际教学工作坊，以及与上海同济大学的生态智慧学社联合开展了生态智慧教育课程。

2）开展开放性教学改革体系及培养模式，形成学术共同体。

在 2020 年新冠肺炎疫情冲击下，特别是全国高校采用在线教学模式探索极其成功的背景下，当下最便捷的方式就是利用这种开放式教学模式，形成同修共进、资源共享、快速见效且可行的局面。近年来国内外部分高校已陆续开展开放性教学改革体系及培养模式，已经形成学术共同体的发展趋势，大量的名师、金课、在线 MOOC 已经得到国家教育部和广大师生的认可。

（2）“请进来、走出去”是开展跨国别传统生态智慧“文化寻力”的关键路径

传统生态智慧具有很强的导向性，它对大学生的行为、思想等方面都有指导与渗透作用，对大学生的生态良知意识有着潜移默化的作用，将其融入大学生高校教育中，使大学生在深厚的传统文化中汲取生态智慧，为我国的生态文明建设奉献力量。自党中央国务院颁布实施的《国家中长期教育改革和发展规划纲要（2010—2020 年）》强调，要“加强国际交流与合作，开展多层次、宽领域的教育交流与合作，提高我国教育的国际化水平”。在此背景下，作为东北地区的高等

院校更应加大国际交流与合作，引进国外优质的教育资源，加快国际化人才培养模式的创新，可以有效促进高等院校的持续发展，提高人才培养质量，推动教学实力的提升。

1）请进来——建设高水平国际教育合作组织，建立多学科交融的开放性组织机构，为跨校、跨学科、跨专业培养高层次人才提供组织保障。

改变国内传统的教学理念、教学模式和教学方法，联合国际知名学者，通过致力于传统生态智慧的挖掘与活态传承，开展国际 workshop、“文化寻力”项目、“文化寻力”试点乡村等活动，以此促进贫困地区的乡村振兴与人口回流，是实现传统生态智慧“文化寻力”的关键所在。“文化寻力”项目以中国丰富的传统村落智慧资源为依托，以中外青少年的文化研习、互访交流、传播传承为主要方式，从多元文化中寻找和平之力、发展之力、创新之力和未来之力。用文化的力量连接世界，指引未来。依托中外顶尖大学、科研机构、企事业单位等设立传统生态智慧“文化寻力”中心，通过整合业界、学界、管理界的同仁泰斗，希望将传统生态智慧推向世界，从而实现全面开展生态智慧教育的目的。

2）走出去——培育理论与实践相结合的传统生态智慧人才，以国际视野的理论及方法走出校门。

通过“借船下海”手段，以传统生态智慧与实践课程为出发点，与国外多所知名高校形成校内外联合教师团队。依托线上教学平台，邀请众多国内及国际名校的教授网络课程教学，培育学生国际视野。联合知名高校成立了寒地城市空间绩效可视化评价与决策支持平台，保证了学生在国内就能够得到与国外同样教学体系的训练，在教学层面实现与教育发达国家“接轨”，并实现“弯道超车”。与此同时，通过搭建国际化实践平台，开展生态智慧国际会议，形成众多高质量成果，从而强化我国传统生态智慧领域在国际上的影响力，并为全面开展生态智慧教育建设奠定基础。例如吉林建筑大学已成功召开三届生态智慧国际性会议，与国内外知名高校形成国际生态智慧联盟。与此同时，结合国内外师资力量培养在地性人才，为学界、业界、管理界等在职人员进行终生教育，将高质量专业建设推向世界。

3.2 化害——规避顶层设计风险

我国高等教育中的生态智慧教育相关课程还处于初级建设阶段，对毕业生影响较弱，但在执业阶段的设计、建设、管理成果对城市的科学合理发展产生深远影响，反而在这一阶段，生态智慧教育缺位更加严重。现如今我国的城市发展过程中出现了高成本、低可持续性的现象，高质量发展要求迫切，党的十九大报告中已明确提出高质量发展的国家要求。探究高成本、低可持续性的发展现象的深层原因，是高校毕业生在执业过程中，存在过分强调高科技材料与技术的使用、热衷于高额资本与成本的投入、技术至上等趋势大行其道的现象，“单向索取自然服务”的理念根深蒂固。由此可见，高校对学生的生态智慧教育缺位危害巨大，化解该危害刻不容缓。化害，化的是学生好高骛远的浮躁心理，化的是技术至上、高成本、低可持续性的发展势头，化的是缺失生态智慧思想的设计人员投入社会之后所造成的损失。因此，首先应该从高校专业教学体系当中加大本科生及研究生生态智慧良知观相关课程体系的设置，从执业人员教育教学角度，补足执业人员生态智慧伦理观的实践培养短板，增强从业人员技术与生态文明观并举的意识意义重大。

各个尺度下应用生态智慧理念并达到低成本、高可持续性的经典实践案例比比皆是。反之，在顶层设计中如对生态智慧的考量不足，以高成本、低可持续性现象便会显露，对城市发展影响深远。

（1）在区域级层面应用生态智慧的经典案例

始建于战国的四川都江堰水利工程，在以李冰为首的世世代代生态智慧传承人的精巧设计与建造维护下，守护了成都平原两千余年至今。因为都江堰的修建，成都平原一改往日夏汛变泽国的现象，变为“水旱从人，不知饥馑，食无荒年”的天府之国，沃野千里，连年丰收。实现了人与自然和谐共处，达到了命运共同体的互惠互利。

反观，如果顶层设计没有做好，所带来的危害也是巨大的。例如，同样作为流域关键水利设施的美国胡佛大坝。在西方现代工程技术手段主导下建造，在投入大量人力、物力、财力的情况下，给美国科罗拉多河流域带来了许多严重的流域生态问题，如：动植物生态栖息地被严重破坏、动植物数量减少甚至直接导致弓背鲑濒临灭绝、下游科罗拉多河逐渐断流、入海口三角洲海水倒灌等，对流域生态与人居环境造成了巨大危害。

（2）在片区级层面应用生态智慧的经典案例

深圳市最早的机场选址在市中心的白石洲，在当时城市建设的过程中，对于城市长久考虑充分性不足。一群坚守底线的老专家们出于专业视角和城市长远发展考虑，坚持认为不能在白石洲建机场。在国务院召开深圳机场选址的最后一次民航工作会议时，一位专家领导从规划师的思维角度对时任总理再次提出了机场更换选址建议，时任总理认同了基于城市长远利益和保护环境的建议，机场选址移至现在的位置。正是坚守生态智慧良知观与伦理观的专家团体为深圳长久的城市发展与生态存蓄坚守住了底线，为深圳市留存了伶仃洋红树林生态保护区这一区域级大生态通廊，为人类与自然环境长期共荣谋求福祉。

反观，美国波士顿中央大道对城市区域产生了强烈割裂破坏，对城市发展制约严重，导致波士顿政府不得不耗费大量财力物力挽回这一规划决策失误。波士顿的中央大道建成于 1959 年，以高架 6 车道、75000 辆 / 天的设计流量直接穿越城市中心区，对原波士顿北区、滨水区与老城中心区产生了强烈的隔离割裂作用，由此直接限制了城市经济交换，城市空心化、经济活力降低、城市环境质量下降等问题层出不穷，对中心城区造成了巨大影响。波士顿中央大道每天的交通拥堵时间超过 10h，交通事故发生率是其他城市的 4 倍，由于堵塞、事故、油料浪费、尾气污染、时间延误等因素所造成的实际损失至少超过 5 亿美元。为此，波士顿耗费了 148 亿美元，工程施工历时 16 年开展了“波士顿大开挖计划”，由此大幅改善了城市交通拥堵（拥堵时间回归到美国其他城市相当水平）与市容市貌（新植 2400 株乔木和 6000 多株灌木）。由此可见，以技术论至上的规划决策会给城市带来巨大伤害，会造成城市发展建设的巨大资源浪费与人力物力损耗，应极力避免此种伤害在城市建设过程中出现。

（3）在街区级层面出现生态智慧缺位的经典案例

生态智慧良知观缺位使得现代营城过程中出现众多重大生态灾害，造成巨大的人力、物力、财力损失。如 2018 年备受关注的“秦岭违建别墅拆除”事件，试图将“国家公园”变为“私家花园”，严重破坏了生态环境。违建问题也出现在吉林省长白山地区，根据央视曝光内容，2009—2011 年间长白山国际旅游度假区出现大面积高尔夫球场、滑雪场、别墅等违建项目，对当地生态环境产生了恶劣影响，受到中央环境保护督察组严肃处理。典型的北京 7 · 21 暴雨事件，造成 79 人死亡，160.2 万人受灾，经济损失达 116.4 亿元 [23]。这次灾害从侧面表明西方的雨洪经验与我国存在着水土不服、缺乏在地性的特征，而我国在五千年的大样本城乡实践中，早已凝练出一套高可持续性的生态智慧体系，有效应对雨洪灾害 [24]。

生态智慧伦理观薄弱使得现代城市建设过程中出现众多底线丢失、劳民伤财的现象，如成都某楼盘开发商将建筑容积率随意上调，此楼盘连续三期的大量业主聚集对开发商此种不负责任的行为表示强烈抗议。同样的问题也发生在审批与公示过程中，杭州某地块在出让过程中，出现了建筑容积率随意调整的问题，引起了周边居住区业主的维权抗议。“如果政府编制的控规是可以随意调整的，那么其严肃性何在？在容积率更改过程中，作为邻居的我们完全不知情。”一位参与维权的业主说。

由此可见，生态良知观与伦理观薄弱是城市建设过程中，职业底线丢失现象的根本症结。生态智慧良知观缺位与生态智慧伦理观薄弱危害巨大。针对这样的问题，有必要培养适应时代变化的生态智慧型的创新型人才，建立生态伦理观、传承并弘扬传统生态智慧，补足生态智慧良知观与伦理观知识传授与意识培养。

3.2.1 补足执业人员生态智慧的伦理短板

依托高等教育机构完备的师资教育资源，针对在校生开展生态智慧教育较为便利。但针对已经进入社会开展一线设计和管理工作的业界和管理界人员，开展此类职业操守和再教育难度较大。因此，面对执业人员的生态伦理观短板的教育问题需要一套持久、全过程的、系统科学的、有职业阶段针对性的教学体系和师资队伍。

（1）“德育先行”引导下的执业人员短板评估

毕业生就业单位的调研回访表明用人单位对有创造性思维、有高度、有领导力的团队负责人有迫切需求。在生态文明建设与市场需求的大背景下，中国生态智慧城乡实践知识的教材需待完善，对中华民族生态智慧观及营城理论的讲授相对薄弱，而执业人员的生态智慧良知观、伦理观、价值观的培养短板显现。

职业教育调研回访表明，在生态文明建设与市场需求的大背景下，执业人才的培养，生态智慧良知观与伦理观是决定执业人才成败的关键短板，可以直接决定执业人才的成败与否。“有才无德”的执业人才对城市发展与决策所带来的杀伤力难以估量（图 5-13）。

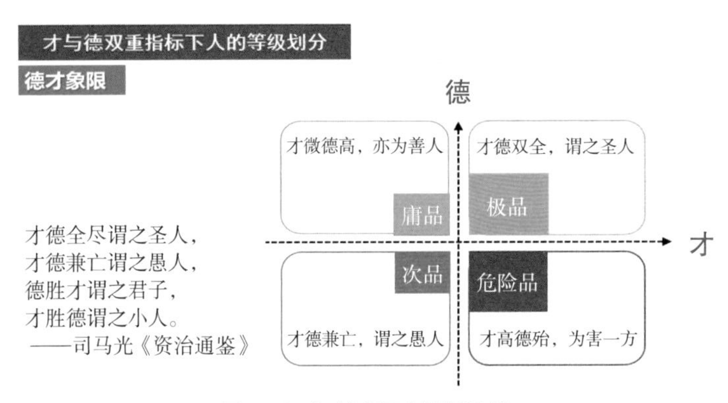

图 5-13 德才象限下人的等级划分

（2）面向本科生及硕士研究生的生态智慧良知观教育

从既有教育共同体出发，依托生态智慧知识体系课程建设为国家率先打造高端学术共同体，在本科及研究生新生学习系统专业体系知识之前的通识教育阶段就进行相关的课程设置，才是生态智慧知识体系人才培养的首要突破口。在工科本科一年级、硕士一年级先导课程阶段，在其接触专业知识系统教育之前（“一张白纸”状态），就开展生态智慧理论与实践方法的学习，从“源头”就开始接受传统生态智慧理念的熏陶。通过目标明确的、系统性的师生互动教学、创新型的教学方法，引导学生掌握生态智慧与实践的相关基本知识，提前植入正确的生态伦理观与价值观，为今后学生能做具有生态智慧的设计奠定坚实基础，从而培养生态智慧型优秀专业人才。结合《教育部办公厅关于启动部分领域教学资源建设工作的通知》中对建设任务“建设优质教学资源库，优化教育教学条件、推进教学方法改革、加强教师队伍建设”的要求综合考虑[25]，建议通过教学队伍建设、课程体系改革、实验室辅助教学模式创新、校企政实践教学基地建设、国家设计竞赛和大学生双创竞赛的应用探索、强化和宣传教学效果（跟踪毕业生回访）等方式，全面灌输生态智慧良知观及生态智慧知识体系。具体包括：

1）教学队伍建设

为实现短期之内快速形成生态智慧型人才队伍的目标，应结合已有课程，形成跨专业、跨校、跨国联合讲授工科通识课模式。发挥学术共同体优势，将国际、国内前沿的生态智慧教师请进课堂，保障工科学生及城市建设人才快速接受生态智慧知识普及。

针对寒地院校普遍面临师资力量不足的问题，可以借助师资较为丰富地区的人才优势建立跨校、跨区、跨国的教学共同体，实现生态智慧人才的培养。为快速形成生态智慧型人才既快又好的新工科人才培养的师资模式，需要建立校内、校外教育资源共享机制，打破传统教育的时空界限和学校围墙，将具备不同专业知识背景的国内外学者的知识储备进行共享。寒地高等院校教学团队可通过“借船下海”方式破解师资力量匮乏问题，以传统生态智慧与实践课程为出发点，与知名高校形成校内外联合教师团队。同时可以依托线上教学平台，邀请众多国内及国际名校的教授网络课程教学，培育学生国际视野。

2）课程体系改革，明确教学培养目标

应当借用高校师资构建国际化开放合作的课程体系，组建多学科团队开设跨校课程，构建开放的项目平台，满足多专业联合毕业设计、多专业创新创业等合作需要及实践教学需要。具体的教学培养目标包括：

建立基本的生态伦理观——挖掘人类在与自然协同进化的漫长过程中领悟和积累的生存与生活智慧，唤醒对人与自然互利共生关系的深刻感悟。树立淳良朴实的生态良知观和底线思维，培养大局观和国际视野，养成良好职业道德。

形成正义的生态实践观——在形成生态伦理观的基础上，结合大量生态智慧案例分析、野外实践调研以及互动式教学模式。加强生态实践能力的培养，建立成功从事生态实践的能力[26]。

以生态智慧之道驭专业技能之术——系统培养“道法自然”生态智慧思想指导下的创新能力及批判性思维，通过“理论与实践”并行的教育模式，以正确的生态价值观指导城乡规划的实践过程，提升在重大决策中科学运用中国生态智慧的能力，培养德才兼备的优秀生态智慧型人才。

3）重构教学内容及安排

首先，教学内容知识结构从知识、能力、素质三个层级进行重构，为学生提供多层次的生态智慧理念与方法教学内容，包括如东方语境下的生态智慧知识体系、中国传统生态智慧实践创新能力、生态智慧良知观与良好职业道德素养等。教学内容应包括但不限于：

生态智慧理论与方法——包括生态智慧与城乡生态实践的基本概念与含义、生态实践的发展历程及趋势变化、生态实践在当今城乡规划中的实践与前沿理论方向以及生态实践的通用研究范式。

生态良知观阐述及解析——帮助（本科及硕士研究生）一年级新生在接触专业知识系统教育之前通过该课程建立生态智慧的生命观、自然观、资源观、文化观和科学观，能够对当代城乡建设进行生态智慧与生态实践的反思。在建立生态认知的基础上树立正确的生态实践观，能够正确审视人类地位、责任及使命。培养学生能从生态智慧的视角审视城市问题，从自身专业角度解读城市问题，能够运用生态智慧理论知识进行实际操作的专业素质。

生态实践技术方法——了解和掌握生态智慧与生态实践的基本内涵、概念和价值，明晰当前生态智慧城镇建设领域的前沿理论和实际项目操作。使学生掌握生态智慧与生态实践的价值，了解基本理论模型，明晰当前生态实践研究领域的前沿理论和实际项目操作。

其次，课程安排方面，尽快为学生树立正确、稳固的生态智慧良知观，课程应设置在大学本科一年级以及研究生一年级，建议该课程作为建筑专业基础必修课，其他专业公选课（适合专业包括城乡规划、建筑学、风景园林、市政工程、环境工程、交通工程等）。授课类型以讨论课为主要形式，增强学生思考与互动，提升学习的积极性，帮助一年级新生树立正确的生态伦理观与价值观。

4）依托实验室和校企政实践教学基地创新教学方法

利用中央财政部和教育部联合资助的实验室辅助教学模式创新，依托校企政实践教学基地建设、国家设计竞赛和大学生双创竞赛的应用探索等创新教学方法，激发学生课堂兴趣，增强学生理论与实践相结合的能力。

首先，建设专业实验室辅助教学。通过建设专业研究科研平台，克服传统实践与实验性教学的局限性，让学生牢固掌握最新的前沿技术方法，打造“沉浸式学习”和“深度学习”的新型模式。其次，可以通过建立学校、企业、政府联合支持的教学实践基地的形式，使学生可以应用生态智慧知识体系到实际项目中，并对项目从调研到设计到落地实施到管理进行全过程参与，从而强化学生设计实践能力。最终，举办国家级设计竞赛和鼓励学生参与大学生双创竞赛，探索应用生态智慧知识体系的设计实践。

5）跟踪毕业生回访，强化教学效果

为提高生态智慧型人才培养的教学效果，应对学生进行课前、课上、课后的知识、能力、素质的三维评价。课前学习评价以自评互判、自主讨论、资料查询与文献阅读、相关活动参与度、课前作业等形式开展测评；课上与课下对专业知识与能力、逻辑思维能力、生态智慧价值观、团队协作能力、个人素质提升进行多指标评价。

同时，针对毕业生进行用人单位回访，提倡从专业理论知识分析、解决问题的能力、热爱祖国、有社会责任感、个人和团队、复合型高级专业实践性人才几个方面对教学效果进行评价。通过及时了解供给侧需求调整教学内容，强化教学效果，培养有竞争力的生态智慧型人才。

（3）面向职业教育的生态智慧匠人技艺传承

作为行业工匠与技艺人才进行生态智慧教育的培养模式，职业教育有其独特的教育教学特点，更接近于工程实践，对于项目实施成效与可持续性具有直接决定关系。为了达到生态智慧的实施实践过程的传递落地，需要从案例落地入手，在项目与实践中操作与提炼因时制宜的生态智慧传承。

3.2.2 增强从业人员技术与生态文明观并举的意识

在现有技术文明观基础上，从东方传统生态智慧中汲取营养，提炼符合我国国情与发展现状的生态文明观，提升文化自信。深度剖析传统的从业教育所带来的职业教育优势与潜力，将传统生态智慧教育贯穿融入从业实践中，即从业人员的终身教育以技术文明观（西方的科学技术）与生态文明观（东方的生态智慧）两方面为基础做起，以实践研究与案例解析为主要手段，增强从业人员技术与生态文明观意识。

（1）技术文明观引导下的从业人员现状评估

在当今万物互联的信息时代，大数据、人工智能等技术的出现与蓬勃发展，似乎所有问题都能用技术手段解决，技术似乎掌控了一切。但这种情况下，最容易产生的就是技术至上甚至唯技术论的现实问题，但许多新技术往往带来更多的资源浪费、更高成本的投入与更低可持续度的运转。技术至上的从业人员专业基础扎实，但生态文明的可持续观念不强、匠人精神需要提升。

目前职业教育的批判性和创造性思维不足，为改变这种趋势，回归专业教育的设计本源，培养最基本的批判性和创造性思维。从案例解析的角度培养分辨好坏真伪的批判性思维；从落地性、地域性角度扎实地对生态智慧实践进行实事求是的研究分析；从优秀生态智慧实践案例的对比挖掘中培育创新思维。借用实践导师引入、智慧传承人讲授、实践过程细化等手段，避免从业人员在从业阶段过程中出现好高骛远的浮躁心理，为其从业长远未来打下良好的生态文明观基础。

（2）以继续教育为核心加强从业人员技术与生态文明观并举的意识

具备生态文明思想的批判性思辨和创新性思维是生态智慧职业教育的核心目的。从业人员有了批判性思辨，能从生态文明观的角度辨明是非真伪，就能为城市化解危害，谋求长远福祉。

在继续教育过程中尤其需要强调，在没有深刻研究与实验实践的前提下，不能在项目实践过程中以保护的名义进行生态智慧传承文物破坏。以锦江木屋村为例，木屋村先民采用“木骨泥墙”的复合墙体来应对东北地区冬季湿寒、昼夜温差极大的气候特征。通过特殊的施工工艺和构造层次增加的墙体空隙吸湿防潮，防止残留水分结冰胀裂墙体，减少冻融循环对墙体的破坏。而在现代工艺的“保护”后，其吸湿防水的功能遭到粗暴地破坏。究其原因，在不明确深层构造方式与建造技艺的情况下便盲目施工实践，是导致该现象出现的根本缘由。

1）面向执业人员的生态智慧伦理观的实践培养

单一针对在校学生的培养难以满足当前社会对于生态智慧型人才的紧迫性需求，也无法短时期内消除未受生态智慧思想指导下而进行的城市设计所产生的“杀伤力”。因此，应对执业人员开展生态智慧教育。执业人员作为社会的一线设计人员，在过去传统教育中，并未接受过生态智慧教育。而当下情况，执业人员时刻走在规划实践的最前沿，其所参与的实践项目对中国发展具有重大影响，其生态智慧伦理观的缺失将形成重大杀伤力导致重大问题。因此，必须对执业注册师进行生态智慧教育。

针对执业人员，不仅要进行生态智慧教育，还要进行生态智慧“终生”教育。为了达到授课即见效的目的，强化其生态智慧伦理观意识，对执业人员多次传授。通过执业人员与时俱进学习生态智慧前沿理论与实践案例，使其熟练掌握生态智慧知识体系与实践技术方法。面向执业人员的生态智慧“终生”教育势在必行。

2）面向管理人员的生态智慧价值观传播

为保障城市长远可持续发展，有必要鼓励和支持管理人员通过各种渠道主动参与到各类“生态智慧”主题论坛及教育过程中，普及生态智慧思想引导下的管理思维方式。管理部门也可邀请国内外“生态智慧”研究方向相关知名学者进行学术交流与讨论，成立产学研政平台，以实际地块进行“生态智慧”相关竞赛，结合设计实践与学者、设计者、政府开展项目研究，传播并弘扬生态智慧。

生态智慧终生教育的实施，不仅能够实现“一代”的影响，更能够形成“老中青”传帮带式影响。生态智慧终生教育机制，在没有高校规制的时长及方法教育下，保障了通过一代人生态智慧伦理观的建立与学习，影响几代人的生态智慧伦理观意识，从而确保了生态智慧知识体系传承与弘扬。

3.3 趋利——落实生态智慧之利

中国传统生态智慧的终生教育所催生出的关于化解灾害的规划结构特征、因地制宜的建造方式、适应气候的空间营造技艺等方面的研究成果，能够将“美丽乡村”“乡村振兴”“公园城市”等国家级层面的“政策势”转换为“政策利”，也将是“十四五”期间深化落实生态文明建设与乡村发展战略的关键。同时，基于传承上千年的中国传统生态智慧知识体系的“时间势”，能够打造与都江堰相类似的、面向“新千年”的中国城乡真正高可持续性发展案例，落实生态智慧周而复始的“时间利”。更为关键的是，借用入选名录的6000余个传统村落样本的“数量势”与“保护势”，可以实现对传统生态智慧知识体系的传承和传播之利，落实“增强文化自觉、坚定文化自信”的国家战略。

3.3.1 形成中国土生土长的生态智慧知识体系，树立文化自信

党的十八大以来，党中央高度重视弘扬中华优秀传统文化。作为承载中华民族历史和文化记忆的传统村落，是中华文明几千年优秀传统历史文化的浓缩和凝练，是中华民族珍贵的文化遗产。2018年，中央一号文件中再次强调“全面部署实施乡村振兴战略”，加之“精准扶贫”已逐渐成为新时期党和国家工作的重要亮点。挖掘与保护传统村落中的“生态智慧”文化遗产，形成中国土生土长的生态智慧知识体系，并以此为核心进行文化传播与人才培养，已成为政府的工作焦点、专家的关注热点和社会的共识重点，是实施“乡村振兴”的国家级发展战略的重要抓手，也是防止传统村落出现保护性破坏的关键。

（1）快速形成东方语境下生态智慧知识的挖掘体系

通过挖掘中华民族在五千多年与自然协同进化的漫长过程中领悟和积累的生存与生活智慧，唤醒对人与自然互利共生关系深刻感悟，继续总结凝练并形成中国土生土长的生态智慧知识体系。东方语境下生态智慧知识体系对生态智慧终生教育的“利”体现在：

1）回答“望得见山，看得见水，记得住乡愁”的国家战略——基于中国传统农耕文明体系之上的生态智慧文化遗产，是实现从内“造血”，从根本上激发传统村落的文化活力，留住中华民族文化“乡愁之根”的关键所在。

2）作为中华民族文化创意的储备库——作为中华文明特色密码携带者的生态智慧知识体系，蕴含着众多不同时期、不同民族、不同地域的人民所进行的生态智慧创造，具备城市及一般乡村所欠缺的深厚文化特色底蕴，是民族文化及智慧的生发之根，是文化创意的储备库。

3）培育具有生态责任的当代公民——基于东方语境下生态智慧知识体系开展

终生教育，能够在构建和完善寒地传统生态智慧与生态实践的知识体系的同时，全力培育具有生态责任的当代公民，全力推动中华民族生态智慧范式的传承和创新，实现中国古代生态智慧在现代社会的活态传承与复兴，最终实现中国城乡规划理论的输出，以此建立根植于传统生态智慧的中华民族文化自信。

（2）建立东方语境下传统生态智慧知识的传播体系

依托东方语境下生态智慧知识的挖掘体系，面向执业团体、普通市民以及广大在校师生的生态智慧教育科普平台，以此宣传和推广课题组总结凝练的北方历史文化名村生态治水智慧知识体系。

1）面对执业团体——通过对多地区的注册规划师继续教育的培训，积极宣传和推广传统村落生态治水智慧的模式和知识体系，以此推动培育执业团体的生态科学与生态实践有机融合而产生的生态伦理道德观念。

2）面对普通市民和管理者——借助科研平台，形成国际一流的跨学科合作协同的生态智慧科普教育网络体系。通过数据可视化的科普宣传工作，强化了市民可持续发展意识，壮大了“具有生态伦理和生态良知的市民队伍”。

3）面对在校师生和职业团体——举办“生态智慧 +”专题设计竞赛，该竞赛得到联合国教科文组织等多个相关机构的认可和鼎力支持，新华网等多媒体、多平台的实时宣传，更好地促进我国的生态文明建设。

3.3.2 实现城乡统筹发展下的最小投入和最高产出比

中国城乡发展不平衡问题是中国现代化进程中最为重要的问题之一，随之带来的是城乡二元体系和城乡统筹发展模式的瓦解。为解决人口流失问题，保障国家粮食安全，同时使城市人口向乡村转移，维持健康且可持续的城乡二元体系和城乡统筹发展模式，亟需以生态智慧为核心将“乡村振兴”“精准扶贫”等国家级的“政策势”转为“政策利”，以最快的速度形成资源的良性循环，以投资小、见效快、持续时间久的城乡统筹健康发展新模式，保障城乡二元体系的健康发展与长治久安。城乡二元体系的健康发展也是确保粮食安全，关系国计民生和社会稳定的重要保障。

（1）响应国家自然资源部对于保护“山水林田湖草”的要求，研发水、木、草等自然资源要素循环再生利用的关键技术

“十八大”以来，我国从生态文明建设的宏观视野提出山水林田湖草是一个生命共同体的理念，人的命脉在田，田的命脉在水，水的命脉在山，山的命脉在土，土的命脉在树和草。山水林田湖草各要素生态过程相互影响、相互制约，是不可分割的整体。而我国传统村落，早在几百年前即意识到了山水林田湖草各要素的相互影响和制约关系，形成了敬畏自然的价值观和“周而复始”的自然资源循环再生利

用体系。传统村落通过充分利用植物燃烧后形成的热能、利用水的势能、利用光的太阳能、利用石头的坚硬度等，在维持人类赖以生存的自然环境条件的同时，实现气候的调节、水源的涵养、土壤的保持等对自然的利。以此为启示，研发水、木、草等自然资源要素循环再生利用的关键技术，快速推动资源良性循环，形成投资小、见效快的乡村振兴发展模式至关重要。

1）为了响应国家自然资源部对于保护“山水林田湖草”的要求，确保现代城乡的长远可持续发展，就需要研发水、木、草等自然资源要素循环再生利用的关键技术。在与自然系统兼容的同时，使得城乡远离资源使用的线性系统，进入“周而复始”的循环系统运行状态，自然资源要素循环再生利用技术是从源头实现“周而复始”生态智慧发展模式的关键。

2）从低维护度和高可持续性的全局视角出发，形成生态保护修复长效制度和系统性解决方案。从过去的单一要素保护修复转变为以多要素构成的生态系统服务功能提升为导向的保护修复，这种解决方案能够保障现代城乡与其赖以生存的自然系统之间发展为一种增强环境的、恢复性的关系，以自然界中“自然善如”的循环系统为目标，将所有废物都转化为新循环的有机养分。同时也能够激活和优化乡村的生态、生产、生活空间格局，重塑新的生活方式、生产关系和生态格局，保障粮食安全的同时，促进“乡村振兴”和“美丽乡村”政策的实现。

（2）落实住建部开展城市体检的工作要求，通过常态化城市体检促进生态智慧城镇的低维护和高可持续性

低维护度和高可持续性是从过程和源头保障最小投入和最高产出比实现的关键。为了切实保障城乡发展的高可持续性运行，就需要结合住建部“年度体检、五年期评估”的常态化规划体检评估机制，以低维护度和高可持续性为核心指标进行不同城乡样本的实施后评估。在发现和识别城市运行过程中难以实现低维护度和高可持续性的部分的同时，监测低维护度和高可持续性两大指标的落实过程，以此促进产生更多创新型的生态智慧发展政策、措施、模式等。

同时，应当建立生态智慧城镇的年度督察工作计划管理制度。将生态智慧城镇督察计划的安排与调整，纳入党组决策和年度总体工作计划，其他部门和各督察部门不得随意增减督察内容，从制度上降低工作随意性，树立底线思维。

3.3.3 打造中国传统生态智慧引导下的城乡实践案例，促进文化自信与输出

为了应对中国传统生态智慧价值观在现代城市和村镇规划建设过程中被逐渐淡化的局面，我国城乡建设领域需要从科研、规划、设计、建设与管理等多方的跨界角度，通过生态智慧城镇示范性项目将生态智慧的理念与方法有效地落实在广袤的城乡人居环境之中，打造与都江堰一样能够传承千年、最接地气的真正高可持续性

案例。同时，也应该通过总结经验教训编制形成中国传统生态智慧引导下的城乡发展建设规划标准，促进更多低维护度和高可持续性的城乡实践案例落地，从源头上实现传统生态智慧的“文化自信”与“文化输出”。

（1）落地——响应“城市双修”发展战略，尽快编制中国传统生态智慧引导下的生态智慧城镇建设规划标准

自 2017 年以来，住房和城乡建设部陆续确定了三批生态修复城市修补试点城市，共计包括 58 个城市，生态文明引导下的城市建设已成为我国当前城乡发展的重中之重。然而我国目前在开展生态城市建设的过程中，仅有评价体系而缺乏国家级的规划标准，这就导致各地的生态城市建设质量参差不齐。同时，现有的生态城市建设评价体系中的指标大多建立在西方技术主导下的规划理论基础上，因而难以在我国生态城市的建设过程中落实传统生态智慧理念。尽快编制中国传统生态智慧引导下的城乡发展建设规划标准，是促进打造中国传统生态智慧引导下的城乡实践案例的顶层设计。

（2）生根——打造不同气候区、不同灾害类型的生态智慧城镇实践典范

生态智慧城镇建设要因地制宜、因利乘便，尊重地理规律。这就需要充分重视不同地区的地方生态智慧经验和地域生态文化知识的研究与应用，在全球视野下开展不同地域、不同气候区划、不同民族区域、不同灾害类型的生态智慧与生态实践研究，尤其应重视特殊自然环境区域（如环境敏感区和生态脆弱区）与特殊气候区域（如严寒地区）背景下的人居环境研究，探索不同地域生态智慧城镇的机制与规律。

在此基础上，应当面向未来百年乃至千年，结合不同类型、不同级别、不同尺度的空间规划进行中国传统生态智慧的实践应用，以此打造能够传承千年的、应用中国传统生态智慧的、周而复始的生态智慧城镇发展范本。如长春新区作为严寒地区仅有的几个国家级新区之一，早在 2016 年便将“生态智慧”明确列入城市核心发展目标，并在 2018 年组织编制了《长春新区总体城市设计》，在城市总体层面落实低维护度和高可持续性的发展目标，具备打造成为生态智慧城镇发展范本的潜力。

（3）健康成长——全生命周期空间绩效评价视角下的生态智慧城镇可持续性提升

在开展不同类型、不同级别、不同尺度的现代城乡空间中开展中国传统生态智慧应用的过程中，需要利用社会绩效、环境绩效、经济绩效等多维绩效评估工具和方法，进行城乡空间建设的绩效表现跟踪。如吉林建筑大学基于中央财政部和教育部联合支持的寒地城市空间绩效可视化评价与决策支持平台（附录 5），开展了生态智慧城镇全生命周期空间绩效评价的众多探索，具体包括：

1）基于扎根理论，利用 CVM、词频分析等社会学调研方法，进行满意度评价、幸福感评价等社会绩效评估，使得公众参与结果能够真正支持生态智慧城镇的建设过程。

2）针对不同地域的气候条件，借用遥感、无人机倾斜扫描等技术手段，进行风、光、声、热等环境客观数据的动态可视化分析模型构建及全生命期可视化仿真模拟。

3）以生态智慧城镇实践为典型样本，利用多种主客观技术分析手段对环境、社会、经济等方面的绩效进行评估，进行生态智慧城市规划决策支持。

通过监测不同传统生态智慧在不同城乡空间实践案例中应用效果的时空变化过程，并结合不同实践案例之间的横向对比，识别满足“三低一高”目标的城乡统筹发展模式。这些空间建设模式将在“一带一路”倡议下向更广大的国内外不同地域推广中国传统生态智慧知识体系，并提供重要参照。与此同时，对绩效表现结果的时空变化进行统计分析，可以总结出中国传统生态智慧知识体系在实际应用过程中的难点和痛点。这也为持续不断地丰富和完善中国土生土长的生态智慧知识体系，真正扭转我国城乡建设领域的“西学东渐”为“东学西渐”，从而树立文化自信，提供坚实保障。

4 小结

培养生态智慧的“有心人”，是《生态智慧与生态实践》系列丛书主编象伟宁教授的初衷之一（象伟宁，2018）。中国传统生态智慧的终生教育与“文化寻力”，能够通过视角转变，将生态智慧理念传播弘扬，是落实“增强文化自觉、坚定文化自信”国家战略的关键。对中国传统生态智慧进行深入挖掘，再通过“顺天应人”的生态智慧实践将科研落地，不仅能够促进形成中国土生土长的生态智慧知识体系，也能够辅助落实和实现“美丽乡村”“乡村振兴”“公园城市”等国家战略，促进低维护度和高可持续性的城乡统筹发展。

更为关键的是，结合生态智慧研究与实践经验，开展针对社会各界、不同人群的终生教育，培养生态智慧型人才，将会从源头上实现传统生态智慧的文化自信，催生出更多中国传统生态智慧引导下的“借势－化害－趋利”的城乡生态实践案例，能够为我国“十四五”期间的生态文明建设工作提供样本支持，也能够使得中国传统生态智慧知识体系为“一带一路”沿线国家的生态问题提供解决方案（图 5-14）。

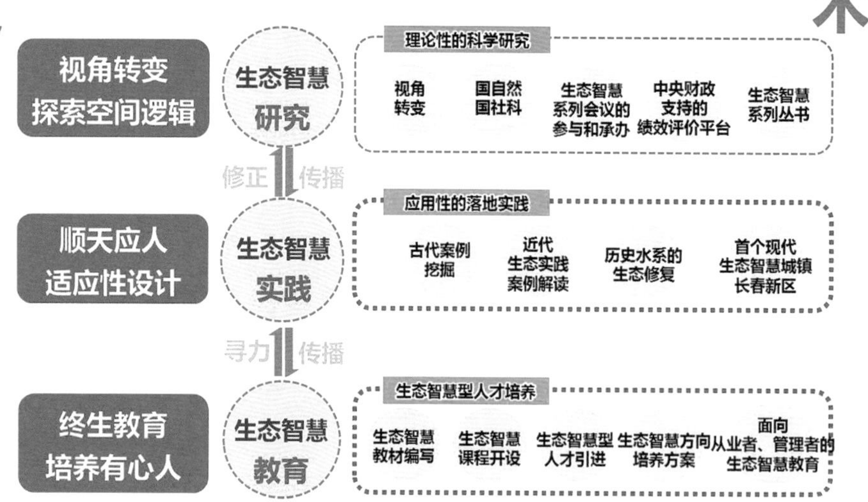

图 5-14　生态智慧知识体系传播与弘扬思考关系图

参考文献

[1] 唐海滨，刘敏 . 企业社会责任的思想传承和理论建构 [J]. 统计与决策，2012（1）：179-180.

[2] 张鸿雁 . 西方城市化理论反思与中国本土化城市化理论模式建构论 [J]. 南京社会科学，2011（9）：1-10+15.

[3] 中国政府网 [DB/OL]. [2015]. http：//www.gov.cn/xinwen/2015-03/31/content_2840533.htm.

[4] 文辉，王大伟 . 以新型城镇化促进绿色能源消费 [J]. 中国经贸导刊，2012（16）：43-45.

[5] 刘如珍 . 论当代农村文化变迁及文化适应 [J]. 黑龙江科技信息，2009（31）：92.

[6] 谭淑豪，曲福田，黄贤金 . 市场经济环境下不同类型农户土地利用行为差异及土地保护政策分析 [J]. 南京农业大学学报，2001（2）：110-114.

[7] 刘沛林，刘春腊，邓运员，等 . 中国传统聚落景观区划及景观基因识别要素研究 [J]. 地理学报，2010，65（12）：1496-1506.

[8] 富兰克林 · H · 金 . 四千年农夫中国、朝鲜和日本的永续农业 [M]. 北京：东方出版社，2011.

[9] 赵鑫珊 . 告别生出惆怅：来自水乡乌镇的灵感 [M]. 上海：文汇出版社，2006.

[10] 陈琳 . 走科学发展之路建设生态城市 [J]. 学理论，2012（16）：24-25.

[11] 曲建升 . 中国欠发达地区温室气体排放特征与对策分析 [D]. 兰州：兰州大学，2008.

[12] 李喜梅，周宏春 . 雄安新区绿色发展呼唤金融支持 [J]. 开发研究，2018（3）：110-117.

[13] 国务院正式批复《河北雄安新区总体规划（2018—2035 年）》[J]. 中国勘察设计，2019（1）：12.

[14] 车伍，闫攀，赵杨，等 . 国际现代雨洪管理体系的发展及剖析 [J]. 中国给水排水，2014，30（18）：45-51.

[15] 王孔敬 . 西南地区苗族传统生态文化的内容特点及其保护传承研究 [J]. 前沿，2010（21）：150-154.

[16] 赵宏宇，解文龙，卢端芳，等 . 中国北方传统村落的古代生态实践智慧及其当代启示 [J]. 现代城市研究，2018（7）：20-24.

[17] 王岳川 .“再中国化”：中国文化世界化的重要途径 [J]. 江苏行政学院学报，2016（2）：31-36.

[18] Larry A. Samovar. 跨文化传播 [M]. 北京：中国人民大学出版社，2010.

[19] 终生教育 . https：//baike.baidu.com/item/终生教育 /22616942.

[20] 中国文明网 . 在中国共产党第十八次全国代表大会上的报告 .（2012-11-8）. [EB/OL]. http：//www.wenming.cn/xxph/sy/xy18d/201211/t20121119_940452.shtml.

[21] 秦刚 . 中国特色社会主义理论体系 [M]. 北京：中共中央党校出版社，2013.

[22] 常卫国 . 凝聚全民族的最伟大梦想 [J]. 红旗文稿，2014（2）：25-27.

[23] 李生才，王亚军，黄平 . 2005 年 7—8 月国内环境事件数据 [J]. 安全与环境学报，2005（5）：120-124.

[24] 赵宏宇，范思琦 . 生态智慧思想引导下的长春市总体城市设计自然山水格局构建 [J]. 南京林业大学学报（人文社会科学版），2019，19（4）：53-64.

[25] 教育部办公厅 . 教育部办公厅关于启动部分领域教学资源建设工作的通知 [EB/OL]. http：//www.moe.gov.cn/srcsite/A08/s7056/202004/t20200417_444280. html.

[26] 颜文涛，王云才，象伟宁 . 城市雨洪管理实践需要生态实践智慧的引导 [J]. 生态学报，2016，36（16）：4926-4928.

附录

附录 1　寒冷地区和温暖湿润地区典型传统村落概览 ①

黄土高原区——平原型村落典型代表　　附表 1-1

村落名称及所在区位	原始遥感影像图	村落地形
村落名称：山西省大同市天镇县新平堡镇新平堡村 所在区位：地理坐标为 北纬 N40°39′33.16″, 东经 E114°04′46.63″		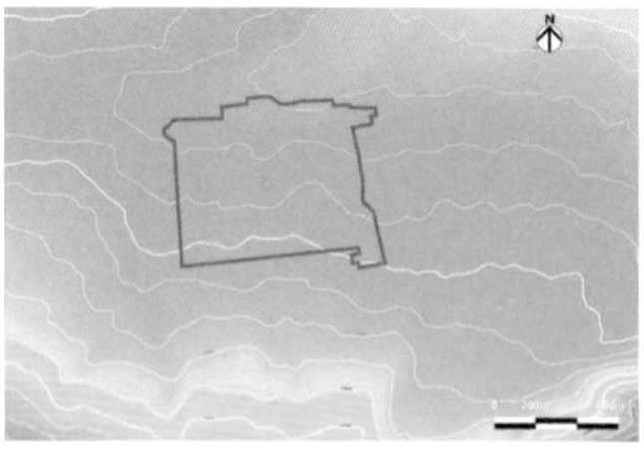
村落名称：山西省晋城市高平市建宁乡建北村 所在区位：地理坐标为 北纬 N35°50′31.71″, 东经 E113°06′33.62″		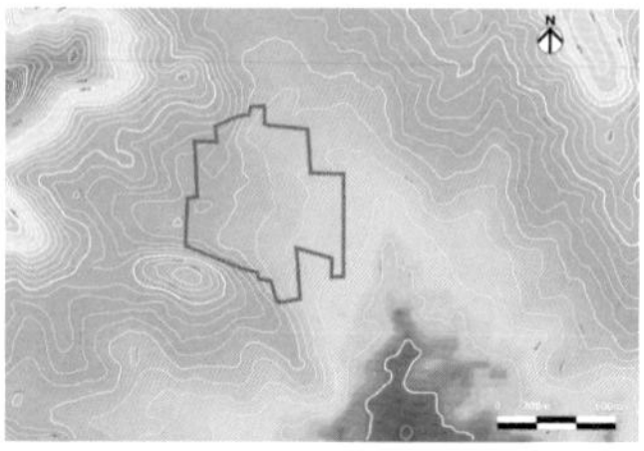
村落名称：山西省晋中市太谷区北洸乡北洸村 所在区位：地理坐标为 北纬 N37°23′37.39″, 东经 E112°30′53.15″		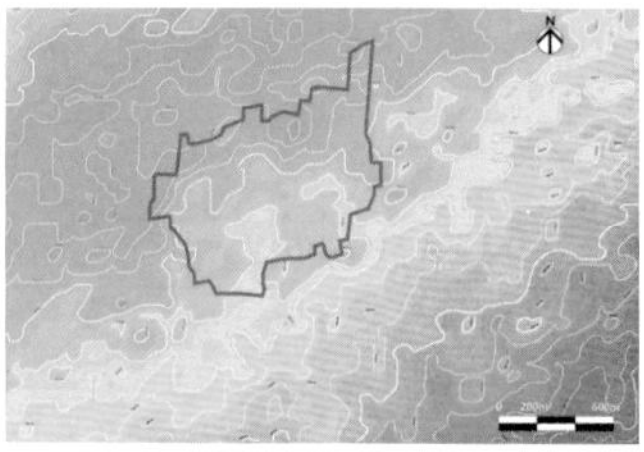
村落名称：山西省朔州市朔城区南榆林乡青钟村 所在区位：地理坐标为 北纬 N39°12′23.01″, 东经 E112°35′45.28″		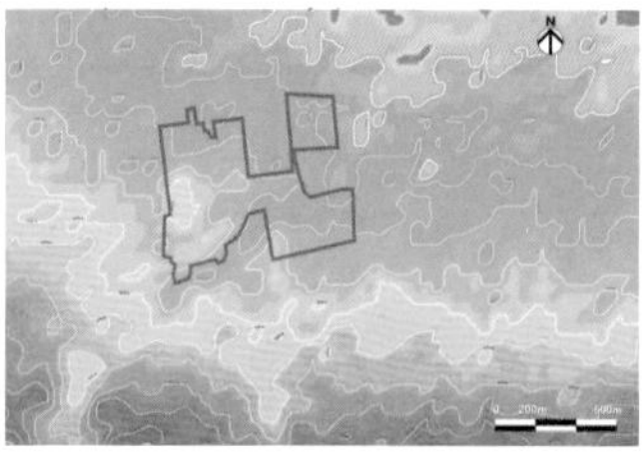
村落名称：山西省运城市万荣县高村乡阎景村 所在区位：地理坐标为 北纬 N35°17′16.80″, 东经 E110°43′16.04″		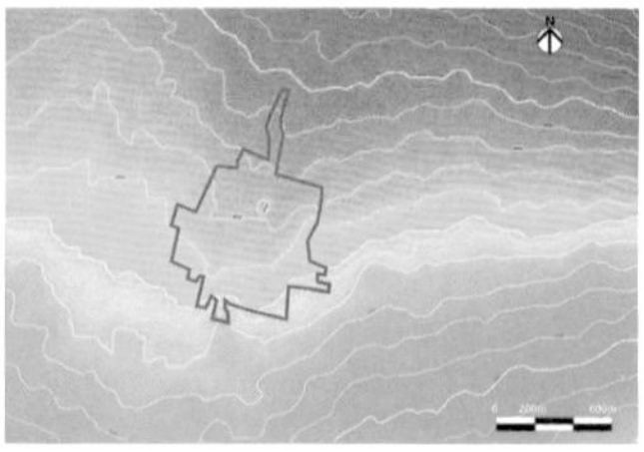

① 注：本研究所用卫星图数据均来自 91 卫图助手 – 影像高程矢量专业下载器企业版（版本号：v17.6.6Build 2020.04.16）所授权的影像 / 高程数据。

续表

村落名称及所在区位	原始遥感影像图	村落地形
村落名称：山西省运城市新绛县泽掌镇光村 所在区位：地理坐标为 北纬 N35°45′2.34″, 东经 E111°10′28.09″		
村落名称：山西省运城市平陆县张店镇侯王村 所在区位：地理坐标为 北纬 N34°59′50.64″, 东经 E111°12′33.98″		

黄土高原区——山底型村落典型代表　　附表 1-2

村落名称及所在区位	原始遥感影像图	村落地形
村落名称：陕西省韩城市西庄镇党家村 所在区位：地理坐标为 北纬 N35°31′40.76″, 东经 E110°28′35.54″		
村落名称：山西省忻州市五台县豆村镇东会村 所在区位：地理坐标为 北纬 N38°53′11.84″, 东经 E113°26′49.74″		
村落名称：山西省晋城市沁水县土沃乡西文兴村 所在区位：地理坐标为 北纬 N35°33′42.66″, 东经 E112°08′55.32″		
村落名称：山西省晋城市沁水县郑村镇湘峪村 所在区位：地理坐标为 北纬 N35°34′1.64″, 东经 E112°35′41.53″		

续表

村落名称及所在区位	原始遥感影像图	村落地形
村落名称：山西省晋城市阳城县润城镇上庄村 所在区位：地理坐标为 北纬 N35°31′7.11″， 东经 E112°33′31.82″	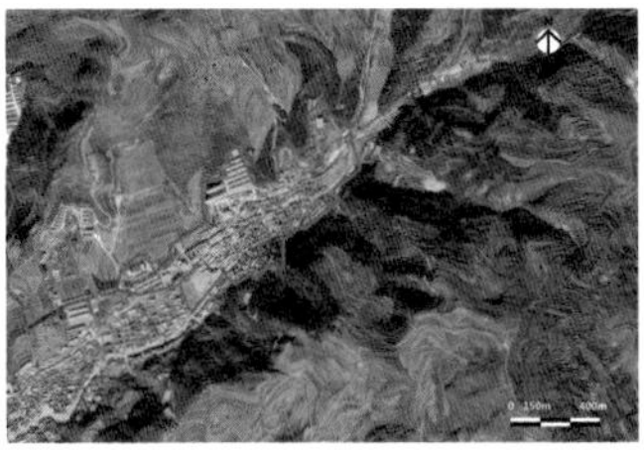	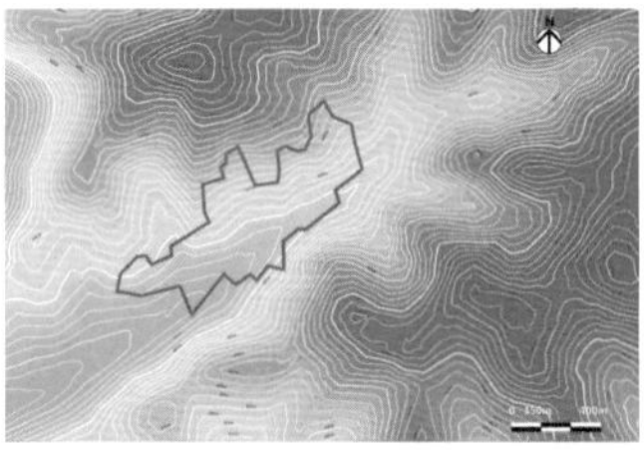
村落名称：山西省晋中市灵石县两渡镇冷泉村 所在区位：地理坐标为 北纬 N36°57′59.04″， 东经 E111°49′3.36″		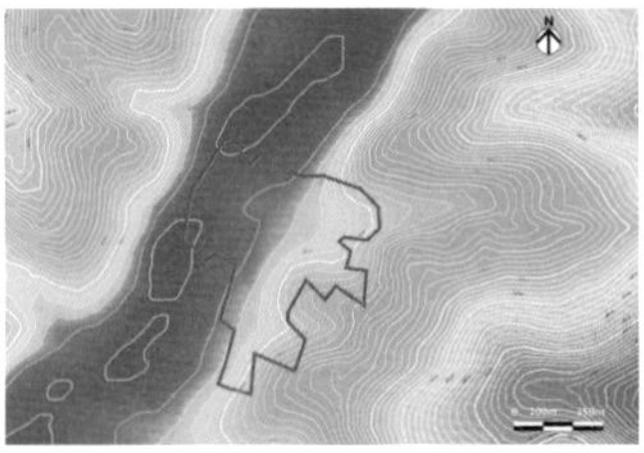
村落名称：山西省忻州市岢岚县大涧乡寺沟会村 所在区位：地理坐标为 北纬 N38°35′14.76″， 东经 E111°30′32.08″		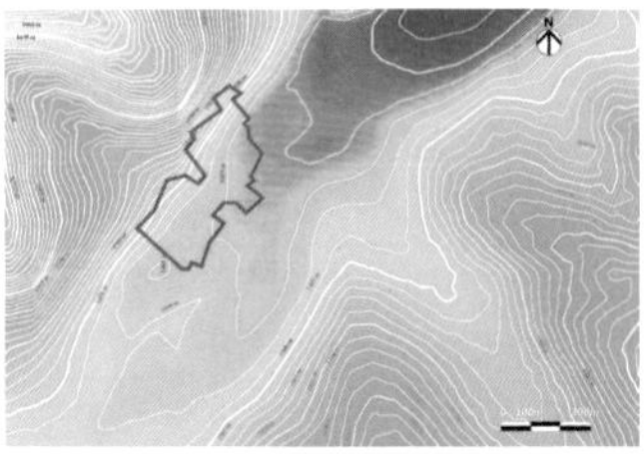
村落名称：陕西省延安市黄龙县白马滩镇张峰村 所在区位：地理坐标为 北纬 N35°32′16.05″， 东经 E110°10′58.59″		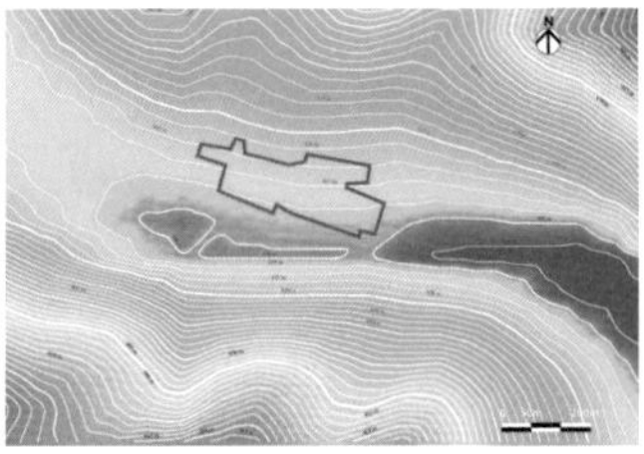

黄土高原区——山腰型村落典型代表　　附表 1-3

村落名称及所在区位	原始遥感影像图	村落地形
村落名称：山西省晋中市榆次区东赵乡后沟村 所在区位：地理坐标为 北纬 N37°45′19.70″， 东经 E112°54′51.34″	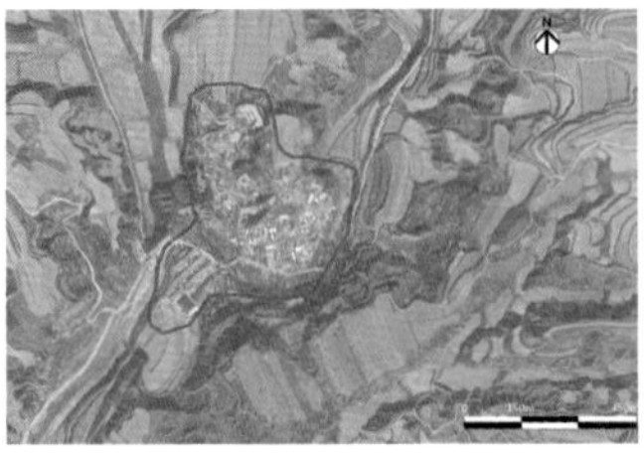	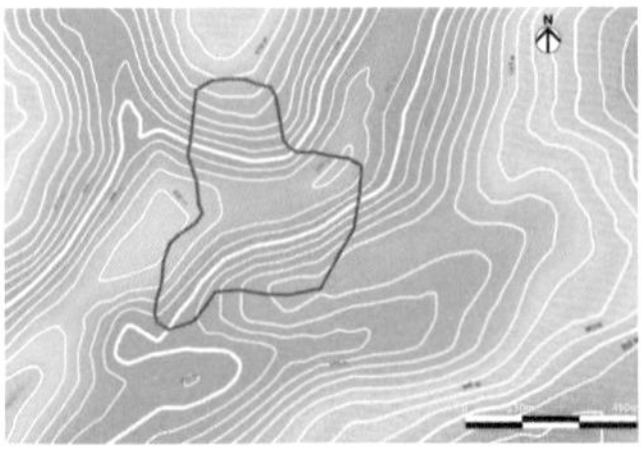
村落名称：山西省吕梁市临县碛口镇西湾村 所在区位：地理坐标为 北纬 N37°38′49.35″， 东经 E110°48′34.28″	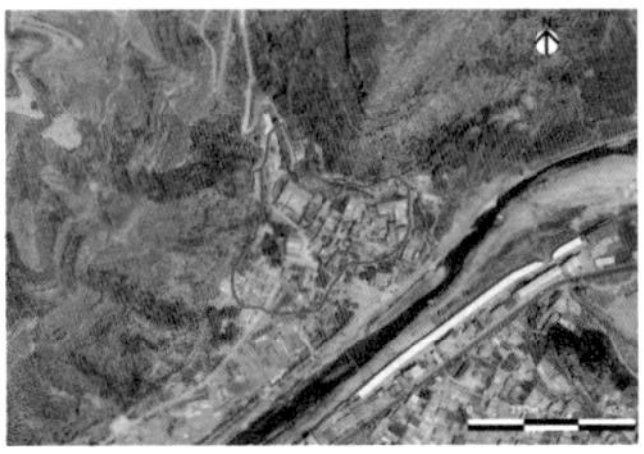	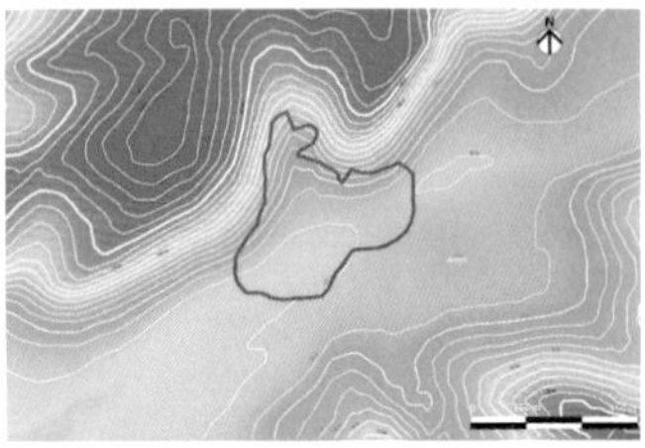

村落名称及所在区位	原始遥感影像图	村落地形
村落名称：山西省临汾市汾西县僧念镇师家沟村 所在区位：地理坐标为 北纬 N36°37′47.07″, 东经 E111°36′50.98″	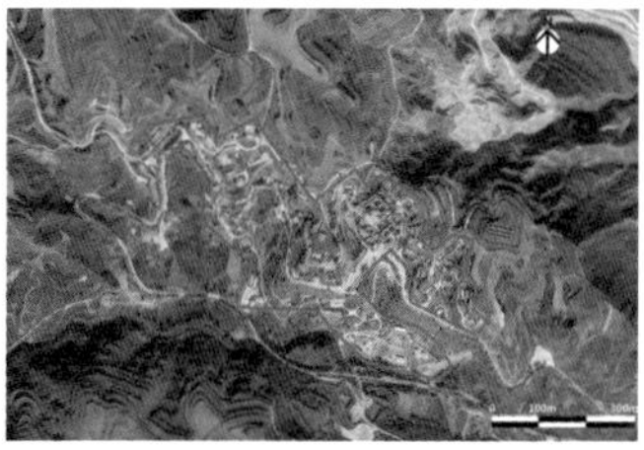	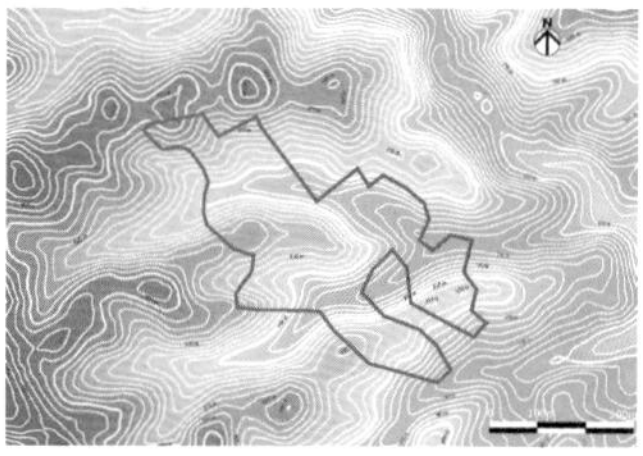
村落名称：山西省吕梁市临县碛口镇寨则坪村 所在区位：地理坐标为 北纬 N37°38′45.24″, 东经 E110°48′36.45″		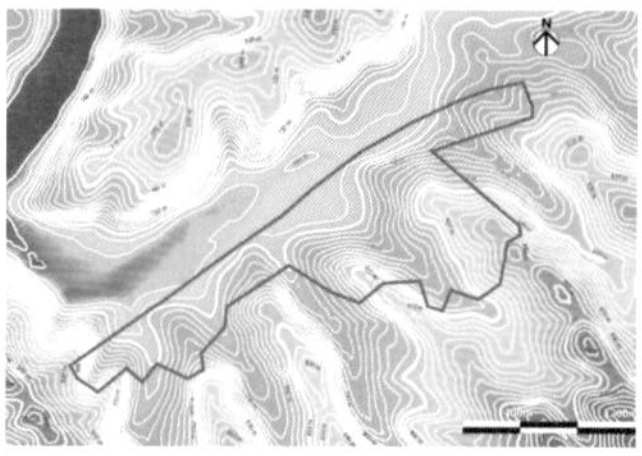
村落名称：陕西省榆林市横山区横山街道贾大峁村 所在区位：地理坐标为 北纬 N38°11′6.80″, 东经 E109°57′51.08″	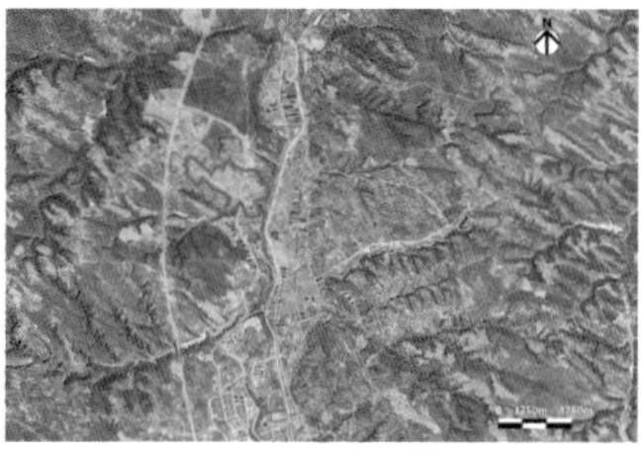	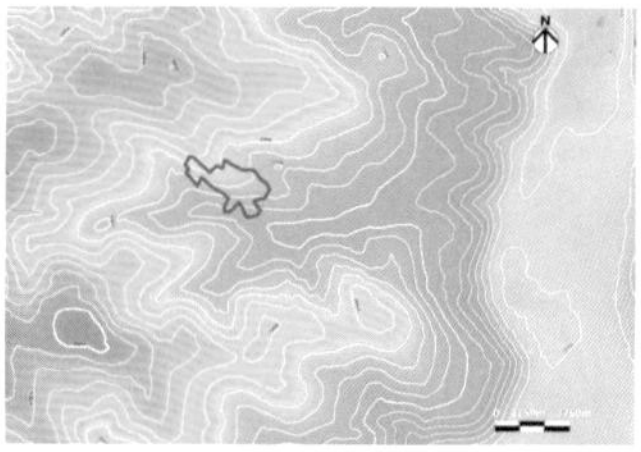
村落名称：陕西省榆林市横山区赵石畔镇王皮庄村 所在区位：地理坐标为 北纬 N37°50′28.58″, 东经 E109°14′11.40″	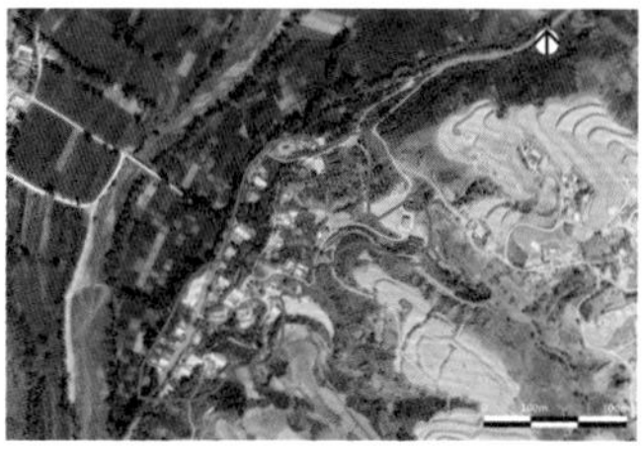	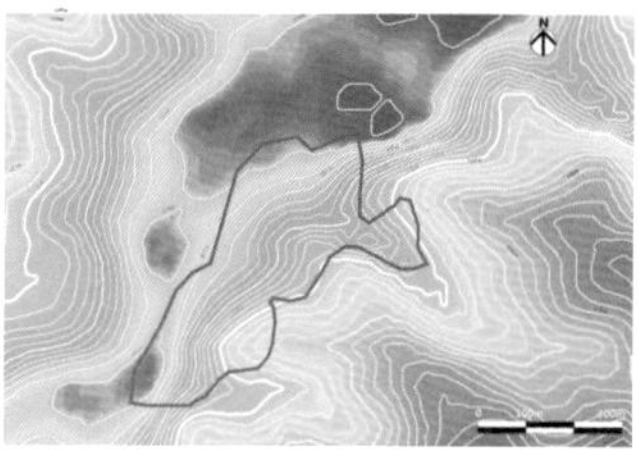
村落名称：山西省忻州市繁峙县岩头乡岩头村 所在区位：地理坐标为 北纬 N39°03′33.96″, 东经 E113°20′15.31″	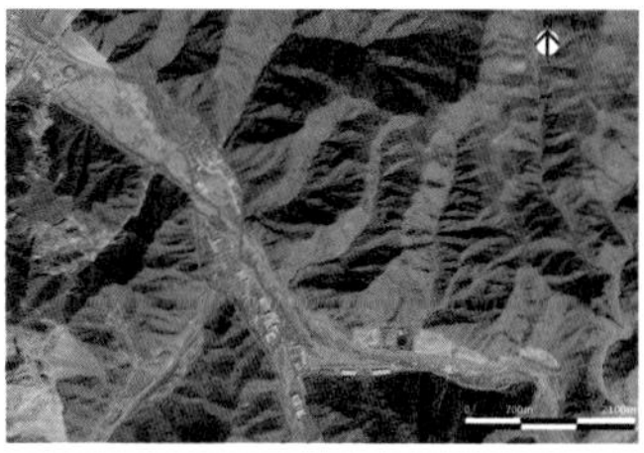	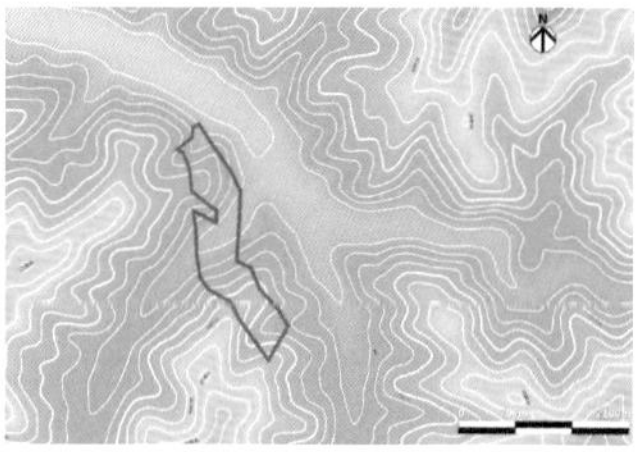
村落名称：山西省忻州市河曲县巡镇五花城堡村 所在区位：地理坐标为 北纬 N39°18′20.67″, 东经 E111°15′36.04″	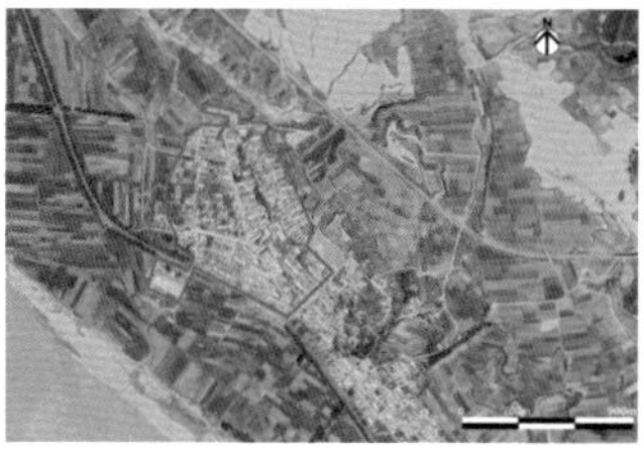	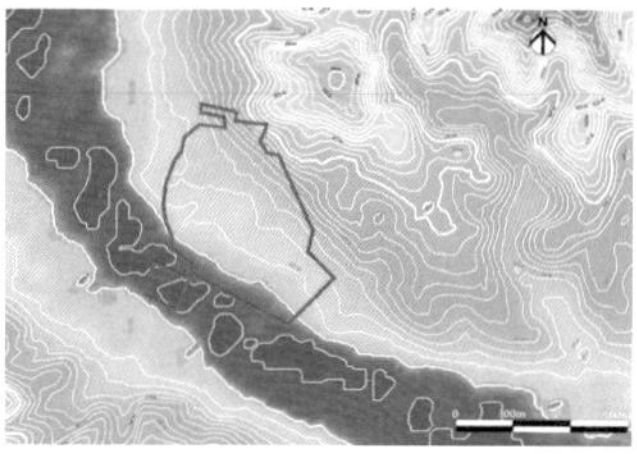

村落名称及所在区位	原始遥感影像图	村落地形
村落名称：陕西省咸阳市三原县新兴镇柏社村 所在区位：地理坐标为 北纬 N34°48′12.75″， 东经 E108°51′56.78″	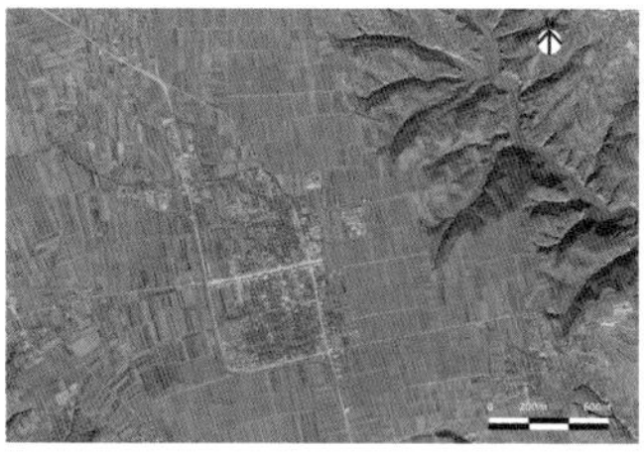	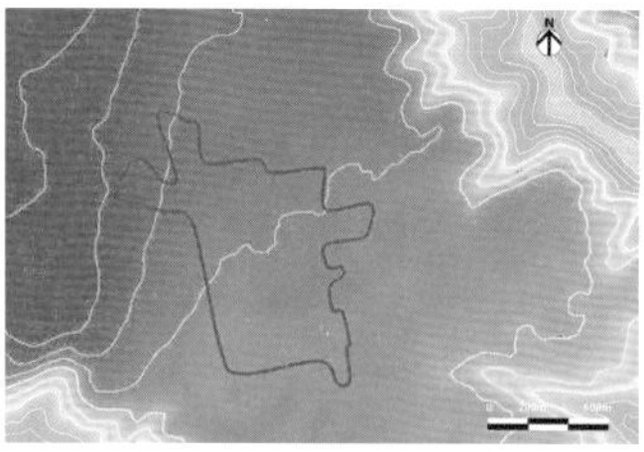
村落名称：陕西省铜川市印台区陈炉镇立地坡村 所在区位：地理坐标为 北纬 N35°0′7.53″， 东经 E109°08′59.14″	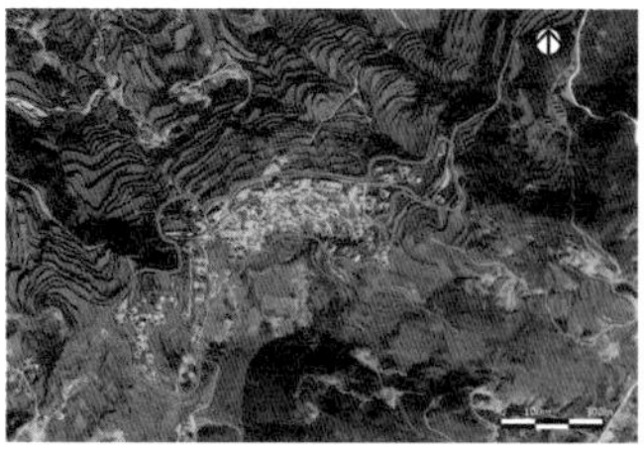	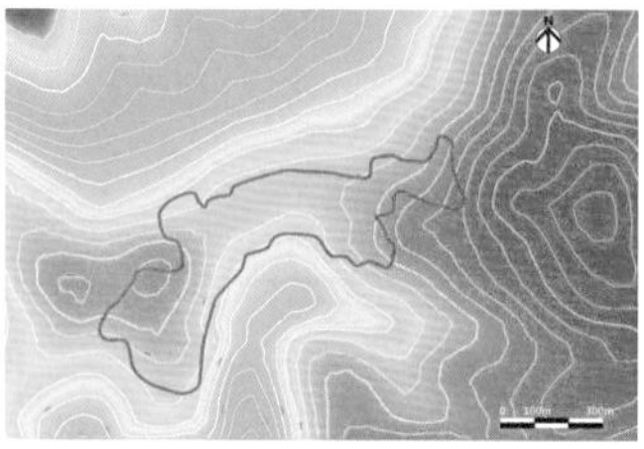
村落名称：山西省临汾市浮山县响水河镇东陈村 所在区位：地理坐标为 北纬 N35°53′39.74″， 东经 E111°48′16.85″		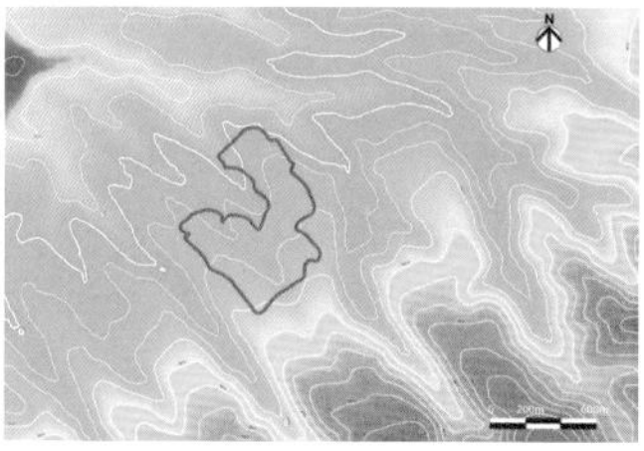
村落名称：陕西省榆林市米脂县杨家沟镇杨家沟村 所在区位：地理坐标为 北纬 N37°45′28.84″， 东经 E110°19′56.28″	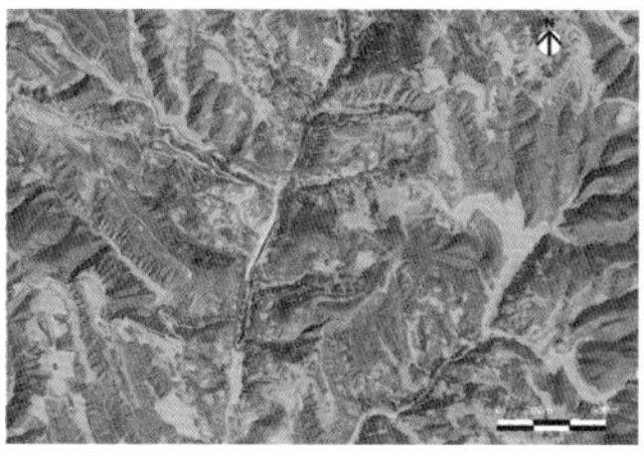	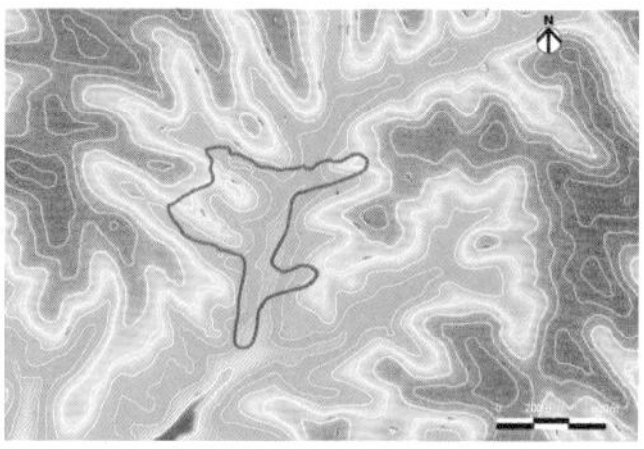
村落名称：山西省吕梁市临县碛口镇李家山村 所在区位：地理坐标为 北纬 N37°37′57.69″， 东经 E110°46′38.28″	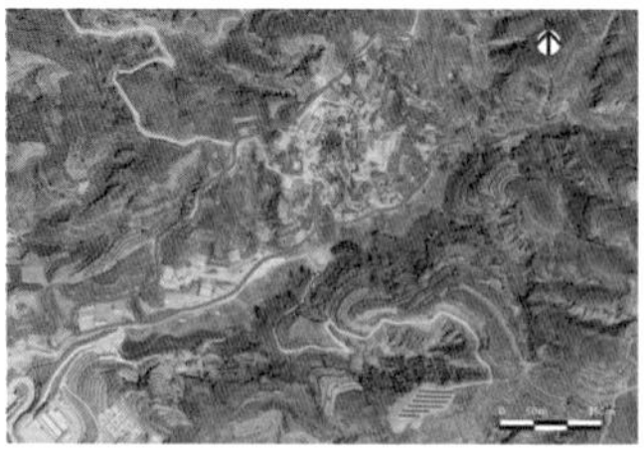	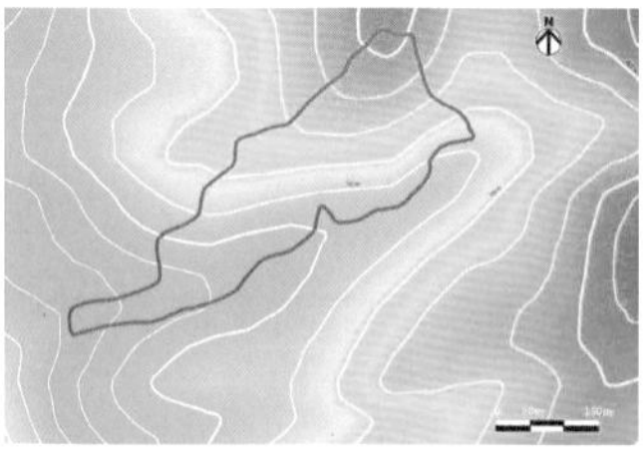
村落名称：山西省吕梁市柳林县陈家湾乡高家垣村 所在区位：地理坐标为 北纬 N37°25′7.11″， 东经 E110°58′32.88″	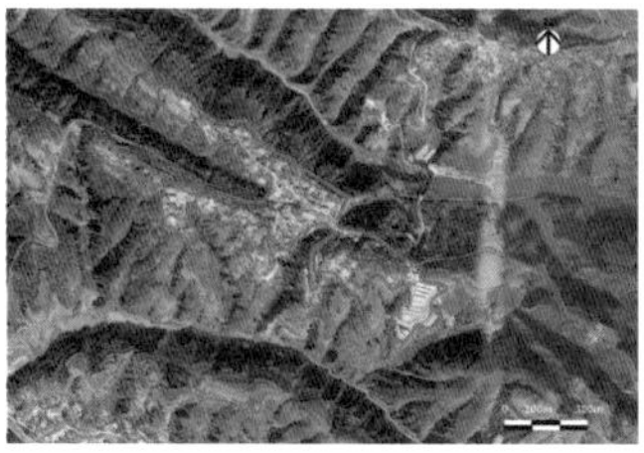	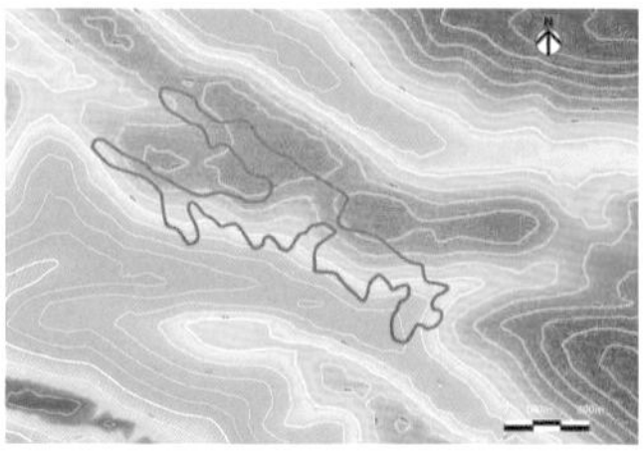

续表

村落名称及所在区位	原始遥感影像图	村落地形
村落名称：山西省吕梁市离石区吴城镇街上村 所在区位：地理坐标为 北纬 N37°25′50.70″， 东经 E111°28′22.12″		
村落名称：宁夏回族自治区固原市彭阳县城阳乡长城村乔渠组 所在区位：地理坐标为 北纬 N35°51′39.60″， 东经 E106°47′28.72″		
村落名称：山西省吕梁市方山县峪口镇张家塔村 所在区位：地理坐标为 北纬 N37°46′55.89″， 东经 E111°07′44.15″		
村落名称：陕西省榆林市横山区殿市镇五龙山村 所在区位：地理坐标为 北纬 N37°58′4.66″， 东经 E109°31′2.14″		

黄淮海区——平原型村落典型代表　　附表 1-5

村落名称及所在区位	原始遥感影像图	村落地形
村落名称：山东省济南市莱芜区朱家峪村 所在区位：地理坐标为 北纬 N36°24′36.91″， 东经 E117°23′34.62″		
村落名称：河北省安阳市安阳县安丰乡渔洋村 所在区位：地理坐标为 北纬 N36°14′54.28″， 东经 E114°14′51.58″		

村落名称及所在区位	原始遥感影像图	村落地形
村落名称：北京市顺义区龙湾屯镇焦庄户村 所在区位：地理坐标为 北纬 N40°14′2.08″， 东经 E116°52′19.42″		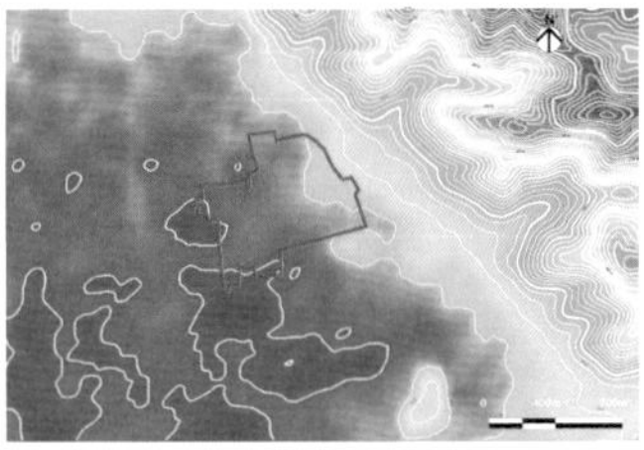
村落名称：河北省邯郸市武安市伯延镇伯延村 所在区位：地理坐标为 北纬 N36°36′46.19″， 东经 E114°10′48.43″		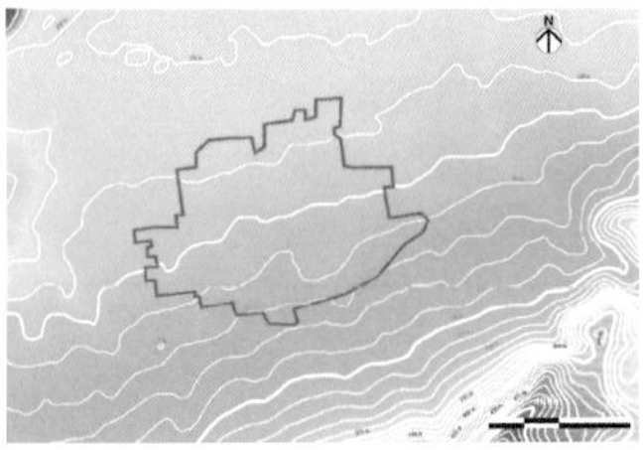
村落名称：河北省邯郸市武安市冶陶镇固义村 所在区位：地理坐标为 北纬 N36°37′37.35″， 东经 E113°57′35.97″	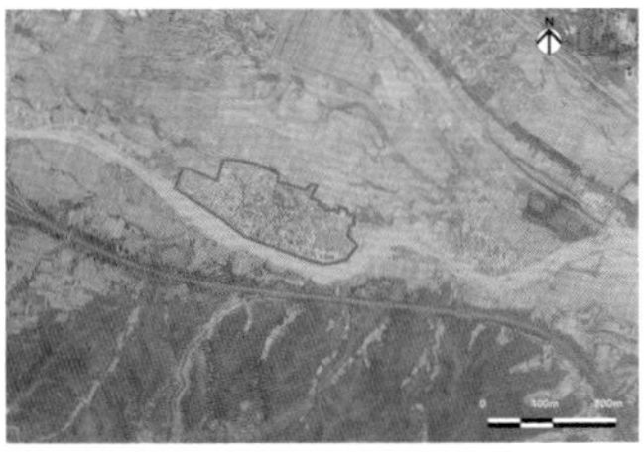	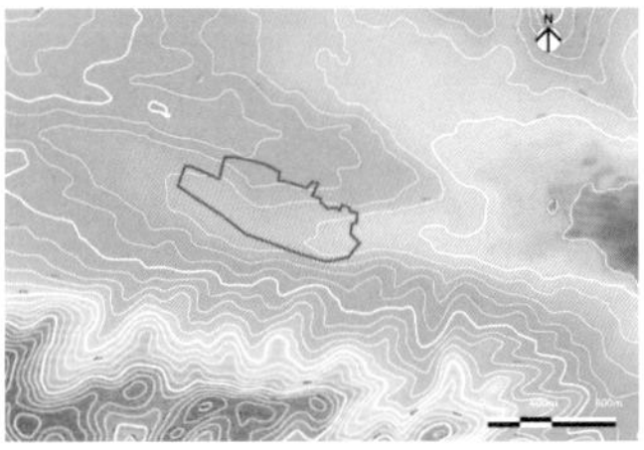
村落名称：河北省保定市清苑县冉庄镇冉庄村 所在区位：地理坐标为 北纬 N38°40′21.37″， 东经 E115°22′19.67″	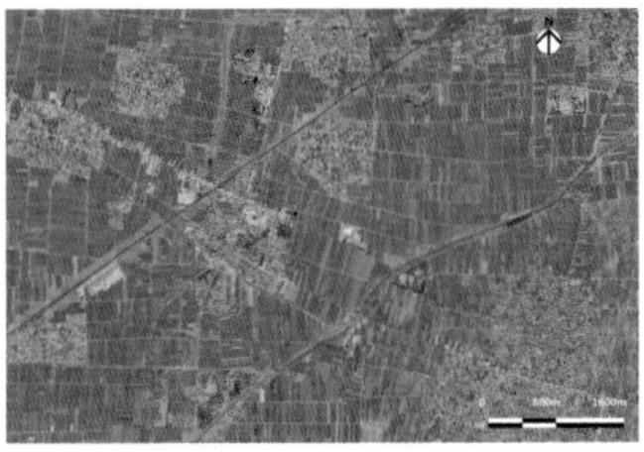	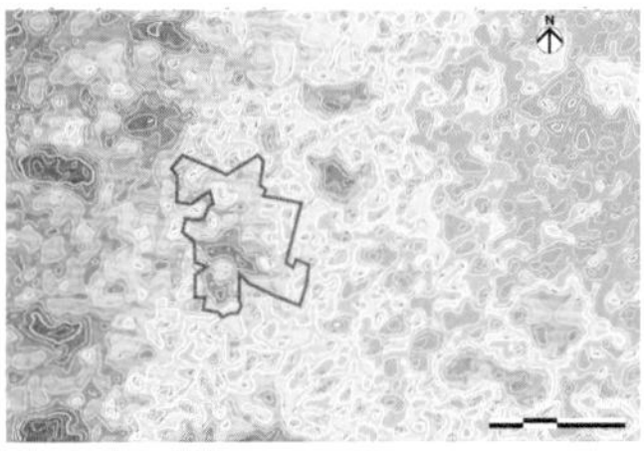
村落名称：河北省张家口市阳原县浮图讲乡开阳村 所在区位：地理坐标为 北纬 N40°04′32.88″， 东经 E114°19′51.38″		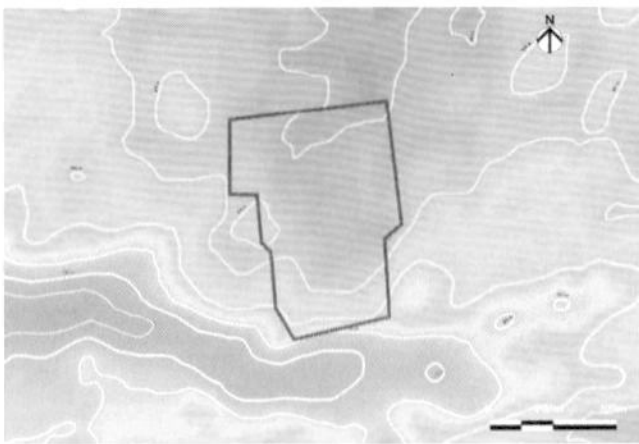
村落名称：河南省平顶山市宝丰县杨庄镇马街村 所在区位：地理坐标为 北纬 N33°48′46.13″， 东经 E113°02′49.98″		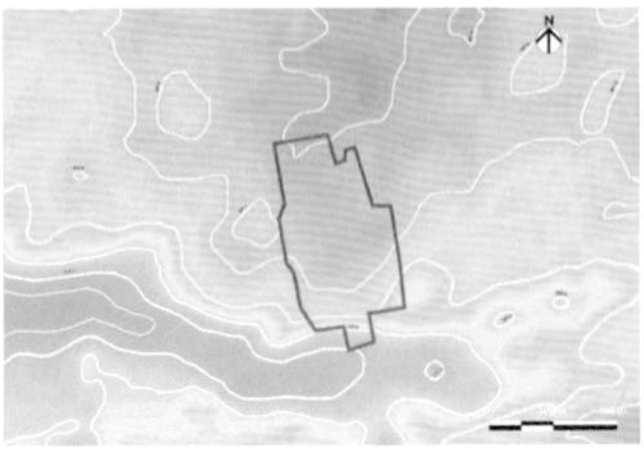

黄淮海区——山底型村落典型代表

村落名称及所在区位	原始遥感影像图	村落地形
村落名称：河北省石家庄市井陉县于家村 所在区位：地理坐标为 北纬 N37°56′39.84″， 东经 E114°02′1.27″	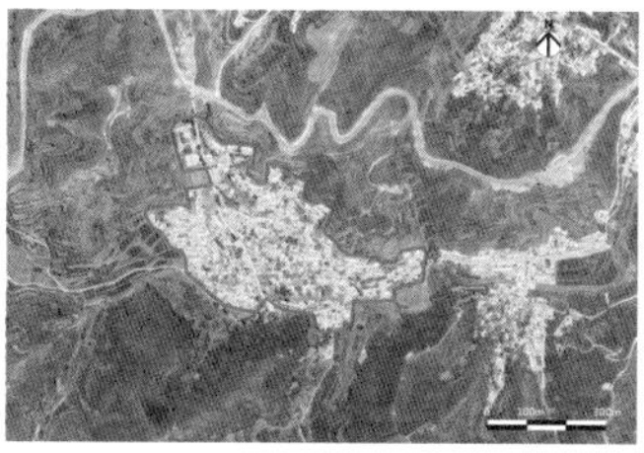	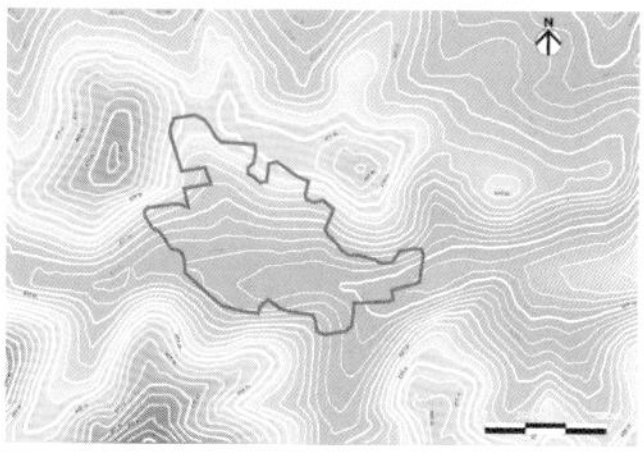
村落名称：河南省安阳市林州市石板岩镇高家台村 所在区位：地理坐标为 北纬 N36°06′48.10″， 东经 E113°41′27.82″		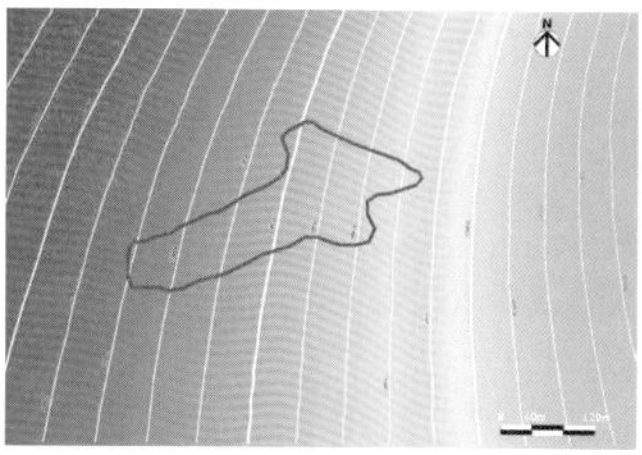
村落名称：河北省邯郸市涉县王金庄村 所在区位：地理坐标为 北纬 N36°35′23.25″， 东经 E113°50′2.55″	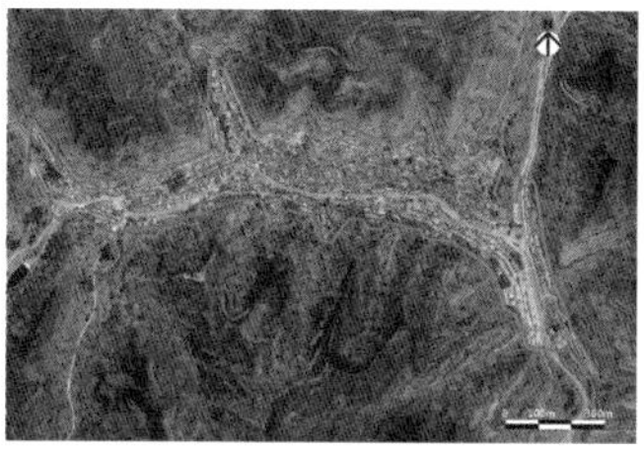	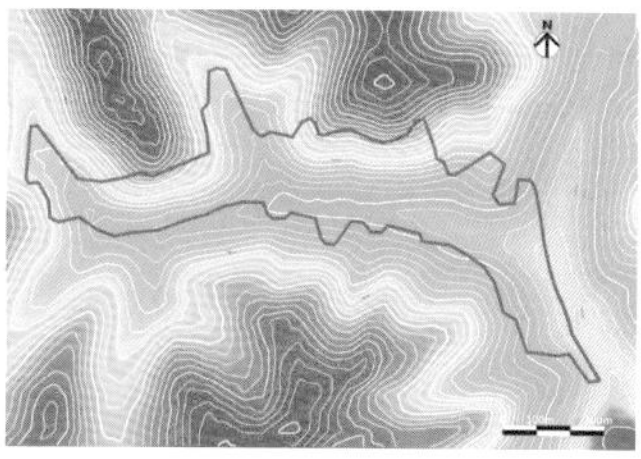
村落名称：北京市房山区南窖乡水峪村 所在区位：地理坐标为 北纬 N39°45′33.56″， 东经 E115°49′42.54″	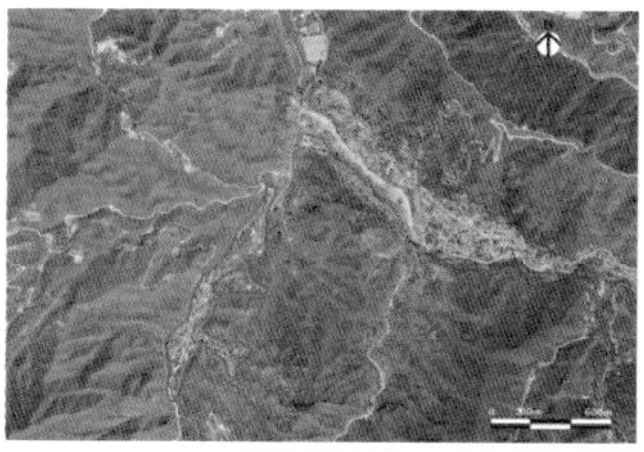	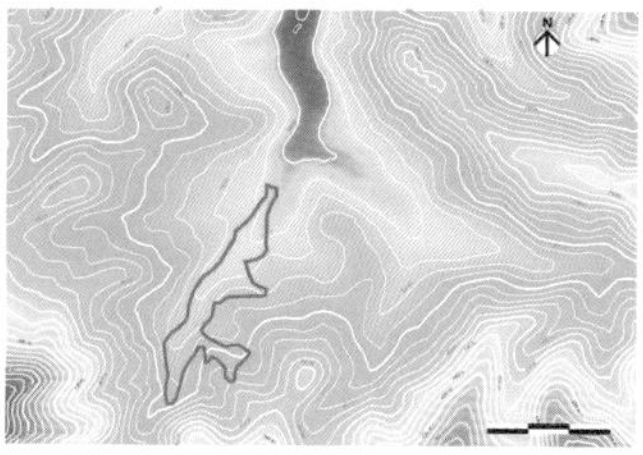
村落名称：北京市门头沟区斋堂镇灵水村 所在区位：地理坐标为 北纬 N40°0′15.44″， 东经 E115°44′9.66″	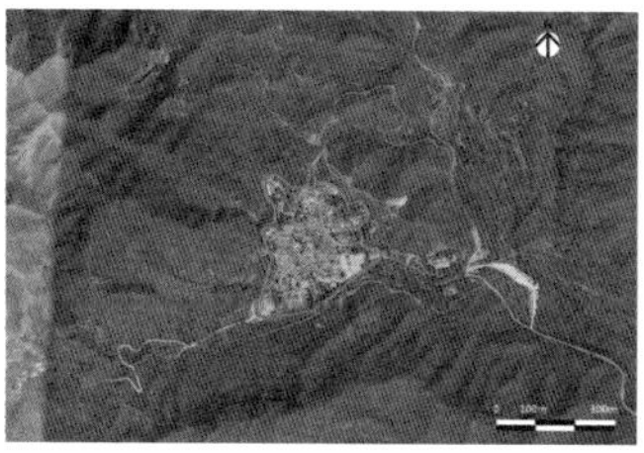	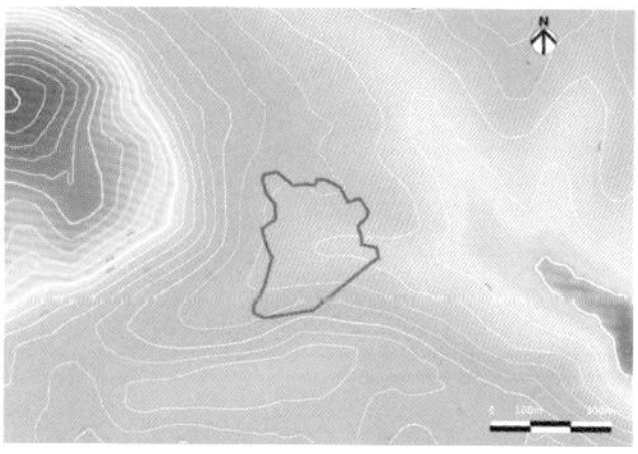
村落名称：天津市蓟州区渔阳镇西井峪村 所在区位：地理坐标为 北纬 N40°04′23.97″， 东经 E117°25′0.25″	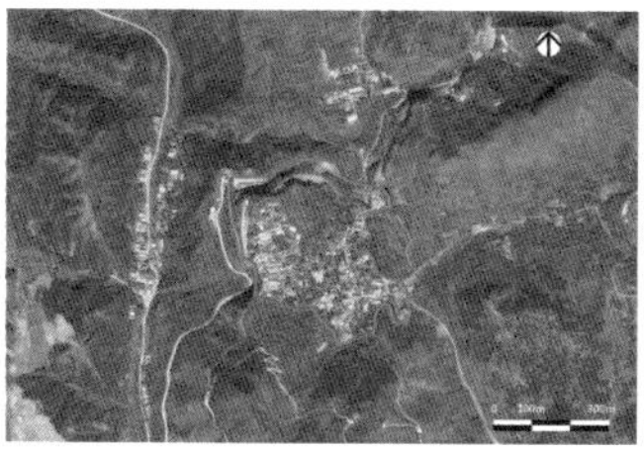	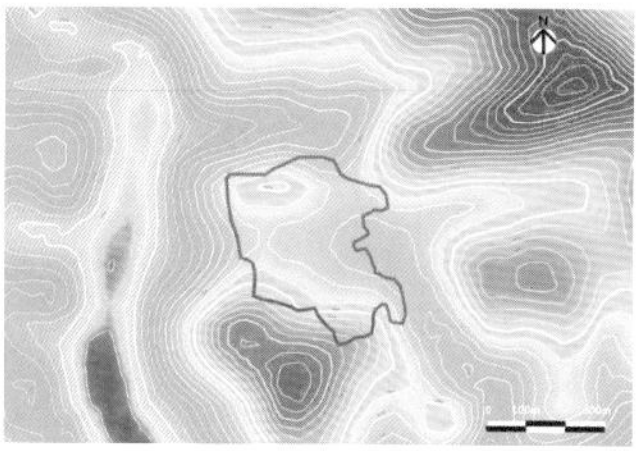

续表

村落名称及所在区位	原始遥感影像图	村落地形
村落名称：河北省石家庄市井陉县南障城镇吕家村 所在区位：地理坐标为 北纬 N37°53′58.82″， 东经 E114°0′9.00″		
村落名称：河北省石家庄市井陉县天长镇梁家村 所在区位：地理坐标为 北纬 N37°57′52.60″， 东经 E114°0′20.13″		

黄淮海区——山腰型村落典型代表

附表 1-7

村落名称及所在区位	原始遥感影像图	村落地形
村落名称：河南省林州市石板岩乡朝阳村 所在区位：地理坐标为 北纬 N36°05′56.62″， 东经 E113°40′37.88″		
村落名称：北京市门头沟区斋堂镇爨底下村 所在区位：地理坐标为 北纬 N39°59′49.67″， 东经 E115°38′51.54″		
村落名称：北京市门头沟区大台街道千军台村 所在区位：地理坐标为 北纬 N39°56′6.54″， 东经 E115°51′29.34″		
村落名称：北京市门头沟区斋堂镇马栏村 所在区位：地理坐标为 北纬 N39°56′13.42″， 东经 E115°41′41.46″		

续表

村落名称及所在区位	原始遥感影像图	村落地形
村落名称：河北省石家庄市井陉县天长镇小龙窝村 所在区位：地理坐标为 北纬 N37°57′16.13″， 东经 E113°58′17.72″	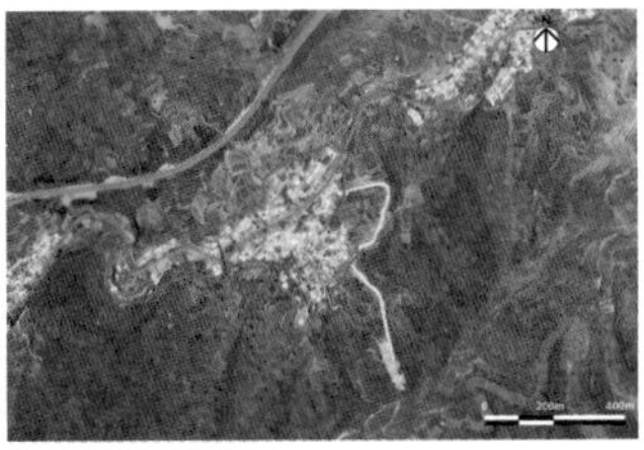	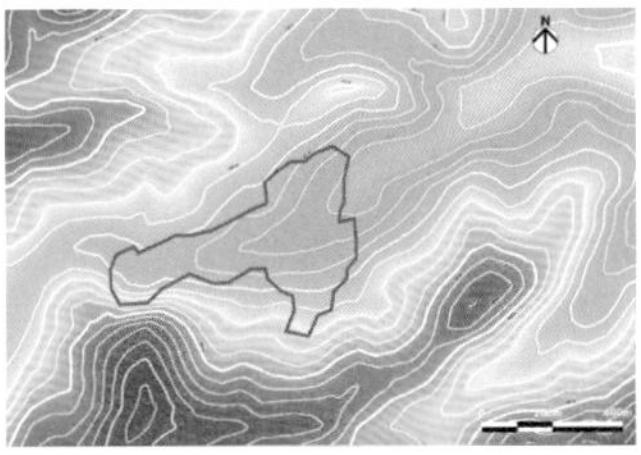
村落名称：河北省石家庄市赞皇县嶂石岩乡嶂石岩村 所在区位：地理坐标为 北纬 N37°32′0.37″， 东经 E114°07′2.41″	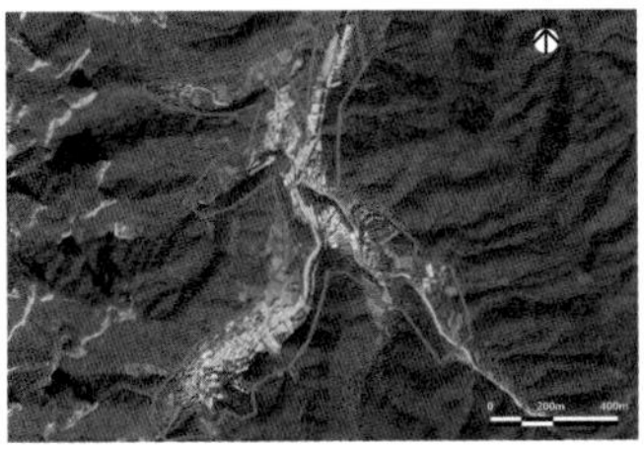	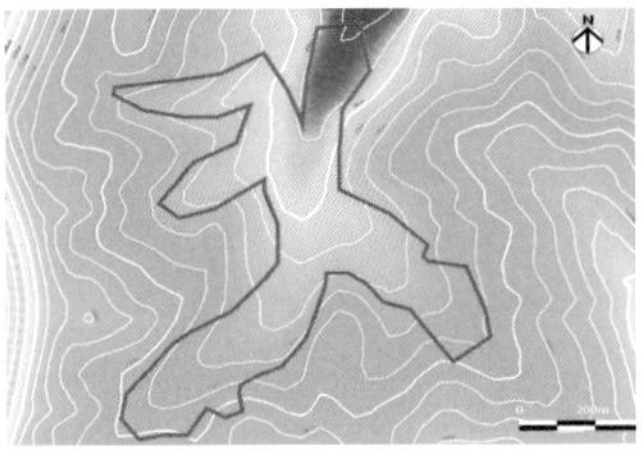
村落名称：山东省枣庄市山亭区山城街道兴隆庄村 所在区位：地理坐标为 北纬 N35°06′37.84″， 东经 E117°30′8.57″	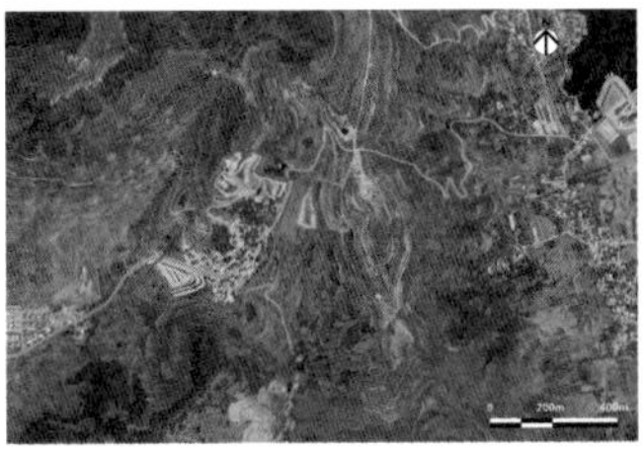	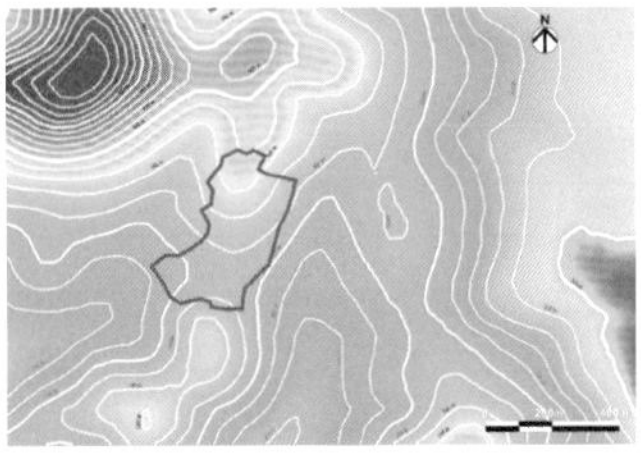
村落名称：河南省洛阳市孟津县小浪底镇乔庄村 所在区位：地理坐标为 北纬 N34°53′43.38″， 东经 E112°22′52.32″	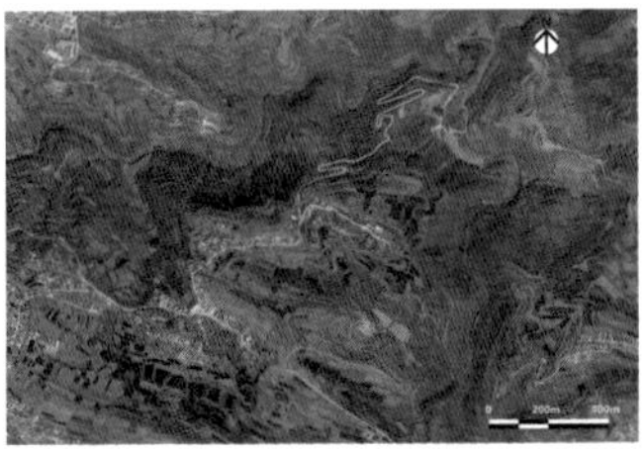	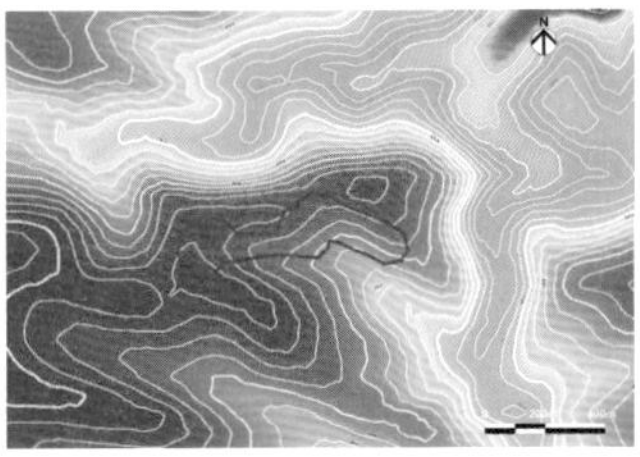

黄淮海区——山顶型村落典型代表　　附表 1-8

村落名称及所在区位	原始遥感影像图	村落地形
村落名称：河北省沙河市柴关乡王硇村 所在区位：地理坐标为 北纬 N36°54′27.80″， 东经 E114°03′44.97″	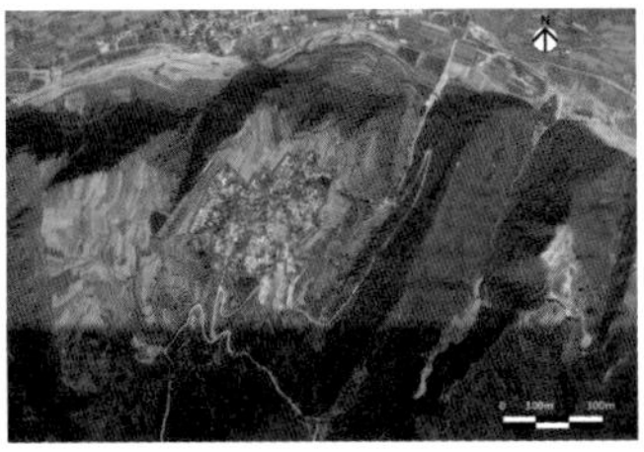	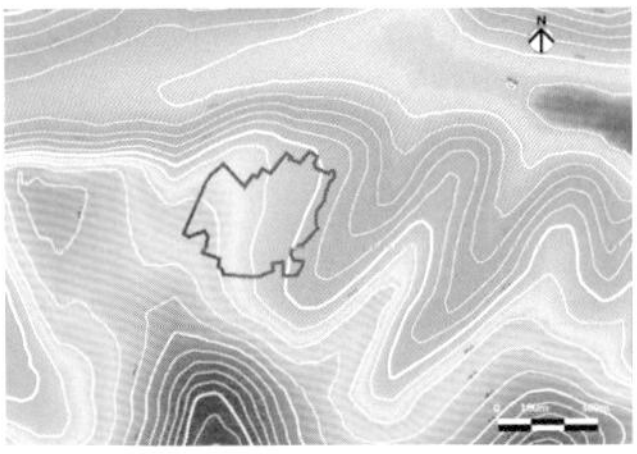
村落名称：河北省邯郸市磁县陶泉乡花驼村 所在区位：地理坐标为 北纬 N36°24′50.30″， 东经 E113°57′43.96″	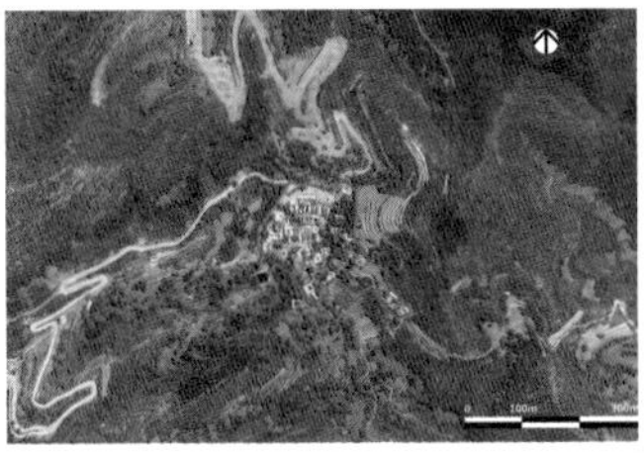	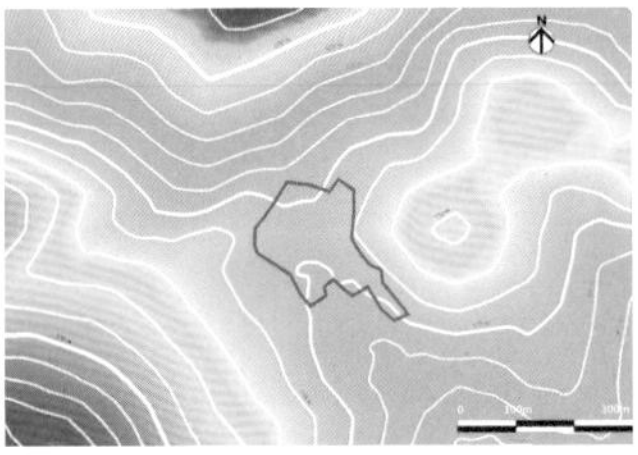

村落名称及所在区位	原始遥感影像图	村落地形
村落名称：河南省信阳市光山县文殊乡东岳村 所在区位：地理坐标为 北纬 N31°54′24.81″， 东经 E114°49′21.43″		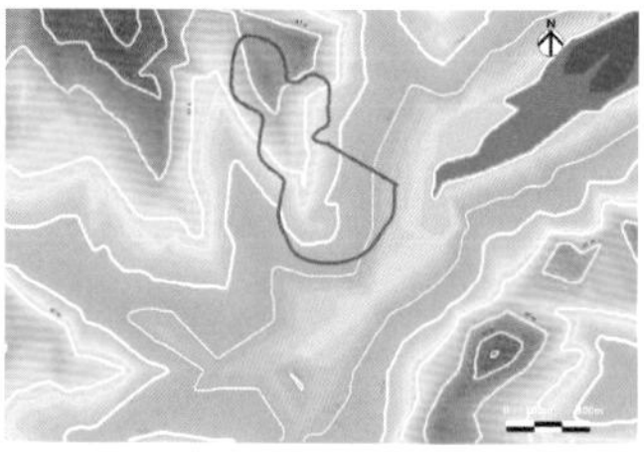
村落名称：河南省洛阳市嵩县九店乡石场村 所在区位：地理坐标为 北纬 N34°12′48.39″， 东经 E112°21′19.48″	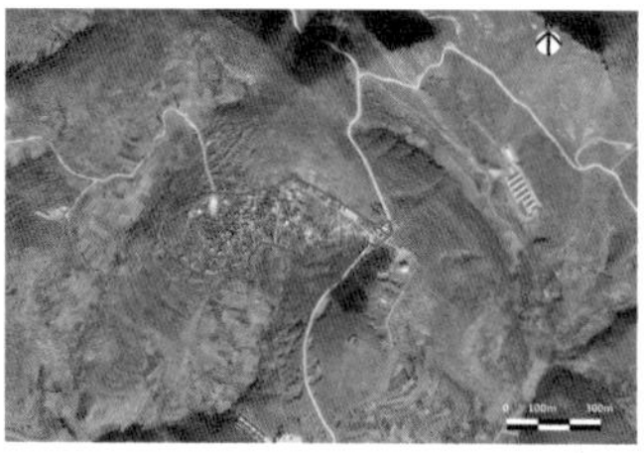	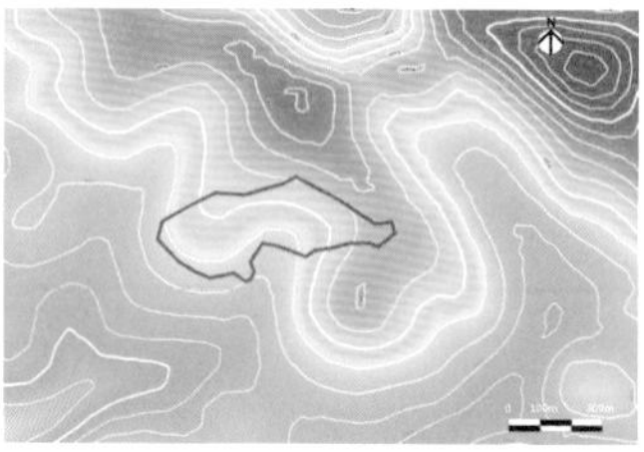
村落名称：河南省洛阳市洛宁县上戈镇上戈村 所在区位：地理坐标为 北纬 N34°20′52.95″， 东经 E111°15′59.90″	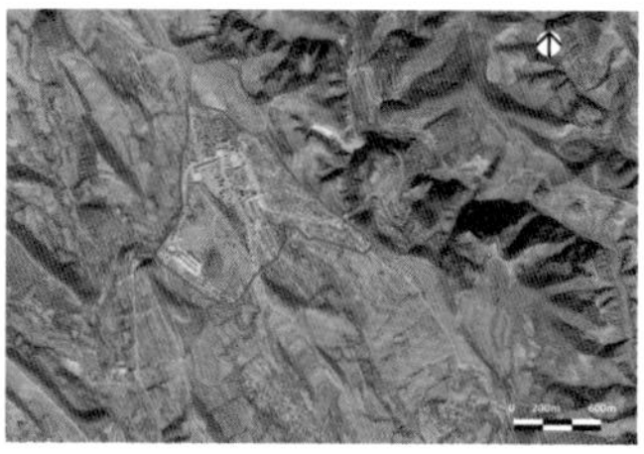	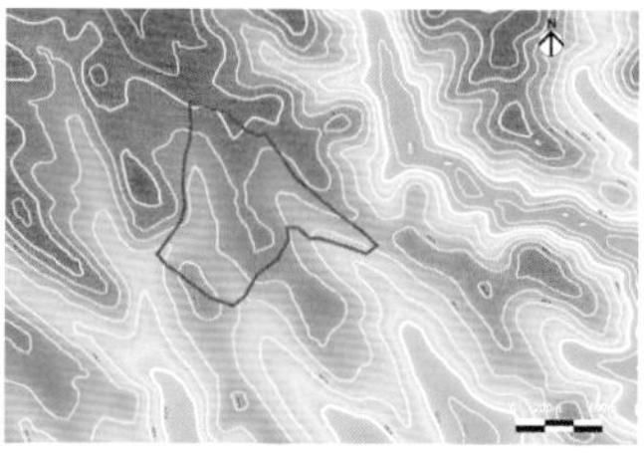
村落名称：河南省焦作市修武县西村乡平顶爻村 所在区位：地理坐标为 北纬 N35°22′3.51″， 东经 E113°10′5.92″	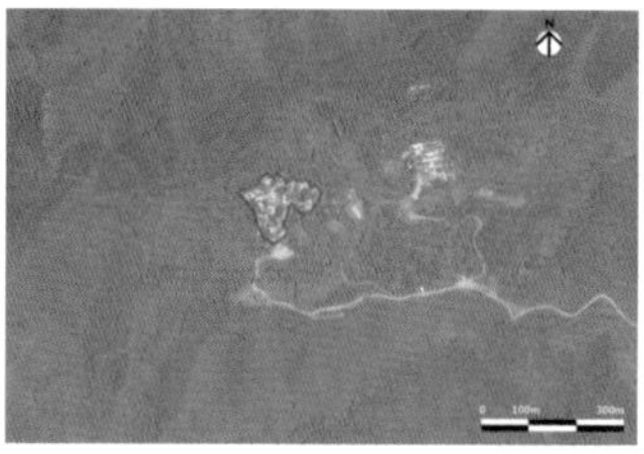	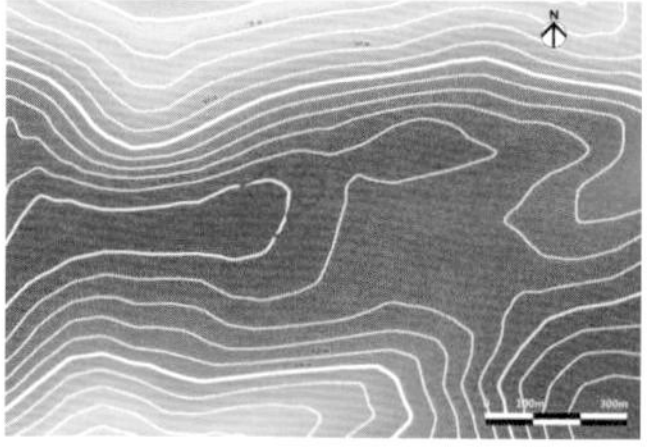
村落名称：河南省三门峡市渑池县段村乡赵坡头村 所在区位：地理坐标为 北纬 N34°57′14.70″， 东经 E111°51′15.63″	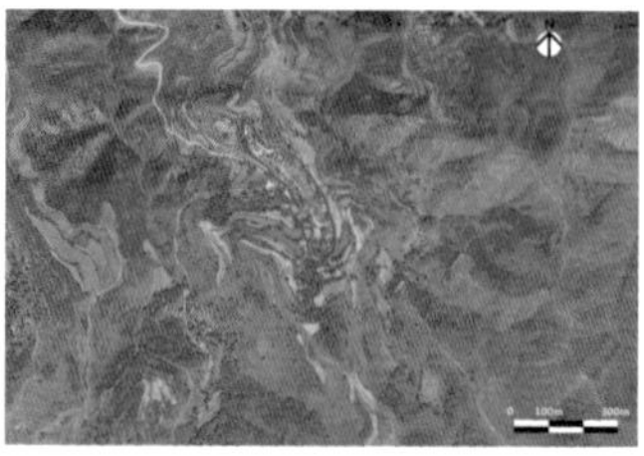	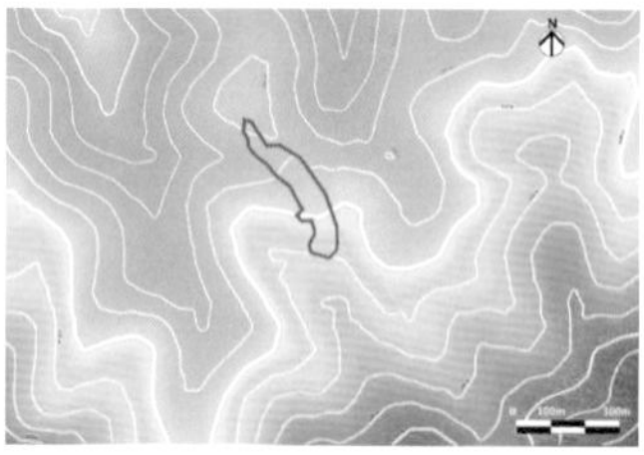
村落名称：河北省邢台市沙河市柴关乡彭硇村 所在区位：地理坐标为 北纬 N36°56′50.18″， 东经 E114°06′46.91″	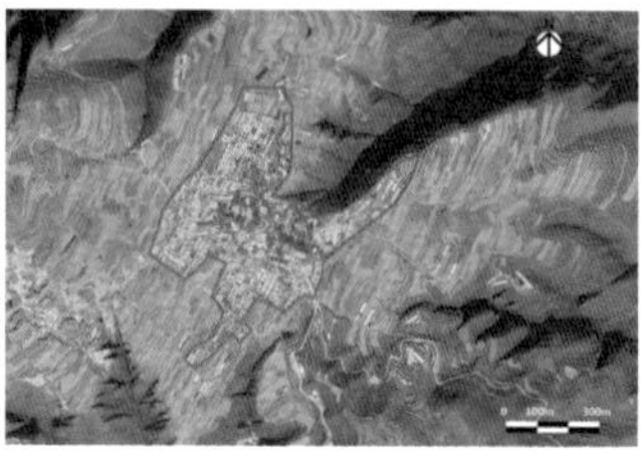	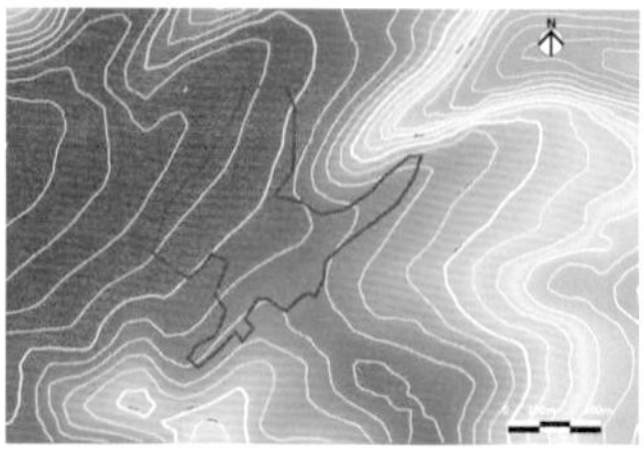

村落名称及所在区位	原始遥感影像图	村落地形
村落名称：辽宁省朝阳市朝阳县柳城镇西大杖子村 所在区位：地理坐标为 北纬 N41°25′54.45″， 东经 E120°19′46.56″		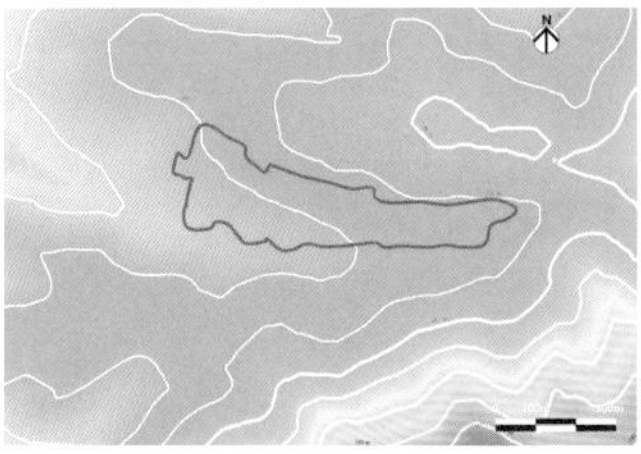
村落名称：辽宁省抚顺市新宾上夹河镇腰站村 所在区位：地理坐标为 北纬 N41°51′30.71″， 东经 E124°26′50.93″		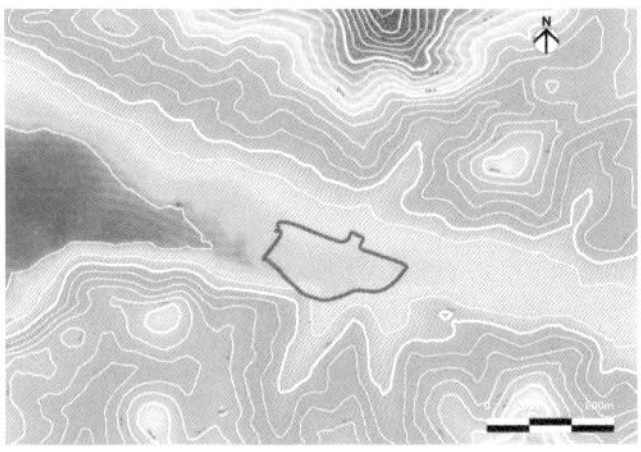
村落名称：黑龙江省齐齐哈尔市富裕县友谊乡三家子村 所在区位：地理坐标为 北纬 N47°40′57.62″， 东经 E124°17′13.28″	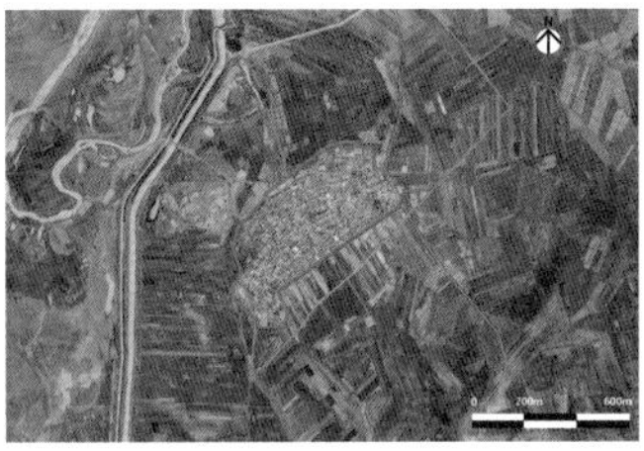	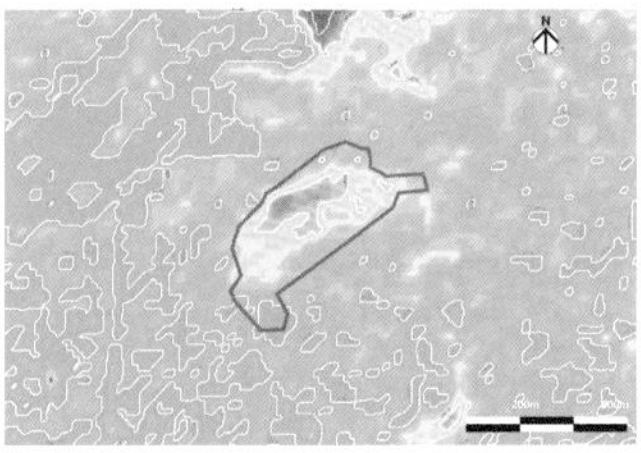
村落名称：黑龙江省尚志市一面坡镇镇北村 所在区位：地理坐标为 北纬 N45°04′4.56″， 东经 E128°04′41.60″		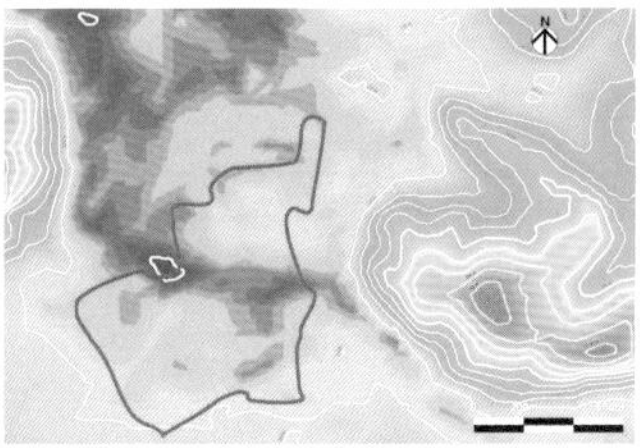
村落名称：黑龙江省齐齐哈尔市富裕县友谊乡宁年村富宁屯 所在区位：地理坐标为 北纬 N47°46′28.39″， 东经 E124°28′26.13″	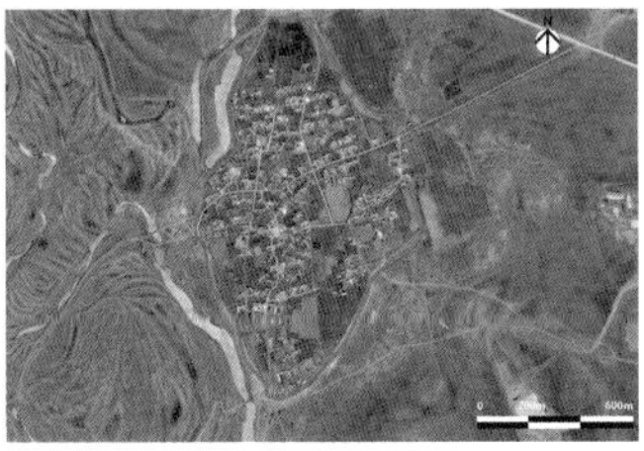	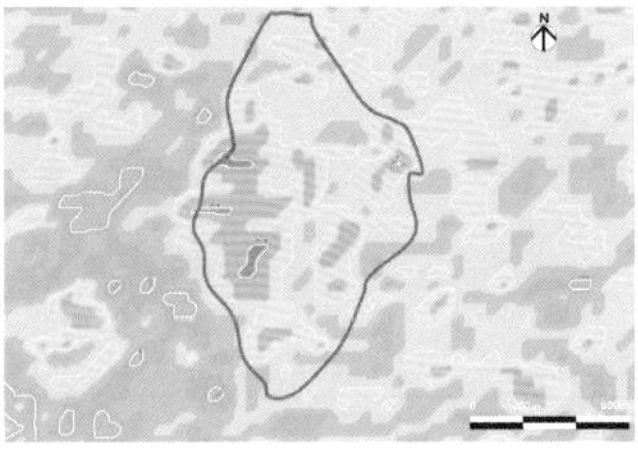
村落名称：黑龙江省讷河市兴旺鄂温克族乡索伦村 所在区位：地理坐标为 北纬 N48°07′22.73″， 东经 E124°30′51.91″		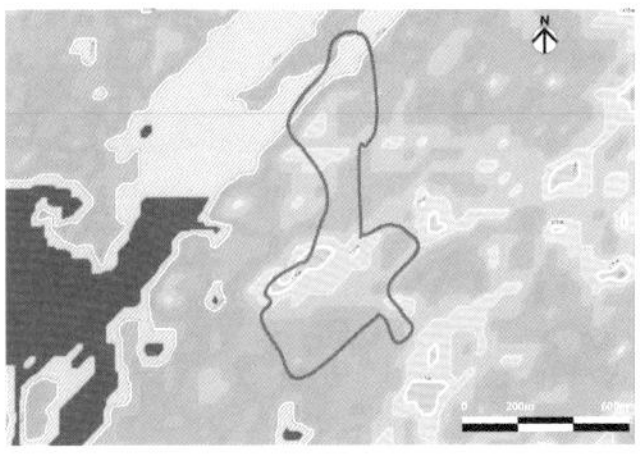

续表

村落名称及所在区位	原始遥感影像图	村落地形
村落名称：黑龙江省讷河市兴旺鄂温克族乡百路村 所在区位：地理坐标为 北纬 N47°59′31.51″， 东经 E124°23′38.45″	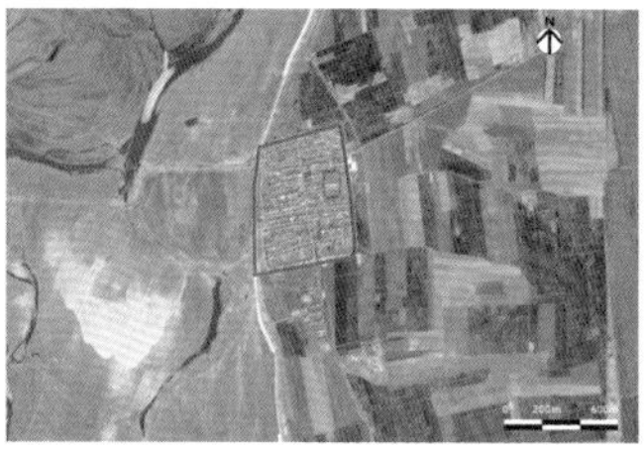	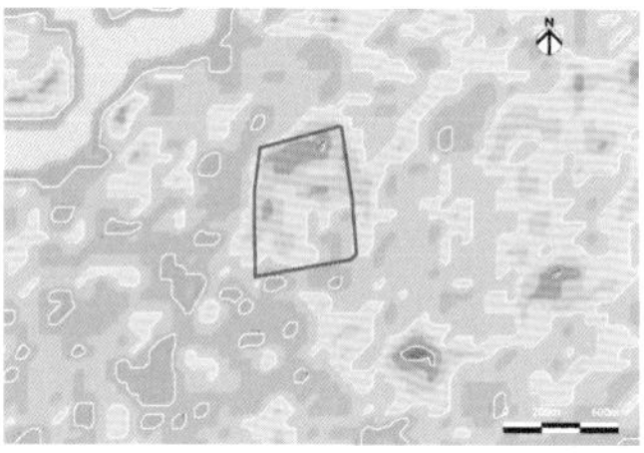

东北区——山底型村落典型代表　　附表 1-10

村落名称及所在区位	原始遥感影像图	村落地形
村落名称：辽宁省锦州市北镇市富屯街道石佛村 所在区位：地理坐标为 北纬 N41°16′49.20″， 东经 E121°17′57.16″	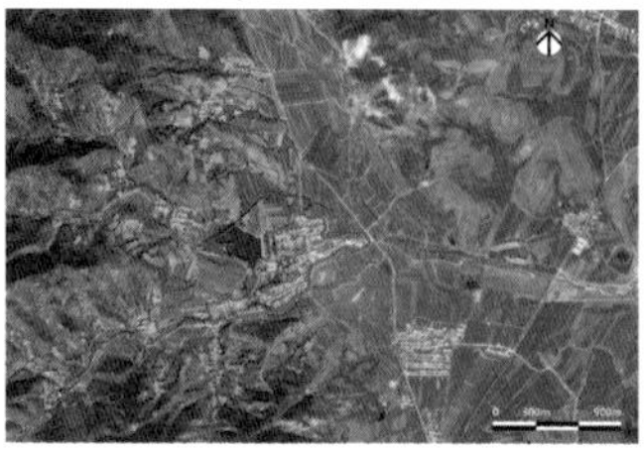	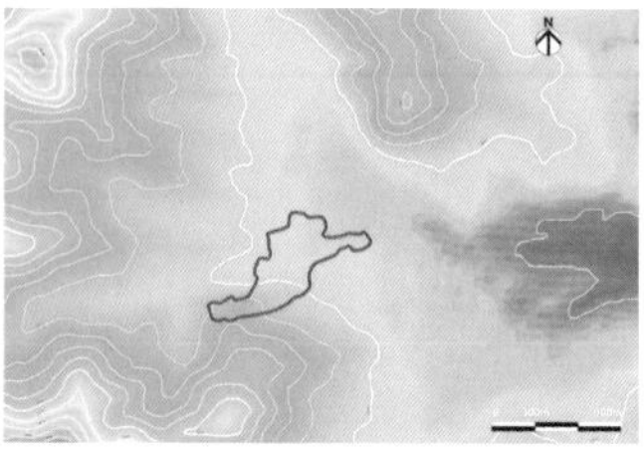
村落名称：辽宁省丹东市宽甸满族自治县绿江村 所在区位：地理坐标为 北纬 N36°54′27.80″， 东经 E114°03′44.97″	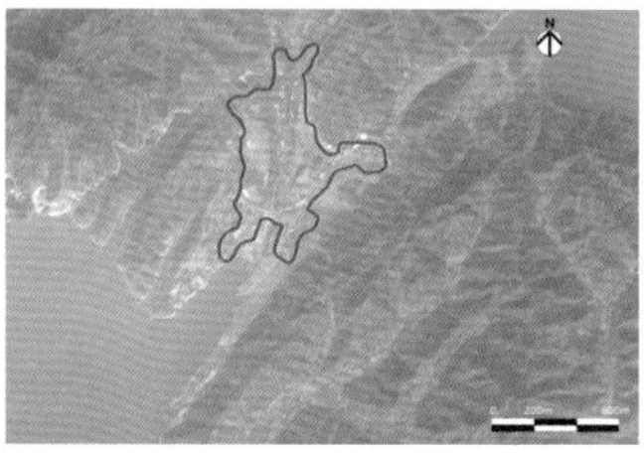	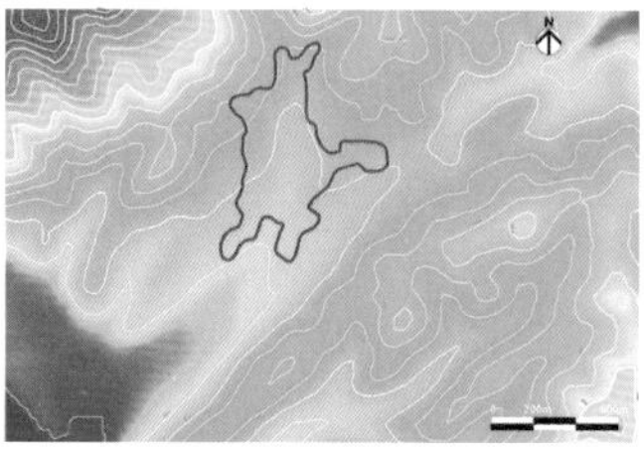
村落名称：吉林省白山市抚松县漫江镇锦江木屋村 所在区位：地理坐标为 北纬 N41°59′39.52″， 东经 E127°33′11.74″		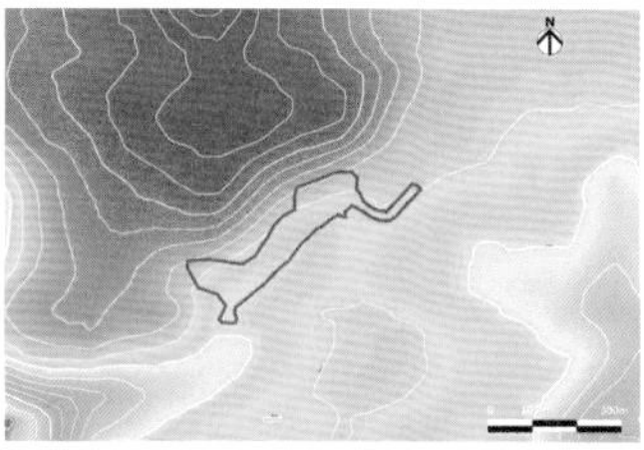
村落名称：吉林省延边朝鲜族自治州图们市月晴镇白龙村 所在区位：地理坐标为 北纬 N42°48′20.89″， 东经 E129°48′16.92″	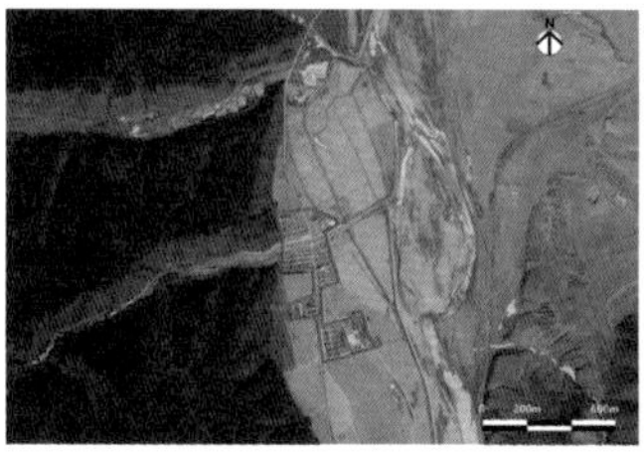	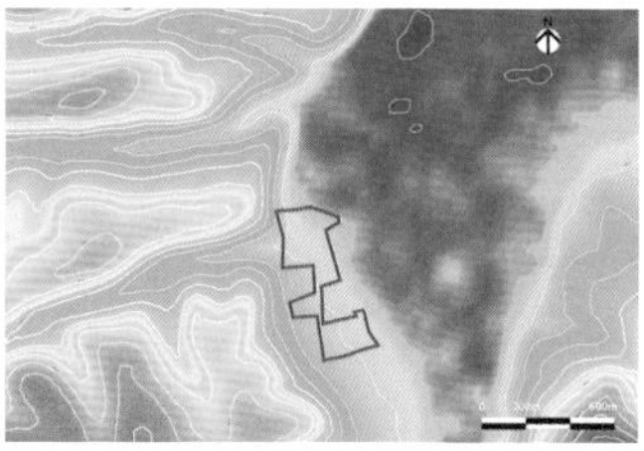
村落名称：吉林省延边朝鲜族自治州图们市红光乡水南村 所在区位：地理坐标为 北纬 N43°01′29.58″， 东经 E129°48′24.34″	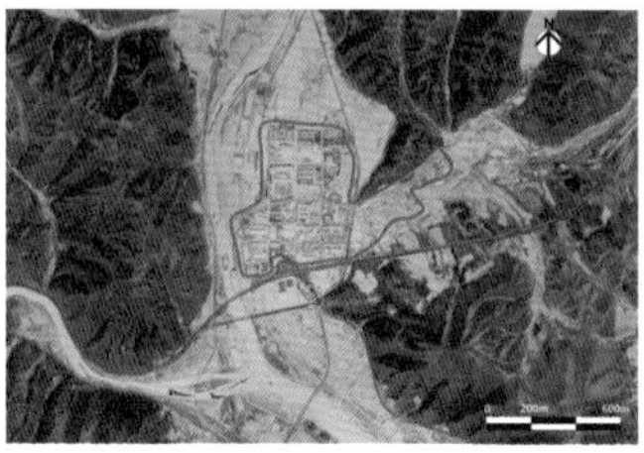	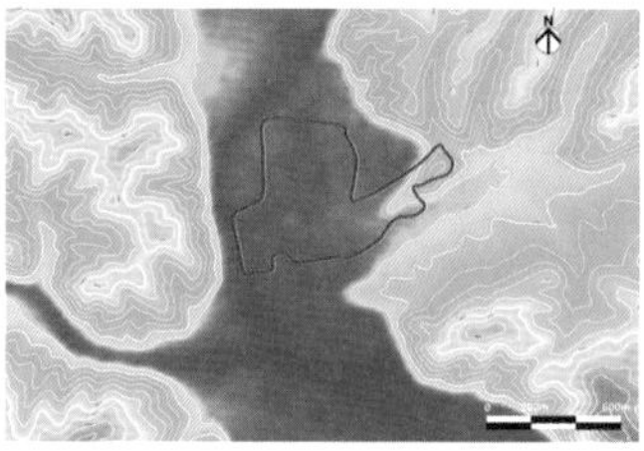

续表

村落名称及所在区位	原始遥感影像图	村落地形
村落名称：吉林省通化市通化县东来乡鹿圈子村 所在区位：地理坐标为 北纬 N41°35′17.78″， 东经 E126°09′59.90″	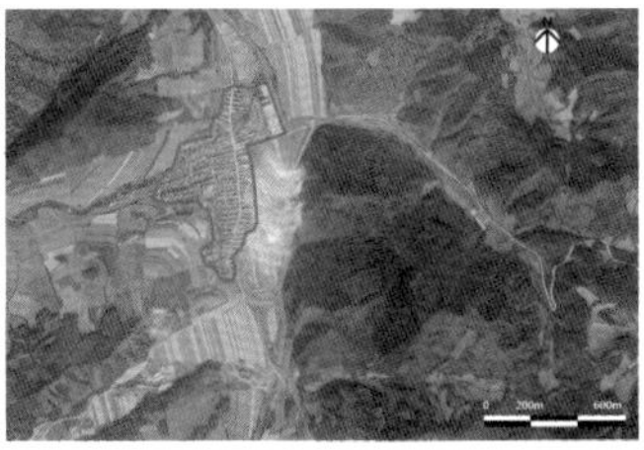	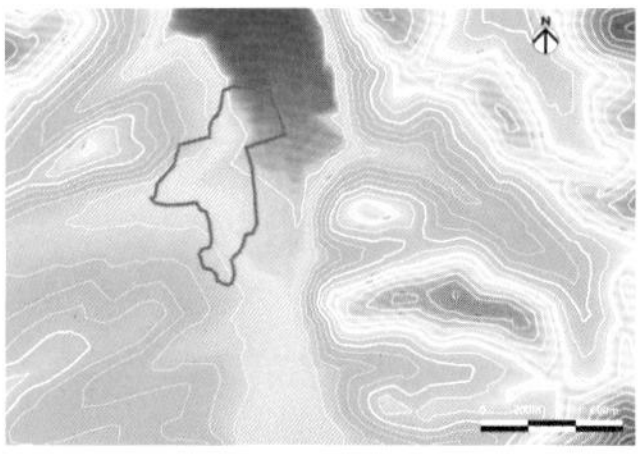
村落名称：辽宁省葫芦岛市绥中县李家堡乡新堡子村 所在区位：地理坐标为 北纬 N40°06′12.91″， 东经 E119°46′42.56″		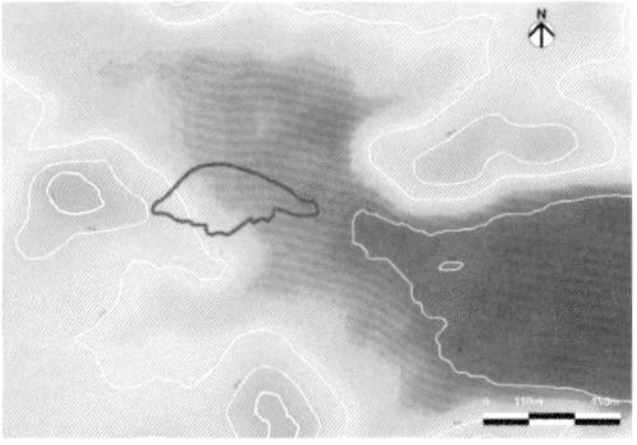
村落名称：辽宁省锦州市北镇市大市镇华山村 所在区位：地理坐标为 北纬 N41°44′8.17″， 东经 E121°45′35.64″	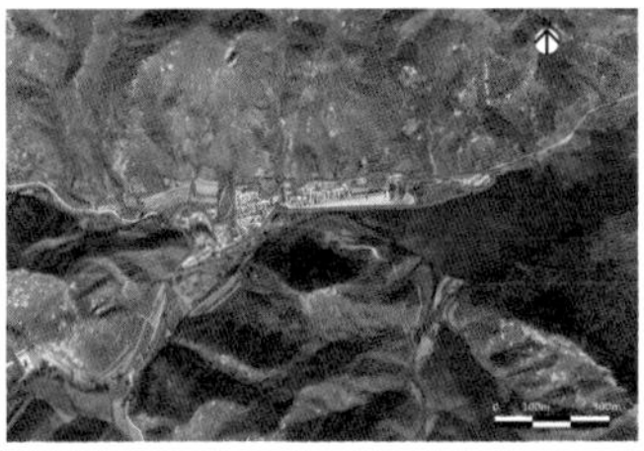	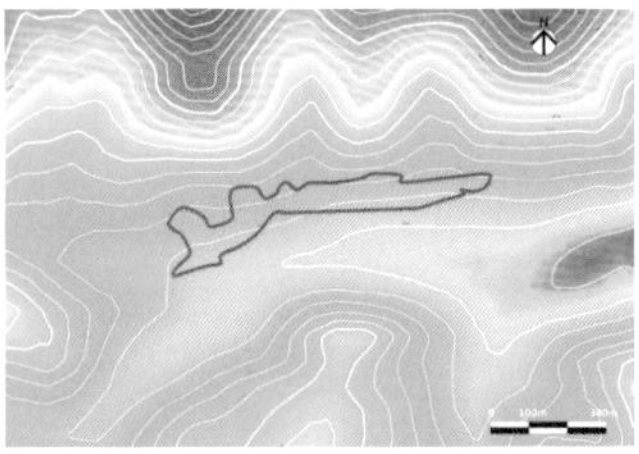
村落名称：辽宁省朝阳市凌源市沟门子镇二安沟村 所在区位：地理坐标为 北纬 N40°44′16.91″， 东经 E119°22′18.08″		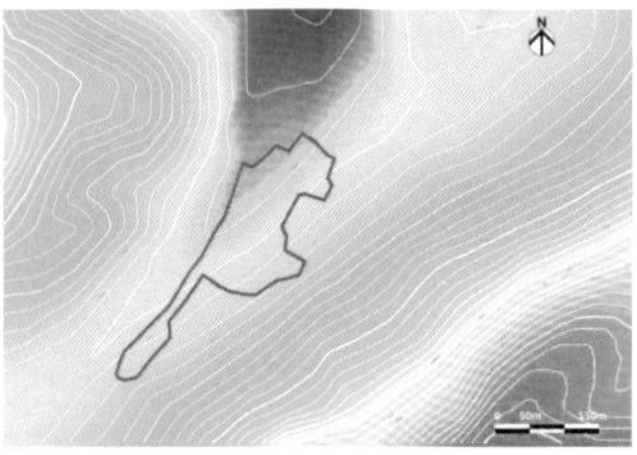

东北区——山腰型村落典型代表　附表 1-11

村落名称及所在区位	原始遥感影像图	村落地形
村落名称：吉林省临江市花山镇珍珠村 所在区位：地理坐标为 北纬 N41°53′35.81″， 东经 E126°45′10.00″		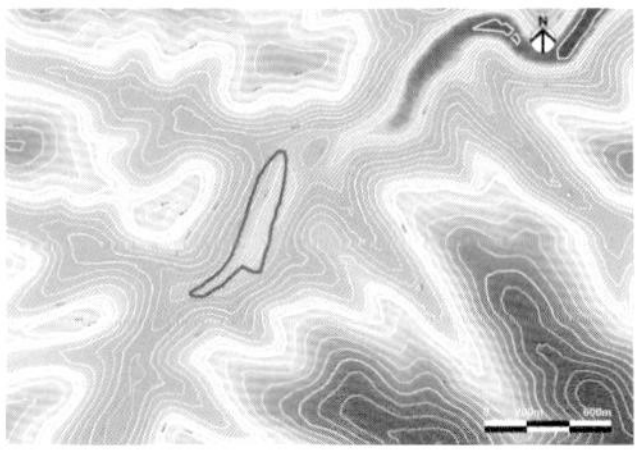
村落名称：辽宁省锦州市北镇市富屯街道龙岗子村 所在区位：地理坐标为 北纬 N41°38′17.78″， 东经 E121°43′44.87″	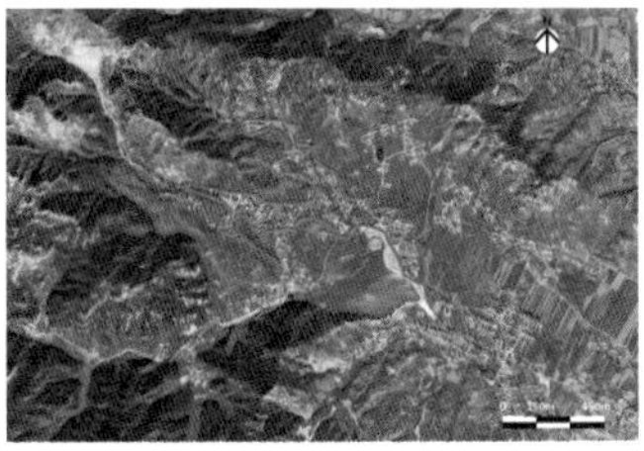	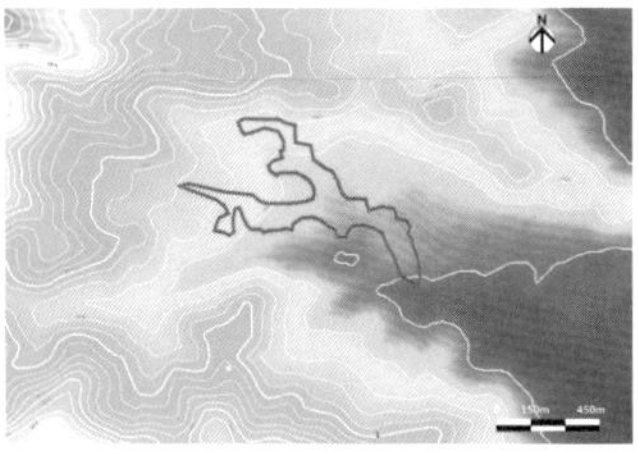

村落名称及所在区位	原始遥感影像图	村落地形
村落名称：吉林省蛟河市漂河镇富江村 所在区位：地理坐标为 北纬 N43°32′18.14″, 东经 E127°14′47.40″	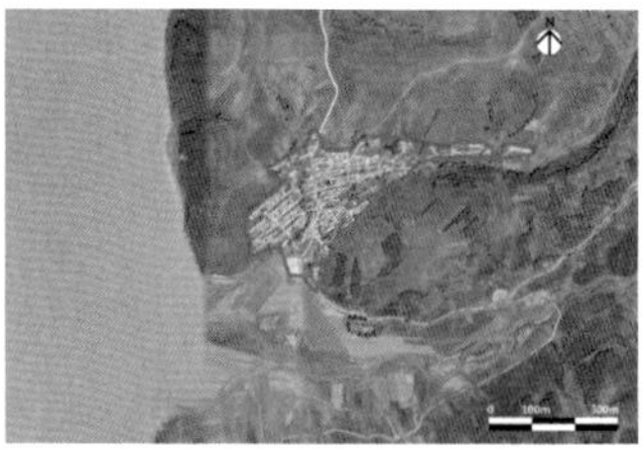	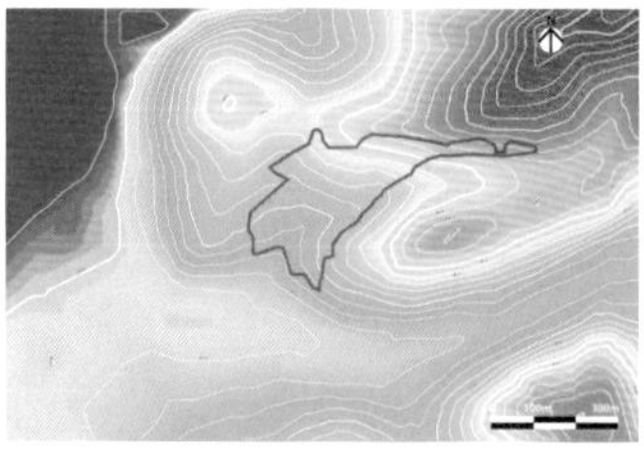
村落名称：辽宁省阜新市阜新蒙古族自治县佛寺镇佛寺村 所在区位：地理坐标为 北纬 N41°56′12.91″, 东经 E121°26′36.26″		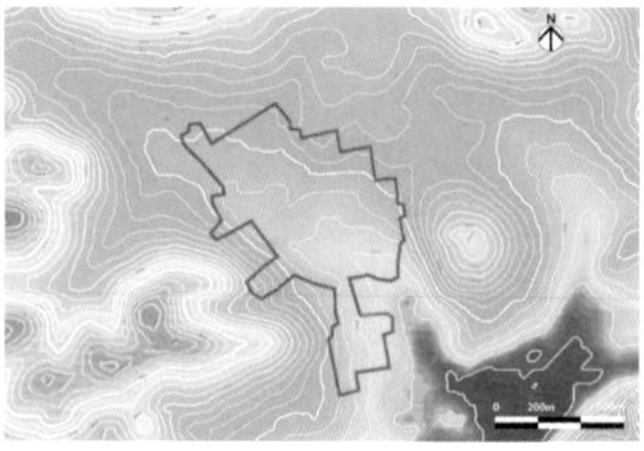
村落名称：辽宁省朝阳市朝阳县西五家子乡三道沟村 所在区位：地理坐标为 北纬 N41°39′40.97″, 东经 E120°07′14.63″	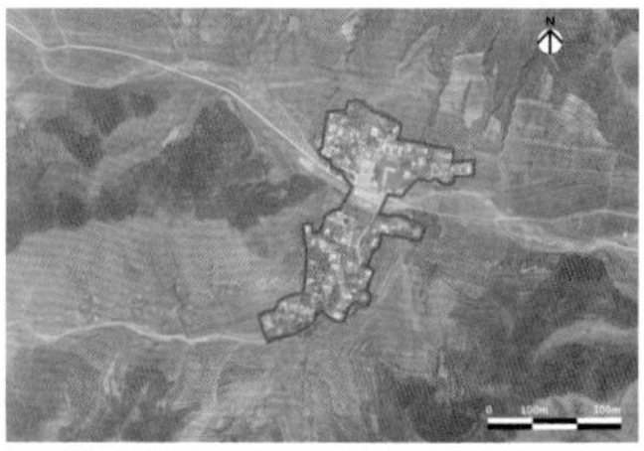	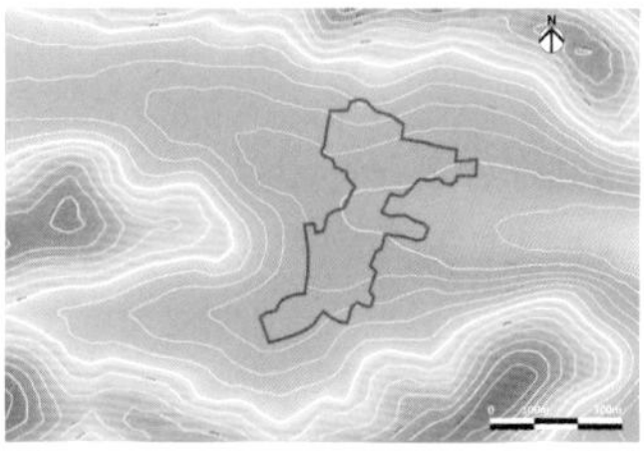
村落名称：辽宁省朝阳市朝阳县北四家子乡唐杖子村八盘沟 所在区位：地理坐标为 北纬 N41°18′47.67″, 东经 E120°16′18.59″		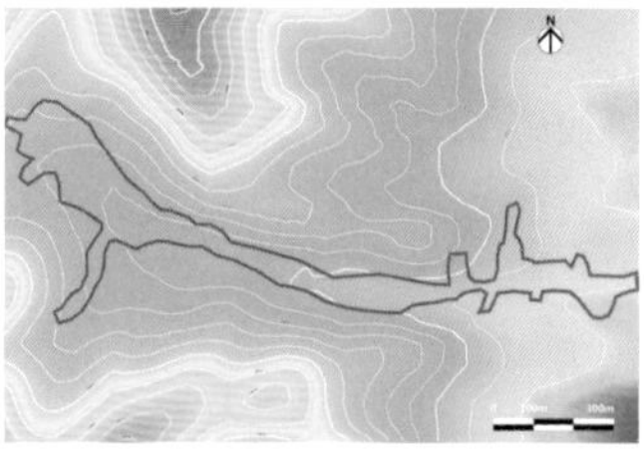
村落名称：辽宁省鞍山市岫岩满族自治县石庙子镇丁字峪村 所在区位：地理坐标为 北纬 N40°43′36.09″, 东经 E123°31′41.38″		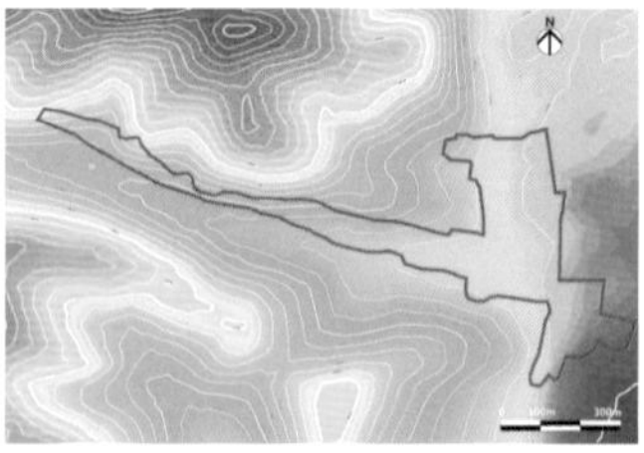
村落名称：吉林省临江市花山镇珍珠村松岭屯 所在区位：地理坐标为 北纬 N41°53′32.88″, 东经 E126°43′12.81″	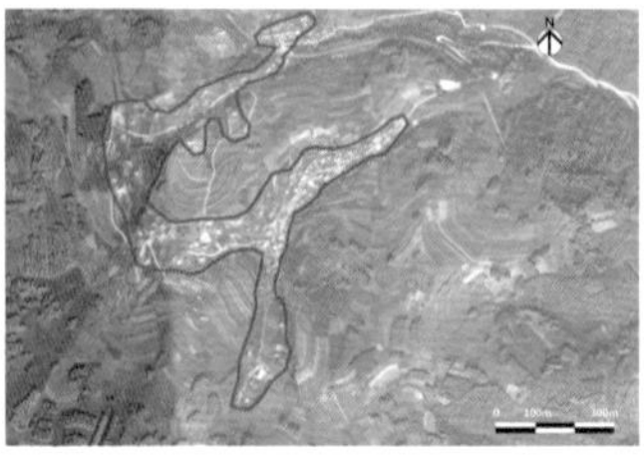	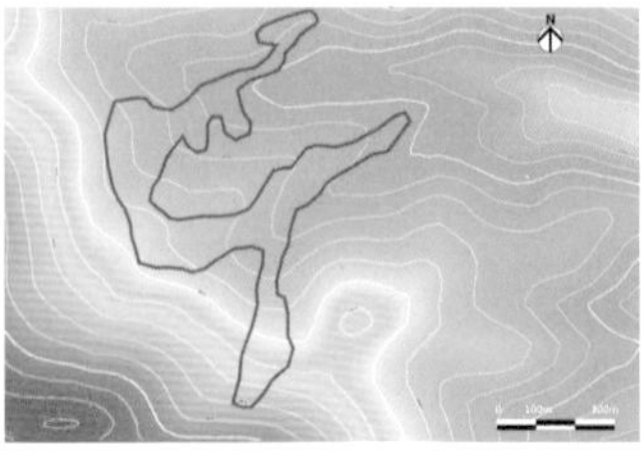

东北区——山顶型村落典型代表 附表 1-12

村落名称及所在区位	原始遥感影像图	村落地形
村落名称：辽宁省葫芦岛市绥中县永安乡西沟村 所在区位：地理坐标为 北纬 N40°13′4.02″， 东经 E119°41′52.77″		
村落名称：辽宁省抚顺市新宾满族自治县赫图阿拉村 所在区位：地理坐标为 北纬 N41°42′20.18″， 东经 E124°51′41.01″		
村落名称：吉林省白山市临江市六道沟镇夹皮沟村 所在区位：地理坐标为 北纬 N41°35′8.38″， 东经 E127°10′50.74″		
村落名称：吉林省白山市临江市六道沟镇三道阳岔村 所在区位：地理坐标为 北纬 N41°41′7.70″， 东经 E127°12′18.22″		
村落名称：吉林省白山市临江市六道沟镇火绒沟村 所在区位：地理坐标为 北纬 N41°36′36.30″， 东经 E127°21′53.28″		

珠三角地区传统村落典型代表 附表 1-13

村落名称及所在区位	原始遥感影像图	村落地形
村落名称：广东省肇庆市高要区回龙镇槎塘村 所在区位：地理坐标为 北纬 N22°56′2.36″， 东经 E112°38′54.57″		

村落名称及所在区位	原始遥感影像图	村落地形
村落名称：广东省佛山市顺德区杏坛镇逢简村 所在区位：地理坐标为 北纬 N22°48′35.15″， 东经 E113°09′0.60″	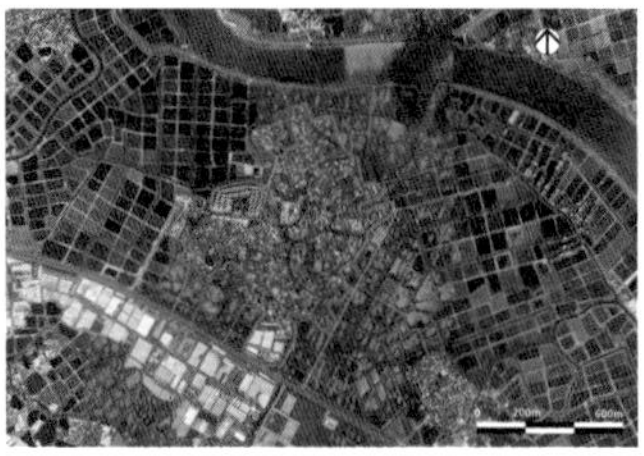	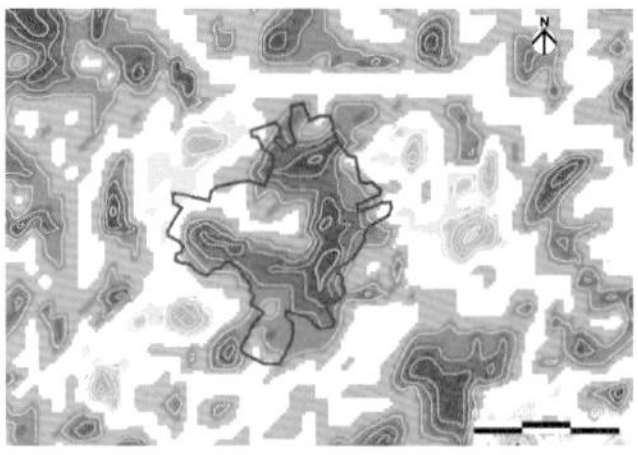
村落名称：广东省肇庆市高要区回龙镇黎槎村 所在区位：地理坐标为 北纬 N22°55′58.51″， 东经 E112°38′5.02″		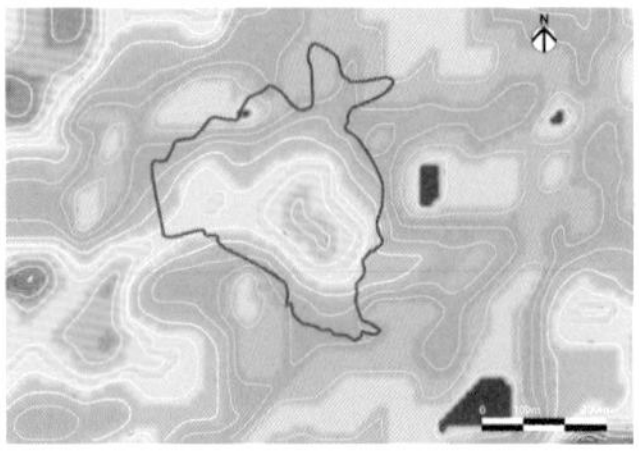
村落名称：广东省肇庆市高要区蚬岗镇蚬岗村 所在区位：地理坐标为 北纬 N23°02′29.83″， 东经 E112°40′49.02″		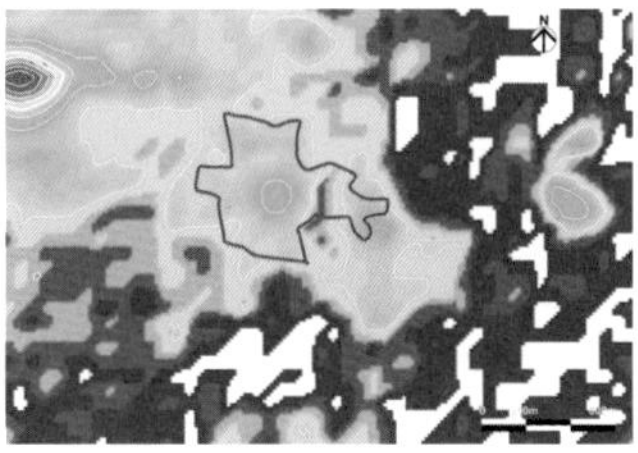
村落名称：广东省广州市番禺区石楼镇大岭村 所在区位：地理坐标为 北纬 N22°59′6.50″， 东经 E113°28′38.56″		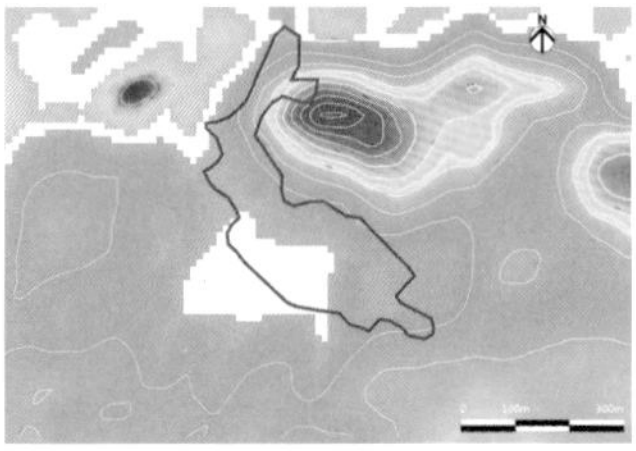
村落名称：广东省广州市海珠区华洲街道小洲村 所在区位：地理坐标为 北纬 N23°03′37.98″， 东经 E113°21′32.00″	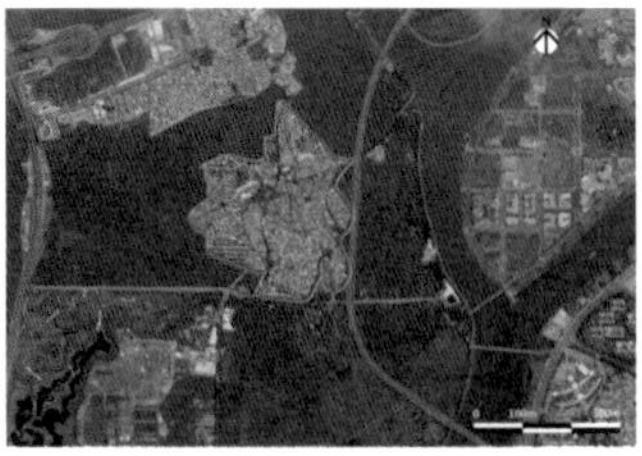	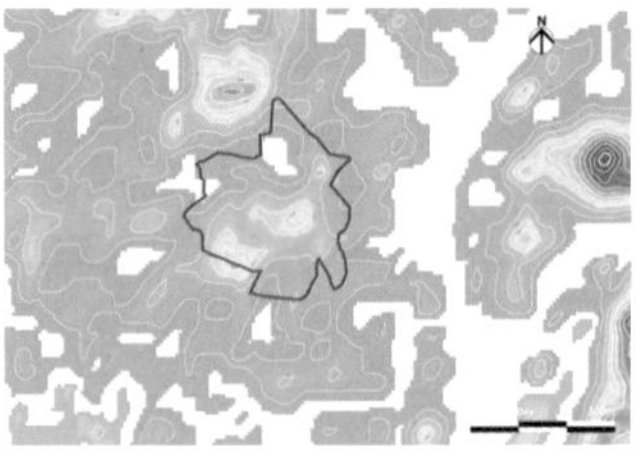
村落名称：广东省广州市花都区花东镇港头村 所在区位：地理坐标为 北纬 N23°25′22.26″， 东经 E113°23′42.87″	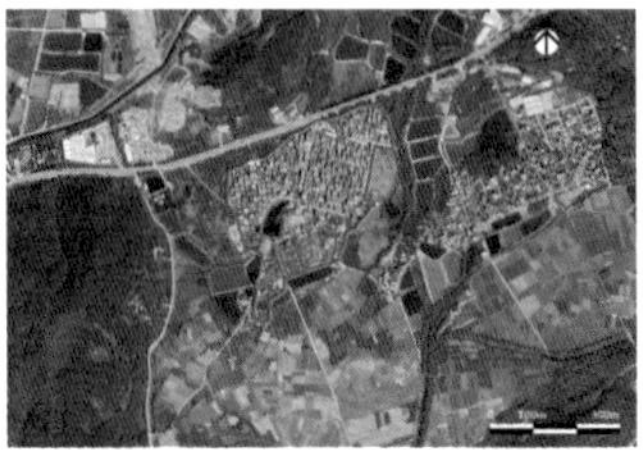	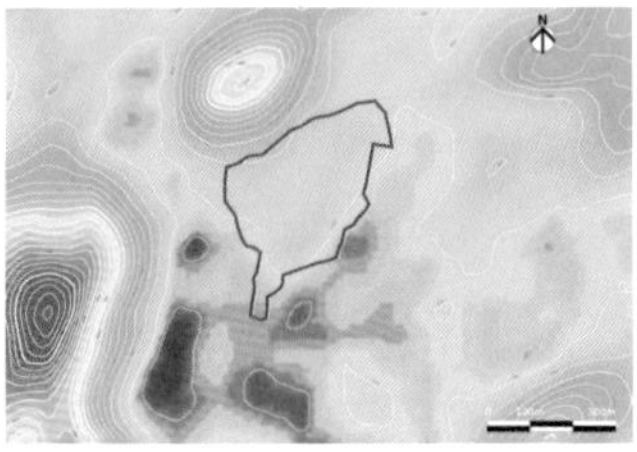

续表

村落名称及所在区位	原始遥感影像图	村落地形
村落名称：广东省广州市花都区炭步镇塱头村 所在区位：地理坐标为 北纬 N23°20′21.37″， 东经 E113°05′14.92″		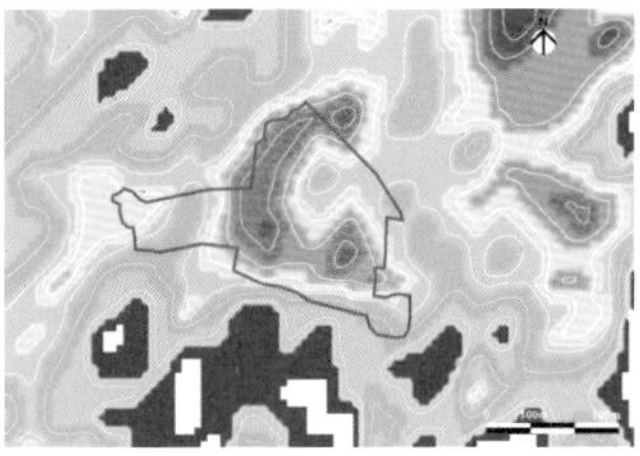
村落名称：广东省广州市黄埔区九龙镇莲塘村 所在区位：地理坐标为 北纬 N23°20′21.08″， 东经 E113°29′18.14″		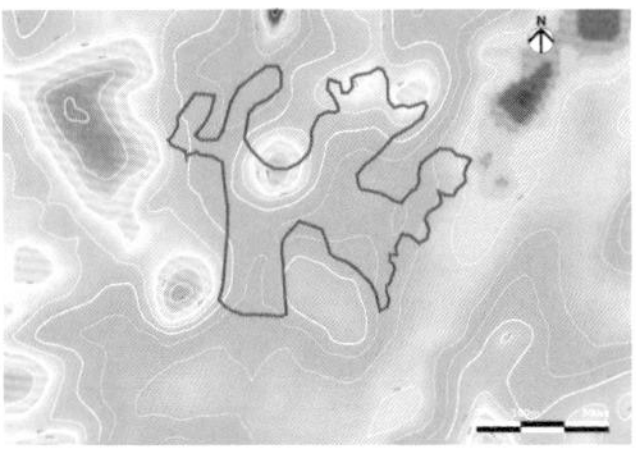
村落名称：广东省广州市增城区新塘镇瓜岭村 所在区位：地理坐标为 北纬 N23°07′9.60″， 东经 E113°37′14.70″		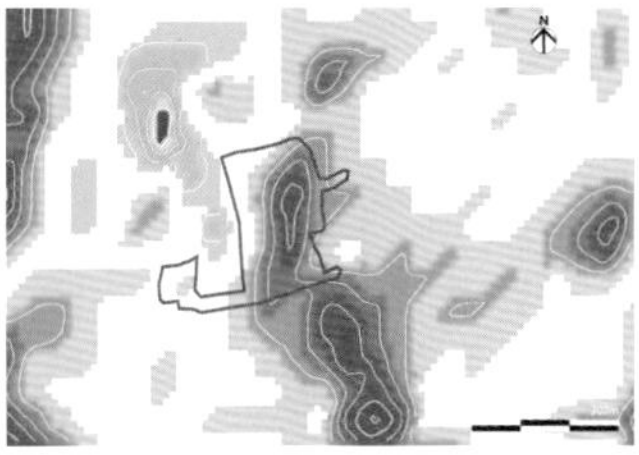
村落名称：广东省广州市从化区太平镇钱岗村 所在区位：地理坐标为 北纬 N23°25′52.18″， 东经 E113°32′30.02″	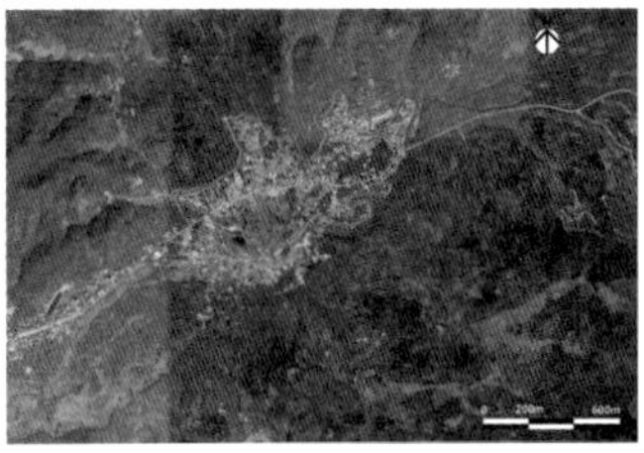	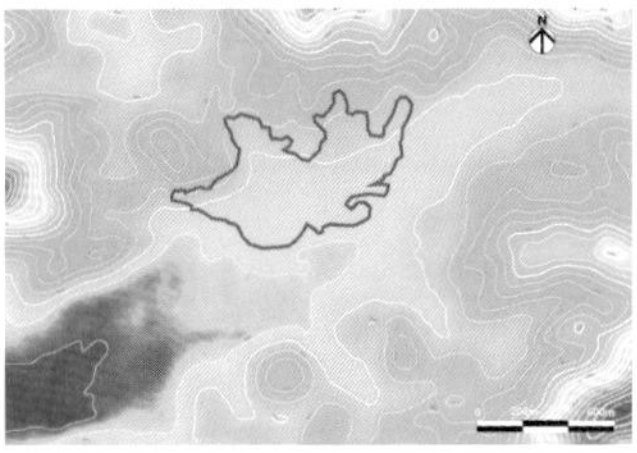
村落名称：广东省佛山市三水区乐平镇大旗头村 所在区位：地理坐标为 北纬 N23°16′46.03″， 东经 E113°01′8.99″		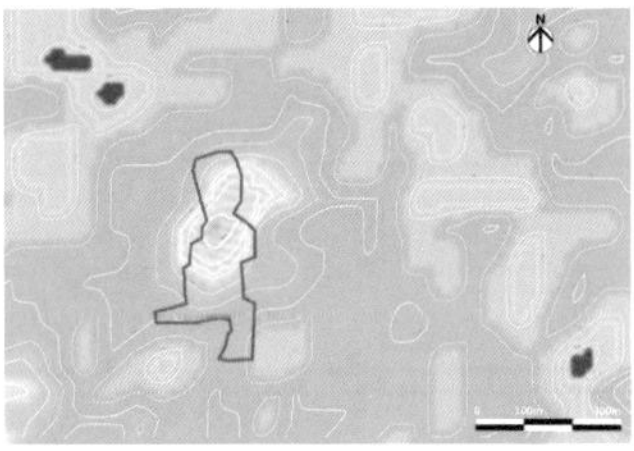
村落名称：广东省佛山市南海区西樵镇松塘村 所在区位：地理坐标为 北纬 N22°59′7.34″， 东经 E112°54′51.70″		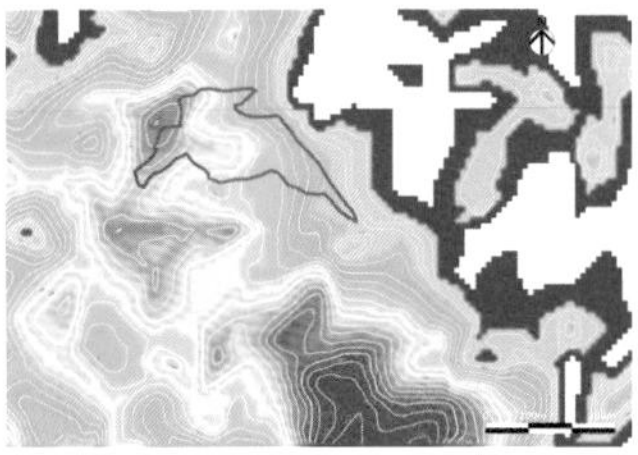

村落名称及所在区位	原始遥感影像图	村落地形
村落名称：广东省佛山市南海区桂城街道茶基村 所在区位：地理坐标为 北纬 N23°03′16.96″， 东经 E113°07′28.19″		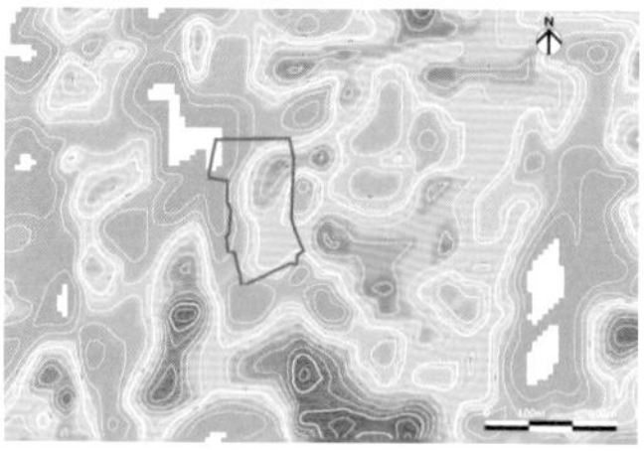
村落名称：广东省江门市开平市塘口镇自力村 所在区位：地理坐标为 北纬 N22°22′17.19″， 东经 E112°34′47.65″		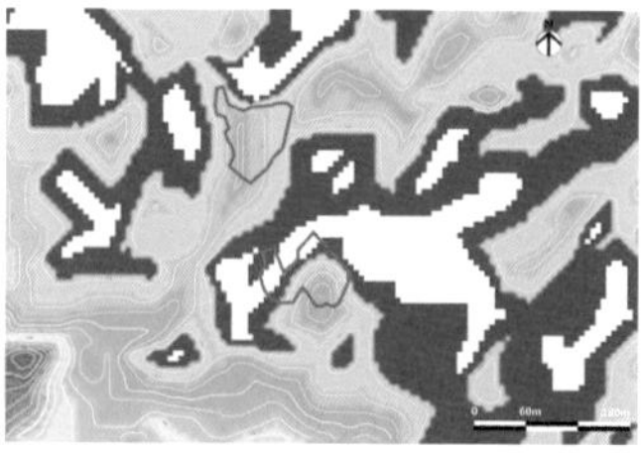
村落名称：广东省江门市恩平市圣堂镇歇马村 所在区位：地理坐标为 北纬 N22°14′28.72″， 东经 E112°22′31.87″		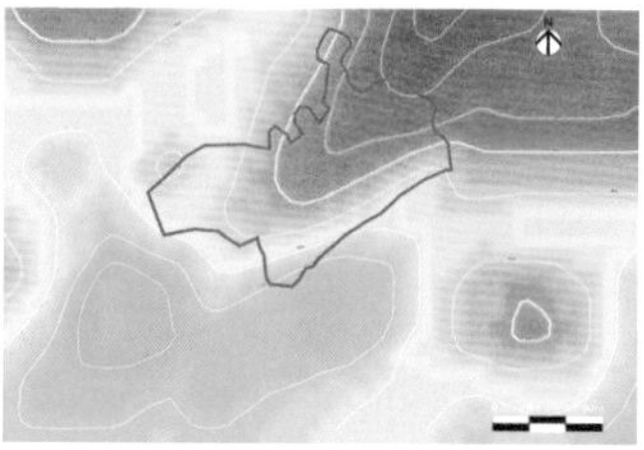
村落名称：广东省江门市蓬江区棠下镇良溪村 所在区位：地理坐标为 北纬 N22°42′8.32″， 东经 E113°01′47.45″	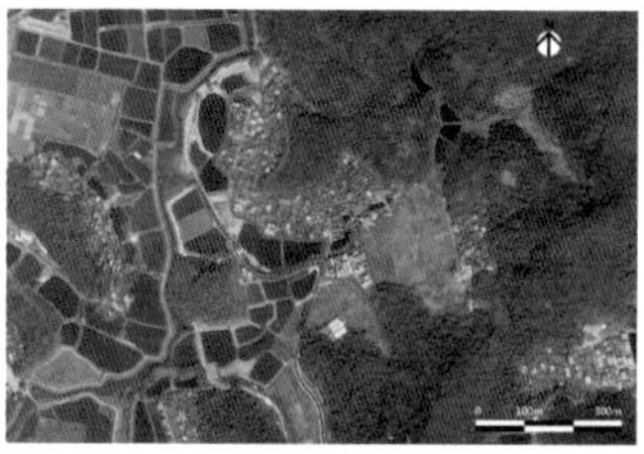	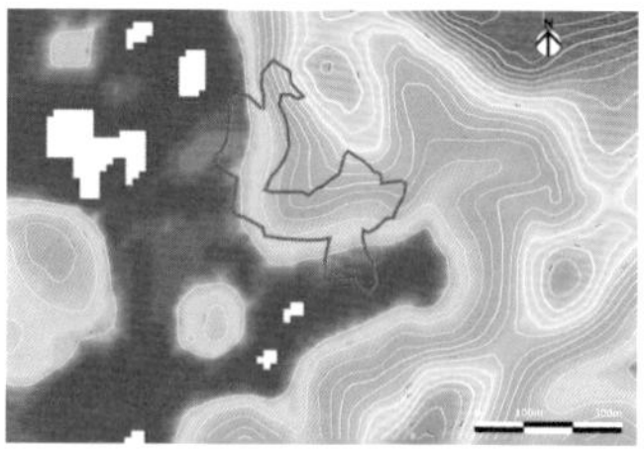
村落名称：广东省江门市台山市斗山镇浮石村 所在区位：地理坐标为 北纬 N22°02′54.96″， 东经 E112°51′18.18″	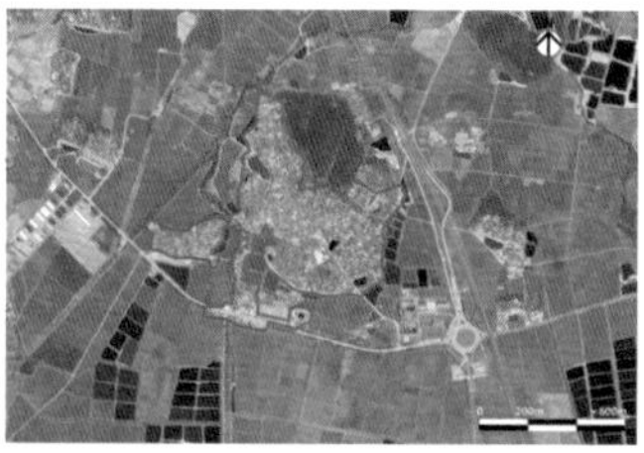	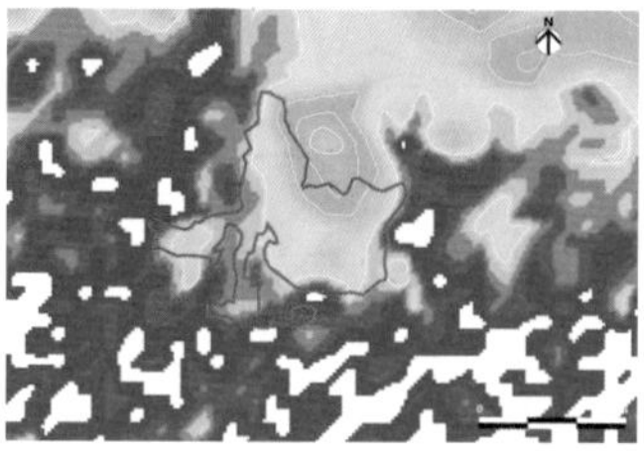
村落名称：广东省肇庆市端州区黄岗街道白石村 所在区位：地理坐标为 北纬 N23°04′2.90″， 东经 E112°30′59.32″		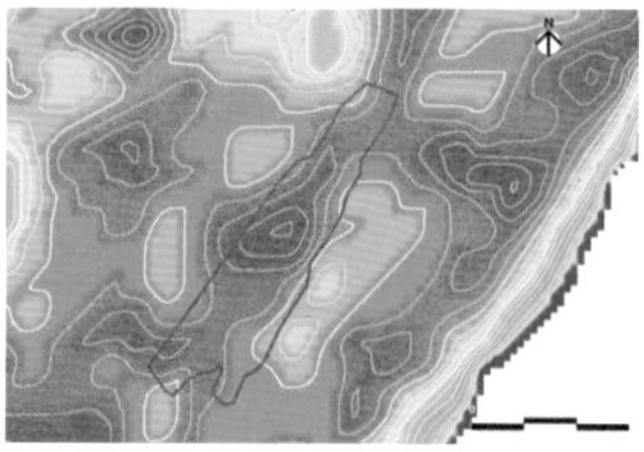

村落名称及所在区位	原始遥感影像图	村落地形
村落名称：广东省肇庆市怀集县凤岗镇孔洞村 所在区位：地理坐标为 北纬 N24°05′42.86″， 东经 E112°27′3.45″	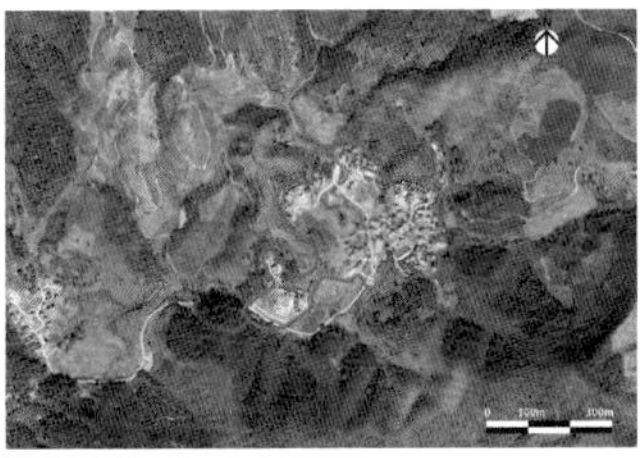	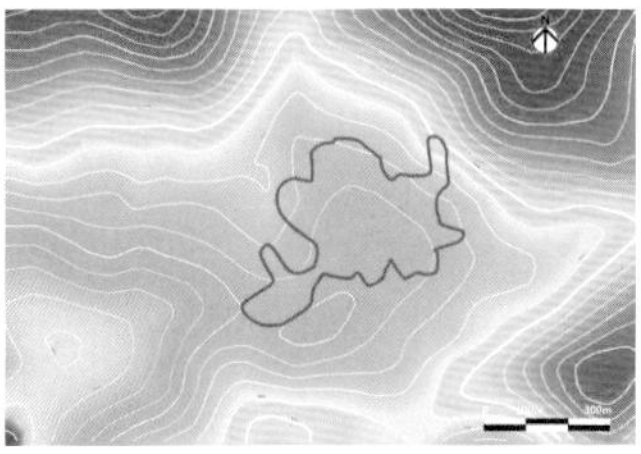
村落名称：广东省肇庆市德庆县官圩镇金林村 所在区位：地理坐标为 北纬 N23°17′13.96″， 东经 E111°48′54.61″	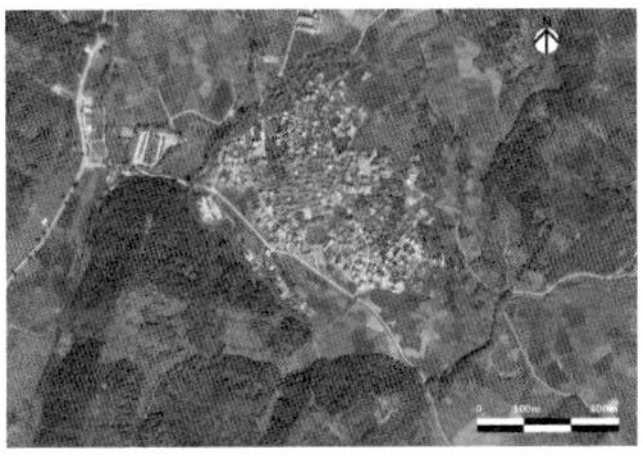	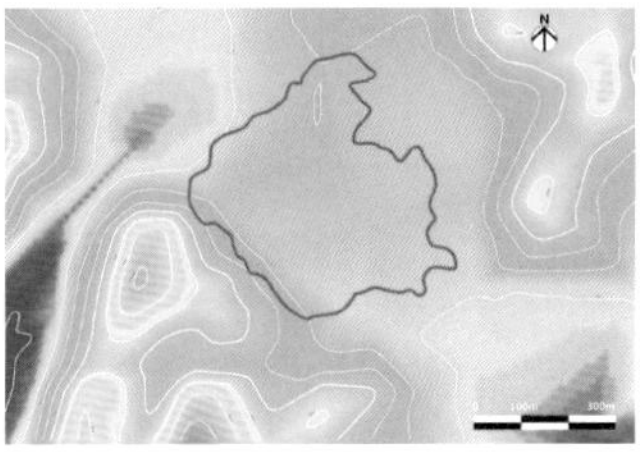
村落名称：广东省肇庆市德庆县悦城镇罗洪村 所在区位：地理坐标为 北纬 N23°06′12.06″， 东经 E112°03′59.91″		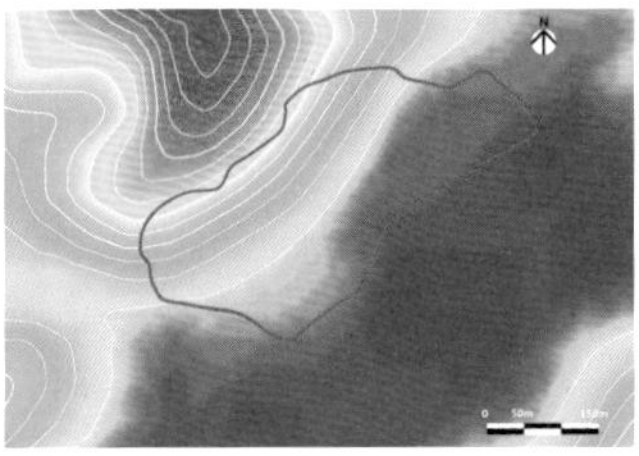
村落名称：广东省惠州市博罗县龙华镇旭日村 所在区位：地理坐标为 北纬 N23°11′10.79″， 东经 E114°06′41.82″		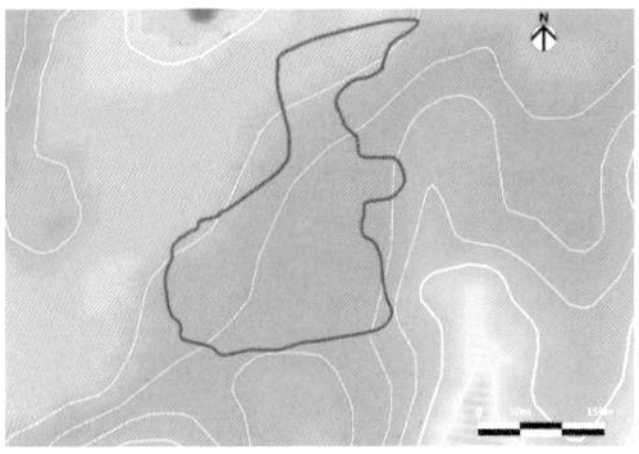
村落名称：广东省惠州市惠城区横沥镇墨园村 所在区位：地理坐标为 北纬 N23°13′14.23″， 东经 E114°34′53.66″		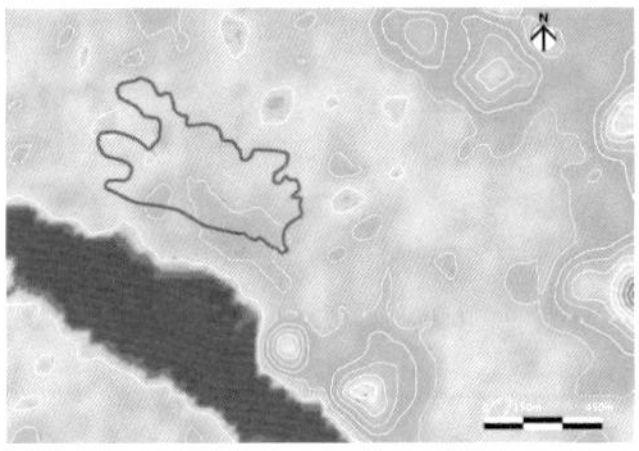
村落名称：广东省惠州市惠阳区秋长街道茶园村 所在区位：地理坐标为 北纬 N22°50′4.88″， 东经 E114°25′46.82″	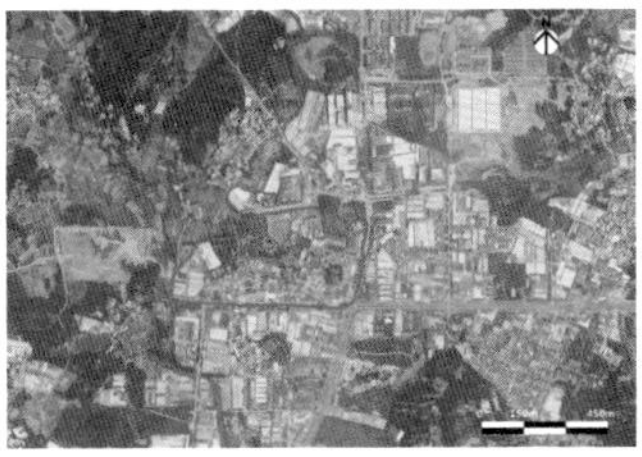	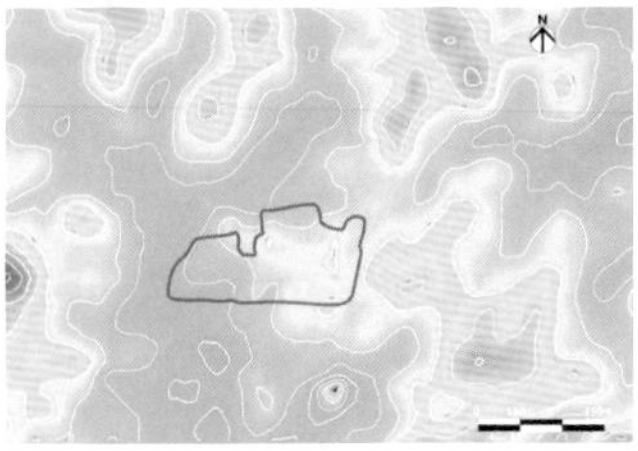

续表

村落名称及所在区位	原始遥感影像图	村落地形
村落名称：广东省惠州市惠东县皇思扬村 所在区位：地理坐标为 北纬 N23°01′30.40″， 东经 E114°56′30.85″	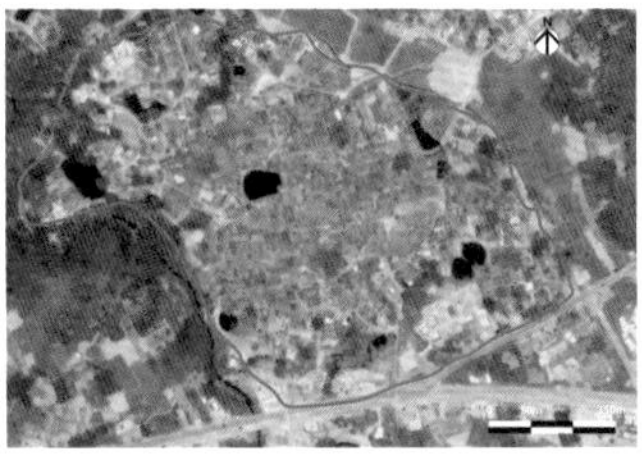	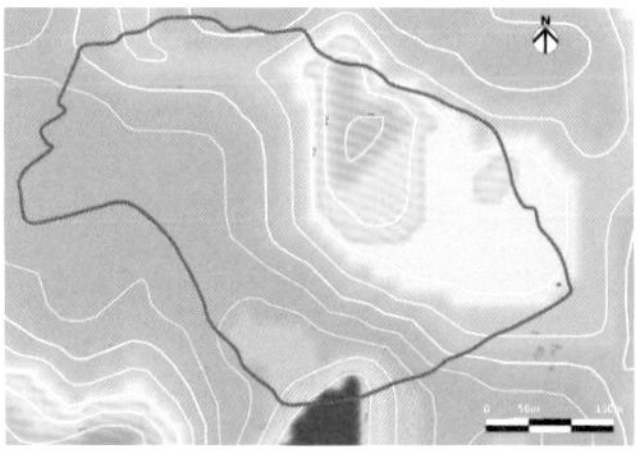
村落名称：广东省东莞市企石镇江边村 所在区位：地理坐标为 北纬 N23°04′22.44″， 东经 E114°01′19.35″		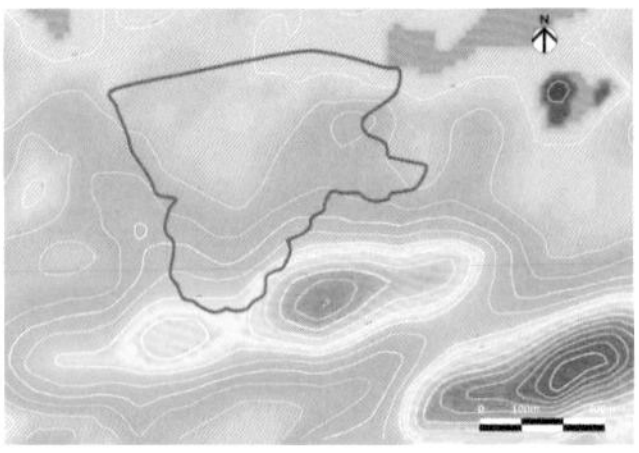
村落名称：广东省东莞市茶山镇南社村 所在区位：地理坐标为 北纬 N23°03′53.68″， 东经 E113°54′3.52″		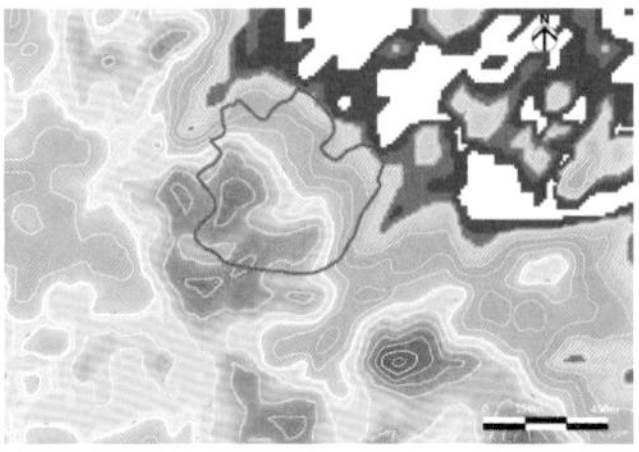
村落名称：广东省东莞市茶山镇超朗村 所在区位：地理坐标为 北纬 N23°02′52.08″， 东经 E113°55′11.31″		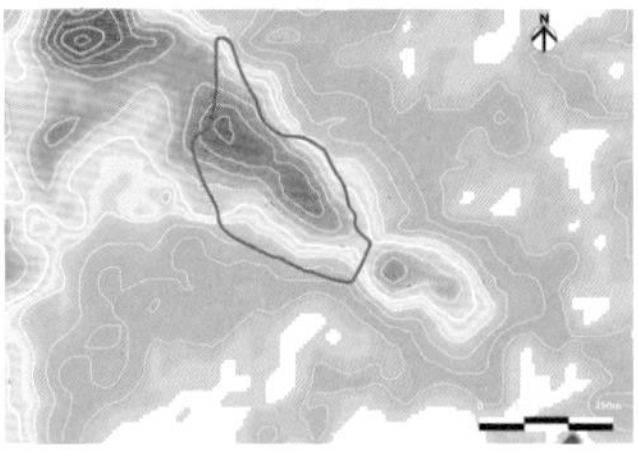
村落名称：广东省东莞市寮步镇西溪村 所在区位：地理坐标为 北纬 N22°59′50.61″， 东经 E113°52′29.45″		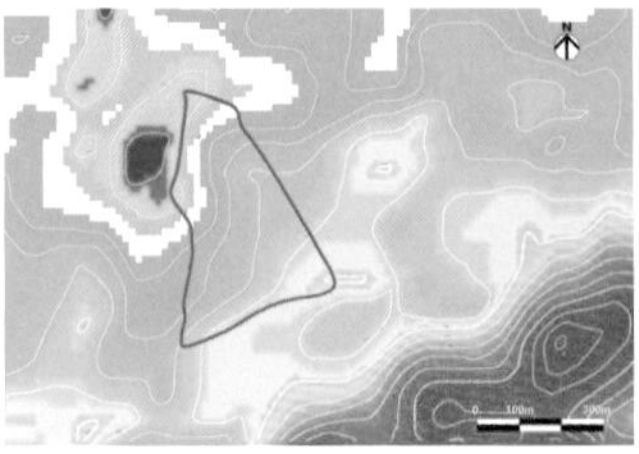
村落名称：广东省东莞市石排镇塘尾村 所在区位：地理坐标为 北纬 N23°04′52.18″， 东经 E113°55′38.00″		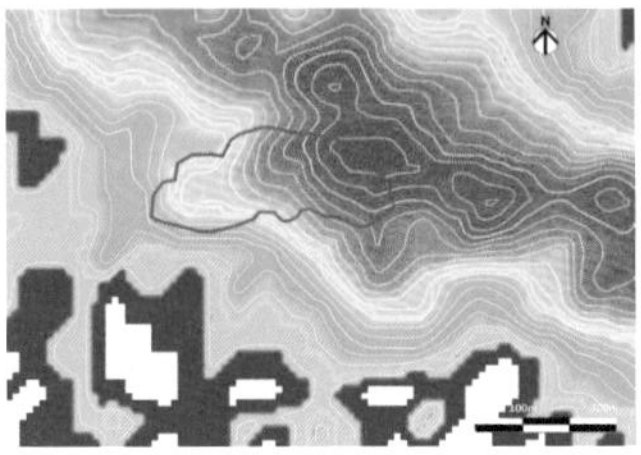

续表

村落名称及所在区位	原始遥感影像图	村落地形
村落名称：广东省中山市南朗镇翠亨村 所在区位：地理坐标为 北纬 N22°26′41.10″， 东经 E113°32′12.39″		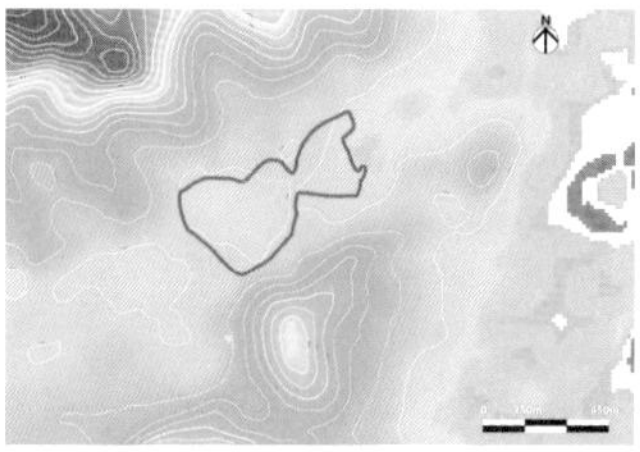
村落名称：广东省广州市黄埔区长洲街道深井村 所在区位：地理坐标为 北纬 N23°04′6.80″， 东经 E113°24′32.41″		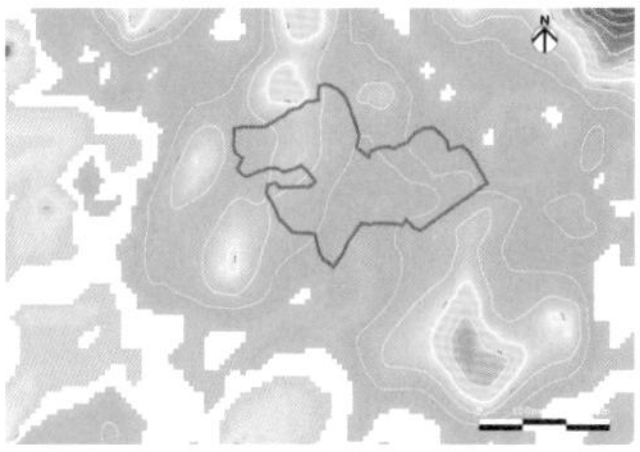
村落名称：广东省广州市番禺区沙湾镇紫坭村 所在区位：地理坐标为 北纬 N22°53′30.37″， 东经 E113°17′28.20″		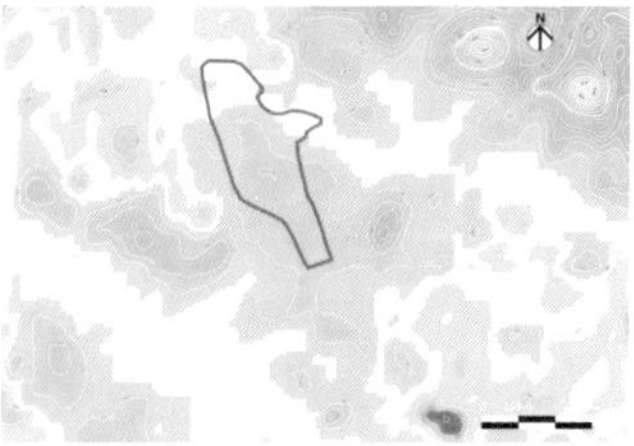
村落名称：广东省广州市番禺区沙湾镇三善村 所在区位：地理坐标为 北纬 N22°54′29.70″， 东经 E113°20′47.50″		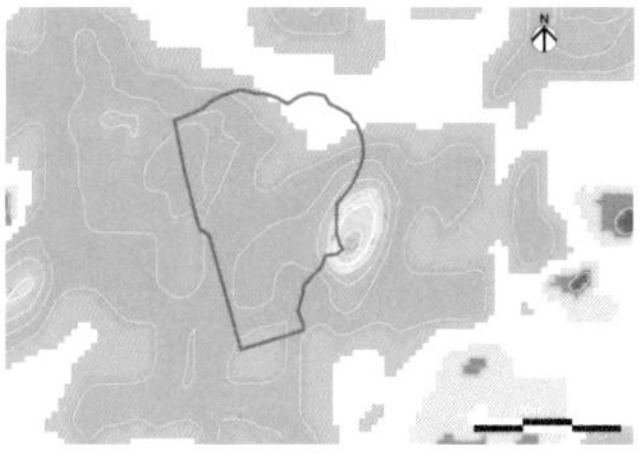
村落名称：广东省广州市番禺区化龙镇潭山村 所在区位：地理坐标为 北纬 N23°0′1.01″， 东经 E113°27′36.24″		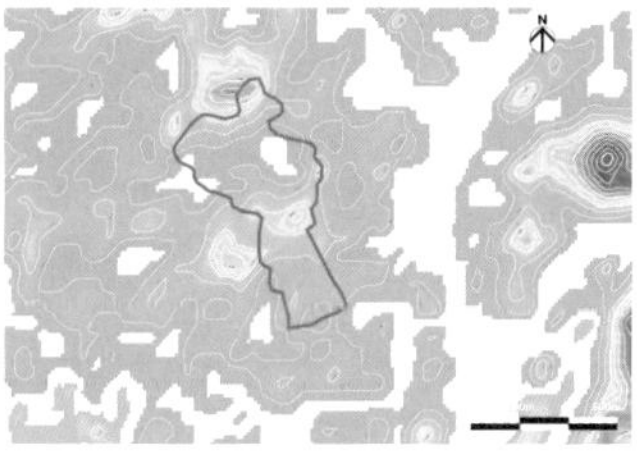
村落名称：广东省广州市花都区花东镇高溪村 所在区位：地理坐标为 北纬 N23°26′49.78″， 东经 E113°19′35.54″		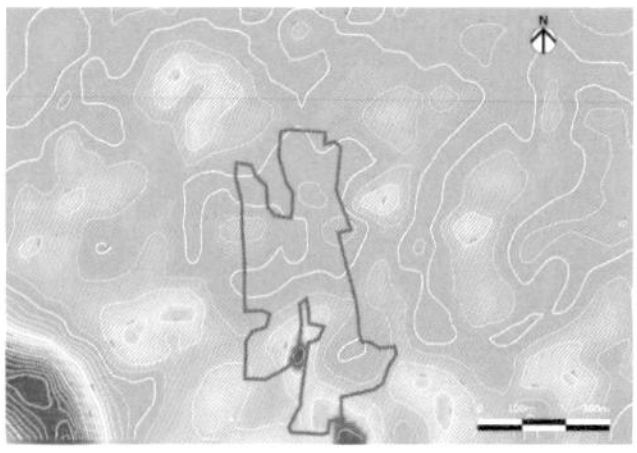

续表

村落名称及所在区位	原始遥感影像图	村落地形
村落名称：广东省广州市花都区新华街道新华村 所在区位：地理坐标为 北纬 N23°22′4.62″， 东经 E113°12′39.10″		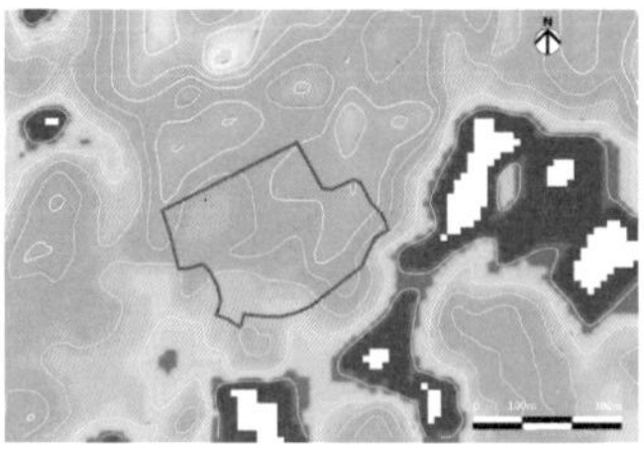
村落名称：广东省广州市花都区赤坭镇缠岗村 所在区位：地理坐标为 北纬 N23°26′57.70″， 东经 E113°01′23.88″	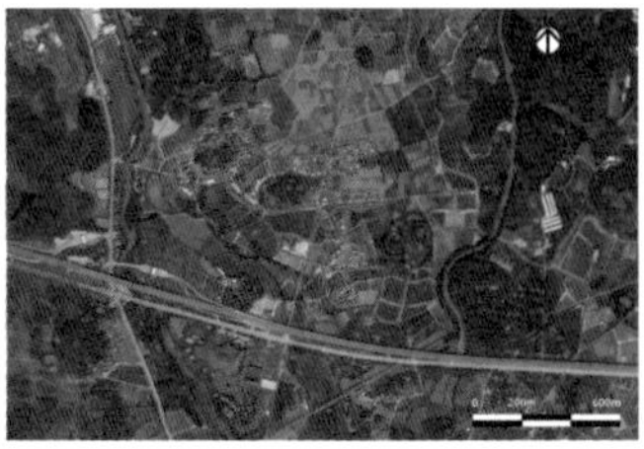	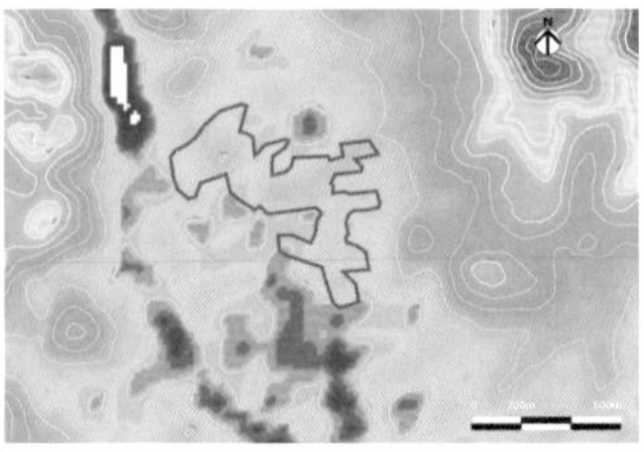
村落名称：广东省广州市南沙区黄阁镇莲溪村 所在区位：地理坐标为 北纬 N22°49′57.68″， 东经 E113°30′25.68″		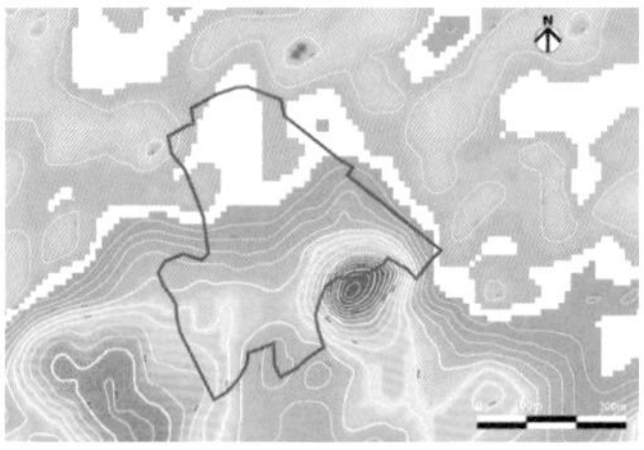
村落名称：广东省佛山市三水区大塘镇梅花村 所在区位：地理坐标为 北纬 N23°25′33.09″， 东经 E112°54′40.55″		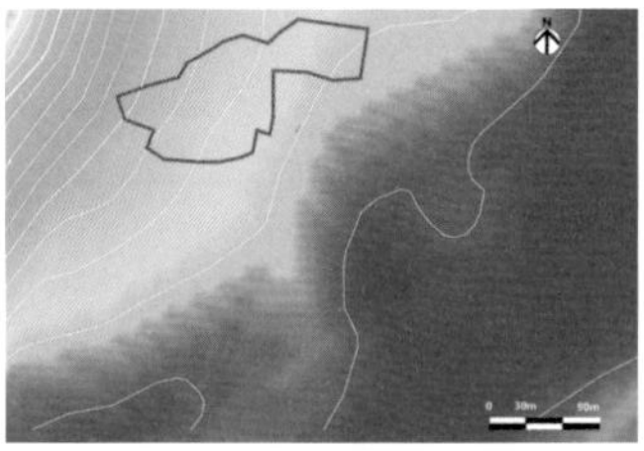
村落名称：广东省佛山市南海区西樵镇简村 所在区位：地理坐标为 北纬 N22°56′40.09″， 东经 E112°57′15.26″		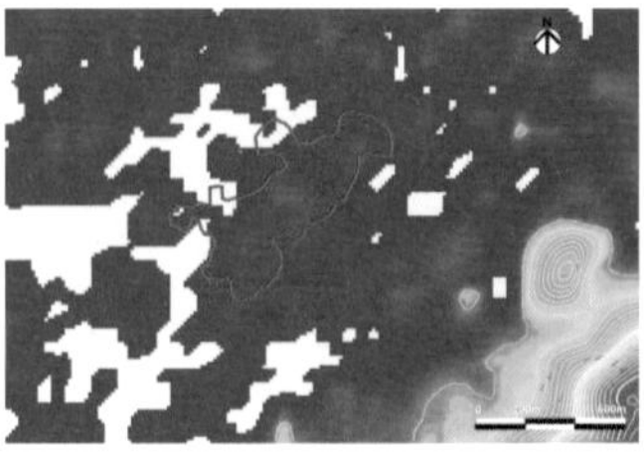
村落名称：广东省佛山市南海区西樵镇百西村 所在区位：地理坐标为 北纬 N22°57′22.86″， 东经 E112°55′21.75″		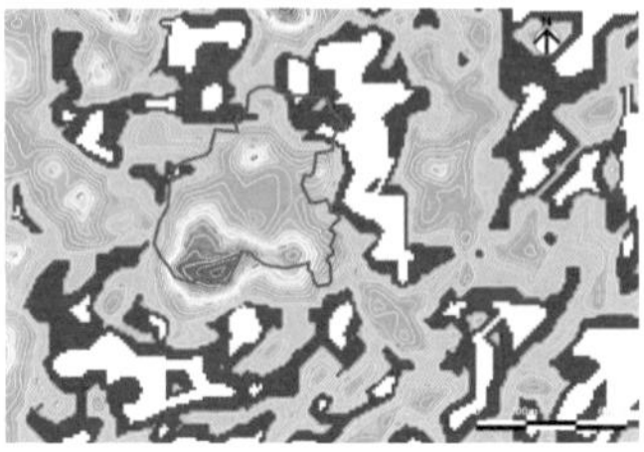

村落名称及所在区位	原始遥感影像图	村落地形
村落名称：广东省佛山市南海区丹灶镇和平村 所在区位：地理坐标为 北纬 N23°03′1.58″， 东经 E112°55′10.10″		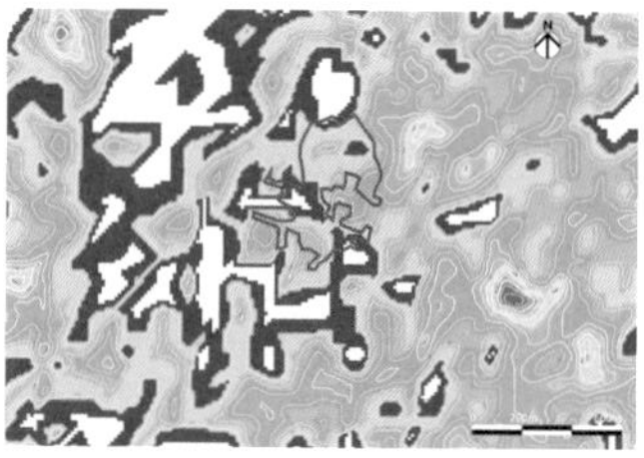
村落名称：广东省佛山市南海区九江镇烟桥村 所在区位：地理坐标为 北纬 N22°52′20.88″， 东经 E112°57′37.42″		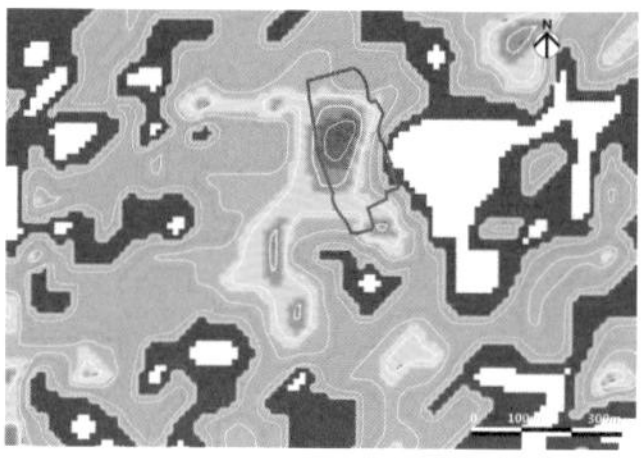
村落名称：广东省佛山市南海区里水镇汤南村 所在区位：地理坐标为 北纬 N23°17′24.31″， 东经 E113°08′17.21″		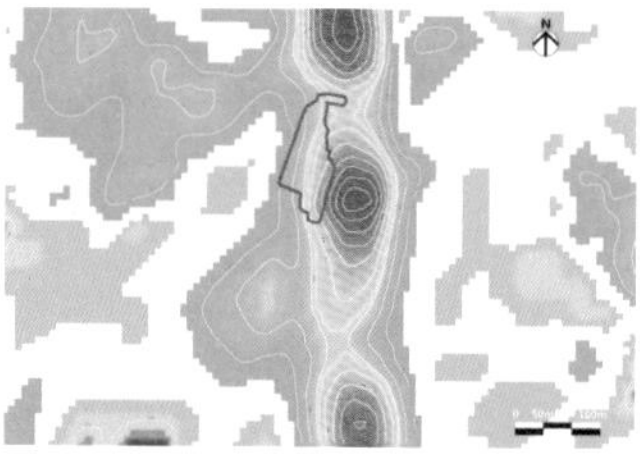
村落名称：广东省佛山市南海区丹灶镇仙岗村 所在区位：地理坐标为 北纬 N23°02′47.11″， 东经 E112°53′2.00″		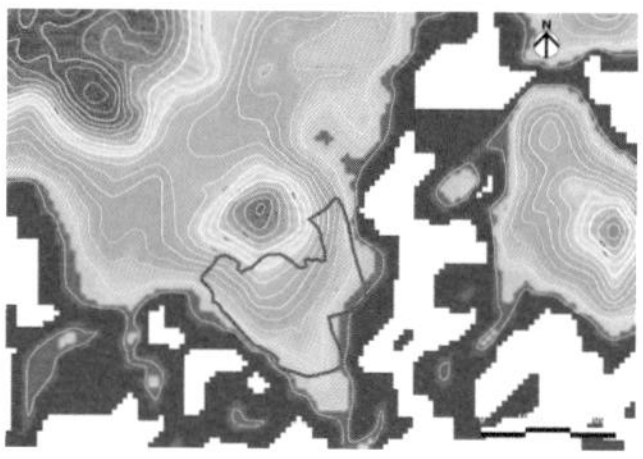
村落名称：广东省佛山市南海区里水镇孔西村 所在区位：地理坐标为 北纬 N23°13′50.57″， 东经 E113°08′5.72″		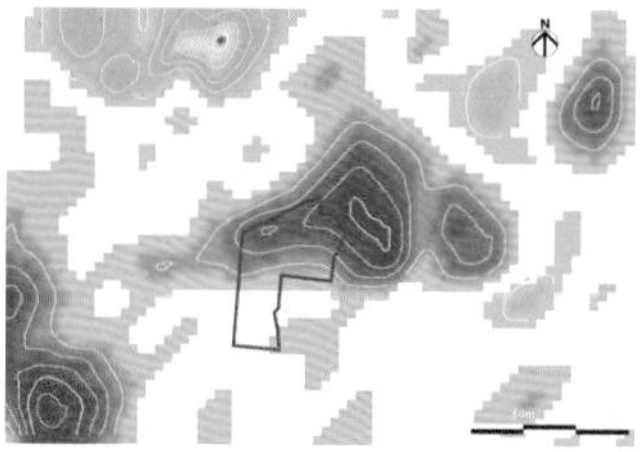
村落名称：广东省江门市开平市百合镇马降龙村 所在区位：地理坐标为 北纬 N22°16′45.55″， 东经 E112°34′21.01″		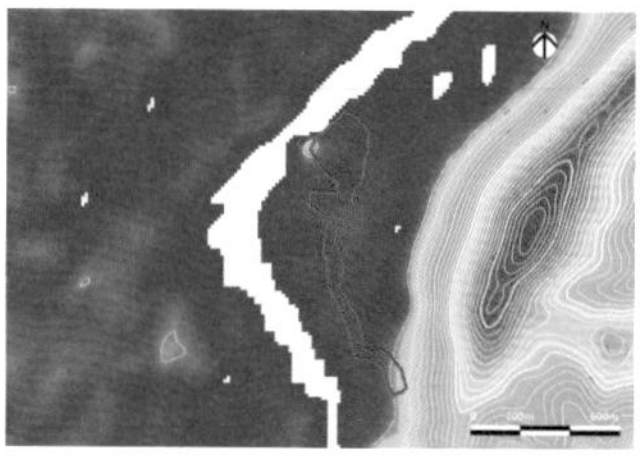

续表

村落名称及所在区位	原始遥感影像图	村落地形
村落名称：广东省江门市台山市斗山镇浮月村 所在区位：地理坐标为 北纬 N22°01′58.80″， 东经 E112°48′39.67″		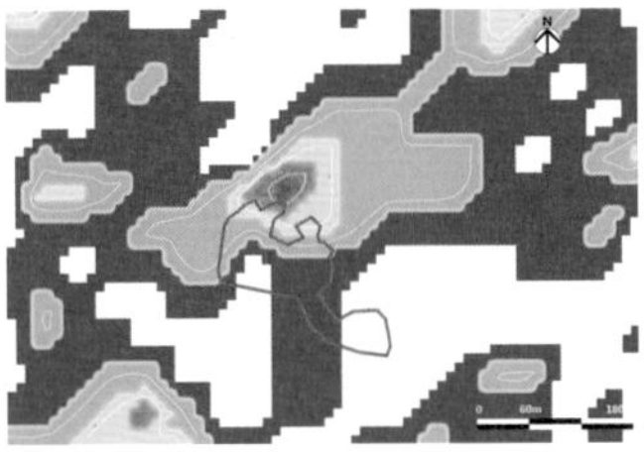
村落名称：广东省江门市台山市端芬镇东宁村 所在区位：地理坐标为 北纬 N22°02′9.93″， 东经 E112°46′55.96″		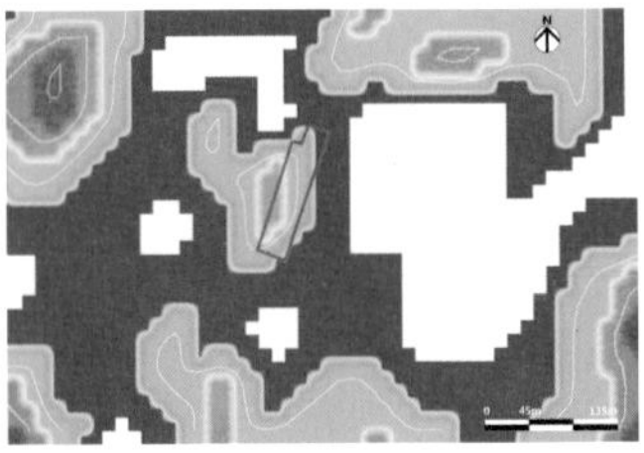
村落名称：广东省肇庆市高新区城区街道樟村 所在区位：地理坐标为 北纬 N23°20′15.43″， 东经 E112°48′31.68″		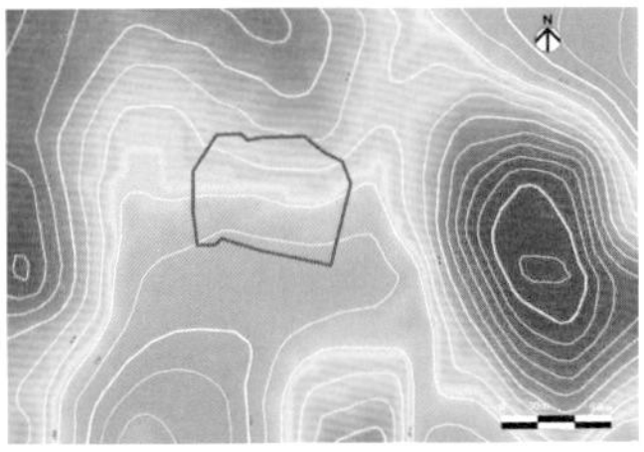
村落名称：广东省肇庆市封开县南丰镇汶塘村 所在区位：地理坐标为 北纬 N23°41′44.92″， 东经 E111°46′50.77″	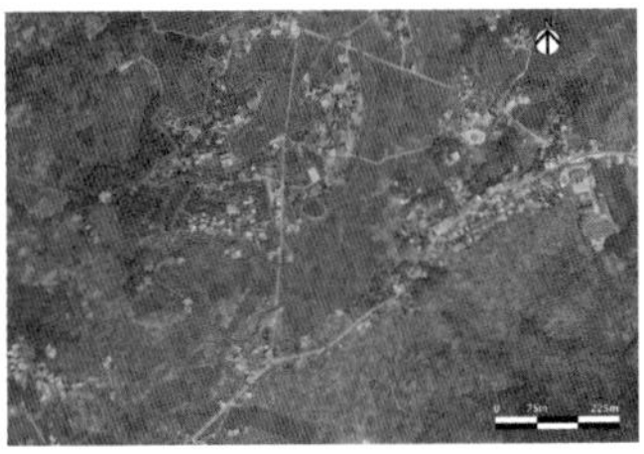	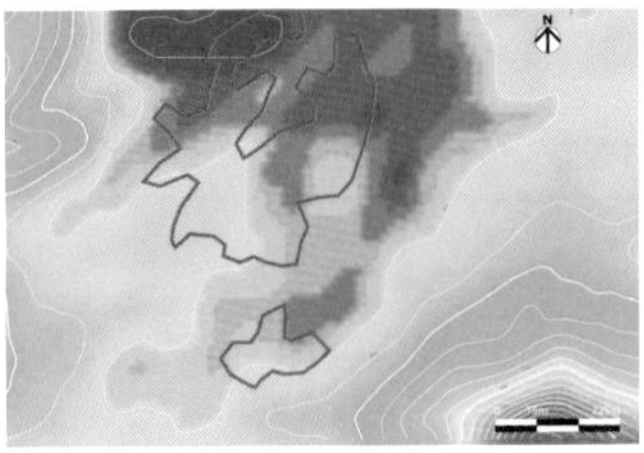
村落名称：广东省肇庆市广宁县北市镇福兴村 所在区位：地理坐标为 北纬 N23°50′14.35″， 东经 E112°34′48.14″		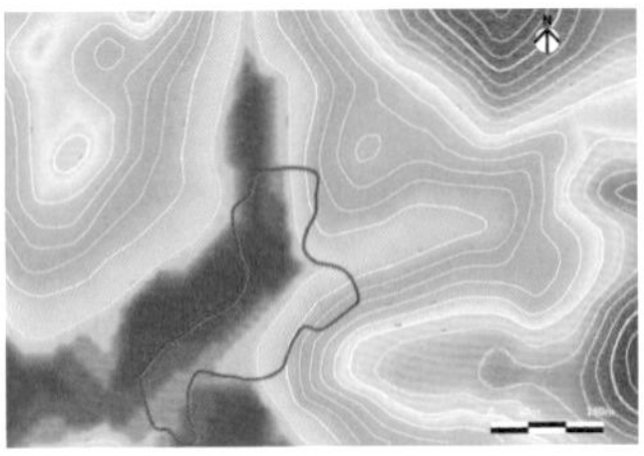
村落名称：广东省肇庆市广宁县北市镇石屋村 所在区位：地理坐标为 北纬 N23°50′3.76″， 东经 E112°37′21.32″	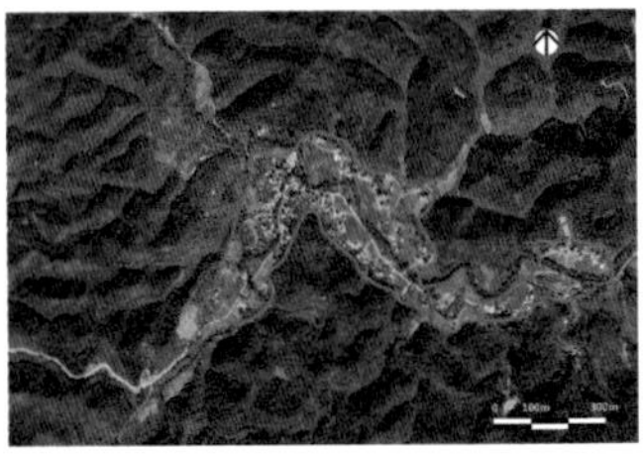	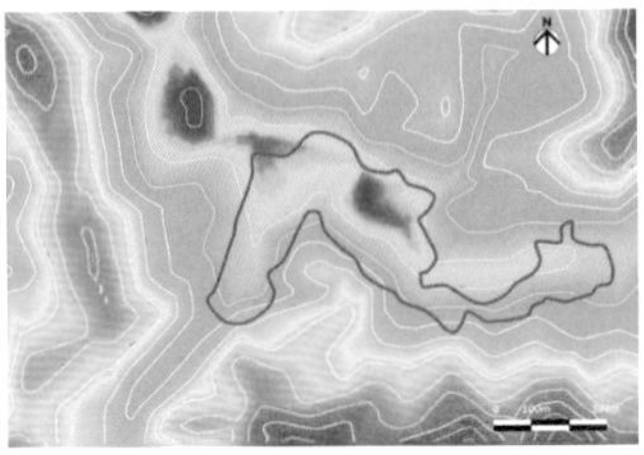

村落名称及所在区位	原始遥感影像图	村落地形
村落名称：广东省肇庆市怀集县坳仔镇大浪村 所在区位：地理坐标为 北纬 N23°50′5.57″， 东经 E112°17′0.91″	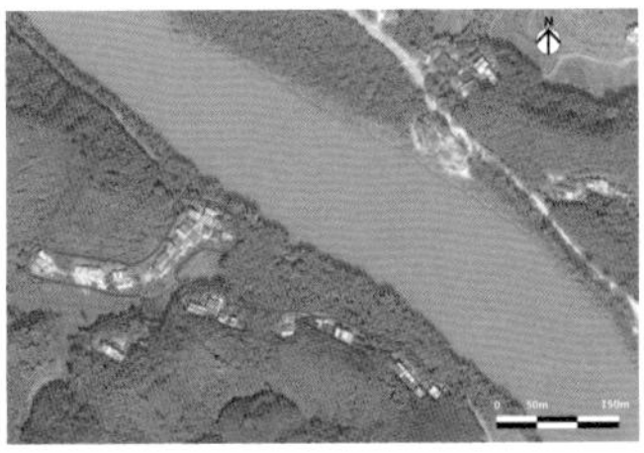	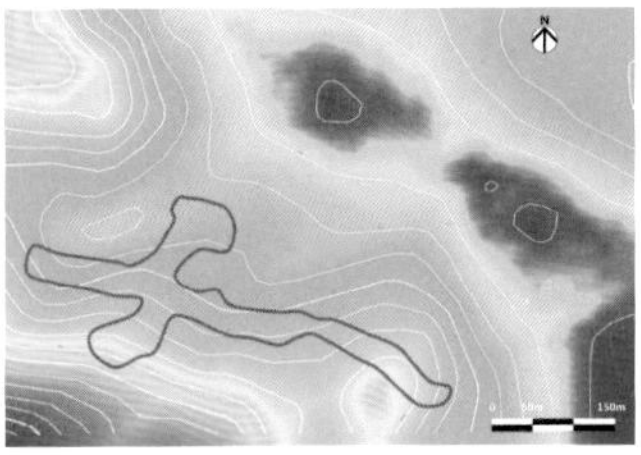
村落名称：广东省肇庆市怀集县梁村镇何屋村 所在区位：地理坐标为 北纬 N23°57′36.66″， 东经 E112°0′47.46″		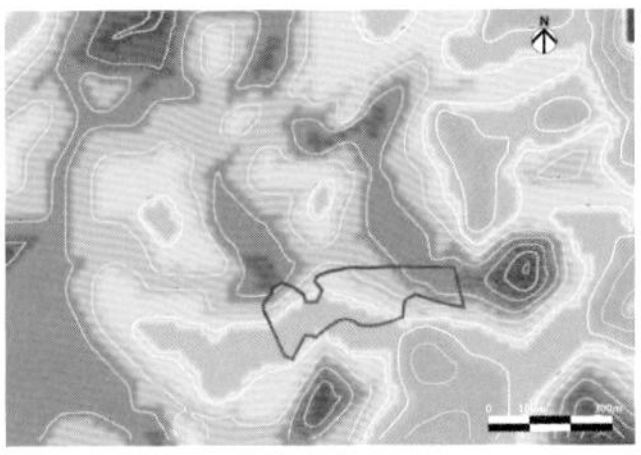
村落名称：广东省肇庆市怀集县冷坑镇水口村 所在区位：地理坐标为 北纬 N24°03′19.51″， 东经 E112°04′31.20″	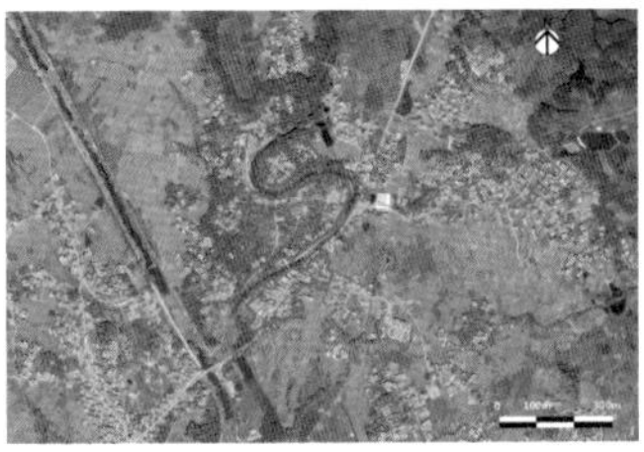	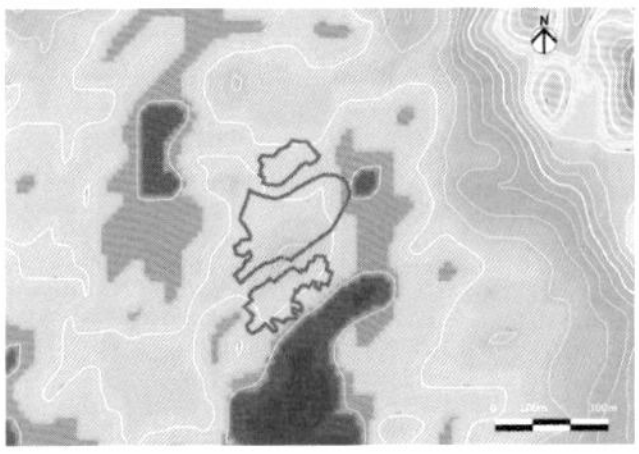
村落名称：广东省肇庆市怀集县诗洞镇安华村 所在区位：地理坐标为 北纬 N23°36′0.11″， 东经 E112°02′25.21″	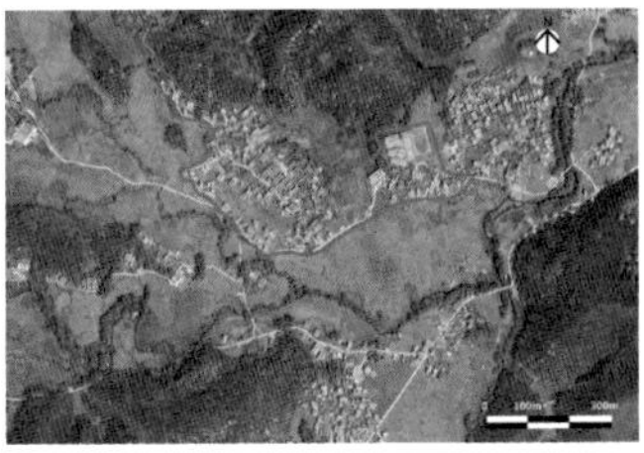	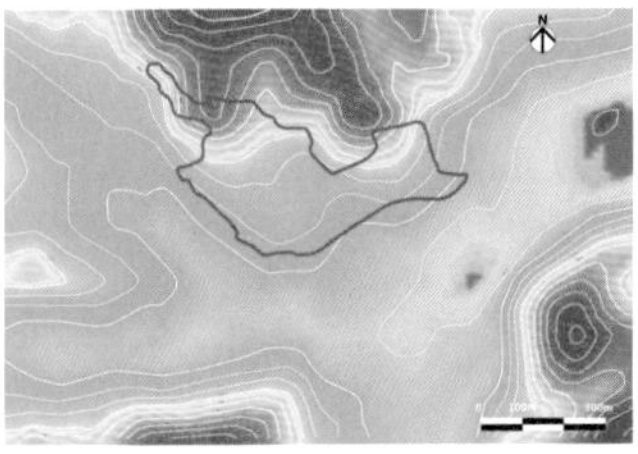
村落名称：广东省肇庆市德庆县武垄镇武垄村 所在区位：地理坐标为 北纬 N23°19′2.21″， 东经 E112°11′6.18″	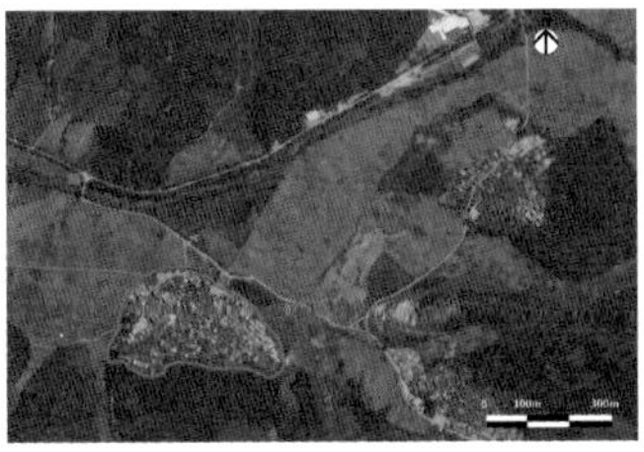	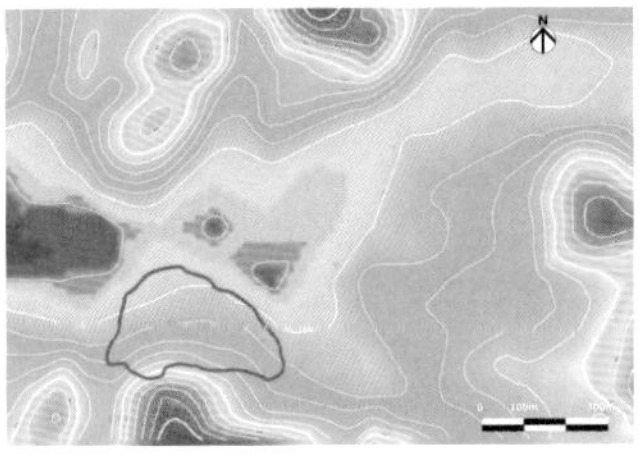
村落名称：广东省肇庆市四会市城中街道宁宅村 所在区位：地理坐标为 北纬 N23°21′9.46″， 东经 E112°41′10.06″		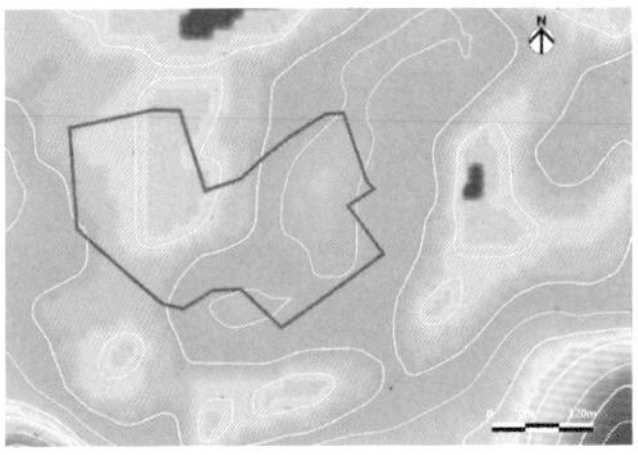

续表

村落名称及所在区位	原始遥感影像图	村落地形
村落名称：广东省肇庆市四会市罗源镇铁坑村 所在区位：地理坐标为 北纬 N23°34′33.81″, 东经 E112°46′31.08″		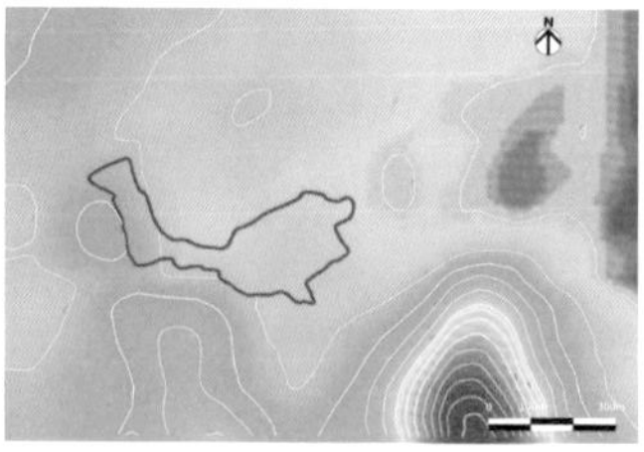
村落名称：广东省惠州市博罗县湖镇镇湖镇围 所在区位：地理坐标为 北纬 N23°14′43.69″, 东经 E114°09′30.38″		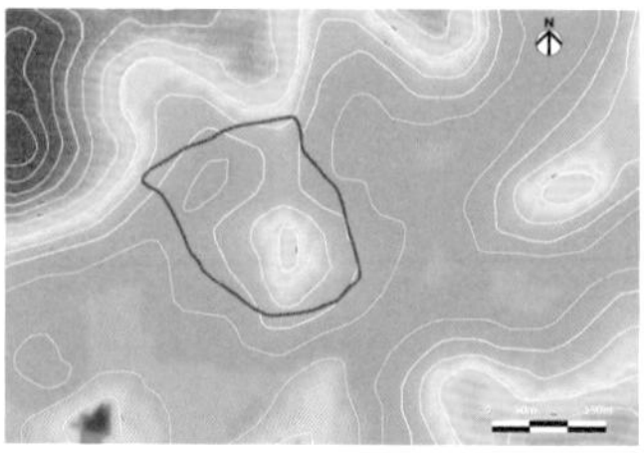
村落名称：广东省惠州市博罗县湖镇镇大田村 所在区位：地理坐标为 北纬 N23°16′22.30″, 东经 E114°15′9.89″		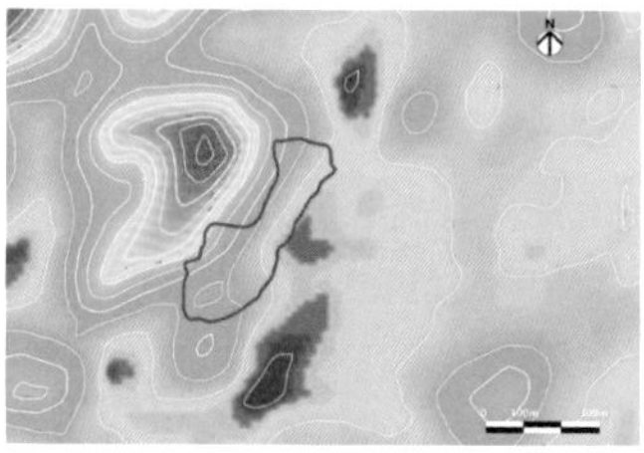
村落名称：广东省惠州市博罗县公庄镇吉水围村 所在区位：地理坐标为 北纬 N23°31′15.34″, 东经 E114°22′38.10″		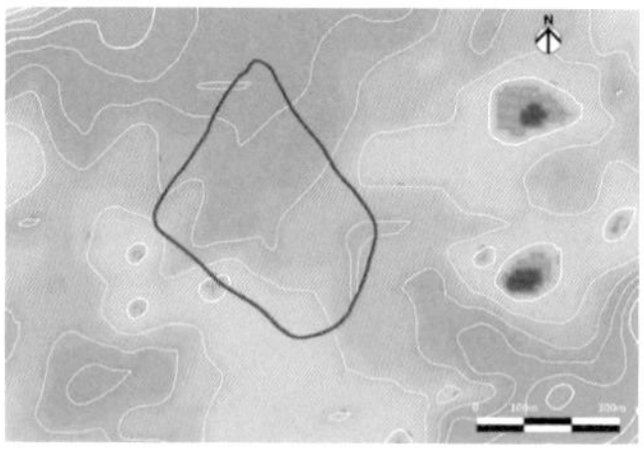
村落名称：广东省惠州市惠城区芦洲镇岚派村 所在区位：地理坐标为 北纬 N23°22′47.38″, 东经 E114°35′49.34″		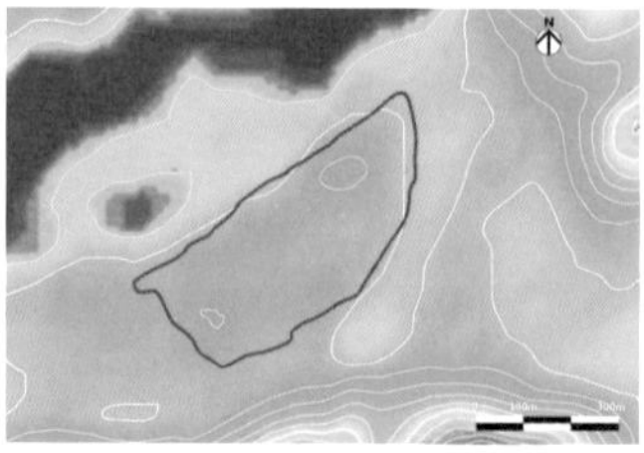
村落名称：广东省惠州市惠阳区良井镇霞角村 所在区位：地理坐标为 北纬 N23°0′22.72″, 东经 E114°34′28.01″		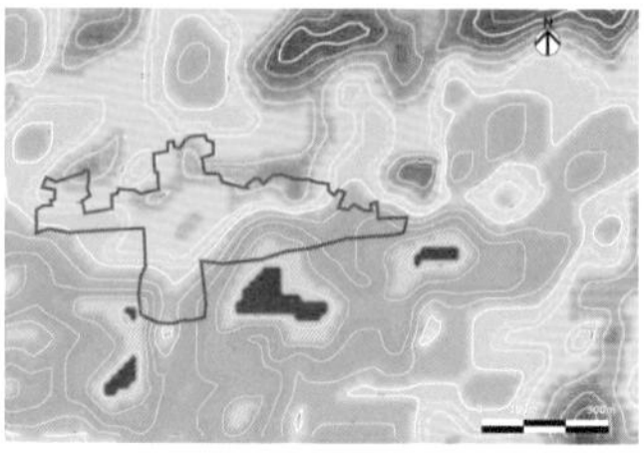

村落名称及所在区位	原始遥感影像图	村落地形
村落名称：广东省惠州市龙门县永汉镇鹤湖村 所在区位：地理坐标为 北纬 N23°33′37.44″， 东经 E113°57′31.90″	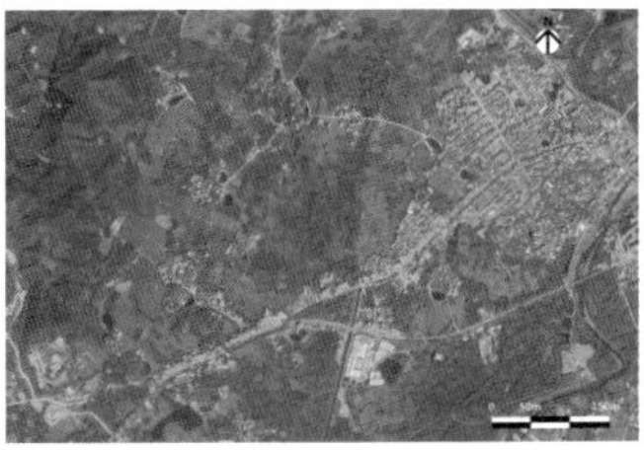	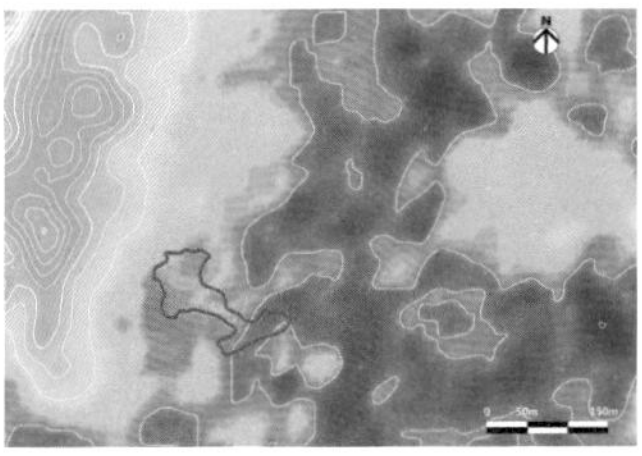
村落名称：广东省惠州市龙门县龙华镇功武村 所在区位：地理坐标为 北纬 N23°34′31.77″， 东经 E114°06′40.56″		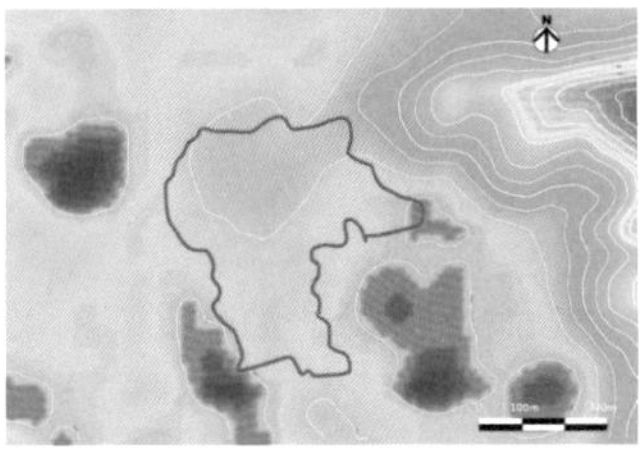
村落名称：广东省东莞市万江区下坝坊 所在区位：地理坐标为 北纬 N23°05′11.00″， 东经 E113°39′26.07″		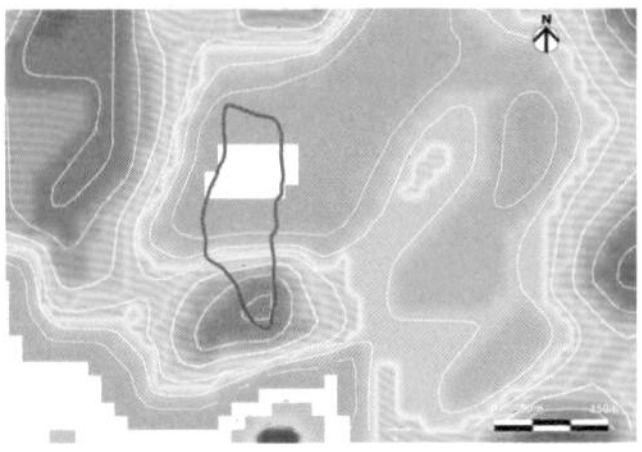
村落名称：广东省东莞市中堂镇潢涌村 所在区位：地理坐标为 北纬 N23°07′2.39″， 东经 E113°44′5.07″		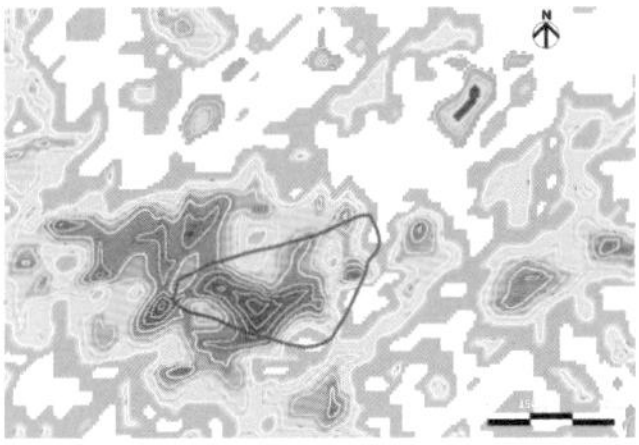
村落名称：广东省东莞市麻涌镇新基村 所在区位：地理坐标为 北纬 N23°03′44.07″， 东经 E113°35′43.10″		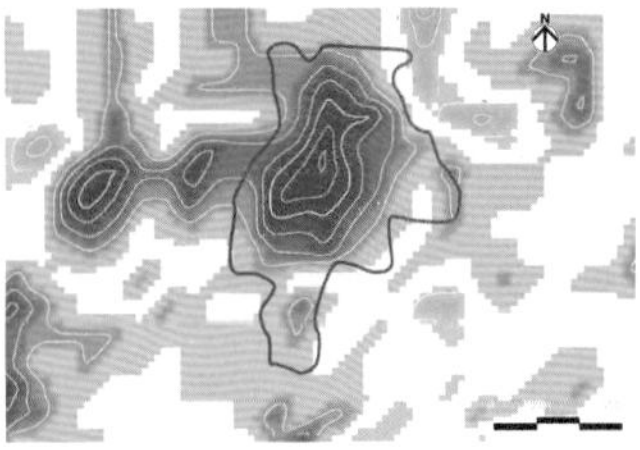
村落名称：广东省中山市南朗镇左步村 所在区位：地理坐标为 北纬 N22°30′10.80″， 东经 E113°33′4.02″		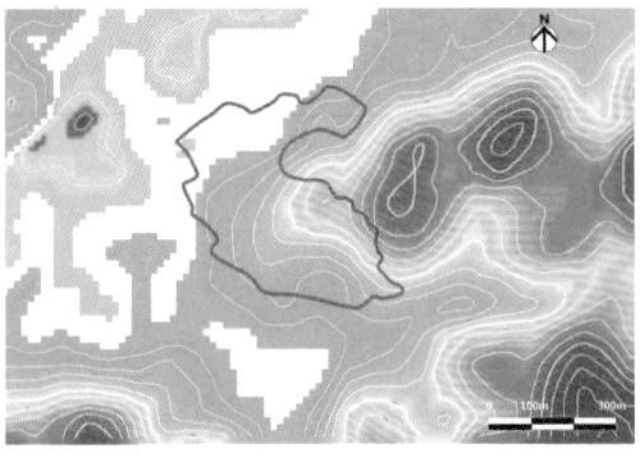

村落名称及所在区位	原始遥感影像图	村落地形
村落名称：广东省中山市黄圃镇鳌山村 所在区位：地理坐标为 北纬 N22°43′6.71″， 东经 E113°21′7.38″		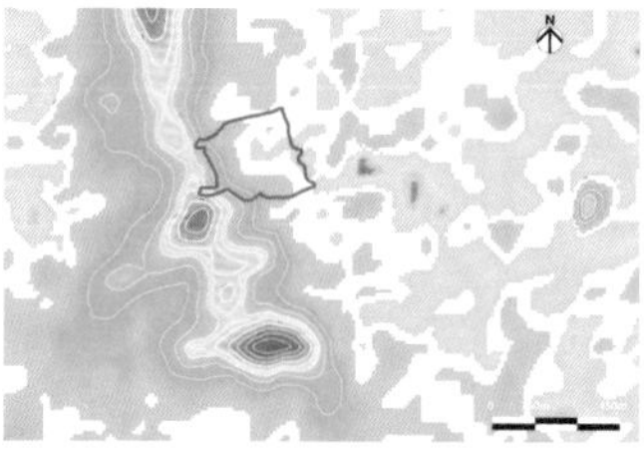
村落名称：广东省东莞市清溪镇清厦村 所在区位：地理坐标为 北纬 N22°50′8.27″， 东经 E114°09′39.72″		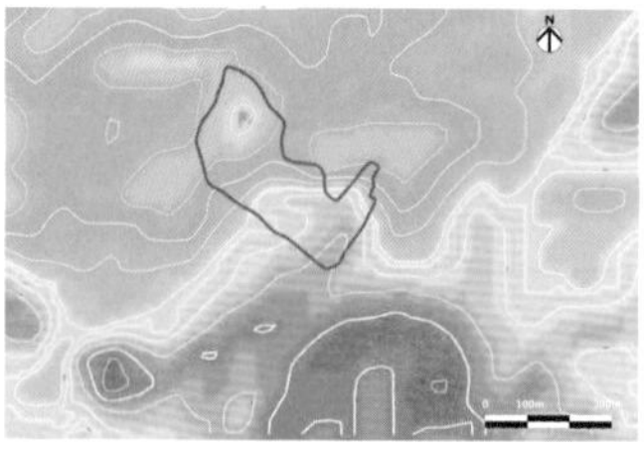
村落名称：广东省珠海市斗门区乾务镇荔山村 所在区位：地理坐标为 北纬 N22°08′58.45″， 东经 E113°11′5.83″		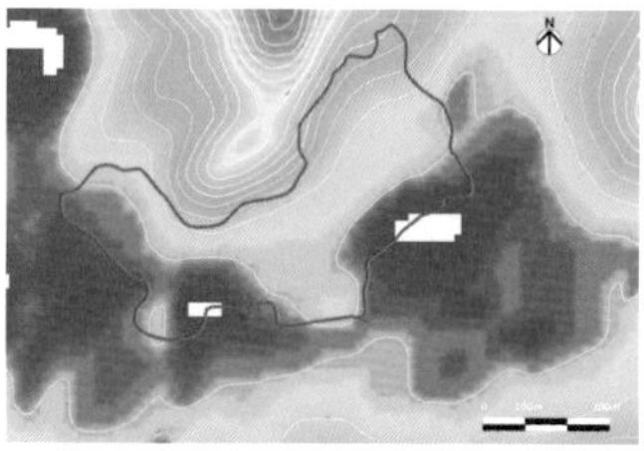
村落名称：广东省珠海市高新区唐家湾镇会同村 所在区位：地理坐标为 北纬 N22°21′16.20″， 东经 E113°31′4.98″		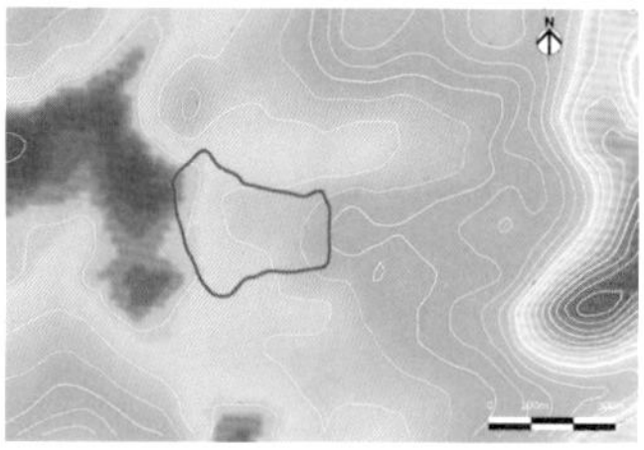
村落名称：广东省珠海市斗门区斗门镇排山村 所在区位：地理坐标为 北纬 N22°12′55.62″， 东经 E113°12′19.41″		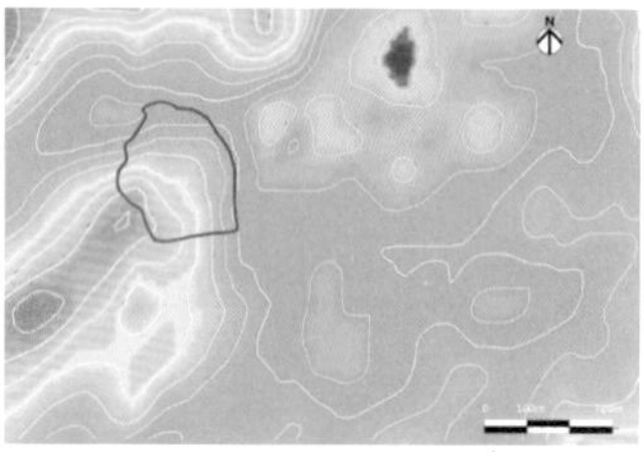
村落名称：广东省佛山市顺德区杏坛镇古粉村 所在区位：地理坐标为 北纬 N22°47′57.09″， 东经 E113°08′54.73″	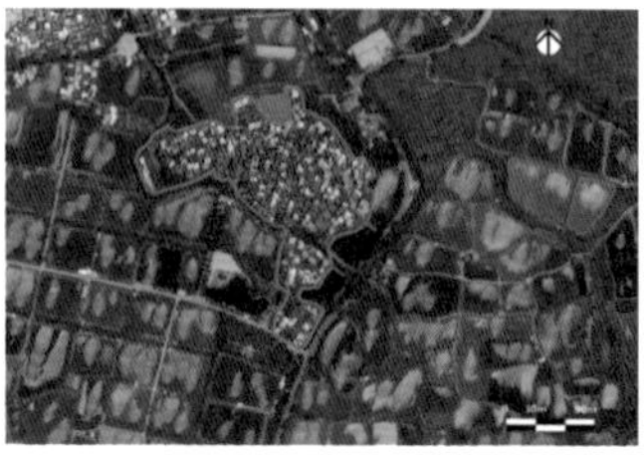	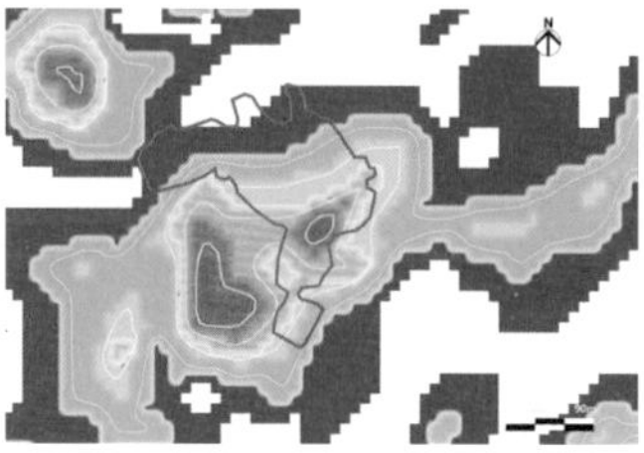

续表

村落名称及所在区位	原始遥感影像图	村落地形
村落名称：广东省佛山市顺德区杏坛镇古朗村 所在区位：地理坐标为 北纬 N22°48′57.71″， 东经 E113°06′42.02″		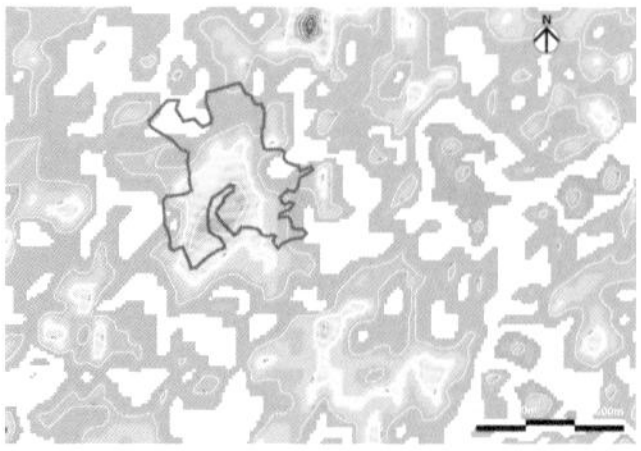
村落名称：广东省佛山市顺德区杏坛镇龙潭村 所在区位：地理坐标为 北纬 N22°49′0.88″， 东经 E113°08′22.16″		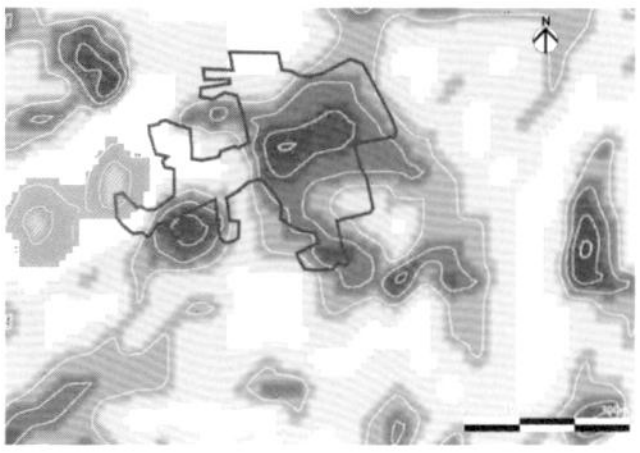
村落名称：广东省佛山市顺德区杏坛镇木棉村 所在区位：地理坐标为 北纬 N22°48′30.50″， 东经 E113°07′5.27″		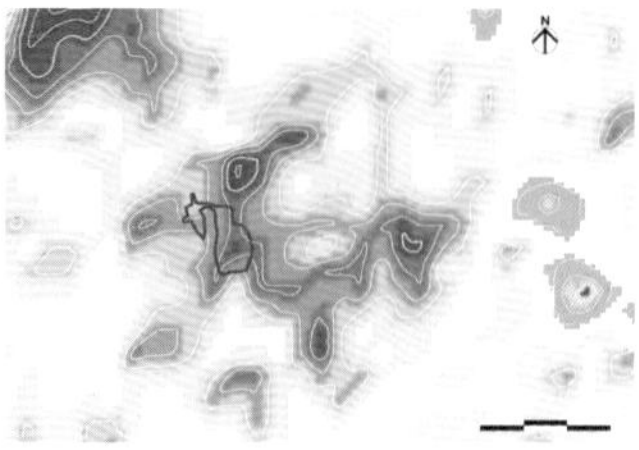

附录 2　寒冷地区典型传统村落的案例调研补充

辽宁省葫芦岛市绥中县永安乡西沟村　　　　附表 2-1

村落名称：辽宁省葫芦岛市绥中县永安乡西沟村。
所在区位：
西沟村位于辽宁省西南，燕山余脉的东延部分山地地区，东南高、西北低，小河口长城要道北侧。
国家传统村落入选批次：
国家第三批传统村落

村落特色：
西沟村是因屯守长城而诞生的村落，戍边军队出自江浙一带，因此西沟村集南方精致的建造技艺和抵御北方特殊气候的手段为一体，同时是具有古代“戍边文化”的重要村落

空间治水节水分析：
1. 宏观空间分析选址策略：“高”，整体村落范围以及后续扩展都布置在洪水线以上；“坚”，整体村落位于山顶位置，在距离长城较近的同时也保证了村落的安全。

2. 中观空间分析：行洪路网为“E”形横纵向道路，构成西沟村排洪网交叉路网，东西向道路收集雨水，并汇往南北向道路，道路依靠天然坡势呈8°~10°

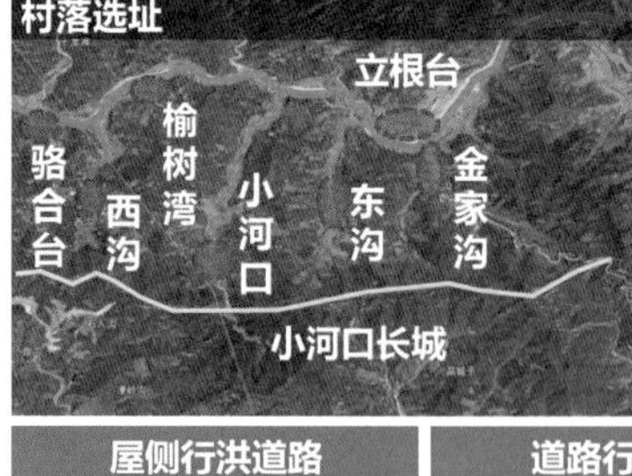

3. 微观空间分析：微观层面在进行排水设计时，考虑到屋侧行洪道路、道路行洪模式、沟渠结合道路行洪等方面，另外还利用桥面、涵洞、边沟、坡度进行排水	
院落空间及建筑特色： 村庄里院落以一进院落为主，二合院及三合院居多，院落空间形成围合的区域，具有归属感和私密感。建筑特色是南方建造技艺、北方气候地貌、戎边文化三者的结合，从中可以看出不同文化对于建筑风格的形成有着深刻影响，是文化的集中反映	 

村落名称：辽宁省抚顺市新宾满族自治县上夹河镇腰站村。
所在区位：
位于上夹河镇，距离抚顺市市区 56km，距离新宾满族自治县县城 59km。
国家传统村落入选批次：
国家第三批传统村落

规划智慧：
1. 合理选址：选址避开山洪，选择安全区域建设，且村址近水源，趋利避害。
2. 合理布局：村庄以道路为肌理，合理布局，建设各个房屋，且在规划时充分考虑大岗河排水渠的位置。
3. 合理排水：村庄各户废水及雨水的排放，由小岗河排水渠经大岗河排水渠排入河流

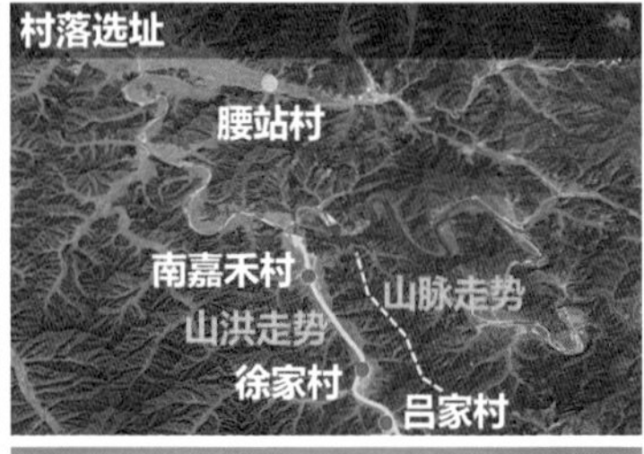

建造技艺一泥土房：
对于房屋的选材（木材、黄泥、墙草、山房草）、建造时期、时序、后期维护都有严格要求

建造技艺一砖房：
采用院落式布局的砖房对于功能分区、空间流线的组织及内部细节都进行了合理的规划设计（尹登故居是其中的典型案例）

村落名称：河北省邯郸市涉县井店镇王金庄村。
所在区位：
位于河北省涉县东北井店镇东南向，距县城约 20km。
国家传统村落入选批次：
国家第一批传统村落

村落特色：
1. 天然的石头博物馆：
建筑一直遵循着明清始建时期风格，有石房、石巷、石桌凳、石碾磨等。
2. 万亩梯田群：经审地形、垒堰、挖土、界定和教化等步骤修筑梯田。
3. 驴文化：驴是主要劳动力和交通工具。村庄有着特殊的交通规则，在街巷中为驴设置专用石板路

空间治水节水分析：
1. 村落整体排水：经垂直于等高线的支巷汇集，经村内主要道路，在河流处汇集，最终流向月亮湖。
2. 街巷排水：分自由排水与组织排水。组织排水中一种是在道路中间用条石铺地，立石侧边，下设水道。另一种是中间高，两边低，墙边设水道。街巷排水最终流向村落水口或河流，形成完整排水系统。
3. 院落排水：设条石封盖的排水暗沟，暗沟为绕门而过的走向，地面找坡，将雨水导入暗沟，经门洞排水口排水至院外街巷

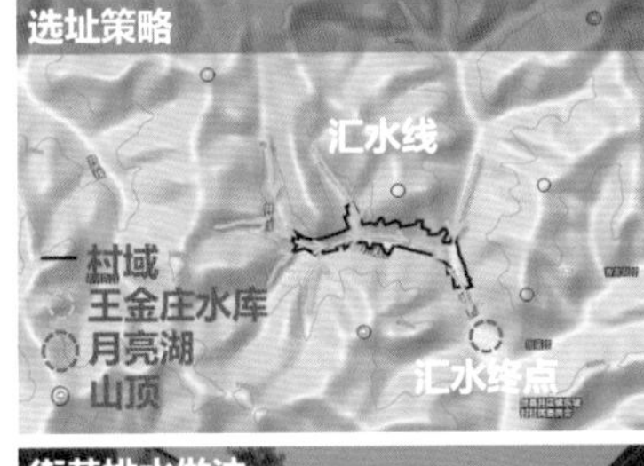

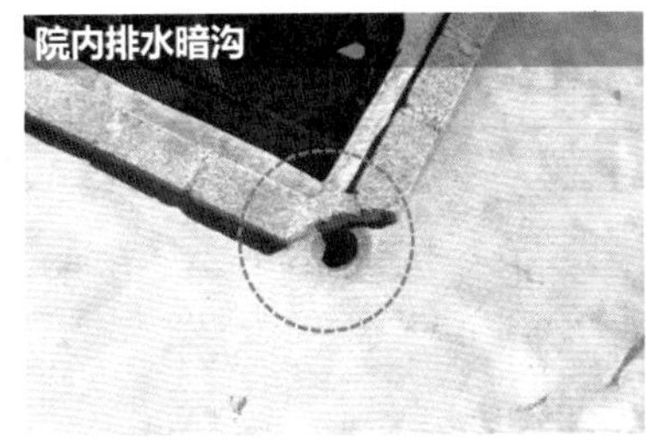

村落名称：辽宁省葫芦岛市绥中县李家堡乡新堡子村。 所在区位： 位于绥中县西南，距县城车程 65km。 国家传统村落入选批次： 国家第三批传统村落	 
周边环境： 背倚老牛山，前揽九江河，紧挨 2002 年被联合国教科文组织评为中国东北地区唯一的世界文化遗产的九门口长城。周围多为农田、绿地	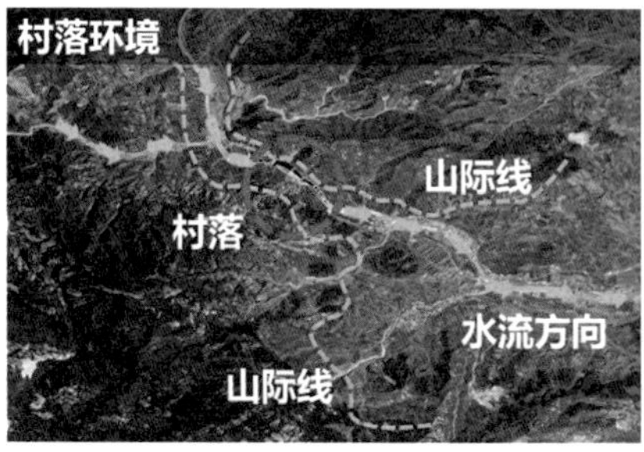  周边水体环境 
村落特色： 具有典型的围合式房屋院落布局特征。建筑材料采用当地石材。 村庄内有享有“水上长城”美誉的九江河过河桥	 
问题思考： 1. 院落是否有绿化和防排水措施？是怎样蓄水的？ 2. 村中传统住宅有没有应对冰雪灾的低技术手段或特殊做法？	 

村落名称：辽宁省朝阳市朝阳县柳城镇西大杖子村。
所在区位：
位于辽宁省西部，在燕山湖水库下游，距朝阳县城 17.8km。距朝阳市 24.3km。
国家传统村落入选批次：
国家第三批传统村落

周边环境及村庄肌理：
西大杖子村周边环境可以概括为“两山夹一沟”，整个村庄属于山地型村落，村中道路比较规整，道路走向为东西向

村落特色：
在民居建造时，就地取材，充分利用当地石材，房屋建筑造型古朴，技艺精湛。当地的农耕及生活用具也大多采用石材：比如石头梯田、石井、石碾、石磨等

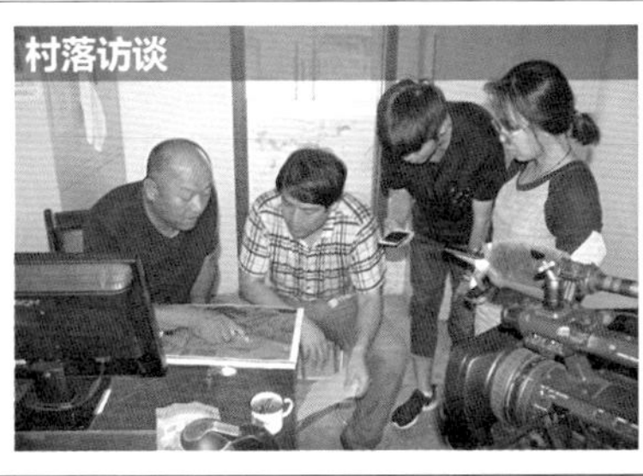

村落名称：吉林省白山市临江市花山镇珍珠村。
所在区位：
位于吉林省南部，长白山老岭山脉，行政区划上属于吉林省白山临江市花山镇管辖，距离花山镇 15.1km，距临江市 25.2km。距白山市 37.3km。
国家传统村落入选批次：
国家第三批传统村落

宏观排水系统分析：
1. 选址：珍珠村地处两山之间，周围多为山体、梯田，村落沿道路两侧而建，呈带状分布。
2. 水系统：从古至今村民饮水取自于水井，地下水位极高，属高山泉水井，从未干涸。如今 116 户人家依靠 7~8 口天然水井饮水

地形地貌剖面分析
北
东
西
南

剖面分析图

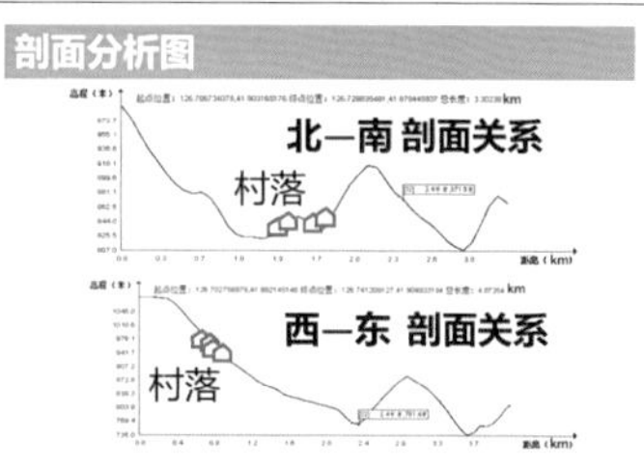

村落选址

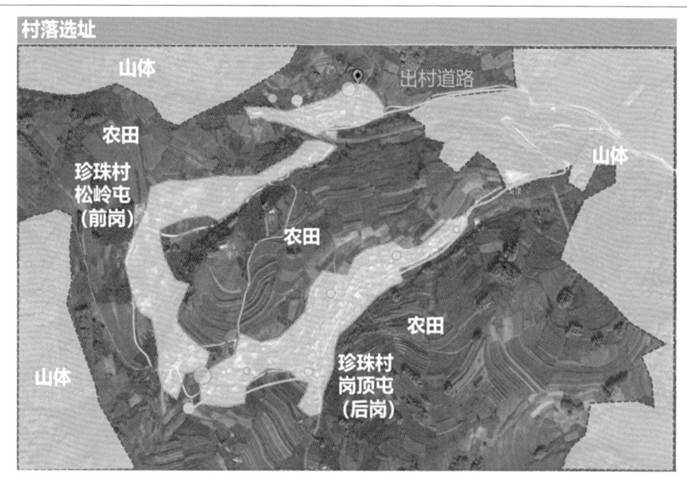

中观排水系统分析：
防洪排水以“导”为主：道路单侧排水，村庄内主干道设有单侧排水渠，渠深 400~600mm，能够良好地应对山体及坡势的雨洪

梯级排水

排水渠

排水渠

街巷排水

微观排水设计： 微观层面在进行排水处理时包括打造泉水井、房屋排水、养鸭塘、墙侧排水等设计手法	 泉水井  房屋排水  养鸭塘  墙侧排水
房屋建造： 1. 地基：多为春夏建造房屋。早期村庄建筑以半地下为主，地基向地下打1~1.5m深，避开冻土层，在冬季有良好的保温效果。 2. 取材：冬季依靠冬雪将山上木头运至村内，而冬雪易于运输，提升效率。一般选择圆木。 3. 做法：榫卯式搭建。 4. 木质架空房顶特点：通风、防潮、可储藏物品、易于修缮	 地基排水  黄泥墙身  木材搭接方式  木质架空房顶  木质架空房顶  屋后排水
空间的多功能设计：不同于其他村落，村民将苞米楼与地势结合，利用下半部分改造为小仓库堆放木材、农耕用具或搭建鸡窝	 苞米楼  苞米楼

村落名称：吉林省延边朝鲜族自治州图们市月晴镇白龙村。
所在区位：
位于吉林省东南部图们市境内，距镇区 9.5km，东以图们江为界，与朝鲜隔江相望，西与延吉小河龙相邻，南与龙井市开山屯镇相邻，北接石建村。
国家传统村落入选批次：
国家第三批传统村落

村名由来：白龙村建于清光绪初，当初村民常被老虎伤害，多次发布告驱虎，故取名为“布瑞坪”，朝鲜语意为发布告驱虎。后来以朝鲜族民间传说中白龙能驱虎之意，改名为白龙

发展模式：
1. 发散型发展（初期）：围绕核心建筑发散建造。
2. 推进式发展（中期）：户户紧凑，“井”字路网。
3. 两者兼备发展（后期）：发散与路网布局兼顾

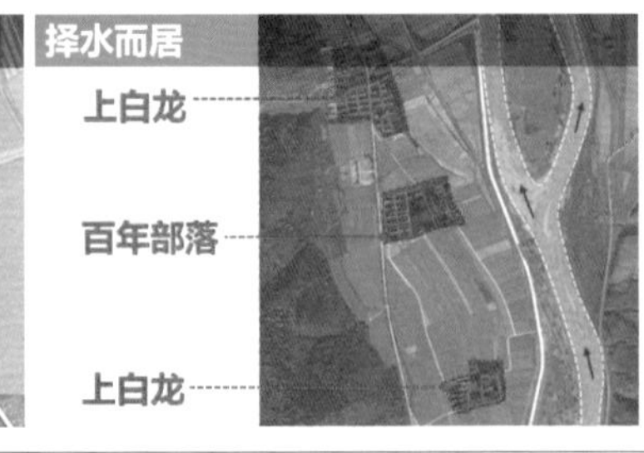

村落选址：
位于图们江狭窄的河谷走廊，在平缓山脚处建设，且临近耕地，保证居民有充足的生产生活用水，还满足排水、防洪等要求

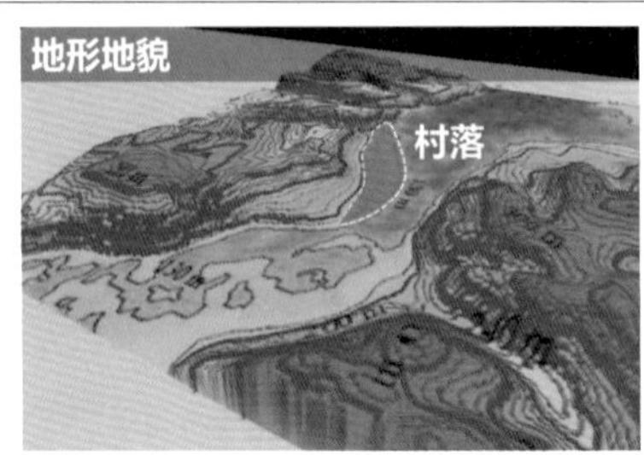

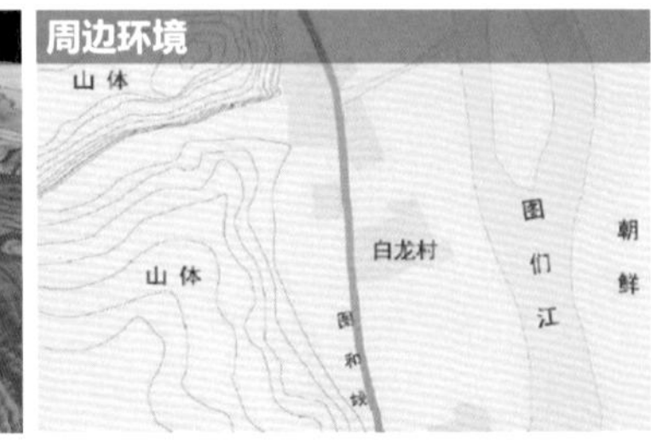

村落名称：吉林省延边朝鲜族自治州图们市石岘镇水南村。
所在区位：
位于图们市北侧，距图们市区车程9.3km。
国家传统村落入选批次：
国家第三批传统村落

周围环境与地形地貌：
西北和东南环山，地势较低。
地面高程从南北两边逐渐向中心地段递减，在水南村达到最低点，水南村地面高程为 110~115m。
地面高程自东向西逐渐递减，水南村地面高程为 110~115m，但跨过嘎呀河，有高程突变

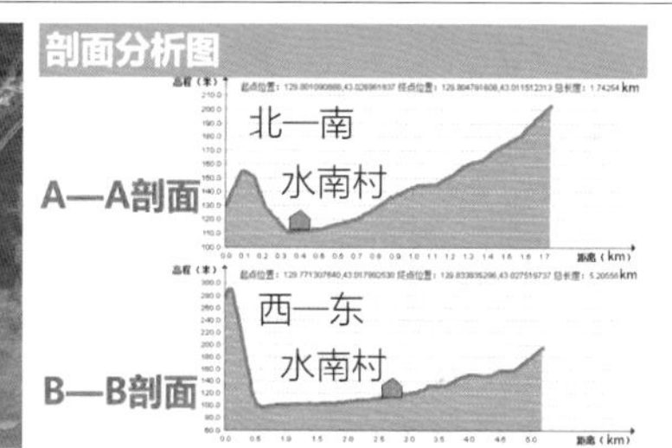

水系分布与结构：
水南村西面有嘎呀河，东北面有水库，途径水南村的河流主要源于上游水库。水系紧贴并与村落布局平行，与地势走向垂直

排水设施：主要有排水引水沟渠、宅基地高出路基、路边围墙与绿地、地下排水沟等

模式总结：
村委及活动中心基本集中在村落中心，村落住宅面向南面，前院后宅，垂直于南北向的道路布置

村落名称：辽宁省锦州市北镇市富屯街道石佛村。
所在区位：
位于北镇市东北方向约 12km，处在医巫闾山东部，西北与红石村相邻，东南与分税关村相伴，为山区村落。
国家传统村落入选批次：
国家第四批传统村落

周边环境：
位于医巫闾山东部，村庄依山而建，河流穿村而过，西北与红石村相邻，东南与分税关村相伴，为山区村落

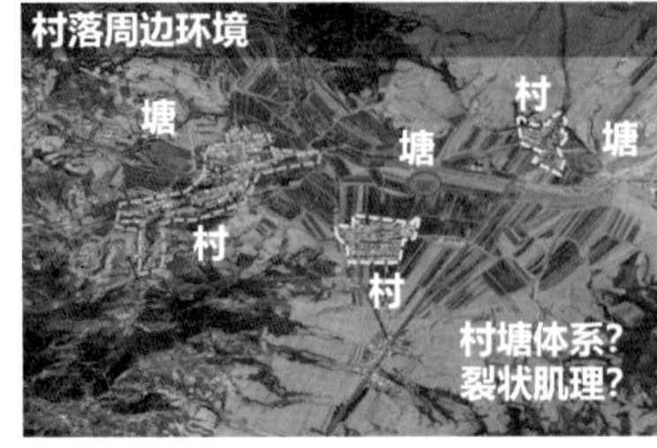

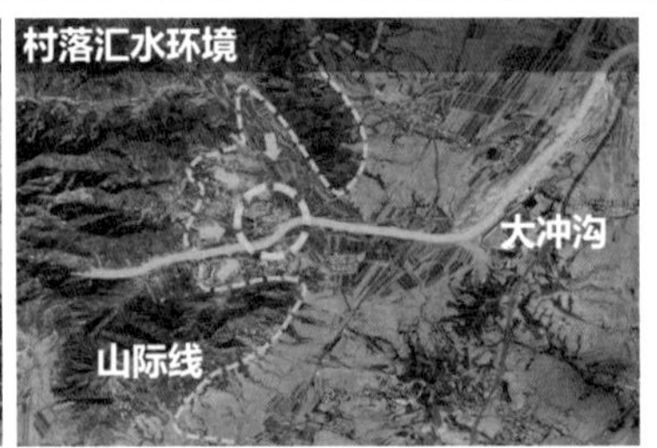

宏观空间模式：
主要以高、蓄为主要手段，整体村落范围布置在河床的台地以上；依据河道和道路，直接在河床上开挖蓄水井、池塘。

中观空间模式：
主要以防、导、蓄、护为主要手段，沿路排水引导径流方向。

微观空间模式：
主要以导、蓄、坚、护为主要手段，在河床与田地间挖掘深井，蓄水集水

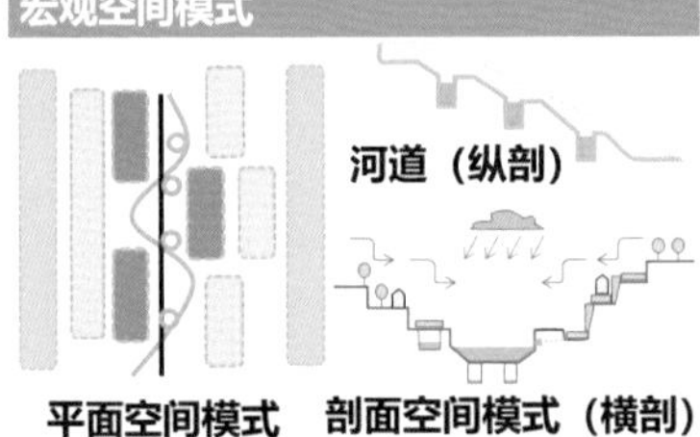

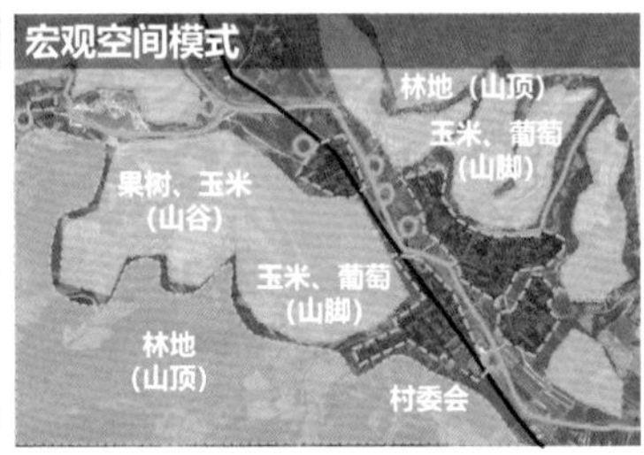

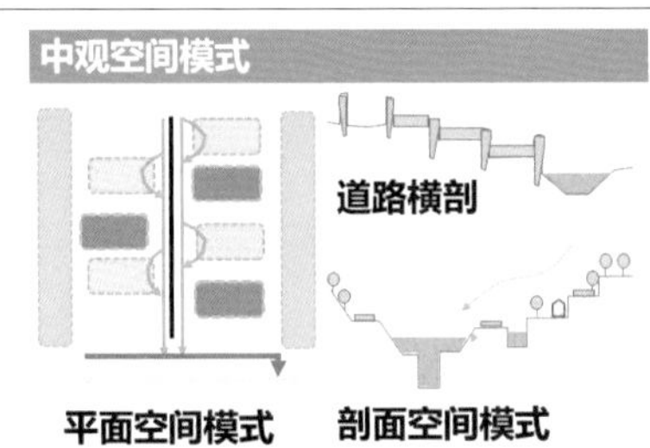

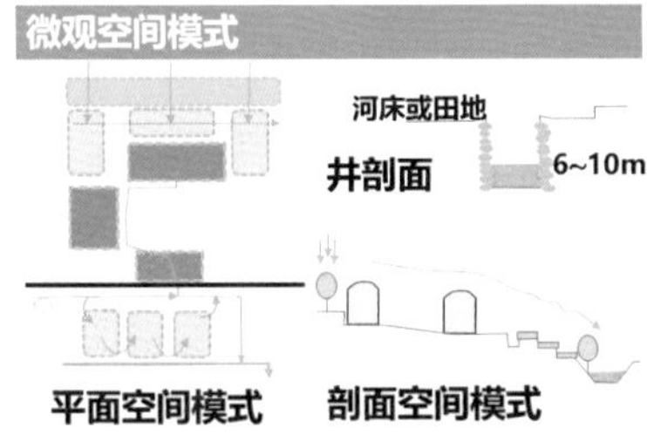

人文特色：
国家第四批传统村落（始建于清代）。
非物质文化遗产：剪纸。
特色：满族、满语活化石、满洲式老屋

村落名称：新疆维吾尔自治区布尔津县禾木村。
所在区位：
位于新疆布尔津县喀纳斯湖畔，距县城车程 175km。
村落定位：仅存的 3 个图瓦人村落之一

当地木质材料的利用：
（趋利、避害）
在原木的端部采取斧劈开槽的加工方式，将开槽后的原木上下对扣形成咬接，构成稳定牢固的木框。
利用草与木的自沉降，实现自然贴合，加固建筑

当地植草材料的利用：
（趋利、避害）
利用当地高原苔藓“努克”，借助苔藓遇水膨胀的原理增加墙体气密性保持室温恒定。驱蚊，防风

建筑空间的合理利用：
双层屋顶的建设技巧，坡屋顶有效减轻积雪承载力，平屋顶多用作储存空间，既有开敞空间，又有封闭处理，合理地将人居与储物空间整合起来

村落名称：黑龙江省哈尔滨尚志市一面坡镇镇北村。
所在区位：
位于黑龙江省东南部，尚志市政府所在地东南 20km 处，尚志市中西部，张广才岭西麓，蚂蚁河冲积平原南岸。
国家传统村落入选批次：
国家第三批传统村落

村落建筑风貌特点：
镇北村是具有浓郁俄式风格的村落，其建筑风格深受俄罗斯影响，经过时间的融合、积淀，铸就了镇北村特有的地域文化风格

典型建筑分析：
1. 一面坡镇中东铁路疗养院：俄罗斯古典建筑风格，立面设计采用“横三段，竖五段”的构图方法，突出轴线。
2. 一面坡镇中东铁路乘务员换乘公寓：建筑采用了不同的装饰手法，建筑正面装饰繁缛，如同宫殿。外墙体装饰简洁。
3. 一面坡镇中东铁路松花江支俄司令部：具有古典主义遗风的折中主义建筑，砖体结构，正面分三段，带有翼中楼，具有古典主义宫殿色彩

建筑细部：
建筑内部栅栏、阳台、楼梯以及房檐下锯齿形的装饰，大多都是木结构，具有俄罗斯民族的突出特点，形成了一种独特风格

附录 3 《生态智慧城镇之长白山行动纲领》

2018 年 7 月 24 日—7 月 26 日，来自世界各地的生态智慧与生态实践领域内的专家、学者、设计师、管理者和媒体齐聚长春吉林建筑大学，参加“生态智慧城镇”同济—吉建大论坛（2018）。代表们一致认为，2016 年 7 月在“生态智慧与城乡生态实践”同济论坛上发布的《生态智慧与生态实践之同济宣言》的思想与理念、任务与愿景应通过“行动纲领”的形式予以明确的表达和传播。经集思广益和充分协商形成了《生态智慧城镇之长白山行动纲领》，今特向社会各界慎重发布。

一、以生态智慧城镇建设作为践行生态智慧与生态文明的重要途径

生态智慧是指生命体在长期与环境相互作用过程中积累形成的各种能使环境更适于生存的理念、策略和能力的总和。生态智慧城镇是在生态智慧引领下，顺应城镇发展规律，利用综合手段构建人类与自然和谐共生的城镇发展模式。建设生态智慧城镇是积极应对我国未来人口资源环境的总体状况、城镇化发展趋势、经济发展中“三大变革”（质量变革、效率变革、动力变革）所面临的机遇和挑战的重要举措，是迎接中国城镇化进入新时代城乡规划创新的具体显现，是践行生态智慧与生态文明的重要途径。

二、构建多目标均衡、多效益统一、多系统共生的生态智慧城镇目标体系

生态智慧城镇目标从综合意义层面而言，包括需求目标、关系目标、外部效应目标、管理目标、经济目标、人文社会目标等。必须在满足生态智慧核心理念及价值观基础上对以上诸分项目标的均衡性进行谨慎地调控，以接近及达成整体意义上的“最佳”。生态智慧城镇重视地球生命共同体中各个成员之间的和谐、共生、共赢与共荣。“化害为利”“趋利避害”“普益众生”“守中致和”等生态智慧原理对生态智慧城镇建设具有重大指导意义。

三、推进基于生态智慧内涵的多维系统融贯与整合

生态智慧城镇建设需要致力于多种学科、多种规划类型、多种系统、多种规划手段与方法的有机融贯与深度整合；鼓励公众改善人居环境的自发意愿、激发民众

创造美好生活的自觉行为，优化公众参与形式、机制和平台。

四、探索不同地域生态智慧城镇的机制与规律

生态智慧城镇建设要因地制宜、因地乘便，尊重地理规律、珍惜乡梓情愫，以见微知著、见端究末的科学态度深入分析各个地区产生于不同经济、社会和自然环境等背景下的多元化特点；充分重视不同地区的地方生态智慧经验和地域生态文化知识的研究与应用。在全球视野下开展不同地域、不同气候区划、不同民族区域的生态智慧与生态实践研究，尤其应重视特殊自然环境区域（如环境敏感区和生态脆弱区）与特殊气候区域（如严寒地区）背景下的人居环境研究。

五、倡导多主体间的合作研究与合作实践

在生态智慧城镇建设过程中，构建一个将生态智慧理念和韧性城乡策略予以整体考量的具有共生性特征的系统框架；开启科研机构、高等院校、政府部门、企业、民众之间的多方合作和共建共营的路径；坚持平等互利、优势互补、形式多样、共同发展的原则，大力开展城市内部各系统之间、城乡之间、城市之间、地区之间、省际之间乃至国家之间在生态智慧城镇研究、规划、建设和管理等方面的广泛合作；建立数据和信息的共享渠道、技术和经验的交流平台以及物质与能量的互通网络。

六、开展多种类型的生态智慧城镇示范性项目

从科研、规划、设计、建设与管理等多方的跨界角度，通过生态智慧城镇示范性项目将生态智慧的理念与方法有效地落实在广袤的城乡人居环境之中，使之生根发芽，健康成长并蔚然成林。

七、构建健全的生态智慧城镇制度体系

生态智慧城镇建设需要制度的保障。为此，要建立涵盖经济、社会、环境、空间系统等在内的治理制度体系；构建包括政策性规划、战略性规划、空间性规划、功能性规划、关系性规划的规划制度体系；强化生态诊断评价、规划建设绩效评价、城镇与自然关系和谐度评价的评估制度体系。特别地，要制定生态智慧引领下的人居环境建设标准和生态智慧城镇生态文明建设标准。

八、创建并完善生态智慧与生态实践的教育体系

创立和普及包括“生态智慧学”“生态实践学”和“生态智慧城镇学”等在内的相关新学科，编撰系列性的面向不同受众的生态智慧与生态实践教材，建立广泛的教育培训网络；培养一大批能够胜任研究、传播、设计、建设、经营和管理等各类生态实践需求的具有高度生态智慧伦理和道德水准的公民、研究者和实践者；在各级政府中按需设置与生态智慧城镇规划建设和管理相关的智囊团，在各类学术团体中建立与生态智慧与生态实践相关的分支学术机构。

2018 年 7 月 28 日在“生态智慧城镇”同济—吉建大论坛（2018）上全体通过。

执笔人：沈清基

附录 4　中国古人和现代学者关于传统生态智慧的核心观点

中国古人总结的传统生态智慧　　附表 4-1

文献名称	作者	年份	主要观点（古语境）	现代释义
《道德经》	老子	春秋战国	①道生一，一生二，二生三，三生万物，万物负阴而抱阳，冲气以为和。 ②人法地，地法天，天法道，道法自然	①道是独一无二的，道本身包含阴阳二气，阴阳二气相交而形成一种适匀的状态，万物在这种状态中产生。万物背阴而向阳，并且经阴阳二气的互相激荡而成新的和谐体。 ②人依法于地，地依法于天，天依法于道，道依法于自然
《春秋》	孔子	春秋战国	①事各顺于名，名各顺于天。天人之际，合而为一。 ②天地人，万物之本也。天生之，地养之，人成之。天生之以孝悌，地养之以衣食，人成之以礼乐。三者相为手足，合以成体，不可一无也	①将天意和人事相等同，将天视作同人一样的感觉，能够在冥冥之中主持公正的主宰体。 ②天地人，是万物的根本。天生长了人，地抚育了人，人成就了自己，三者相互依存，合成一体，缺一不可
《中庸》	子思	春秋战国	致中和，天地位焉，万物育焉	天地万物的和谐发展。 儒家认为，人与万物都存在于整个自然天地之中
《论语》	孔子及其弟子	春秋战国	①天何言哉？四时行焉， 百物生焉，天何言哉？ ②钓而不纲，弋不射宿	①四季万物都按照一定的规律运行，强调了顺应自然的思想。 ②意思是说只用一个钩而不用多钩的渔竿钓鱼，只射飞鸟而不射巢中的鸟。孔子提出的“不一网打尽、不倾巢尽剿”的主张表明，自然界中有其生存繁衍的规则，人们在利用自然资源时应顺应规则，既要考虑眼前，又要兼顾长远，体现了可持续发展的观点
《荀子》	荀子	春秋战国	“圣王之制也，草木荣华滋硕之时，则斧斤不入山林，不夭其生，不绝其长也；鼋鼍、鱼鳖、鳅鳝孕别之时，罔罟、毒药不入泽，不夭其生，不绝其长也；春耕、夏耘、秋收、冬藏四者不失时，故五谷不绝，而百姓有余食也；污池、渊沼、川泽，谨其时禁，故鱼鳖优多，而百姓有余用也；斩伐养长不失其时，故山林不童，而百姓有余材也。”	主张当自然界的动植物处于生长发育阶段时，必须实行“时禁”的可持续生态思想
《孟子》	孟子	春秋战国	虽有镃基，不如待时	虽有较好的农具，却不如等待好的时节来耕种
《墨子》	墨子	春秋战国	①上究天志，中稽古圣，下察民意； ②尚贤、兼爱、公义、交相利、节用	①追求从政治、社会、经济各维度建构系统的天地人和谐理念。 ②实践价值在于主张尚同，整合交互主体间的关系，以兼爱和公义导引社会生态，倡行交相利的整体利益观，以兴利除害和节用非攻推进利益生态
《秦律·田律》	／	秦代	春二月，毋敢伐材木山林及雍（壅）堤水	春天二月，不准到山林中砍伐木材，以免洪水冲垮堤岸
《汉书·召信臣传》	班固、班昭、马续	西汉	信臣为民作均水约束，刻石立于田畔，以防纷争	为了解决民众争水的纷争，在田界上刻石记录平均分水的条文，作为相互约束的凭证

续表

文献名称	作者	年份	主要观点（古语境）	现代释义
《汉书·沟洫志》	贾让	西汉	①上策： 徙冀州之民当水冲者。决黎阳遮害亭，放河使北入海。 ②中策： 多穿漕渠于冀州地，使民得以溉田，分杀水怒。 ③下策： 缮完故堤，增卑倍薄，劳费无已，数逢其害，此最下策也	①上策是针对当时黄河已成悬河的形势，提出人工改道，避高趋下的方案。 ②中策是开渠引水，达到分洪、灌溉和发展航运等目的。 ③下策就是要继续加高培厚原来的堤防，年年修补，劳费无穷，即使花费很大气力，也不会收到好的效果
《淮南子》	王刘安	西汉	孟春行夏令，则风雨不时，草木旱落，国乃有恐；行秋令，则其民大疫，飘风暴雨总至，黎莠蓬蒿并兴；行冬令，则水潦为败，雨霜大雹，首稼不入	按照一年二十四节气的变化来安排农桑，如若不“时”就会发生大灾祸
《水经注》	郦道元	北魏	①水物含灵，多有苞育。 ②石潭不耗，道路游憩者，惟得餐饮而已，无敢澡盥其中，苟不如法，必数日不豫，是以行人惮之	①水是富有灵性的，能养育众生，包罗广阔。 ②石潭中的潭水只供行人饮用而不能洗澡，人们污染了潭水就会受到得病的惩罚
《齐民要术》	贾思勰	北魏	以此时耕，一而当四。和气去耕，四不当一	遵守天时劳作，可以事半功倍，不守农时则事倍功半
《拾遗记》	王嘉	东晋	禹尽力沟洫，导川夷岳，黄龙曳尾于前，玄龟负青泥于后	大禹勘察地形，按痕挖沟，形成新的河流，筑成一道道堤坝。采取堵、引内结合的方法，顺应了容水的流动规律，灵活处理了水与土的相互关系
《水部式》	/	唐代	①水遍，即令闭塞； ②溉田自远始，先稻后陆； ③务使均普，不得编并	①要珍惜水源，避免浪费，农田用水实行轮灌制。 ②从下游开始，由远而近，先水田，后旱地。 ③公平合理用水，实现利益均沾
《陈敷农书》	陈敷	宋代	①故农事必知天地时宜，则生之蓄之，长之育之，无不遂矣。 ②然则顺天地时利之宜，识阴阳消长之理，则百谷之成，斯可必矣	①因此，作农事一定要知道顺应天时地利，顺应后就一定能顺利成长。 ②顺应天时地利，明白阴阳运作的道理，作物成长就一定能够完备
《农田水利约束》	王安石	北宋	①原无陂塘、圩旱、堤堰、沟恤而可以创修。 ②大川沟读浅塞荒秽，令行浚导，及破塘堰棣可以取灌溉，若废坏可兴治者。 ③其土田迫大川，数经水害，或地势卑下，雨潦所钟要在修筑圩旱、堤防之类，以障水涝，或疏导沟恤、畎浍，以泄积水。 ④民修水利，许贷常平钱谷给用	①在没有或缺少水利工程的地方新建水利设施。 ②整治维修已有水利工程。修建防洪排涝工程。 ③兴修水利的经费应由受益户出工出钱。为调动群众兴修水利的积极性，还规定在经济上给群众兴办水利以支持
《王祯农书》	王祯	元代	①盖二十八宿周天之度，十二辰日月之会，二十四气之推移，七十二候之变迁，如环之循，如轮之转，农桑之节，以此占之。 ②风行地上，各有方位，土性所宜，因随气化，所以远近彼此之间风土各有别也	①观察天象以定历法，在历法上分成四时、十二月、二十四气节等段落，依靠这些段落来占验应当进行哪些农事。 ②兼顾气候条件和土壤条件，是农业生产外在环境的统一
《天工开物》	宋应星	明代	天覆地载，物数号万，而事也因之曲成而不遗，岂人力也哉？事物而既万矣，必待口授目成而后识之，其与几何？万事万物之中，其无益生人与有益者，各载其半	世间万物的存在超出了人的能力范围，且顺应天地之间的规律造就而成的。对于自然的态度极其尊重、客观，认为这是“人工”造物的前提
《三吴水利便览》	童时明	明代	①导河必自下流始； ②吐纳众流，然又借以滋润农亩	①疏通河流，一定要从下流开始。 ②吸收容纳众多支流后借助他们来滋养农田作物

续表

文献名称	作者	年份	主要观点（古语境）	现代释义
《治水筌蹄》	万恭	明代	筑坝束水，以水攻沙	所谓“束水攻沙”，是根据河流底蚀原理，在黄河下游两岸修筑坚固堤防，不让河水分流，束水以槽，加快流速，把泥沙挟送海里，减少河床沉积
《问水集》	刘天和	明代	村庄周遭积沙成巨堤，上复多柳，云以御水。询之，先于平地植低柳成行，以俟风沙传聚，旋自成堤。柳愈繁则沙愈聚，根株盘结，水至无害也	通过对于当地情况的勘察，改进发明了通过植物（柳树）治水的策略
《河渠纪闻》	康基田	清代	天下自然之利，唯水利为大；护堤之法，无如栽柳为最	①天下自然资源中，水利是最为主要的。 ②固堤的方法中，栽柳是最佳的方法

现代学者总结的传统生态智慧　　附表 4-2

文献名称	作者	年份	主要观点（现代语境）
《生态实践学：一个以社会——生态实践为研究对象的新学术领域》	象伟宁	2019	生态实践学聚焦于社会—生态实践的认识与实践，并致力于其知识体系的系统化、理论化。在科学和人文的多重分支学科领域中，生态实践学凭借广泛的知识视角，深入探索社会—生态实践的本质，不仅服务于相关学科的实践，而且有助于深化其理论研究和教育教学
《要向李冰和麦克哈格寻求生态智慧启示》	象伟宁	2015	①生态智慧作为一种知识范畴；生态智慧作为可操作和可实践的知识；生态智慧作为一项准则；生态智慧作为成就可持续发展的秘诀。 ②生态智慧是指关于生态学知识范畴下的一种特殊形式，体现在如都江堰水利工程、斯塔滕岛或纽约中央公园，这些经过实证的成功生态项目背后的理念、原理、策略，乃至一些推动创新与永续发展的方法中；与此同时，它包括特定个人或团队的特定实例；也包括生态研究、规划、设计、管理中亘古经典的知识
《城市韧性研究的巴斯德范式剖析》	汪辉、王涛、象伟宁	2019	①生态实践智慧的首选研究范式——巴斯德范式。 ②更适合解决社会—生态系统问题的“舍恩－司托克斯模型”
《恢复力、弹性或韧性？——社会—生态系统及其相关研究领域中“Resilience”一词翻译之辨析》	汪辉	2017	相对于恢复力与弹性，韧性一词包含了对系统经干扰后恢复到平衡状态观点的扬弃，彰显了作为社会—生态系统的人类世界显然不应该是在灾难后恢复到原点，而是经受灾难后变得更强大、更繁荣、更具有生命力之含义
《从生态智慧的视角探寻城市雨洪安全与利用的答案》	王绍增、象伟宁、刘之欣	2016	雨洪管理与雨水资源利用认为雨洪是自然现象。单纯的本地降雨（包括暴雨）是自然资源，需要也可以为人类利用，形成一种生态智慧理念
《生态智慧引导下的城市雨洪管理实践》	王绍增	2016	生态智慧，是人类在与自然协同进化的漫长过程中（包括雨洪管理实践中）领悟和积累的生存与生活智慧
《生态智慧引导下的太原市山地生态修复逻辑与策略》	王云才、黄俊达	2019	①群落优化、浅山区多元化土地利用的生态智慧策略，协调城市发展与环境保护的矛盾。 ②从山地安全性修复、山地功能修复和山地生态系统修复的综合修复框架研究山地生态修复策略
《城市生态复兴》	王云才	2018	美国伊恩·麦克哈格更是应用“设计结合自然”的生态智慧建立了现代城市及社区发展的生态规划设计体系与生态决定论的城市发展观
《乡村聚落社会生态系统的韧性发展研究》	岳俞余、彭震伟	2018	①乡村聚落在人类与自然环境相互作用与影响的过程中，呈现为自然生态与人类经济生产、社会生活三个子系统互为一体的社会生态系统。 ②社会生态韧性（Social-ecological Resilience）是在生态韧性的基础上，随着对系统构成和变化机制认知的进一步加深而提出的一种全新的韧性观点

续表

文献名称	作者	年份	主要观点（现代语境）
《关于沿黄生态带特色文化旅游产业发展的思考》	王建国	2020	产业绿色转型发展是推动内蒙古自治区全面践行“绿水青山就是金山银山”的基本要求，更是破解沿黄经济带资源、环境约束的关键突破口
《生态智慧与生态文明建设》	卢风	2020	生态智慧是人在极度困难的情境中做对人和生态系统都正当和 / 或好的事情的能力，或者说是在极度困难的情境中成功从事生态实践的能力
《风景园林视角下的兴化垛田农业遗产“三生”智慧研究》	张海强、陈颖思、郭明友	2020	①垛田具有的风景如画的生活场景、因地制宜的生产体系及转患为利、良性循环的生态智慧。 ②垛田以其因地制宜的农业耕作方式与人水共存相生的农业生产景观，鲜明地表现出传统农业耕作对于自然环境的适应与改造智慧，并因其蕴含的农耕文化价值与农业景观价值而被列入为农业遗产
《试论“二十四节气”生态智慧在康复景观设计中的转译与表达》	贾君兰、汪园、郑丽	2020	①利用二十四节气生态智慧搭建人与自然和谐相处的桥梁。 ②二十四节气对于康复景观设计要素具有指导性，并利用设计手段在生态实践中构建、培育、优化康复景观的健康效益，以期为康复花园的空间营造、花木种植提供依据和参考
《不同健康影响路径下的城市绿地空间特征》	干靓、杨伟光、王兰	2020	城市绿地空间从规划设计实践需求角度提出未来的研究需要从权衡主导风险影响、构建高线指标要求、深化微观促进机制、优化指标度量视角等方面予以完善，以期为健康导向的绿地规划设计提供依据，推进健康绿地循证设计
《古村落中的雨洪利用生态智慧：以山西贾泉村为例》	王晓军、赵雪荣、田晋嘉	2020	中国古村落中雨洪利用和湿地管理的生态智慧在乡村人居环境建设中应充分借鉴，为湿地系统的管理和乡村聚落可持续发展提供参考
《如何应用“防患于未然原则”于社会—生态实践？》	王昕皓	2019	生态智慧作为智慧的一种，追求的是基于知识、经验和道德规范构建生态和谐的社会生态系统的能力。韧性思维促使我们关注发展以外的系统特性，承认对系统有威胁的灾害总会发生而且其发生的时间、地点、规模、频率等都是不确定或不可预测的。因此系统必须具备随时应对突如其来的灾害袭击、保障系统功能持续的能力
《聚生态智慧 筑山水人居》	胡洁	2019	城市化带来了诸多城市病，亟需总结中国传统生态智慧相关理论及实践经验予以应对。中国古代“山水城市”已经拥有利用地方材料、结合自然地形地势、随弯就弯高低错落，以及形成经济优美城市的建设经验
《道法自然的增强设计：大面积快速水生态修复途径的探索》	俞孔坚	2019	道法自然的增强设计，也就是从农耕技术特别是基于水的农耕生态智慧和工程技术中寻找灵感，形成标准化的技术模块，进行规模化地推广实施，实现大面积的水生态修复
《论和谐星球的生态共同体建构——兼评傅修延教授〈生态江西读本〉》	生安锋	2019	从汲取古人生态智慧、开拓生态文明新思路，去除人类中心主义和反对伪人文主义，重视知识分子的责任和呼声三个方面提出要汲取世界各族人民的生态智慧，构建起全球范围内的生态文明共同体
《生态文明制度建设的思想引领与实践创新——习近平生态文明思想的制度建设维度探析》	包庆德、陈艺文	2019	以习近平同志为核心的党中央基于对人类文明发展规律和中国国家治理历程的反思总结，形成体现系统思维、可持续要求和以人民为中心立场的生态文明制度建设的思想原则，以及由指导性制度、约束性制度和激励性制度等构成的生态文明制度建设的实践架构
《生态智慧视角下的长春冰雪景观体系与城市设计实践》	董慰	2019	基于因地制宜和“物”尽其用的原则，尝试构建生态智慧视角下的长春冰雪景观体系
《旱涝灾害威胁下的城乡水适应性景观特征及影响因素——以山西晋中地区为例》	里昂、王思思、袁冬海、李海燕	2018	①传统生态智慧的工程性做法：暗渠排水、院落采用“绕门水”、密植间苗节水法。 ②水适应性景观对于干旱的表现特征及适应方式是相同的，而适应洪涝的景观特征是不同的，不同地形地貌是主要原因
《美国雨水管理理念与实践的发展历程研究与思考》	冯娴慧、李明翰	2018	雨洪管理中的生态智慧：美国雨水管理理念与实践发展历程经历了； ①早期的美国雨水管理行动（20 世纪 70 年代前）是水利工程设施建设。 ②雨水管理的变革：国家洪水险的实施与城市雨水管理设施建设。 ③雨水管理理念的发展与变革：净水法案与城市雨水净化。 ④承上启下的创新雨水治理策略：低影响开发（LID）策略

续表

文献名称	作者	年份	主要观点（现代语境）
《中华生态智慧是绿色建筑的中国特色》	吴志强	2018	中国生态智慧具备尊重自然规律、尊重整体秩序、尊重代际演化的特征
《自然生态与文化生态的原始交织——基于南美拉祜族人居生态智慧的跟踪调查》	耿虹、李彦群、吕宁兴、况易、闫慧鹏	2018	生态之于城乡规划，包含自然生态与文化生态两类思域
《城市生态复兴与生态智慧——天人合一哲学思想与生态实践智慧》	李景奇	2018	①“天人合一”是中国古代哲学的源头，是古代先贤们的宇宙观、全息观与价值观的集中体现。 ②人类应该运用科学技术研究、了解、熟悉、掌握自然规律，让自然为人类服务，有限度地改造自然、征服自然并利用自然
《生态智慧视角下的植物群落构建及其景观营造研究——以芝加哥城市公共绿地为例》	刘晖	2018	①生态智慧是一种向自然寻求启示的感悟，需要具备生态学相关知识、对环境的判断能力以及将前两者应用到实践中的能力，3 个要素能够经得起科学的考验。 ②要求设计师在进行设计时更加重视场地原有的土地风貌，尊重场地与生俱来的特征，通过巧妙地加入新的设计元素，在打造符合生态智慧理念设计作品的同时，也建立了人们与土地之间的联系，同时生态智慧理念也被更多地运用于建设现代城市绿地之中，并逐渐受到人们的关注和重视
《于家古村生态治水智慧的探究及其当代启示》	赵宏宇、陈勇越、解文龙、邱微、张成龙	2018	①低技术、低成本、低冲击、适应式、复合化等特征恰恰正是现代海绵城市规划与设计所追求的目标。 ②倡导以“东西方哲学传统”“城市与村落”和“传统村落生态治水智慧与现代城市雨洪管理体系”耦合，尝试从古代八大防洪方略的视角，解析传统村落的治水机制
《中国北方传统村落的古代生态实践智慧及其当代启示》	赵宏宇、解文龙、卢端芳、杨波	2018	①传统村落是我国仅存不多的古代生态实践智慧的鲜活载体，其中所蕴含的朴素而可持续的生态智慧哲学观对我国现代城市规划领域具有重要启示意义。 ②中国古代生态智慧的挖掘应重点关注传统村落；中国古代城乡营建中可持续思想的核心是“低维护成本”；中国传统村落的生态实践智慧是实现从文化自信到文化输出的关键
《水南古村传统生态智慧的多维解读及思考》	张成龙、孟凡宇、赵宏宇	2018	水南古村在沟域层面的生态智慧主要体现在对寒地气候的充分适应性，体现了天地人三者合一的生态和谐观念
《巴斯德范式视角下的麦克哈格与福曼生态规划研究比较》	陈春娣	2018	生态实践智慧（Ecophronesis）是“人类（个人、人群乃至社会）在对人与自然互利共生关系深刻感悟的基础上、成功从事生态实践的能力”
《习近平生态文明思想对“四个自信”的理论贡献》	杨学龙、曾建平	2018	①习近平生态文明思想是指引中国走向社会主义生态文明新时代、实现美丽中国目标的科学指南，是对人类文明思想的重大贡献，是习近平新时代中国特色社会主义思想体系的重要组成部分。 ②习近平生态文明思想中包含的一系列新思想、新观点、新论断、新要求，不仅拓展了中国特色社会主义事业的总体布局，而且以其在生态文明道路、生态文明理论、生态文明制度、生态文化等方面的突出贡献夯实了中国特色社会主义道路自信、理论自信、制度自信、文化自信的内在根基
《城市生态修复的理论探讨：基于理念体系、机理认知、科学问题的视角》	沈清基	2017	城市生态修复的智慧理论是一个具有丰富内涵的概念。对智慧的界定可从能力、结构、系统、关系、环境、心理与美德等多个方面着手
《探索传统人类聚居的生态智慧——以世界文化遗产区都江堰灌区为例》	颜文涛	2017	可持续的人类聚居模式应该是人—社会—自然的动态互惠共生模式，强调社会与自然系统相互作用的整体性和有机性，即强调共生（Symbiosis）和共栖（Commensalism）意义上的相互依存关系
《适应水位变化的多功能基塘系统：塘生态智慧在三峡水库消落带生态恢复中的运用》	袁兴中	2017	在传统农耕时代，塘与人们的生产与生活紧密相关。这些塘系统发挥了储蓄水分、控制雨洪、净化污染、调节微气候、提供生物栖息地等多种生态服务功能

续表

文献名称	作者	年份	主要观点（现代语境）
《传统聚落水适应性空间格局研究——以台儿庄古城为例》	刘畅、王思思、李俊奇、吴文洪、李海燕	2017	传统生态智慧的工程性做法：择高筑台、避水而居、筑陂蓄水
《铁西工业文化遗产可持续城市景观研究》	朱玲	2017	用修补的方式完成空间的演替，城市群落不断增加新的元素，多样性不断增强，城市群落的生产力和活力不断增强，这是一个螺旋式上升的过程，就如同自然界顶级群落的建立过程。这样的城市，既能延续传统，又有对新事物的包容，是一个可持续发展的良性循环
《生态实践智慧与可实践生态知识》	王志芳	2017	①“可实践生态知识”界定为能够在实际操作中有针对性地解决特定场所永续发展问题的相关知识，它涵盖问题、动机以及方法三个层面，既可以来源于场地研究的实证知识，也有赖于过往实践的经验以及基于生态理论与科研的归类知识。 ②容错和灵感是生态实践智慧的核心特征，生态智慧实践就是凭借灵感以及临场应对能力利用可实践生态知识不断容错的渐进过程
《浅析深层生态学对生态文明建设的启示》	姜璐、陈兴鹏、逯承鹏、张子龙、薛冰	2017	①深层生态学是20世纪出现的一种生态哲学分支，作为一种整体论哲学并反对个体主义，是西方生态哲学由浅层转向深层的标志。 ②深层生态学的行动纲领、“生态智慧T”哲学体系及深层生态意识的培养
《阿伦·奈斯深层生态学思想研究》	王秀红	2017	①深层生态学是20世纪70年代在西方兴起的一个重要的环境哲学流派，被认为是激进环境主义的代表之一。 ②环境保护中的激进派认为生态危机从根本上讲是价值危机和文化危机，因此只有打破自牛顿—笛卡尔以来形成的二元论机械世界观，并形成新的自然观、世界观和伦理观，才能从根源上解决环境问题
《生态智慧的制度之维——论法律在城乡生态实践中的作用》	张振威	2017	生态智慧与法律的关联性：恶法并不能保证生态智慧的落地，而良法则反之。法律也必须具有生态智慧；法律不仅属于生态智慧的运行理论，也属于生态智慧知识领域的内容；制度与法律是生态智慧研究不可或缺的方向
《荀子生态智慧浅探》	赵利华、赵原宏	2017	①荀子著作中蕴涵着丰富的生态智慧与思想，他的生态思想主要包含三个部分，即“明与天人之分”的生态哲学基础、“制天命而用之”的生态实践思想。 ②荀子生态思想对建设“美丽中国”，实现社会主义生态文明有着重要的理论和实践价值
《基于水安全与水生态智慧的人类诗意栖居思考》	沈清基	2016	生态智慧是生命体形成的能使环境更适于生存的策略和理念的总和，是人类对人与自然互惠共生关系的深刻感悟及因地制宜且高效地从事生态实践的能力
《生态智慧视野中的洪灾问题》	程相占	2016	生态智慧是在协调生态系统与人类福祉之间相互关系的过程中，以最小人工投入赢得最大生态效益的智慧
《发挥河网调蓄功能消减城市雨洪灾害——基于传统生态智慧的思考》	车越	2016	河网水系是我国关键的生态廊道和自然生境，具有重要的自然调蓄功能和社会文化功能
《人类福祉研究进展——基于可持续科学视角》	黄甘霖、姜亚琼、刘志锋、聂梅、刘阳、李经纬、鲍宇阳、王玉海、邬建国	2016	可持续科学，是关注人与环境之间动态关系的整合型科学，为实现可持续发展提供理论基础和科学依据
《让自然做功事半功倍——正确理解“自然积存、自然渗透、自然净化”》	成玉宁	2016	实事求是地“让自然做功”;而“自然存积、自然渗透、自然净化”的三个“自然”原则充分体现了“让自然做功”的原理，具有深刻的生态科学意义，是“天人合一”生态智慧在海绵城市建设中的具体显现

续表

文献名称	作者	年份	主要观点（现代语境）
《生态智慧的新表征——生命体城市》	高春留、程德强、刘科伟	2016	①兼顾智慧城市与生态城市的发展，从仿生学的角度提出城市生态智慧的新表征——生命体城市出现的必然性。 ②生命体城市是智慧城市与生态城市结合发展的新高度，具有更高的稳定性、宜居性，更适于城市居住者的生活需求，当遇到突发紧急状况时，生命体城市将作出更加积极的响应与反馈
《求是》	滕文生	2016	①强调要加强对亚洲价值和东方智慧的研究。 ②形成：和而不同，和合一体、实事求是，与时俱进、克勤克俭，自立自强、重视集体，克己奉公、德法并用，标本兼治、诚敬为本，互尊互信、开放包容，互学互鉴、义利结合，互惠互赢、亲仁善邻，和平相处。“统”“兴”为常，“裂”“衰”为异的智慧思想
《老庄的生态智慧——朴素农业生态文明的萌芽》	张弦、苏百义	2016	①中国古代哲学家老子和庄子的思想中蕴含着丰富的生态智慧，是中华民族宝贵的精神财富。 ②老庄“道生万物”的生态整体观、“道法自然”的生态和谐观、“知足知止”的生态发展观、“自然无为”的生态实践观以及“天下大美”的生态审美观，洞悉了人与自然辩证统一的基本规律，是我国朴素农业生态文明的萌芽
《传统生态智慧对我国生态文明建设的启示》	赵利华、赵原宏	2016	“道”是道家思想的出发点，被认为是世界的本原，先于物质世界而存在，是宇宙的根本法则和万物存在的根据，也是道家进行价值判断的标准。人和万物都因道而产生，都是整体宇宙中的一部分，以道来衡量万物，则“物无贵贱”，人和万物是平等的，且与其他万物共同构成一个有机整体。因此，在社会实践中，道家的思想家们主张尊重自然界本身的规律，强调“法自然”，要求人类的生产活动要服从世界自身的发展逻辑。在这个意义上来讲，“道家提供了最深刻并且最完美的生态智慧”
《浅论中国传统生态智慧融入大学生思想教育的必要性》	王雪梅、李盛梅	2015	中华传统生态智慧特别是儒家、道家生态思想融入大学生思想教育，有利于深化教育内涵，拓展教育资源；有利于加强高素质人才培养，引导大学生把生态文明观念意识外化成日常的自觉行动；有利于发挥高校文化传承功能，广泛开展生态建设实践；有利于提升大学生自身素质，促进全面发展
《中国传统哲学与当代中国生态文明建设》	朱琳	2015	①生态文化作为人类文化的一个分支，是以生态学的观点对人类文化进行考察研究所形成的文化领域，而生态文明是在生态文化中不断孕育的，吸取优秀的、发展的生态文化，从而达到了一个独立的文明阶段。 ②当代中国建设生态文明的理论基础来源于三个方面：一是几千年来中国传统文化中优秀的生态文化思想；二是马克思主义自然辩证法；三是当代的可持续发展理论
《劳伦斯·哈普林景观实践中的生态智慧及当代启示》	戴代新	2014	①对“实践（Doing）”的研究非常重要，可以分为两方面：一是研究具体的生态学理论、方法和技术措施，二是研究如何成为一位具备生态智慧的设计师。因而从风景园林规划设计的角度，如何做到对聚居环境永久和真实的生态文明建设，关键是从实践中研究如何正确运用理论、方法与知识。 ②生态智慧基于长期、敏锐的场地观察。 ③生态智慧是科学分析和创新思维的统一。 ④生态智慧是多学科协作的群体智慧
《绿色建筑设计的思考与实践》	丁建华	2014	绿色建筑的因地制宜就是要与本土相连
《城市绿色基础设施的研究与实践》	刘滨谊、张德顺、刘晖、戴睿	2013	①绿色基础设施的生态服务功能主要分为：供应服务功能、支持服务、调节功能、文化服务功能。 ②城市绿色基础设施研究与实践的未来发展设想应该是：建立基本认知与共识、挖掘绿色基础设施多重价值的社会公共服务功能、建立绿色基础设施的评估策略

文献名称	作者	年份	主要观点（现代语境）
《绿色基础设施的传统智慧：气候适宜性传统聚落环境空间单元模式分析》	董芦笛、樊亚妮、刘加平	2013	传统聚落通过建筑与自然山水空间结合的形态协同营造，共同构建传统聚落的绿色基础设施，形成良好的生境条件，以适应地域气候变化和抵御自然灾害
《生态文明"东方转向"》	周仕凭	2013	三百年的工业文明以人类征服自然为主要特征，产生了大量的工业废弃物，也导致水、空气、土壤污染日趋严重，一系列全球性生态危机说明，地球再没能力支持工业文明的继续发展，需要开创一个新的文明形态来延续人类的生存，这就是生态文明
《让潜在优势逐步显现——对我国生态文明建设的几点思考》	陈传忠	2013	我国向生态文明转型主要优势有三个方面：一是中华传统文化蕴含着丰富的生态智慧可资借鉴；二是社会主义制度的优越性；三是西方工业文明遭遇了困局就是我们的机遇
《道家生态伦理思想视域下的低碳生活方式研究》	杨立晓	2013	①道家生态伦理思想中强调的万物平等、天人合一、道法自然、适欲节用，恰恰是化解人类过度欲望的良方，而低碳生活方式正是解决现有生活方式中高消费、面子消费等弊端的良方。 ②人类在深刻自省中认为要构建合理的生活方式—低碳生活方式，以解决现有的生活方式的弊端；要建立良好的生态伦理思想—道家生态伦理思想，以化解人类过度的欲望，进而解决生态危机问题
《中国传统生态智慧及其现代价值》	张秉福	2011	①中国传统文化中的生态智慧主要包括"天人合一"的和谐整体自然观，尊重生命、仁爱万物的生态伦理价值理念，取之有度、永续利用的生态资源保护思想等内容，它们贯穿和落实于社会制度安排和生产生活实践之中。 ②中国传统生态智慧具有超越时代、超越国度的合理因素和永恒价值，给现代人类解决日益严重的生态问题提供了极其宝贵而深刻的启示
《中和之道与生态和谐》	丁常云	2010	①道教作为中国土生土长的传统宗教，历来重视对于自然环境的保护。 ②《老子想尔注》提出和则相生的思想，要求人与自然和谐相处、共生共长。《太上洞玄灵宝中和经》则称："道以中和为德，以不和相克。"
《道为天地之宗的生态智慧——对老子道论生态整体思想的当代解读》	熊小青	2007	①中国哲学的"生态意蕴"成为人们关注的焦点。老子作为道家的开拓者及代表，其思想中所蕴涵的整体生态智慧正在被人们所挖掘和弘扬。 ②老子以"道"作为宇宙万物的本源和本体而构筑了一个"道"化生和统领宇宙万物之宏大体系。老子以宇宙视野来反观人和社会之现状成就了老子之道的"救世之学"。老子之思维方式及基本精神无疑是今天环境问题治理当中之所求
《从景观符号看传统景观文化的传承》	张群、高翅、裘鸿菲	2006	①"园由造化，物呈心历，意象天成"作为中国古典园林气质卓绝、气韵生动的美感的主要特点。 ②"相天法地、巧夺天工、浑然天成"是中国古人素来追求的传统
《呼唤城市规划生态自觉——老子生态智慧启示》	李浩、张舰、吴丁花	2004	①《老子》中蕴藏着的丰富的生态智慧：以"道"为核心的生态哲学思想、"少私寡欲"的生态价值观念、"绝仁弃义"的生态伦理观、自由朴素的生态美学观以及"无欲无为""道法自然"的生态管理思想。 ②生态危机的哲学反思、"古为今用"——发扬中国传统文化的需要、"城市生态贫困"问题的日益突出——城市规划生态学化的趋势加剧，在此基础上提出城市规划生态自觉

附录 5　吉林建筑大学生态智慧教育教学案例分享

吉林建筑大学自 2016 年与生态智慧结缘，深受生态智慧理念启迪，针对寒地生态智慧型人才培养率先在知识体系、系列会议、实验平台、培养方案、实践基地等方面进行了探索。通过一系列传统村落生态治水智慧调研，挖掘东方语境下的生态智慧知识体系内容，对于目前缺少“道法自然”的生态良知观的社会现象深刻反省，为快速实现生态智慧理念落地生根、培养生态智慧型人才展开一系列尝试并取得初步成效。通过连续三年举办“生态智慧与城乡生态实践”主题系列会议，加入生态智慧学术共同体。基于此颁布了适应寒地、面向实践的最新技术路线及方法《生态智慧城镇之长白山行动纲领》。通过结合中央财政部与教育部联合支持的寒地首个南北共建科研实验室平台，开展一系列寒地生态智慧方向的横向课题与纵向课题。在国内首开先河，率先将生态智慧思想融入本科培养方案当中开展生态智慧教育，为学生初步建立了生态智慧良知观，并在学生后续学习过程中形成了一系列深远影响。为迅速提升学生及从业人员生态智慧实践能力，先后与地方政府签约，打造生态智慧教育实践基地，与管理界签署战略合作协议，确保生态智慧理念的实践落地。

同时，注重对于非在校生的社会人员培养，通过民革提案被采纳为城市发展献计献策；举办“生态智慧城乡实践”主题竞赛，邀请学界、设计界、管理界及媒体界社会各界参与其中并产生广泛的社会影响；并针对注册执业人员开展教育，将生态智慧理念迅速融入当下城市发展建设中。

为传播和弘扬东方生态智慧，联合美国辛辛那提大学定期开展国际教学工作坊，与美国教师、学生共同开展生态智慧实践学习与研究，从而实现中西并举、知行合一的目的。

吉林建筑大学的“生态智慧”终生教育探索，虽仅历经短短几年，但已经获得教育部层面的高度认可，所形成的教学成果入选“教育部改革开放 40 周年高校科技创新重大成就”。

（1）与生态智慧结缘

2016 年与生态智慧结缘，受生态智慧思想启发，解读《生态智慧与生态实践之同济宣言》，反思当下新工科人才培养模式。2016 年，首届“生态智慧与城乡生态实践前沿”同济论坛在同济大学召开，论坛通过 200 多位国内外跨专业、跨学科的研究者围绕“生态智慧与韧性城乡建构”主题展开研讨，分享了生态智慧对构建韧性城乡的实践启示，探索建设生态智慧城市、美丽乡村的有效途径，并颁布了《生态智慧与生态实践之同济宣言》指导性文件。吉林建筑大学受此启发，开始从生态智慧思想的角度反思当下新工科人才培养模式，为生态智慧理论与实践教育奠定了坚实基础。

（2）连续三年举办生态智慧主题论坛

2017—2019 年，为快速传播和弘扬生态智慧思想，吉林建筑大学通过连续三年生态智慧主题论坛的开展（附图 5-1），引入社会各界共同参与讨论，并针对学界、业界与管理界开展连续性生态智慧教育，快速实现生态智慧思想的落地。

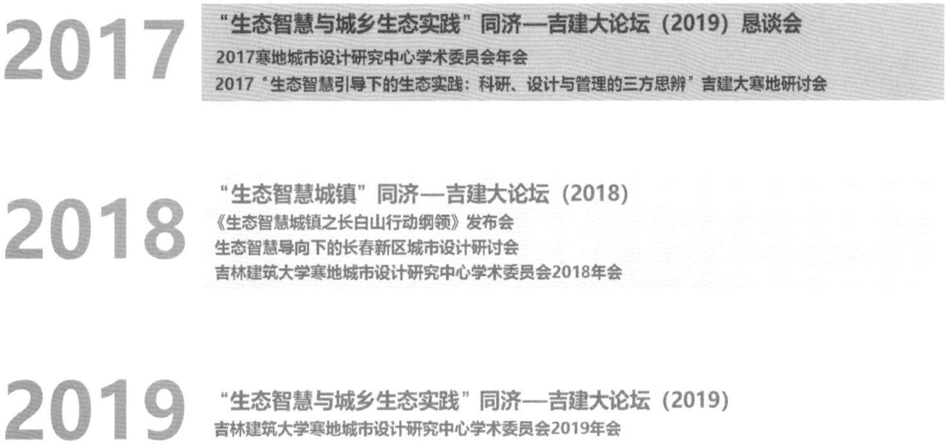

2017
“生态智慧与城乡生态实践”同济—吉建大论坛（2019）恳谈会
2017寒地城市设计研究中心学术委员会年会
2017“生态智慧引导下的生态实践：科研、设计与管理的三方思辨”吉建大寒地研讨会

2018
“生态智慧城镇”同济—吉建大论坛（2018）
《生态智慧城镇之长白山行动纲领》发布会
生态智慧导向下的长春新区城市设计研讨会
吉林建筑大学寒地城市设计研究中心学术委员会2018年会

2019
“生态智慧与城乡生态实践”同济—吉建大论坛（2019）
吉林建筑大学寒地城市设计研究中心学术委员会2019年会

附图 5-1　连续三年开展“生态智慧”主题系列会议

吉林建筑大学以推动我国寒地生态智慧与生态智慧实践研究的发展与实践为目标，连续组织举办“生态智慧与城乡生态实践”系列会议（附图 5-2 ~附图 5-4）。系列会议实现“生态智慧与城乡生态实践”同济系列会议的相关研讨首次在严寒地区召开，实现了该会议首次从“科研、设计与管理三方”的跨界角度对“生态智慧引导下的生态实践”进行思辨，实现“生态智慧”理念的落地性突破，即长春市是首个将“生态智慧”明确列入城市核心发展目标的城市，标志着生态智慧系列会议的成果已经得到政府层面的高度认可，进入真正的城乡实践实施层面，对生态智慧城乡实践的发展具有重大意义，对在校生、执业人员与管理界形成了连续性生态智慧教育。

系列会议先后邀请了国内外学界、管理界、设计界等生态智慧领域的知名专家、决策者、实践者，共计近千位国内外全领域、多专业的嘉宾共同参加开展学术研讨。中国城市规划学会、吉林省住建厅、中国城市规划设计研究院等设计机构，以及长春万科房地产开发企业的相关领导也莅临现场，同时也包括清华同衡规划设计研究院、深圳市城市规划设计研究院、北京生态文明工程研究院、长春市城乡规划设计研究院、中邦山水设计有限公司、吉林省城乡规划设计研究院等三十余家知名设计机构，以及包括同济大学、清华大学、美国宾夕法尼亚大学、东南大学、哈尔滨工业大学、华南理工大学、重庆大学、华中科技大学、华东师范大学、西安建筑科技大学、南京林业大学、中国矿业大学等在内的五十余所国内外知名院校的参会嘉宾共同交流、分享学术心得体会。系列会议为学界、业界、管理界提供了交流、学习、合作平台，以生态智慧的良知观对管理者、从业者进行生态智慧再教育，突出展现生态智慧在生态实践中的应用价值，并通过媒体界将生态智慧传播向社会。使管理者、从业者在实践应用中优先思考生态智慧因素，使城乡建设趋利避害，避虚就实，培养生态智慧城镇的建设管理能力。

通过开展“生态智慧与城乡生态实践”主题国际系列会议，吸引不同高校、科研、设计与管理部门的专家学者及管理人员，搭建具备跨学科属性的国际合作交流平台，从而推广面向寒地的、国内外生态智慧引导下的生态智慧实践研究的前沿理论、方法与案例。继而促进形成对国内外全职业、全年龄段的终生教育。培育具有生态良知观的特色人才，承担民族复兴大任的时代新人。

附图 5-2　2017 年“生态智慧与城乡生态实践”同济—吉建大论坛（2019）恳谈会

（3）加入生态智慧学术共同体，聚焦寒地生态实践

2017 年加入生态智慧学术共同体，借助国际会议吸引国内外学者关注寒地生态智慧研究，以期针对占据中国近 2/3 面积的寒地开展生态智慧研究与实践。通过系列会议对国内、外大批高校生态智慧学者的吸引与讨论，吉林建筑大学于 2017 年加入由“千人计划”学者象伟宁教授领衔的生态智慧与生态实践研究学术共同体，并针对寒地研究较少问题，成立寒地城市设计研究中心学术委员会，专门研究寒地在城乡建设实践中如何发展东方营城范式，并为当下生态智慧型人才教育提供有力支撑。

（4）发布《生态智慧城镇之长白山行动纲领》

2018 年，同济大学和吉林建筑大学联合举办了“生态智慧城镇之长白山巅峰论坛”，发布了首个生态智慧领域最新面向实施的生态实践技术方法《生态智慧城镇之长白山行动纲领》。2018 年 7 月，同济大学和吉林建筑大学联合举办了“生态智慧城镇之长白山巅峰论坛”，联合地方政府长白山生态系统的管理者长白山管理委员会、长春新区管理委员会，与各国高校一线生态智慧研究与实践者包括来自美国北卡罗来纳大学夏洛特分校象伟宁教授、美国亚利桑那大学杨波教授、美国辛辛那提大学王昕晧教授、同济大学彭震伟教授、王云才教授、沈清基教授、清华大学卢风教授、哈尔滨工业大学孙澄教授、华东师范大学车越教授、重庆大学袁兴中教授、山东大学程相占教授、南京林业大学汪辉教授、华中科技大学耿虹教授、台北大学廖桂贤教授、北京建筑大学王思思副教授、吉林建筑大学张成龙教授、赵宏宇教授、吕静教授、长春新区规划局王昊昱副局长等近二十位专家学者、管理界同仁首次发布寒地生态智慧实践指导性纲领文件《生态智慧城镇之长白山行动纲领》。纲领的提出为面向实践提供了最新技术路线及方法，为生态智慧教育的开展提供了有力内容支持。

（5）获批“寒地城市空间绩效可视化评价与决策支持平台”

2018 年，依托中央财政部和教育部联合资助下的“寒地城市空间绩效可视化评价与决策支持平台”，借助实验室数据分析能力，针对不同人群开展生态智慧终生教育。在中央财政部和教育部的联合资助下，吉林建筑大学作为中国北方严寒地区唯一一所建筑类专门高校，由城乡规划系（全国首个确立以“生态智慧城乡规划”为特色方向的学科）牵头成立了我国北部地区首个空间绩效实验室——寒地城市空

附图 5-3　2018 年“生态智慧城镇”同济—吉建大论坛

附图 5-4　2019 年“生态智慧与城乡生态实践”同济—吉建大论坛

生态智慧城镇之长白山行动纲领》发布会
2018.07.28

济 - 吉 建 大 论 坛 （ 2 0 1 9 ）

间绩效可视化评价与决策支持平台，旨在为寒地城市的生态智慧与城乡生态实践研究提供更专业的技术保障、更科学的风险预测及更准确的决策支持。

平台以寒地（绿色基础设施不占优势、旱涝雪三灾混合气候区且寒地多处于科研关注度弱的欠发达地区）为研究对象，是国内少有的以“空间绩效”为研究核心的科研平台，成立之初便与“深圳市城市规划与决策仿真重点实验室”签约，实现南北气候区数据方法等层面的深度联动合作分析，成为国内少有的“南北共建”型实验室平台。通过平台大数据分析及城市空间绩效评价能力、可视化分析能力以及远程网络教学资源共享能力对在校生、普通市民、职业人员以及管理人员进行生态智慧人才培养。

针对在校生的专业教育，借用国内外先进空间数据的动态监测与实施采集设备进行大数据分析与城市空间综合绩效评价，保障了教育技术方法紧扣前沿。结合国家级、省部级科研课题让学生充分参与其中，增强学生对生态智慧前沿技术方法的掌握，为生态智慧城镇建设提供支撑（附图 5-5）。

针对普通市民，利用大数据可视化分析与公众参与可视化分析对其进行科普教育。通过对大量高程及图片数据运算搭建传统村落三维模型，对其进行水文、风环境等各类模拟演算，实现对传统生态智慧的萃取。从而实现数据与模型的直观可视化，为普通市民进行生态智慧教育（附图 5-6）。

针对执业人员与管理界人员等非在校人员，调用国内外一流院校师资，借用开放网络教学资源进行实时在线执业教育。联合“千人计划”学者及“长江学者”等知名专家组建国际师资队伍，通过智慧互动管理系统为非在校人员提供实时远程在线教育。

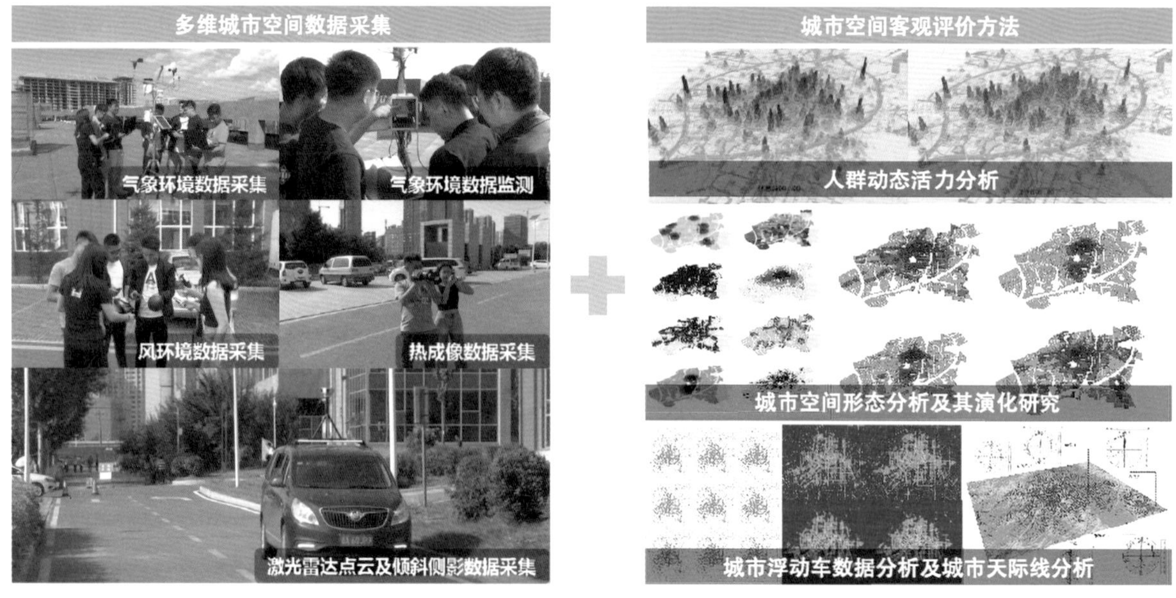

附图 5-5　多维城市空间数据采集与城市空间客观评价方法

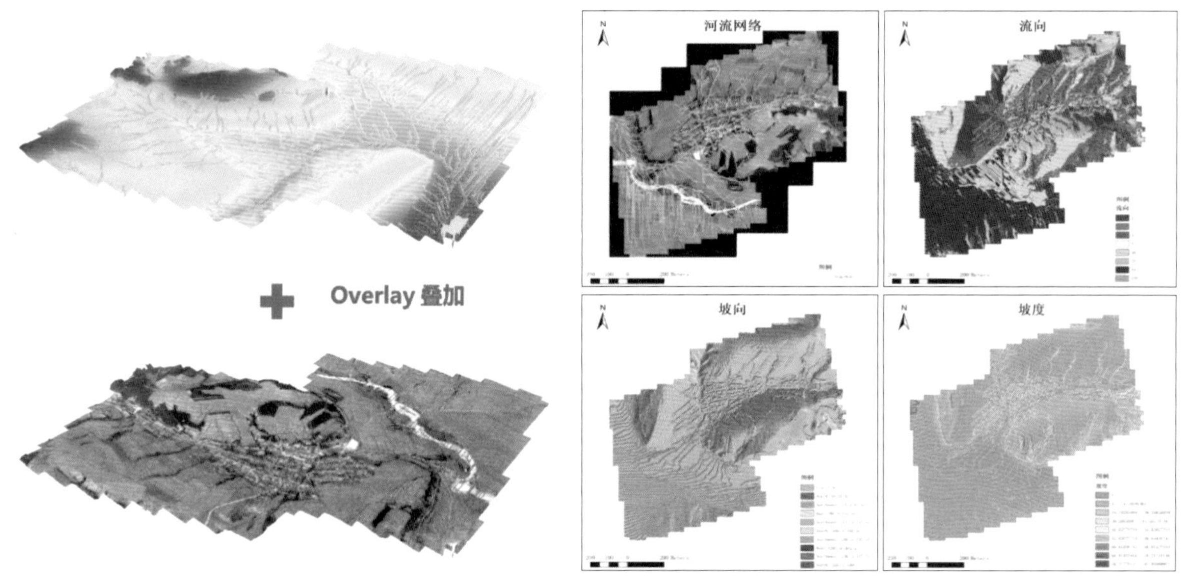

附图 5-6　大蒲柴河村水空间绩效分析

（6）获批多项国家级与省部级科研课题

依托“寒地城市空间绩效可视化评价与决策支持平台”，获批一系列国家级、省部级科研课题，并开展一系列横向实践项目，以期实现产、学、研、用有效融合，为生态智慧教育提供理论与方法支持。依托平台分析能力，开展不同级别的纵向科研课题研究（附表 5-1）和不同尺度的横向课题研究，推进生态智慧教育的研究与实践。

纵向科研课题统计表　　附表 5-1

纵向课题名称	项目来源
水敏性城市空间形成机理与调控研究——以深圳为例（51208139）	国家自然科学基金
我国北方传统村落生态治水智慧文化遗产的挖掘与保护研究（16BH130）	国家社会科学基金
吉林省城市雨洪管理体系建设现状与发展对策研究（2016B121）	吉林省社会科学基金
寒地城市老旧公园海绵体空间的绩效评价与构建策略研究（2017-K4-028）	住建部软科学研究项目
寒地城市绿地空间海绵体提升机制研究（20170101080JC）	吉林省科技发展计划项目基金

（7）率先开设《传统生态智慧与实践》课程

2018 年，首开先河制定“生态智慧城乡规划”专业培养方案，率先开设《传统生态智慧与实践》课程，并于 2019 年 3 月升级为全校公选课，从一张白纸开始建立生态智慧良知观。通过一系列专业建设，吉林建筑大学城乡规划专业于 2017 年以“生态智慧城乡规划”特色方向通过教育部学科评估。在 2018 年吉林省特色高水平专业遴选中，“生态智慧城乡规划”专业被评为吉林省特色高水平 B 类建设专业。为此期望通过“生态智慧城乡规划”特色高水平专业的建设，实现“从无到有”到“从有到优”，强化“生态智慧城乡规划”专业在全国层面的前沿地位和引领作用。为此，深入思考基于供给侧的生态智慧型人才需求，以解决实际问题、培养生态实践型人才为目标展开课程思考。基于以上思考，针对建筑类专业学生讲授生态智慧良知观以及理论方法，秉承立德树人、转变观念培养国际视野、有操守有灵魂的卓越工程师育人理念。在 2018 年 3 月作为城乡规划专业基础课率先开设《传统生态智慧与实践》课程，并于 2019 年 3 月升级为全校公选课。

《传统生态智慧与实践》课程作为城乡规划专业基础课，主要针对建筑类专业学生讲授生态智慧良知观以及理论方法。这一课程在一年级第二学期开设，为建筑类专业课程先导课程，旨在一年级新生“一张白纸”的时候，奠定良好价值观与设计创新思维。为后续专业核心课程、毕业设计以及未来执业提供坚实的价值观与批判性思维基础（附图 5-7）。

通过学情分析发现，东北缺乏师资力量、人才职业伦理方面的课程，学生对于西方的理论体系比较感兴趣，创新性、批判性思维不足等问题。因此，我们在对国家级文件、教学大纲解读的基础上，遵循“两性一度”的国家标准要求，在以德树人、以本为本、以学生为中心的原则上，我们进行了新课程的生成，从课程大纲、课程内容、课程目标三个方面全面进行重构，构建知识、素质、能力三个维度培养目标，以期解决相关问题（附图 5-8）。

首先，设立师资引进计划，引进国家双一流大学师资。师资引回后，充分利用高端师资研究能力获得国家级基金支持，成立“寒地城市空间绩效可视化评价与决策支持平台”实验室，开展生态智慧研究与教学，特别是联合美国知名高等院校开展国际生态智慧教学工作坊。

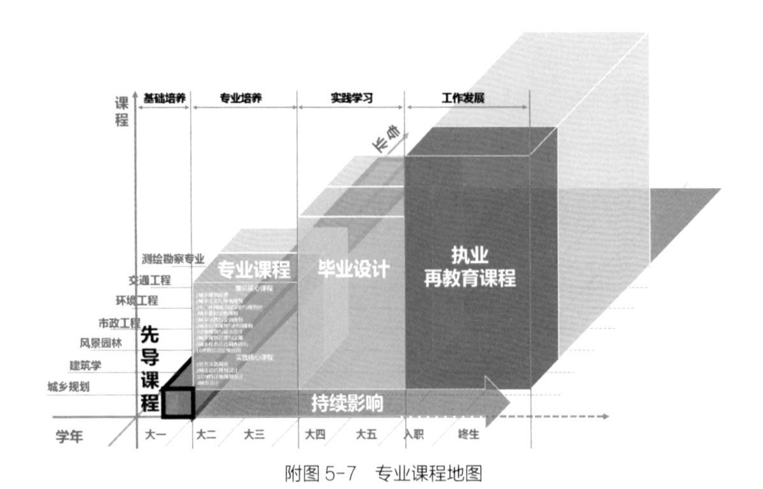

附图 5-7　专业课程地图

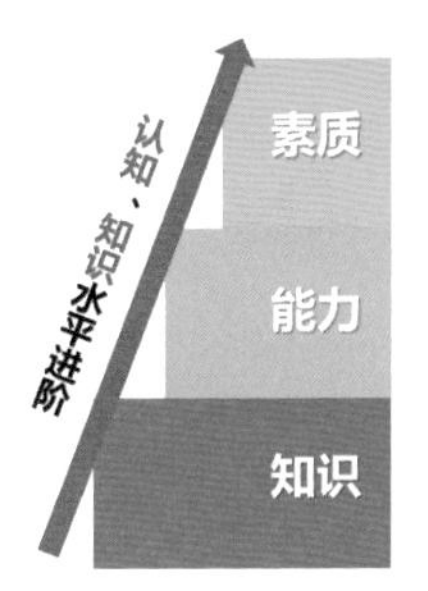

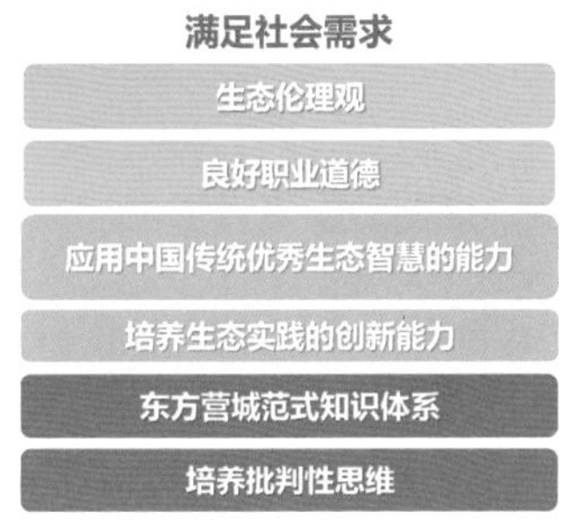

附图 5-8　教学目标重构

通过反思本科教育南北差异，将国际合作与一流师资资源引回东北。创立此课程以求提升学生毕业后的职业伦理观。为破解东北地区师资力量匮乏的问题，通过国际化教育合作平台，建立地方高校与国内外名校的师资联合教学机制。打破传统教育的时空界限和学校围墙，以教育教学模式深刻变革推动高等教育变轨超车。培育理论与实践相结合的专业人才，以国际视野的理论及方法走出校门。例如美国北卡罗来纳大学夏洛特分校终身教授、中组部“千人计划”同济大学特聘教授、博导象伟宁教授；辛辛那提大学地理信息系统与空间分析联合中心主任王昕皓教授、生态智慧与生态实践研究中心副主任、中国环境保护部环境评估中心专家王云才教授等“国际生态智慧学社”联合授课团队亲临现场进行授课，并首次邀请美国景观教育协会 CELA 副主席以及来自多个国家和地区的国际、国内一流高校教授、博导进行全球连线、视频授课，并与学生课上远程互动。从而建成了一支由跨国界、跨地区、跨领域、跨专业科研创新能力与实践能力极强的教学一线教师组成的教学队伍（附图 5-9）。

基于此，搭建科教协同平台建设，形成更加鲜明特色的专业培养目标。依托不同专业、不同研究方向导师及其科研课题成果，固化为教学内容，以科研项目为载体培养学生研究意识及能力，引导学生创新能力培养。科研资源全面开放，建立学

象伟宁 教授、博导　美国北卡罗来纳大学
美国北卡罗来纳大学夏洛特分校终身教授，中组部“千人计划”同济大学特聘教授、博导

Rainer vomHofe 教授　美国辛辛那提大学

王昕皓 教授、博导　美国辛辛那提大学
辛辛那提大学地理信息系统与空间分析联合中心主任

杨　波 教授、博导　美国亚利桑那大学
美国景观教育协会CELA副主席

王云才 教授、博导　同济大学
生态智慧与生态实践研究中心副主任，中国环境保护部环境评估中心专家

颜文涛 教授、博导　同济大学
国际生态智慧学社理事，中国生态城市研究专业委员会委员、青年学组委员

邱　微 副教授、博导　哈尔滨工业大学
中国环境科学学会环境规划专业委员会 青年委员

车　越 教授、博导　华东师范大学
上海市城市化生态过程与生态恢复重点实验室副主任

汪　辉 教授、博导　南京林业大学
南京林业大学风景园林学院教授。美国密西根州立大学风景园林系、北卡罗来纳大学夏洛特分校地理系访问学者

王思思 副教授、硕导　北京建筑大学
城市雨水系统与水环境教育部重点实验室研究人员

张成龙 教授、硕导　吉林建筑大学
吉林建筑大学副校长，寒地城市设计研究中心主任

王　颖 教授、硕导　吉林建筑大学
吉林建筑大学松辽流域水环境教育部重点实验室负责人

徐莹莹 副研究员、硕导　吉林建筑大学
吉林建筑大学松辽流域水环境教育部重点实验室，副研究员

附图 5-9 《传统生态智慧与实践》课程教师团队

生参与科研常态化培养机制，构建生态智慧城乡规划项目与课题共同牵引的教育模式。同时，根据学生不同兴趣，推行 STUDIO（兴趣小组）教学模式，建立一对一“定制化”的培养模式。重视学生研究方向兴趣，推行一个教授教导一个兴趣小组，结合不同方向研究课题进行“定制化”培养，有针对性地提升学生科研能力。

其次，在教学内容设置中，将整个教育体系剥离出知识、能力、素质三个层级，形成有层次的教学步骤。在具体的教学当中，将教学目标拆分成各个教学单元，对标课程思政目标实施方案，实现国家思政目标，从职业道德伦理、创造性、批判性思维及传统生态智慧理论与方法四个方面，最后形成强烈的社会责任感和爱国主义情怀（附图 5-10）。

具体的教学内容选择与重构中，讲授内容过程根据三大教学目标，不同层级，分别对应知识、能力、素质目标，从经典案例剖析，对学生产生触动。基于不同高校，最精华的专业和师资，帮助完成各重要模块，从而达成东方营城范式、生态良知观、创造性、批判性思维、传统生态智慧理论与方法的教学目标（附图 5-11）。从而实现借用各个学校的一流教学师资队伍，形成一流教学质量，达成一流教学效果。

为提高学生生态智慧实践能力，建立与国内乃至国际名企合作的校企联合实践平台机制，通过与省内、国家级、国际的一流企业和科研机构的深入碰撞，共同打造课程。充分整合校内外资源，建设“高校 + 名企”的双线创新人才培养模式，提

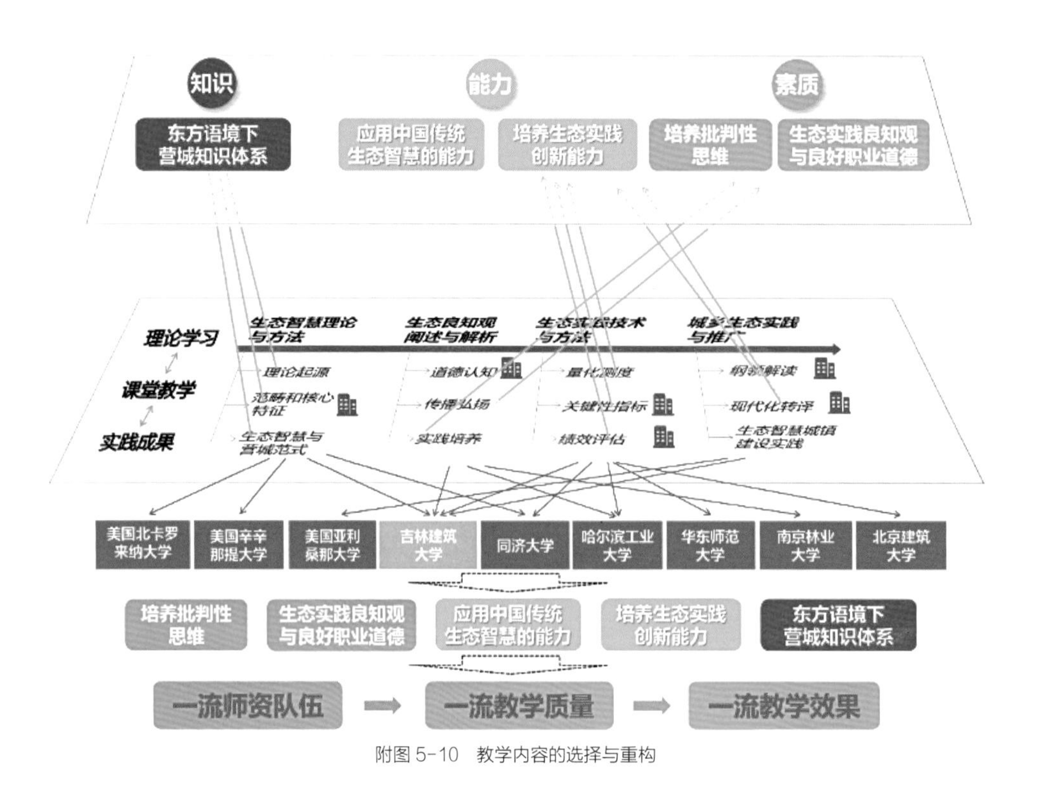

附图 5-10 教学内容的选择与重构

社会责任感、文化自信和家国情怀

生态伦理与良知观

东方营城范式的东学西渐

中国生态智慧经典理论及创造性思维

中国生态智慧经典案例文化自信

章节名称	学时	授课教师	思政内容	教学策略
章节一：生态良知观阐述与解析	4	● 1. 城乡规划 赵宏宇教授（45分钟） ● 2. 生态地理学 美国象伟宁教授（45分钟）	● 1. 传统生态智慧与实践课程发展史及古代村落实践 ● 2. 生态智慧原理基础知识	PBL教学模式、移动教学平台、案例教学法
		● 1. 市政与环境工程学院 徐莹莹老师（45分钟） ● 2. 市政与环境工程学院 王颖教授（45分钟）	● 1. 传统与现代农耕文明生态智慧与实践 ● 2. 全球气候变化与生态文明	分组讨论、讲授、自学（课外作业）、网络学习、文献检索
章节二：生态实践技术与方法	4	● 1. 雨水资源 王思思教授（45分钟） ● 2. 城乡规划 颜文涛教授（45分钟）	● 1. 城乡水适应性景观表现特征及影响 ● 2. 生态城市规划理论	翻转课堂、讲授
		● 1. 环境生态 车越教授（45分钟 ● 2. 城乡规划 赵宏宇教授（45分钟）	● 1. 生态智慧引导下的雨洪管理实践 ● 2. 古代村落传统生态智慧与实践	讲授、课程设计
章节三：生态智慧理论与方法	2	● 1. 图示语言 王云才教授（45分钟） ● 2. 风景园林 汪辉教授（45分钟	● 1. 生态规划实践中的图示语言 ● 2. 生态智慧与园林审美	翻转课堂、讲授、分组讨论
		● 1. 城乡规划 高鬻老师（45分钟 ● 2. 城乡规划 崔诚慧老师（45分钟）	● 1. 垃圾与人类文明 ● 2. 生态视域下寒地城市滨水景观生态环境设计研究	讲授、课后作业
章节四：城乡生态实践与推广	6	● 赵宏宇教授、房友良教授	● 参观长春市城市规划展览馆和水文化生态园	田野踏勘调研法、讲授、合作学习
		● 美国辛辛那提大学王昕晧教授、Rainer vom Hofe教授、同济大学、华东师范大学、南京农业大学、香港城市大学Gianni talamini教授、吉林建筑大学等师生	● “传统村落的地域特色文化寻力”国际workshop	分组讨论、讲授、合作学习、移动教学平台

附图 5-11　教学内容与课程思政

升毕业生就业市场竞争力和行业影响力。将传统生态智慧理念融入实际项目中，使学生充分参与实践项目。

课程充分利用中央财政部与教育部共同支持的中国北部地区首个南北共建的空间绩效实验室、城市空间虚拟实验室与智慧互动教室管理系统等多类型国家级平台定向培养符合城市建设需求的技术型专业人才（附图 5-12）。持续三年每年聘请博士实验员，确保学生熟悉生态智慧城乡规划智能技术工具。

课程在教学方法上选用探究式教学方法和主动式教学方法两条主线

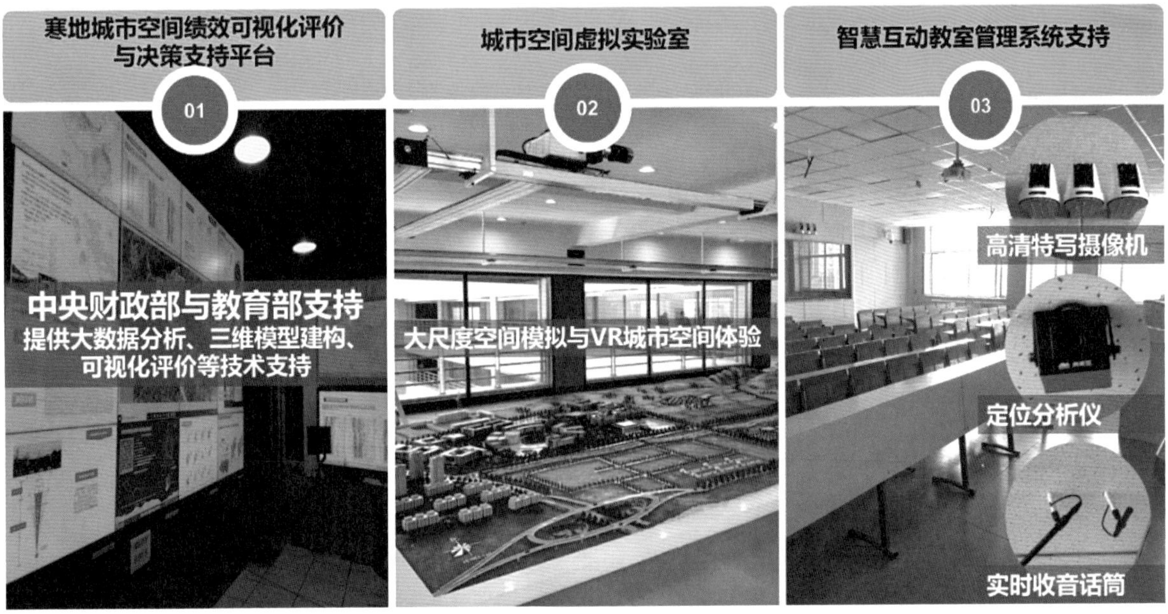

附图 5-12　多类型国家级平台支持

探究式学习

主动式学习

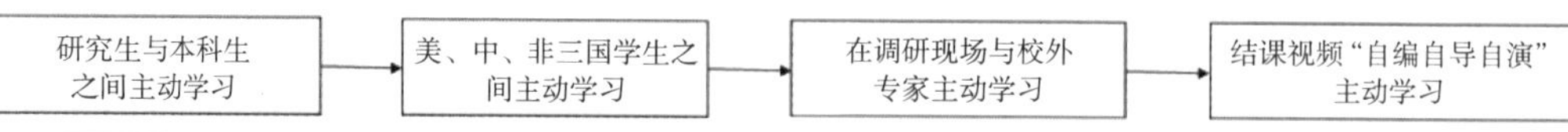

附图 5-13　教学策略与方法

（附图 5-13）。在探究式教学方法层面尝试的创新：不同专业的美、中、非三国学生一起进行探究式学习；邀请对生态智慧实践案例十分了解的知名专家亲临现场进行讲解，与学生一起进行探讨学习。在主动式教学方法层面尝试的创新：传帮带式教学，研究生与本科生共同进行主动式学习；采用“自编自导自演”的形式制作课程结课视频。

为确保生态智慧教育的高质量完成，了解授课效果，教学评价从专业理论知识分析、解决问题的能力、热爱祖国有社会责任感、个人和团队、复合型高级专业实践性人才几个方面对教学效果进行评价。并且在课后对分易平台中的课程评价显示，学生对课程满意度与喜好度极高（附图 5-14）。

- 学生课程参与度明显提升
- 课后评教效果好

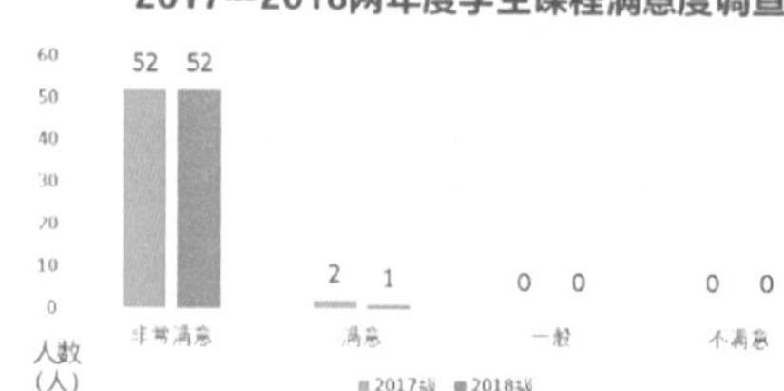

学生们反响强烈，纷纷表示在自己的专业方向上要深刻领会和应用生态智慧思想。

附图 5-14　学生课程满意度极高

《传统生态智慧与实践》课程率先进行了寒地生态智慧知识体系教育的探索。通过联合国内外不同高校，利用自身不同学科优势分别在伦理观板块、理论与方法板块、技术与方法板块、实践与推广板块，采用最优的教学方法达成最佳的教学效果。将枯燥的哲学观学习变得兴趣盎然，激发学生对理论与方法的学习兴趣与参与度，将技术与方法可视化、培养学生实现高阶性（附图 5-15）。并初步实现了在校生生态智慧良知观建立的人才培养目标。

（8）生态智慧主题竞赛作品获得多项国家级与省级奖项

受《传统生态智慧与实践》课程影响，鼓励学生以生态智慧主题作品参与各类竞赛，如“全国生态智慧城乡实践大赛”“互联网 + 大学生创新创业大赛”“2018 年创青春浙大双创杯全国大学生创业大赛”等，并获多项国家级、省级奖项（附图 5-16）。

（9）建立生态智慧教学实践基地

与当地政府建立定向服务合作机制，开展点对点的培训与设计实践交流，实现管理界的生态智慧人才培养。同时为了强化学生生态智慧实践能力，与黄花村、果

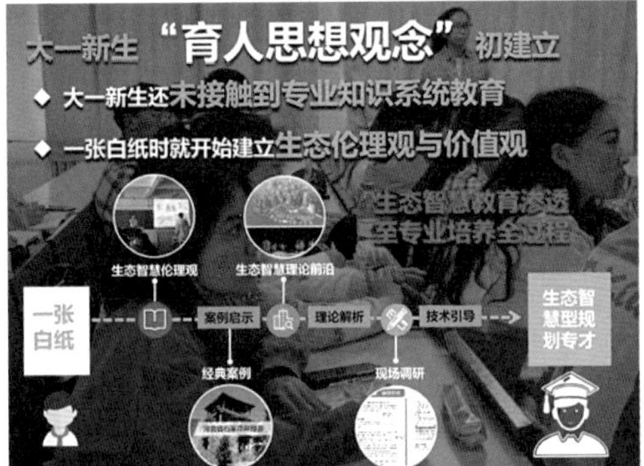

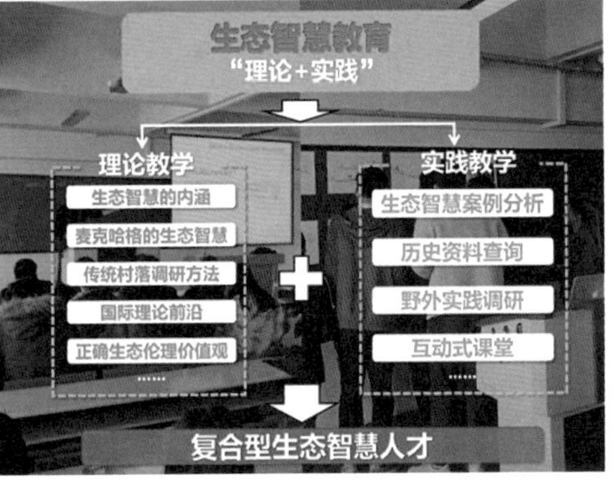

附图 5-15 《传统生态智慧与实践》课程成效

树屯联合建立生态智慧教学实践基地，培养学生动手能力。

吉林建筑大学依托寒地城市空间绩效可视化评价与决策支持平台中开放式网络平台实现“生态智慧”理念的落地性突破与对管理界的终生教育。长春新区是首个将“生态智慧”明确列入城市核心发展目标的城市，标志着生态智慧系列论坛的成果已经得到政府层面的高度认可，进入真正的城乡生态实践实施层面。

吉林建筑大学与全国首个生态智慧国家级新区长春新区签署战略合作协议（附图 5-17），并邀请包含中组部“千人计划学者”“长江学者”“长白山学者”等国内顶尖专家学者现场讨论（附图 5-18），共议长春新区“中国北方生态智慧城市发展目标的推进大计”。

（10）生态智慧的执业教育

为全面促进生态智慧城镇建设目标的落地生根，积极通过政府提案为城市建设献计献策，通过全国竞赛和注册规划师培训对社会各界人才进行生态智慧终生教育。

通过横向实践项目发掘城市问题，通过提交“关于结合城市双修恢复长春市老城区历史水系的建议”提案献计献策。提案被民革吉林省委、吉林省政协采纳，并最终被长春市规划编制研究中心立项实施。

2019年全国生态智慧城乡实践大赛
National Competition for Ecological Wisdom Inspired Urban and Rural Practice
荣誉证书
三等奖
竞赛版块：调研报告
获奖作品：《涝致河何“智”涝—基于旱地城市内涝问题对长春市历史水系“黄瓜沟”的调查研究》
设计人员：华越、于志强、姜雄天、邱淑一、杨鑫宇、范思琦、毛博、张起、赵玉轩、张堃鹏
指导教师：赵宏宇、高翼
设计单位：吉林建筑大学建筑与规划学院
组织委员会
2019年7月 中国·长春

互联网+大学生创新创业大赛
INTERNET PLUS 青年红色筑梦之旅
项目名称：智力扶贫——从传统村落生态智慧寻力到文化输出的东北乡村振兴之路
获奖等级：银奖
项目成员：孟凡宇、于志强、李哲羽、单良、韩超、刘琦、林展略、杨鑫宇、范思琦、毛博、姜雄天、孔月婵、张堃鹏、张博华、焦艳祺
指导教师：张成龙、赵宏宇
吉林省教育厅
吉林省发展和改革委员会
吉林省财政厅
中共吉林省委宣传部
吉林省工业和信息化厅
吉林省人力资源和社会保障厅
共青团吉林省委员会
吉林省科学技术厅
吉林省商务厅

创青春
获奖证书
李哲羽、于志强、刘航宇、华越、赵玉轩、李介鹏、王俊祺、刘斯迪、张艾欣、毕琳博 同学：
你（们）的项目《城市空间认识新高度》在2018年“创青春”浙大双创杯全国大学生创业大赛第十一届“挑战杯”大学生创业计划竞赛中荣获
铜奖
指导老师：张成龙、赵宏宇
特颁此证，以资鼓励。
“创青春”全国大学生创业大赛组委会
2018年11月

互联网+大学生创新创业大赛
INTERNET PLUS
项目名称：城市空间认识新高度——城市建筑规划领域的无人机应用新模式
获奖等级：银奖
项目成员：李哲羽、于志强、刘航宇、华越、杜弘阳、赵玉轩、刘琪、陈露竹、翟翼、孟凡宇
指导教师：张成龙、赵宏宇
吉林省教育厅
吉林省发展和改革委员会
吉林省财政厅
中共吉林省委宣传部
吉林省工业和信息化厅
吉林省人力资源和社会保障厅
共青团吉林省委员会
吉林省科学技术厅
吉林省商务厅

附图 5-16　学生在后续设计课程中参与生态智慧主题竞赛获得的国家级与省级奖项

为加强社会各界对生态智慧理念的实践能力与合作沟通，举办首届全国性生态智慧城乡实践大赛，受到各界积极参与。参赛成果包括学术研究报告、学生竞赛、实践项目三类，根据参赛成果显示，本次大赛得到业界、管理界 85% 的人士积极参与，并同时反馈希望能够参加更多传统生态智慧相关的竞赛及会议。

针对执业人员进行连续的生态智慧知识体系继续教育，形成非在校人员的生态智慧人才培养。针对非在校人员未接受过生态智慧知识体系教育内容的问题，为使其能够快速建立生态智慧良知观，在 2016、2017 年连续两年开展继续教育培训，为处于设计实践第一线的执业人员讲授生态智慧前沿理论与技术方法，使执业人员能够快速将生态智慧理念融入设计实践中，培训获得了一致好评。

附图 5-17　与长春新区管委会签署战略合作协议

附图 5-18　中组部“千人计划”学者等顶尖专家学者现场讨论

（11）生态智慧国际教学工作坊

2019 年，为促成中西文化互鉴，弘扬传统生态智慧，吉林建筑大学与美国辛辛那提大学签订合作交流协议，设置“中西方生态智慧知识体系”教学模块，引进国外一流高校的教授、博导联合授课，使中西方学生共同进行生态智慧学习。通过吉林建筑大学－美国辛辛那提大学生态智慧与可持续城市化国际教学工作坊（2019）的开展，实现了国际探究式联合教学模式的 4 个突破：

实现中美为主，非洲九国师生共同参与真正意义上的中西方多国文化寻力。

实现城乡规划、建筑学、风景园林学、土木工程、市政工程、环境工程、地下工程、软件工程、经济产业、社会学、地理学等 10 余个专业、百余名师生参与的跨专业生态智慧启蒙教育尝试。

实现生态智慧视角的教授讲座、古村落实地调研、传统文化体验、生态智慧案例参观、历史学家访谈、随堂互动竞技考试、分组结题报告等课上与课外学时联动的创新教学模式（附图 5-19）。

实现“东学西渐”初见端倪，国际学生调研传统村落案例，通过对传统生态智慧的认知，深刻领悟生态智慧理念并运用到自己的课程设计中，由西方学生为中国学生讲述中国传统生态智慧对他们的启示（附图 5-20）。学生以自编自导视频短片为结课形式的新教学成果表达，美国学生在回国出版物中，清晰显示出对中国生态智慧思想的浓厚兴趣与关注。这也是学生主动式学习的过程，促进了中西文化互鉴（附图 5-21）。

（12）入选“改革开放 40 周年高校科技创新重大成就”

2019 年，吉林建筑大学生态智慧教育系列成果入选“改革开放 40 周年高校科技创新重大成就”。吉林建筑大学生态智慧城乡规划专业以培育具有生态良知观的特色人才作为切入点，以提升城乡规划专业人才的职业伦理观与社会责任感为目标，与美国多所知名高校以及同济大学为首的国内一流高校生态智慧领域专家与学者，率先将生态智慧思想融入高校本科培养方案当中；积极促成了生态智慧领域《生态智慧城镇之长白山行动纲领》颁布；积极构建生态智慧领域的知识体系；成功建设了国家级科研平台；创造性地提出东北乡村振兴新构想；并因此多次获得国家级奖项。虽只历经 2 年建设，且在师资匮乏的东北院校设立，但教学成果已经入选教育部改革开放 40 年高校重大科技成就（附图 5-22），获得国内外师生们的高度认可和好评。

附图 5-19 跨国家、跨专业、跨年级学生学习生态智慧

附图 5-20 美国学生在课堂讲述中国传统生态智慧

SUSTAINABLE URBANISM IN CHINA

SPRING 2019

附图 5-21　美国学生回国后发表的出版物展示

首页 > 改革开放40年高校科技创新成就推荐 > 特殊意义标志事件(人物)

触发高校城乡规划专业生态智慧与实践科技创新观念更新

报送单位：吉林建筑大学　推荐单位：吉林省教育厅

支撑项目（平台）：寒地城市空间绩效可视化评价与决策支持平台（中央财政支持）；国家社会科学基金（我国北方传统村落生态治水智慧文化遗产的挖掘与保护研究）

参与单位：吉林省教育厅

所属学科：城乡规划学

主要贡献者：张成龙、赵宏宇、象伟宁、王云才

成就简介：率先将生态智慧思想融入高校本科培养方案当中；积极促成了生态智慧领域《行动纲领》颁布；积极构建生态智慧领域的知识体系；成功建设了国家级科研平台；创造性的提出东北乡村振兴新构想；并因此多次获得国家级奖项。

吉林省教育厅推荐案例

- 触发高校城乡规划专业生态智慧与实践科技创新观念更新
- 我国重要菌物资源挖掘、创制及应用
- 空间激光通信创新成果
- 混凝土扩盘桩承载机理、设计技术及新型试验方法研究
- 陶瓷纤维防热结构太赫兹无损检测技术研究
- 大规模风电联网高效规划与脱网防御关键技术及应用
- 轨道客车铝合金车体FSW先进制造技术应用开发
- 城市电力电缆安全运行及防火远程在线监测系统

特殊意义标志事件(人物)推荐案例

- 脑干结构与功能可塑性理论
- 青春二十载，热血洒三峡——记重庆三峡学院三峡水库消落...

附图 5-22　高校科技创新重大成就
（图片来源：http：//cx40.eol.cn/index/content?id=671）

后记

当下治水研究领域成果多集中于生态学、风景园林学、工程学等领域，笔者基于城乡规划专业长期教学、基层调研及课题实践过程中的深刻反思，尝试从城乡规划学视角切入，抓住根治水患需从源头控制这一核心关键，提出化害为利、生态服务与服务生态并举、先回馈再索取等道法自然的规划世界观。

笔者自 2013 年开始，开展以水资源与空间耦合为导向的水敏性城市设计研究。后又由于特殊原因，分别在哈尔滨、深圳、英国谢菲尔德、长春、澳大利亚悉尼等气候条件迥异的城市开展生态规划的理论研究与实践验证。借用七年间针对大量城乡生态实践案例走访调研契机，从多方位、多气候区的角度对比温润地区与寒冷地区的水患治理空间模式，逐步建立起城乡雨洪管理体系空间图解的逻辑思路和体系框架，并初步形成了城市空间绩效评价的方法和体系。当发现以绿色基础设施为核心的现代雨洪管理体系在寒冷地区城市“水土不服”这一现象，特别是在回到寒地城市工作后，更加萌发了尝试找寻适合寒冷地区独特答案的想法。在融合生态智慧与城乡实践思想后，最终从我国传统村落生态智慧挖掘中找到了答案，并在此基础上开展寒地生态治水智慧以及传统雨洪管理体系的研究，而此书正是在这一过程中逐步形成的。

本书是在对百余个传统村落进行实地调研、两万余张一手拍摄照片与数百位生态智慧传承人 200 余小时深度访谈与耐心细致的讲授视频记录的基础上，站在生态文明观的角度，对这些中华民族上下五千年的生态智慧文明与城乡实践中的治水典范中的传统规划理念进行整理与体系架构，将中国传统文化与生态智慧传承人口传心授的群众智慧归纳演绎为理论体系与方法。走的是一条由科研走向实践，由实践走向教育，由教育走向传承的道路。在传承中始终保持对于五千年中华儿女所孕育的生态智慧的敬畏，对大自然心存虔诚，为村民朴实的精神、态度和淳朴技艺而感动，对规划师的使命感和责任感有更深的体会。

传统村落的生态智慧是中国人独特创造的、因地制宜且行之有效的。在生态智慧实践与认识过程中，知行合一，互相促进，表现出了极强的地域适应性，充分体现了我国民族文化独到的优越性。笔者提出的“寒地生态治水智慧”是绵延 5000 多年的中华文明所孕育的传统生态治水之道，是从根本上解决寒地生态智慧城镇水患问题的传统雨洪管理体系。这与当下盛行的现代雨洪管理体系话语体系形成鲜明的对比，是让世界更好地感知、了解和读懂中国传统城乡生态治水智慧的重要窗口。

当前，中国已经进入了一个以“生态文明”为标志的城乡发展历史新阶段，城乡建设也已经从粗放型发展转向高质量发展的“新常态”。正是在这一亟需具备生态良知观和中华民族自身文化底蕴人才的特定重要时刻，书中的“生态智慧知识体系传播”与“生态智慧终生教育”研究成果已经入选教育部“改革开放 40 周年高校重大科技成就”，其作用显得格外重要而急需。同时，笔者也正在基于空天地一体化技术开展寒地传统村落生态治水智慧空间图谱解译与形成机理研究，以期通过“经验性生态治水智慧”的量化研究，为世界范围内寒冷地区城市水患问题的解决提供中国智慧与中国方案。

哈尔滨工业大学、华东师范大学、吉林建筑大学的数届研究生们在生态治水智慧研究中开展了扎实的专题研究，正是他们大量细致的调研资料整理和丰厚的工作基础才使得生态治水智慧研究形成完整的体系。在此过程中，与哈尔滨工业大学（深圳）金广君教授、周超英教授、英国 UCL 大学康健教授开展了长期的科研实践合作，先后合作完成的深圳前海深港现代服务业合作区 3、4 单元规划、《长春市总体城市设计》、《长春新区总体城市设计》等国家级规划设计实践，为传统雨洪管理体系在当代的运用和验证提供了有效路径。悉尼大学卢端芳教授提供了“通过人而非数字来研究历史与社会”的社会学主观评价支持，为生态智慧挖掘提供了重要的突破口。吉林建筑大学张成龙教授、李之吉教授通过实验室平台（寒地城市空间绩效可视化评价与决策支持平台）为传统村落生态治水智慧的图解和绩效评价提供了宝贵的技术保障。美国北卡罗来纳大学夏洛特分校象伟宁教授（同济大学建筑与城市规划学院生态智慧与生态实践研究中心主任）、同济大学彭震伟教授、王云才教授、颜文涛教授、陈瑛老师、南京林业大学汪辉教授以及国际生态智慧学社所有成员贡献了顶尖的生态智慧实践思想智慧与宝贵的全国生态智慧论坛交流平台。来自全球 20 余所高校教授的跨学科团队在吉林省长白山管委会提出的《生态智慧城镇之长白山行动纲领》（同济大学沈清基教授执笔）为本书的形成提供了坚实的理论基础，也提供了多学科的支持。感谢中国建筑工业出版社的编辑们的辛勤付出，在成书的过程中，笔者还得到了中国建筑工业出版社的鼎力支持，感谢曾经关注和支持本书的所有人，正是你们的倾心帮助才使这项研究得以形成并发展到今天。我们始终相信传播有意义的知识是一条充满荆棘的道路，我们还在路上，但我们信念坚定而始终不移。

赵宏宇　车越
2020 年 6 月 30 日